水利水电工程管理与实务相关规范性(标准)文件及规程规范导读

主　编　吉辛望
副主编　陈萨拉　董仲宝

黄河水利出版社
·郑州·

图书在版编目(CIP)数据

水利水电工程管理与实务相关规范性(标准)文件及规程规范导读/吉辛望主编.—郑州:黄河水利出版社,2014.10

ISBN 978-7-5509-0957-1

Ⅰ.①水… Ⅱ.①吉… Ⅲ.①水利水电工程-工程管理 Ⅳ.①TV

中国版本图书馆 CIP 数据核字(2014)第 241894 号

出 版 社:黄河水利出版社

地址:河南省郑州市顺河路黄委会综合楼 14 层　　邮政编码:450003

发行单位:黄河水利出版社

发行部电话:0371-66026940、66020550、66028024、66022620(传真)

E-mail:hhslcbs@126.com

承印单位:河南地质彩色印刷厂

开本:787 mm×1 092 mm　1/16

印张:31.25

字数:720 千字　　印数:1—1 500

版次:2014 年 11 月第 1 版　　印次:2014 年 11 月第 1 次印刷

定价:83.50 元

本书编写组

主　　　编：吉辛望

副　主　编：陈萨拉　董仲宝

编 写 人 员：段雪莹　李永鑫　宋建修　王高升

邹月琴　雷　鸣　路夷坦

前 言

《水利水电工程管理与实务》(简称《实务》)是一本面向一级建造师(水利水电工程专业)执业资格考试应试者的读物。其内容涉及水利水电工程建设管理方面多部规程(规范、标准文件)及多个规范性文件。由于内容庞杂,加之专业性和政策性强,读者学习起来常理不清头绪。本书试图解读《实务》中仅择其精要概略介绍的知识点的来龙去脉,以期对读者阅读该书有所裨益。

本书面向对水利水电工程建设(施工)管理规程、规范等有一般了解的读者。它不是对规程、规范的照抄照录,而是针对《实务》中所关注的重要知识点,力求将其背景知识介绍给读者。书中所摘录的规程、规范条文,在忠实于原条文文字及语义的基础上,对部分条文在语法(句法)上作了少许改动,以使其在语气上更具连贯性和可读性,达到为学习者服务的目的。读者可结合《实务》进行阅读,以利融会贯通和掌握;亦可对照规程(规范、标准文件、规范性文件)文本原条文阅读。通过使用本书,如能激发读者阅读规程、规范及标准(规范性)文件原文的兴趣,则本书的一个重要目的便达到了。

本书指导委员会各位主任、副主任委员,均为我国水利水电施工、水利水电科学研究、水利学科教学、水利水电设计、水利水电工程专业执业资格考试培训、重要江河的流域(水系)管理、水利建设管理等领域的专家、学者。本书得以成书,与他们的指导和支持密不可分。

本书主要作者长期从事水利工作,具有较为丰富的水利工程运行管理经验。本书可认为是作者近年来学习《实务》课程及对相关规程、规范、标准(规范性)文件等研读后的心得。

时值本书完稿之际,《实务》第四版(2014 年版)出版面市了。该版《实务》与前版(2011 年版)相比,除部分规范性文件内容有变化(或新增部分规范性文件)外,最突出的变化是质量评定标准的最后统一与成型。读者通过将本书与新版(2014 年版)《实务》对照阅读并发现两者在个别内容表述上的差异,可有效起到融会贯通、加深理解与记忆的作用。需要注意的是,关于《水利水电工程施工企业主要负责人、项目负责人和专职安全生产管理人员安全生产考核管理暂行规定》(水建管〔2004〕168 号,下称《暂行规定》),早在 2012 年《实务》网上增值服务有关阅读材料中,已透露其有部分内容将有变动;至 2014 年,新版《实务》网上增值服务所提供的在线阅读材料中,明确指出《暂行规定》已被《水利水电工程施工企业主要负责人、项目负责人和专职安全生产管理人员安全生产考核管理办法》(水安监〔2011〕374 号,下称《办法》)取代。但在新版(2014 年版)《实务》中,仍以《暂行规定》及其文件号出现,当属疏漏。《办法》中有关能力考核内容的界定,值得关注。

由于作者水平所限,书中疏漏和错误之处在所难免,恳请读者不吝指正。

编　者

2014 年 7 月

目 录

前 言

绪 论 …………………………………………………………………………………………(1)

1F-410000 安全管理与安全技术 ………………………………………………………(5)

1F-411000 规范性文件 ……………………………………………………………(5)

1F-411010 水利工程建设安全生产管理规定 ……………………………………(5)

1F-411020 水利工程建设重大质量与安全事故应急预案 …………………………(10)

1F-411030 水利系统文明建设工地评审管理办法 ………………………………(12)

1F-411040 水利水电工程施工企业主要负责人、项目负责人和专职安全生产管理人员安全生产考核管理暂行规定 ……………………………………………………(13)

1F-411050 水电建设工程施工安全管理暂行办法 ………………………………(14)

1F-411060 国家电网公司水电建设项目法人单位安全生产管理规定 ……………(16)

1F-412000 安全规程 …………………………………………………………………(18)

1F-412010 建筑施工安全检查标准 ……………………………………………(18)

1F-412020 水利水电建筑安装安全技术工作规程 ………………………………(19)

1F-412030 水利水电工程施工通用安全技术规程 ………………………………(24)

1F-412040 水利水电工程土建施工安全技术规程 ………………………………(41)

1F-420000 质量管理与质量控制 ………………………………………………………(49)

1F-421000 规范性文件 ……………………………………………………………(49)

1F-421010 水利工程质量事故处理暂行规定 ……………………………………(49)

1F-421020 水利工程质量管理规定 ……………………………………………(52)

1F-421030 水利工程质量监督规定 ……………………………………………(55)

1F-421040 水电建设工程质量管理暂行办法 ……………………………………(59)

1F-422000 质量检验与评定 ……………………………………………………………(65)

1F-422010 水利水电工程施工质量检验与评定规程 ………………………………(65)

1F-423000 验收管理 …………………………………………………………………(86)

1F-423010 水利水电建设工程验收规程 ………………………………………(86)

1F-423020 水利工程建设项目验收管理规定 ……………………………………(113)

1F-423030 水利工程建设专项验收有关文件 ……………………………………(117)

1F-423040 水电站基本建设工程验收规程 ……………………………………(123)

1F－430000 招(投)标与合同管理 …………………………………………………… (128)
1F－431000 规范性文件 …………………………………………………… (128)
1F－431010 水利工程建设项目管理规定 ………………………………………… (128)
1F－431020 水利工程建设程序管理暂行规定 …………………………………… (131)
1F－431030 关于加强水利工程建设项目开工管理工作的通知 ………………… (133)
1F－431040 水闸安全鉴定管理办法 ……………………………………………… (134)
1F－431050 水库大坝安全鉴定办法 ……………………………………………… (135)
1F－431060 水利水电建设工程蓄水安全鉴定暂行办法 ………………………… (136)
1F－431070 水工程建设规划同意书制度管理办法………………………………… (138)
1F－431080 水利基本建设项目稽察暂行办法 …………………………………… (140)
1F－431090 水利工程建设项目重要设备、材料采购招标投标管理办法 ……… (141)
1F－431100 水利工程建设项目监理招标投标管理办法…………………………… (142)
1F－431110 水利工程建设项目勘察(测)设计招标投标管理办法 ……………… (143)
1F－431120 水利工程建设项目招标投标管理规定………………………………… (144)
1F－431130 水利建设市场主体信用信息管理暂行办法 ………………………… (150)
1F－431140 水利建设市场主体不良行为记录公告暂行办法 …………………… (151)
1F－431150 水利建设市场主体信用评价暂行办法………………………………… (154)
1F－431160 建筑业企业资质管理规定 …………………………………………… (155)
1F－431170 建筑业企业资质管理规定实施意见…………………………………… (157)
1F－431180 建筑业企业资质等级标准 …………………………………………… (158)
1F－431190 水利建设工程施工分包管理规定 …………………………………… (160)
1F－432000 标准文件 …………………………………………………… (162)
1F－432010 水利水电工程标准施工招标资格预审文件 ………………………… (162)
1F－432020 水利水电工程标准施工招标文件(上)………………………………… (182)
1F－432030 水利水电工程标准施工招标文件(下)………………………………… (253)

1F－440000 成本控制 …………………………………………………… (281)
1F－441000 相关规范 …………………………………………………… (281)
1F－441010 水利水电工程设计工程量计算规定…………………………………… (281)
1F－441020 水利工程设计概(估)算编制规定 …………………………………… (285)
1F－441030 水利建筑工程预算定额 ……………………………………………… (298)
1F－441040 水电工程设计概算编制规定 ………………………………………… (310)
1F－441050 水利基本建设项目竣工财务决算编制规程 ………………………… (318)
1F－442000 标准文件 …………………………………………………… (321)
1F－442010 技术标准和要求(合同技术条款)(上) ……………………………… (321)
1F－442020 技术标准和要求(合同技术条款)(中) ……………………………… (332)
1F－442030 技术标准和要求(合同技术条款)(下) ……………………………… (339)

1F-450000　水利水电工程技术 ………………………………………………………… (343)

1F-451000　相关规范 ………………………………………………………… (343)

1F-451010　水利水电工程施工测量规范 ……………………………………… (343)

1F-451020　水利水电工程等级划分及洪水标准…………………………………… (349)

1F-451030　水工建筑物水泥灌浆施工技术规范…………………………………… (355)

1F-451040　碾压式土石坝施工规范(上) ……………………………………… (359)

1F-451050　碾压式土石坝施工规范(下) ……………………………………… (371)

1F-451060　混凝土面板堆石坝设计规范 ……………………………………… (376)

1F-451070　混凝土面板堆石坝施工规范 ……………………………………… (380)

1F-451080　混凝土面板堆石坝接缝止水技术规范…………………………………… (389)

1F-451090　水工混凝土施工规范 ………………………………………………… (393)

1F-451100　水工碾压混凝土施工规范 ……………………………………… (410)

1F-451110　堤防工程施工规范……………………………………………………… (416)

1F-451120　水闸施工规范 ………………………………………………………… (427)

1F-451130　泵站施工规范 ………………………………………………………… (442)

1F-460000　施工组织与进度控制 ………………………………………………… (458)

1F-460010　水利水电工程施工组织设计规范 ……………………………………… (458)

参考文献 ……………………………………………………………………………… (488)

随书附赠光盘内容介绍

绪 论

《水利水电工程管理与实务》(简称《实务》)包含水利水电工程基础专业技术、水利水电工程建设与管理知识和水利水电工程项目施工相关法规与标准等三部分内容。按其知识体系和项目管理有关理论划分,可分为安全管理与安全技术、质量管理与质量控制、招(投)标与合同管理、成本控制、水利水电工程技术,以及施工组织与进度控制等方面知识内容。

安全管理,是项目管理一切工作的基础。安全技术相关知识看似简单,然而,要想真正掌握则并非易事,非下工夫不可。事实上,对安全管理相关知识的把握,是需要有对现场环境的感知的。对安全技术相关知识的掌握,则需要有现场某一工种作业的安全技术经验,唯如此,方能触类旁通,达到对整个水利水电安全技术的掌握。用以约束安全管理和安全作业行为的规范条文,应以强制性条文为主;否则,将失去规范类文本应有的约束力。《水利水电建筑安装安全技术工作规程》是一部集水利水电安全管理与安全技术之大成于一体的经典文献,虽已被相关规程取代,但其所透射出的安全管理理念仍具有无可替代的影响力和辐射力。

质量,是施工产品的生命。质量管理与质量控制,通过建设工程项目各参与方质量责任及职能活动的实施得以实现。建设工程项目质量目标的具体定义过程,一方面是在建设工程设计阶段。根据《水利工程质量管理规定》(简称《规定》),设计文件深度应满足相应设计阶段有关规定的要求;设计论证充分,计算成果可靠。另一方面,施工单位为了创品牌工程,或根据建设单位的创优要求及具体情况来确定工程的总体质量目标,策划精品工程的质量控制。根据《规定》,施工单位要推行全面质量管理,建立健全质量保证体系;制定和完善岗位质量规范、质量责任及考核办法,落实质量责任制;在施工过程中,要加强质量检验工作,认真执行"三检制",切实做好工程质量的全过程控制。《水利水电工程施工质量检验与评定规程》,包括《水利水电基本建设工程单元工程质量评定标准》,是指导施工单位实施质量控制的核心文件。

招标、投标,核心在招标。招标组织者(招标人)在整个招标活动中居于主导地位。《实务》中提及的多个与建设程序管理相关的规范性文件,既体现了"项目法人责任制"的要求,也是对招标人、投标人双方项目管理活动共同的约束。《水利水电工程标准施工招标资格预审文件》(含资格预审申请文件格式)提供了招标人对施工招标资格预审有关情况及要求的说明,以及资格审查活动的有关规定。资格预审申请文件,是有投标意向者(申请人)为获取投标资格所需出具的书面文本。申请人通过递交资格预审申请文件,接受招标人对其进行资格审查。《水利水电工程标准施工招标文件》(含投标文件格式,简称《标准文件》)提供了招标人对施工招标有关情况及要求的说明,招标活动的有关规定,以及合同条款及格式。鉴于上述两个文件的特殊重要性,本书对两个文件作了全文收录,以利读者系统阅读以及对招(投)标活动和施工合同条款全貌有较深入的了解。

《关于印发水利水电工程标准施工招标资格预审文件和水利水电工程标准施工招标文件的通知》(水建管〔2009〕629 号)指出,《标准文件》发布后,《水利水电工程施工合同和招标文件示范文本》(GF—2000—0208,简称《示范文本》)同时废止。但在《标准文件》中,以“第 5 章”的相同章序号,一并给出分别按《水利工程工程量清单计价规范》(GB 50501—2007)及《示范文本》中的计算规则计算估算工程量(招标工程量)时相应的工程量清单组成。这意味着,《示范文本》将是一部“废”而不“止”的文件。

《水利水电工程标准施工招标文件　技术标准和要求(合同技术条款)》(简称《技术条款》),即《标准文件》第三卷(第 7 章)“技术标准和要求(合同技术条款)”的内容;因其篇幅较长,故独立成册。《技术条款》不是技术标准;其主要作用是指导招标文件编制人员对技术标准的引用,并据此编写出适合具体工程项目的合同技术条款。换言之,合同技术条款是针对具体工程项目,将合同双方的责任、权利和义务延伸为实物操作内容;是投标人进行投标报价和发包人进行合同支付的实物依据。合同双方执行技术标准和规程规范,应以技术条款引用的内容为准。发包人(监理人)按技术条款约定的质量标准进行质量检查和验收,并按其中的计量及支付条款的约定执行支付。

水利水电工程技术作为《实务》主体知识三大板块之一,所占篇幅虽不很多,但其涵盖的水利水电工程相关知识却异常庞杂,要求学习者具备一定的水利水电专业知识基础。本书“水利水电工程技术”一章收录了《水利水电工程施工测量规范》《水利水电工程等级划分及洪水标准》《水工建筑物水泥灌浆施工技术规范》等十余部规范(但仍有部分规范,如《水工建筑物地下开挖工程施工技术规范》《水利水电工程锚喷支护技术规范》等未收录),力争将诸规范中的核心知识介绍给读者。除规范正文外,书中还穿插收录了规范条文说明中的部分内容,作为对规范正文相关知识的铺垫,以达到帮助读者融会贯通、触类旁通、举一反三的功效,力求使读者学有所获。

水利水电工程技术知识,以施工导流、土石方工程、土石坝工程、混凝土的生产与运输、堤防工程施工技术、水闸施工技术等为重点。本书将混凝土面板堆石坝相关内容作为一个重点,分别收录了《混凝土面板堆石坝设计规范》《混凝土面板堆石坝施工规范》中的相关条文。

混凝土面板堆石坝的特点之一是,可以大量利用枢纽建筑物的有效挖方填筑于坝体不同部位。枢纽布置中,挖方量最小有时并不是最经济的;利用大开挖且能够做到挖、填平衡的枢纽布置方案,有时才是最经济的选择。与其他类型土石坝一样,选定溢洪道位置及型式是枢纽布置中的关键所在。由于土石坝不容许水流漫顶,因此一般规定土石坝应该配置开敞式的岸边溢洪道。随着科技的进步,泄洪隧洞及金属结构的可靠性大为增强,故也允许采用隧洞作为土石坝的泄水建筑物。对泄洪流量不太大,且坝趾处开挖溢洪道条件困难的中小型工程,也有在坝顶设置溢洪道(或非常溢洪道)的实例。

混凝土面板堆石坝对地形地质条件的适应性是很强的,许多工程都将趾板置于砂砾石层上。其对地质条件的要求,主要体现在须选择适当的趾板线位置。堆石坝是一种重力式结构,地基强度与变形模量易于满足,渗流控制问题是其主要问题。重要的是,施工时能否保证垫层料级配连续并有一定的渗透系数及反滤作用,以及坝体填料同相邻部位的过渡关系是否真正满足相应要求。现代混凝土面板堆石坝一般采用薄型趾板,将其视为地基防渗结构与混凝土面板间的连接结构，只起防渗作用，而不作为受力结构。在砂砾石地基上修建混凝土面板堆石坝时，常将地基混凝土防渗墙放在上游坡脚上游一定距离，与坝体施工互不干扰，最后以置于砂砾石层上的趾板（连接板）将混凝土防渗墙与混凝土面板相连接，其两端接缝均按周边缝处理，用以吸收可能的不均匀变形；可以先浇与面板连接的连接板，以不影响面板浇筑，最后再浇与防渗墙连接的一块。

对于周边缝的防渗处理，我国吸取国外经验，一般采用表层塑性填料、中部塑胶止水片和底部铜止水片的三道止水方案。中低面板坝的 30～40cm 等厚面板，设置三道止水的空间相当紧张，特别是中间止水影响其周围混凝土振实，甚至人为地形成绕渗通道。故设计上取消了中间止水，形成表层塑性填料及底部铜止水片两道止水的结构。与此同时，还在面板下部不能检修的部位，在面板上游设黏土铺盖，起辅助防渗作用；周边缝下又设能起反滤作用的垫层小区，其级配比一般垫层区更细。这样，周边缝的防渗结构，从上游到下游，有上游的黏土铺盖、接缝的止水和下游反滤垫层三道防线；接缝止水又有表层塑性填料覆盖、中部塑胶止水和底部铜止水的三道防线。现代面板，还有以粉煤灰、粉细砂覆盖缝面，配合缝底垫层反滤料，使张开缝淤填自愈的措施。就垂直缝而言，其在靠近岸坡处是受拉的，而在河床中间部位的部分是受压的；受拉或是受压，其分布与地形有关。受拉垂直缝的止水结构与周边缝相同，亦可省略表层或中部止水，而设两道止水。受压垂直缝则只设一道底部铜止水片。水平缝，即面板起始块与条块间及分期浇筑的面板间的接缝，呈水平方向；工程中，都是按施工缝处理的，即缝面不设止水，而使垂直于缝面的钢筋穿过缝面，并使位于钢筋面以上的缝面混凝土垂直于面板，钢筋面以下则呈水平向；续浇时，清理缝面后凿毛，先浇一层水泥砂浆后，再正常浇筑后续面板。面板与防浪墙间的水平缝，施工中一般都是用两道止水，即底部铜止水和表层塑性填料；有时也用中部塑胶止水和表面塑性填料，以便与防浪墙止水联结，形成封闭的止水系统。

无轨滑模在我国面板坝工程中得到普遍推广。用有轨滑模时，要用小模板先浇筑起始三角块至形成水平缝后，才用滑模浇筑。而无轨滑模可以一起连续浇筑，不需先浇起始块。对趾板线较平缓的，可用旋转法，使滑模与斜边平行，固定一端，边浇筑边转动滑模至水平位置，再正常浇筑；斜边较陡时，可将滑模置于相邻块上，在趾板反力和钢丝绳作用下，使滑模沿趾板平移直至浇完起始块，然后正常滑升。

水电工程施工组织设计，按基本建设程序，分为三个阶段进行，即可行性研究报告阶段、初步设计阶段、技术设计阶段。这三个阶段施工组织设计的界限，主要依据其任务目的来划分。初步设计经国家批准，并已列入国家基本建设计划的项目，应在初步设计文件的施工组织设计基础上编制招标文件，以便进行招标。与招标文件相应的施工规划（施工组织设计），由设计单位编制。国家是以初步设计总概算投资额来控制工程总投资的。招标文件标的（标底）的标价，应低于总投资概算。投标书阶段的施工规划（施工组织设计），是由资格预审合格的投标单位根据招标文件中所提供的工程量报价单，以及通用合同条款（专用合同条款）中规定的施工技术要求和图纸进行编制，提出需报价的各项工程单价和满足招标文件要求的施工计划、施工方法说明、施工机械设备。合同实施阶段的施工组织设计，由中标的承包单位承担，其内容要求在合同文件中规定，一般包括提出施工所需的图纸、计算成果，以及关于材料和设备的数据等。

《水利水电工程施工组织设计规范》(简称《规范》)是指导施工单位编制施工组织设计(施工措施设计),组织施工,以及实施进度控制的纲领性文件。水利水电工程施工组织,导流任务安排是关键。其主要思想是,采取导、截、拦、蓄、泄等工程措施,来解决施工同水流蓄、泄之间的矛盾;避免水流对水工建筑物施工的不利影响,把水流全部(或部分)导向下游(或拦蓄起来),以保证水工建筑物的干地施工和在施工期内不影响(或尽可能少影响)水资源的综合利用。《规范》中,虽将"主体工程施工"有关内容安排在靠前的章节,但进行施工措施设计时,首先要编好施工准备工程的施工措施设计;它的内容,应着重对施工总布置进行周密的规划部署,并按施工总进度要求,安排出切合实际的准备工程实施方案。在组织主体工程施工时,应合理安排施工程序和顺序,以利为后续工程创造良好条件;尽量采用国内(外)先进施工技术,科学地确定施工方案;贯彻工厂预制与现场预制相结合的方针,提高建筑工业化程度;充分发挥机械效能,提高施工机械化程度。实施进度控制,应严格遵守合同规定的工程竣工及交付使用期限;采用流水施工方法和网络计划技术安排进度计划;加强季节性施工措施保障,确保全年连续施工。《规范》中有关施工导流标准的内容,因专业性较强,故本书未作介绍。

1F－410000　安全管理与安全技术

1F－411000　规范性文件

1F－411010　水利工程建设安全生产管理规定

《水利工程建设安全生产管理规定》(水利部令第26号,简称《规定》)总则指出,本规定适用于水利工程的新建、扩建、改建、加固和拆除等活动及水利工程建设安全生产的监督管理。

前款所称水利工程,是指防洪、除涝、灌溉、水力发电、供水、围垦等各类水利工程(包括配套与附属工程)。

总则指出,水利工程建设安全生产管理,坚持安全第一,预防为主的方针。

1F－411011　项目法人的安全责任

《规定》第六条至第十一条对项目法人的安全责任作出规定。

第六条　项目法人在对施工投标单位进行资格审查时,应当对投标单位的主要负责人、项目负责人以及专职安全生产管理人员是否经水行政主管部门安全生产考核合格进行审查。有关人员未经考核合格的,不得认定投标单位的投标资格。

第七条　项目法人应当向施工单位提供施工现场及施工可能影响的毗邻区域内供水、排水、供电、供气、供热、通讯、广播电视等地下管线资料,气象和水文观测资料,拟建工程可能影响的相邻建筑物和构筑物、地下工程的有关资料,并保证有关资料的真实、准确、完整,满足有关技术规范的要求。对可能影响施工报价的资料,应当在招标时提供。

第八条　项目法人不得调减或挪用已批准概算中所确定的水利工程建设有关安全作业环境及安全施工措施等所需费用。工程承包合同中应当明确安全作业环境及安全施工措施所需费用。

第九条　项目法人应当组织编制保证安全生产的措施方案,并自开工报告批准之日起15日内报有管辖权的水行政主管部门、流域管理机构或者其委托的水利工程建设安全生产监督机构(简称安全生产监督机构)备案。建设过程中安全生产的情况发生变化时,应当及时对保证安全生产的措施方案进行调整,并报原备案机关。

保证安全生产的措施方案,应当根据有关法律法规、强制性标准和技术规范的要求并结合工程的具体情况编制,应当包括以下内容:

(一)项目概况;

(二)编制依据;

(三)安全生产管理机构及相关负责人;

(四)安全生产的有关规章制度制定情况;

(五)安全生产管理人员及特种作业人员持证上岗情况等;

(六)生产安全事故的应急救援预案;

(七)工程度汛方案、措施;

(八)其他有关事项。

第十条　项目法人在水利工程开工前,应当就落实保证安全生产的措施进行全面系统的布置,明确施工单位的安全生产责任。

第十一条　项目法人应当将水利工程中的拆除工程和爆破工程发包给具有相应水利水电工程施工资质等级的施工单位。

项目法人应当在拆除工程或者爆破工程施工 15 日前,将下列资料报送水行政主管部门、流域管理机构或者其委托的安全生产监督机构备案:

(一)施工单位资质等级证明;

(二)拟拆除或拟爆破的工程及可能危及毗邻建筑物的说明;

(三)施工组织方案;

(四)堆放、清除废弃物的措施;

(五)生产安全事故的应急救援预案。

1F-411012　勘察(测)、设计、建设监理及其他有关单位的安全责任

《规定》第十二条至第十五条对勘察(测)、设计、建设监理及其他有关单位的安全责任作出规定。

第十二条　勘察(测)单位应当按照法律、法规和工程建设强制性标准进行勘察(测),提供的勘察(测)文件必须真实、准确,满足水利工程建设安全生产的需要。

勘察(测)单位在勘察(测)作业时,应当严格执行操作规程,采取措施保证各类管线、设施和周边建筑物、构筑物的安全。

勘察(测)单位和有关勘察(测)人员应当对其勘察(测)成果负责。

第十三条　设计单位应当按照法律、法规和工程建设强制性标准进行设计,并考虑项目周边环境对施工安全的影响,防止因设计不合理导致生产安全事故的发生。

设计单位应当考虑施工安全操作和防护的需要,对涉及施工安全的重点部位和环节应在设计文件中注明,并对防范生产安全事故提出指导意见。

采用新结构、新材料、新工艺以及特殊结构的水利工程,设计单位应当在设计中提出保障施工作业人员安全和预防生产安全事故的措施建议。

设计单位和有关设计人员应当对其设计成果负责。

设计单位应当参与与设计有关的生产安全事故分析,并承担相应的责任。

第十四条　建设监理单位和监理人员应当按照法律、法规和工程建设强制性标准实施监理,并对水利工程建设安全生产承担监理责任。

建设监理单位应当审查施工组织设计中的安全技术措施或者专项施工方案是否符合工程建设强制性标准。

建设监理单位在实施监理过程中,发现存在生产安全事故隐患的,应当要求施工单位

整改；对情况严重的，应当要求施工单位暂时停止施工，并及时向水行政主管部门、流域管理机构或者其委托的安全生产监督机构以及项目法人报告。

第十五条　为水利工程提供机械设备和配件的单位，应当按照安全施工的要求提供机械设备和配件，配备齐全有效的保险、限位等安全设施和装置，提供有关安全操作的说明，保证其提供的机械设备和配件等产品的质量和安全性能达到国家有关技术标准。

1F－411013　施工单位的安全责任

《规定》第十六条至第二十五条对施工单位的安全责任作出规定。

第十六条　施工单位从事水利工程的新建、扩建、改建、加固和拆除等活动，应当具备国家规定的注册资本、专业技术人员、技术装备和安全生产等条件，依法取得相应等级的资质证书，并在其资质等级许可的范围内承揽工程。

第十七条　施工单位应当依法取得安全生产许可证后，方可从事水利工程施工活动。

第十八条　施工单位主要负责人依法对本单位的安全生产工作全面负责。施工单位应当建立健全安全生产责任制度和安全生产教育培训制度，制定安全生产规章制度和操作规程，保证本单位建立和完善安全生产条件所需资金的投入，对所承担的水利工程进行定期和专项安全检查，并做好安全检查记录。

施工单位的项目负责人应当由取得相应执业资格的人员担任，对水利工程建设项目的安全施工负责，落实安全生产责任制度、安全生产规章制度和操作规程，确保安全生产费用的有效使用，并根据工程的特点组织制定安全施工措施，消除安全事故隐患，及时、如实报告生产安全事故。

第十九条　施工单位在工程报价中应当包含工程施工的安全作业环境及安全施工措施所需费用。对列入建设工程概算的上述费用，应当用于施工安全防护用具及设施的采购和更新、安全施工措施的落实、安全生产条件的改善，不得挪作他用。

第二十条　施工单位应当设立安全生产管理机构，按照国家有关规定配备专职安全生产管理人员。施工现场必须有专职安全生产管理人员。

专职安全生产管理人员负责对安全生产进行现场监督检查。发现生产安全事故隐患，应当及时向项目负责人和安全生产管理机构报告；对违章指挥、违章操作的，应当立即制止。

第二十一条　施工单位在建设有度汛要求的水利工程时，应当根据项目法人编制的工程度汛方案、措施制定相应的度汛方案，报项目法人批准；涉及防汛调度或者影响其他工程、设施度汛安全的，由项目法人报有管辖权的防汛指挥机构批准。

第二十二条　垂直运输机械作业人员、安装拆卸工、爆破作业人员、起重信号工、登高架设作业人员等特种作业人员，必须按照国家有关规定经过专门的安全作业培训，并取得特种作业操作资格证书后，方可上岗作业。

第二十三条　施工单位应当在施工组织设计中编制安全技术措施和施工现场临时用电方案，对下列达到一定规模的危险性较大的工程应当编制专项施工方案，并附具安全验算结果，经施工单位技术负责人签字以及总监理工程师核签后实施，由专职安全生产管理人员进行现场监督：

(一)基坑支护与降水工程;

(二)土方和石方开挖工程;

(三)模板工程;

(四)起重吊装工程;

(五)脚手架工程;

(六)拆除、爆破工程;

(七)围堰工程;

(八)其他危险性较大的工程。

对前款所列工程中涉及高边坡、深基坑、地下暗挖工程、高大模板工程的专项施工方案,施工单位还应当组织专家进行论证、审查。

第二十四条　施工单位在使用施工起重机械和整体提升脚手架、模板等自升式架设设施前,应当组织有关单位进行验收,也可以委托具有相应资质的检验检测机构进行验收;使用承租的机械设备和施工机具及配件的,由施工总承包单位、分包单位、出租单位和安装单位共同进行验收。验收合格的,方可使用。

第二十五条　施工单位的主要负责人、项目负责人、专职安全生产管理人员,应当经水行政主管部门安全生产考核合格后,方可任职。

施工单位应当对管理人员和作业人员每年至少进行一次安全生产教育培训,并将其接受教育培训情况记入个人工作档案。安全生产教育培训考核不合格的人员,不得上岗。

施工单位在采用新技术、新工艺、新设备、新材料时,应当对作业人员进行相应的安全生产教育培训。

1F-411014　监督管理

《规定》第二十六条至第三十三条对水利工程建设安全生产的监督管理作出规定。

第二十六条　水行政主管部门和流域管理机构按照分级管理权限,负责水利工程建设安全生产的监督管理。水行政主管部门或者流域管理机构委托的安全生产监督机构,负责水利工程施工现场的具体监督检查工作。

第二十七条　水利部负责全国水利工程建设安全生产的监督管理工作。其主要职责是:

(一)贯彻、执行国家有关安全生产的法律、法规和政策,制定有关水利工程建设安全生产的规章、规范性文件和技术标准;

(二)监督、指导全国水利工程建设安全生产工作,组织开展对全国水利工程建设安全生产情况的监督检查;

(三)组织、指导全国水利工程建设安全生产监督机构的建设、考核和安全生产监督人员的考核工作以及水利水电工程施工单位的主要负责人、项目负责人和专职安全生产管理人员的安全生产考核工作。

第二十八条　流域管理机构负责所管辖的水利工程建设项目的安全生产监督工作。

第二十九条　省、自治区、直辖市人民政府水行政主管部门负责本行政区域内所管辖的水利工程建设安全生产的监督管理工作。其主要职责是:

(一)贯彻、执行有关安全生产的法律、法规、规章、政策和技术标准,制定地方有关水利工程建设安全生产的规范性文件;

(二)监督、指导本行政区域内所管辖的水利工程建设安全生产工作,组织开展对本行政区域内所管辖的水利工程建设安全生产情况的监督检查;

(三)组织、指导本行政区域内水利工程建设安全生产监督机构的建设工作以及有关的水利水电工程施工单位的主要负责人、项目负责人和专职安全生产管理人员的安全生产考核工作。

市、县级人民政府水行政主管部门水利工程建设安全生产的监督管理职责,由省、自治区、直辖市人民政府水行政主管部门规定。

第三十条 水行政主管部门或者流域管理机构委托的安全生产监督机构,应当严格按照有关安全生产的法律、法规、规章和技术标准,对水利工程施工现场实施监督检查。

安全生产监督机构应当配备一定数量的专职安全生产监督人员。安全生产监督机构以及安全生产监督人员应当经水利部考核合格。

第三十一条 水行政主管部门或者其委托的安全生产监督机构应当自收到本规定第九条和第十一条规定的有关备案资料后20日内,将有关备案资料抄送同级安全生产监督管理部门。经流域管理机构备案的资料,应抄送项目所在地省级安全生产监督管理部门,并报水利部备案。

第三十二条 水行政主管部门、流域管理机构或者其委托的安全生产监督机构依法履行安全生产监督检查职责时,有权采取下列措施:

(一)要求被检查单位提供有关安全生产的文件和资料;

(二)进入被检查单位施工现场进行检查;

(三)纠正施工中违反安全生产要求的行为;

(四)对检查中发现的安全事故隐患,责令立即排除;重大安全事故隐患排除前或者排除过程中无法保证安全的,责令从危险区域内撤出作业人员或者暂时停止施工。

第三十三条 各级水行政主管部门和流域管理机构应当建立举报制度,及时受理对水利工程建设生产安全事故及安全事故隐患的检举、控告和投诉;对超出管理权限的,应当及时转送有管理权限的部门。举报制度应当包括以下内容:

(一)公布举报电话、信箱或者电子邮件地址,受理对水利工程建设安全生产的举报;

(二)对举报事项进行调查核实,并形成书面材料;

(三)督促落实整顿措施,依法作出处理。

1F-411015 生产安全事故的应急救援和调查处理

《规定》第三十四条至第三十九条对生产安全事故的应急救援和调查处理作出规定。

第三十四条 各级地方人民政府水行政主管部门应当根据本级人民政府的要求,制定本行政区域内水利工程建设特大生产安全事故应急救援预案,并报上一级人民政府水行政主管部门备案。流域管理机构应当编制所管辖的水利工程建设特大生产安全事故应急救援预案,并报水利部备案。

第三十五条 项目法人应当组织制定本建设项目的生产安全事故应急救援预案,并定期组织演练。应急救援预案应当包括紧急救援的组织机构、人员配备、物资准备、人员财产救援措施、事故分析与报告等方面的方案。

第三十六条 施工单位应当根据水利工程施工的特点和范围,对施工现场易发生重大事故的部位、环节进行监控,制定施工现场生产安全事故应急救援预案。实行施工总承包的,由总承包单位统一组织编制水利工程建设生产安全事故应急救援预案;工程总承包单位和分包单位按照应急救援预案,各自建立应急救援组织或者配备应急救援人员,配备救援器材、设备,并定期组织演练。

第三十七条 施工单位发生生产安全事故,应当按照国家有关伤亡事故报告和调查处理的规定,及时、如实地向负责安全生产监督管理的部门以及水行政主管部门或者流域管理机构报告;特种设备发生事故的,还应当同时向特种设备安全监督管理部门报告。接到报告的部门应当按照国家有关规定,如实上报。

实行施工总承包的建设工程,由总承包单位负责上报事故。

发生生产安全事故,项目法人及其他有关单位应当及时、如实地向负责安全生产监督管理的部门以及水行政主管部门或者流域管理机构报告。

第三十八条 发生生产安全事故后,有关单位应当采取措施防止事故扩大,保护事故现场;需要移动现场物品时,应当做出标记和书面记录,并妥善保管有关证物。

第三十九条 水利工程建设生产安全事故的调查、对事故责任单位和责任人的处罚与处理,按照有关法律、法规的规定执行。

1F-411020 水利工程建设重大质量与安全事故应急预案

《水利工程建设重大质量与安全事故应急预案》(水建管〔2006〕202 号)按事故的严重程度和影响范围,将水利工程建设质量与安全事故分为Ⅰ、Ⅱ、Ⅲ、Ⅳ四级。对应相应事故等级,采取Ⅰ级、Ⅱ级、Ⅲ级、Ⅳ级应急响应行动。其中:

(1)Ⅰ级(特别重大质量与安全事故)。已经或者可能导致死亡(含失踪)30 人以上(含本数,下同),或重伤(中毒)100 人以上,或需要紧急转移安置 10 万人以上,或直接经济损失 1 亿元以上的事故。

(2)Ⅱ级(特大质量与安全事故)。已经或者可能导致死亡(含失踪)10 人以上、30 人以下(不含本数,下同),或重伤(中毒)50 人以上、100 人以下,或需要紧急转移安置 1 万人以上、10 万人以下,或直接经济损失 5000 万元以上、1 亿元以下的事故。

(3)Ⅲ级(重大质量与安全事故)。已经或者可能导致死亡(含失踪)3 人以上、10 人以下,或重伤(中毒)30 人以上、50 人以下,或直接经济损失 1000 万元以上、5000 万元以下的事故。

(4)Ⅳ级(较大质量与安全事故)。已经或者可能导致死亡(含失踪)3 人以下,或重伤(中毒)30 人以下,或直接经济损失 1000 万元以下的事故。

一、应急组织指挥体系

水利工程建设重大质量与安全事故应急组织指挥体系,由水利部及流域机构、各级水行政主管部门的水利工程建设重大质量与安全事故应急指挥部,以及地方各级人民政府、水利工程建设项目法人及施工等工程参建单位的质量与安全事故应急指挥部组成。

二、施工单位应急救援组织及职责

承担水利工程施工的施工单位，应当制定本单位施工质量与安全事故应急预案；建立应急救援组织或者配备应急救援人员，配备必要的应急救援器材、设备，并定期组织演练；明确专人负责维护救援器材、设备等。

在工程项目开工前，施工单位应当根据所承担工程项目的施工特点和范围，制定施工现场施工质量与安全事故应急预案；建立应急救援组织或配备应急救援人员，并明确职责。

在承包单位的统一组织下，工程施工分包单位（包括工程分包和劳务作业分包）应当按照施工现场施工质量与安全事故应急预案，建立各自的应急救援组织或配备应急救援人员，并明确职责。

三、事故报告

水利工程建设重大质量与安全事故发生后，事故现场有关人员应当立即报告本单位负责人；项目法人、施工单位等应当立即将事故情况按项目管理权限，如实向流域机构或水行政主管部门和事故所在地人民政府报告，最迟不得超过 4 小时；流域机构或水行政主管部门接到事故报告后，应当立即报告上级水行政主管部门和水利部工程建设事故应急指挥部（其中，法定工作日，向水利部工程建设事故应急指挥部办公室报告；夜间和节假日，向水利部总值班室报告。总值班室归口负责向国务院报告）。

水利工程建设过程中发生生产安全事故的，项目法人、施工单位等还应同时向事故所在地安全生产监督局报告；特种设备发生事故，应当同时向特种设备安全监督管理部门报告。接到报告的部门，应当按照国家有关规定如实上报。

特别紧急的情况下，项目法人和施工单位以及各级水行政主管部门可直接向水利部报告。

事故发生后，及时报告以下内容：

(1)发生事故的工程名称、地点、建设规模和工期，事故发生的时间、地点、简要经过、事故类别和等级、人员伤亡及直接经济损失初步估算；

(2)有关项目法人、施工单位、主管部门名称及负责人联系电话，施工等单位的名称、资质等级；

(3)事故报告单位、报告签发人及报告时间和联系电话等。

根据事故处置情况，及时续报以下内容：

(1)项目法人、勘察、设计、施工、监理等工程参建单位名称、资质等级情况，有关单位项目负责人的姓名及执业资格；

(2)事故原因分析；

(3)事故发生后采取的应急处置措施及事故控制情况；

(4)抢险交通道路可使用情况；

(5)其他需要报告的有关事项。

四、指挥协调和紧急处置

水利工程建设发生质量与安全事故后，在工程所在地人民政府的统一领导下，迅速成立事故现场应急处置指挥机构，负责统一领导、统一指挥、统一协调事故应急救援工作。事故现场应急处置指挥机构，由到达现场的各级应急指挥部和项目法人、施工等工程参建单位组成。

水利工程建设发生重大质量与安全事故后,项目法人和施工等工程参建单位必须迅速、有效地实施先期处置,防止事故进一步扩大,并全力协助开展事故应急处置工作。

五、事故调查

事故调查报告,应当包括以下内容:

(1)发生事故的工程基本情况;

(2)调查中查明的事实;

(3)事故原因分析及主要依据;

(4)事故发展过程及造成的后果(包括人员伤亡、经济损失)分析、评估;

(5)采取的主要应急响应措施及其有效性;

(6)事故结论;

(7)事故责任单位、事故责任人及对其处理建议;

(8)调查中尚未解决的问题;

(9)经验教训和有关水利工程建设质量与安全的建议;

(10)各种必要的附件。

1F-411030 水利系统文明建设工地评审管理办法

《水利系统文明建设工地评审管理办法》(建地〔1998〕4号,简称《办法》)主要内容如下:

水利系统文明建设工地的评审工作由水利部优质工程审定委员会负责。审定委员会办公室负责受理工程项目的申报、资格初审等日常工作。水利系统文明建设工地每两年评选一次。凡在中华人民共和国境内在建的大、中型水利(水电)工程项目,具备条件的都可申报。

申报水利系统文明建设工地的项目,应满足下列条件:

(1)已完成工程量一般应达全部建安工程量的30%以上。

(2)工程未发生过严重违法乱纪事件和重大质量、安全事故。

(3)符合《水利系统文明建设工地考核标准》的要求。

参评水利系统文明建设工地,由项目法人或建设单位负责申报。具体规定为:①部直属项目,由项目法人或建设单位直接上报;②以水利部投资为主的项目、跨省区边界的项目,由流域机构进行审查后上报;③地方项目,由省、自治区、直辖市水利(水电)厅(局)审查后上报。

各流域机构或省级水行政主管部门需根据《水利系统文明建设工地考核标准》(见后),在进行检查评比的基础上,向部排序推荐。推荐工程项目,要坚持高标准、严要求,认真审查,严格把关。

申报单位须填写《水利系统文明建设工地申报表》一式两份,其中一份应附项目简介以及反映工程文明工地建设情况的录像带或照片(至少10张)等有关资料,于当年4月份报水利部优质工程审定委员会办公室。

《办法》后附《水利系统文明建设工地考核标准》。考核标准,涉及精神文明建设、工程建设管理水平和施工区环境三个方面。

一、精神文明建设(30%)

主要要求包括:成立创建文明建设工地的组织机构,制定创建文明建设工地的规划和办法并认真实行;积极开展职业道德、职业纪律教育,制定并执行岗位和劳动技能培训计划;群众文体生活丰富多采,职工有良好的精神面貌,工地有良好的文明氛围,宣传工作抓得好;工程建设各方能够遵纪守法,无违法违纪和腐败现象。

二、工程建设管理水平(40%)

(1)工程实施符合基本建设程序。主要包括:①工程建设符合国家的政策、法规,严格按基建程序办事;②按部有关文件要求,实行招标投标制和建设监理制,且做到规范化;③工程实施过程中,能严格进行合同管理,合理控制投资、工期、质量;验收程序符合要求;④建设单位与监理、施工、设计等单位间关系融洽、协调。

(2)工程质量管理井然有序。主要包括:①工程施工质量检查体系及质量保证体系健全;②工地实验室拥有必要的检测设备;③各种档案资料真实可靠,填写规范、完整;④工程内在及外观质量优良,单元工程优良品率达到70%以上,未发生过重大质量事故;⑤出现质量事故,能按照"三不放过"原则及时处理。

(3)施工安全措施周密。主要包括:①建立以责任制为核心的安全管理和保证体系,配备专职或兼职安全员;②认真贯彻国家有关施工安全的各项规定及标准,并制定了安全保证制度;③施工现场无不符合安全操作规程的状况;④一般伤亡事故控制在标准范围内,未发生重大安全事故。

(4)内部管理制度健全,建设资金的使用合理、合法。

三、施工区环境(30%)

主要包括:①现场材料堆放,以及施工机械停放有序、整齐;②施工现场道路平整、畅通;③施工现场排水畅通,无严重积水现象;④施工现场做到工完场清,建筑垃圾集中堆放并及时清运;⑤危险区域有醒目的安全警示牌,夜间作业设有警示灯;⑥施工区与生活区应挂设文明施工标牌或文明施工规章制度;⑦办公室、宿舍、食堂等公共场所整洁、卫生,有条理;⑧工区内社会治安环境稳定,未发生严重打架斗殴事件,无黄、赌、毒等社会丑恶现象;⑨能注意正确协调及处理与当地政府及周围群众的关系。

1F－411040　水利水电工程施工企业主要负责人、项目负责人和专职安全生产管理人员安全生产考核管理暂行规定

《水利水电工程施工企业主要负责人、项目负责人和专职安全生产管理人员安全生产考核管理暂行规定》(水建管〔2004〕168号,简称《规定》)对水利水电工程施工企业主要负责人、项目负责人和专职安全生产管理人员安全生产考核作出规定。

《规定》所称施工企业主要负责人,是指对本企业日常生产经营活动和安全生产工作全面负责、有生产经营决策权的人员,包括企业法定代表人、经理、企业分管安全生产工作的副经理等。

施工企业项目负责人,是指由企业法定代表人授权,负责水利水电工程项目施工管理,并对企业法定代表人负责的人员。

施工企业专职安全生产管理人员,是指企业专职从事安全生产管理工作的人员,包括企业安全生产管理机构的负责人及工作人员和施工现场专职安全员。

水利水电工程施工企业管理人员,必须经水行政主管部门安全生产考核,并取得安全生产考核合格证书后,方可担任相应职务。

水利部,负责进行全国水利水电工程施工企业管理人员安全生产考核工作的统一管理,并负责组织水利水电工程施工总承包一级(含一级)以上资质、专业承包一级资质施工企业以及部直属施工企业的施工企业管理人员水利水电工程安全生产知识和能力考核。考核合格证书加盖水利部印章及“水利部建筑施工企业管理人员安全生产考核合格证书专用章”钢印。

各省、自治区、直辖市水利(水务)厅(局),负责组织对本行政区域内水利水电工程施工总承包二级(含二级)以下资质、专业承包二级(含二级)以下资质施工企业的施工企业管理人员水利水电工程安全生产知识和能力考核。考核合格证书加盖发证机关公章及专用钢印。

安全生产考核合格证书,采用建设部规定样式并统一印制的证书。

水利水电工程施工企业管理人员变更姓名、所在法人单位等,应在一个月内到原安全生产考核合格证书发证机关办理变更手续。

水利水电工程施工企业管理人员安全生产考核合格证书有效期为 3 年。有效期满需要延期的,应当于期满前 3 个月内向原发证机关申请办理延期手续。

水利水电工程施工企业管理人员在安全生产考核合格证书有效期内,严格遵守安全生产法律法规,认真履行安全生产职责,按规定接受企业年度水利水电工程安全生产教育培训,所管辖职责范围内未发生死亡事故的,其安全生产考核合格证书有效期届满时,经原考核发证机关同意,不再考核,安全生产考核合格证书有效期延期 3 年。

1F－411050　水电建设工程施工安全管理暂行办法

《水电建设工程施工安全管理暂行办法》(电水农〔1993〕583 号,简称《办法》)总则指出,水电建设工程施工,必须坚持“安全第一,预防为主”的方针,认真贯彻执行国家有关安全生产的法律、法规和方针、政策。

总则指出,水电建设工程施工安全管理工作贯彻“安全生产,人人有责”的原则,实行建设项目的业主、建设单位统一监督、协调,施工企业、设计院各负其责的管理体制。建设单位、施工企业和设计院应组成工程施工安全领导小组,负责工程施工安全工作的监督、协调。

总则指出,建设项目业主、建设单位、施工企业和设计院的行政正职是安全工作的第一责任者,对建设项目或本单位的安全工作负领导责任。各单位在工程项目上的行政负责人分别对本单位在工程建设中的安全工作负直接领导责任。

《办法》第七条至第十四条对水电建设工程安全管理机构与职责作出规定。

第七条　电力工业部,是水电建设安全工作的归口管理部门,负责水电建设施工的安全监察管理。其主要职责是:

(1)贯彻国家关于安全生产工作的法律、法规和方针、政策;

（2）制定、修订、颁发水电建设安全生产管理办法和规定；

（3）监督、检查水电建设行业安全生产情况，协调解决安全工作中的重大问题；

（4）组织对特别重大事故的调查处理，协调对重大事故的调查处理。

第八条　主管单位职责。

建设单位、施工企业、设计院等的主管单位，对所属单位的安全工作负行政领导责任；督促、帮助所属单位建立、健全适应工程建设需要的安全工作体系和以安全生产责任制为核心的安全管理制度，遵守国家和行业法规，强化约束机制，保证工程建设的安全；组织对重大事故的调查处理；受部委托，组织或参加对特别重大事故的调查。

第九条　建设项目业主职责。

按照“管项目必须管安全”的原则，建设项目业主应对建设项目施工安全工作进行监督、协调。

（1）贯彻国家、部有关安全生产的规定、办法和工作部署；

（2）根据工程实际情况，明确建设单位在安全管理工作中的具体职责；审定建设单位组织制定的工程项目安全管理制度；

（3）审批工程建设中的重大安全技术措施，协调有关经费的落实；

（4）加强与建设项目所在地政府和有关部门的联系，取得地方政府和有关部门对工程安全工作的支持；

（5）协助对重大和特别重大事故的调查处理；

（6）指导工程施工安全领导小组的工作。

第十条　建设单位职责。

建设单位对工程建设安全管理工作，负有全面监督管理的责任。

（1）为施工企业的安全生产创造必要条件。在进行建设项目分标和现场施工布置时，应充分考虑施工干扰对安全施工的影响。

（2）审查投标施工企业的资质等级证书、营业执照、项目经理和总工程师资质及企业以往的工程业绩，确保施工企业的能力符合工程建设的要求。

（3）在招标文件中必须提出明确的安全技术要求，并监督有关技术措施的落实。

（4）组织编制建设项目的安全管理制度和重大安全技术措施，并组织或协助落实有关经费，报业主审批后实施。

（5）当施工企业的安全管理工作严重失控，施工安全没有保证时，有权责令其停产整顿，由此产生的损失由施工企业承担。

（6）协助对各类事故的调查处理；负责建立工程安全档案，并进行统计分析。

（7）负责组建工程施工安全领导小组，并担任组长单位。

第十一条　工程监理单位职责。

工程监理，是建设单位管理工作的一部分。监理单位领导，应参加工程施工安全领导小组。经建设单位委派，工程监理单位可代表建设单位对施工现场的安全情况进行监督管理；必要时，协助对各类事故的调查处理。

第十二条　施工企业职责。

坚持“管生产必须管安全”的原则，负责承包工程的施工安全。

(1)认真执行国家及上级主管部门颁发的安全生产法规和规定。

(2)建立、健全与工程建设相适应的安全管理机构、安全工作体系和以安全生产责任制为核心的安全管理制度。

(3)在制定施工组织设计时,必须制定安全技术措施计划,并经逐级审核、审定后,组织实施;必要时,应报建设单位核备。

(4)坚持在计划、布置、检查、总结和评比生产的同时,计划、布置、检查、总结和评比安全工作。

(5)组织对本企业职工的经常性安全教育和技术培训,提高职工的安全素质和自我保护能力;班、组长,应进行轮训。

(6)企业的安全管理机构,应总结安全管理经验,积极推广应用现代安全管理新技术,使安全管理工作逐步科学化、现代化。

(7)对分包单位及本企业使用的临时工,进行安全施工资格审查;对其施工安全,进行监督、指导。

(8)组织对本企业一般事故和较大事故的调查处理,协助重大和特别重大事故的调查处理。

(9)建设项目的主要施工单位,应委派项目负责人参加工程施工安全领导小组。

第十三条 设计院职责。

设计院,应把施工安全贯彻于技施设计的全过程,努力为施工安全创造条件。

(1)工程设计,必须符合国家及行业标准以及部颁规程、规范和规定。

(2)对施工风险较大部位的设计,必须把施工安全放在首位,充分考虑施工条件和技术措施;必要时,应参与编制施工安全措施实施细则,或参与安全监测系统的设计。

(3)对施工中遇到影响安全的各种险情,必须按规定做好测(预)报工作;及时向建设单位建议采取有效的技术防护措施,并提出措施实施所需的费用。

(4)协助对各类事故的调查处理;对重大质量事故,应提出处理方案。

(5)委派工程设计负责人参加工程施工安全领导小组。

第十四条 工程施工安全领导小组职责。

(1)协调工程建设各方的安全管理工作;分析工程安全生产形势,积极倡导并推动安全、文明施工。

(2)研究、落实工程施工过程中重大安全技术问题的处理措施及相应的费用。

(3)根据工程不同施工阶段的特点,定期或不定期组织安全生产大检查;对查出的问题,督促有关单位及时整改。

(4)协助重大和特别重大事故的调查处理。

(5)其他需要工程施工安全领导小组处理的工作。

1F-411060 国家电网公司水电建设项目法人单位安全生产管理规定

《国家电网公司水电建设项目法人单位安全生产管理规定》对水电建设项目法人单位安全生产管理职责作出规定。其有关条文如下:

第二条 工程项目法人单位,是工程建设安全管理第一责任者;对项目建设全过程的安全生产负总责;承担项目建设安全生产的组织、协调及监督责任。

第四条 工程项目法人单位要根据施工安全的需要,建立、健全项目的安全管理制度。主要包括:安全生产责任制;安全检查制度;重大危险作业、重大安全技术措施审批制度;安全措施补助费审批制度;安全培训制度;施工供、用电管理制度;施工区交通安全管理制度;防尘、防毒、防火、防爆安全管理制度;安全例会制度;安全考核与安全奖惩制度;事故统计、报告制度;施工单位安全资质审查制度等。

第六条 建设项目,设立由项目法人单位牵头组建的安全生产委员会;项目法人单位的行政一把手任主任,设计、监理、施工等单位的主要领导为委员。安全生产委员会的主要职责是:动员和组织参建单位及职工,贯彻落实国家有关安全生产的法令、法规、方针及政策以及上级关于安全生产的部署和要求;讨论通过项目法人单位制定的项目安全目标、安全工作计划及安全技术措施计划;讨论通过项目法人单位制定的安全生产管理制度,并动员和组织参建单位及职工将之落实;讨论项目安全措施补助费的使用;协调解决参建单位之间的相互干扰及其他安全问题。

第七条 项目法人单位必须设立独立的安全监督机构,配备必要的工作人员。该安全监督机构既是项目法人单位的安全管理职能机构,同时,也是安全生产委员会的办事机构。

第八条 项目安全生产委员会每季度应召开一次全体会议,研究解决项目安全工作方面的重大问题;每月召开一次安全生产例会,传达上级有关安全管理文件及会议精神,通报安全生产情况,检查和布置安全生产工作。

第九条 项目法人单位应定期组织安全检查。检查的主要内容包括:各参建单位各项安全生产管理制度是否完善,安全保证体系和监督体系是否健全以及运行是否正常;预防安全事故的措施是否得当;必要的安全投入是否得到保证;安全文明施工是否得到落实;各施工项目工作面存在的安全隐患是否得到及时、妥善的处理。检查时,应填写检查表;发现的隐患和管理漏洞,用“安全生产监督通知书”通知各有关单位,并要求限期整改。整改结果,经监理单位验收并签字后,报项目法人单位安全监督部门。

第十条 为加大工程项目安全投入,保证安全施工,项目法人要设立项目安全措施补助费,其计列标准按建安工程量造价的5‰~7‰控制。安全措施补助费列入工程概算。安全措施补助费的使用,应由施工、监理单位根据实际情况制定统一方案,经项目安全生产委员会讨论,并经项目法人单位批准后使用。项目法人要监督并确保安全措施补助费专款专用。

第十一条 项目法人单位要把安全文明施工状况及业绩作为选择工程承包商时的重要依据;建立严格的承包商安全文明施工业绩审查制度,并在招标工作中对此进行专项审查。安全文明施工业绩审查,必须包括以下内容:近三年的安全施工纪录;施工技术人员及特殊工种人员资质情况;安全机构及专职安全管理人员配备;安全生产管理制度等。

第十二条 项目法人与承包商签订工程承包合同时,要将安全生产要求列入技术及商务条款中;要根据有关法规的要求,在合同中明确双方应承担的安全责任。项目法人要依据合同的规定,监督、协调承包商的安全管理工作。

第十三条 在承包商进场后,项目法人单位应对其安全监督机构的设置,技术及安全监督人员及特种作业人员的配备,以及劳务组织状况等情况进行检查。

第十四条 项目法人单位要根据项目安全考核制度和安全奖惩制度的规定,与各承包商签定安全生产责任书,并组织对承包商安全生产情况进行考核和奖惩。

第十六条 项目法人单位要加强对承包商分包行为的监督。大坝,主要隧道(井、洞),水轮发电机组,高(中)压管道,主厂房及其基础,以及升压站等主体工程,不得由分包单位单独承建。分包单位的资质等情况,须报项目法人单位备案。

第十七条 项目法人单位(或其所属人员)不得违反规定和约定向承包商指定分包单位,也不得向承包商介绍劳务组织或劳务人员。否则,将严格追究项目法人单位(或有关人员)责任。

第十八条 项目法人单位要根据工程建设项目事故统计报表制度的规定,要求承包商定期向项目法人单位安全监督部门报送事故统计月、年报表。项目法人单位汇总后,按要求报上级主管部门。在工程涉及的施工区域内发生的施工安全事故,都应纳入建设项目事故统计。

1F－412000 安全规程

1F－412010 建筑施工安全检查标准

《建筑施工安全检查标准》(JGJ 59—99)要求,对建筑施工中易发生伤亡事故的主要环节、部位和工艺等的完成情况做安全检查评价时,应采用检查评分表的形式。检查评分表包括10张分项检查评分表和1张检查评分汇总表。汇总表满分为100分。各分项检查表在汇总表中所占分值,如表1F－412010所示。

各分项检查表在汇总表中所占分值 表1F－412010

安全管理	文明施工	脚手架	基坑支护与模板工程	“三宝”“四口”防护	施工用电	物料提升机与外用电梯	塔吊	起重吊装	施工机具
10	20	10	10	10	10	10	10	5	5

注:“三宝”系指安全帽、安全带、安全网;“四口”系指通道口、预留洞口、楼梯口、电梯井口。

各分项检查评分表满分均为100分。其中,安全管理、文明施工、脚手架、基坑支护与模板工程、施工用电、物料提升机与外用电梯、塔吊、起重吊装等8个分项的检查评分表中,设置了“保证项目”和“一般项目”。保证项目在各表中占60%的分值,一般项目占40%的分值。保证项目,应作为安全检查的重点和关键。当某分项检查评分表,其中保证项目有一项不得分或保证项目小计得分不足40分时,则该表不应得分(即在检查评分汇总表中,该分项分值应为“0”)。

施工现场安全生产情况评价,分为优良、合格及不合格三个等级。其中:

1.优良标准

各分项检查评分表中保证项目小计得分均不少于40分,且保证项目无不得分项,汇总表得分值在80分及其以上。

2. 合格标准

(1)各分项检查评分表中保证项目小计得分均不少于40分,且保证项目无不得分项,汇总表得分值在70分及其以上。

(2)有一个分项检查评分表未得分,但汇总表得分值在75分及其以上(当"起重吊装检查评分表"或"施工机具检查评分表"未得分时,汇总表得分值应在80分及其以上)。

1F-412020　水利水电建筑安装安全技术工作规程

《水利水电建筑安装安全技术工作规程》(SD 267—88)对施工现场、高处作业、机电设备、防火、爆破器材装卸与运输、爆破作业等作出了安全规定。

1F-412021　施工现场一般规定

进入施工现场人员,必须按规定穿戴好防护用品和必要的安全防护用具,严禁穿拖鞋、高跟鞋或赤脚工作(有特殊规定者除外)。

用于施工现场的各种施工设施、管道线路等,均应符合防洪、防火、防砸、防风以及工业卫生等安全要求。

施工现场存放的设备、材料,应做到场地安全可靠、存放整齐、通道完整,必要时设专人进行守护。

施工现场的洞、坑、沟、升降口、漏斗等危险处,应有防护设施或明显标志。

交通频繁的交叉路口,应设专人指挥。火车道口两侧应设路杆。危险地段,要悬挂"危险"或"禁止通行"标志牌;夜间设红灯示警。

施工现场的排水设施应全面规划,其设置位置不得妨碍交通,并须组织专人进行养护,保持排水通畅。

起重机在使用前要经过试车;试车前应注意检查挂钩、钢丝绳、齿轮和电气部分等;使用时应设专人指挥,禁止斜吊,禁止任何人站在吊运物品上或者在其下方停留和行走;物件悬空时,驾驶人员不得离开操作岗位。

爆破作业,必须统一指挥,统一信号,划定安全警戒区,并明确安全警戒人员;在装药、联线开始前,无关人员一律退出作业区。在点燃开始前,除炮工外,其他人员一律退到安全地点隐蔽。爆破后,须经炮工进行检查,确认安全后,其他人员方能进入现场。对暗挖石方爆破,尚须经过通风、恢复照明,并经安全处理后,方可进行其他工作。

1F-412022　高处作业

凡在坠落高度基准面2 m和2 m以上有可能坠落的高处进行作业,均称为高处作业。高处作业的级别:高度在2~5 m时,称为一级高处作业;在5~15 m时,称为二级高处作业;在15~30 m时,称为三级高处作业;在30 m以上时,称为特级高处作业。

高处作业的种类,分为一般高处作业和特殊高处作业两种。其中,特殊高处作业又分为以下几个类别:

(1)在阵风风力6级以上的情况下进行高处作业,称为强风高处作业。

(2)在高温或者低温环境下进行高处作业,称为异温高处作业。

(3)降雪时进行高处作业,称为雪天高处作业。

(4)降雨时进行高处作业,称为雨天高处作业。

(5)室外完全采用人工照明进行的高处作业,称为夜间高处作业。

(6)在接近或接触带电体条件下进行的高处作业,称为带电高处作业。

(7)在无立足(或无牢靠立足)条件下的高处作业,称为悬空高处作业。

(8)对突然发生的灾害事故进行救援时的高处作业,称为抢救高处作业。

一般高处作业,系指特殊高处作业以外的高处作业。

凡经医生诊断,患高血压、心脏病、贫血、精神病以及其他不适于高处作业病症的人员,不得从事高处作业。

高处作业下方(或附近)有煤气、烟尘及其他有害气体,必须采取排除或隔离等措施,否则不得施工。

从事高处作业,必须系好安全带和穿软底鞋,不准穿塑料底和带钉子的硬底鞋。

在坝顶、陡坡、屋顶、悬崖、杆塔、吊桥、脚手架以及其他危险边沿进行悬空高处作业时,临空一面必须搭设安全网或防护栏杆。工作人员必须拴好安全带,戴好安全帽。

安全网搭设,外侧比内侧高0.5 m;长面拉直并拴牢在固定的架子或固定环上。安全网必须随着建筑物升高而提高;安全网距离工作面的最大高度,不超过3 m。

在带电体附近进行高处作业时,距带电体的最小安全距离,必须满足表1F－412022的规定;如遇特殊情况,必须采取可靠的安全措施。

高处作业时与带电体的安全距离(单位:m) 表1F－412022

项目	带电体电压(kV)						
	≤10	20～35	44	60～110	154	220	330
工器具,安装构件,接地线	2.0	3.5	3.5	4.0	5.0	5.0	6.0
工作人员活动范围	1.7	2.0	2.2	2.5	3.0	4.0	5.0
整体组立杆(塔)	应大于倒杆(塔)距离						

高处作业使用的工具、材料等,不准掉下。严禁使用抛掷方法传送工具、材料。小型材料或工具,应放在工具箱或工具袋内。

高处作业人员利用电梯、吊篮、升降机等设备垂直上、下时,设备必须装有灵敏、可靠的控制器、限位器等安全装置。

高处作业使用的材料,应随用随吊,且用后及时清理。在脚手架或其他物架上临时堆放物品,严禁超过允许负荷。

上(下)脚手架和攀登高层构筑物时,应走斜马道或梯子,不得沿绳、立杆或栏杆攀爬。

高处作业时,不得坐在平台、孔洞、井口边缘;不得骑坐在脚手架栏杆、躺在脚手板上或安全网内休息;不得站在栏杆外的探头板上工作和凭借栏杆起吊物件。

特级高处作业，应与地面设联系信号或通信装置，并应有专人负责。

在石棉瓦、木板条等轻型或简易结构上施工及进行修补、拆装工作等，必须拴安全带或采取可靠的防护措施，防止滑倒、踩空或因材料折断而坠落伤人。

高处作业周围的沟道、孔洞、井口等，应用固定盖板盖牢或设围栏。

遇有6级以上的大风，没有特别可靠的安全措施，禁止从事高处作业。

进行三级、特级和悬空高处作业时，必须事先制订安全技术措施。施工前，应向所有施工人员进行技术交底，否则，不得施工。

1F－412023　机电设备

机械如在高压线下进行工作或通过时，其最高点与高压线之间的垂直距离不得小于表1F－412023的规定。

机械最高点与高压线间的最小垂直距离　　表1F－412023

线路电压(kV)	<1	1～20	35～110	154	220	330
机械最高点与线路间的垂直距离(m)	1.5	2	4	5	6	7

1F－412024　防火

施工现场各作业区与建筑物之间的防火安全距离应符合以下要求：

(1)用火作业区距所建的建筑物和其他区域不得小于25m；

(2)仓库区、易燃、可燃材料堆集场距所建的建筑物和其他区域不小于20m；

(3)易燃废品集中站距所建的建筑物和其他区域不小于30m。

防火间距中，不应堆放易燃和可燃物质。

1F－412025　爆破器材的装卸与运输

从事爆破器材装卸、运输的人员，必须经过有关爆破材料性能的基础教育和熟悉有关安全技术知识。

搬运、装卸作业宜在白天进行，炎热的季节可在清晨或傍晚，严禁夜间装卸雷管。如必须在夜间装卸爆破器材，装卸场所应有充足的照明。允许使用的照明应是防爆电灯或防爆安全灯，禁止使用油灯、电石灯、汽灯、火把等明火照明。

在装卸爆破器材时，汽车、马车等运输车辆离库房的停车距离不小于10m。

搬运时应谨慎小心，轻搬轻放，禁止冲击、撞碰、拉拖、翻滚和投掷。装有爆破材料的容器，堆放时不准在上面踩踏。

人力装卸和搬运爆破器材，每人一次以25～30 kg重为限，搬运者相距不得小于3 m。

运输炸药、雷管时，装车高度要低于车厢10 cm，车厢底部应铺软垫；雷管箱不许倒放或立放，层间也必须垫软垫；同一车上不得装运两类不同性质的爆破器材，雷管与炸药不允许在同一车厢或同一地点装卸。

装有爆破器材的汽车严禁在中途加油或修理。

装卸过程中，司机不得离开驾驶室。在雷电时间，禁止装卸和运输爆破器材。

装车后,必须在车辆上加盖帆布,并用绳子绑牢,检查无误方可开车。

用吊车装卸爆破器材时,一次起吊的重量不得超过设备能力的50%。

装卸和运输爆破器材时,严禁吸烟和携带发火物品。

运输爆破器材,必须遵守下列规定:

(1)有押运人员,外部运输必须有警卫人员护送;

(2)按指定路(航)线行驶;

(3)车(船)不准在人多的地方、交叉路口或桥上(下)停留;

(4)车(船)应有帆布覆盖,并设有明显危险警戒标志;

(5)非押运人员不准乘坐;

(6)气温低于10 ℃时,运输易冻的硝化甘油炸药,或气温低于-15 ℃运输难冻硝化甘油炸药,必须采取防冻措施;

(7)禁止用翻斗车、自卸汽车、拖车、机动三轮车、人力三轮车、摩托车和自行车等运输爆破器材;

(8)车厢(船)底应加软垫。

水路运输爆破器材,停泊地点距岸上建筑物不得小于250 m。

使用汽车、马车运输爆破器材,必须遵守下列规定:

(1)汽车应装设专门的缓冲器,胶轮马车应有手闸。

(2)汽车的排气管应引至前面散热器的下面,并使排气孔斜向下或对地面。

(3)在汽车驾驶室外面两边靠近车厢的地方,应配挂两只泡沫灭火器和其他必要的灭火工具。

(4)在任何时候、任何情况下,必须注意防止急刹车或意外事故的发生。

(5)汽车行驶在视线良好的情况下,时速不得超过20 km(工区内不得超过15 km),在弯多坡陡、路面狭窄的山区行驶,应保持时速在5 km以内。行车间距,平坦道路应大于50 m,上(下)坡应大于300 m。

(6)途中遇雷雨需停车时,应停在距树林、住宅或建筑设施200 m以外的空旷地方。

(7)汽车(马车)车厢底板、侧板和尾板均不得有空隙,所有空隙应予以严密堵塞。严防所运爆破器材的微粒落在摩擦面上。

(8)木板上的钉子应钉入木板平面以下,并用油灰腻子抹平。

1F-412026　爆破器材的加工

加工火花起爆药包,剪导火索时,应首先弄清是否同厂同批;若非同厂同批,要先做燃速试验,根据燃速确定长度,以防燃速不同发生事故;异厂异批不准混合使用。剪割时要细心操作,不准剪成马蹄形或过分扭伤,以免影响燃速或不着火而出现瞎炮。

加工电力起爆药包,用爆破电桥检查电雷管之前,首先检查电桥是否完好,干电池盒子是否拧紧,无异常情况方可测管。

导爆索只准用快刀切割。

支线要顺主线传爆方向连接,搭接长度不应少于15 cm,支线与主线传爆方向的夹角应不大于90°。

起爆导爆索时,雷管的集中穴(聚能穴)应朝导爆索的传爆方向。

1F-412027　爆破作业

一、基本规定

在同一地点,露天浅孔爆破不得与深孔、洞室大爆破同时进行。

爆破材料在使用前必须检验,凡不符合技术标准的爆破材料,一律禁止使用。

爆破工作开始前,必须明确规定安全警戒线,制定统一的爆破时间和信号,并在指定地点设安全哨,执勤人员应有红色袖章、红旗和口笛。

装药前,非爆破作业人员和机械设备均应撤离至指定安全地点,或采取防护措施。撤离之前,不得将爆破器材运至工作面。

在无照明的夜间,以及中(大)雨、浓雾天、雷电和5级以上(含5级)风等恶劣天气条件下,均不得进行露天爆破作业。

明挖爆破,警戒音响信号统一规定如下:

(1)预告信号:间断鸣3次长声。示意如下:

30 s (停) 30 s (停) 30 s

此时现场停止作业,迅速进行撤退。

(2)准备信号:在预告信号20 min后发布,间断鸣一长、一短,3次。示意如下:

20 s　10 s (停) 20 s　10 s (停) 20 s　10 s

(3)起爆信号:准备信号10 min后发出,连续三短声。示意如下:

10 s(停)10 s(停)10 s

(4)解除信号:根据爆破器材性质及爆破方式,确定炮响后等待时间。等待时间过后,检查人员方可进入现场进行检查;确认安全后,由爆破作业负责人通知警报房发出解除信号。一次长声,示意如下:

60 s

在特殊情况下,如准备工作尚未结束,可由爆破负责人通知警报房拖后发布起爆信号,并用广播器通知现场全体人员。

装药时,严禁将爆破器材放在危险地点或机械设备、电源及火源附近。

在下列情况下,禁止装炮:

(1)炮孔位置、角度、方向、深度不符合要求者。

(2)孔内岩粉未清除。

(3)孔内温度超过35 ℃。

(4)炮区内的其他人员未撤离。

装药和堵塞,应使用木、竹制作的炮棍;严禁使用金属棍棒装填。

爆破后,炮工应检查所有装药孔是否全部起爆。如发现瞎炮,应及时按照处理瞎炮的规定妥善处理;未处理前,必须在其附近设警戒人员看守,并设明显标志。

起爆前,必须将剩余爆破器材撤出现场并运回药库,不得藏放于工地。

二、起爆

采用火花起爆方式时,炮孔的孔(排)距较密时,导火索的外露部分不得超过1.0 m,

以防止导火索互相交错而产生起火现象。

当信号炮响后,全部人员必须立即撤出炮区,迅速到安全地点掩蔽。

必须使用香或专用点火工具点燃导火索,禁止用火柴、香烟和打火机点燃。

采用电力起爆方式时,同一爆破网路内的电雷管分配的电阻值应相同。康铜桥丝雷管,电阻极差不得超过0.25 Ω;镍镉桥丝雷管,电阻极差不得超过0.5 Ω。

网路中的支线、区域线,和母线彼此连接之前,各自的两端应短路、绝缘。

装炮前,工作面一切电源应切除,照明至少设于距工作面30 m以外;只有确认炮区无漏电、感应电后,才可装炮。

供给每个电雷管的实际电流,应大于准爆电流。具体要求是:直流电源,不小于2.5 A;对于洞室或大规模爆破,不小于3 A。交流电源,不小于3 A;对于洞室或大规模爆破,不小于4 A。

网路中,全部导线必须绝缘。有水时,导线应架空。各接头应用绝缘布包好;两条线的搭接口禁止重叠,且至少应错开10 cm。

测量电阻,只许使用经过检查的专用爆破测试仪表或线路电桥;严禁使用其他电气仪表进行量测。

给电后若发生拒爆,必须立即切断母线电源,并将母线两端拧在一起;然后,锁上电源开关箱。对线路的检查,如采用的是即发电雷管,至少在拒爆发生10 min以后;如采用的是延发电雷管,则至少需在拒爆发生15 min以后,始可进行。

用导爆索起爆时,导爆索禁止打结或移作物品绑扎。

严禁用剪刀剪断导爆索,应用锐利的刀子在木板上切断。

用导爆管起爆时,必须有经设计的起爆网路,并进行传爆试验;网路中所使用的连接元件,必须经过技术鉴定。

导爆管禁止打结;禁止在药包上缠绕;禁止在炮孔内有接头。网路连接处应牢固,两元件间应相距2 m;敷设后应严加保护,防止冲击或损坏。

一个8号传爆雷管起爆连爆簇中导爆管的数量不宜超过40根,层数不宜超过3层。

只有确认网路连接正确,与爆破无关人员已经撤离,才准许接入引爆装置。

1F-412030 水利水电工程施工通用安全技术规程

《水利水电工程施工通用安全技术规程》(SL 398—2007)对施工现场、施工用电、施工供风、安全防护设施、爆破器材与爆破作业等作出了安全规定。

1F-412031 施工现场

一、基本规定

施工生产区域,宜实行封闭管理。主要进、出口处,应设有明显的施工警示标志和安全文明生产规定及禁令宣传栏。与施工无关的人员及设备,不应进入封闭作业区。在危险作业场所,应设有事故报警设施与紧急疏散通道。

进入施工生产区域的人员,应遵守施工现场安全文明生产管理规定;正确穿戴和使用防护用品,并佩戴标志。

爆破、高边坡、隧洞、水上(下)、高处及多层交叉施工,以及大件运输、大型施工设备安装及拆除等危险作业,应有专项安全技术措施,并应设专人进行安全监护。

施工设施的设置,应符合防汛、防火、防砸、防风、防雷及职业卫生等要求。

设备、原材料、半成品、成品等,应分类存放;摆放稳固、整齐,标识清晰;并保持其间通道畅通。

作业场所,应保持整洁、无积水;排水管(沟),应保持畅通。施工作业面,应做到工完场清。

临水、临空、临边等部位,应设置高度不低于1.2 m的安全防护栏杆;有下部防护要求时,还应在栏杆下部设置高度不低于0.2 m的挡脚板。

交通频繁的施工道路、交叉路口,应按规定设置警示标志或信号指示灯。开挖、弃渣场地,应设专人指挥。

脚手架、排架平台等施工设施搭设应符合安全要求;经验收合格后,方可投入使用。

上、下层垂直立体作业,应有隔离、防护设施,或错开作业时间,并应有专人监护。

高边坡作业前,应处理边坡危石和不稳定体,并应在作业面上方设置防护设施。

隧洞作业,应保持照明及通风良好和排水畅通,并采取必要的安全防护措施。

施工现场电气设备应绝缘可靠,线路敷设整齐,并按规定设置接地线。开关板应设有防雨罩,闸刀、接线盒应完好并装漏电保护器。

施工照明及其线路,应遵守下列规定:

(1)露天施工现场,宜采用高效能的照明设备。

(2)施工现场及作业地点,应有足够的照明;主要通道,应装设路灯。

(3)存放易燃、易爆物品的场所或有瓦斯存在的巷道内,照明设备应符合防爆要求。

施工生产区,应按消防的有关规定,设置消防池、消防栓、水管等消防器材,并保持消防通道畅通。

施工生产中使用明火和易燃物品时,应做好相应防火措施;存放和使用易燃易爆物品的场所,严禁明火和吸烟。

大型拆除工作,应遵守下列规定:

(1)拆除项目开工前,应制定专项安全技术措施,确定施工范围和警戒范围,进行封闭管理,并应有专人指挥和专人进行安全监护。

(2)拆除作业开始前,应对风、水、电等动力管线妥善移设、防护或切断。

(3)拆除作业应自上而下进行,严禁多层或内外同时进行拆除。

二、现场布置

现场施工总体规划布置,应遵循合理使用场地、有利施工、便于管理等基本原则;宜分区布置,并满足防洪、防火等安全要求和环境保护要求。

生产区、生活区、办公区和危险化学品仓库的布置,应遵守下列规定:

(1)与工程施工顺序和施工方法相适应。

(2)选址要求地质稳定,不受洪水、滑坡、泥石流、塌方及危石等威胁。

(3)交通道路畅通,区域道路宜避免与施工主干线交叉。

(4)生产车间、生活(办公)房屋及仓库相互间的距离,应符合防火安全要求。

(5)危险化学品仓库,应远离其他区布置。

施工区内,起重设施、施工机械及移动式电焊机以及工具房、水泵房、空压机房、电工值班房等的布置,应符合安全、卫生及环境保护要求。

混凝土拌和(砂石料加工)等辅助生产系统和金属结构(机械、非标准件等)制作(加工、维修)厂(车间)的布置,应符合以下要求:

(1)独立布置,基础稳固,交通方便、畅通。

(2)应设置处理废水、粉尘等污染物的设施。

(3)应减少因施工生产产生的噪声对生活区、办公区的干扰。

生产区内,仓库、堆料场布置,应符合以下要求:

(1)独立设置,并靠近所服务对象所在区域;进、出交通畅通。

(2)存放易燃、易爆、有毒等危险物品的仓储场所,应符合有关安全要求。

(3)应有消防通道和消防设施。

生产区大型施工机械与车辆停放场的布置,应与施工生产相适应;要求场地平整、排水畅通、基础稳固,并应满足消防安全要求。

弃渣场布置,应满足环境保护、水土保持和安全防护的要求。

三、施工道路及交通

施工生产区内机动车辆临时道路,应符合下列规定:

(1)道路纵坡不宜大于8%,进入基坑等特殊部位的个别短距离地段最大纵坡不应超过15%;道路最小转弯半径不应小于15 m;路面宽度不应小于施工车辆宽度的1.5倍,且双车道路面宽度不宜窄于7.0 m,单车道不宜窄于4.0 m。单车道应在可视范围内设有会车位置。

(2)路面基础及边坡保持稳定。

(3)在急弯、陡坡等危险路段及叉路、涵洞口,应设有相应警示标志。

(4)悬崖、陡坡、道路临空边缘,除应设有警示标志外,还应设有安全墩、挡墙等安全防护设施。

(5)路面应经常清扫、维护和保养,并应做好排水设施;有效路面不应被占用。

施工现场临时性桥梁,应根据桥梁的用途、承重载荷和相应技术规范进行设计、修建,并符合以下要求:

(1)宽度应不小于施工车辆最大宽度的1.5倍。

(2)有宽度不小于1.0 m的人行道,并设有防护栏杆。

施工现场架设临时性跨越沟槽的便桥和沿边坡修筑栈桥,应符合以下要求:

(1)基础稳固,平坦畅通。

(2)人行便桥、栈桥,宽度不应小于1.2 m。

(3)手推车便桥、栈桥,宽度不应小于1.5 m。

(4)机动翻斗车便桥、栈桥,应根据荷载进行设计、施工,其最小宽度不应小于2.5 m。

(5)设有防护栏杆。

施工现场的各种桥梁以及便桥上,不应堆放设备、材料等物品,并应定期进行检查、维护和保养。

施工交通隧道,应符合以下要求:

(1)隧道在平面上宜布置为直线。

(2)汽车交通隧道,洞内单线路基宽度应不小于3.0 m,双线路基宽度应不小于5.0 m。

(3)洞口应有防护设施,不良地质条件洞段应进行支护。

(4)长度100 m以上的隧道内应设有照明设施。

(5)应设有排水沟,且排水畅通。

(6)隧道内,斗车路基的纵坡不宜超过1.0%。

施工现场,工作面、生产设备及设施设置处所等,应设置人行通道,并应符合以下要求:

(1)基础牢固;通道无障碍,设置护栏;有防滑措施,无积水。

(2)宽度不小于0.6 m。

(3)危险地段,应设置警示标志(或警戒线)。

四、消防

根据施工生产防火安全需要,应配备相应的消防器材及设备,并存放在明显且易于取用的位置。消防器材及设备附近,严禁堆放其他物品。

消防用器材、设备,应妥善管理,定期检验,并及时更换过期器材;消防汽车、消防栓等设备、器材,不应挪作他用。

根据施工生产防火安全的需要,合理布置消防通道和各种防火标志。消防通道应保持通畅,宽度不应小于3.5 m。

闪点在45 ℃以下的桶(罐)装易燃液体,不应露天存放;存放处,应有防护栅栏,且通风良好。

施工区域需要使用明火时,应将使用区进行防火分隔;消除动火区域内的易燃、可燃物;配置消防器材,并应有专人监护。

油料、炸药、木材等常用易燃易爆危险品,使用及存放场所(仓库),应有严格的防火措施和相应的消防设施;严禁使用明火和吸烟。

加油站、油库,应遵守下列规定:

(1)为独立建筑;与其他设施及建筑之间的防火安全距离,不应小于50 m。

(2)周围应设有高度不低于2.0 m的围墙(栅栏)。

(3)站(库)内道路,应为环形车道;路宽应不小于3.5 m;应设有专门消防通道,并保持畅通。

(4)油罐罐体,应装有呼吸阀、阻火器等防火安全装置。

(5)应安装覆盖库(站)区的避雷装置,其接地电阻不应大于10 Ω,且应定期检测。

(6)罐体及管道,应设防静电接地装置;接地网(线),用40 mm×4 mm扁钢(或ϕ10圆钢)埋设,其接地电阻不应大于30 Ω,且应定期检测。

(7)库(站)内重点位置,应设置醒目的禁火警示标志及安全防火规定标识。

(8)应配备相应数量的泡沫灭火器、干粉灭火器和砂土等灭火器材。

(9)应使用防爆型动力设备及照明用电器。

(10)库(站)内,严禁一切火源;严禁吸烟及使用手机。

(11)工作人员应能熟练使用灭火器材并熟悉消防常识。

(12)运输用的油罐车应密封,并有防静电设施。

木材加工厂(场、车间),应遵守下列规定:

(1)为独立建筑;与周围其他设施及建筑之间的安全防火距离,不应小于20 m。

(2)安全消防通道保持畅通。

(3)原材料、半成品及成品,堆放整齐、有序;堆放区内,留有足够数量及宽度的通道,并保持畅通。

(4)木屑、刨花、边角料等弃物,及时清除;严禁留置在场内,以保持场内整洁。

(5)设有容积在10 m^3 以上的消防水池,并设消防栓及相应数量的灭火器材。

(6)作业场所内,禁止使用明火和吸烟。

(7)明显位置,设置醒目的禁火警示标志及安全防火规定标识。

五、季节施工

昼夜平均气温低于5 ℃(或最低气温低于 -3 ℃)时,应编制冬季施工作业计划,并应制定防寒、防毒、防滑、防冻、防火、防爆等安全措施。

冬季施工,应遵守以下基本规定:

(1)车间气温低于5 ℃时,应有取暖设备。

(2)施工道路,应采取防滑措施。降雪(结冰、降霜)后,应清除脚手架、脚手板、跳板等上的积雪,并采取防滑措施。

(3)爆炸物品库房,应保持一定的温度,以防止炸药冻结。严禁用火烤冻结的炸药。

(4)水冷机械及车辆等,停机后,应将水箱中的水全部放净(或加适当的防冻液)。

(5)室内采用煤(木材、木炭、液化气)等取暖时,应符合防火要求;火墙及烟道保持畅通,以防止一氧化碳中毒。

(6)进行气焊作业时,应经常检查回火安全装置、胶管及减压阀;如有冻结,应用温水(或蒸汽)解冻,严禁用火烤。

混凝土冬季施工,应遵守下列规定:

(1)采用蒸汽法进行施工时,应有防止烫伤的措施;所有管路,应有防冻措施。

(2)分段浇筑混凝土,并采用电气方法对已浇筑混凝土进行加热时,对与其相联结的裸露钢筋应作接地。进行浇水养护时,应切断电源。

(3)采用电热法进行施工时,应指定专门电工参加操作,且应使用绝缘防护用品。无关人员,严禁从事电热区操作。

(4)电热法加热,用作加热的线路,应保证绝缘良好;现场周围,均应设立警示标志和防护栏杆,并有良好照明及警示信号。

(5)如采用暖棚法,暖棚宜采用不易燃烧的材料搭设;应制定防火措施,配备相应的消防器材,并加强防火安全检查。

六、防汛

建设单位应组织成立有施工、设计、监理等单位参加的工程防汛机构,负责工程安全度汛工作;应组织制定度汛方案及超标准洪水时的度汛预案。

建设单位应做好汛期水情预报工作，准确提供水文、气象信息；预测洪峰流量及峰现时间以及洪水过程，并及时通告各相关单位。

设计单位应于汛前提出工程度汛标准、应达到的形象面貌及度汛相关要求。

施工单位应按设计要求和现场施工情况制定度汛措施，并报建设（监理）单位审批；成立防汛抢险队伍，配置足够的防汛物资，随时做好防汛抢险准备工作。

防汛期间，应组织专人对围堰、子堤等重点防汛部位进行巡视检查，观察水情变化；发现险情，应及时进行抢险加固。

防汛期间，超标准洪水来临前，施工淹没危险区内的施工人员及施工机械、设备，应及时组织撤离到安全地点。

防汛期间，在抢险时应安排专人进行安全监视，确保抢险人员的安全。

七、施工排水

施工区域排水系统，应进行规划、设计；应按照工程所在地的气象、地形、地质、降水量等情况，以及工程规模、排水时段等，确定相应的设计标准，以此作为施工排水规划、设计时的基本依据。

土方开挖，除应注重边坡及坑、槽开挖时的施工排水，并特别注意对地下水的排水处理外，并应符合以下要求：

（1）坡面开挖时，应根据土质情况，间隔一定高度设置戗台，台面横向应为反向排水坡；在坡脚处，设置护脚和排水沟。

（2）坑、槽开挖施工前，应做好地面外围截、排水设施，以防止因地表水流入基坑（槽）和冲刷边坡而发生坍塌事故。

（3）进行地下水较为丰富的坑、槽开挖时，应在基坑（槽）外设置临时排水沟和集水井，将基坑水位降低至坑、槽开挖面以下，再进行开挖。

（4）场地狭窄、土层自稳性能及防冲刷性能较差，明沟难以形成时，可采取埋管排水。

石方开挖工区施工排水，除应合理布置和选择适当的排水方法外，并应符合以下要求：

（1）一般建筑物基坑（槽）的排水，采用明沟（或明沟与集水井）排水时，应在基坑周围（或在基坑中心位置）设排水沟；每隔 30～40 m 设一个集水井；集水井井底应低于排水沟沟底至少 1 m 左右，井壁应采取临时加固措施。

（2）厂、坝基坑（槽）深度较大，地下水水位较高时，应在基坑边坡的不同高程处设置 2～3 道明沟，以分级进行抽（排）水。

（3）大面积施工场区排水时，应在场区适当位置布置纵向深沟，作为干沟；干沟沟底应低于基坑开挖面 1～2 m，并使四周边沟（支沟）与干沟连通，将水排出。

（4）岸坡（或基坑）开挖，应设置截水沟；截水沟距离坡顶（或基坑边沿）的安全距离，不应小于 5 m。截水沟如为明沟，其距道路边坡坡脚的距离应不小于 1 m。

（5）工作面积水（渗水）的排水，应设置临时集水坑；集水坑面积宜为 2～3 m^2，深 1～2 m，并安装移动式水泵进行排水。

边坡工程排水设施，应遵守下列规定：

（1）周边截水沟，一般应在边坡开挖前完成；其深度及底宽，均不宜小于 0.5 m；沟底纵坡,不宜小于0.5%;长度超过500 m时,宜设置纵排水沟、跌水(或急流槽)等。

(2)急流槽,纵坡不宜超过1:1.5;土质急流槽纵坡较大时,应设多级跌水。急流槽过长时,宜分段,且每段不宜超过10 m。

(3)边坡排水孔,宜在边坡喷护之后施工;坡面上的排水孔,宜上倾10%左右,孔深3~10 m;排水管,宜采用塑料花管。

(4)挡土墙,宜设有排水设施,以防止墙后积水并形成静水压力而导致墙体坍塌。

(5)采用渗沟方法排除地下水时,渗沟顶部宜设封闭层;寒冷地区,沟顶回填土层小于冻层厚度时,宜设保温层。渗沟施工,应边开挖、边支撑、边回填;开挖深度超过6 m时,应采用框架支撑;每隔30~50 m,以及平面转折及坡度由陡变缓处,宜设检查井。

砂(石)料场排水,应遵守下列规定:

(1)应根据料场地形、降雨特点等情况,确定合理的排水标准,并进行排水规划及布置。

(2)料场周围,应布置排水沟;排水沟,应有足够过流断面。

(3)顺场地布置排水沟时,应辅以支沟。

(4)排水系统与进场道路布置,两者应相协调。主要道路,两侧均应设排水沟;道路与水沟交叉处,设管涵。

(5)当料场位于地平面以下时,应安设水泵,进行排水。

土质料场的排水,宜采取截、排结合,以截为主的排水措施。对地表水,宜在采料高程以上,修截水沟加以拦截;对开采范围内的地表水,应挖纵向及横向排水沟,予以排出。

基坑排水,应满足以下要求:

(1)采用明沟排水方法时,应符合以下要求:

①坡面过长或有集中渗水时,应增加一级排水沟和集水井。

②基坑集水井的位置,应低于开挖工作面;并根据水量大小、基坑长度和建基面地形,布置一个或多个集水井。

③基坑排水,宜由基坑水泵排至两岸岸坡已开挖的排水渠后,排出基坑外。

④应根据基坑边界条件,计算排水量;必要时,可通过抽水试验加以验证。排水设备、供电容量和排水渠的大小,应留有裕量。

(2)采用深井(管井)排水方法时,应符合下列要求:

①管井水泵的选用,应根据降水设计对水位降深的要求和排水量来选择;所选择水泵的出水量及扬程,应大于设计值的20%~30%。

②管井,宜沿基坑(或沟槽)一侧(或两侧)布置;井位距基坑边缘的距离,应不小于1.5 m;井管埋置间距,应为15~20 m。

(3)采用井点排水方法时,应满足以下要求:

①井点布置,应选择合适方式及地点。

②井点管,距坑壁不应小于1.0~1.5 m,间距应为1.0~2.5 m。

③滤管应埋在含水层内,并较所挖基坑底低0.9~1.2 m。

④集水总管标高宜接近地下水位线,且沿抽水水流方向应有2‰~5‰的坡度。

八、文明施工

文明施工，应遵守以下基本规定：

(1)施工现场及各项目部入口处，设置明显的写有企业名称、工程概况、项目负责人姓名、文明施工纪律等内容的标示牌。

(2)施工用房和生活用房，不应乱搭(建)。

(3)施工道路，平整、畅通，安全警示标志及设施齐全。

(4)风、水、电管线和通信及施工照明设施等，布置合理；安全标识清晰。

(5)施工机械设备，定点存放；车容机貌整洁；材料及工具摆放有序，工完场清。

(6)消防器材齐全，消防通道畅通。

(7)施工脚手架、吊篮、通道、爬梯、护栏、安全网等安全防护设施完善、可靠；安全警示标志醒目。

(8)采取有效措施控制尘、毒、噪声等危害；废渣、污水处理，符合规定标准。

(9)办公区、生活区，清洁、卫生，环境优美。

施工现场作业人员，应遵守以下基本要求：

(1)进入施工现场，应按规定穿戴安全帽、工作服、工作鞋等防护用品，正确使用安全绳、安全带等安全防护用具及工具，严禁穿拖鞋、高跟鞋或赤脚进入施工现场。

(2)应遵守岗位责任制和执行交接班制度，坚守工作岗位，不应擅离岗位或从事与岗位无关的事情。未经许可，不应将自己的工作交给别人，更不应随意操作别人的机械设备。

(3)严禁酒后作业。

(4)严禁在铁路、公路、洞口、陡坡、高处及水域边缘、滚石坍塌地段、设备运行通道等危险地带停留和休息。

(5)上、下班，应按规定的道路行走；严禁跳车、扒车和强行搭车。

(6)起重机、挖掘机等施工机械作业时，非作业人员严禁进入其工作范围内。

(7)高处作业时，不应向外、向下抛掷物件。

(8)严禁乱拉电源线路和随意移动、启动机电设备。

(9)不应随意移动、拆除、损坏安全卫生及环境保护设施及警示标志。

九、现场保卫

施工现场安全保卫工作应由建设单位负责，应包括以下主要职责：

(1)贯彻执行国家保卫工作的有关规定，加强对施工单位治安保卫工作的组织与领导。

(2)制定重点施工项目、要害部位治安保卫工作整体方案并上报所在地公安机关。

(3)督促、检查、落实重点项目与要害部位安全保卫措施，制定应付突发事件的应急预案。

(4)指导、检查、监督施工单位建立现场治安体系及各项管理制度和防范措施。

(5)协调解决各单位间在施工现场发生的重大治安保卫问题。

(6)配合地方政府有关部门协调、处理施工区域有关治安纠纷。

施工单位应在各自的生活及施工区域内，负责做好以下安全保卫工作：

(1)根据承担的施工任务,制定适合施工特点的现场及生活区保卫制度,确定主管责任人,建立单位治保机构和落实治安保卫人员。

(2)制定本单位在工程施工期间的治安保卫工作方案及应急方案,报建设单位审批并报当地公安机关备案。

(3)落实本单位重点部位及生产、生活区的各项治安防范措施,消除治安隐患。

(4)加强劳务人员及外来施工队伍的管理,协调处理施工单位内部纠纷,协助建设单位解决外部现场治安保卫纠纷。

(5)及时向建设单位和当地公安机关报告在单位管理范围内发生的刑事、治安案件,并保护案发现场。

(6)加强对本单位施工人员的法制教育、安全教育和文明施工教育,配合建设单位和公安机关做好治安保卫工作。

施工现场,对施工人员的管理,应实行“谁用工、谁负责”的原则;对临时务工人员资格,应当依照有关规定进行严格审查,证件齐全时方可雇用。

1F-412032 施工用电

一、基本规定

施工单位应编制施工用电方案及安全技术措施。

从事电气作业的人员,应持证上岗;非电工及无证人员,严禁从事电气作业。

从事电气安装、维修作业的人员,应掌握安全用电基本知识和所用设备的性能;应按规定穿戴和配备好相应的劳动防护用品,并定期进行体检。

现场施工用电设施,除经常性维护外,每年雨季前应检修一次,保证其绝缘电阻等符合要求。

在建工程(含施工脚手架)的外侧边缘与外电架空线路的边线之间,应保持安全操作距离;最小安全操作距离,应不小于表1F-412032-1的规定。

在建工程(含施工脚手架)的外侧边缘与外电架空线路边线之间的最小安全操作距离 表1F-412032-1

外电线路电压(kV)	<1	1~10	35~110	154~220	330~500
最小安全操作距离(m)	4	6	8	10	15

注:上、下脚手架时用的斜道,严禁搭设在有外电线路的一侧。

施工现场的机动车道与外电架空线路交叉时,架空线路的最低点与路面的垂直距离,不应小于表1F-412032-2的规定。

施工现场的机动车道与外电架空线路交叉时的最小垂直距离 表1F-412032-2

外电线路电压(kV)	<1	1~10	35
最小垂直距离(m)	6	7	7

旋转臂架式起重机的任何部位及被吊物边缘与10 kV以下架空线路边线间的最小水平距离,不应小于2 m。

施工现场，非热管道沟槽开挖的边缘与埋地外电缆沟槽边缘之间的距离，不应小于0.5 m。

对达不到规定最小距离要求的部位，应采取停电作业或增设屏障、遮栏、围栏、保护网等安全防护措施，并悬挂醒目的警示标志牌。

发生人员触电时，首先应切断电源，或使用绝缘材料（杆件）使触电者脱离电源；然后，立即采用人工呼吸等急救方法进行抢救。如触电者在高处，在切断电源时，应采取防止其坠落的措施。

用电场所电器灭火，应选择适用于电气的灭火器材；不应使用泡沫灭火器。

二、接地（接零）与防雷

电气设备的金属外壳，应与专用保护零线（简称保护零线）连接。保护零线，应由工作接地线、配电室的零线或第一级漏电保护器电源侧的零线引出。

保护零线的截面，应不小于工作零线的截面；同时，应满足机械强度要求。保护零线的标志，统一为绿/黄双色线。

正常情况时，下列电气设备不带电的外露导电部分应作保护接零：

（1）电机、变压器、电器、照明器具、手持电动工具的金属外壳。

（2）电气设备传动装置的金属部件。

（3）配电屏与控制屏的金属框架。

（4）室内、外配电装置的金属框架及靠近带电部分的金属围栏和金属门。

（5）电力线路的金属保护管、敷线的钢索、起重机轨道、滑升模板操作平台等。

（6）安装在电力线路杆（塔）上的开关、电容器等电气装置的金属外壳及支架。

正常情况时，下列电气设备不带电的外露导电部分可不作保护接零：

（1）在木质、沥青等不良导电地坪的干燥房间内；使用交流电压在380 V及以下的电气设备的金属外壳（当维修人员可能同时触及电气设备金属外壳和接地金属物件时除外）。

（2）安装在配电屏、控制屏金属框架上的电气测量仪表、电流互感器、继电器和其他电器的外壳。

安装避雷针的机械设备所用动力、控制、照明、信号及通信等线路，应采用钢管敷设，并将钢管与该机械设备的金属结构体作电气连接。

三、变压器与配电室

施工用的10 kV及以下变压器，装于地面时，应有0.5 m的高台；高台的周围应装设栅栏；栅栏的高度不应低于1.7 m，与变压器外廓的距离不应小于1 m。安装在杆上时，安装高度不应低于2.5 m，并挂“止步，高压危险”的警示标志。变压器的引线，应采用绝缘导线。

配电室应靠近电源，并应设在无灰尘、无蒸汽、无腐蚀介质及振动的地方。

四、线路敷设

架空线，应架设在专用电杆上；严禁架设在树木（或脚手架）上；宜采用混凝土杆（或木杆）。混凝土杆，不应有露筋、环向裂纹和扭曲；木杆不应腐朽，其梢径应不小于130 mm。

配电线路采用熔断器作短路保护时,熔体额定电流应不大于电缆(或穿管绝缘导线)允许载流量的2.5倍,或不大于明敷绝缘导线允许载流量的1.5倍。

电缆干线,应采用埋地(或架空)敷设;严禁沿地面明设,并应避免机械损伤和介质腐蚀。

室内配线,应采用绝缘导线,并采用瓷瓶、瓷(塑料)夹等敷设;距地面高度,不应小于2.5 m。

五、配电箱、开关箱与照明

动力配电箱与照明配电箱,宜分别设置;如合置在同一配电箱内,动力和照明线路应分别设置。

配电箱、开关箱中导线的进线口和出线口,应设在箱体的下底面;严禁设在箱体的上顶面、侧面、后面或箱门处。移动式配电箱和开关箱的进、出线,应采用橡皮绝缘电缆。进、出线应加护套,分路成束并作防水弯;导线束不应与箱体进、出口直接接触。

现场照明,宜采用高光效、长寿命的照明光源。对需要大面积照明的场所,宜采用高压汞灯、高压钠灯或混光用的卤钨灯。照明器具的选择,应遵守下列规定:

(1)正常湿度时,选用开启式照明器。

(2)潮湿或特别潮湿的场所,应选用密闭型防水防尘照明器或配有防水灯头的开启式照明器。

(3)含有大量尘埃但无爆炸和火灾危险的场所,应采用防尘型照明器。

(4)对有爆炸和火灾危险的场所,应按危险场所等级选择相应的防爆型照明器。

(5)在振动较大的场所,应选用防振型照明器。

(6)对有酸、碱等强腐蚀的场所,应采用耐酸碱型照明器。

(7)照明器具和器材的质量均应符合有关标准、规范的规定,不应使用绝缘老化或破损的器具和器材。

一般场所,宜选用额定电压为220 V的照明器。对下列特殊场所,应使用安全电压照明器:

(1)地下工程,有高温、导电灰尘,且灯具距地面高度低于2.5 m等场所的照明,电源电压不应大于36 V。

(2)在潮湿和易触及带电体场所的照明电源电压不应大于24 V。

(3)在特别潮湿的场所、导电良好的地面、锅炉或金属容器内工作的照明电源电压不应大于12 V。

使用行灯,应遵守下列规定:

(1)电源电压不超过36 V。

(2)灯体与手柄连接紧固、绝缘良好并耐热耐潮湿。

(3)灯头与灯体结合牢固,灯头无开关。

(4)灯泡外部有金属保护网。

(5)金属网、反光罩、悬吊挂钩固定在灯具的绝缘部位上。

照明变压器,应使用双绕组型;严禁使用自耦变压器。

地下工程作业、夜间施工或自然采光差等场所,应同时设一般照明和局部照明(或采用混合照明），并应装设带自备电源的应急照明。

六、电动施工机械与手持式电动工具

电动施工机械和手持式电动工具的选购、使用、检查和维修，应遵守下列规定：

（1）选购的电动施工机械、手持式电动工具和用电安全装置，符合相应的国家标准、专业标准和安全技术规程，并且有产品合格证和使用说明书。

（2）建立和执行专人专机负责制，并定期检查、维修和保养。

（3）对产生振动的设备，其保护零线的连接点不少于两处，并按要求装设漏电保护器。

门（塔）式起重机、室外施工临时电梯、滑升模板的金属操作平台和需要设置避雷装置的井字架等，除应做好保护接零外，还应按本标准有关规定要求，作重复接地；设备的金属结构架之间，应保证电气连接。

移动式电动施工机械设备在使用时，应装设防溅型漏电保护器；其额定漏电动作电流不应大于15 mA，额定漏电动作时间应小于0.1 s。

手持式电动工具的使用，应遵守下列规定：

（1）一般场所，应选用Ⅱ类手持式电动工具；并应装设额定动作电流不大于15mA、额定漏电动作时间小于0.1 s的漏电保护器。若采用Ⅰ类手持式电动工具，还应做保护接零。

（2）露天、潮湿场所或在金属构架上操作时，应选用Ⅱ类手持式电动工具，并装设漏电保护器；严禁使用Ⅰ类手持式电动工具。

（3）狭窄场所（锅炉、金属容器、地沟、管道内等），宜选用带隔离变压器的Ⅰ类手持式电动工具；若选用Ⅱ类手持式电动工具，应装设防溅型漏电保护器。使用手持式电动工具时，如隔离变压器（或漏电保护器）安设点靠近狭窄场所，则应有专人对其进行监护。

1F－412033　施工供风

空气压缩机站（房），应选择在基岩或土质坚硬、地势较高的地点，并应适当远离防噪和防震要求较高的场所。

空气压缩机站，应远离有爆炸性及腐蚀性物质以及有毒气体散发、产生粉尘的场所和生活区，并做好其防火、防洪、防高温等各项措施。

压缩机的安全阀、压力表、空气阀、调压装置，应齐全、灵敏、可靠，并应按有关规定要求，定期检验和标定。

储气罐，应符合以下要求：

（1）罐体应符合国家有关压力容器的规定。

（2）安装在机房外；距机房距离，不应小于2.5～3 m。

（3）应安装安全阀；该阀全开时，通气量应大于空压机排气量。

（4）罐与供气总管之间，应装设切断阀门。

（5）应定期检验和进行压力试验。

空气压缩机的冷却水，应符合以下要求：

（1）应使用清洁、无杂质的水；脏污的水或酸性水，严禁使用。

(2)水质硬度较高时,应进行软化处理。

(3)压力不应低于0.2 MPa;进、排水温差,不应低于10 ℃。

(4)回水管,坡度不小于3‰,并坡向冷却水池。

(5)冷却水池,应设排污管;周围应设有防护栏杆。

移动式空气压缩机,应停放在牢固基础上;宜设防雨防晒棚和隔离护栏等设施。

供风管道,宜布设在道路及设施的侧边;连接牢固,标志清楚;穿过道路及作业场地时,宜采用埋设。

1F-412034 安全防护设施

一、基本规定

道路、通道、洞、孔、井口、高处平台边缘等处设置的安全防护栏杆,应由上、中、下三道横杆和栏杆柱组成;高度不应低于1.2 m,柱间距应不大于2.0 m;栏杆柱,应固定牢固、可靠;栏杆底部,应设置高度不低于0.2 m的挡脚板。

高处临边、临空作业,应设置安全网。安全网,应挂设牢固,并随工作面的上升而相应向上提升;其与工作面间的高度差,最大不应超过3.0 m;水平投影宽度,应不小于2.0 m。

禁止非作业人员进出的变电站、油库、炸药库等场所,应设置高度不低于2.0 m的围栏(或围墙),并设安全保卫值班人员。

高边坡、基坑边坡,应根据具体情况,设置高度不低于1.0 m的安全防护栏(或挡墙);防护栏(或挡墙)应牢固。

悬崖、陡坡处的机动车道路、平台、作业面等的临空边缘,应设置安全墩(墙);墩(墙)高度不应低于0.6 m,宽度不应小于0.3 m;宜采用混凝土(或浆砌石)修建。

弃渣场、出料口的临空边缘,应设置防护墩;其高度不应小于车辆轮胎直径的1/3,且不应低于0.3 m;宜采用土石堆体、砌石,或用混凝土浇筑。

高处作业、多层作业、隧道(隧洞)出口等可能造成落物的部位以及有设备运行的部位,应设置防护棚;防护棚所用材料和厚度,应符合安全要求。

地下工程作业,不良地质部位,应采取钢(木、混凝土预制件)支撑或喷锚支护等措施。

施工生产区域内使用的各种安全标志的图形、颜色,应符合国家标准。

夜间和地下工程施工,应配有灯光信号。

危险作业场所、机动车道交叉路口、易燃易爆有毒危险物品存放场所、库房、变(配)电场所以及禁止烟火场所等,应设置相应的禁止、指示、警示标志。

二、高处作业

凡经医生诊断,患高血压、心脏病、精神病等不适于高处作业病症的人员,不应从事高处作业。

高处作业前,应检查排架、脚手板、通道、马道、梯子和防护设施,符合安全要求方可作业。高处作业使用的脚手架平台,应铺设固定脚手板;临空边缘,应设高度不低于1.2 m的防护栏杆。

在2 m以下高度进行工作时,可使用牢固的梯子、高凳或设置临时小平台;严禁站在不牢固的物件(如箱子、铁桶、砖堆等物)上进行工作。

从事高处作业时,作业人员应系安全带。高处作业的下方,应设置警戒线或隔离防护棚等安全措施。

高处作业时,应在对下方易燃、易爆物品进行清理和采取相应措施后,方可进行电焊、气焊等动火作业,并应配备消防器材和专人监护。

霜、雪季节高处作业,应及时清除各走道、平台、脚手板、工作面等处的霜、雪、冰,并采取防滑措施;否则,不应施工。

特殊高处作业,应有专人监护;并应有与地面进行联系的信号装置或可靠的通信设备。

在电杆上进行作业前,应检查电杆埋设是否牢固,强度是否足够;并应选符合杆型的脚扣,系好合格的安全带;严禁用麻绳等代替安全带进行登杆作业。在构架及电杆上作业时,地面上应有人监护和保持联络。

遇有6级及以上的大风,严禁从事高处作业。

三、施工脚手架

脚手架,应根据施工荷载进行设计;施工常规负荷量,不应超过3.0 kPa。脚手架搭成后,须经施工及使用单位的技术、质检、安全等部门按设计和规范要求进行检查、验收,合格后,方准投入使用。

高度超过25 m和特殊部位使用的脚手架,应专门设计并报建设(监理)单位审核、批准;在进行技术交底后,方可搭设和使用。

脚手架基础,应牢固;禁止将脚手架固定在不牢固的建筑物或其他不稳定的物件之上;在楼面或其他建筑物上搭设脚手架时,均应验算承重部位的结构强度。

钢管材料脚手架,应符合下列要求:

(1)钢管外径应为48~51 mm,壁厚3~3.5 mm。有严重锈蚀、弯曲或裂纹的钢管,不应使用。

(2)扣件,应有出厂合格证明;脆裂、有气孔、变形、滑丝的扣件,不应使用。

脚手架安装、搭设,应严格按设计图纸实施,遵循自下而上、逐层搭设、逐层加固、逐层上升的原则,并应符合下列要求:

(1)脚手架底脚扫地杆、水平横杆离地面距离,为20~30 cm。

(2)脚手架各节点,应连接可靠、拧紧;各杆件连接处,相互伸出的端头长度应大于10 cm,以防杆件滑脱。

(3)外侧及每隔2~3道横杆,设剪刀撑;排架,基础以上12 m范围内,每排横杆均应设置剪刀撑。

(4)剪刀撑、斜撑等整体拉结件和连墙件,与脚手架应同步设置。剪刀撑的斜杆,与水平面的夹角宜为45°~60°;水平投影宽度,不应小于2跨或4 m,并不大于4跨或8 m。

(5)脚手架与边坡相连处,应设置连墙杆;每18 m设一个点,且连墙杆的竖向间距不应大于4 m;采用钢管横杆与墙体预埋锚筋相连,以增加整体稳定性。

(6)脚手架立杆的接头,与其相邻上、下平杆的接头应相互错开,且应置于不同的框架格内。搭接杆接头长度,扣件式钢管排架不应小于1.0 m。

(7)钢管立杆接头与大横杆接头,两者应相互错开。接头搭接长度,不小于50 cm;承插式的管接头,不应小于8 cm。水平承插(或接头),应穿销,并用扣件连接,拧紧螺栓;不应用铁丝绑扎。

(8)脚手架的两端、转角处以及每隔6~7根立杆,应设剪刀撑及支杆。剪刀撑和支杆与地面的夹角,不应大于60°;支杆的底端埋入地下深度,不应小于30 cm。架子高度在7 m以上或无法设支杆时,竖向每隔4 m,水平每隔7 m,应使脚手架牢固地连接在建筑物上。

脚手架的支撑杆,在有车辆或搬运器材通过的地方应设置围栏,以免受到通行车辆或搬运器材的碰撞。

脚手架应定期检查,发现材料腐朽、紧固件松动时,应及时加固处理。靠近爆破地点的脚手架,每次爆破后均应进行检查。

从事脚手架工作的人员,应熟悉各种架子的基本技术知识和技能,并应持有经国家特种作业主管部门考核的合格证。

搭设架子,应尽量避免夜间工作;夜间搭设架子,应有足够的照明,搭设高度不应超过二级高处作业标准。

脚手架立杆(大横杆、小横杆)的间距,不应大于表1F-412034-1的规定。

脚手架各杆的间距(单位:m) 表1F-412034-1

脚手架类别	立杆	大横杆	小横杆
钢脚手架	2.0	1.2	1.5

脚手架的外侧、斜道和平台,应搭设防护栏杆、挡脚板或防护立网。在洞口、牛腿、挑檐等悬臂结构搭设挑架(外伸脚手架)时,挑架斜面与墙面夹角不宜大于30°,并应支撑在建筑物的牢固部分;不应支撑在窗台板、窗檐、线脚等地方。

斜道板、跳板,坡度不应大于1∶3;宽度不应小于1.5 m;防滑条的间距,不应大于0.3 m。

平台脚手板铺设,应遵守下列规定:

(1)脚手板,应满铺;与墙面距离,不应大于20 cm;不应有空隙和探头板。

(2)脚手板搭接长度,不应小于20 cm。

(3)对头搭接时,应架设双排小横杆;两排小横杆之间的间距,不大于20 cm;不应在跨度间搭接。

(4)在架子的拐弯处,脚手板应交叉搭接。

(5)脚手板,应铺设平稳,并绑牢(或钉牢);脚手板垫木,应用木块,并且钉牢。

四、安全防护用具

安全帽、安全带、安全网等施工生产使用的安全防护用具,应符合国家规定的质量标准;具有厂家安全生产许可证、产品合格证和安全鉴定合格证书;否则,不应采购、发放和使用。

常用安全防护用具,应经常检查和定期试验;其检查试验的周期和要求,见表1F-412034-2。

高处临空作业，应按规定架设安全网。作业人员使用的安全带，应挂在牢固的物体上或可靠的安全绳上，并严禁低挂高用。拴安全带用的安全绳，长度不宜超过 3 m。

安全防护用具，严禁作其他工具使用，并应注意保管，安全带、安全帽应放在空气流通、干燥处。

在可能有有毒有害气体泄漏的作业场所，应配置必要的防毒护具，以备急用，并应及时检查、维修和更换，保证其处在良好待用状态。

电气操作人员，应根据工作条件，选用适当的安全电工用具和防护用品；电工用具，应符合安全技术标准，并定期检查。凡不符合技术标准要求的绝缘安全用具、登高作业安全工具、携带式电压和电流指示器，以及检修中的临时接地线等，均不应使用。

常用安全用具的检验标准与试验周期 表 1F－412034－2

名称	检查与试验质量标准要求	检查试验周期
塑料安全帽	1. 外表完整、光洁； 2. 帽内缓冲带、帽带齐全无损； 3. 耐 40～120 ℃高温不变形； 4. 耐水、油、化学腐蚀性良好； 5. 可抗 3 kg 的钢球从 5 m 高处垂直坠落的冲击力	一年一次
安全带	检查： 1. 绳索无脆裂、断脱现象； 2. 皮带各部接口完整、牢固，无霉朽和虫蛀现象； 3. 销口性能良好。 试验： 1. 静荷：使用 255 kg 重物悬吊 5 min 无损伤； 2. 动荷：将质量为 120 kg 的重物从 2～2.8 m 高架上冲击安全带，各部件无损伤	1. 每次使用前均应检查； 2. 新带使用一年后抽样试验； 3. 旧带每隔 6 个月抽查试验一次
安全网	1. 绳芯结构和网筋边绳结构符合要求； 2. 两件各 120 kg 的重物同时由 4.5 m 高处坠落冲击，完好无损	一年一次，每次使用前进行外表检查

1F－412035 爆破器材与爆破作业

未经专门培训，并经考试合格、取得相应资质的人员，严禁从事相应的爆破作业。

爆破器材库房，应建立健全包括岗位安全责任制、安全操作规程、爆破器材发放和领取制度、治安保卫制度、防火及保密制度等在内的安全管理制度。

爆破器材装卸，应遵守下列规定：

（1）从事爆破器材装卸的人员，应接受过有关爆破器材性能方面的基础教育，熟悉有关安全技术知识。装卸爆破器材时，严禁吸烟和携带引火物。

（2）搬运、装卸作业，宜在白天进行；炎热季节，宜在清晨或傍晚进行。需在夜间装卸爆破器材时,装卸场所应有充足的照明,并只允许使用防爆安全灯照明;禁止使用油灯、电石灯、汽灯、火把等明火照明。

(3)装卸爆破器材时,装卸现场应设置警戒岗哨,并有专人在场监督。

(4)同一车上,不应装运两类性质相抵触的爆破器材,且不应与其他货物混装。雷管等起爆器材,不允许与炸药同时在同一车厢或同一地点装卸。

运输爆破器材,严禁超载、超速和抢行。

汽车运输爆破器材,还应遵守下列规定:

(1)汽车的排气管,宜设在车前下侧;并应设置防火罩装置。

(2)车上应配备灭火器材,并按规定配挂明显的危险物标志。

(3)谨慎驾驶,避免急刹车或意外事故的发生。

(4)途中遇雷雨需停车时,应停在远离建筑物及大树的空旷地方。

(5)在高速公路上运输爆破器材时,应按国家有关规定执行。

爆破器材,应贮存在专用仓库(贮存室)内,并设专人管理。严禁将爆破器材分发给个人保存。

使用爆破器材的单位,临时存放爆破器材时,要选择安全可靠的处所;应单独存放,并指定专人看管;并报所在地公安机关批准。

贮存爆破器材的仓库、贮存室,应遵守下列规定:

(1)建立出(入)库检查、登记制度。收存和发放爆破器材,应进行登记;做到账目清楚,账物相符。

(2)爆破器材,宜单一品种专库存放。库房内,严禁存放其他物品;贮存的爆破器材数量,不应超过设计容量。

若发现爆破器材丢失(或被盗),应及时报告所在地公安机关。

爆破器材的堆放,要平稳、牢固、整齐,并留出安全通道;高度应符合规定。

爆破器材,应按下列规定堆垛:垛宽宜小于5 m;垛与垛间距,宜为0.7~0.8 m;堆垛与墙壁之间,应有0.4 m的空隙;炸药堆垛高度,宜为1.6 m。

爆破材料,不应直接堆放在地面上;应采用方木和垫板,将其垫高20 cm。库房内,严禁火种。

爆破材料开箱,不应在库房内进行。严禁在存有爆破器材的库房内进行房屋修缮。

夜间无照明,或浓雾天、雷雨天和5级以上(含5级)风等恶劣天气,均不应进行露天爆破作业。

地下相向开挖的两端,在相距30 m以内时,装炮前,应通知另一端暂停工作,退到安全地点;当相向开挖的两端相距15 m时,一端应停止掘进,单头贯通。斜井相向开挖,除遵守上述规定外,并应对距贯通尚有5 m长地段,自上端向下打通。

起爆药包,应根据每次爆破需要量进行加工;不应存放、积压。加工起爆药包,应在专用的加工房内进行。

火花起爆,应遵守下列规定:

(1)深孔、竖井、倾角大于30°的斜井、有瓦斯和粉尘爆炸危险等工作面的爆破,禁止采用火花起爆。

(2)一人连续单个点火的火炮,暗挖不应超过5个,明挖不应超过10个。并应在爆破负责人指挥下,做好分工及撤离工作。

雷雨天,严禁采用电爆网路。

导爆索起爆,应遵守下列规定:

(1)导爆索交叉敷设时,应在两根导爆索交叉点之间,设置厚度不小于10 cm的木质垫板。

(2)经连接的导爆索,其连接部分不应出现断裂、破皮、打结或打圈现象。

用导爆管起爆时,起爆网路应经设计,并进行传爆试验;网路中所使用的连接元件,应经过检验,并确认合格。

1F－412040　水利水电工程土建施工安全技术规程

《水利水电工程土建施工安全技术规程》(SL 399—2007)对土石方工程、堤防工程、水闸与泵站工程、围堰拆除工程等作出了安全规定。

1F－412041　土石方工程

一、基本规定

土石方开挖施工前,应掌握必要的工程地质、水文地质、气象条件、环境因素等勘测(观测)资料,并根据现场的实际情况,制定施工方案。施工中,应遵循各项安全技术规程和标准,按施工方案组织施工。在施工过程中,注重加强对人、机、物、料等因素的安全控制,保证作业人员、设备的安全。

开挖施工前,应根据设计文件,复查地下构造物(电缆、管道等)的埋设位置和走向,并采取防护或避让措施。施工中,如发现危险物品及其他可疑物品,应立即停止开挖,并报请有关部门处理。

开挖过程中,应充分重视地质条件的变化,遇到不良地质构造和存在事故隐患的部位,应及时采取防范措施,并设置必要的安全围栏和警示标志。

开挖过程中,应采取有效的截水、排水措施,防止地表水和地下水影响开挖作业和施工安全。

开挖程序应遵循自上而下的原则,并采取有效的安全措施。

应合理确定开挖边坡坡比,及时制定边坡支护方案。

二、土方明挖

有边坡的挖土作业,应遵守下列规定:

(1)开挖土方的操作人员之间,应保持足够的安全距离;横向间距不小于2 m,纵向间距不小于3 m。

(2)开挖,应遵循自上而下的原则;不应掏根挖土和反坡挖土。

高陡边坡处的挖土作业,应遵守下列规定:

(1)作业人员应按规定系好安全带。

(2)边坡开挖中如遇地下水涌出,应先排水,后开挖。

(3)开挖工作,应与装运作业面相互错开,应避免上、下交叉作业。

(4)边坡开挖,应及时清除松动的土体和浮石;必要时,应进行安全支护。

施工过程中,应密切关注作业部位和周边边坡、山体的稳定情况,一旦发现有裂痕、滑动、流土等现象,应停止作业,撤出现场作业人员。

滑坡地段的开挖,应从滑坡体两侧向中部自上而下进行;不应全面拉槽开挖;弃土,不应堆在滑动区域内。开挖时,应有专职人员监护;随时注意滑动体的变化情况。

已开挖的地段,顺土方坡面不应有流水;必要时,坡顶应设置截水沟。

在靠近建筑物、设备基础、路基、高压铁塔、电杆等构筑物附近挖土时,应制定防坍塌的安全措施。

开挖基坑(槽)时,应根据土壤性质、含水量、土的抗剪强度、挖深等要素,设计安全边坡及马道。

在不良气象条件下,不应进行边坡开挖作业。

当边坡高度大于5 m时,应在适当高程设置防护栏栅。

有支撑的挖土作业,应遵守下列规定:

(1)挖土,不能按规定放坡时,应采取固壁支撑的施工方法。

(2)在土壤处于正常含水量情况下挖掘基坑(槽),如系垂直边坡,其最大挖深,在松软土质中不应超过1.2 m,在密实土质中不应超过1.5 m;否则,应设固壁支撑。

(3)操作人员上、下基坑(槽)时,不应沿固壁支撑攀登;人员通行,应设通行斜道或搭设梯子。

(4)雨后,春、秋季节出现冻融现象以及处于爆破区内的支撑在爆破作业后,应对支撑进行认真检查;发现问题,及时处理。

(5)拆除支撑前,应检查基坑(槽)帮情况,并自上而下逐层拆除。

土方人工挖运作业,应遵守下列规定:

(1)组合式工具在使用前,应妥善安装,以确保其安全使用。

(2)在挖运时,开挖土方作业人员之间的安全距离,不应小于2 m。

(3)在基坑(槽)内向上部运土时,应在边坡上挖台阶,其宽度不宜小于0.7 m;不应利用挡土支撑存放土、石、工具等,或站在支撑上传运。

三、土石方填筑

土石方填筑,应按施工组织设计进行施工;不应危及周围建筑物的结构或施工安全,以及相邻设备、设施的安全运行。

填筑作业时,应注意保护相邻的平面(高程)控制点,并防止因碰撞造成其移位及下沉。

夜间作业时,现场应有足够照明;在危险地段,设置明显的警示标志和护栏。

陆上填筑,应遵守下列规定:

(1)填筑作业使用的碾压、打夯设备,应按照厂家说明书的规定进行操作和保养;操作者应持有有效的上岗证件。进行碾压、打夯时,应有专人负责指挥。

(2)装载机、自卸车等机械作业现场,应设专人指挥;机械作业范围内,不应有人工从事平土等作业。

(3)电动机械运行,应严格执行“三级配电,两级保护”和“一机一闸,一漏、一箱”要求。

(4)人力打夯,精神应集中,动作应一致。

(5)基坑(槽)土方回填时,应先检查基坑(槽)壁的稳定情况;卸土时,基坑(槽)内不应有人;用小车卸土,不应撒把;基坑(槽)边,应设横木车挡。

(6)基坑(槽)的支撑,应根据已回填高度,并按施工组织设计要求,依次拆除;不应提前拆除基坑(槽)内的支撑。

(7)基础(或管沟)混凝土(砂浆),应达到一定的强度;当其不致受损坏时,方可进行回填作业。

(8)已完成的填土,应将表面压实;且宜做成一定的坡度,以利排水。

(9)雨天,不应进行填土作业;如需施工,应分段尽快完成,且宜采用碎石类土和砂土、石屑等填料。

(10)基坑回填,应分层、对称,以防止因不平衡而造成一侧压力,破坏基础或构筑物。

(11)管沟回填,应从管道两边同时进行填筑,并夯实。填料超过管顶 0.5 m 厚时,方可用动力打夯,不宜用振动碾压实。

1F-412042 堤防工程

一、堤防施工

堤防基础施工,应遵守下列规定:

(1)堤防地基,开挖较深时,应制定防止边坡坍塌和滑坡的安全技术措施。对深基坑支护,应进行专项设计;作业前,应检查安全支撑和挡护设施是否良好,确认符合要求后,方可施工。

(2)当地下水位较高,或在黏性土、湿陷性黄土上进行强夯作业时,应在表面铺设一层厚 50~200 cm 的砂、砂砾或碎石垫层,以保证强夯作业安全。

(3)强夯,应做好安全防范措施,现场施工人员应戴好安全防护用品;夯击时,所有人员应退到安全线以外;应对周围建筑物进行监测,以指导强夯参数的调整。

(4)地基处理,采用砂井排水固结法施工时,为加快堤基的排水、固结,应在堤基上分级进行加载;加载时,应加强现场监测,以防止滑动破坏等失稳事故的发生。

(5)软弱地基处理,采用抛石挤淤法施工时,应经常对机械作业部位进行检查。

防护工程施工,应遵守下列规定:

(1)人工抛石,作业时,应按照计划的程序进行;严禁随意抛掷,以防意外事故发生。

(2)抛石所使用的设备,应安全可靠、性能良好;严禁使用没有安全保险装置的机具进行作业。

(3)抛石护脚时,应注意石块块体重心位置;严禁起吊有破裂及脱落危险的块体;严禁在起重设备工作范围和抛石工作范围内进行其他作业和人员停留。

(4)抛石护脚,施工时,除操作人员外,严禁其他人员在现场停留。

堤防加固施工,应遵守下列规定:

(1)砌石护坡加固,应在汛期前完成。当加固规模、范围较大时,可拆一段、砌一段,但分段长宜大于 50 m。垫层的接头处,应确保施工质量。新、老砌体,应结合牢固,连接平顺。确需汛期施工时,分段长度可根据水情预报情况及施工能力而定,以防止意外事故发生。

(2)护坡石,沿坡面运输时使用的绳索、刹车等设施,应满足负荷要求,且牢固、可靠;在吊运时,不应超载,发现设备有问题时应及时检修。垂直运送料具时,应有联系信号,并由专人指挥。

(3)堤防灌浆机械设备在作业前,应检查其是否良好;并检查安全设施及防护用品是否齐全,警示标志设置是否标准;确认符合要求后,方可施工。

(4)当堤防加固采用混凝土防渗墙、高压喷射灌浆、土工膜截渗、砂石导渗等施工技术时,均应符合有关安全技术标准的规定。

二、防汛抢险施工

堤防防汛抢险施工,抢护原则为:前截后导,强身固脚;减载平压,缓流消浪。施工中,应遵守各项安全技术要求,不应违反程序作业。

堤身漏洞险情的抢护,应遵守下列规定:

(1)堤身漏洞险情的抢护,以"前截后导,临重于背"为原则。抢护时,应在临水侧截断漏水来源;在背水侧漏洞出水口处,采用反滤围井的方法,防止险情扩大。

(2)堤身漏洞险情在临水侧抢护,以人力施工为主时,应配备足够的安全设施;确认安全有保障,且有专人指挥及专人监护后,方可施工。

(3)堤身漏洞险情在临水侧抢护,以使用机械设备为主时,机械设备应停站(或行驶)在安全(或经加固后确认较为安全)的堤身上;防止因漏洞险情而导致设备下陷、倾覆(或失稳)等其他安全事故的发生。

管涌险情的抢护,宜在背水面;采取反滤导渗,以控制涌水,并留有渗水出路。以人力施工为主进行抢护时,应注意检查附近堤段水浸后的变形情况;如有坍塌危险,应及时加固,或采取其他安全有效的方法。

当遭遇超标准洪水(或水位有可能超过堤坝顶)时,应迅速进行加高抢护;同时,做好人员撤离安排,并及时将人员、设备转移到安全地带。

为削减波浪的冲击力,应在靠近堤坡处的水面上,设置芦柴(柳枝、湖草、木料)等材料的捆扎体;并设法锚定,以防止被风浪(水流)冲走。

当发生崩岸险情时,应抛投物料,如石块、石笼、混凝土多面体、土袋和柳石枕等,以稳定基础,防止崩岸进一步发展;密切关注险情发展的动向,时刻检查附近堤身的变形情况,及时采取正确的处理措施,并向附近居民示警。

堤防决口抢险,应遵守下列规定:

(1)有关部门,应快速通知附近居民安全转移,并给抢险施工人员配备足够的安全救生设备。

(2)抢险施工,应在水面以上进行;并逐步创造静水闭气条件,以确保人身安全。

(3)在决口处抢筑裹头时,应从水浅流缓、土质较好的地带起;采取打桩、抛填大体积物料等安全裹护措施,以防止裹头处突然坍塌而将人员与设备冲走。

(4)决口较大、采用沉船截流时,应采取有效的安全防护措施;防止因下部不平整而使沉船发生移动,给作业人员造成安全隐患。

1F-412043　水闸工程

基坑土方开挖,应遵守下列规定:

(1)建筑物的基坑土方开挖,应本着先降水、后开挖的施工原则。结合基坑中部开挖,开挖明沟,加以明排。

(2)降水措施,应视工程地质条件而定;在条件许可时,先进行降水试验,以验证降水方案的合理性。

(3)降水期间,必须对基坑边坡及周围建筑物进行安全监测,做到信息化施工;发现异常情况,及时研究处理措施,以保证基坑边坡和周围建筑物的安全。

(4)若原有建筑物距基坑较近,视其重要性和受影响程度,可采取适当的支护措施(或拆迁)进行处理。基坑边坡,视地质条件,可以采用适当的防护措施。

(5)在雨季(尤其是汛期),必须做好基坑的排水工作,并安装足够的排水设备。

(6)基坑土方开挖(基础处理)完成,应及时组织基础隐蔽工程验收;及时浇筑垫层混凝土,对基础进行封闭。

(7)基坑降水,应符合下列规定:

①基坑底、排水沟底及集水坑底,三者应保持一定深差。

②集水坑和排水沟,应设置在建筑物底部轮廓线以外一定距离。

③基坑开挖深度较大时,应分级设置马道和排水设施。

④流砂、管涌部位,应采取反滤导渗措施。

(8)负温条件下挖除保护层时,应采取可靠的防冻措施。

土方填筑,应遵守下列规定:

(1)填筑前,必须排除基坑底部的积水,并清除杂物等;宜采取降水措施,将水位降至基底0.5 m以下。

(2)土料填筑,应符合设计要求。

(3)高岸翼墙后的填土,应分层回填、均衡上升。靠近高岸翼墙及岸坡的回填土,宜用人工(或小型机具)夯压密实;铺土厚度,宜适当减薄。

(4)高岸翼墙后的填土,应按通水前、后,分期进行回填,以减小通水前墙后的填土压力。

(5)高岸翼墙墙后设计,应布置排水系统,以减少墙后填土中的水压力。

地基处理,应遵守下列规定:

(1)原状土地基开挖到基底前,留30~50 cm保护层;在建筑物施工前,宜采用人工方法挖出,并使得基底平整;对低洼区域和局部超挖,宜采用碎石回填。基底开挖之前,宜做好降、排水,以保证施工在干燥状态下进行。

(2)对于地基加固,基坑降水应降至基底面以下50 cm,保证基底干燥、平整,以利地基处理设备施工安全。施工作业和移机过程中,应将设备支架的倾斜度控制在规定值之内;严禁设备倾覆事故的发生。

(3)桩基施工设备操作人员,应进行操作培训;取得合格证书后,方可上岗。

(4)在正式施工前,应先进行基础加固的工艺试验;采用工艺及参数经批准后,再展开施工。成桩后,应按照相关规范的规定抽样,并进行单桩承载力和复合地基承载力试验,以验证地基加固的可靠性。

预制构件采用蒸汽养护时,应遵守下列规定:

(1)每天,应对锅炉系统进行检查。每批构件蒸养之前,应对通汽管路、阀门进行检查;一旦损坏,及时更换。

(2)应定期对蒸养池顶盖的提升桥机(或吊车)进行检查和维护。

(3)在蒸养过程中,锅炉或管路发现异常情况,应及时停止蒸汽的供应;无关人员不应站在蒸养池附近。

(4)浇筑后,构件应停放2~6 h;停放温度,一般为10~20 ℃。

(5)升温速率:当构件表面系数≥6时,不宜超过15 ℃/h;表面系数<6时,不宜超过10 ℃/h。

(6)恒温时,混凝土温度不宜超过80 ℃。相对湿度,应为90%~100%。

(7)降温速率:当表面系数≥6时,不应超过10 ℃/h;表面系数<6时,不应超过5 ℃/h。出池后,构件表面与外界温差,不应大于20 ℃。

构件起吊前,应做好下列准备工作:

(1)大件起吊运输,应有单项安全技术措施。起吊作业操作人员必须具有特种操作许可证。

(2)起吊前,应认真检查所用一切工具、设备,其性能均应良好。

(3)起吊设备的起吊能力,应有一定的安全储备。必须对所起吊构件的吊点和整体进行详细的内力复核验算。非定型的吊具和索具,均应一并验算;符合有关规定后,才能使用。

(4)各种物件正式起吊前,应先试吊;确认可靠后,方可正式起吊。

(5)起吊前,应先清理起吊地点及运行通道上的障碍物;通知无关人员避让,并应选择恰当的放置位置和随物护送路线。

(6)应指定专人,负责指挥多个操作人员进行协同的吊装作业。各种设备操作信号,必须事先统一规定。

在闸室上(下)游混凝土防渗铺盖上行驶重型机械(或堆放重物)时,必须经过验算。

永久缝施工,应遵守下列规定:

(1)一切预埋件,应安装牢固;严禁因脱落而伤人。

(2)采用紫铜止水片时,接缝必须焊接牢固。焊接时,须遵守有关焊接安全技术操作规程。焊接后,应采用柴油渗透法检验是否渗漏。采用塑料和橡胶止水片时,应有保护措施;避免油污和长期暴晒。

(3)使用柔性材料对结构缝进行嵌缝处理时,应在搭设稳固且安全的脚手架并系好安全带后,逐层作业。

1F-412044　泵站工程

水泵基础施工,应遵守下列规定:

(1)水泵基础施工期内需要度汛时,应按设计及施工要求,在汛前完成度汛相关工程。

(2)水泵基础,应优先选用天然地基。承载力不足时,宜采取工程加固措施,进行基础处理。

(3)水泵基础经处理后,其允许沉降量及沉降差,应根据工程具体情况分析确定,并应满足基础结构安全和不影响机组正常运行要求。

(4)水泵基础如为膨胀土地基,在满足水泵布置和稳定、安全要求的前提下,应减小水泵基础底面面积,增大基础埋置深度;也可将膨胀土挖除,换填无膨胀性土料垫层(或采用桩基础)。膨胀土地基的处理,应遵守下列规定:

①在膨胀土地基上进行泵站基础施工,应安排在冬、旱季进行,力求避开雨季;否则,应采取可靠的防雨水措施。

②基坑开挖前,应布置好施工场地的排水设施;天然地表水,不应流入基坑。

③应防止雨水浸入坡面和坡面土中水分蒸发,并避免干、湿交替,以保护边坡稳定。可在坡面喷水泥砂浆保护层,或用土工膜覆盖地面。

④基坑开挖至接近基底设计标高时,应留0.3 m左右的保护层,待下道工序开始前再予挖除。基坑挖至设计标高后,应及时浇筑素混凝土垫层保护地基;待混凝土达到50%以上强度后,及时进行基础施工。

⑤泵站四周回填,应及时分层进行。填料,应选用非膨胀土、弱膨胀土或掺有石灰的膨胀土;选用弱膨胀土时,其含水量宜为塑限含水量的1.1~1.2倍。

固定式泵站施工,应遵守下列规定:

(1)泵房水下混凝土,宜整体浇注。对于安装大(中)型立式机组(或斜轴泵)的泵房工程,可按泵房结构及出水流道整体设计分层,并兼顾进、出水流道的整体性设计分层,由下至上分层施工。

(2)泵房浇筑,在平面上一般不再分块。如泵房底板尺寸较大,可以采用分期、分段浇筑。

金属输水管道制作与安装,应遵守下列规定:

(1)钢管焊缝,应达到标准,且应通过超声波(或射线)检验;不应有任何渗、漏水现象。

(2)钢管各支墩,应有足够的稳定性;在钢管安装阶段,确保不发生倾斜和沉陷变形。

(3)在对接接头的任何位置,钢管壁表面的最大错位要求:纵缝,不应大于2 mm;环缝,不应大于3 mm。

(4)直管外表直线平直度,可按钢管外表平行于轴线的任意一条线与钢管直轴线间的偏差确定;长度为4 m的管段,不应大于3.5 mm。

(5)钢管安装偏差值要求:相对于鞍式支座弧形顶面的间隙,不应大于2 mm;滚轮式(摇摆式)支座垫板的高程与钢管纵(横)向中心间的偏差,不应超过±5 mm。

1F－412045　围堰拆除工程

围堰拆除,一般应选择在枯水季节(或枯水时段)进行;特殊情况下需在洪水季节(或洪水时段)进行时,应进行充分论证。只有经论证可行,并经合同中指定单位批准后,方可进行。

当拆除围堰建筑附近有架空线路(或电缆线路)时,应与有关部门取得联系;采取防护措施,并在确认安全后,方可施工。

施工单位应依据拆除围堰相关图纸和资料,进行实地勘察,并应编制施工组织设计(或施工方案)和安全技术措施。

围堰拆除,应成立组织机构;制定应急预案,并应配备抢险救援器材。

当围堰拆除可能对周围建筑安全产生威胁时,应采取相应保护措施,并应对建筑内的人员进行撤离、安置。

在拆除围堰作业中,应密切注意雨、水情;如发现情况异常,应停止施工,并应采取相应的应急措施。

机械拆除,应遵守下列规定:

(1)拆除土石围堰时,应从上至下逐层、逐段进行。

(2)施工中,应由专人负责监测被拆除围堰的状态,并应做好记录。当发现有不稳定状态(或趋势)时,应立即停止作业,并采取有效措施,消除隐患。

(3)严禁超机械荷载作业,或任意扩大机械使用范围作业。

(4)拆除混凝土围堰、岩坎围堰、混凝土心墙围堰时,应按先爆破法进行破碎,再采用机械进行拆除的顺序施工。

(5)拆除混凝土过水围堰时,宜按先爆破法破碎混凝土护面,再采用机械进行拆除的顺序施工。

(6)拆除钢板(钢管)桩围堰时,宜先采用振动拔桩机拔出钢板(钢管)桩后,再采用机械进行拆除。振动拔桩机作业时,应边振边垂直向上拔;拔出的钢板(钢管)桩,应码放整齐、稳固;应严格遵守起重机和振动拔桩机的安全技术规程。

爆破法拆除,应遵守下列规定:

(1)一至三级水利水电枢纽工程的围堰(堤坝、挡水岩坎)的拆除爆破,设计文件除按正常设计外,还应进行以下论证:

①爆破区域与周围建(构)筑物的详细平面图;爆破对周围被保护建(构)筑物和岩基影响的详细论证。

②爆破后需要过流的工程,应有确保过流的技术措施,以及流速与爆渣关系的论证。

(2)一至三级水电枢纽工程的需要爆破拆除的围堰(堤坝、挡水岩坎),宜在其修建时就提出相应爆破拆除方案(或设想),并收集必要的基础资料和采取必要的措施。

(3)从事围堰爆破拆除工程的施工单位,应持有爆破资质证书;爆破拆除设计人员,应具有与所承担爆破拆除作业范围相应级别的爆破工程技术人员作业证;从事爆破拆除施工的作业人员,应持证上岗。

(4)围堰爆破拆除工程起爆,宜采用导爆管起爆法(或导爆管与导爆索混合起爆法),并应采用复式网路起爆;严禁采用火花起爆方法。

1F－420000 质量管理与质量控制

1F－421000 规范性文件

1F－421010 水利工程质量事故处理暂行规定

《水利工程质量事故处理暂行规定》(1999年水利部令第9号,简称《规定》)总则指出,本规定所称工程质量事故,是指在水利工程建设过程中,由于建设管理、监理、勘测、设计、咨询、施工、材料、设备等原因造成工程质量不符合规程规范和合同规定的质量标准,影响使用寿命和对工程安全运行造成隐患和危害的事件。

总则指出,发生质量事故,必须坚持“事故原因不查清楚不放过、主要事故责任者和职工未受到教育不放过、补救和防范措施不落实不放过”的原则,认真调查事故原因,研究处理措施,查明事故责任,做好事故处理工作。

1F－421011 水利工程质量事故分类与事故报告内容

《规定》第七条、第八条对水利工程质量事故分类作出规定。

第七条 工程质量事故按直接经济损失的大小,检查、处理事故对工期的影响时间长短和对工程正常使用的影响,分为一般质量事故、较大质量事故、重大质量事故、特大质量事故。

第八条 一般质量事故,是指对工程造成一定经济损失,经处理后不影响正常使用且不影响使用寿命的事故。

较大质量事故,是指对工程造成较大经济损失或延误较短工期,经处理后不影响正常使用,但对工程寿命有一定影响的事故。

重大质量事故,是指对工程造成重大经济损失或较长时间延误工期,经处理后不影响正常使用,但对工程寿命有较大影响的事故。

特大质量事故,是指对工程造成特大经济损失或长时间延误工期,经处理后仍对正常使用和工程寿命造成较大影响的事故。

水利工程质量事故具体分类标准,见表1F－421011。

小于一般质量事故的质量问题,称为质量缺陷。

水利工程质量事故分类标准　　　　表 1F－421011

损失情况		事故类别			
		特大质量事故	重大质量事故	较大质量事故	一般质量事故
事故处理所需的物资、器材和设备、人工等直接损失费用(人民币万元)	大体积混凝土,金属制作和机电安装工程	>3 000	>500 ≤3 000	>100 ≤500	>20 ≤100
	土石方工程、混凝土薄壁工程	>1 000	>100 ≤1 000	>30 ≤100	>10 ≤30
事故处理所需合理工期(月)		>6	>3 ≤6	>1 ≤3	≤1
事故处理后对工程功能和寿命的影响		影响工程正常使用,需限制条件使用	不影响工程正常使用,但对工程寿命有较大影响	不影响工程正常使用,但对工程寿命有一定影响	不影响工程正常使用和工程寿命

注:直接经济损失费用为必要条件,事故处理所需时间以及事故处理后对工程功能和寿命的影响主要适用于大中型工程。

《规定》第九条至第十二条对事故报告作出规定。

第九条　发生质量事故后,由项目法人负责将事故的简要情况向项目主管部门报告。项目主管部门接事故报告后,按照管理权限向上级水行政主管部门报告。具体规定为:

一般质量事故,向项目主管部门报告。

较大质量事故,逐级向省级水行政主管部门或流域机构报告。

重大质量事故,逐级向省级水行政主管部门或流域机构报告,并抄报水利部。

特大质量事故,逐级向水利部和其他有关部门报告。

第十条　事故发生后,事故单位要严格保护现场,采取有效措施抢救人员和财产,防止事故扩大。因抢救人员、疏导交通等原因需移动现场物件时,应当作出标志、绘制现场简图并作出书面记录;妥善保管现场重要痕迹、物证,并进行拍照或录像。

第十一条　发生(发现)较大、重大和特大质量事故,事故单位要在 48 小时内向第九条所规定单位写出书面报告;突发性事故,事故单位要在 4 小时内电话向上述单位报告。

第十二条　事故报告,应当包括以下内容:

(一)工程名称、建设规模、建设地点、工期,项目法人、主管部门及负责人电话;

(二)事故发生的时间、地点、工程部位,以及有关参建单位名称;

(三)事故发生的简要经过,伤亡人数和直接经济损失的初步估计;

(四)事故发生原因初步分析;

(五)事故发生后采取的措施及事故控制情况;

(六)事故报告单位名称、负责人姓名及联系方式。

1F－421012　水利工程质量事故调查程序与处理要求

《规定》第十四条至第二十一条对事故调查有关问题作出规定。

第十四条　发生质量事故，要按照第十五条至十八条规定的管理权限，组织调查组进行调查；查明事故原因，提出处理意见，提交事故调查报告。

事故调查组成员，由主管部门根据需要确定；并实行回避制度。

第十五条　一般事故，由项目法人组织设计、施工、监理等单位进行调查；调查结果，报项目主管部门核备。

第十六条　较大质量事故，由项目主管部门组织调查组进行调查；调查结果，报上级主管部门批准，并报省级水行政主管部门核备。

第十七条　重大质量事故，由省级以上水行政主管部门组织调查组进行调查；调查结果，报水利部核备。

第十八条　特大质量事故，由水利部组织调查。

第十九条　事故调查组的主要任务是：

（一）查明事故发生的原因、过程、财产损失情况和对后续工程的影响；

（二）组织专家进行技术鉴定；

（三）查明事故的责任单位和主要责任者应负的责任；

（四）提出工程处理和应采取措施的建议；

（五）提出对责任单位和责任者的处理建议；

（六）提交事故调查报告。

第二十条　调查组有权向事故单位、各有关单位和个人了解事故的有关情况。有关单位和个人必须实事求是地提供有关文件或材料，不得以任何方式阻碍或干扰调查组正常工作。

第二十一条　事故调查组提交的调查报告，经主持单位同意后，调查工作即告结束。

《规定》第二十三条至第二十九条对质量事故处理职责划分作出规定。

第二十三条　发生质量事故，必须针对事故原因提出工程处理方案，经有关单位审定后实施。

第二十四条　一般质量事故，由项目法人负责组织有关单位制定处理方案并实施，报上级主管部门备案。

第二十五条　较大质量事故，由项目法人负责组织有关单位制定处理方案，经上级主管部门审定后实施，报省级水行政主管部门或流域机构备案。

第二十六条　重大质量事故，由项目法人负责组织有关单位提出处理方案，征得事故调查组意见后，报省级水行政主管部门或流域机构审定后实施。

第二十七条　特大质量事故，由项目法人负责组织有关单位提出处理方案，征得事故调查组意见后，报省级水行政主管部门或流域机构审定后实施，并报水利部备案。

第二十八条　事故处理，需要进行设计变更的，需原设计单位或有资质的单位提出设计变更方案。需要进行重大设计变更的，必须经原设计审批部门审定后实施。

第二十九条　事故部位处理完毕后，必须按照管理权限经过质量评定与验收后，方可投入使用或进入下一阶段施工。

1F－421020　水利工程质量管理规定

《水利工程质量管理规定》(1997年水利部令第7号,简称《规定》)总则指出,本规定所称水利工程,是指由国家投资、中央和地方合资、地方投资以及其他投资方式兴建的防洪、除涝、灌溉、水力发电、供水、围垦等各类水利工程(包括配套与附属工程)。

本规定所称水利工程质量,是指在国家和水利行业现行的有关法律、法规、技术标准和批准的设计文件及工程合同中,对兴建的水利工程的安全、适用、经济、美观等特性的综合要求。

总则指出,水利工程质量,实行项目法人(建设单位)负责、监理单位控制、施工单位保证和政府监督相结合的质量管理体制。

水利工程质量,由项目法人(建设单位)负全面责任;监理、施工、设计单位按照合同及有关规定,对各自承担的工作的质量负责;质量监督机构履行政府部门监督职能,但不代替项目法人(建设单位)、监理、设计、施工单位的质量管理工作。水利工程建设各方,均有向有关部门和质量监督机构反映工程质量问题的责任和权利。

水利工程项目法人(建设单位)、监理、设计、施工等单位的负责人,对本单位的质量工作负领导责任;各单位在工程现场的项目负责人,对本单位在工程现场的质量工作负直接领导责任;各单位的工程技术负责人,对质量工作负技术责任;具体工作人员,为直接责任人。

1F－421021　工程质量监督管理

《规定》第十条至第十五条对工程质量监督管理作出规定。

第十条　水利工程质量,实行政府监督制度。

水利工程,按照分级管理的原则,由相应水行政主管部门授权的质量监督机构实施质量监督。

第十一条　水利工程质量监督机构,必须按照水利部有关规定设立,并经省级以上水行政主管部门资质审查合格,方可承担水利工程质量监督工作。

各级水利工程质量监督机构,必须建立健全质量监督工作机制,完善监督手段,增强质量监督的权威性和有效性。

各级水利工程质量监督机构,要加强对贯彻执行国家和水利部有关质量法规、规范情况的检查;坚决查处有法不依、执法不严、违法不究以及滥用职权的行为。

第十二条　水利部水利工程质量监督机构,负责对流域机构的质量监督机构、省级水利工程质量监督机构和水利工程质量检测单位进行统一规划、管理和资质审查。

各省、自治区、直辖市设立的水利工程质量监督机构,负责本行政区域内省级以下水利工程质量监督机构和水利工程质量检测单位统一规划、管理和资质审查。

第十三条　水利工程质量监督机构,负责监督设计、监理、施工单位在其资质等级允许范围内所从事水利工程建设的质量工作;负责检查、督促建设、监理、设计、施工单位建立健全质量体系。

水利工程质量监督机构按照国家和水利行业有关工程建设法规、技术标准和设计文件，实施工程质量监督；对施工现场影响工程质量的行为进行监督检查。

第十四条　水利工程质量监督，实行以抽查为主的方式；并运用法律和行政手段，做好监督抽查后的处理工作。工程竣工验收时，质量监督机构应对工程质量等级进行核定。未经质量核定或核定为不合格的工程，施工单位不得交验；工程主管部门不得验收；工程不得投入使用。

第十五条　根据需要，质量监督机构可委托经计量认证合格的检测单位，对水利工程有关部位以及所采用的建筑材料和工程设备进行抽样检测。

水利部水利工程质量监督机构认定的水利工程质量检测机构出具的数据，是全国水利系统的最终检测。

各省级水利工程质量监督机构认定的水利工程质量检测机构所出具的检测数据，是本行政区域内水利系统的最高检测。

1F－421022　项目法人（建设单位）质量管理

《规定》第十六条至第二十条对项目法人（建设单位）质量管理作出规定。

第十六条　项目法人（建设单位）应根据国家和水利部有关规定依法设立；主动接受水利工程质量监督机构对其质量体系的监督检查。

第十七条　项目法人（建设单位）应根据工程规模和工程特点，按照水利部有关规定，通过资质审查，招标选择勘测、设计、施工、监理单位，并实行合同管理。在合同文件中，必须有工程质量条款；明确图纸、资料、工程、材料、设备等的质量标准及合同双方的质量责任。

第十八条　项目法人（建设单位）要加强工程质量管理，建立健全施工质量检查体系；根据工程特点，建立质量管理机构和质量管理制度。

第十九条　项目法人（建设单位）在工程开工前，应按规定向水利工程质量监督机构办理工程质量监督手续；在工程施工过程中，应主动接受质量监督机构对工程质量的监督检查。

第二十条　项目法人（建设单位）应组织设计和施工单位进行设计交底；施工中，应对工程质量进行检查；工程完工后，应及时组织有关单位进行工程质量验收、签证。

1F－421023　监理单位质量管理

《规定》第二十一条至第二十四条对监理单位质量管理作出规定。

第二十一条　监理单位必须持有水利部颁发的监理单位资格等级证书，依照核定的监理范围承担相应水利工程的监理任务。监理单位必须接受水利工程质量监督机构对其监理资格、质量检查体系及质量监理工作的监督检查。

第二十二条　监理单位必须严格执行国家法律、水利行业法规、技术标准，严格履行监理合同。

第二十三条　监理单位根据所承担的监理任务，向水利工程施工现场派出相应的监理机构，人员配备必须满足项目要求。监理工程师上岗，必须持有水利部颁发的监理工程师岗位证书，一般监理人员上岗要经过岗前培训。

第二十四条 监理单位应根据监理合同参与招标工作,从保证工程质量、全面履行工程承建合同出发,签发施工图纸;审查施工单位的施工组织设计和技术措施;指导监督合同中有关质量标准、要求的实施;参加工程质量检查、工程质量事故调查处理和工程验收工作。

1F-421024 设计单位质量管理

《规定》第二十五条至第二十九条对设计单位质量管理作出规定。

第二十五条 设计单位必须按其资质等级及业务范围承担勘测、设计任务,并应主动接受水利工程质量监督机构对其资质等级及质量体系的监督检查。

第二十六条 设计单位,必须建立健全设计质量保证体系,加强设计过程质量控制,健全设计文件的审核、会签批准制度;做好设计文件的技术交底工作。

第二十七条 设计文件,必须符合下列基本要求:

(一)设计文件,应当符合国家、水利行业有关工程建设法规、工程勘测设计技术规程、标准和合同的要求。

(二)设计依据的基本资料,应完整、准确、可靠;论证充分,计算成果可靠。

(三)设计文件,深度应满足相应设计阶段有关规定的要求;质量必须满足工程质量及安全需要,并符合设计规范的要求。

第二十八条 设计单位,应按合同规定及时提供设计文件及施工图纸;在施工过程中,要随时掌握施工现场情况;优化设计,解决有关设计方面问题。对大中型工程,设计单位应按合同规定,在施工现场设立设计代表机构(或派驻设计代表)。

第二十九条 设计单位应按水利部有关规定,在阶段验收、单位工程验收和竣工验收中,对施工质量是否满足设计要求提出评价意见。

1F-421025 施工单位质量管理

《规定》第三十条至第三十五条对施工单位质量管理作出规定。

第三十条 施工单位必须按其资质等级和业务范围承揽工程施工任务;接受水利工程质量监督机构对其资质和质量保证体系的监督检查。

第三十一条 施工单位必须依据国家、水利行业有关工程建设法规、技术规程、技术标准的规定以及设计文件和施工合同的要求进行施工,并对其施工工程质量负责。

第三十二条 施工单位不得将承接的水利建设项目的主体工程进行转包;对工程的分包,分包单位必须具备相应资质等级;工程分包,必须经过项目法人(建设单位)的认可。分包单位,对其分包工程的施工质量向总包单位负责。总包单位,对全部工程质量向项目法人(建设单位)负责。

第三十三条 施工单位要推行全面质量管理,建立健全质量保证体系,制定和完善岗位质量规范、质量责任及考核办法,落实质量责任制;在施工过程中,要加强质量检验工作,认真执行“三检制”,切实做好工程质量的全过程控制。

第三十四条 工程发生质量事故,施工单位必须按照有关规定向监理单位、项目法人(建设单位)及有关部门报告;并保护好现场,接受工程质量事故调查;认真进行事故处理。

第三十五条 竣工验收时,施工单位应向项目法人(建设单位)提交完整的技术档案、试验成果及有关资料。竣工工程质量,必须符合国家和水利行业现行工程标准及设计文件的要求。

1F-421026 建筑材料、设备采购质量管理和工程保修

《规定》第三十六条至第四十条对建筑材料、设备采购质量管理和工程保修作出规定。

第三十六条 建筑材料和工程设备的质量,由采购单位承担相应责任。凡进入施工现场的建筑材料和工程设备,均应按有关规定进行检验;经检验不合格的产品,不得用于工程。

第三十七条 建筑材料和工程设备采购单位,具有按合同规定自主采购的权利;其他单位(或个人)不得干预。

第三十八条 建筑材料(或工程设备),应当符合下列要求:

(一)有产品质量检验合格证明。

(二)有中文标明的产品名称、生产厂名和厂址。

(三)产品包装和商标式样符合国家有关规定和标准要求。

(四)工程设备,应有产品详细的使用说明书;电气设备,还应附有线路图。

(五)实施生产许可证(或实行质量认证)的产品,应当具有相应的许可证(或认证证书)。

第三十九条 水利工程保修期,从工程移交证书写明的工程完工日起,一般不少于一年。有特殊要求的工程,其保修期限在合同中规定。

工程质量出现永久性缺陷的,承担保修责任的期限不受以上保修期限制。

第四十条 水利工程,在规定的保修期内出现工程质量问题,一般由原施工单位承担保修;保修所需费用,由责任方承担。

1F-421030 水利工程质量监督规定

《水利工程质量监督规定》(水建〔1997〕339号,简称《规定》)总则指出,水行政主管部门主管水利工程质量监督工作。水利工程质量监督机构,是水行政主管部门对水利工程质量进行监督管理的专职机构;对水利工程质量进行强制性的监督管理。

总则指出,在我国境内新建、扩建、改建、加固各类水利水电工程和城镇供水、滩涂围垦等工程(包括配套与附属工程,以下简称水利工程)及其技术改造,均必须由水利工程质量监督机构负责质量监督。在工程建设阶段,工程建设、监理、设计、施工等单位必须接受质量监督机构的监督。

总则指出,工程竣工验收前,必须经质量监督机构对工程质量进行等级核验。未经工程质量等级核验或者核验为不合格的工程,不得交付使用。工程在申报优秀设计、优秀施工、优质工程项目时,必须有有关质量监督机构签署的工程质量评定意见。

1F-421031 机构与人员

《规定》第六条至第十三条对水利工程质量监督机构及人员作出规定。

第六条 水利部主管全国水利工程质量监督工作。水利工程质量监督机构,按总站、中心站、站三级设置。

(一)水利部设置全国水利工程质量监督总站,其办事机构设在建设司。各流域机构设置流域水利工程质量监督分站,作为总站的派出机构。水利水电规划设计管理局,设置水利工程设计质量监督分站。

(二)各省、自治区、直辖市水利(水电)厅(局)、新疆生产建设兵团水利局,设置水利工程质量监督中心站。

(三)各地(市)水利(水电)局,设置水利工程质量监督站。

各级质量监督机构,隶属于同级水行政主管部门;业务上,接受上一级质量监督机构的指导。

第七条 水利工程质量监督项目站(组),是相应质量监督机构的派出单位。

第八条 各级质量监督机构,站长一般应由同级水行政主管部门主管工程建设的领导兼任;有条件的,可配备相应级别的专职副站长;正、副站长,由其主管部门任命,并报上一级质量监督机构备案。

第九条 各级质量监督机构,应配备一定数量的专职质量监督员。质量监督员的数量,由同级水行政主管部门根据工作需要和专业配套的原则确定。

第十条 水利工程质量监督员,必须具备以下条件:

(一)取得工程师职称,或具有大专以上学历并有五年以上从事水利水电工程设计(施工、监理、咨询、建设管理)工作的经历。

(二)坚持原则,秉公办事;认真执法,责任心强。

(三)经过培训,并通过考核取得"水利工程质量监督员证"。

第十一条 质量监督机构可聘任符合条件的工程技术人员,作为工程项目的兼职质量监督员。为保证质量监督工作的公正性、权威性,凡从事该工程监理、设计、施工、设备制造的人员,不得担任该工程的兼职质量监督员。

第十二条 各质量监督分站、中心站、地(市)站和质量监督员,必须经上一级质量监督机构考核、认证,取得合格证书后,方可从事质量监督工作。质量监督机构资质,每四年复核一次。质量监督员证,有效期为四年。

第十三条 "水利工程质量监督机构合格证书"和"水利工程质量监督员证",由水利部统一印制。

1F-421032 机构职责

《规定》第十四条至第十八条对水利工程质量监督机构职责作出规定。

第十四条 全国水利工程质量监督总站的主要职责是:

(一)贯彻执行国家和水利部有关工程建设质量管理的方针、政策。

(二)制订水利工程质量监督及检测有关规定和办法,并监督实施。

(三)归口管理全国水利工程的质量监督工作;指导各分站、中心站的质量监督工作。

(四)对部直属重点工程,组织实施质量监督;参加工程的阶段验收和竣工验收。

(五)监督有争议的工程重大质量事故的处理。

（六）开展全国水利工程质量检查活动，掌握全国水利工程质量动态；组织全国水利工程质量监督工作经验交流；组织培训质量监督人员。

第十五条　水利工程设计质量监督分站受总站委托，承担的主要任务是：

（一）归口管理全国水利工程设计质量监督工作。

（二）负责水利工程设计全面质量管理工作。

（三）掌握全国水利工程设计质量动态；定期向总站报告设计质量监督情况。

第十六条　各流域水利工程质量监督分站的主要职责：

（一）对本流域内下列工程项目实施质量监督：

（1）总站委托监督的部属水利工程；

（2）中央与地方合资项目；监督方式，由分站同中心站协商确定；

（3）省（自治区、直辖市）界及国际边界河流上的水利工程。

（二）监督所监督水利工程质量事故的处理。

（三）参加所监督水利工程的阶段验收和竣工验收。

（四）掌握本流域内水利工程质量动态；及时上报质量监督工作中发现的重大问题；开展水利工程质量检查活动；组织交流本流域内的质量监督工作经验。

第十七条　各省、自治区、直辖市，新疆生产建设兵团水利工程质量监督中心站的职责：

（一）贯彻执行国家、水利部和省（自治区、直辖市）有关工程建设质量管理的方针、政策。

（二）管理辖区内水利工程的质量监督工作；指导本省（自治区、直辖市）的市（地）质量监督站工作。

（三）对辖区内除第十四条、第十六条规定外的水利工程实施质量监督；协助配合由部总站和流域分站组织监督的水利工程的质量监督工作。

（四）参加所监督水利工程的阶段验收和竣工验收。

（五）监督所监督水利工程质量事故的处理。

（六）掌握辖区内水利工程质量动态和质量监督工作情况，并定期向总站报告，同时，抄送流域分站；组织培训质量监督人员；开展水利工程质量检查活动；组织交流质量监督工作经验。

第十八条　市（地）水利工程质量监督站的职责，由各中心站根据本规定制订。

1F－421033　质量监督

《规定》第十九条至第二十四条对水利工程质量监督作出规定。

第十九条　水利工程建设项目质量监督，以抽查方式为主。大型水利工程，应建立质量监督项目站。中、小型水利工程，可根据需要，或建立质量监督项目站（组），或进行巡回监督。

第二十条　从工程开工前办理质量监督手续始，到工程竣工验收委员会同意工程交付使用止，为水利工程建设项目的质量监督期（含合同质量保修期）。

第二十一条　项目法人（或建设单位）应在工程开工前，到相应的水利工程质量监督

机构办理质量监督手续;签订《水利工程质量监督书》;按规定缴纳质量监督费。同时,提交以下材料:

(一)工程项目建设有关审批文件;

(二)项目法人(或建设单位)与监理、设计、施工等单位签订的合同(或协议)的副本;

(三)建设、监理、设计、施工等单位基本情况及其工程质量管理组织情况等资料。

第二十二条　质量监督机构根据所监督工程的规模、重要性等,制订质量监督计划;确定质量监督的组织形式,并在工程施工中,根据本规定对工程项目实施质量监督。

第二十三条　工程质量监督的主要内容为:

(一)对监理、设计、施工和有关产品制作单位的资质进行复核。

(二)对建设、监理单位的质量检查体系和施工单位的质量保证体系以及设计单位现场服务等实施监督检查。

(三)对工程项目单位(分部、单元)工程划分进行监督检查。

(四)监督检查技术规程、规范和质量标准的执行情况。

(五)检查施工单位和建设、监理单位进行工程质量检验和质量评定情况。

(六)在工程竣工验收前,对工程质量进行等级核定;编制工程质量评定报告,并向工程竣工验收委员会提出工程质量等级的建议。

第二十四条　工程质量监督权限如下:

(一)对监理、设计、施工等单位的资质等级、经营范围进行核查;发现越级承包工程等不符合规定要求的情形,责成建设单位限期改正,并向水行政主管部门报告。

(二)质量监督人员,需持"水利工程质量监督员证"进入施工现场,对工程有关部位进行检查;调阅建设、监理单位和施工单位的检测试验成果、检查记录和施工记录,执行质量监督。

(三)对施工单位违反技术规程、规范、质量标准或设计文件的行为,通知建设、监理单位采取纠正措施;问题严重时,可向水行政主管部门提出整顿的建议。

(四)对使用未经检验(或经检验不合格)的建筑材料、构配件及设备等情形,责成建设单位采取措施纠正。

(五)提请有关部门奖励先进质量管理单位及个人。

(六)提请有关部门(或司法机关)追究造成重大工程质量事故的单位和个人的行政(经济、刑事)责任。

1F－421034　质量检测

《规定》第二十五条至第二十八条对水利工程质量检测作出规定。

第二十五条　工程质量检测是工程质量监督和质量检查的重要手段。水利工程质量检测单位,必须取得省级以上计量认证合格证书,并经水利工程质量监督机构授权,方可从事水利工程质量检测工作;其检测工作人员,必须持证上岗。

第二十六条　根据工作需要,受质量监督机构委托,水利工程质量检测单位主要承担以下任务:

(一)核查所监督工程各参建单位的试验室装备、人员资质、试验方法及成果等。

（二）根据需要，对工程质量进行抽样检测，并提出检测报告。

（三）参与工程质量事故分析和研究处理方案。

（四）质量监督机构委托的其他任务。

第二十七条　质量检测单位所出具的检测鉴定报告，必须实事求是；数据准确、可靠，并对出具的数据和报告负法律责任。

第二十八条　工程质量检测，实行有偿服务；检测费用，由委托方支付；收费标准，按有关规定确定。处理工程质量争端时发生的一切费用，由责任方支付。

1F－421040　水电建设工程质量管理暂行办法

《水电建设工程质量管理暂行办法》（电水农〔1997〕220 号，简称《办法》）总则指出，水电工程建设，必须遵守国家有关质量管理的法律、法规和政策，并应在有关文件及合同中予以具体体现。建设各方均应按合同约定的质量标准，履行自己的义务。合同中，有关质量方面的约定不明确（即按照合同条款的约定不能确定），当事人又不能通过协商达成协议的，按国家相关质量标准履行；没有国家相关质量标准的，按同行公议履行。

水电建设工程质量监督总站（简称质监总站），具体负责水电建设工程的质量监督管理工作。

1F－421041　建设各方职责

《办法》第六条至第十六条对水电建设工程建设各方职责作出规定。

第六条　可行性研究及其以前阶段的勘测、规划设计等前期工作中的工程质量，由设计单位负责；设计审查单位，负审查责任。

第七条　工程建设实施过程中的工程质量，由项目法人负总责。监理、设计、施工、材料（设备）采购（制造）等单位按照合同及有关规定，对所承担工作的质量负责。项目法人组建的建设单位在质量工作方面的职责，由项目法人予以明确。

第八条　项目法人，应认真履行以下职责：

（1）建立健全有效的工程质量保证体系；

（2）进行资格审查，选择有质量保证能力的监理、设计、施工、材料（设备）采购（制造）等单位；

（3）在招标文件及合同文件中，明确工程、材料、设备等的质量标准以及合同双方的质量责任；

（4）组织（或委托）专门机构，负责设备监造、出厂验收和设备运输监督；

（5）按本办法及有关规定，组织（或参加）工程安全鉴定、工程质量检查、工程质量事故调查和处理以及工程验收工作；

（6）负责向质监总站报告工程质量工作；

（7）组织好资金供应，保证合同规定的工程款到位；不得因资金短缺而降低工程质量标准和因此而影响工程安全。

第九条　监理单位，对工程建设中的设计与施工质量，负监督与控制责任；对经其验收合格项目的施工质量，负直接责任。监理单位应认真履行以下职责：

(1)审批施工单位的施工组织设计、施工技术措施、施工详图;

(2)签发设计单位的施工设计文件(包括施工详图);

(3)组织设计交底;

(4)按规定,负责进行施工质量监督与控制;

(5)协助项目法人进行施工单位资格审查;

(6)按本办法及有关规定,组织(或参加)工程安全鉴定、工程质量检查、工程质量事故调查和处理以及工程验收工作。

第十条 设计单位,对设计质量负责。设计单位应认真履行以下职责:

(1)建立健全质量保证体系;按规定,履行设计文件的校审和核签制度,确保设计成果的正确性。

(2)协助项目法人按经批准的设计任务书中的质量标准,确定合同条款和技术规范中的质量要求。

(3)按合同和年度供图计划,保证供图进度和质量。

(4)按有关规程规范和设计合同要求,开展施工地质预报和地质资料编录工作;根据现场施工试验(或开挖揭露的地质条件),做好现场跟踪设计。

(5)收集施工中反馈的信息;检查现场地质及施工成果是否符合设计假定及设计要求;就存在的问题向项目法人(或监理单位)反映意见,并提供技术支持。

(6)进行设计交底。

(7)按本办法及有关规定,参加工程安全鉴定、工程质量检查、工程质量事故调查和处理以及工程验收工作。

第十一条 施工单位,对所承包项目的施工质量负责;在监理单位验收前,对施工质量负全部责任;在监理单位验收后,对其施工质量中隐瞒(或虚假)的部分负直接责任。施工单位应认真履行以下职责:

(1)建立健全质量体系及权、责相称的质量检测(管理)机构;

(2)在施工组织设计中,制定保证质量的技术措施;

(3)组织本单位职工(包括临时工、合同工)的技术培训,提高职工的质量意识和保证施工质量的能力;

(4)对本单位选择的分包单位及使用的临时(合同)工进行管理和监督,并对其所承担工程的施工质量负责;

(5)按本办法及有关规定,参加工程安全鉴定、工程质量检查、工程质量事故调查和处理以及工程验收工作。

第十二条 工程主要材料及设备,应由合同规定的采购单位负责招标采购和选定材料(设备)供货厂家;负责材料(设备)监造及检验工作,并对其质量负责。其他单位不得干预采购单位按规定进行自主采购的权利;不得指定供货厂家,并不得指定产品。

第十三条 建设各方的质量保证体系以及在现场的技术力量,应符合保证工程质量要求。

第十四条 建设项目的项目法人、监理、设计、施工等单位的行政正职,对本单位的质量工作负领导责任;各单位在工程项目现场的行政负责人,对本单位在工程建设中的质量工作负直接领导责任。监理、设计、施工等单位的工程项目技术负责人(总监、设总、总工等)，对本单位在工程建设中的质量工作负技术责任;具体工作人员，为直接责任人。

各单位的行政正职和现场行政负责人应采取措施，保证本单位负责质量检测、控制和管理的部门能独立行使职能。

第十五条　建设各方应定期进行工程质量总结。项目法人应将年终工程质量总结报质监总站。

总结的内容应包括:当期施工项目的质量情况;主要质量通病;质量事故发生的情况、原因及处理结果;质量管理方面的情况等。

第十六条　建设各方均有责任、有权利直接向质监总站和有关管理部门反映质量问题。

1F－421042　设计质量管理

《办法》第十七条至第二十六条对水电建设工程设计质量管理作出规定。

第十七条　承担水电建设项目设计任务的单位，必须持有国家有关部门正式颁发的并与工程项目建设规模相适应的水电勘测设计资质证书;严禁无证设计(或越级设计)。

第十八条　工程勘测设计，必须按有关规定，由项目法人与设计单位签订勘测设计合同。

第十九条　项目法人进行设计质量管理，可以实行设计进度质量保留金制度;在设计经费按合同及时支付的条件下，设计进度质量保留金按设计费的3%～5%扣留;在第一台机组投产时，返还保留金的60%，项目竣工时返还剩余部分;因勘测设计责任，造成工程质量事故的，项目法人有权扣除部分以至全部保留金。

第二十条　招标设计和施工图设计，必须按照经批准的可行性研究报告(或初步设计报告)提出的原则进行。

工程规模、安全设防标准、枢纽总体布置、主要建筑物型式、施工期度汛标准及其他涉及工程安全的重大问题的设计原则、标准和方案发生重大变更时，必须由项目法人组织设计单位编制相应的设计文件，并由项目法人报原设计审批部门审查批准。

第二十一条　对于项目法人、监理、施工等单位提出的一般设计变更建议，设计单位应认真听取并加以论证，积极采纳合理化建议，并对采纳建议所作设计的质量负责;对于设计单位不同意采纳的设计变更建议，项目法人有权作出一般设计变更的决策，并对决策方案的正确性负责。设计单位受项目法人委托进行变更设计时，对自己所作的设计成果负责。

第二十二条　设计优化和采用新材料、新工艺、新型结构等，必须以保证工程质量为前提;应进行技术经济论证，并充分考虑当前施工水平对工程安全的影响。

第二十三条　承担工程项目主体工程设计的设计单位，为工程项目的总体设计单位;由两个(或两个以上)设计单位承担主体工程设计工作的，应组成联营体，联营体的责任方为工程项目的总体设计单位。

总体设计单位对工程项目中的对外交通、环境保护、水土保持、移民安置、水情测报、地震监测、大坝观测、过船过木等分项工程的勘测设计，负有总体规划、制定标准、组织协调和参与审查的责任。

第二十四条 设计单位,应派出现场设计代表机构。现场设计代表机构,应做到专业配套和人员相对稳定;至少应有一名负责人常驻工地;负责人一般应由项目经理或设计总工程师(含副职)担任;人员不得在监理单位和施工单位兼职。

第二十五条 设计单位推荐材料(设备)时,应遵循“定型不定厂”的原则;不得指定供货厂家,并不得指定产品。

第二十六条 设计单位应在重点建设项目上,优先推行项目管理;健全和完善内部质量保证体系;落实各级技术岗位责任制和质量奖惩制度。各类设计文件,包括试验任务书、设计计算书、技术说明书、科研试验报告、地质素描编录、施工图纸、设计变更通知等,必须按规定进行校审和核签,并做好归档工作。

1F-421043 施工质量管理

《办法》第二十七条至第三十三条对水电建设工程施工质量管理作出规定。

第二十七条 招标时,项目法人应对投标施工单位的以下方面进行详细了解、审查及分析判断,以确保施工单位的能力满足保证工程质量的要求:

(1)施工单位的资质及质量保证体系;

(2)施工单位以往的相关工程业绩;

(3)施工单位以往的施工质量情况;

(4)施工单位对本工程所作的施工组织设计、施工方法和措施,以及投入本工程的项目经理人选、主要技术力量及设备的情况。

第二十八条 施工单位在近五年内工程发生重大及以上质量事故的,应视其整改情况决定取舍;在近一年内工程发生特大质量事故的,不得独立中标承建大型水电站主体工程的施工任务。

第二十九条 评标时,应认真分析施工单位的报价水平;不得选择以使用低价材料、不提折旧等方式进行“抢标”或以其他不利于保证工程质量的低报价方式投标的施工单位作为中标单位。

第三十条 转包和分包。

一、禁止转包。

二、施工单位需要将所承担工程分包时,必须经监理单位同意并审查施工分包单位保证工程质量的能力,由监理单位出具书面意见,报项目法人批准;分包部分不宜超过合同工作量的30%。施工分包单位不得再次进行分包。项目法人不得违反合同和有关规定,强令施工单位进行分包。

第三十一条 临时(合同)工,应作为劳务,由施工单位统一管理;一般应用于承担非技术工种;需用于承担技术工种的,施工单位应对其进行质量教育和技能培训,持证上岗,并报监理单位备案。

第三十二条 非水电专业施工单位,不得独立(或作为联营体责任方)承担具有水工专业特点的工程项目。

第三十三条 质量保留金,依合同按月进度付款的一定比例逐月扣留。

因施工原因造成工程质量事故的,项目法人有权扣除部分以至全部保留金。

1F－421044　施工质量检查与工程验收

《办法》第三十四条至第三十九条对水电建设工程施工质量检查与工程验收作出规定。

第三十四条　施工准备工程质量检查，由施工单位负责进行；监理单位应对关键部位（或项目）的施工准备情况进行抽查。

第三十五条　单元工程的检查验收，施工单位应按“三级检查制度”（班组初检、作业队复检、项目部终检）的原则进行自检，在自检合格的基础上，由监理单位进行终检验收。

经监理单位同意，施工单位自检工作分级的层次可以适当简化。

第三十六条　监理单位对隐蔽工程和关键部位进行终检验收时，设计单位应参加并签署意见；监理单位签署终检验收结论时，应认真考虑设计等单位的意见。

第三十七条　分部（分项）工程验收签证，应在施工单位进行过一次系统的整体检查及验收基础上，由监理单位组织进行联合检查及验收。设计、运行等单位均应在分部（分项）工程验收签证上签字（签署意见）；监理单位签署验收结论。

第三十八条　在进行工程阶段验收和竣工验收时，项目法人、监理、设计、施工、运行等单位应在各自提供的文件中，对工程质量进行详实的介绍和评价，并对存在的质量问题提供自检资料。

第三十九条　水库蓄水验收及工程竣工验收前，应按有关规定要求进行工程安全鉴定。

1F－421045　质量监督

《办法》第四十条至第四十五条对水电建设工程质量监督作出规定。

第四十条　水电建设工程质量监督总站，负责水电建设工程质量监督的归口管理工作，并直接负责大型水电工程的质量监督。质监总站对工程质量的监督属监察性质，不代替项目法人和监理单位的工作，并不参与日常质量管理。其职责是：

（1）根据电力工业部授权，制定有关质量管理的规章；

（2）监督有关质量管理办法及规定的实施；

（3）监督并指导工程安全鉴定工作和质量事故的调查处理工作；

（4）组织重（特）大事故调查，向有关部门提出关于事故责任划分的处理意见；

（5）参加重要工程的蓄水验收和竣工验收。

第四十一条　质监总站设质量巡视员，对工程质量进行不定期巡视（一般每半年巡视一次）；重要施工阶段，应增加巡视次数。

第四十二条　质量巡视员的职责是：了解并掌握工程质量管理方面情况及工程质量动态；指出工程建设中存在的质量问题，为质监总站履行质量监督职责提供信息和依据。质量巡视员不参与本工程的技术咨询工作。

第四十三条　质监总站设立水电建设工程质量检测中心。质量检测中心承担以下工作：

（1）承担工程质量事故调查和工程安全鉴定时的有关检测工作；

（2）承担试验室等级认定及仪器仪表检测、鉴定工作；

（3）对工程质量试验成果进行鉴定。

第四十四条　根据国家计委国计施〔86〕307 号文规定精神，质监总站收取一定的质量监督费用。质量监督费,主要用于质量事故调查工作费及质监总站聘请的质量巡视员、专家等的工作费用。质量监督费用支出,列入工程概算。

第四十五条 水电建设工程质量监督中心站,可参照质监总站的工作原则,承担中(小)型工程及质监总站委托的大型工程的工程质量监督。

1F-421046 工程质量事故

《办法》第四十六条至第五十二条对水电建设工程质量事故作出规定。

第四十六条 水电工程建设过程中,由于建设管理、设计、施工、材料(设备)供应等原因,造成工程质量不符合规程(规范)要求或合同规定的质量标准,影响工程使用寿命(或影响工程正常使用),需返工或采取补救措施的,统称为工程质量事故。

工程质量事故,按对工程的耐久性、可靠性和正常使用的影响程度,检查、处理事故对工期影响时间的长短和直接经济损失的大小,分为一般质量事故、较大质量事故、重大质量事故、特大质量事故等四类。

第四十七条 工程质量事故报告。

一、工程质量事故发生后,当事方应立即报告项目法人、监理单位;同时,按隶属关系,报上级部门。

二、项目法人负责向质监总站进行事故报告。具体规定如下:

较大及以上事故,在事故发生后1天内,报告事故概况;15天内,报告事故详细情况(包括发生的时间、部位、经过、损失估计和事故原因初步判断等);事故调查处理完成后1个月内,报告事故发生、调查、处理情况及处理结果;事故处理时间超过2个月的,应逐月报告事故处理的进展情况。

一般质量事故,可在事故处理完成之后报告(或在年终工程质量总结中说明)。

第四十八条 项目法人、监理、设计、施工等单位,应对事故经过作好记录;并根据需要,对事故现场进行录像,为事故调查处理提供依据。

第四十九条 当质量事故危及施工安全,或不立即采取措施会使事故进一步扩大甚至危及工程安全时,应立即停止施工,并立即上报。项目法人应立即组织监理、设计、施工、运行等单位和有关专家进行研究,提出临时处理措施,避免造成更为严重的后果。

第五十条 事故调查,应查清事故原因、主要责任单位及责任人;并遵循事故原因不查清不放过、主要事故责任者和职工未受到教育不放过、补救和防范措施不落实不放过的"三不放过"原则。

第五十一条 事故调查权限如下:

一、一般事故,由项目法人(或监理单位)负责调查。

二、较大事故,由项目法人负责组织专家组进行调查。

三、重大事故和特大事故,由质监总站负责组织专家组进行调查。

四、质监总站有权根据质量巡视员的报告,对特定质量问题或质量管理情况进行调查。

第五十二条 事故处理方案。

一、一般事故的处理方案,由造成事故的单位提出,报监理单位批准后实施。

二、较大事故的处理方案,由造成事故的单位提出(必要时,项目法人可委托设计单位提出），报监理单位审查、项目法人批准后实施。

三、重大及特大事故的处理方案，由项目法人委托设计单位提出，并由项目法人组织专家组审查、批准后实施；必要时，由上级部门组织审批后实施。

1F－422000　质量检验与评定

1F－422010　水利水电工程施工质量检验与评定规程

《水利水电工程施工质量检验与评定规程》（SL 176—2007，简称《规程》）分为总则、术语、项目划分、施工质量检验、施工质量评定、附录等部分。

《规程》总则指出，水利水电工程施工质量等级，分为“合格”和“优良”两级。

总则指出，项目法人（包括建设单位、代理机构，下同）、监理单位（包括监理机构，下同）、勘测单位、设计单位、施工单位等工程参建单位及工程质量检测单位等，应按国家和行业有关规定，建立、健全工程质量管理体系，做好工程建设质量管理工作。

总则指出，水行政主管部门及其委托的工程质量监督机构，对水利水电工程施工质量检验与评定工作进行监督。

与《规程》密切关联的《水利水电基本建设工程单元工程质量评定标准》（含 SDJ 249.1～6—88、SL 38—92 和 SL 239—1999）、《水利水电工程施工质量评定表》（试行）及《水利水电工程施工质量评定表填表说明与示例》（试行）的相关内容亦纳入本节。

1F－422011　**术语**

《规程》中对有关质量术语的定义如下：

（1）水利水电工程质量——工程满足国家和水利行业相关标准及合同约定要求的程度，是安全、功能、适用、外观及环境保护等方面特性的总和。

（2）质量检验——通过检查、量测、试验等方法，对工程质量特性进行的符合性评价。

（3）质量评定——将质量检验结果同国家和行业技术标准以及合同约定的质量标准进行比较的活动。

（4）单位工程——具有独立发挥作用或独立施工条件的建筑物。

（5）分部工程——同一建筑物内，能组合发挥一种功能的诸个建筑（安装）工程之一，是单位工程的有机组成部分。

（6）主要分部工程——对单位工程的安全及功能（效益）起决定性作用的分部工程。

（7）单元工程——分部工程中，由几个工序（工种）的施工（作业）共同完成的最小综合体，是日常质量考核的基本单位。

（8）关键部位单元工程——对工程安全（效益、功能）有显著影响的单元工程。

（9）重要隐蔽单元工程——主要建筑物的地基开挖、地下洞室开挖、地基防渗、加固处理和排水等隐蔽工程中，对工程安全（或功能）有严重影响的单元工程。

（10）主要建筑物与主要单位工程。主要建筑物，指其失事后将造成下游灾害（或将严重影响工程效益）的建筑物，如堤坝、泄洪建筑物、输水建筑物、电站厂房、泵站等。属于主要建筑物组成部分的单位工程,称为主要单位工程。

(11)中间产品——被进一步用于工程施工的土建类工程的成品及半成品,如砂石骨料、石料、混凝土拌和物、砂浆拌和物、混凝土预制构件等。

(12)见证取样——在监理单位(或项目法人)监督下,由施工单位有关人员现场取样,并送到具有相应资质等级的工程质量检测单位进行检测的过程。

(13)外观质量——通过检查和必要的量测所反映的工程外表质量。

(14)质量事故——在水利水电工程建设过程中,由于建设管理、监理、勘测、设计、咨询、施工、材料(设备)供应等原因,造成工程质量不符合国家和行业相关标准以及合同约定的质量标准,并影响工程使用寿命,对工程安全运行造成隐患(或危害)的事件。

(15)质量缺陷——对工程质量有影响,但其影响小于一般质量事故的质量问题。

1F-422012　项目划分

水利水电工程质量检验与评定,应首先进行项目划分。项目划分,一般按级划分为单位工程、分部工程、单元工程(工序)等三级。

水利水电工程项目划分,应结合工程结构特点、施工部署及施工合同要求进行;结果应有利于保证施工质量(有利于进行施工质量管理)。

单位工程划分,应按下列原则确定:

(1)枢纽工程。一般以每座独立的建筑物为一个单位工程;当工程规模大时,可将一个建筑物中具有独立施工条件的一部分划分为一个单位工程。

(2)堤防工程。按招标标段(或按工程结构)划分单位工程;规模较大的交叉联结建筑物及管理设施,以每座独立的建筑物为一个单位工程。

(3)引水(渠道)工程。按招标标段(或按工程结构)划分单位工程;大(中)型引水(渠道)建筑物,以每座独立的建筑物为一个单位工程。

(4)除险加固工程。按招标标段(或按加固内容),并结合工程量划分单位工程。

分部工程划分,应按下列原则确定:

(1)枢纽工程。土建部分,按设计文件中确定的主要组成部分划分;金属结构及启闭机安装以及机电设备安装工程,按组合功能划分。

(2)堤防工程。按长度(或按功能)划分。

(3)引水(渠道)工程中的河(渠)道。按施工部署(或按长度)划分;大(中)型建筑物,按工程结构主要组成部分划分。

(4)除险加固工程。按加固内容(或按加固部位)划分。

(5)同一单位工程中的各个分部工程,工程量(或投资)不宜相差太大。每个单位工程中的分部工程数目,不宜少于5个。

单元工程划分,应按下列原则确定:

(1)按《水利水电基本建设工程单元工程质量等级评定标准(试行)》(含SDJ 249.1~6—88、SL 38—92及SL 239—1999,简称《单元工程评定标准》)的规定进行划分。

(2)河(渠)道开挖、填筑及衬砌。单元工程界线,宜设在变形缝(结构缝)处;每一单元工程的长度,一般不大于100 m。同一分部工程中的各单元工程,工程量(或投资)不宜相差太大。

(3)《单元工程评定标准》中未提及时,可依据工程结构及施工部署(或质量考核要求),按层(块、段)进行划分。

项目划分程序:

(1)由项目法人组织监理、设计、施工等单位,进行工程项目划分,并确定主要单位工程、主要分部工程、重要隐蔽单元工程和关键部位单元工程。在主体工程开工前,项目法人将项目划分表及其说明以书面形式报有关工程质量监督机构确认。

(2)工程质量监督机构收到关于项目划分的书面报告后,应在14个工作日内对项目划分结果进行确认,并将结论书面通知项目法人。

(3)工程实施过程中,需对单位工程、主要分部工程、重要隐蔽单元工程和关键部位单元工程项目划分进行调整时,项目法人应重新报工程质量监督机构确认。

1F－422013 施工质量检验

承担工程检测业务的检测单位,应具有水行政主管部门颁发的资质证书;其设备和人员的配备应与所承担的任务相适应,并有健全的管理制度。

工程施工质量检验中使用的计量器具、试验仪器仪表及设备,应定期进行检定,并具备有效的检定证书。依照国家规定需强制检定的计量器具,应经由县级以上计量行政部门认定的计量检定机构(或该机构授权设置的计量检定机构)进行检定。

检测人员,应熟悉检测业务,了解被检测对象的性质和检测所用仪器设备的性能;并经考核合格后,持证上岗。参与中间产品及混凝土(砂浆)试件质量资料复核的人员,应具有工程师以上工程系列技术职称,并从事过相关试验工作。

工程质量检验,所选取的项目和数量,应符合《单元工程评定标准》的规定。

工程质量检验方法,应符合《单元工程评定标准》和国家及行业现行技术标准的有关规定。

工程质量检验,数据应真实、可靠,检验记录及签证应完整、齐全。

工程项目质量评定中,如遇《单元工程评定标准》中尚未涉及的项目,其质量标准及相应评定表格,由项目法人组织监理、设计及施工单位,按水利部有关规定进行编制和报批。

工程中,永久性房屋、专用公路(铁路)等项目的施工质量检验与评定,可按相应行业有关标准执行。

项目法人及监理、设计、施工和工程质量监督等单位,根据工程建设需要,可委托具有相应资质等级的水利工程质量检测单位进行工程质量检测。施工单位自检性质的委托检测,其项目及数量按《单元工程评定标准》及施工合同约定执行。对已建工程质量有重大分歧时,应由项目法人委托具有相应资质等级的第三方质量检测单位进行检测;检测数量,视需要确定;检测费用,由责任方承担。

堤防工程竣工验收前,项目法人应委托具有相应资质等级的质量检测单位进行抽样检测。工程质量抽检,项目和数量由工程质量监督机构确定。

试块(试件)取样,有关资料涉及工程结构安全时,应实行见证取样。见证取样,资料由施工单位制备;记录应真实、齐全;参与见证取样人员,应在相关文件上签字。

工程中,出现经检验不合格的项目时,应按以下规定进行处理:

(1)原材料、中间产品,经一次抽样检验不合格时,应及时对同一取样批次另取两倍数量进行检验,如仍不合格,则该批次原材料(中间产品)应定为不合格,并不得使用。

(2)单元工程(工序),质量不合格时,应按合同要求进行处理(或返工重做),并经重新检验;合格后,方可进行后续工程施工。

(3)混凝土(砂浆)试件,经抽样检验不合格时,应委托具有相应资质等级的质量检测单位对相应工程部位进行检验;如仍不合格,由项目法人组织有关单位进行研究,并提出处理意见。

(4)工程完工后,存在质量经抽检不合格(或其他检验不合格)的工程时,应按有关规定进行处理;合格后,才能进行验收(或后续工程施工)。

永久性工程(含主体工程及附属工程)施工质量检验,应符合下列规定:

(1)施工单位,应依据工程设计要求、施工技术标准和合同约定,结合《单元工程评定标准》的规定确定检验项目及数量,并进行自检;自检过程,应有书面记录;结合自检情况,如实填写由水利部颁发的《水利水电工程施工质量评定表》(办建管〔2002〕182号,简称《评定表》)。

(2)监理单位,应根据《单元工程评定标准》和抽样检测结果复核工程质量;平行检测和跟踪检测的数量,按《水利工程建设项目施工监理规范》(SL 288—2003,简称《监理规范》)或合同约定执行。

(3)项目法人,应对施工单位自检和监理单位抽检过程进行督促检查;对报工程质量监督机构核备(核定)的工程质量等级进行认定。

(4)工程质量监督机构,应对项目法人、监理、勘测、设计、施工等单位的质量行为和工程实物质量进行监督检查;检查结果,应按有关规定及时公布,并书面通知有关单位。

临时工程质量检验及评定标准,应由项目法人组织监理、设计、施工等单位,根据工程特点,参照《单元工程评定标准》和其他相关标准确定;并报有关工程质量监督机构核备。

质量检验,应包括施工准备检查,原材料与中间产品质量检验,水工金属结构、启闭机及机电产品质量检查,单元工程(工序)质量检验,质量事故检查(含质量缺陷备案),以及工程外观质量检验等。

主体工程开工前,施工单位应组织人员进行施工准备检查,并经项目法人(或监理单位)确认合格且履行相关手续后,才能进行主体工程施工。

施工单位应按《单元工程评定标准》及有关技术标准,对水泥、钢材等原材料与中间产品的质量进行检验,并报监理单位复核;不合格产品,不得使用。

水工金属结构、启闭机及机电产品进场后,有关单位应按有关合同进行交货检查和验收;安装前,施工单位应检查产品是否有出厂合格证、设备安装说明书及有关技术文件,对在运输和存放过程中发生的变形、受潮、损坏等问题,应做好记录,并进行妥善处理;无出厂合格证和不符合质量标准的产品,不得用于工程中。

施工单位应按《单元工程评定标准》要求,检验工序及单元工程质量,并做好书面记录;在自检合格后,填写《评定表》,并送监理单位复核。监理单位根据抽检资料,核定单元工程(工序)质量等级;发现不合格单元工程(工序),应要求施工单位及时进行处理,合格后，才能进行后续工程施工；对施工质量缺陷，应书面记录备案，并在相应单元工程（工序）质量评定表"评定意见"栏内注明，并进行必要的统计分析。单元工程（工序）质量评定表（样表），如表1F－422013－1、表1F－422013－2所示。

水利水电工程混凝土模板工序质量评定表　表1F－422013－1

单位工程名称		单元工程量	
分部工程名称		施工单位	
单元工程名称、部位		检验日期	年　月　日

项次	检查项目	质量标准	检验记录
1	△稳定性、刚度和强度	符合设计要求	
2	模板表面	光洁、无污物，接缝严密	

项次	检测项目	设计值	允许偏差（mm） 外露表面 钢模	允许偏差（mm） 外露表面 木模	允许偏差（mm） 隐蔽内面	实测值	合格数（点）	合格率（%）
1	模板平整度：相邻两板面高差		2	3	5			
2	局部不平（用2m直尺检查）		2	5	10			
3	板面缝隙		1	2	2			
4	结构物边线与设计边线间		10		15			
5	结构物水平断面内部尺寸		±20					
6	承重模板标高		±5					
7	预留孔（洞）尺寸及位置		±10					
检测结果	共检测　　点，其中合格　　点，合格率　　%							

施工单位自评意见	质量等级	监理单位复评意见	复评质量等级
主要检查项目______质量标准，一般检查项目______质量标准。检测项目实测点合格率______%			

施工单位名称：			监理单位名称	
初检人	复检人	终检人		
年　月　日	年　月　日	年　月　日	核定人	年　月　日

注："△"后的项目为主要检查项目。

水利水电工程软基和岸坡开挖单元工程质量评定表　　表 1F-422013-2

单位工程名称		单元工程量	
分部工程名称		施工单位	
单元工程名称、部位		检验日期	年　月　日

项次	检查项目	质量标准	检验记录
1	地基清理和处理	无树根、草皮、乱石、坟墓;水井、泉眼已处理;地质符合设计	
2	△取样检查	符合设计要求	
3	岸坡清理和处理	无树根、草皮、乱石;有害裂隙及洞穴已处理	
4	岩石岸坡清理坡度	符合设计要求	
5	△黏土、湿陷性黄土清理坡度	符合设计要求	
6	截水槽地基处理	泉眼、渗水已处理;岩石冲洗洁净,无积水	
7	△截水槽(墙)基岩面坡度	符合设计要求	

项次	检测项目			设计值	允许偏差(cm)	实测值	合格数(点)	合格率(%)
1	无结构要求,无配筋	坑(槽)长或宽	5 m 以内		+20　-10			
2			5~10 m		+30　-20			
3			10~15 m		+40　-30			
4			15 m 以上		+50　-30			
5		坑(槽)底部标高			+20　-10			
6		垂直面(或斜面)平整度			20			
1	有结构要求,有配筋及预埋件	坑(槽)长或宽	5 m 以内		+20　0			
2			5~10 m		+30　0			
3			10~15 m		+40　0			
4			15 m 以上		+50　0			
5		坑(槽)底部标高			+20　0			
6		垂直面(或斜面)平整度			15			
检测结果	共检测　点,其中合格　点,合格率　%							

施工单位自评意见	质量等级	监理单位复评意见	复评质量等级
主要检查项目______质量标准,一般检查项目______质量标准。检测项目实测点合格率______%			

施工单位名称:			监理单位名称	
初检人	复检人	终检人		
年　月　日	年　月　日	年　月　日	核定人	年　月　日

注:表中"+"为超挖,"-"为欠挖。"△"后的项目为主要检查项目。

《规程》规定,《评定表》是水利水电工程验收时的备查资料。按《水利基本建设项目(工程)档案资料管理规定》要求,工程竣工验收后,《评定表》归档长期保存。

《水利水电工程施工质量评定表填表说明与示例》(试行)"填表说明"指出,《评定表》是检验与评定施工质量的基础资料,也是进行工程维修和事故处理时的重要参考。

"填表说明"中,对《评定表》的填写,作了如下基本规定:

(1)单元工程(工序)完工后,应及时评定其质量等级,并按现场检验结果,如实填写《评定表》。现场检验,应遵守随机取样原则。

(2)《评定表》,应使用蓝色(或黑色)墨水钢笔填写;不得使用圆珠笔、铅笔填写。

(3)文字,应按国务院颁布的简化汉字书写;字迹应工整、清晰。

(4)数字和单位。数字,使用阿拉伯数字(1、2、3、…、9、0)。单位,使用国家法定计量单位,并以规定的符号表示(如:MPa、m、m^3、t、…)。

(5)合格率,用百分数表示,小数点后保留一位;如果恰为整数,则小数点后以"0"表示,如:95.0%。

(6)改错。将错误内容用斜线划掉,再在其右上方填写正确的文字(数字)。例如:……表面有裂缝纹;抗压强度25.3 23.3MPa。

禁止使用改正液涂抹、贴纸后重写、橡皮(刀片)擦(刮)和用墨水涂黑等方法。

(7)表头填写。①单位工程、分部工程名称,按项目划分时确定的名称填写。②单元工程名称、部位,填写该单元工程名称(中文名称)或编号;部位可用桩号、高程等表示。③施工单位(名称),填写与项目法人(建设单位)签订承包合同的施工单位全称。④单元工程量,填写本单元工程主要工程量。⑤检验(评定)日期,年,填写4位数;月,填写实际月份(1~12月);日,填写实际日期(1~31日)。

(8)质量标准中,凡有"符合设计要求"者,应注明设计具体要求(如内容较多,可附页说明);凡有"符合规范要求"者,应标出所执行的规范名称及编号。

(9)检验记录。文字记录,应真实、准确、简练;数字记录,应准确、可靠,且小数点后保留位数应符合有关规定。

(10)设计值,按施工图中的值填写。实测值,填写检测数据实际值(而不是偏差值);当实测数据较多时,可按实测值分组,填写各组分组序号及该组实测值范围(最小值~最大值)及合格个数,但应另附实测值数据表格备查。

(11)《评定表》中列出的某些项目,如实际工程中无该项内容,应在相应检验栏内用斜线"/"表示。

(12)《评定表》,从表头至"评定意见"栏,由施工单位经"三检"合格后填写;"质量等级"栏,由施工单位填写自评等级。监理人员复评质量等级时,如对施工单位填写的质量检验结果有不同意见,可写入"监理单位复评意见"栏内(或另附页说明),并在"复评质量等级"栏内填写出认为正确的等级。

(13)表尾填写。

①施工单位"三检"负责人分别在相应的栏内签字;如果该工程由分包单位施工,则表尾由分包单位"三检"负责人签字,并填写分包单位全称。对于重要隐蔽工程、关键部位单元工程,当分包单位自检合格后,总包单位应参加联合小组并参与核定质量等级。

②监理单位,由负责该项目的监理人员复评质量等级并签字。

③表尾所有签字人员,必须由本人按照身份证上的姓名签字;不得使用化名,也不得由其他人代为签名;签名时,应同时填写填表日期。

④单位名称,填写的"××"单位,应是具有法人资格的单位的现场派出机构;若须加盖公章,则加盖该现场派出机构的公章。

单元工程(工序)质量评定表(填写示例),见表1F-422013-3、表1F-422013-4。

水利水电工程混凝土模板工序质量评定表(填写示例)　　表1F-422013-3

单位工程名称	混凝土大坝	单元工程量	混凝土788 m^3;模板面积145.8 m^2
分部工程名称	溢流坝段	施工单位	×××水利水电第二工程局
单元工程名称、部位	5#坝段,▽2.5~▽4.0 m	检验日期	×年×月×日

项次	检查项目	质量标准	检验记录
1	△稳定性、刚度和强度	符合设计要求(支撑牢固、稳定)	采用钢模板、钢支撑和方木,稳定性、刚度和强度满足设计要求
2	模板表面	光洁、无污物,接缝严密	模板表面光洁、无污物,接缝严密

项次	检测项目	设计值	允许偏差(mm) 外露表面 钢模	允许偏差(mm) 外露表面 木模	允许偏差(mm) 隐蔽内面	实测值(单位:项次1~3为mm;项次4、6为m)	合格数(点)	合格率(%)
1	模板平整度:相邻两板面高差		2	3	5	0.3,1.2,2.8,0.7,0.2,0.7,0.9,1.5	7	87.5
2	局部不平(用2 m直尺检查)		2	5	10	1.7,2.3,0.2,0.4,1.0,1.2,0.7,2.4	6	75.0
3	板面缝隙		1	2	2	0.2,0.5,0.7,0.2,1.1,0.4,0.5,0.9,0.3,0.7	9	90.0
4	结构物边线与设计边线间	8.75 m×15.5 m	10		15	8.747,8.749,8.752,8.75 15.51,15.508,15.5,15.49	8	100
5	结构物水平断面内部尺寸		±20			—		
6	承重模板标高	2.5 m	±5			2.500,2.500,2.505,2.510	3	75.0
7	预留孔(洞)尺寸及位置		±10			—		
检测结果	共检测38点,其中合格33点,合格率86.8%							

施工单位自评意见	质量等级	监理单位复评意见	复评质量等级
主要检查项目全部符合质量标准,一般检查项目__符合__质量标准。检测项目实测点合格率86.8%	合格	同意自评意见	合格

施工单位名称:×××水利水电第二工程局施工队			监理单位名称	××监理公司××监理部
初检人	复检人	终检人		
××× ×年×月×日	××× ×年×月×日	××× ×年×月×日	核定人	××× ×年×月×日

注:"△"后的项目为主要检查项目。

水利水电工程软基和岸坡开挖单元工程质量评定表（填写示例）　　表 1F－422013－4

单位工程名称	水闸工程	单元工程量	3 300 m^3，450 m^2
分部工程名称	地基开挖与处理	施工单位	×××水利水电第二工程局
单元工程名称、部位	0－145～0－115 段地基开挖	检验日期	×年×月×日

项次	检查项目	质量标准	检验记录
1	地基清理和处理	无树根、草皮、乱石、坟墓；水井、泉眼已处理；地质符合设计	树根、草皮、乱石已清除；预留保护层已挖除；地质符合设计要求
2	△取样检查	符合设计要求（$\gamma \geq 1.55\ g/cm^3$）	$\gamma = 1.55\ g/cm^3$
3	岸坡清理和处理	无树根、草皮、乱石；有害裂隙及洞穴已处理	岸坡树根、草皮已清除；保护层已清除
4	岩石岸坡清理坡度	符合设计要求	/
5	△黏土、湿陷性黄土清理坡度	符合设计要求	/
6	截水槽地基处理	泉眼、渗水已处理；岩石冲洗洁净，无积水	/
7	△截水槽（墙）基岩面坡度	符合设计要求	/

项次	检测项目			设计值	允许偏差（cm）	实测值（单位：项次 4、5 为 m；项次 6 为 cm）	合格数（点）	合格率（%）
1	无结构要求，无配筋	坑（槽）长或宽	5 m 以内		+20　－10	/		
2			5～10 m		+30　－20	/		
3			10～15 m		+40　－30	/		
4			15 m 以上	30 m	+50　－30	30.2，29.8，30.4，30.4，29.7，29.9，29.8，30.1	8	100
5		坑（槽）底部标高		－2.5 m	+20　－10	－2.47，－2.55，－2.48，－2.75，－2.64，－2.35，－2.51，－2.70，－2.48，－2.45	8	80.0
6		垂直面（或斜面）平整度			20	15，8，2，23，5，9，3，1	7	87.5
1	有结构要求，有配筋及预埋件	坑（槽）长或宽	5 m 以内		+20　0	/		
2			5～10 m		+30　0	/		
3			10～15 m		+40　0	/		
4			15 m 以上		+50　0	/		
5		坑（槽）底部标高			+20　0	/		
6		垂直面（或斜面）平整度			15	/		

检测结果	共检测 26 点，其中合格 23 点，合格率 88.5%		
施工单位自评意见	质量等级	监理单位复评意见	复评质量等级
主要检查项目全部符合质量标准，一般检查项目　符合　质量标准。检测项目实测点合格率 88.5%	合格	同意自评意见	合格

施工单位名称：×××水利水电第二工程局施工队			监理单位名称	××监理公司 ××监理部
初检人	复检人	终检人		
××× ×年×月×日	××× ×年×月×日	××× ×年×月×日	核定人	××× ×年×月×日

注：表中"△"后的项目为主要检查项目。"＋"为超挖，"－"为欠挖。

表 1F－422013－4 中，检测项目“15 m 以上”一项，设计值为 30 m，允许偏差为“＋50 －30”，表示允许出现小于 50 cm 的超挖和小于 30 cm 的欠挖，即实测值应在 29.7～30.5 m 范围内；检测项目“坑(槽)底部标高”，设计值为－2.5 m，允许偏差为“＋20 －10”，表示允许出现小于 20 cm 的超挖和小于 10 cm 的欠挖，即实测值应在－2.7～－2.4 m 范围内，实测值－2.75 m、－2.35 m 即为不合格。

施工单位应及时将原材料、中间产品及单元工程(工序)质量检验结果送监理单位复核，并按月将施工质量情况报监理单位。监理单位在对质量检验结果及施工质量情况进行汇总分析后，报(送)项目法人和工程质量监督机构。

单位工程完工后，项目法人应组织监理、设计、施工、工程运行管理等单位，组成工程外观质量评定组，对工程外观质量进行现场检验与评定，并将评定结论报工程质量监督机构核定。参加工程外观质量评定的人员，应具有工程师以上技术职称(或相应执业资格)。工程外观质量评定组人数，应不少于 5 人；大型工程，不宜少于 7 人。

进行外观质量评定时，将水利水电工程分为枢纽工程、堤防工程、引水(渠道)工程、其他工程等四类。其中，枢纽工程中水工建筑物外观质量评定表(样表)，如表 1F－422013－5 所示。

水工建筑物外观质量评定表　　表 1F－422013－5

单位工程名称		施工单位	
主要工程量		评定日期	年　月　日

项次	项目		标准分(分)	评定得分(分)				备注
				一级 100%	二级 90%	三级 70%	四级 0	
1	建筑物外部尺寸		12					
2	轮廓线		10					
3	表面平整度		10					
4	立面垂直度		10					
5	大角方正		5					
6	曲面与平面联结		9					
7	扭面与平面联结		9					
8	马道及排水沟		3(4)					
9	梯步		2(3)					
10	栏杆		2(3)					
11	扶梯		2					
12	闸坝灯饰		2					
13	混凝土表面缺陷情况		10					
14	表面钢筋割除		2(4)					
15	砌体勾缝	宽度均匀、平整	4					
16		竖、横缝平直	4					
17	浆砌卵石露头情况		8					
18	变形缝		3(4)					

续表

19	启闭平台梁、柱、排架	5					
20	建筑物表面	10					
21	升压变电工程围墙(栏栅)、杆、架、塔、柱	5					
22	水工金属结构外表面	6(7)					
23	电站盘柜	7					
24	电缆线路敷设	4(5)					
25	电站油、气、水管路	3(4)					
26	厂区道路及排水沟	4					
27	厂区绿化	8					
合计		应得　　分,实得　　分,得分率　　%					

外观质量评定组成员	单位名称		职称	签名
	项目法人			
	监理单位			
	设计单位			
	施工单位			
	运行管理			

工程质量监督机构	核定意见: 核定人:　　(签名并加盖公章) 年　月　日

注:量大时,标准分采用括号内数值。

外观质量评定表中列出的某些项目,实际工程中如无该项内容,应在相应检查(检测)栏内用斜线"/"表示。实际工程如有表中未列出的外观质量项目,应根据工程情况和有关技术标准进行补充;补充的项目,其质量标准及标准分应由项目法人组织监理、设计、施工等单位研究确定后,报工程质量监督机构核备。

主体工程开工初期,项目法人应组织监理、设计、施工等单位,根据工程特点(如工程等级及使用情况等)和相关技术标准,提出外观质量评定表中所列各项目的质量标准,并报工程质量监督机构确认。

工程外观质量评定及相应表格填写,要求如下:

(1)检查项目,应经工程外观质量评定组全面检查。检测项目,抽测25%,且针对各检测项抽测的点数,不少于10点。

(2)外观质量评定等级,分为四级。各等级的判定标准及评定得分计算方法,见表1F－422013－6。

外观质量等级判定与评定得分计算 表 1F－422013－6

评定等级	检测项目测点合格率(%)	评定得分
一级	100	标准分×100%
二级	90.0～99.9	标准分×90%
三级	70.0～89.9	标准分×70%
四级	<70.0	0

(3)检查项目,如表 1F－422013－5 中的项次 6、7、12、17、18、20～27,由工程外观质量评定组根据现场检查结果,经共同讨论,决定其质量等级。

(4)外观质量评定表,由工程外观质量评定组根据现场检查及检测结果填写。

(5)表尾应有各单位参加工程外观质量评定人员的签名。其中,施工单位 1 人(如本工程由分包单位施工,则总包单位、分包单位各派 1 人参加),项目法人、监理、设计等单位各派 1～2 人,工程运行管理单位 1 人。

外观质量评定表(填写示例),见表 1F－422013－7。

水工建筑物外观质量评定表(填写示例) 表 1F－422013－7

单位工程名称	泄水闸工程	施工单位	中国水利水电第×工程局
主要工程量	混凝土 25 600 m^3	评定日期	×年×月×日

项次	项目	标准分(分)	评定得分(分)				备注
			一级 100%	二级 90%	三级 70%	四级 0	
1	建筑物外部尺寸	12		10.8			
2	轮廓线	10	10				
3	表面平整度	10		9			
4	立面垂直度	10		9			
5	大角方正	5			3.5		
6	曲面与平面联结	9		8.1			
7	扭面与平面联结	9	9				
8	马道及排水沟	3(4)	/				
9	梯步	2 ~~(3)~~	2				
10	栏杆	2 ~~(3)~~			1.4		
11	扶梯	2		1.8			
12	闸坝灯饰	2		1.8			
13	混凝土表面缺陷情况	10			7		
14	表面钢筋割除	2 ~~(4)~~		1.8			

续表

15	砌体勾缝	宽度均匀、平整	4		3.6			
16		竖、横缝平直	4		3.6			
17	浆砌卵石露头情况		8	/				
18	变形缝		3 ~~(4)~~			2.1		
19	启闭平台梁、柱、排架		5		4.5			
20	建筑物表面		10		9			
21	升压变电工程围墙(栏栅)、杆、架、塔、柱		5	/				
22	水工金属结构外表面		~~6~~ (7)		6.3			
23	电站盘柜		7	/				
24	电缆线路敷设		4(5)	/				
25	电站油、气、水管路		3(4)	/				
26	厂区道路及排水沟		4	/				
27	厂区绿化		8	/				
合计			应得118分,实得104.3分,得分率88.4%					

		单位名称	职称	签名
外观质量评定组成员	项目法人	×××××开发公司	工程师	×××
	监理单位	××监理公司××监理部	监理工程师	×××
	设计单位	××设计公司××设代处	高级工程师	×××
	施工单位	中国水利水电第×工程局××分公司	工程师	×××
	运行管理	×××××管理处	工程师工程师	×××

工程质量监督机构	核定意见: 同意 核定人:×××(签名并加盖公章) ×年×月×日

注:量大时,标准分采用括号内数值。

工程外观质量评定结论,由项目法人报工程质量监督机构核定。

在施工过程中,因某种原因使得工程个别部位(或局部)出现达不到技术标准和设计要求(但不影响使用),又未能及时进行处理的工程质量缺陷(质量评定结论仍为"合格")时,应以工程质量缺陷备案形式进行记录、备案。

质量缺陷备案表,由监理单位组织填写,并及时报工程质量监督机构备案;内容应真实、准确、完整;工程各参建单位的代表,应在备案表上签字;若有不同意见,应明确记载。质量缺陷备案表(内页)格式,见表1F-422013-8。

水利水电工程施工质量缺陷备案表(内页)格式　　表 1F－422013－8

1. 质量缺陷产生的部位(说明具体部位并附示意图;进行缺陷描述):

2. 质量缺陷产生的主要原因:

3. 对工程安全性、使用功能和运用影响的分析:

4. 处理方案,或不处理理由分析:

5. 保留意见(应同时说明主要理由,或提出其他方案及主要理由):

保留意见人:　　　　　(签名)

(或保留意见单位及其责任人,盖公章、签名)

6. 参建单位和主要人员

1)施工单位:　　　　　(盖公章)

质检部门负责人:　　　　　(签名)

技术负责人:　　　　　(签名)

2)设计单位:　　　　　(盖公章)

设计代表:　　　　　(签名)

3)监理单位:　　　　　(盖公章)

监理工程师:　　　　　(签名)

总监理工程师:　　　　　(签名)

4)项目法人:　　　　　(盖公章)

现场代表:　　　　　(签名)

技术负责人:　　　　　(签名)

填表说明:

1. 本表由监理单位组织填写。

2. 本表应采用钢笔(或中性笔),并使用深蓝色(或黑色)墨水填写;字迹应规范、工整、清晰。

质量缺陷备案资料，按竣工验收标准制备。工程竣工验收时，项目法人应向竣工验收委员会汇报并提交历次质量缺陷备案资料。

工程质量事故经处理后，项目法人应委托具有相应资质等级的工程质量检测单位对相应部位进行检测；并按照处理方案中确定的质量标准，重新进行工程质量评定。

1F－422014　施工质量评定

“合格”标准，是工程验收标准。不合格工程，必须进行处理且达到“合格”标准后，才能进行后续工程施工（或进行工程验收）。

水利水电工程施工质量等级评定时的主要依据有：

(1)国家及行业相关技术标准；

(2)《单元工程评定标准》；

(3)经批准的设计文件、施工图纸、金属结构设计图样与技术条件、设计修改通知书、厂家提供的设备安装说明书及有关技术文件；

(4)工程承(发)包合同中约定的技术标准；

(5)工程施工期及试运行期的试验和观测分析成果。

单元工程(工序)，施工质量“合格”标准，应按照《单元工程评定标准》或合同约定的“合格”标准执行；当达不到“合格”标准时，应及时处理。经处理后，质量等级应按下列规定重新确定：

(1)全部返工重作的，可重新评定质量等级；

(2)经加固补强并经设计及监理单位鉴定，能达到设计要求时，其质量评为“合格”；

(3)处理后的工程，部分质量指标仍达不到设计要求，经设计复核，项目法人及监理单位确认能满足安全及使用功能要求时，可不再进行处理；或经加固补强后，改变了外形尺寸(或造成工程永久性缺陷)的，经项目法人、监理及设计单位确认能基本满足设计要求，其质量可定为“合格”，但应按规定进行质量缺陷备案。

分部工程，施工质量同时满足下列标准时，其质量评为“合格”：

(1)所含单元工程，质量全部合格；质量事故与质量缺陷，已按要求处理，并经检验合格。

(2)原材料、中间产品及混凝土(砂浆)试件质量全部合格。金属结构及启闭机制造质量合格。机电产品质量合格。

单位工程，施工质量同时满足下列标准时，其质量评为“合格”：

(1)所含分部工程质量全部合格。

(2)质量事故已按要求进行处理。

(3)工程外观质量得分率达到70%以上。

(4)单位工程施工质量检验与评定资料基本齐全。

(5)工程施工期及试运行期，单位工程观测资料分析结果符合国家及行业技术标准以及合同约定的标准要求。

工程项目,施工质量同时满足下列标准时,其质量评为“合格”:

(1)单位工程质量全部合格。

(2)工程施工期及试运行期,各单位工程观测资料分析结果均符合国家及行业技术标准以及合同约定的标准要求。

“优良”等级,是为工程项目质量创优而设置的。

单元工程,施工质量优良标准,应按照《单元工程评定标准》以及合同约定的“优良”标准执行;全部返工重作的,经检验达到“优良”标准时,可评为“优良”等级。

分部工程,施工质量同时满足下列标准时,其质量评为“优良”:

(1)所含单元工程,质量全部合格;其中,70%以上达到“优良”等级;重要隐蔽单元工程和关键部位单元工程,质量优良率达到90%以上;且未发生过质量事故。

(2)中间产品质量全部合格。混凝土(砂浆)试件质量达到“优良”(当试件组数小于30时,试件质量达到“合格”)等级。原材料质量合格。金属结构及启闭机制造质量合格。机电产品质量合格。

单位工程,施工质量同时满足下列标准时,其质量评为“优良”:

(1)所含分部工程,质量全部合格;其中,70%以上达到“优良”等级;主要分部工程质量全部优良;施工中未发生过较大质量事故。

(2)质量事故,已按要求进行处理。

(3)外观质量得分率达到85%以上。

(4)单位工程施工质量检验与评定资料齐全。

(5)工程施工期及试运行期,单位工程观测资料分析结果符合国家及行业技术标准以及合同约定的标准要求。

工程项目,施工质量同时满足下列标准时,其质量评为“优良”:

(1)单位工程,质量全部合格;其中,70%以上达到“优良”等级;主要单位工程质量全部优良。

(2)工程施工期及试运行期,各单位工程观测资料分析结果均符合国家及行业技术标准以及合同约定的标准要求。

单元工程(工序)质量,在施工单位自评“合格”后,由监理单位复核;监理工程师核定质量等级,并签证认可。

重要隐蔽单元工程及关键部位单元工程,质量经施工单位自评“合格”,并经监理单位抽检后,由项目法人(或委托监理)组织监理、设计、施工、工程运行管理(若已成立)等单位组成联合小组共同进行检查并核定其质量等级;填写签证表并报工程质量监督机构核备。重要隐蔽单元工程(关键部位单元工程)质量等级签证表(样表),见表1F-422014-1。

重要隐蔽单元工程(关键部位单元工程)质量等级签证表　表 1F－422014－1

单位工程名称		单元工程量	
分部工程名称		施工单位	
单元工程名称、部位		自评日期	年　月　日

施工单位自评意见	1. 自评意见: 2. 自评质量等级: 终检人员:　　　(签名)
监理单位抽查意见	抽查意见: 监理工程师:　　　(签名)
联合小组核定意见	1. 核定意见: 2. 质量等级: 年　月　日
保留意见	(签名)
备查资料清单	(1)地质编录 □ (2)测量成果 □ (3)检测试验报告(岩芯试验、软基承载力试验、结构强度等) □ (4)影像资料 □ (5)其他(　　　) □

联合小组成员	单位名称		职务、职称	签名
	项目法人			
	监理单位			
	设计单位			
	施工单位			
	运行管理单位			

注:重要隐蔽单元工程验收时,设计单位应同时派地质工程师参加。已有的备查资料,应在备查资料清单相应资料项后"□"内打"√";如有其他资料,应在括号内注明资料的名称。

分部工程质量,在施工单位自评合格后,由监理单位复核,项目法人认定。分部工程验收后的质量结论,由项目法人报工程质量监督机构核备。其中,大型枢纽工程主要建筑物的分部工程验收后的质量结论，由项目法人报工程质量监督机构核定。分部工程施工质量评定表(样表)及填表示例，见表1F－422014－2、表1F－422014－3。

水利水电工程分部工程施工质量评定表 表1F－422014－2

单位工程名称		施工单位	
分部工程名称		施工日期	自　年　月　日至　年　月　日
分部工程量		评定日期	年　月　日

项次	单元工程类别	工程量	单元工程个数	合格个数	其中优良个数	备注
1						
2						
3						
4						
5						
6						
合计						
主要单元工程、重要隐蔽工程及关键部位单元工程						

施工单位自评意见	监理单位复核意见	项目法人认定意见
本分部工程的单元工程质量全部合格，优良率为　%。主要单元工程、重要隐蔽工程及关键部位单元工程　项，优良率为　%。施工中　发生过质量事故。原材料质量　。金属结构、启闭机制造质量　。机电产品质量　。中间产品质量　。质量事故及质量缺陷处理情况(如有)： 分部工程质量等级： 质检部门评定人： 项目技术负责人： (盖公章) 年　月　日	复核意见： 分部工程质量等级： 监理工程师： 年　月　日 总监(或副总监)： (盖公章) 年　月　日	认定意见： 分部工程质量等级： 现场代表： 年　月　日 技术负责人： (盖公章) 年　月　日

工程质量监督机构	核定(核备)意见： 核定等级： 核定(核备)人：　(签名)　　项目站负责人：　(签名) 年　月　日　　年　月　日

注：分部工程验收的质量结论，由项目法人报工程质量监督机构核备。其中，大型枢纽工程主要建筑物的分部工程验收质量结论，由项目法人报工程质量监督机构核定。

水利水电工程分部工程施工质量评定表(填表示例) **表1F－422014－3**

单位工程名称	泄水闸工程	施工单位	中国水利水电第××工程局
分部工程名称	闸室分部(土建)	施工日期	自 ×年×月×日至 ×年×月×日
分部工程量	混凝土1 529 m^3	评定日期	×年×月×日

项次	单元工程类别	工程量	单元工程个数	合格个数	其中优良个数	备注
1	岩基开挖	856 m^3	5	5	4	
2	混凝土	1 529 m^3	10	10	8	
3	房建	140 m^3	6	6	4	闸房
4	混凝土构件安装	80 t	2	2	1	
5						
6						
合计			23	23	17	优良率73.9%
主要单元工程、重要隐蔽工程及关键部位单元工程		150 m^3	1	1	1	关键部位单元工程

施工单位自评意见	监理单位复核意见	项目法人认定意见
本分部工程的单元工程质量全部合格,优良率为 73.9%。主要单元工程、重要隐蔽工程及关键部位单元工程 1 项,优良率为100%。施工中 未 发生过任何质量事故。原材料质量 / 。金属结构、启闭机制造质量 / 。机电产品质量 / 。中间产品质量 / 。质量事故及质量缺陷处理情况(如有): 分部工程质量等级: 优良 质检部门评定人:××× 项目技术负责人:××× (盖公章) ×年×月×日	复核意见: 同意施工单位自评意见 分部工程质量等级: 优良 监理工程师: ××× ×年×月×日 总监(或副总监): ××× (盖公章) ×年×月×日	认定意见: 同意 分部工程质量等级: 优良 现场代表: ××× ×年×月×日 技术负责人: ××× (盖公章) ×年×月×日

工程质量监督机构	核定(核备)意见: 同意 核定等级:优良 核定(核备)人:×××(签名) 项目站负责人:×××(签名) ×年×月×日 ×年×月×日

注:分部工程验收的质量结论,由项目法人报工程质量监督机构核备。其中,大型枢纽工程主要建筑物的分部工程验收质量结论,由项目法人报工程质量监督机构核定。

单位工程质量,在施工单位自评合格后,由监理单位复核,项目法人认定。单位工程验收后的质量结论,由项目法人报工程质量监督机构核定。单位工程施工质量评定表(样表)及填表示例,见表1F－422014－4、表1F－422014－5。

水利水电工程单位工程施工质量评定表　　　表1F－422014－4

工程项目名称		施工单位	
单位工程名称		施工日期	自　　年　月　日至　　年　月　日
单位工程量		评定日期	年　月　日

序号	分部工程名称	质量等级		序号	分部工程名称	质量等级	
		合格	优良			合格	优良
1				8			
2				9			
3				10			
4				11			
5				12			
6				13			
7				14			
分部工程共　　个,其中优良　　个,优良率　　%。其中,主要分部工程优良率　　%							

原材料质量	
中间产品质量	
金属结构、启闭机制造质量	
机电产品制造质量	
外观质量	应得　　分,实得　　分,得分率　　%
施工质量检验资料	
质量事故情况	

施工单位自评等级:	监理复核等级:	项目法人认定等级:	工程质量监督机构核定等级:
评定人:	复核人:	认定人:	核定人:
项目经理:	总监理工程师:	单位负责人:	机构负责人:
(盖公章) 年　月　日	(盖公章) 年　月　日	(盖公章) 年　月　日	(盖公章) 年　月　日

水利水电工程单位工程施工质量评定表(填表示例)　**表 1F-422014-5**

工程项目名称	青江水利枢纽工程	施工单位	中国水利水电第××工程局
单位工程名称	溢流泄水坝	施工日期	自　×年×月×日至　×年×月×日
单位工程量	混凝土 225 600 m^3	评定日期	×年×月×日

序号	分部工程名称	质量等级		序号	分部工程名称	质量等级	
		合格	优良			合格	优良
1	5 坝段▽412 m 以下	√		8	7 坝段(中孔坝段)		√
2	5 坝段▽412 m 至坝顶		√	9	△坝基灌浆		√
3	△溢流面及闸墩		√	10	坝基及坝体排水		√
4	6 坝段▽412 m 以下	√		11	坝基开挖与处理		√
5	6 坝段▽412 m 至坝顶		√	12	中孔弧门及启闭机安装		√
6	坝顶工程		√	13	$1^{\#}$、$2^{\#}$弧门及启闭机安装		√
7	上游护岸加固	√		14	检修门及门机安装		√

分部工程共 14 个,其中优良 11 个,优良率 78.6%;其中,主要分部工程优良率 100%

原材料质量	合格
中间产品质量	合格;其中混凝土拌和质量优良
金属结构、启闭机制造质量	合格
机电产品制造质量	/
外观质量	应得 118 分,实得 104.3 分,得分率 88.4%
施工质量检验资料	齐全
质量事故情况	施工中未发生过质量事故

施工单位自评等级:	监理复核等级:	项目法人认定等级:	工程质量监督机构核定等级:
优良	优良	优良	优良
评定人: ×××	复核人: ×××	认定人: ×××	核定人: ×××
项目经理: ×××	总监理工程师: ×××	单位负责人: ×××	机构负责人: ×××
(盖公章) ×年×月×日	(盖公章) ×年×月×日	(盖公章) ×年×月×日	(盖公章) ×年×月×日

注:"△"后的项目为主要分部工程。

工程项目质量,在全部单位工程质量经评定合格后,由监理单位进行统计及质量等级评定;经项目法人认定后,报工程质量监督机构核定。

阶段验收前,工程质量监督机构应提交工程质量评价意见。

在工程竣工验收前,工程质量监督机构应按有关规定,提交工程质量监督报告。工程质量监督报告中,应有关于工程质量是否合格的明确结论。

1F-423000 验收管理

1F-423010 水利水电建设工程验收规程

《水利水电建设工程验收规程》(SL 223—2008,简称《规程》)总则指出,水利水电建设工程验收,按验收主持单位不同,可分为法人验收和政府验收。

法人验收,应包括分部工程验收、单位工程验收、水电站(泵站)中间机组启动验收、合同工程完工验收等。政府验收,应包括阶段验收、专项验收、竣工验收等。验收主持单位可根据工程建设需要,增设验收的类别和具体要求。

工程验收,应以下列文件为主要依据:

(1)国家现行有关法律、法规、规章和技术标准。

(2)有关主管部门的规定。

(3)经批准的工程立项文件、初步设计文件、调整概算文件。

(4)经批准的设计文件及设计变更文件。

(5)施工图纸、主要设备的技术说明书等。

(6)法人验收,还应以施工合同为依据。

工程验收,应包括以下主要内容:

(1)检查工程是否按照经批准的设计文件进行建设。

(2)检查已完工程在设计、施工、设备制造及安装等方面的质量以及相关资料的收集、整理和归档情况。

(3)检查工程是否具备运行(或进行下一阶段建设)的条件。

(4)检查工程投资控制和资金使用情况。

(5)对验收中发现的遗留问题提出处理意见。

(6)对工程建设进行评价,并作出结论。

政府验收,应由验收主持单位组织成立的验收委员会负责。法人验收,应由项目法人组织成立的验收工作组负责。验收委员会(验收工作组),由有关单位代表和有关专家组成。

"验收鉴定书",是验收时的成果性文件。验收委员会(验收工作组)成员应在"验收鉴定书"上签字;对验收结论持有异议的,其本人应在"验收鉴定书上"明确记载保留意见,并签字。

工程验收结论,应经验收委员会(验收工作组)2/3 以上的成员同意。

对验收过程中发现问题的处理原则,应由验收委员会(验收工作组)协商确定。主任委员(组长)对所争议的问题有裁决权。若 1/2 以上的委员(组员)不同意主任委员(组长)的裁决意见,属于法人验收的,应报请验收监督管理机关决定;属于政府验收的,应报请竣工验收主持单位决定。

工程项目中,如有需要移交给非水利行业管理的工程,其验收工作宜同时参照相关行业主管部门的有关规定。

当工程具备验收条件时，应及时组织验收。未经验收（或经验收不合格）的工程，不应交付使用（或进行后续工程施工）。各项验收工作，应前、后相互衔接，且不应重复。

工程验收，应在施工质量检验与评定的基础上，对工程质量提出明确的结论性意见。

验收资料的制备，由项目法人统一组织。有关单位，应按要求及时完成并提交有关资料。项目法人对各有关单位提交的验收资料，应进行完整性、规范性检查。

验收资料，分为应提供的资料和备查所需资料两类。有关单位，应保证自身所提交资料的真实性，并就此承担相应责任。验收时应提供的资料清单和应准备的备查档案（资料）清单，见表1F－423010－1、表1F－423010－2。

验收时应提供的资料清单　　表1F－423010－1

序号	资料名称	分部工程验收	单位工程验收	合同工程完工验收	机组启动验收	阶段验收	技术预验收	竣工验收	提供单位
1	工程建设管理工作报告		√	√	√	√	√	√	项目法人
2	工程建设大事记						√	√	项目法人
3	拟验工程清单、未完工程清单、未完工程的建设安排及完成时间		√	√	√	√	√	√	项目法人
4	技术预验收工作报告				*	*	√	√	专家组
5	验收鉴定书（初稿）				√	√	√	√	项目法人
6	度汛方案				*	√	√	√	项目法人
7	工程调度运用方案					√	√	√	项目法人
8	工程建设监理工作报告		√	√	√	√	√	√	监理机构
9	工程设计工作报告		√	√	√	√	√	√	设计单位
10	工程施工管理工作报告		√	√	√	√	√	√	施工单位
11	运行管理工作报告						√	√	运行管理单位
12	工程质量（安全）监督报告				√	√	√	√	质安监督机构
13	竣工验收技术鉴定报告						*	*	技术鉴定单位
14	机组启动试运行计划文件				√				施工单位
15	机组试运行工作报告				√				施工单位
16	重大技术问题专题报告					*	*	*	项目法人

注：符号“√”表示“应提供”；“*”表示“宜提供”或“根据需要提供”。

验收时应准备的备查档案资料清单 表1F－423010－2

序号	资料名称	分部工程验收	单位工程验收	合同工程完工验收	机组启动验收	阶段验收	技术预验收	竣工验收	提供单位
1	前期工作文件及批复文件		√	√	√	√	√	√	项目法人
2	主管部门批文		√	√	√	√	√	√	项目法人
3	招标、投标文件		√	√	√	√	√	√	项目法人
4	合同文件		√	√	√	√	√	√	项目法人
5	工程项目划分资料	√	√	√	√	√	√	√	项目法人
6	单元工程质量评定资料	√	√	√	√	√	√	√	施工单位
7	分部工程质量评定资料		√	*	√	√	√	√	项目法人
8	单位工程质量评定资料		√	*			√	√	项目法人
9	工程外观质量评定资料		√				√	√	项目法人
10	工程质量管理有关文件	√	√	√	√	√	√	√	参建单位
11	工程安全管理有关文件	√	√	√	√	√	√	√	参建单位
12	工程施工质量检验文件	√	√	√	√	√	√	√	施工单位
13	工程监理资料	√	√	√	√	√	√	√	监理单位
14	施工图设计文件		√	√	√	√	√	√	设计单位
15	工程设计变更资料	√	√	√	√	√	√	√	设计单位
16	竣工图纸		√	√		√	√	√	施工单位
17	征地、移民有关文件		√			√	√	√	承担单位
18	重要会议记录	√	√	√	√	√	√	√	项目法人
19	质量缺陷备案表	√	√	√	√	√	√	√	监理机构
20	安全、质量事故资料	√	√	√	√	√	√	√	项目法人
21	阶段验收鉴定书						√	√	项目法人
22	竣工决算及审计资料						√	√	项目法人
23	工程建设中使用的技术标准	√	√	√	√	√	√	√	参建单位
24	工程建设标准强制性条文	√	√	√	√	√	√	√	参建单位
25	专项验收有关文件						√	√	项目法人
26	安全、技术鉴定报告					√	√	√	项目法人
27	其他档案资料	根据需要由有关单位提供							

注:符号"√"表示"应提供";"＊"表示"宜提供"或"根据需要提供"。

用于工程验收的图纸、资料和成果性文件,应按竣工验收资料的要求制备。除图纸外,其他验收资料纸张规格宜采用国际标准中的A4纸(210 mm×297 mm)。文件正本,应加盖单位印章,且不应采用复印件。

1F－423011　工程验收监督管理

水利部负责全国水利工程建设项目验收的监督管理工作。

水利部所属流域管理机构(简称流域管理机构),按照水利部授权,负责本流域内水利工程建设项目验收的监督管理工作。

县级以上地方人民政府水行政主管部门,按照规定权限,负责本行政区域内水利工程建设项目验收的监督管理工作。

法人验收监督管理机关,对工程的法人验收工作实施监督管理。

由水行政主管部门(流域管理机构)组建项目法人的,该水行政主管部门(流域管理机构)是本工程法人验收的监督管理机关;由地方人民政府组建项目法人的,该地方人民政府水行政主管部门是本工程法人验收的监督管理机关。

工程验收监督管理的方式,应包括现场检查,参加验收活动,以及对验收工作计划与验收成果性文件进行备案等。

工程验收监督管理,应包括以下主要内容:

(1)验收工作是否及时。

(2)验收条件是否具备。

(3)验收人员组成是否符合规定。

(4)验收程序是否规范。

(5)验收资料是否齐全。

(6)验收结论是否明确。

当发现工程验收不符合有关规定时,验收监督管理机关应及时要求验收主持单位予以纠正;必要时,可要求暂停验收(或重新验收),同时,报告竣工验收主持单位。

项目法人,应在开工报告批准后60个工作日内,制定法人验收工作计划(内容包括工程概况、工程项目划分、工程建设总进度计划和法人验收工作计划),并报法人验收监督管理机关备案。当工程建设计划进行调整时,法人验收工作计划也应相应进行调整,并重新备案。

法人验收过程中发现的技术性问题,原则上应按合同约定进行处理;合同约定不明确的,按国家(或行业)技术标准规定处理;国家(或行业)技术标准暂无规定时,由法人验收监督管理机关负责协调解决。

1F－423012　分部工程验收

分部工程验收,应由项目法人(或其委托的监理单位)主持。验收工作组,应由项目法人、勘测、设计、监理、施工、主要设备制造(供应)商等单位的代表组成。运行管理单位,可根据具体情况,决定是否参加。

质量监督机构宜派代表,列席大型枢纽工程主要建筑物分部工程验收会议。

大型工程分部工程验收工作组成员,应具有中级及其以上技术职称(或相应执业资格);其他工程分部工程验收工作组成员,应具有相应的专业知识(或执业资格)。参加分部工程验收的每个单位的代表人数,不宜超过2名。

分部工程具备验收条件时,施工单位应向项目法人提交验收申请报告(即"法人验收申请报告",内容包括验收范围、工程验收条件检查结果和建议验收时间)。项目法人应在收到验收申请报告之日起10个工作日内,决定是否同意进行验收。

分部工程验收,应具备以下条件:

(1)所有单元工程已完成;

(2)已完单元工程施工质量经评定全部合格,有关质量缺陷已处理完毕(或有经监理机构批准的处理意见);

(3)合同约定的其他条件。

分部工程验收,应包括以下主要内容:

(1)检查工程是否达到设计(或合同约定)标准的要求;

(2)评定工程施工质量等级;

(3)对验收中发现的问题提出处理意见。

分部工程验收,应按以下程序进行:

(1)听取施工单位关于工程建设和单元工程质量评定情况的汇报;

(2)现场检查工程完成情况和工程质量;

(3)检查单元工程质量评定资料及相关档案资料;

(4)讨论通过分部工程验收鉴定书。

项目法人应在分部工程验收通过之日起10个工作日内,将验收质量结论和相关资料报质量监督机构核备。其中,大型枢纽工程主要建筑物分部工程的验收质量结论,应报质量监督机构核定。

质量监督机构应在收到验收质量结论之日起20个工作日内,将核备(核定)意见以书面形式反馈给项目法人。

当质量监督机构对验收质量结论有异议时,项目法人应组织各参加验收单位进行进一步研究,并将研究意见报质量监督机构;双方对质量结论仍有分歧意见时,应报上一级质量监督机构协调解决。

分部工程验收时,对遗留问题处理情况应有书面记录,并由有关责任单位的代表签字;该书面记录应随分部工程验收鉴定书一并归档。

"分部工程验收鉴定书"正文,应包括下列内容:

(1)前言(包括验收依据、组织机构、验收过程等);

(2)分部工程开工、完工日期;

(3)分部工程建设内容;

(4)施工过程及完成的主要工程量;

(5)质量事故及质量缺陷处理情况;

(6)拟验工程的质量评定(包括单元工程及主要单元工程的个数、合格率及优良率,施工单位自评结果,监理单位复核意见,以及分部工程质量等级评定意见);

(7)验收时,存在的遗留问题及相应处理意见;

(8)结论;

(9)保留意见(应有本人签字);

(10)分部工程验收工作组成员签字表;

(11)附件:验收时遗留问题处理记录。

“分部工程验收鉴定书”正本数量,可按参加验收单位、质量及安全监督机构各1份,以及归档所需份数确定;自获得通过之日起30个工作日内,由项目法人发送至各有关单位,并报送法人验收监督管理机关备案。

1F－423013　单位工程验收

单位工程验收,应由项目法人主持。验收工作组,应由项目法人、勘测、设计、监理、施工、主要设备制造(供应)商、运行管理等单位的代表组成;必要时,可邀请上述单位以外的专家参加。

单位工程验收工作组成员,应具有中级及其以上技术职称(或相应执业资格);每个单位的代表人数,不宜超过3名。

单位工程完工并具备验收条件时,施工单位应向项目法人提出验收申请报告(即“法人验收申请报告”,内容包括验收范围、工程验收条件的检查结果和建议验收时间)。项目法人应在收到验收申请报告之日起10个工作日内,决定是否同意进行验收。

项目法人组织单位工程验收时,应提前通知质量(安全)监督机构。质量(安全)监督机构应派员列席验收会议。主要建筑物单位工程验收,还应通知法人验收监督管理机关。法人验收监督管理机关可视情况决定是否列席验收会议。

单位工程验收,应具备以下条件:

(1)所有分部工程已完建,并经验收合格;

(2)分部工程验收时遗留问题已处理完毕并通过验收(或未处理的遗留问题不影响单位工程质量评定,并有处理意见);

(3)合同约定的其他条件。

单位工程验收,应包括以下主要内容:

(1)检查工程是否按批准的设计内容完成;

(2)评定工程施工质量等级;

(3)检查分部工程验收时遗留问题处理情况及相关记录;

(4)对验收中发现的问题提出处理意见。

单位工程验收,应按以下程序进行:

(1)听取工程参建单位关于工程建设有关情况的汇报;

(2)现场检查工程完成情况和工程质量;

(3)检查分部工程验收时的有关文件及相关档案资料;

(4)讨论通过单位工程验收鉴定书。

项目法人应在单位工程验收通过之日起10个工作日内,将验收质量结论和相关资料报质量监督机构核定。

质量监督机构应在收到验收质量结论之日起20个工作日内,将核定意见反馈给项目法人。

当质量监督机构对验收质量结论有异议时,按分部工程验收时的规定执行。

“单位工程验收鉴定书”正文,应包括下列内容:

(1)前言(包括验收依据、组织机构、验收过程等)。

(2)单位工程概况:

①单位工程名称及位置;

②单位工程主要建设内容;

③单位工程建设过程(包括工程开工、完工时间,以及施工中采取的主要措施等)。

(3)验收范围。

(4)单位工程完成情况和完成的主要工程量。

(5)单位工程质量评定:

①分部工程质量评定;

②工程外观质量评定;

③工程质量检测情况;

④单位工程质量等级评定意见。

(6)分部工程验收时遗留问题处理情况。

(7)运行准备情况(投入使用验收需要此部分)。

(8)存在的主要问题及相应处理意见。

(9)意见和建议。

(10)结论。

(11)保留意见(应有本人签字)。

(12)单位工程验收工作组成员签字表。

“单位工程验收鉴定书”正本数量,可按参加验收单位、质量及安全监督机构、法人验收监督管理机关等各1份,以及归档所需份数确定;自获得通过之日起30个工作日内,由项目法人发送至各有关单位,并报法人验收监督管理机关备案。

需要提前投入使用的单位工程,应进行单位工程投入使用验收。单位工程投入使用验收,应由项目法人主持;根据工程具体情况,经竣工验收主持单位同意,也可由竣工验收主持单位(或其委托的单位)主持。

单位工程投入使用验收,除应满足单位工程验收应具备的条件外,还应满足以下条件:

(1)工程投入使用后,不影响其他工程正常施工,且其他工程施工不影响该单位工程安全运行。

(2)工程已初步具备运行管理条件;需移交运行管理单位的,项目法人与运行管理单位已签订提前使用协议书。

单位工程投入使用验收,除完成单位工程验收所应完成的工作内容外,还应对工程是否具备安全运行条件进行检查。

1F－423014　合同工程完工验收

施工合同约定的建设内容完成后,应进行合同工程完工验收。当合同工程仅包含一个单位工程(或一个分部工程)时,宜将单位工程(分部工程)验收与合同工程完工验收一并进行,但应同时满足相应的验收条件。

合同工程完工验收,应由项目法人主持。验收工作组,应由项目法人以及与合同工程有关的勘测、设计、监理、施工、主要设备制造(供应)商等单位的代表组成。

合同工程具备验收条件时,施工单位应向项目法人提出验收申请报告(即"法人验收申请报告",内容包括验收范围、工程验收条件的检查结果和建议验收时间)。项目法人应在收到验收申请报告之日起20个工作日内,决定是否同意进行验收。

合同工程完工验收,应具备以下条件:

(1)合同范围内的工程项目和工作已按合同约定完成。

(2)工程已按规定进行了有关验收。

(3)观测仪器和设备已测得初始值及施工期各项观测值。

(4)工程质量缺陷已按要求进行处理。

(5)工程完工结算已完成。

(6)施工现场已经进行清理。

(7)需移交项目法人的档案资料已按要求整理完毕。

(8)合同约定的其他条件。

合同工程完工验收,应包括以下主要内容:

(1)检查合同范围内工程项目和工作完成情况。

(2)检查施工现场清理情况。

(3)检查已投入使用工程运行情况。

(4)检查验收资料整理情况。

(5)鉴定工程施工质量。

(6)检查工程完工结算情况。

(7)检查历次验收时遗留问题处理情况。

(8)对验收中发现的问题提出处理意见。

(9)确认合同工程完工日期。

(10)讨论通过"合同工程完工验收鉴定书"。

"合同工程完工验收鉴定书"正文,应包括下列内容:

(1)前言(包括验收依据、组织机构、验收过程等)。

(2)合同工程概况:

①合同工程名称及位置;

②合同工程主要建设内容;

③合同工程建设过程。

(3)验收范围。

(4)合同执行情况(包括合同管理、工程完成情况和完成的主要工程量、结算情况等)。

(5)合同工程质量评定。

(6)历次验收时遗留问题处理情况。

(7)存在的主要问题及处理意见。

(8)意见和建议。

(9)结论。

(10)保留意见(应有本人签字)。

(11)合同工程验收工作组成员签字表。

(12)附件:施工单位向项目法人移交资料目录。

"合同工程完工验收鉴定书"正本数量,可按参加验收单位、质量及安全监督机构以及归档所需份数确定;自获得通过之日起30个工作日内,应由项目法人发送至各有关单位,并报送法人验收监督管理机关备案。

1F－423015 阶段验收

阶段验收,应包括枢纽工程导(截)流验收、水库下闸蓄水验收、引(调、排)水工程通水验收、水电站(泵站)首(末)台机组启动验收、部分工程投入使用验收以及竣工验收,主持单位根据工程建设需要增加的其他验收。

阶段验收,应由竣工验收主持单位(或其委托的单位)主持。阶段验收委员会,应由验收主持单位、质量及安全监督机构及运行管理单位的代表以及有关专家组成;必要时,可邀请地方人民政府及其有关部门参加。

工程参建单位,应派代表参加阶段验收;并作为被验收单位,在验收鉴定书上签字。

工程建设过程中,具备阶段验收条件时,项目法人应提出阶段验收申请报告(内容包括工程基本情况、工程验收条件的检查结果、工程验收准备工作情况、建议验收时间及地点和参加单位)。阶段验收申请报告,应由法人验收监督管理机关审查后转报竣工验收主持单位。竣工验收主持单位,应自收到申请报告之日起20个工作日内,决定是否同意进行阶段验收。

阶段验收,应包括以下主要内容:

(1)检查已完工程的形象面貌和工程质量。

(2)检查在建工程的建设情况。

(3)检查未完工程的计划安排及主要技术措施落实情况,以及是否已具备施工条件。

(4)检查拟投入使用工程是否具备运行条件。

(5)检查历次验收时遗留问题的处理情况。

(6)鉴定已完工程施工质量。

(7)对验收中发现的问题提出处理意见。

(8)讨论通过"阶段验收鉴定书"。

阶段验收工作程序,可参照竣工验收的规定进行。

"阶段验收鉴定书"正文,应包括下列内容:

(1)前言(包括验收依据、组织机构、验收过程等)。

(2)工程概况:

①工程位置及主要任务;

②工程主要技术指标;

③项目设计简况(包括设计审批情况、工程投资和主要设计工程量);

④项目建设简况(包括工程施工及完成工程量情况等)。

(3)验收范围和内容。

(4)工程形象面貌(与验收范围及内容相对应的工程完成情况)。

(5)工程质量评定。

(6)验收前已完成的工作(包括安全鉴定、移民搬迁安置和库底清理及其验收、技术预验收等)。

(7)截流(蓄水、通水等)总体安排。

(8)度汛和调度运行方案。

(9)未完工程建设安排。

(10)存在的主要问题及相应处理意见。

(11)建议。

(12)结论。

(13)验收委员会成员签字表。

(14)附件:技术预验收工作报告(如有)。

"阶段验收鉴定书"的数量,按参加验收单位、法人验收监督管理机关、质量及安全监督机构等各1份,以及归档所需份数确定;自获得通过之日起30个工作日内,由验收主持单位发送至各有关单位。

大型工程,验收主持单位可根据工程建设需要,成立专家组;在阶段验收前,先进行技术预验收。

技术预验收工作,可参照竣工技术预验收的规定进行。

(一)枢纽工程导(截)流验收

枢纽工程,导(截)流前,应进行导(截)流验收。

导(截)流验收,应具备以下条件:

(1)导流工程已基本完成,具备过流条件;投入使用(包括采取措施使用)后,不影响后续工程继续施工。

(2)为满足截流要求而在水下修建的隐蔽工程已完成。

(3)截流设计已获批准;截流方案已编制完成,并做好各项准备工作。

(4)工程度汛方案,已得到有管辖权的防汛指挥部门批准;相关措施已落实。

(5)截流后壅高水位以下移民的搬迁安置和库底清理已完成,并通过验收。

(6)有航运功能的河道,碍航问题已得到解决。

导(截)流验收,应包括以下主要内容:

(1)检查已完水下工程、隐蔽工程及导(截)流工程是否满足导(截)流要求。

(2)检查建设征地、移民搬迁安置和库底清理完成情况。

(3)审查截流方案;检查导(截)流措施及准备工作落实情况。

(4)检查为解决碍航等问题而采取的工程措施的落实情况。

(5)鉴定与截流有关的已完工程的施工质量。

(6)对验收中发现的问题提出处理意见。

(7)讨论通过"阶段验收鉴定书"。

工程分期导(截)流时,应分期进行导(截)流验收。

(二)水库下闸蓄水验收

水库下闸蓄水前,应进行下闸蓄水验收。

下闸蓄水验收,应具备以下条件:

(1)挡水建筑物的形象面貌可以满足蓄水水位的要求。

(2)蓄水淹没范围内的移民搬迁安置和库底清理已完成,并通过验收。

(3)蓄水后需要投入使用的泄水建筑物已基本完成,且具备过流条件。

(4)有关观测仪器及设备,已按设计要求进行安装和调试,并已测得初始值及施工期观测值。

(5)蓄水后未完工程的建设计划和施工措施已落实。

(6)蓄水安全鉴定报告已提交。

(7)蓄水后可能影响工程安全运行的问题已处理;有关重大技术问题已有结论。

(8)蓄水计划、导流洞封堵方案等已编制完成,并做好与蓄水及封堵有关的各项准备工作。

(9)年度度汛方案(包括调度运用方案),已得到有管辖权的防汛指挥部门批准,且相关措施已落实。

下闸蓄水验收,应包括以下主要内容:

(1)检查已完工程是否满足蓄水要求。

(2)检查建设征地、移民搬迁安置和库区清理完成情况。

(3)检查近坝库岸处理情况。

(4)检查蓄水准备工作落实情况。

(5)鉴定与蓄水有关的已完工程施工质量。

(6)对验收中发现的问题提出处理意见。

(7)讨论通过"阶段验收鉴定书"。

工程分期蓄水时,宜分期进行下闸蓄水验收。

拦河水闸工程,可根据工程规模及重要性,由竣工验收主持单位决定是否组织蓄水(挡水)验收。

(三)引(调、排)水工程通水验收

引(调、排)水工程通水前,应进行通水验收。

通水验收,应具备以下条件:

(1)引(调、排)水建筑物的形象面貌可以满足通水要求。

(2)通水后未完工程的建设计划及施工措施已落实。

(3)引(调、排)水工程运行最高水位以下移民的搬迁安置和障碍物清理已完成,并通过验收。

(4)引(调、排)水调度运用方案已编制完成;度汛方案已得到有管辖权的防汛指挥部门批准,相关措施已落实。

通水验收,应包括以下主要内容:

(1)检查已完工程是否满足通水要求。

(2)检查建设征地、移民搬迁安置和清障完成情况。

(3)检查通水准备工作落实情况。

(4)鉴定与通水有关工程的施工质量。

(5)对验收中发现的问题提出处理意见。

(6)讨论通过"阶段验收鉴定书"。

工程分期(或分段)通水时,应分期(或分段)进行通水验收。

(四)水电站(泵站)机组启动验收

水电站(泵站),每台机组投入运行前,应进行机组启动验收。

首、末台机组启动验收,应由竣工验收主持单位(或其委托的单位)组织的机组启动验收委员会负责;中间机组启动验收,应由项目法人组织的机组启动验收工作组负责。验收委员会(验收工作组),应有工程所在地区电力部门的代表参加。

根据机组规模情况,竣工验收主持单位也可委托项目法人主持首(末)台机组启动验收。

机组启动验收前,项目法人应组织成立机组启动试运行工作组,开展机组启动试运行工作。首(末)台机组启动试运行前,项目法人应将试运行工作安排报验收主持单位备案;必要时,验收主持单位可派专家到现场收集有关资料,并指导项目法人进行机组启动试运行工作。

机组启动试运行工作组应主要进行以下工作:

(1)审查并批准施工单位编制的机组启动试运行试验文件和机组启动试运行操作规程等。

(2)检查机组及相应附属设备安装、调试及试验以及分部试运行情况;决定是否进行充水试验和空载试运行。

(3)检查机组充水试验和空载试运行情况。

(4)检查机组带主变压器与带高压配电装置试验时的并列情况以及带负荷试验情况;决定是否进行机组带负荷连续运行。

(5)检查机组带负荷连续运行情况。

(6)检查带负荷连续运行结束后消缺处理情况。

(7)审查施工单位编写的机组带负荷连续运行情况报告。

机组带负荷连续运行试验,应符合以下要求:

(1)水电站机组,带额定负荷连续运行时间应达到 72 h;泵站机组,带额定负荷连续运行时间应达到 24 h(或 7 d 内累计运行时间达到 48 h);试验期间,机组无故障停机(即人为控制停机)次数,应不少于 3 次。

(2)受水位(或水量)限制,无法满足上述要求时,应经项目法人组织论证并提出专门报告,并报验收主持单位批准后,可适当降低机组启动运行时的负荷和减少连续运行的时间。

首(末)台机组启动验收前,验收主持单位应组织进行技术预验收。技术预验收,应在机组启动试运行完成后进行。

首(末)台机组启动技术预验收,应具备以下条件:

(1)与机组启动运行有关的建筑物已基本完成,且满足机组启动运行要求。

(2)与机组启动运行有关的金属结构及启闭设备已安装完成并经调试合格,可满足机组启动运行要求。

(3)过水建筑物已具备过水条件,并满足机组启动运行要求。

(4)压力容器、压力管道以及消防系统等,已通过有关主管部门的检测(验收)。

(5)机组、附属设备以及油、水、气等辅助设备,已安装完成并经调试合格;经分部试运转,确认满足机组启动运行要求。

(6)必要的输(配)电设备已安装、调试完成,并已通过由电力部门组织的安全性评价(或验收);与送(供)电有关的准备工作已就绪;通信系统,可满足机组启动运行要求。

(7)机组启动运行时的测量、监测、控制、保护等有关电气设备已安装完成,并经调试合格。

(8)与机组启动运行有关的安全防护措施已落实,并已准备就绪。

(9)按设计要求配备的仪器、仪表、工具及其他机电设备,已能满足机组启动运行的需要。

(10)机组启动运行操作规程已编制,并得到批准。

(11)水库水位控制与发电水量调度计划已编制完成,并得到相关部门的批准。

(12)运行管理人员的配备,可满足机组启动运行的要求。

(13)水位和可引水量,满足机组启动运行的最低要求。

(14)机组已按要求完成带负荷连续运行试验。

首(末)台机组启动技术预验收,应包括以下主要内容:

(1)听取有关建设、设计、监理、施工及试运行情况的报告。

(2)检查并评价机组及其辅助设备的制造及安装质量,以及有关工程的施工质量;检查机组试运行情况和消缺处理情况。

(3)对验收中发现的问题提出处理意见。

(4)讨论形成机组启动技术预验收工作报告。

首(末)台机组启动验收,应具备以下条件:

(1)技术预验收工作报告已提交。

(2)技术预验收工作报告中提出的遗留问题已处理。

首(末)台机组启动验收,应包括以下主要内容:

(1)听取工程建设管理报告和技术预验收工作报告。

(2)检查机组及设备安装、运行情况,以及有关工程施工完成情况。

(3)鉴定工程施工质量。

(4)讨论通过"机组启动验收鉴定书"。

"机组启动验收鉴定书",是机组交接及投入运行时的依据。其正文应包括下列内

容:

(1)前言(包括验收依据、组织机构、验收过程等)。

(2)工程概况:

①工程主要建设内容;

②机组主要技术指标;

③机组及辅助设备设计、制造及安装情况;

④与机组启动有关工程的形象面貌。

(3)验收范围和内容。

(4)工程质量评定。

(5)验收前已完成工作(包括试运行、带负荷连续运行等)相关情况。

(6)技术预验收情况。

(7)存在的主要问题及有关处理意见。

(8)建议。

(9)结论。

(10)验收委员会(工作组)成员签字表。

(11)附件:技术预验收工作报告(如有)。

中间机组启动验收,可参照首(末)台机组启动验收的要求进行。

(五)部分工程投入使用验收

施工工期因故拖延,并预期不能按计划工期完成的工程项目,部分已完工程需要投入使用的,应进行部分工程投入使用验收。

在部分工程投入使用验收申请报告中,应包含项目施工工期拖延的原因、预期可完成计划工期内工作的有关情况和部分已完工程提前投入使用的理由等内容。

部分工程投入使用验收,应具备以下条件:

(1)拟投入使用的工程,已按经批准的设计文件规定的内容完成,并已按要求通过法人验收。

(2)拟投入使用工程已具备运行管理条件。

(3)工程投入使用后不影响其他工程正常施工,且其他工程的施工也不影响拟投入使用工程的安全运行(在采取防护措施情况下满足亦可)。

(4)项目法人与运行管理单位已签订工程提前使用协议。

(5)工程调度运行方案已编制完成;度汛方案已得到有管辖权的防汛指挥部门批准,且相关措施已落实。

部分工程投入使用验收,应包括以下主要内容:

(1)检查拟投入使用工程是否已按经批准的设计文件要求完成。

(2)检查工程是否已具备正常运行条件。

(3)鉴定工程施工质量。

(4)检查工程调度运用及度汛方案的落实情况。

(5)对验收中发现的问题提出处理意见。

(6)讨论通过“部分工程投入使用验收鉴定书”。

"部分工程投入使用验收鉴定书",是部分工程投入使用(运行)的依据,也是施工单位与项目法人间进行交接和项目法人向运行管理单位进行移交时的依据。其正文应包括以下内容:

(1)前言(包括验收依据、组织机构、验收过程等)。

(2)工程概况:

①工程名称及位置;

②工程主要建设内容。

(3)验收范围和内容。

(4)拟投入使用工程概况:

①工程主要建设内容;

②工程建设过程(包括工程开工、完工时间,施工中采取的主要措施等)。

(5)拟投入使用工程完成情况和完成的主要工程量。

(6)拟投入使用工程质量评定:

①工程质量评定;

②工程质量检测情况。

(7)验收时遗留问题的处理情况。

(8)调度运行方案,度汛方案。

(9)存在的主要问题及有关处理意见。

(10)建议。

(11)结论。

(12)保留意见(应有本人签字)。

(13)部分工程投入使用验收委员会成员签字表。

提前投入使用的部分工程如有单独的初步设计,可组织进行单项工程竣工验收;验收工作可参照竣工验收的有关规定进行。

1F－423016　**竣工验收**

竣工验收,应在工程建设项目全部完成并满足一定运行条件后 1 年内进行。不能按期进行竣工验收的,经竣工验收主持单位同意,可适当延长期限,但最长不应超过 6 个月。"一定运行条件"是指:

(1)泵站工程,经过一个排水(抽水)期。

(2)对河道疏浚工程而言,指工程完成。

(3)其他工程,经过 6 个月至 12 个月(经过一个汛期)。

工程具备验收条件时,项目法人应提出"竣工验收申请报告"。其内容应包括:

(1)工程基本情况。

(2)竣工验收条件的检查结果。

(3)尾工情况及相关安排意见。

(4)验收准备工作情况。

(5)建议的验收时间、地点和参加单位。

(6)附件:竣工验收自查工作报告。

“竣工验收申请报告”,应由法人验收监督管理机关在审查后转报竣工验收主持单位。

工程未能按期进行竣工验收的,项目法人应向竣工验收主持单位提出延期进行竣工验收的专题申请报告;其内容应包括延期进行竣工验收的主要原因及计划延长的时间等。

项目法人编制完成竣工财务决算后,应报送竣工验收主持单位的财务部门进行审查,并报送审计部门进行竣工审计。审计部门应出具竣工审计意见。项目法人应对审计意见中提出的问题进行整改,并提交整改报告。

竣工验收,应具备以下条件:

(1)工程已按经批准的设计文件要求全部完成。

(2)工程重大设计变更,已经有审批权的单位批准。

(3)各单位工程均已能正常运行。

(4)历次验收时所发现问题已基本处理完毕。

(5)各专项验收已获通过。

(6)工程投资已全部到位。

(7)竣工财务决算已接受竣工审计并获通过;审计意见中提出的问题已整改,并提交了整改报告。

(8)运行管理单位已明确,管理养护经费已基本落实。

(9)质量及安全监督工作报告已提交,工程质量达到“合格”标准。

(10)竣工验收资料已准备就绪。

竣工验收资料,主要是指竣工验收工作报告,包括工程建设管理工作报告、工程建设大事记、工程施工管理工作报告、工程设计工作报告、工程建设监理工作报告、运行管理工作报告、工程质量监督报告和工程安全监督报告。

“工程建设管理工作报告”应包括以下内容:

(1)工程概况:

①工程位置;

②立项及初设文件批复;

③工程建设任务及设计标准;

④主要技术特征指标;

⑤工程主要建设内容;

⑥工程布置;

⑦工程投资;

⑧主要工程量和总工期。

(2)工程建设简况:

①施工准备;

②工程施工分标情况及各标段参建单位(名称);

③工程开工报告及批复;

④主要工程开工、完工日期;

⑤主要工程施工过程；
⑥主要设计变更；
⑦重大技术问题处理；
⑧施工期防汛度汛。
(3)专项工程和工作：
①征地补偿和移民安置；
②环境保护工程；
③水土保持设施；
④工程建设档案。
(4)项目管理：
①机构设置及工作情况。
②主要项目招标、投标过程。
③工程概算与投资计划完成情况：
a. 经批准的概算及其实际执行情况；
b. 年度计划安排；
c. 投资来源，资金到位及完成情况。
④合同管理。
⑤材料及设备供应。
⑥资金管理与合同价款结算。
(5)工程质量：
①工程质量管理体系和质量监督；
②工程项目划分；
③质量控制和检测；
④质量事故处理情况；
⑤质量等级评定。
(6)安全生产与文明工地。
(7)工程验收：
①单位工程验收；
②阶段验收；
③专项验收。
(8)蓄水安全鉴定和竣工验收技术鉴定：
①蓄水安全鉴定(鉴定情况、主要结论)；
②竣工验收技术鉴定(鉴定情况、主要结论)。
(9)对历次验收及鉴定时存在遗留问题的处理情况。
(10)工程运行管理情况：
①管理机构、人员及经费情况；
②工程移交。
(11)工程初期运行及效益：

①工程初期运行情况；
②工程初期运行效益；
③工程观测及监测资料分析。
(12)竣工财务决算编制及竣工审计情况。
(13)存在问题及相关处理意见。
(14)工程尾工安排。
(15)经验与建议。
(16)附件：
①项目法人机构设置及主要工作人员情况表；
②项目建议书、可行性研究报告、初步设计等的批准文件及调整批准文件。

“工程建设大事记”，根据水利工程建设程序，主要记载从委托设计、报批立项，直到竣工验收整个过程，项目法人对工程建设有较大影响的事件；包括有关批文、上级有关批示、设计重大变化、主管部门稽查和检查、有关合同协议的签订、建设过程中的重要会议、施工期度汛抢险及其他重要事件、主要项目的开工和完工情况、历次验收情况等。

“工程施工管理工作报告”应包括以下内容：
(1)工程概况。
(2)工程投标。
(3)施工进度管理。
(4)主要施工方法。
(5)施工质量管理。
(6)文明施工与安全生产。
(7)合同管理。
(8)经验与建议。
(9)附件：
①施工管理机构设置及主要工作人员情况表；
②投标时计划投入的资源与施工实际投入资源情况表；
③工程施工管理大事记；
④技术标准目录。

“工程设计工作报告”应包括以下内容：
(1)工程概况。
(2)工程规划及设计要点。
(3)工程设计审查意见落实。
(4)工程标准。
(5)设计变更。
(6)设计文件质量管理。
(7)设计服务。
(8)工程评价。
(9)经验与建议。

(10)附件:

①设计机构设置及主要工作人员情况表;

②工程设计大事记;

③技术标准目录。

“工程建设监理工作报告”应包括以下内容:

(1)工程概况。

(2)监理规划。

(3)监理过程。

(4)监理效果。

(5)工程评价。

(6)经验与建议。

(7)附件:

①监理机构设置及主要人员情况表;

②工程建设监理大事记。

“运行管理工作报告”应包括以下内容:

(1)工程概况。

(2)运行管理。

(3)工程初期运行。

(4)工程监测资料和分析。

(5)意见和建议。

(6)附件:

①关于设立管理机构的批文;

②机构设置及主要工作人员情况;

③规章制度目录。

“工程质量监督报告”应包括以下内容:

(1)工程概况。

(2)质量监督工作。

(3)参建单位的质量管理体系。

(4)工程项目划分确认。

(5)工程质量检测。

(6)工程质量核备(核定)。

(7)工程质量事故及质量缺陷处理。

(8)关于工程质量结论的意见。

(9)附件:

①该工程项目有关质量监督人员情况表;

②工程建设过程中有关质量监督书面意见汇总。

“工程安全监督报告”应包括下列内容:

(1)工程概况。

(2)安全监督工作。

(3)参建单位的安全管理体系。

(4)现场监督检查。

(5)安全生产事故处理情况。

(6)工程安全生产评价意见。

(7)附件:

①该工程项目有关安全监督人员情况表;

②工程建设过程中有关安全监督书面意见汇总。

工程有少量建设内容未完成(但不影响工程正常运行,且未完工程投资符合财务有关规定),项目法人已对尾工作出安排的,经竣工验收主持单位同意,可进行工程竣工验收。

竣工验收,应按以下程序进行:

(1)项目法人组织进行竣工验收自查。

(2)项目法人提交竣工验收申请报告。

(3)竣工验收主持单位批复竣工验收申请报告。

(4)进行竣工技术预验收。

(5)召开竣工验收会议。

(6)印发竣工验收鉴定书。

(一)竣工验收自查

申请竣工验收前,项目法人应组织竣工验收自查。自查工作,应由项目法人主持,并有勘测、设计、监理、施工、主要设备制造(供应)商以及运行管理等单位的代表参加。

竣工验收自查,应包括以下主要内容:

(1)检查有关单位的工作报告。

(2)检查工程建设情况;评定工程项目施工质量等级。

(3)检查历次验收及专项验收时遗留问题以及工程初期运行所发现问题的处理情况。

(4)确定工程尾工内容及完成期限以及责任单位。

(5)对竣工验收前应完成工作作出安排。

(6)讨论通过竣工验收自查工作报告。

项目法人组织工程竣工验收自查前,应提前10个工作日通知质量及安全监督机构,并同时向法人验收监督管理机关报告。质量及安全监督机构应派员列席项目法人组织的自查工作会议。

项目法人应在完成竣工验收自查工作之日起10个工作日内,将自查工程项目的质量结论和相关资料报质量监督机构。

参加竣工验收自查的人员,包括项目法人、代建机构(如有)、设计单位、监理单位、主要施工单位、主要设备制造(供应)商单位、质量及安全监督机构、运行管理单位的代表,应在自查工作报告上签字。

“工程项目竣工验收自查工作报告”正文,应包括以下内容:

(1)前言(包括组织机构、自查工作过程等)。

(2)工程概况:

①工程名称及位置;

②工程主要建设内容;

③工程建设过程。

(3)工程项目完成情况:

①工程项目完成情况;

②完成工程量与初设批复工程量的比较;

③工程验收情况;

④工程投资完成及审计情况;

⑤工程项目移交及运行情况。

(4)工程项目质量评定。

(5)验收时遗留问题的处理情况。

(6)尾工情况及有关安排意见。

(7)存在的问题及有关处理意见。

(8)结论。

(9)工程项目竣工验收自查工作组成员签字表。

项目法人应自“竣工验收自查工作报告”通过之日起30个工作日内,将自查报告报法人验收监督管理机关。

(二)工程质量抽样检测

根据竣工验收的需要,竣工验收主持单位可以委托具有相应资质的工程质量检测单位,对工程质量进行抽样检测。项目法人应与工程质量检测单位签订工程质量检测合同。检测所需费用,由项目法人列支;质量不合格工程所发生的检测费用,由责任单位承担。

工程质量检测单位,不应与参与工程建设的项目法人、设计、监理、施工、设备制造(供应)商等单位隶属同一经营实体。

根据竣工验收主持单位的要求和项目的具体情况,项目法人应负责提出工程质量抽样检测项目、内容及数量,并经质量监督机构审核后,报竣工验收主持单位核定。其中,堤防工程质量抽检要求如下:

(1)土料填筑工程质量,抽检主要内容为干密度和外观尺寸,并应满足以下要求:

①每2 000 m堤长,至少抽检一个断面;

②每个断面,至少抽检2层,每层不少于3点,且取样点不得位于堤防顶层;

③每个单位工程,抽检样本点总数不得少于20个。

(2)干(浆)砌石工程质量,抽检主要内容为厚度、密实程度和平整度(必要时,应拍摄图像资料),并应满足以下要求:

①每2 000 m堤长,至少抽检3点;

②每个单位工程,至少抽检3点。

(3)混凝土预制块砌筑工程质量,抽检主要内容为预制块厚度、平整度和缝宽,并应满足以下要求:

①每 2 000 m 堤长，至少抽检 1 组，每组 3 点；

②每个单位工程，至少抽检 1 组。

(4)垫层工程质量，抽检主要内容为垫层厚度及垫层铺设情况，并应满足以下要求：

①每 2 000 m 堤长，至少抽检 3 点；

②每个单位工程，至少抽检 3 点。

(5)堤脚防护工程质量，抽检主要内容为断面复核，并应满足以下要求：

①每 2 000 m 堤长，至少抽检 3 个断面；

②每个单位工程，至少抽检 3 个断面。

(6)混凝土防洪墙和护坡工程质量，抽检主要内容为混凝土强度，并应满足以下要求：

①每 2 000 m 堤长，至少抽检 1 组，每组 3 点；

②每个单位工程，至少抽检 1 组。

(7)堤身截渗、堤基处理及其他工程质量，抽检的主要内容及方法，由工程质量监督机构提出方案，报项目主管部门批准后实施。

工程质量检测单位，应按照有关技术标准，对工程进行质量检测；按合同要求，及时提出质量检测报告，并对检测结论负责。项目法人应自收到检测报告 10 个工作日内，将检测报告报竣工验收主持单位。

对抽样检测中发现的质量问题，项目法人应及时组织有关单位研究处理。在影响工程安全运行(或影响使用功能)的质量问题未处理完毕前，不应进行竣工验收。

(三)竣工技术预验收

竣工验收，分为竣工技术预验收和竣工验收两个阶段。

大型水利工程竣工技术预验收前，应按照有关规定，进行竣工验收技术鉴定。中型水利工程，竣工验收主持单位可根据需要，决定是否进行竣工验收技术鉴定。

竣工技术预验收，应由竣工验收主持单位组织的专家组负责。专家组成员应具有高级技术职称(或相应执业资格)；其中，成员的 2/3 以上应来自非工程参建单位。工程参建单位的代表应参加技术预验收，并负责回答专家组提出的问题。

竣工技术预验收专家组，可下设专业工作组；并在各专业工作组签署检查意见的基础上，形成竣工技术预验收工作报告。

竣工技术预验收，应包括以下主要内容：

(1)检查工程是否按经批准的设计文件要求完成；

(2)检查工程是否存在质量隐患以及影响工程安全运行的问题；

(3)检查历次验收及各项专项验收时遗留问题以及工程初期运行中所发现问题的处理情况；

(4)对工程重大技术问题作出评价；

(5)检查工程尾工安排情况；

(6)鉴定工程施工质量；

(7)检查工程投资及财务情况；

(8)对验收中发现的问题提出处理意见。

竣工技术预验收,应按以下程序进行:

(1)现场检查工程建设情况,查阅工程建设有关资料;

(2)听取项目法人、设计、监理、施工、质量及安全监督、运行管理等单位的工作报告;

(3)听取竣工验收技术鉴定报告以及工程质量抽样检测报告;

(4)各专业工作组分别讨论形成各专业工作组意见;

(5)讨论通过竣工技术预验收工作报告;

(6)讨论形成“竣工验收鉴定书”初稿。

“竣工技术预验收工作报告”应作为“竣工验收鉴定书”的附件。“竣工技术预验收工作报告”包括前言(包括验收依据、组织机构、验收过程等)、第一部分“工程建设”、第二部分“专项工程(工作)及验收”、第三部分“财务审计”、第四部分“意见和建议”、第五部分“结论”和第六部分“竣工技术预验收专家组专家签名表”。其中,第一部分“工程建设”应包括下列内容:

(1)工程概况:

①工程名称及位置。

②工程主要任务和作用。

③工程设计主要内容:

a. 与工程立项、设计相关的批复文件;

b. 设计标准、规模及主要技术经济指标;

c. 主要建设内容及工期。

(2)工程施工过程:

①主要工程开工、完工时间(附表);

②重大技术问题及其处理;

③重大设计变更。

(3)工程完成情况和完成的主要工程量。

(4)工程验收、鉴定情况:

①单位工程验收;

②阶段验收;

③专项验收(含主要结论);

④竣工验收技术鉴定(含主要结论)。

(5)工程质量:

①工程质量监督;

②工程项目划分;

③工程质量检测;

④工程质量评定。

(6)工程运行管理:

①管理机构、人员及经费;

②工程移交。

(7)工程初期运行及效益:

①工程初期运行情况；

②工程初期运行效益；

③初期运行监测资料分析。

(8)历次验收(包括相关鉴定)时提出主要问题的处理情况。

(9)工程尾工安排。

(10)评价意见。

第二部分“专项工程(工作)及验收”,应包括下列内容：

(1)征地补偿和移民安置：

①规划(设计)情况；

②完成情况；

③验收情况及主要结论。

(2)水土保持设施：

①设计情况；

②完成情况；

③验收情况及主要结论。

(3)环境保护：

①设计情况；

②完成情况；

③验收情况及主要结论。

(4)工程档案(验收情况及主要结论)。

(5)消防设施(验收情况及主要结论)。

(6)其他。

第三部分“财务审计”,应包括下列内容：

(1)概算批复。

(2)投资计划下达及资金到位。

(3)投资完成及交付资产。

(4)征地拆迁及移民安置资金。

(5)结余资金。

(6)未完工程预计投资及费用。

(7)财务管理。

(8)竣工财务决算报告编制。

(9)稽查,检查,审计。

(10)评价意见。

(四)竣工验收

竣工验收委员会,应由竣工验收主持单位、有关地方人民政府(部门)、有关水行政主管部门、有关流域管理机构、质量及安全监督机构、运行管理等单位的代表以及有关专家组成。工程投资方代表可参加竣工验收委员会。

竣工验收委员会,可设主任委员1名,副主任委员及委员若干名；主任委员,应由验收主持单位的代表担任。

项目法人、勘测、设计、监理、施工、主要设备制造(供应)商等单位应派代表参加竣工验收,负责解答验收委员会提出的有关问题;作为被验收单位代表,在验收鉴定书上签字。

竣工验收会议,应包括以下主要内容和程序:

(1)现场检查工程建设情况,查阅有关资料。

(2)召开大会:

①宣布验收委员会组成人员名单;

②观看工程建设声像资料;

③听取工程建设管理工作报告;

④听取竣工技术预验收工作报告;

⑤听取验收委员会确定的其他报告;

⑥讨论通过竣工验收鉴定书;

⑦验收委员会委员和被验收单位代表在"竣工验收鉴定书"上签字。

工程项目质量达到"合格"以上等级的,竣工验收质量结论意见应为"合格"。

"竣工验收鉴定书"应包括下列内容:

(1)前言(包括验收依据、组织机构、验收过程等)。

(2)工程设计和完成情况:

①工程名称及位置。

②工程主要任务和作用。

③工程设计主要内容:

a. 与工程立项、设计相关的批复文件;

b. 设计标准、规模及主要技术经济指标;

c. 主要建设内容及工期;

d. 工程投资及投资来源。

④工程建设有关单位(可另附表)。

⑤工程施工过程:

a. 主要工程开工、完工时间;

b. 重大设计变更;

c. 重大技术问题及其处理情况。

⑥工程完成情况和完成的主要工程量。

⑦征地补偿及移民安置。

⑧水土保持设施。

⑨环境保护工程。

(3)工程验收及鉴定情况:

①单位工程验收;

②阶段验收;

③专项验收;

④竣工验收技术鉴定。

(4)历次验收(包括相关鉴定)时提出主要问题的处理情况。

(5)工程质量:

①工程质量监督;

②工程项目划分;

③工程质量抽检(如有);

④工程质量评定。

(6)概算执行情况:

①投资计划下达及资金到位;

②投资完成及交付资产;

③征地补偿及移民安置资金;

④结余资金;

⑤未完工程预计投资及预留费用;

⑥竣工财务决算报告编制;

⑦审计。

(7)工程尾工安排。

(8)工程运行管理情况:

①管理机构、人员及经费情况;

②工程移交。

(9)工程初期运行及效益:

①初期运行管理;

②初期运行效益;

③初期运行监测资料分析。

(10)竣工技术预验收。

(11)意见和建议。

(12)结论。

(13)保留意见(应有本人签字)。

(14)验收委员会成员和被验单位代表签字表。

(15)附件:竣工技术预验收工作报告。

"竣工验收鉴定书"的数量,应按验收委员会组成单位及工程主要参建单位各1份,以及归档所需份数确定;自获得通过之日起30个工作日内,应由竣工验收主持单位发送至各有关单位。

1F－423017　工程移交及遗留问题处理

一、工程交接

合同工程完工验收(或投入使用验收)获通过后,项目法人与施工单位应在30个工作日内组织专人负责工程的交接工作;交接过程应有完整的文字记录,且有双方交接负责人签字。

项目法人与施工单位应在施工合同(或验收鉴定书)约定的时间内,完成工程及其档案资料的交接工作。

办理工程具体交接手续的同时,施工单位应向项目法人递交工程质量保修书;保修书的内容应符合合同约定的条件。“工程质量保修书”正文应包括下列内容:

(1)合同工程完工验收情况。

(2)质量保修的范围和内容。

(3)质量保修期。

(4)质量保修责任。

(5)质量保修费用。

(6)其他。

正文后署施工单位名称,并由施工单位法定代表人签字并署日期。

工程质量保修期,应从工程通过合同工程完工验收后开始计算;但合同另有约定的除外。

在施工单位递交了工程质量保修书、完成施工场地清理以及提交有关竣工资料后,项目法人应在30个工作日内向施工单位颁发“合同工程完工证书”。“合同工程完工证书”扉页上应写明项目法人、代建机构(如有)、设计单位、监理单位、施工单位、主要设备制造(供应)商单位及运行管理单位的名称。其正文内容如下:

“××××合同工程已于××××年××月××日通过了由××××主持的合同工程完工验收,现颁发合同工程完工证书。”其后为项目法人(名称)及其法定代表人(签字),并署日期。

二、工程移交

工程通过投入使用验收后,项目法人宜及时将工程移交运行管理单位管理,并与其签订工程提前启用协议。

在“竣工验收鉴定书”印发后60个工作日内,项目法人与运行管理单位之间应完成工程移交手续。

工程移交,应包括工程实体、其他固定资产、工程档案资料等的移交;应按照初步设计等经批准的有关文件进行逐项清点,并办理移交手续。

办理工程移交,应有完整的文字记录和双方法定代表人的签字。

三、验收遗留问题及尾工处理

有关验收成果性文件中,应对验收时遗留问题有明确记载。凡有影响工程正常运行情况的,不应将其归为验收时遗留问题。

验收时遗留问题及尾工的处理,应由项目法人负责。项目法人应按照竣工验收鉴定书、合同约定等的要求,督促有关责任单位完成处理工作。

验收时遗留问题及尾工处理完成后,有关单位应组织验收,并形成验收成果性文件。项目法人应参加该验收,并负责将验收成果性文件报竣工验收主持单位。

工程竣工验收后,应由项目法人负责处理的验收时遗留问题,项目法人已撤销的,应由组建(或批准组建)项目法人的单位(或其指定的单位)处理完成。

四、工程竣工证书颁发

工程质量保修期满后30个工作日内,项目法人应向施工单位颁发工程质量保修责任

终止证书;但保修责任范围内的质量缺陷未处理完成的应除外。“工程质量保修责任终止证书”正文内容如下:

“××××××工程(合同名称及编号)质量保修期已于××××年××月××日期满,合同约定的质量保修责任已履行完毕,现颁发质量保修责任终止证书。”其后为项目法人(名称)及其法定代表人(签字),并署日期。

工程质量保修期满,且验收时遗留问题及尾工已处理完成时,项目法人应向工程竣工验收主持单位申请领取工程竣工证书。该申请报告应包括以下内容:

(1)工程移交情况;

(2)工程运行管理情况;

(3)验收时遗留问题及尾工处理情况;

(4)工程质量保修期有关情况。

竣工验收主持单位应自收到项目法人申请报告后30个工作日内,决定是否颁发工程竣工证书。颁发工程竣工证书,应符合以下条件:

(1)“竣工验收鉴定书”已印发;

(2)工程遗留问题及尾工处理已完成,并通过验收;

(3)工程已全面移交运行管理单位管理。

“工程竣工证书”正本正文内容如下:

“××××××工程已于××××年××月××日通过了由××××主持的竣工验收,现颁发工程竣工证书。”其后署颁发机构名称,并署日期。正本证书外形尺寸:长60 cm×宽40 cm。

“工程竣工证书”副本正文内容与正本相同;正文之前扉页上,另有工程各参建单位名称列示和工程开工时间、竣工验收时间。其中,工程参建单位包括竣工验收主持单位、法人验收监督管理机关、项目法人、项目代建机构(如有)、设计单位、监理单位、主要施工单位、主要设备制造(供应)商单位、运行管理单位、质量及安全监督机构。

“工程竣工证书”,是项目法人全面完成工程项目建设管理任务的凭证,也是工程其他参建单位完成相应工程建设任务的最终证明文件。

“工程竣工证书”数量,应按正本3份、副本若干份颁发。正本应由项目法人、运行管理单位和档案部门保存。副本应由工程各主要参建单位保存。

1F－423020　水利工程建设项目验收管理规定

《水利工程建设项目验收管理规定》(水利部令第30号,简称《规定》)对水利工程建设项目验收管理作出规定;内容涉及法人验收、政府验收以及违反规定时的处罚办法等方面。

《规定》总则指出,水利工程建设项目验收,按验收主持单位性质的不同,分为法人验收和政府验收两类。

法人验收,是指在项目建设过程中,由项目法人组织进行的验收。法人验收是政府验收的基础。

政府验收,是指由有关人民政府、水行政主管部门(或者其他有关部门)组织进行的验收。专项验收、阶段验收及竣工验收,属于政府验收。

1F－423021　法人验收

第十二条　工程建设,完成分部工程、单位工程及单项合同工程时,或者中间机组启动前,应当组织法人验收。项目法人可以根据工程建设需要,增设法人验收环节。

第十三条　项目法人应当在开工报告批准后60个工作日内,制定法人验收工作计划,并报法人验收监督管理机关和竣工验收主持单位备案。

第十四条　施工单位在完成相应工程后,应当向项目法人提出验收申请。项目法人经检查,认为建设项目具备相应验收条件的,应当及时组织验收。

第十五条　法人验收,由项目法人主持。验收工作组,由项目法人、设计、施工、监理等单位的代表组成;必要时,可邀请工程运行管理等参建单位以外单位的代表及专家参加。

项目法人可以委托监理单位主持分部工程验收;有关委托权限,应当在监理合同(或者委托书)中明确。

第十六条　分部工程验收质量结论,应当报该项目的质量监督机构核备;未经核备的,项目法人不得组织下一阶段的验收。

单位工程及大型枢纽主要建筑物的分部工程的验收质量结论,应当报该项目的质量监督机构核定;未经核定的,不得通过法人验收;经核定不合格的,项目法人应当重新组织验收。质量监督机构应当自收到核定材料之日起20个工作日内完成核定。

第十七条　项目法人应当自法人验收通过之日起30个工作日内,制作“法人验收鉴定书”;将其发送至参加验收单位,并报送法人验收监督管理机关备案。

“法人验收鉴定书”,是政府验收时的备查资料。

第十八条　单位工程投入使用验收及单项合同工程完工验收获得通过后,项目法人应当同施工单位办理工程有关交接手续。

工程保修期,从通过单项合同工程完工验收之日算起;保修期限,按合同约定执行。

1F－423022　政府验收

一、验收主持单位

第十九条　阶段验收、竣工验收,由竣工验收主持单位主持。竣工验收主持单位可以根据工作需要,委托其他单位主持阶段验收。

专项验收,依照国家有关规定执行。

第二十条　国家重点水利工程建设项目竣工验收主持单位,依照国家有关规定确定。

除前款规定以外,在国家确定的重要江河、湖泊上建设的流域控制性工程、流域重大骨干工程项目,竣工验收主持单位为水利部。

除前两款规定以外的其他水利工程建设项目竣工验收主持单位,按照以下原则确定:

(一)水利部(或者流域管理机构)负责初步设计审批的中央项目,竣工验收主持单位为水利部(或者流域管理机构);

(二)水利部负责初步设计审批的地方项目,以中央投资为主的,竣工验收主持单位为水利部或者流域管理机构；以地方投资为主的，竣工验收主持单位为省级人民政府（或者其委托的单位）或者省级人民政府水行政主管部门（或者其委托的单位）；

（三）地方负责初步设计审批的项目，竣工验收主持单位为省级人民政府水行政主管部门（或者其委托的单位）。

竣工验收主持单位为水利部或者流域管理机构的，可以根据工程实际情况，会同省级人民政府（或者有关部门）共同主持。

竣工验收主持单位，应当在工程开工报告的批准文件中明确。

二、专项验收

第二十一条　枢纽工程导（截）流、水库下闸蓄水等阶段验收前，涉及移民安置的，应当完成相应的移民安置专项验收。

工程竣工验收前，应当按照国家有关规定，进行环境保护、水土保持、移民安置以及工程档案等专项验收。经商有关部门同意，专项验收可以与竣工验收一并进行。

第二十二条　项目法人应当自收到专项验收成果文件之日起 10 个工作日内，将专项验收成果文件报送竣工验收主持单位备案。

专项验收成果文件，是阶段验收（或者竣工验收）成果文件的组成部分。

三、阶段验收

第二十三条　工程建设，进入枢纽工程导（截）流、水库下闸蓄水、引（调、排）水工程通水、首（末）台机组启动等关键阶段，应当组织进行阶段验收。

竣工验收主持单位根据工程建设实际需要，可以增设阶段验收环节。

第二十四条　阶段验收的验收委员会，由验收主持单位、该项目的质量监督机构和安全监督机构、运行管理单位等的代表以及有关专家组成；必要时，应当邀请项目所在地的地方人民政府以及有关部门参加。

工程参建单位属于被验收单位，应当派代表参加阶段验收工作。

第二十五条　大型水利工程在进行阶段验收前，可以根据需要，进行技术预验收。

第二十六条　水库下闸蓄水验收前，项目法人应当按照有关规定，完成蓄水安全鉴定。

第二十七条　验收主持单位应当自阶段验收通过之日起 30 个工作日内，制作“阶段验收鉴定书”；将其发送至参加验收的单位，并报送竣工验收主持单位备案。

“阶段验收鉴定书”，是竣工验收时的备查资料。

四、竣工验收

第二十八条　竣工验收，应当在工程建设项目全部完成并满足一定运行条件后 1 年内进行；不能按期进行竣工验收的，经竣工验收主持单位同意，可以适当延长期限，但延期最长不得超过 6 个月；逾期仍不能进行竣工验收的，项目法人应当向竣工验收主持单位作出专题报告。

第二十九条　竣工财务决算，应当由竣工验收主持单位组织审查和审计。竣工财务决算审计获通过 15 日后，方可进行竣工验收。

第三十条　工程具备竣工验收条件的，项目法人应当提出竣工验收申请；经法人验收监督管理机关审查后，报竣工验收主持单位。竣工验收主持单位应当自收到竣工验收申请之日起20个工作日内,决定是否同意进行竣工验收。

第三十一条　竣工验收,原则上按照经批准的初步设计所确定的标准和内容进行。

项目有总体初步设计,又有单项工程初步设计的,原则上,按照总体初步设计的标准和内容进行;也可以先进行单项工程竣工验收,最后,按照总体初步设计进行总体竣工验收。

项目有总体可行性研究,但没有总体初步设计而有单项工程初步设计的,原则上,按照单项工程初步设计的标准和内容进行竣工验收。

建设周期长(或者因故无法继续实施)的项目,对已完成的部分工程,可以按单项工程(或者分期)进行竣工验收。

第三十二条　竣工验收,分为竣工技术预验收和竣工验收两个阶段。

第三十三条　在竣工技术预验收前,对于大型水利工程,项目法人应当按照有关规定,对工程建设情况进行竣工验收技术鉴定;对于中型水利工程,竣工验收主持单位可以根据需要,决定是否进行竣工验收技术鉴定。

第三十四条　竣工技术预验收,由竣工验收主持单位以及由有关专家组成的技术预验收专家组共同负责。

工程各参建单位应当派代表参加技术预验收,就有关方面情况进行汇报,并解答有关问题。

第三十五条　竣工验收的验收委员会,由竣工验收主持单位、有关水行政主管部门和流域管理机构、有关地方人民政府和部门、该项目的质量监督机构和安全监督机构、工程运行管理单位等的代表以及有关专家组成。工程投资方代表,可以参加竣工验收委员会。

第三十六条　竣工验收主持单位可以根据竣工验收的需要,委托具有相应资质的工程质量检测机构,对工程质量进行检测。

第三十七条　项目法人,全面负责竣工验收前的各项准备工作。设计、施工、监理等工程参建单位,应当做好与验收有关的准备及配合工作;派代表出席竣工验收会议,负责解答验收委员会提出的问题;作为被验收单位,在竣工验收鉴定书上签字。

第三十八条　竣工验收主持单位应当自竣工验收通过之日起30个工作日内,制作“竣工验收鉴定书”,并发送至有关单位。

“竣工验收鉴定书”,是项目法人完成工程建设任务的凭据。

五、验收遗留问题处理与工程移交

第三十九条　项目法人和其他有关单位应当按照“竣工验收鉴定书”的要求,妥善处理竣工验收时遗留问题和完成尾工。

验收时遗留问题处理完毕和尾工完成并通过验收后,项目法人应当将处理情况和验收成果报送竣工验收主持单位。

第四十条　工程通过竣工验收,验收时遗留问题处理完毕和尾工完成并通过验收的,竣工验收主持单位向项目法人颁发“工程竣工证书”。

“工程竣工证书”格式,由水利部统一制定。

第四十一条　项目法人与工程运行管理单位为不同单位的,工程通过竣工验收后,应当及时办理移交手续。

工程移交后，项目法人以及其他参建单位应当按照法律法规的规定和合同约定，承担后续的相关质量责任。项目法人已经撤消的，由撤消该项目法人的部门承接相关的责任。

1F－423023　罚则

第四十二条　违反本规定，项目法人不按时限要求组织法人验收，或者不具备验收条件而组织法人验收的，由法人验收监督管理机关责令改正。

第四十三条　项目法人以及其他参建单位，提交验收资料不真实导致验收结论有误的，由提交不真实验收资料的单位承担责任；竣工验收主持单位收回"验收鉴定书"，对责任单位予以通报批评；造成严重后果的，依照有关法律法规处罚。

第四十四条　参与验收工作的专家，在验收工作中玩忽职守、徇私舞弊的，由验收监督管理机关予以通报批评；情节严重的，取消其参与验收工作资格；构成犯罪的，依法追究刑事责任。

第四十五条　国家机关工作人员，在验收工作中玩忽职守、滥用职权、徇私舞弊，尚不构成犯罪的，依法给予行政处分；构成犯罪的，依法追究刑事责任。

1F－423030　水利工程建设专项验收有关文件

根据《水利水电建设工程验收规程》（SL 223—2008），工程竣工验收前，应按有关规定进行专项验收。专项验收主持单位的确定，应按国家和相关行业有关规定执行。

项目法人应按国家和相关行业主管部门的规定，向有关部门提出专项验收申请报告，并做好有关准备和配合工作。

专项验收成果性文件，应是工程竣工验收成果性文件的组成部分。

1F－423031　建设项目竣工环境保护验收管理办法

《建设项目竣工环境保护验收管理办法》（国家环境保护总局令第13号）对建设项目竣工环境保护验收管理作出规定。其主要内容包括：

第三条　建设项目竣工环境保护验收，是指建设项目竣工后，环境保护行政主管部门根据本办法规定，依据环境保护验收监测（或调查）结果，并通过现场检查等手段，考核该建设项目是否达到环境保护要求的活动。

第四条　建设项目竣工环境保护验收范围包括：

（一）与建设项目有关的各项环境保护设施，包括为防治污染和保护环境所建成或配备的工程、设备、装置和监测手段，各项生态保护设施；

（二）环境影响报告书（表）或者环境影响登记表和有关项目设计文件规定应采取的其他各项环境保护措施。

第五条　国务院环境保护行政主管部门负责制定建设项目竣工环境保护验收管理规范，指导并监督地方人民政府环境保护行政主管部门的建设项目竣工环境保护验收工作，并负责对其审批的环境影响报告书（表）或者环境影响登记表的建设项目竣工环境保护验收工作。

县级以上地方人民政府环境保护行政主管部门按照环境影响报告书（表）或环境影

响登记表的审批权限负责建设项目竣工环境保护验收。

第九条　建设项目竣工后,建设单位应当向有审批权的环境保护行政主管部门申请该建设项目竣工环境保护验收。

第十一条　根据国家建设项目环境保护分类管理的规定,对建设项目竣工环境保护验收实施分类管理。其中:

(一)对于编制环境影响报告书的建设项目,应提交建设项目竣工环境保护验收申请报告,并附环境保护验收监测报告或调查报告;

(二)对于编制环境影响报告表的建设项目,应提交建设项目竣工环境保护验收申请表,并附环境保护验收监测表或调查表;

(三)对于填报环境影响登记表的建设项目,应提交建设项目竣工环境保护验收登记卡。

第十二条　对主要因排放污染物而对环境产生污染和危害的建设项目,建设单位应提交环境保护验收监测报告(表)。

对主要对生态环境产生影响的建设项目,建设单位应提交环境保护验收调查报告(表)。

第十三条　环境保护验收监测报告(表),由建设单位委托经环境保护行政主管部门批准有相应资质的环境监测站或环境放射性监测站编制。

环境保护验收调查报告(表),由建设单位委托经环境保护行政主管部门批准有相应资质的环境监测站或环境放射性监测站,或者具有相应资质的环境影响评价单位编制。承担该建设项目环境影响评价工作的单位不得同时承担该建设项目环境保护验收调查报告(表)的编制工作。承担环境保护验收监测或者验收调查工作的单位,对验收监测或验收调查结论负责。

第十五条　环境保护行政主管部门在进行建设项目竣工环境保护验收时,应组织建设项目所在地的环境保护行政主管部门和行业主管部门等成立验收组(或验收委员会)。验收组(或验收委员会)应对建设项目的环境保护设施及其他环境保护措施进行现场检查和审议,提出验收意见。

建设项目的建设单位、设计单位、施工单位、环境影响报告书(表)编制单位、环境保护验收监测(调查)报告(表)的编制单位应当参与验收。

第十六条　建设项目竣工环境保护验收条件是:

(一)建设前期环境保护审查、审批手续完备,技术资料与环境保护档案资料齐全;

(二)环境保护设施及其他措施等已按批准的环境影响报告书(表)或者环境影响登记表和设计文件的要求建成或者落实,环境保护设施经负荷试车检测合格,其防治污染能力适应主体工程的需要;

(三)环境保护设施安装质量符合国家和有关部门颁发的专业工程验收规范、规程和检验评定标准;

(四)具备环境保护设施正常运转的条件,包括:经培训合格的操作人员、健全的岗位操作规程及相应的规章制度,原料、动力供应落实,符合交付使用的其他要求;

(五)污染物排放符合环境影响报告书(表)或者环境影响登记表和设计文件中提出

的标准及核定的污染物排放总量控制指标的要求；

（六）各项生态保护措施按环境影响报告书（表）规定的要求落实，建设项目建设过程中受到破坏并可恢复的环境已按规定采取了恢复措施；

（七）环境监测项目、点位、机构设置及人员配备，符合环境影响报告书（表）和有关规定的要求；

（八）环境影响报告书（表）提出需对环境保护敏感点进行环境影响验证，对清洁生产进行指标考核，对施工期环境保护措施落实情况进行工程环境监理的，已按规定要求完成；

（九）环境影响报告书（表）要求建设单位采取措施削减其他设施污染物排放，或要求建设项目所在地地方政府或者有关部门采取"区域削减"措施满足污染物排放总量控制要求的，其相应措施得到落实。

第十七条 对符合第十六条规定的验收条件的建设项目，环境保护行政主管部门应批准其建设项目竣工环境保护验收申请报告、建设项目竣工环境保护验收申请表或建设项目竣工环境保护验收登记卡。

1F-423032 环境保护部建设项目"三同时"监督检查和竣工环保验收管理规程

《环境保护部建设项目"三同时"监督检查和竣工环保验收管理规程（试行）》（环发〔2009〕150号，简称《规程》）有关条文如下：

第三条 建设项目依据规模、所处环境敏感性和环境风险程度，其竣工环保验收现场检查按Ⅰ、Ⅱ两类实施分类管理。

第十八条 验收监测（调查）报告编制完成后，由建设单位向环境保护部提交验收申请。对于验收申请材料完整的建设项目，环境保护部予以受理，并出具受理回执；对于验收申请材料不完整的建设项目，不予受理，并当场一次性告知需要补充的材料。

验收申请材料包括：

（一）建设项目竣工环保验收申请报告，纸件2份；

（二）验收监测（调查）报告，纸件2份、电子件1份；

（三）由验收监测（调查）单位编制的建设项目竣工环保验收公示材料，纸件、电子件各1份；

（四）环境影响评价审批文件要求开展环境监理的建设项目，提交施工期环境监理报告，纸件1份。

第二十条 环境保护部受理建设项目验收申请后，组织Ⅰ类建设项目验收现场检查；环境保护督查中心或省级环境保护行政主管部门受委托组织Ⅱ类建设项目验收现场检查，并将验收现场检查情况和验收意见报送环境保护部。

第二十二条 经验收审查，对验收合格的建设项目，环境保护部在受理建设项目验收申请材料之日起30个工作日内办理验收审批手续（不包括验收现场检查和整改时间）。

《规程》附件《环境保护部审批的建设项目验收现场检查分类目录》中列出的Ⅰ类建设项目，包括涉及国家级自然保护区、饮用水水源保护区等的重大敏感项目、跨大区项目等；其中，水利类为库容10亿立方米及以上的国际及跨省（区、市）河流上的水库项目。Ⅱ类建设项目，是指Ⅰ类建设项目以外的非核及非辐射项目。

1F-423033 开发建设项目水土保持设施验收管理办法

《开发建设项目水土保持设施验收管理办法》(水利部令第16号)有关条文如下:

第五条 县级以上人民政府水行政主管部门按照开发建设项目水土保持方案的审批权限,负责项目的水土保持设施的验收工作。

第六条 水土保持设施验收范围,应当与经批准的水土保持方案及批复文件一致。

水土保持设施验收工作的主要内容为:检查水土保持设施是否符合设计要求以及施工质量;检查投资使用和管理维护责任落实情况;评价防治水土流失的效果;对存在的问题提出处理意见等。

第八条 在开发建设项目竣工验收阶段,建设单位应当会同水土保持方案编制单位,依据批复的水土保持方案报告书、设计文件的内容和工程量,对水土保持设施完成情况进行检查,并编制水土保持方案实施工作总结报告和水土保持设施竣工验收技术报告。

水土保持设施符合下列条件的,方可向审批该水土保持方案的机关提出水土保持设施验收申请:

(一)开发建设项目水土保持方案审批手续完备,水土保持工程设计、施工、监理、财务支出、水土流失监测报告等资料齐全;

(二)水土保持设施已按经批准的水土保持方案报告书和设计文件的要求建成,并符合主体工程和水土保持的要求;

(三)治理程度、拦渣率、植被恢复率、水土流失控制量等指标达到经批准的水土保持方案及批复文件的要求,并符合国家和地方有关技术标准;

(四)水土保持设施具备正常运行条件,且能持续安全、有效运转,符合交付使用要求。水土保持设施的管理、维护措施已落实。

第十条 国务院水行政主管部门负责验收的开发建设项目,验收前应先进行技术评估。

省级水行政主管部门负责验收的开发建设项目,可以根据具体情况参照前款规定执行。

地、县级水行政主管部门负责验收的开发建设项目,可以直接进行竣工验收。

第十一条 技术评估,由具有水土保持生态建设咨询评估资质的机构承担。

承担技术评估的机构,应当组织水土保持、水工、植物、财务经济等方面的专家,依据经批准的水土保持方案及批复文件和水土保持验收规程、规范,对水土保持设施进行评估,并提交评估报告。

第十二条 县级以上人民政府水行政主管部门在收到验收申请后,应当组织有关单位的代表和专家成立验收组,依据验收申请、有关成果和资料,检查建设现场,提出验收意见。其中,对依照本办法第十条规定,需要先进行技术评估的开发建设项目,建设单位在提交验收申请时,应当同时附上技术评估报告。

建设单位、水土保持方案编制单位、设计单位、施工单位、监理单位以及监测报告编制单位,应当参加现场验收。

第十三条 验收意见为“合格”时,必须经三分之二以上验收组成员同意;由验收组成员及被验收单位的代表在验收成果文件上签字。

第十四条　对经验收合格的项目，水行政主管部门应当及时办理验收合格手续；出具水土保持设施验收合格证书，作为开发建设项目竣工验收时的重要依据之一。

1F－423034　水利工程建设项目档案管理规定

《水利工程建设项目档案管理规定》（水办〔2005〕480号）有关条文如下：

第二条　水利工程档案，是指在按水利工程建设程序划分的水利工程建设项目工程建设各阶段（包括前期工作、施工准备、建设实施、生产准备、竣工验收等阶段）中形成的，具有保存价值的文字、图表、声像等不同形式的历史记录。

第十四条　水利工程档案的保管期限，分为永久、长期、短期等三种。长期档案的实际保存期限，不得短于工程的实际寿命。

第十六条　水利工程档案，归档工作一般由产生文件（资料）的单位（或部门）负责。总包单位对各分包单位提交的归档资料，负有汇总责任。各参建单位技术负责人应对其提供档案的内容及质量负责。监理工程师对施工单位提交的归档资料，应履行审核、签字手续。监理单位应向项目法人提交关于工程档案内容、整编质量等情况的专题审核报告。

第十七条　水利工程文件（材料）的收集、整理，应符合《科学技术档案案卷构成的一般要求》（GB/T 1182—2000）的规定。归档图纸，应按《技术制图复制图的折叠方法》（GB/T 10609.3—1989）的要求，统一折叠。

第十八条　竣工图，是水利工程档案的重要组成部分；必须做到完整、准确、清晰和成系列；修改规范化；签字手续完备。项目法人应负责编制项目总平面图和综合管线竣工图。施工单位应以单位工程为单位（或按专业）编制竣工图。竣工图，须由编制单位在图标上方空白处，逐张加盖"竣工图"章；有关单位和责任人应严格履行签字手续。每套竣工图，应附编制说明、鉴定意见及目录。施工单位应按以下要求编制竣工图：

（一）按施工图施工，没有变动的，须在施工图上加盖"竣工图"章，并签字。

（二）一般性的图纸变更，符合杠改（或划改）要求的，可在原施工图上更改；同时，在说明栏内注明变更依据，加盖"竣工图"章，并签字。

（三）凡涉及结构形式、工艺、平面布置等的重大改变，或图面变更超过三分之一的，应重新绘制竣工图（可不再加盖"竣工图"章）。重绘图，应按原图编号，并在说明栏内注明变更依据；在图标栏内加注"竣工阶段"字样，并注明绘制竣工图的时间、单位名称及责任人。监理单位应在图标上方加盖"竣工图"确认章，并签字。

第十九条　声像档案，是水利工程建设纸质档案的必要补充。各参建单位应指定专人，负责各自在建设过程中产生的照片、胶片、录音、录像等声像资料的收集、整理和归档工作。用于归档的声像资料，均应标注所记载事由及相应时间、地点、人物以及制作者等内容。凡工程建设重要阶段、重大事件、事故，必须有完整的声像资料，用于归档。

第二十条　电子文件的整理、归档，参照《电子文件归档与管理规范》（GB/T 18894—2002）执行。

第二十一条　项目法人可根据实际需要，确定不同类型文件（资料）归档时的份数；但应满足以下要求：

(一)项目法人与运行管理单位应各保存1套较完整的工程档案资料(当两者为同一单位时,应在异地另保存1套);

(二)工程涉及多家运行管理单位时,各运行管理单位则只保存与其管理范围有关的工程档案资料;

(三)当有关文件(资料)需由若干单位独立保存时,其原件应由项目产权单位保存;其他单位则只保存其复制件;

(四)涉及流域范围控制性水利枢纽工程及大江(大河、大湖)上重要堤防工程建设的,项目法人应负责向流域机构档案馆移交1套完整的工程竣工图及工程竣工验收等过程形成的有关文件(资料)。

第二十三条 工程档案归档时间,可由项目法人根据实际情况确定。可在每个单位工程(或每个单项工程)完工后,分阶段进行;也可在主体工程全部完工后进行。整个项目的归档工作和项目法人向有关单位的档案移交工作,应在工程竣工验收后三个月内完成。

第二十四条 水利工程档案验收,是水利工程竣工验收重要内容之一。凡档案内容及质量达不到竣工验收有关要求的,不得获通过档案验收。未进行档案验收,或档案经验收不合格的,不得进行(或获通过)工程竣工验收。

第二十六条 大、中型水利工程,应在竣工验收前,进行档案专项验收;其他工程,档案验收应与工程竣工验收同步进行。档案专项验收,可分为初步验收和正式验收。初步验收,可由工程竣工验收主持单位委托相关单位组织进行;正式验收,应由工程竣工验收主持单位的档案业务主管部门负责。

第二十七条 进行水利工程档案专项验收前,项目法人应组织工程各参建单位,对工程档案的收集、整理、保管及归档情况进行自检;确认工程档案的内容及质量已达要求后,可向有关单位报送档案自检报告,并提出档案专项验收申请。

第二十九条 档案专项验收,工作步骤、方法及内容如下:

(一)听取项目法人关于工程建设情况和档案收集、整理、归档、移交、管理及保管情况的自检报告。

(二)听取监理单位对项目档案整理情况的审核报告。

(三)对于在档案专项验收前已进行档案检查(评定)的水利建设工程,还应听取受委托单位的检查(评定)意见。

(四)查看现场(主要了解工程建设实际情况)。

(五)抽查各单位的档案整理情况。抽查比例,根据水利工程建设规模确定;一般不得少于项目法人应保存档案数量的8%;其中,竣工图抽查数量不得少于一套竣工图总张数的10%,抽查的档案总量应在200卷以上。

(六)验收组成员进行综合评议。

(七)形成档案专项验收意见,并向项目法人和会议所有代表反馈。

(八)验收主持单位以文件形式,正式印发档案专项验收意见。

1F-423035 水利工程建设项目档案验收管理办法

《水利工程建设项目档案验收管理办法》(水办〔2008〕366号)有关条文如下:

第三条　档案验收，应依据《水利工程建设项目档案验收评分标准》（简称《评分标准》），对项目档案管理、档案质量进行量化赋分。满分为100分。验收结果，分为以下3个等级：总分达到（或超过）90分的，为优良；达到70～89.9分的，为合格；达不到70分，或"应归档文件材料质量与移交归档"项达不到60分的，均为不合格。

第八条　档案验收申请，应包括项目法人开展档案自检工作的情况说明、自检得分数、自检结论等内容，并将项目法人的档案自检工作报告和监理单位专项审核报告一并附后。

档案自检工作报告的主要内容，包括：工程概况；工程档案管理情况，包括文件（资料）收集、整理、归档及保管情况，竣工图编制及整理情况；档案自检工作的组织情况，以及对自检或以往阶段验收时发现问题的整改情况；按《评分标准》计算的自检得分与扣分情况；目前仍存在的问题；对工程档案完整性、准确性及系统性的自我评价，等等。

专项审核报告的主要内容，包括：监理单位对履行审核责任的组织情况，包括对监理和施工单位提交的项目档案进行审核、把关的情况；审核档案的范围、数量；审核中发现的主要问题与整改情况；对档案内容与档案整理质量的综合评价；目前仍存在的问题；审核结果，等等。

1F－423040　水电站基本建设工程验收规程

《水电站基本建设工程验收规程》（DL/T 5123—2000，简称《规程》）总则指出，水电工程，必须及时进行验收；及时检查工程进度和质量，协调建设中存在的问题，以确保工程安全度汛和正常、安全运行，发挥工程效益。

验收依据，应包括：

（1）上级主管部门批准的可行性研究（设计）文件以及关于项目立项及开工的文件；

（2）合同中明确采用的规程、规范、质量标准和技术文件。

取水、通航、对外永久交通、跨江大桥、通信等非水电专业（特别是要移交给有关部门使用（管理））的单项工程的竣工验收，应遵循有关部门的验收法规进行。

《规程》规定，验收过程中如发生争议，由验收委员会主任委员协调、裁决。验收委员会成员提出的涉及重大问题的保留意见，应列入备忘录，作为验收鉴定书（验收鉴定报告）的附件。主任委员的裁决意见，如有半数以上委员反对，或有难以裁决的重大问题，应由验收委员会报请验收委员会主任委员单位（或国家有关部门）决定。对于重要技术问题，可组织国内有关方面专家协助决策。

1F－423041　工程截流验收

工程截流，是指在枯水期截断河道主流，迫使河水绕过基坑并从导流建筑物或预留通道向下游宣泄的过程。

《规程》规定，工程截流前，应进行工程截流验收。验收应具备以下条件：

（1）导流工程已基本建成。导流隧洞、导流明渠等导流建筑物应符合设计要求，质量符合合同文件规定的标准，可以过水，且过水后不会影响未完工程继续施工。

（2）主体工程中与截流有关部分的水下隐蔽工程已经完成，质量符合合同文件规定的标准。

(3)已按经审定的截流设计做好各项准备工作,包括组织、人员、机械、道路、备料、应急措施等。

(4)安全度汛方案已经审定,措施已基本落实,上游报汛工作已有安排,能满足安全度汛要求。

(5)截流后壅高水位以下库区移民搬迁已完成;施工度汛标准相应洪水位以下库内工程和移民安置计划正在实施,且能在汛前完成;所需资金已基本落实。

(6)通航河流临时过船、漂木问题已基本解决,或已与有关部门达成协议。

(7)与验收工作有关的文件及资料(包括应提供的文件及资料和备查文件及资料),已准备齐全。

验收委员会的主要工作如下:

(1)听取并研究项目法人的工程建设报告;听取承担导(截)流工程的设计单位、施工单位及监理单位的工作汇报,库区移民工作汇报,以及质量监督单位的报告。

(2)通过现场检查以及对文件及资料的审查,确认进行验收应具备的条件是否已具备。

(3)对存在的问题提出处理意见。

(4)提出"工程截流验收鉴定书"。

1F-423042　工程蓄水验收

工程蓄水,是指截断通过导流建筑物的水流,使拦河大坝开始挡水,水库开始蓄水的过程;标志着主体工程即将发挥效益。《规程》规定,工程蓄水前,应进行工程蓄水验收。验收应具备以下条件:

(1)大坝基础工程与坝基防渗工程、大坝及其他挡水建筑物所达到的高程、坝体接缝灌浆等的形象面貌(相应进度)已能满足水库初期蓄水的要求,工程质量符合合同文件规定的标准,且水库蓄水后不会影响后续工程施工及安全度汛。

(2)引水建筑物的进口段已修建完成;拦污栅已就位,可以挡水运用。

(3)水库蓄水后需要投入运行的泄水建筑物已基本建成;蓄(泄)水运用时所需闸门及启闭机已安装完毕并可正常运行,能达到控制泄水及调节库水位的要求;电源可靠。

(4)各建筑物的内(外)观测仪器及设备,已按设计要求进行埋设和调试,并已测得初始值。

(5)导流建筑物的封堵门及其启闭设备以及门槽,经检查确认正常、完好,可满足下闸封堵要求。

(6)初期蓄水位以下库内工程和移民工作已基本完成;库区清理已完毕;库区文物古迹保护工作已得到妥善解决;近坝区地形测量工作已经完成;蓄水后可能影响工程安全运行的渗漏、浸没、滑坡、塌方等,已按设计要求进行处理。

(7)已编制下闸蓄水施工组织设计,并已做好组织、人员、道路、通信、堵漏以及采取应急措施时的各项准备工作。

(8)为保证初期运行安全,已制定水库调度和度汛规划;水情测报系统已可以投入运用,并能满足初期蓄水时的水情测报要求;蓄水期间通航及下游因断流(或流量减少)而产生的相关问题已得到妥善解决。

(9)生产单位有关准备工作已就绪。包括:已配备合格的操作运行人员和制定关于设备控制及运行的各项操作规程;生产及生活方面的建筑设施已能满足工程初期运行时的要求。

(10)工程安全鉴定单位已提交“工程蓄水安全鉴定报告”,且报告中应有“可以下闸蓄水”的明确结论。库区移民工作初步验收单位已提交“工程蓄水库区移民初步验收报告”,且报告中应有“库区移民不影响工程蓄水”的明确结论。

(11)与验收工作有关的文件、资料,已准备齐全。

项目法人应在计划蓄水时间前9个月,向国家经贸委报送蓄水验收申请报告。

验收委员会的主要工作如下:

(1)听取并研究工程建设报告,工程度汛措施计划报告,工程蓄水安全鉴定报告,工程蓄水库区移民初步验收报告,以及工程设计、施工、监理、质量监督等单位的汇报。

(2)通过现场检查以及对文件及资料的审查,确认验收应具备的各项条件以及验收委员会认为必须具备的其他条件是否已具备。

(3)对个别尚未完全达到要求的项目和存在的问题提出处理意见。

(4)对次年工程安全度汛措施和度汛标准进行检查。

(5)提出“工程蓄水验收鉴定书”。

“工程蓄水验收鉴定书”正本,由验收委员会全体委员签字,一式8份;由项目法人报国家经贸委、验收委员会主任委员单位和省级政府备案。副本若干份,分送参加验收的各有关单位。

1F－423043　机组启动验收

《规程》规定,水电工程的每一台水轮发电机组及相应附属设备安装完毕后,在移交生产单位并投入初期商业运行前,应进行机组启动试运行和机组启动验收。

机组启动验收,应具备以下条件:

(1)大坝及其他挡水建筑物和引水、尾水系统,已按设计文件要求基本建成,或挡水建筑物的形象面貌已能满足初期发电运行的要求,质量符合合同文件规定的标准,且库水位已蓄至发电最低要求水位以上。待验机组进水口闸门及其启闭设备已安装完毕,经调试可满足启闭要求。

(2)待验机组的尾水闸门及其启闭设备已安装完毕,经调试可满足启闭要求;其他未安装机组的尾水,已用闸门(或闷头)可靠封堵。尾水围堰及其下游区域内的集渣,已按设计要求清除干净。

(3)厂房内部土建工程,已按合同文件及设计图纸要求基本建成;待验机组段,已作好围栏隔离;各层间的交通通道和厂内照明已经具备,能满足在建工程安全施工和待验机组安全试运行要求;厂内排水系统已安装完毕,经调试,能正常、可靠运行。厂区防洪排水设施,已作安排,并能保证厂房汛期运行的安全。

(4)待验机组及相应附属设备(包括风、水、油等系统),已全部安装完毕,并经调试和分部试运转,质量符合规定标准。自动化系统和全厂共用的其他软(硬)件系统已投入运用,且能满足待验机组试运行的需要。

(5)待验机组相应的电气一次、电气二次设备,经检查及试验合格;动作准确、可靠,能满足升压、变电及送电和测量、控制及保护要求。全厂接地系统接地电阻值符合设计规定。机组计算机现地控制单元(LCU)已安装、调试完毕,具备投入运行及与全厂计算机监控系统进行通信的条件。

(6)升压站、开关站、出线站等部位的土建工程已按设计要求基本建成,能满足高压电气设备安全送电需求;必需的对外输电线路已经架设完成,并经系统调试合格。

(7)厂区通信系统和对外通信系统已按设计标准建成,且通信可靠。

(8)消防设施,满足防火要求。

(9)负责电站运行的生产单位,已组织就绪;生产运行人员配备,能适应机组初期商业运行的需要。运行操作规程已制定。配备的有关仪器、设备,能满足机组试运行和初期商业运行的需要。

(10)与验收工作有关的文件、资料,已准备齐全。

依照《规程》,机组启动验收委员会应负责审查批准机组设备启动试运行程序大纲和试运行计划;根据检查结果,作出机组能否启动的结论。机组启动试运行全部规定试验项目完成后,试运行指挥部应编写“机组启动试运行工作报告”。机组启动验收委员会在审查“机组启动试运行工作报告”后,作出机组能否进入72 h带负荷连续运行的决定;在机组完成72 h带负荷连续运行后,应提出“机组启动验收鉴定书”。

“机组启动验收鉴定书”正本,由验收委员会正、副主任委员签字并附验收委员会全体委员签名名单,一式8份;由项目法人报上级主管部门和主要出资方备案。副本若干份,分送地方政府、电网经营管理单位和参加验收的各有关单位。

1F-423044　单项工程竣工验收

《规程》规定,工程中的取水、通航、对外永久交通等单项工程,在工程竣工前已经建成,能独立发挥效益且需要提前投入运行的,或需要单独进行验收的,均应分别进行单项工程竣工验收。

如个别单项工程延期建设(或缓建),则可在工程竣工验收后,待该单项工程建成时,再进行单项工程竣工验收。

单项工程竣工验收,应具备以下条件:

(1)工程已按合同文件及设计图纸的要求基本完成;质量符合合同文件规定的标准。施工现场已清理。

(2)设备制作及安装,经调试和试运行检验安全可靠,并达到合同文件及设计要求。

(3)观测仪器及设备,已按设计要求进行埋设,并已测得初始值。

(4)工程质量事故已妥善处理;缺陷处理已基本完成,并能保证工程安全运行。剩余尾工及缺陷的处理工作,已明确由施工单位在质量保证期内完成。

(5)施工原始资料及竣工图纸齐全,并已经过整编,满足归档要求。

(6)生产使用单位已做好接收及运行相关准备工作。

(7)与验收工作有关的文件、资料,已准备齐全。

竣工验收委员会的主要工作如下：

(1)听取并研究工程建设报告以及工程监理、设计、施工、质量监督、生产等有关单位的汇报。

(2)通过现场检查以及对文件及资料的审查，确认验收应具备的各项条件以及验收委员会认为必须具备的其他条件是否已具备，并对存在的问题提出处理意见。

(3)提出“单项工程竣工验收鉴定书”。

1F－423045　工程竣工验收

枢纽工程和库内工程已按经批准的设计文件全部建成(完成)，并经过一个洪水期的运行考验后，应进行工程竣工验收。《规程》规定，进行工程竣工验收时，应分为枢纽工程、库区移民、环保、消防、劳动安全与工业卫生、工程档案、枢纽工程决算等专项，分别进行验收。

其中，枢纽工程专项竣工验收，应具备以下条件：

(1)枢纽工程已按经批准的设计规模、设计标准全部建成，质量符合合同文件规定的标准。

(2)施工单位在质量保证期内已及时完成剩余尾工和质量缺陷处理工作。

(3)工程运行已经过至少一个洪水期的考验，水库最高运用水位已达到(或基本达到)正常高水位；水轮发电机组已能按额定出力正常运行；各单项工程运行正常。

(4)工程安全鉴定单位已提出“工程竣工安全鉴定报告”，且报告中有“可以安全运行”的结论性意见。

(5)与验收工作有关的文件、资料，已准备齐全。

枢纽工程专项竣工验收委员会的主要工作如下：

(1)听取并研究工程建设报告、监理报告、工程竣工安全鉴定报告，以及生产、设计、施工、质量监督等有关单位的报告。

(2)通过现场检查以及对文件及资料的审查，确认验收应具备的各项条件以及验收委员会认为必须具备的其他条件是否已具备。

(3)对枢纽工程存在的主要问题提出处理意见。

(4)提出“枢纽工程专项竣工验收鉴定书”。

枢纽工程、库区移民、环保、消防、劳动安全与工业卫生、工程档案、工程竣工决算等专项验收完成后，由项目法人对验收工作进行总结，提出“工程竣工验收总结报告”并报国家经贸委。

工程符合下列条件的，由国家经贸委向项目法人颁发“工程竣工验收证书”：

(1)已按规定完成各专项竣工验收的全部工作；

(2)各专项验收报告中均有“可以通过工程竣工验收”的明确结论；

(3)遗留的单项工程，对工程和上(下)游人民生命财产安全不致造成影响，并已制订针对该单项工程的建设计划和竣工验收计划。

1F-430000 招(投)标与合同管理

1F-431000 规范性文件

1F-431010 水利工程建设项目管理规定

《水利工程建设项目管理规定》(水建〔1995〕128号)有关条文如下:

第二条 本规定适用于以国家投资、中央与地方合资、企(事)业单位独资(合资)以及其他方式投资兴建(包括新建、续建、改建、加固、修复)的有关防洪、除涝、灌溉、发电、供水、围垦等的大、中型工程建设项目;小型水利工程建设项目,可参照执行。

第三条 水利工程建设项目管理,实行统一管理、分级管理和目标管理;逐步建立水利部、流域机构、地方水行政主管部门以及建设项目法人分级、分层次管理的管理体系。

第四条 水利工程建设项目管理,要严格按建设程序进行;实行全过程的管理、监督和服务。

第五条 水利工程建设,要按照项目管理有关要求,积极推行项目法人责任制、招标投标制和建设监理制。

第六条 水利部是国务院水行政主管部门,对全国水利工程建设实行宏观管理。

水利部建设司,是水利部主管水利建设的综合管理部门;在水利工程建设项目管理方面,其主要管理职责是:

(1)贯彻执行国家有关方针、政策,研究制定关于水利工程建设的政策、法规,并组织实施;

(2)对全国水利工程建设项目进行行业范围内的管理;

(3)组织和协调部属重点水利工程建设;

(4)积极推行水利建设管理体制改革,加快培育、完善水利建设市场;

(5)指导(或参与)省级行政区域所属重点大(中)型工程、中央参与投资的地方大(中)型工程建设项目的项目管理。

第七条 流域机构是水利部的派出机构;在其管辖流域范围内,行使水行政主管部门职责,并负责本流域内水利工程建设活动行业范围内的管理。

第八条 省(自治区、直辖市)水利(水电)厅(局),是本地区水行政主管部门,负责本地区水利工程建设活动的行业范围内的管理。

第九条 水利工程建设项目法人,对水利工程建设项目立项、筹资、建设、生产经营、还本付息及资产保值(增值)全过程负责,并承担投资风险。

代表项目法人进行建设项目管理的建设单位,是项目建设的直接组织者和实施者;负责按项目建设规模、投资总额、建设工期和工程质量要求,实行项目建设的全过程管理,并对国家(或投资各方)负责。

第十条　水利是国民经济中的基础产业。水利工程,属于国民经济基础设施;其建设过程应遵循统一的建设程序。

水利工程建设程序,一般分为项目建议书,可行性研究报告,初步设计,施工准备(包括招标设计),建设实施,生产准备,竣工验收,以及后评价等阶段。

第十一条　水利工程建设前期,应根据国家总体规划和流域综合规划,开展前期工作。

水利工程建设前期工作,包括提出项目建议书,提出可行性研究报告,以及进行初步设计(或进行扩大初步设计)。

第十二条　建设项目初步设计文件已得到批准,且项目投资来源已基本落实后,方可进行主体工程招标设计和组织开展招标工作,以及进行现场施工准备。

第十三条　项目法人(或建设单位)向主管部门提出主体工程开工申请报告,并按审批权限得到批准后,主体工程方能正式开工。

第十四条　项目法人应按照经批准的有关建设文件要求,充分发挥在建设管理中的主导作用;协调设计、监理、施工等单位以及地方等各方面之间的关系;实行目标管理。

项目法人与设计、监理、施工等单位之间是合同关系;各方应严格履行合同。

(1)项目法人要建立严格的现场协调及调度制度,及时研究解决设计、施工等方面遇到的关键技术问题;从工程整体利益及建设目标出发,认真履行合同,积极处理好工程建设各方之间的关系,为施工创造良好的外部环境。

(2)监理单位受项目法人委托并按合同约定,在现场独立负责项目建设工期、质量、投资的控制和现场施工组织协调工作。

(3)设计单位应按合同要求及时提供施工详图,并确保设计质量;按工程规模大小,派出相应数量的设计代表(组)进驻施工现场,解决施工中出现的与设计有关的问题。

施工详图,经监理单位审核后交施工单位,用于施工。对来自施工等单位的不涉及重大设计原则问题的合理意见,设计单位应当采纳,并修改设计;若有分歧意见,应交由项目法人决定。修改设计时,如涉及重大设计变更问题,应由原初步设计批准部门审定。

(4)施工单位要加强施工管理;严格履行所签订的施工合同。

第十五条　工程验收,要严格按国家及水利部颁布的验收规程进行。

1. 工程阶段验收

阶段验收,是工程竣工验收的基础,也是竣工验收的重要内容之一。凡能独立发挥作用的单项工程,均应进行阶段验收。如,截流(包括分期导流)验收,下闸蓄水验收,机组启动验收,以及通水验收等,都是重要的阶段验收。

2. 工程竣工验收

(1)工程基本竣工时,项目法人应按验收规程要求,组织监理、设计、施工等单位提出有关报告,并按规定将施工过程中的有关资料、文件、图纸等,造册并归档。

(2)在正式竣工验收之前,应根据工程规模,由主管部门(或由其委托项目法人)组织初步验收。对初验查出的问题,应在正式验收前解决。

(3)质量监督机构,要对工程质量提出评价意见。

(4)根据初验情况和项目法人申请验收报告,决定竣工验收有关事宜。

国家重点水利建设项目,由国家计委会同水利部主持验收。

部属重点水利建设项目,由水利部主持验收;部属其他水利建设项目,由流域机构主持验收,水利部进行指导。

中央参与投资的地方重点水利建设项目,由省(自治区、直辖市)政府会同水利部(或流域机构)主持验收。

地方水利建设项目,由地方水利主管部门主持验收。其中,大型建设项目验收,水利部(或流域机构)派员参加;重要中型建设项目验收,流域机构派员参加。

第十六条 对生产(经营)性水利工程建设项目,要积极推行项目法人责任制。其他类型的项目,也应逐步实行项目法人责任制。

1. 工程建设现场的管理,可由项目法人直接负责,也可由项目法人组建(或委托)一个组织具体负责;该组织(机构)负责现场建设管理,履行建设单位职能。

2. 建设单位,由项目主管部门(或投资各方)负责组建。建设单位需具备下列条件:

(1)具有相对独立的组织形式,内部机构设置、人员配备能满足工程建设的需要;

(2)经济上独立核算(或分级核算);

(3)行政和技术、经济主要负责人是专职人员,并保持相对稳定。

第十七条 凡符合本规定第二条要求的大(中)型水利建设项目,都要实行招标投标制。

水利建设项目施工招标投标工作,按国家有关规定或国际上采用的采购导则进行,并根据工程规模、投资方式及工程特点等决定招标方式。

水利建设项目招标工作,由项目建设单位具体组织实施。招标工作管理范围,按分级管理原则划分如下:

(1)水利部负责招标工作行业范围的管理;组织或直接参与特殊重大建设项目的招标工作,并做好与国务院其他有关部门的协调工作;

(2)国家(或部属)其他重点建设项目及中央参与投资的地方水利建设项目的招标工作,由流域机构负责管理;

(3)地方大(中)型水利建设项目的招标工作,由地方水行政主管部门负责管理。

第十八条 水利工程建设项目,要全面推行建设监理制。

(1)水利部主管全国水利工程的建设监理工作。

(2)水利工程建设监理单位选择,应采用招标投标方式确定。

(3)要加强对建设监理单位的管理。监理工程师必须持证上岗;监理单位必须持证营业。

第十九条 水利施工单位要积极推行项目管理,提高管理水平。

(1)施工单位要按项目管理原理和要求组织施工。在组织结构上,实行项目经理负责制;在经营管理上,建立以经济效益为目标的项目独立核算管理体制;在生产要素配置上,实行优化配置和动态管理;在施工管理上,实行目标管理。

(2)项目经理是项目实施过程中的总组织者和第一责任者。项目经理,必须按国家有关规定经过专门培训、持证上岗。

第二十条　水利工程建设项目，要贯彻“百年大计，质量第一”的方针。建设各参与方要建立健全质量管理体系。

（1）水利部水利工程质量监督总站及各级质量监督机构，要认真履行质量监督职责；项目建设各方（包括建设、监理、设计、施工等单位）必须接受和服从质量监督机构的监督，尊重质量监督人员。

（2）建设单位要建立健全施工质量检查体系；按国家与行业技术标准、设计文件和合同文件要求，对工程施工质量进行全面管理和检查。

（3）施工单位要建立健全施工质量保证体系；严格执行国家与行业技术标准及有关施工质量管理规定以及质量评定标准，在施工中推行全面质量管理。

第二十一条　水利工程建设，必须贯彻“安全第一，预防为主”的方针。项目主管单位要加强安全检查与监督。项目建设单位要加强安全宣传与教育工作；督促工程建设各有关单位搞好安全生产。工程建设各有关单位各项工作计划中，都要包含安全生产措施计划。

水利工程建设合同条款中，要有有关安全管理的条款。

1F－431020　水利工程建设程序管理暂行规定

《水利工程建设程序管理暂行规定》（水建〔1998〕16 号，简称《规定》）对水利工程建设程序各阶段的工作要求等作出规定。《规定》有关条文如下。

第四条　项目建议书阶段。

（1）项目建议书，是对拟进行建设项目的初步说明；应以有关国民经济及社会发展的长远规划、流域综合规划、区域综合规划以及专业规划为依据，并遵照国家产业政策及有关投资、建设方针进行编制。

（2）项目建议书，应按照《水利水电工程项目建议书编制暂行规定》（水利部水规计〔1998〕608 号）进行编制。

（3）项目建议书编制，一般由政府委托有相应资格的设计单位承担；并按国家有关规定，由政府向有管辖权的主管部门申报审批。

项目建议书获得批准后，由政府向社会公布；若有有投资意向者，政府有关主管部门应及时组建项目法人。

第五条　可行性研究报告阶段。

（1）可行性研究，应对项目进行方案比较；对方案在技术上是否可行与经济上是否合理进行科学的分析和论证。可行性研究报告，由项目法人（或其筹备机构）组织编制。

（2）可行性研究报告，应按照《水利水电工程可行性研究报告编制规程》（电力部、水利部电办〔1993〕112 号）进行编制。

（3）可行性研究报告，按国家现行规定的审批权限报批。申报项目可行性研究报告，必须同时提出项目法人组建方案及运行机制，资金筹措方案，以及资金结构及回收资金的办法；并依照有关规定，附具由有管辖权的水行政主管部门（或流域机构）签署的规划同意书及对取水许可预申请所作的书面审查意见。

（4）经批准的可行性研究报告，是进行项目决策及初步设计时的依据。可行性研究报告经批准后，不得随意变更（或修改）；在主要内容上有重要变动的，应经原批准机关复审同意。

项目可行性研究报告获得批准后，应正式成立项目法人；并在项目管理中实行以项目法人责任制为主的管理制度。

第六条　初步设计阶段。

（1）初步设计，是根据经批准的可行性研究报告和必要而准确的勘察及设计资料，对设计对象进行通盘研究；进一步阐明拟建工程在技术上的可行性和经济上的合理性，确定项目的各项基本技术参数，编制项目的总概算。初步设计报告的编制，应委托有相应资格的设计单位承担。

（2）经批准后的初步设计报告，作为项目建设实施中的基础技术文件，其主要内容不得随意变更及修改。如有变更（或重要修改），须经原审批机关复审同意。

第七条　施工准备阶段。

1. 建设项目在主体工程开工之前，必须完成各项施工准备工作。主要包括：

（1）施工现场的征地、拆迁；

（2）完成施工用水、用电、通信及道路的开通（修建），以及场地平整等工程；

（3）必需的生产及生活用临时建筑工程的修建；

（4）组织招标设计及咨询，以及设备及物资采购等服务；

（5）组织有关建设监理及主体工程施工的招标及投标，选定建设监理单位和施工承包队伍。

2. 工程建设项目施工，除某些不适于招标的特殊工程项目（须经水行政主管部门批准）外，均须实行招（投）标。

3. 水利工程项目必须满足如下条件，施工准备方可进行：

（1）项目初步设计已得到批准；

（2）项目法人已经成立；

（3）项目已被列入国家（或地方）水利建设投资计划，且筹资方案已经确定；

（4）有关土地使用权已经得到批准。

第八条　建设实施阶段。

（1）建设实施阶段（指主体工程的建设实施），是项目法人按照经批准的有关建设文件，组织工程建设，并保证项目建设目标实现的过程。

（2）项目法人（或其代理机构）必须按建设项目涉及的审批权限，向主管部门提出主体工程开工申请报告。开工申请报告经批准后，主体工程方能正式开工。

（3）要按照“政府监督，项目法人负责，社会监理，企业保证”的要求，建立健全质量管理体系。

第九条　生产运行准备阶段。

1. 生产运行准备，是工程由建设实施转入生产运行的必要条件。项目法人应按照“建设应为管理创造条件”和项目法人责任制的要求，适时做好有关生产运行准备工作。

2. 生产运行准备，一般应包括下列主要内容：

（1）生产运行组织准备，即建立生产经营（运行）管理机构及相应管理制度。

(2)招收和培训人员。按照生产运行的要求,配备生产运行管理人员,并通过多种形式的培训,提高人员素质,使之能满足生产运行要求。生产运行管理人员,宜尽早介入工程施工建设,参加设备安装调试工作;熟悉有关情况,掌握生产运行技术,为实现建设实施阶段与生产运行阶段的顺利衔接做好准备。

(3)生产运行技术准备。主要包括技术资料的汇总、生产运行技术方案和岗位操作规程制定等。

(4)生产运行物资准备。主要是落实生产运行所需的材料、工(器)具及备品备件,开展物资准备方面的协作。

(5)常规生活福利设施的准备。

第十条　竣工验收。

竣工验收是工程完成建设目标的标志,是全面考核建设成果、检验设计水平和工程质量的重要步骤。经竣工验收确认合格的工程,即由基本建设阶段转入生产运行阶段。

第十一条　后评价。

(1)工程建设项目经竣工验收,一般经过1～2年生产运行后,要进行一次系统的项目后评价。

(2)项目后评价,一般按三个层次组织实施,即项目法人自我评价、项目行业评价和项目主管部门(或主要投资方)评价。

(3)建设项目后评价工作,必须遵循独立、公正、客观、科学的原则,做到分析合理,评价公正。

1F－431030　关于加强水利工程建设项目开工管理工作的通知

《关于加强水利工程建设项目开工管理工作的通知》(水建管〔2006〕144号)有关内容如下:

一、政府参与投资的大中型水利工程(含1、2、3级堤防工程)建设项目开工前,项目法人应按本通知的规定办理申请开工手续,经有审批权的水行政主管部门批准后,工程方能开工。

本通知所指开工,是指在完成施工供电、供水、道路(交通)、通讯等设施的修建、开通和场地平整等施工准备工作后,水利工程主体工程的开工。

二、水利工程建设项目开工审批权限如下:

(一)国家重点建设工程、流域控制性工程、流域重大骨干工程,由水利部负责审批。

(二)中央项目,由水利部或流域机构负责审批。其中,水利部直接管理或总投资2亿元以上(含2亿元)的项目,由水利部负责审批;总投资2亿元以下的项目,由流域机构负责审批,并报水利部备案。

(三)中央参与投资的地方项目中,以中央投资为主的,由水利部或流域机构负责审批。其中,总投资5亿元以上(含5亿元)的项目,由水利部负责审批;总投资5亿元以下的项目,由流域机构负责审批,并报水利部备案。

以地方投资为主的,由省级水行政主管部门负责审批。

(四)中央补助地方项目和一般地方项目,由省级水行政主管部门负责审批。

三、项目开工前,项目法人应将开工申请报告及有关材料报送项目水行政主管部门进行审查。

项目水行政主管部门在受理开工申请后,应在20个工作日内完成审查并出具审查意见,报开工审批单位审批。

开工审批单位在接到开工申请文件后,应在20个工作日内予以批复。项目未来竣工验收时主持单位的名称,应在批复文件中予以明确。

四、水利工程建设项目开工,应具备以下条件:

(一)项目法人(项目建设责任主体)已经设立,项目组织管理机构和规章制度健全,项目法人的法定代表人和管理机构成员已经到位;

(二)初步设计已得到批准,项目法人与项目设计单位已签订供图协议,且施工详图设计在进度上可以满足主体工程三个月施工需要;

(三)建设资金筹措方案已经确定,工程已列入国家(或地方)水利建设投资年度计划,年度建设资金已落实;

(四)质量、安全监督单位已经确定,并已办理质量、安全监督手续;

(五)参加主体工程施工、监理的施工单位、监理单位已经确定,施工合同、监理合同已经签订,且已签订的合同能够与主体工程开工需要相适应;

(六)施工准备和征地、移民等工作进展情况能够满足主体工程开工需要;

(七)工程建设所需的主要设备、材料来源已落实,且能够适应主体工程施工需要。

五、项目法人应当自开工申请被批准之日起三个月内开工。因故不能按期开工的,应当向开工审批单位申请延期;延期以两次为限,且每次不超过三个月。在三个月内既不开工又不申请延期,或者超过获准延期时限的,开工审批文件自行废止。两次延期后仍因故不能按期开工的,应当重新办理申请开工手续。

在建工程因故中止施工的,项目法人应当向开工审批单位报告,并按有关规定要求做好工程的维护管理工作。工程恢复施工时,项目法人也应当向开工审批单位报告;中止施工满一年的工程,恢复施工前应当重新办理申请开工手续。

对未经批准即擅自开工、开工审批文件废止后仍开工或弄虚作假骗取开工审批(文件)的建设项目,有关水行政主管部门应责令其立即停工,并限期改正;对有关责任人,由其所在单位主管部门给予行政处分。

六、本通知所称项目水行政主管部门,是指在业务(行政)上直接管理该项目的水行政主管部门。

1F－431040　水闸安全鉴定管理办法

《水闸安全鉴定管理办法》(水建管〔2008〕214号)有关条文如下:

第三条　水闸实行定期安全鉴定制度。首次安全鉴定应在竣工验收后5年内进行,以后应每隔10年进行一次全面安全鉴定。

水闸运行中如遭遇超标准洪水、强烈地震、增水高度超过校核潮位的风暴潮以及工程发生重大事故,或出现影响安全的异常现象,应及时进行安全鉴定。闸门等单项工程达到折旧年限时,应按有关规定、规范的要求,适时进行单项安全鉴定。

第六条　县级以上地方人民政府水行政主管部门或流域管理机构（以下统称鉴定审定部门）按分级管理原则，对水闸安全鉴定意见进行审定。

第七条　水闸，按安全类别划分为四类，即一类闸、二类闸、三类闸和四类闸。

一类闸：运用指标能达到设计标准，无影响正常运行的缺陷，按常规要求进行维修养护即可保证正常运行。

二类闸：运用指标基本达到设计标准，工程存在一定损坏，经大修后可正常运行。

三类闸：运用指标达不到设计标准，工程存在严重损坏，经除险加固后才能正常运行。

四类闸：运用指标无法达到设计标准，工程存在严重安全问题，需降低标准运用或报废重建。

第八条　水闸安全鉴定，包括水闸安全评价、水闸安全评价成果审查和水闸安全鉴定报告书审定三个基本程序。

（一）水闸安全评价。鉴定组织单位进行水闸工程现状调查，委托符合第十二条规定要求的有关单位（以下称鉴定承担单位）开展水闸安全评价。鉴定承担单位对水闸安全状况进行分析评价，提出水闸安全评价报告。

（二）水闸安全评价成果审查。由鉴定审定部门或其委托的有关单位组织并主持召开水闸安全鉴定审查会，对水闸安全评价报告进行审查，并形成《水闸安全鉴定报告书》。

（三）审定《水闸安全鉴定报告书》。由鉴定审定部门审定并印发《水闸安全鉴定报告书》。

第十二条　大型水闸的安全评价，由具有水利水电勘测设计甲级资质的单位承担。中型水闸安全评价，由具有水利水电勘测设计乙级以上（含乙级）资质的单位承担。

经水利部认定的水利科研院（所），可承担大、中型水闸的安全评价任务。

1F－431050　水库大坝安全鉴定办法

《水库大坝安全鉴定办法》（水建管〔2003〕271 号，简称《办法》）总则指出，本办法所称大坝，包括永久性挡水建筑物以及与其配合运用的泄洪、输水和过船等建筑物。

县级以上地方人民政府水行政主管部门或流域机构（以下统称鉴定审定部门）按分级管理原则，对大坝安全鉴定意见进行审定。

《办法》有关条文如下：

第五条　大坝实行定期安全鉴定制度。首次安全鉴定应在竣工验收后 5 年内进行，以后应每隔 6～10 年进行一次。

大坝运行中如遭遇特大洪水、强烈地震以及工程发生重大事故，或出现影响安全的异常现象后，应组织专门的安全鉴定。

第六条　大坝，按安全状况分为三类，即一类坝、二类坝和三类坝。

一类坝：实际抗御洪水标准达到《防洪标准》（GB 50201—94）规定，工作状态正常；或工程无重大质量问题，能按设计标准正常运行的大坝。

二类坝：实际抗御洪水标准不低于部颁水利枢纽工程除险加固近期非常运用洪水标准，但达不到《防洪标准》（GB 50201—94）的规定；或工作状态基本正常，在一定控制运用条件下能安全运行的大坝。

三类坝:实际抗御洪水标准低于部颁水利枢纽工程除险加固近期非常运用洪水标准,或工程存在较严重安全隐患,不能按设计标准正常运行的大坝。

第七条　大坝安全鉴定,包括大坝安全评价、大坝安全鉴定技术审查和大坝安全鉴定意见审定三个基本程序。

(一)大坝安全评价。由鉴定组织单位负责委托满足第十一条规定要求的大坝安全评价单位(以下称鉴定承担单位)对大坝安全状况进行分析评价,并提出大坝安全评价报告和大坝安全鉴定报告书。

(二)大坝安全鉴定技术审查。由鉴定审定部门或其委托的有关单位组织并主持召开大坝安全鉴定会,组织专家审查大坝安全评价报告,通过《大坝安全鉴定报告书》。

(三)大坝安全鉴定意见审定。鉴定审定部门审定并印发《大坝安全鉴定报告书》。

第十一条　大型水库和坝高 50 m 以上(或可能影响县城安全)的中型水库的大坝安全评价,由具有水利水电勘测设计甲级资质的单位或者水利部公布的有关科研单位和大专院校承担。

其他中型水库和坝高 30 m 以上(或可能影响县城安全)的小型水库的大坝安全评价,由具有水利水电勘测设计乙级以上(含乙级)资质的单位承担。

其他小型水库的大坝安全评价,由具有水利水电勘测设计丙级以上(含丙级)资质的单位承担。

本条第二款、第三款所指水库的大坝安全评价,也可由省级水行政主管部门公布的有关科研单位和大专院校承担。

第十四条　大坝安全评价,包括工程质量评价,大坝运行管理评价,防洪标准复核,大坝结构安全、稳定评价,渗流安全评价,抗震安全复核,以及金属结构安全评价和大坝安全综合评价等。

大坝安全评价过程中,应根据需要进行补充地质勘探、土工试验或混凝土与金属结构检测,并对重大工程隐患进行排查。

1F－431060　水利水电建设工程蓄水安全鉴定暂行办法

《水利水电建设工程蓄水安全鉴定暂行办法》(水建管〔1999〕177 号,简称《办法》)有关条文如下:

第三条　水库蓄水验收前,必须进行蓄水安全鉴定。蓄水安全鉴定,是大型水利水电建设工程蓄水验收时的必要依据;未经蓄水安全鉴定,不得进行蓄水验收。

第四条　蓄水安全鉴定,由项目法人负责组织实施。设计、施工、监理、运行、设备制造等单位负责提供相关资料,并协助开展鉴定工作。

第七条　蓄水安全鉴定,依据有关法律、法规和技术标准,经批准的初步设计报告、专题报告,设计变更(修改)文件,监理签发的技术文件(含有关说明),以及合同规定的质量和安全标准等进行。

第八条　进行蓄水安全鉴定时,鉴定范围内的工程形象面貌应基本达到《水利水电建设工程验收规程》规定的蓄水验收条件,且进行鉴定所需的资料已准备齐全。

第九条　蓄水安全鉴定的范围是以大坝为重点,包括挡水建筑物、泄水建筑物、引水建筑物的进水口工程、涉及工程安全的库岸边坡及下游消能防护工程等与蓄水安全有关的工程项目。

第十条　蓄水安全鉴定工作的重点，是检查工程施工过程中是否存在影响工程安全的因素，以及在工程建设期发现的影响工程安全的问题是否得到妥善解决，并提出工程安全评价意见；对不符合有关技术标准及设计文件要求并涉及工程安全的，分析其对工程安全的影响程度，并作出评价意见；对虽符合有关技术标准及设计文件要求，但专家认为构成工程运行安全隐患的，也应对其进行分析和作出评价。

第十一条　蓄水安全鉴定，应包括下列内容：

（1）检查工程形象面貌是否符合蓄水要求。

（2）检查工程（设计、施工等方面）质量是否存在影响工程安全的隐患。对关键部位、出现过质量事故的部位以及有必要检查的其他部位应进行重点检查，包括抽查工程原始资料以及施工及设备制造验收签证；必要时，应当使用钻孔取样、充水试验等技术手段进行检测。

（3）检查洪水设计标准，工程泄洪设施的泄洪能力，消能设施的可靠性，下闸蓄水方案的可靠性，以及调度运行方案是否符合防洪和度汛安全的要求。

（4）检查工程地质条件、基础处理、滑坡及处理、工程防震等是否存在不利于建筑物的隐患。

（5）检查工程安全检测设施及检测资料是否完善和符合有关要求。

第十四条　项目法人认为工程符合蓄水安全鉴定条件时，可决定组织蓄水安全鉴定。

蓄水安全鉴定，由项目法人委托经水利部认定有资格的单位承担。项目法人与之签定蓄水安全鉴定合同，并报工程建设项目上级主管部门核备。接受委托负责蓄水安全鉴定的单位（即鉴定单位）应成立专家组，并将专家组组成情况报工程验收主持单位和相应的水利工程质量监督部门核备。

第十五条　专家组，应由专业水平高、工程设计及施工经验丰富、具有高级工程师以上职称的专家组成；涵盖水文、地质、水工、施工、机电、金属结构等有关专业；其三分之一以上的成员，须聘请责任单位以外的专家担任。

第十六条　项目法人、设计、施工、监理、运行、设备制造等参建单位的在职人员，以及从事过本工程设计、施工及管理的其他人员，不得担任专家组成员。

《办法》对蓄水安全鉴定程序作出规定。

（1）蓄水安全鉴定前，由鉴定单位制定蓄水安全鉴定工作大纲，明确鉴定工作的主要内容，提出鉴定工作所需资料的清单。

（2）听取项目法人及设计、施工、监理、运行等建设各方的情况介绍。

（3）进行现场调查，收集有关资料。

（4）设计、施工、监理、运行等建设各方分别编写自检报告。

（5）专家组集中分析、研究工程有关资料，与参建各方沟通情况；必要时，进行设计复核、现场检查或检测；讨论并提出鉴定报告（初稿）。

（6）在与参建各方充分交换意见的基础上作出工程安全评价，完成《蓄水安全鉴定报告》，并由专家组全体成员签字认可。

第十八条 鉴定单位应将《蓄水安全鉴定报告》提交给项目法人,并抄报工程验收主持单位和水利工程质量监督部门。

工程验收前,项目法人应负责将《蓄水安全鉴定报告》分送给验收委员会各成员。

第二十二条 参建各方对《蓄水安全鉴定报告》有重大分歧意见的,应在形成书面意见后送鉴定单位,并抄报工程验收主持单位和水利工程质量监督部门。

第二十四条 蓄水安全鉴定,不代替(或减轻)参建各方因工程设计、施工、运行、制造、管理等方面存在问题而应负的工程安全责任。

1F-431070 水工程建设规划同意书制度管理办法

《水工程建设规划同意书制度管理办法(试行)》(水利部令第31号)有关条文如下:

第二条 在江河(湖泊)上新建(扩建、改建),并将调整江河(湖泊)原有功能的水工程的建设,适用本办法。

本办法所称水工程,是指水库、拦河闸坝、引(调、提)水工程、堤防、水电站(含具航运功能的水电站枢纽工程)等用于在江河、湖泊上开发、利用、控制、调配和保护水资源的各类工程。

第三条 水利部负责水工程建设规划同意书制度实施的监督管理。

水利部所属流域管理机构(以下简称流域管理机构)和县级以上地方人民政府水行政主管部门,按照分级管理权限,具体负责水工程建设规划同意书制度的实施和监督管理。

第四条 水工程的(预)可行性研究报告(项目申请报告、备案材料)在报请审批(核准、备案)时,应当附具由流域管理机构(或者县级以上地方人民政府水行政主管部门)审查并签署的水工程建设规划同意书。

对只编制项目建议书即完成立项过程的水工程,其项目建议书在报请审批时,也应当附具由流域管理机构(或者县级以上地方人民政府水行政主管部门)审查并签署的水工程建设规划同意书。

第五条 下列水工程的水工程建设规划同意书,由流域管理机构负责审查并签署:

(一)长江、黄河、淮河、海河、珠江、松花江、辽河等河流的干流及主要一级支流以及太湖及其他跨省(自治区、直辖市)的重要江河上建设的水工程;

(二)省际边界河流(河段)、湖泊上建设的水工程;

(三)国际河流(含跨界、边界河流及湖泊)及其主要支流上建设的水工程;

(四)流域管理机构直接管理的河流(河段)、湖泊上建设的水工程。

前款第(一)项中的主要一级支流和其他跨省(自治区、直辖市)的重要江河,第(三)项中的主要支流以及第(四)项中的流域管理机构直接管理的河流(河段)、湖泊的名录和范围,由水利部规定。

本条第一款规定以外的其他水工程的水工程建设规划同意书,按照分级管理原则,由县级以上地方人民政府水行政主管部门负责审查并签署。

第六条 水工程建设单位(以下简称建设单位)应当在水工程的(预)可行性研究报告(项目申请报告、备案材料)报请审批(核准、备案)前,向有水工程建设规划同意书审查、签署权限的流域管理机构（或者县级以上地方人民政府水行政主管部门，以下并称审查签署机关）提出受理水工程建设规划同意书的申请，并提交下列材料：

（一）水工程建设规划同意书申请表；

（二）拟报批水工程的（预）可行性研究报告（项目申请报告、备案材料）；

（三）与第三者利害关系的相关说明；

（四）审查签署机关要求的其他材料。

第七条　审查签署机关应当自收到申请之日起5个工作日内，对申请材料进行审查；并根据下列情况，分别作出处理：

（一）属于本机关受理范围，申请材料齐全、符合法定形式的，应当予以受理，并出具书面受理凭证；

（二）申请材料不齐全（或者不符合法定形式）的，应当一次告知建设单位予以补正；

（三）不属于本机关受理范围的，应当作出不予受理的决定，并明确告知建设单位应向有受理权限的机关提出申请。

第八条　审查签署机关对有关水工程建设规划同意书的受理申请，应当依据有关法律、法规以及流域综合规划和防洪规划进行审查；对符合下列条件的，作出批准的决定，并签署水工程建设规划同意书：

（一）水工程的建设规模、任务符合流域综合规划和防洪规划的总体要求；

（二）水工程的建设规模、等级（等别）和标准符合《防洪标准》及其他有关技术和管理规定的要求；

（三）水工程的建设不影响其他水工程的正常运行，或者已有可消除影响的补救措施。

水工程建设有不符合前款规定条件之一的情形的，审查签署机关应当作出不予批准的决定，并下达不予签署水工程建设规划同意书的通知书。

审查签署机关在签署水工程建设规划同意书时，可以对水工程的设计方案和管理措施提出相应要求。

第九条　水工程所在江河（湖泊）的流域综合规划（或者防洪规划）尚未编制（或者尚未得到批复）的，建设单位应当委托有相应工程咨询资质的单位（或者流域综合规划（防洪规划）的编制单位），就水工程是否符合流域治理、开发、保护等要求，以及是否符合防洪要求编制专题论证报告。

审查签署机关应当组织专家对专题论证报告进行审查；水工程建设符合流域治理、开发及保护以及防洪要求的，应当作出批准的决定，并签署水工程建设规划同意书。

第十一条　审查签署机关应当自受理水工程建设规划同意书申请之日起20个工作日内作出决定；20个工作日内不能作出决定的，经本机关负责人批准，可以延长10个工作日，并应当将延长期限的理由告知建设单位。

执行本办法第九条规定时所需的时间，不计算在前款规定的审查期限内；但审查签署机关应当将这一时间告知建设单位。

第十二条　水工程建设规划同意书签署后，如水工程的（预）可行性研究报告（项目申请报告、备案材料）未获得审批（核准、备案）、需要重新编制的，建设单位应当重新申请受理水工程建设规划同意书。

1F-431080 水利基本建设项目稽察暂行办法

《水利基本建设项目稽察暂行办法》(水利部令第11号)有关条文如下:

第一条 为规范水利基本建设行为,加强国家水利基本建设投资管理,提高建设资金使用效益,确保工程质量,保证稽察工作客观、公正、高效开展,特制定本办法。

第二条 水利基本建设项目稽察的基本任务,是对水利工程建设活动全过程进行监督检查。

第三条 对以国家出资为主的水利基本建设项目的稽察,适用本办法。

第四条 水利部所属流域机构和地方各级水行政主管部门应对稽察工作给予协助和支持。

项目法人及所有参建单位都应配合水利基本建设稽察工作,并应为其提供必要的工作条件。

第五条 水利部水利工程建设稽察办公室(以下简称"稽察办")负责水利基本建设项目的稽察工作。

第六条 稽察工作实行稽察特派员负责制。

第七条 稽察特派员由水利部聘任。聘期一般为一年,可以连聘。

稽察特派员应当具备下列条件:

(一)熟悉国家有关政策、法律、法规、规章和技术标准;

(二)具有较强的组织管理、综合分析和判断能力;

(三)具有较丰富的水利工程建设和施工管理、投资计划、财会、审计等方面的综合管理知识和经验;

(四)坚持原则,清正廉洁,忠实履行职责,自觉维护国家利益;

(五)具有高级专业技术职称;

(六)身体健康,年龄在65岁以下。

第八条 稽察人员执行稽察任务时遵循回避原则,不得稽察其曾直接管辖区域内的建设项目,也不得稽察与其有利害关系的人担任高级管理职务的建设项目。

稽察人员不得在被稽察项目及其相关单位兼职。

第九条 稽察人员与被稽察项目是监督与被监督的关系。稽察人员不参与、不干预被稽察项目的建设活动。

第十条 稽察人员依照本办法的规定,按照国家有关政策、法律、法规、规章和技术标准等,对项目基本建设活动进行稽察。

第十一条 对建设项目的稽察,主要包括项目前期工作与设计工作,项目建设管理,项目计划下达与执行,资金使用,工程质量,以及国家有关政策、法律、法规、规章和技术标准执行情况等方面内容。

第十二条 对项目前期工作、设计工作的稽察,包括项目报建,初步设计审批,可研报告审批,前期施工准备,总概算批复,建设资金落实情况;勘测(设计)单位质量保证体系,设计深度和设计质量,设计变更,现场设计服务,供图进度与质量等情况。

第十三条 对项目建设管理的稽察,包括项目法人责任制、招标投标制、建设监理制和合同管理实施情况,设计、监理、施工、设备(材料)供应等有关单位资质和人员资格等情况。

第十四条 对建设项目计划下达与执行的稽察,包括计划管理和年度计划下达与执行,投资控制与概(预)算执行,工程投资完成情况,工程进度、形象面貌和实物工程量完成情况,汛前施工安排和安全度汛措施等方面情况。

第十五条 对资金使用的稽察,包括资金来源,资金到位和使用,合同执行和费用结算,各项费用支出,财务制度执行等情况。

第十六条 对工程质量的稽察,包括参建各单位的质量保证体系,工程质量管理,质量检测,质量评定,原材料、中间产品及设备质量检验数据和资料情况,工程质量现状和质量事故处理情况,工程验收等情况。

第十七条 稽察工作结束后,稽察特派员须对项目建设活动进行评价,并提出整改意见或处理建议。

1F-431090 水利工程建设项目重要设备、材料采购招标投标管理办法

《水利工程建设项目重要设备、材料采购招标投标管理办法》(水建管〔2002〕585 号)有关条文如下:

第三条 本办法所称采购,是指项目重要设备、材料的一次性采购。

第四条 本办法所称重要设备,是指:

(一)直接用于项目永久性工程的机电设备、自动化设备、金属结构及设备、试验设备、原型观测及测量仪器设备等;

(二)使用本项目资金购置的用于本项目施工的各种施工设备、施工机械和施工车辆等;

(三)使用本项目资金购置的服务于本项目的办公设备、通讯设备、电气设备、医疗设备、环保设备、交通运输车辆和生活设施设备等。

第五条 本办法所称重要材料,是指:

(一)构成永久工程的重要材料,如钢材、水泥、粉煤灰、硅粉、抗磨材料等;

(二)用于本项目且用量大的消耗材料,如油品、木材、民用爆破材料等。

第十条 项目重要设备、材料招标采购,应具备以下条件:

(一)初步设计已得到批准;

(二)重要设备、材料的技术经济指标已基本确定;

(三)重要设备、材料所需资金已落实。

第二十三条 重要设备、材料采购招标,投标人必须是生产企业(成套设备供应商、经销企业)或企业联合体,且必须具有与招标文件规定的设备及材料相适应的质量责任能力。

采购重要的水利专用设备时,投标人还必须具有水利行业主管部门颁发的资质证书或生产(使用)许可证。

第六十七条 施工、设计、监理等单位使用项目资金采购重要设备、材料时,按照与项目法人(业主)签订的合同办理。

1F-431100 水利工程建设项目监理招标投标管理办法

《水利工程建设项目监理招标投标管理办法》(水建管〔2002〕587号)有关条文如下:

第四条 水利工程建设项目监理招标,一般不宜分标;如若分标,各监理标的监理合同估算价应当在50万元人民币以上。

项目监理分标,应当以有利于管理和竞争,并能保证监理工作的连续性和相对独立性为原则,以避免因监理责任不清而造成监理工作相互干扰或交叉。

第十一条 水利工程建设项目监理招标,应当具备下列条件:

(一)项目初步设计文件已得到批复;

(二)开展监理所需的资金已落实;

(三)项目的实施已列入年度计划。

第十二条 水利工程建设项目监理招标,宜在相应施工招标以及设备及材料采购招标活动开始前完成。

第十九条 水利工程建设项目监理招标,招标文件应当包括下列内容:

(一)投标邀请书。

(二)投标人须知。包括:招标项目概况,监理范围、内容和监理服务期,招标人提供的现场工作及生活条件(包括交通、通信、住宿等)和试验及检测条件,对投标人和现场监理人员的要求,投标人应当提供的有关资格和资信证明文件,投标文件的编制要求,提交投标文件的方式、地点和截止时间,开标日程安排,投标有效期等。

(三)书面合同书格式。大、中型项目,应当使用《水利工程建设监理合同示范文本》(GF—2000—0211)格式;小型项目,可参照使用。

(四)投标报价书、投标保证金、授权委托书、协议书、履约保函等的格式。

(五)必要的设计文件、图纸和有关资料。

(六)投标报价要求及计算方法。

(七)评标标准与方法。

(八)投标文件格式。

(九)其他辅助资料。

第三十七条 水利工程建设项目监理招标,评标标准和评标方法应当体现根据监理服务质量选择中标人的原则。评标标准和评标方法,应当在招标文件中载明;评标时,不得修改、补充以及另行制定任何评标标准和方法。

项目监理招标,不宜设置标底。

第三十八条 评标标准,应包括投标人的业绩和资信、项目总监理工程师的素质和能力、资源配置、监理大纲、投标报价等五个方面。按其重要程度,宜分别赋予20%、25%、25%、20%、10%的权重;也可根据项目具体情况确定。

第三十九条 业绩和资信,可以从以下几个方面设置评价指标:

(一)有关资质证书、营业执照等情况;

(二)人力、物力与财力资源;

(三)近3～5年完成或者正在实施项目的情况及监理效果;

(四)投标人以往履约情况;

(五)近5年受到的表彰或者不良业绩记录情况;

(六)有关方面对投标人的评价意见等。

第四十条　项目总监理工程师的素质和能力,可以从以下几个方面设置评价指标:

(一)项目总监理工程师的简历、监理资格;

(二)项目总监理工程师主持或者参与监理的类似工程项目及监理业绩;

(三)有关方面对项目总监理工程师的评价意见;

(四)项目总监理工程师月驻现场工作时间;

(五)项目总监理工程师的陈述情况等。

第四十三条　投标报价,可以从以下几个方面设置评价指标:

(一)监理服务范围、时限;

(二)监理费用结构、总价及所包含的项目;

(三)人员进场计划;

(四)监理费用报价取费原则是否合理。

1F－431110　水利工程建设项目勘察(测)设计招标投标管理办法

《水利工程建设项目勘察(测)设计招标投标管理办法》(水总〔2004〕511号)有关条文如下:

第三十四条　勘察(测)设计招标,投标文件须包括以下主要内容:

(一)商务文件

1. 法人代表资格证明及与投标项目相关的资质证明;

2. 投标人概况,包括项目经理(设总)简历,以及拟投入技术骨干、主要设计人员及主要技术装备概况;

3. 费用报价及计算书;

4. 近10年内承担的国内(外)大(中)型水利水电工程勘察(测)设计项目(或前期工作);

5. 近10年获奖情况。

(二)技术文件

1. 对工程的认识;

2. 勘察(测)设计工作大纲;

3. 总进度计划;

4. 项目管理及质量保证措施;

5. 组织管理;

6. 工程设计方案初步设想。

第三十八条　招标文件规定允许投标人投备选标的,投标人除按要求编写投标文件外,可以根据项目和自身情况,同时提交修改的设计(技术、合同条件)建议方案以及选择性报价,供招标人选用。除招标人要求外,投标人在技术文件中不得指定与水利工程建设项目有关的重要设备(材料)的生产(供应)者,以及含有倾向(或者排斥)特定生产(供应)者的内容。

第五十三条　评标一般可采取综合评估法进行。评标委员会应当按照招标文件确定的评标标准和方法,对投标人的业绩、信誉和相关技术人员的能力以及技术方案的优劣进行综合评定。招标文件中未作规定的标准和方法,不得作为评标的依据及在评标中采用。

第五十四条　采用综合评标法的,应先评技术标,再评商务标。评标时,先分别打分;然后,以技术标评分占40%权重、商务标评分占60%权重评定最终得分,并按得分高低排序。

第六十一条　招标人对有下列情形之一的投标文件,应作废标处理(或加以否决):

(一)投标文件密封不符合招标文件要求的;

(二)逾期送达的;

(三)投标人法定代表人(或其授权代表人)未参加开标会议的;

(四)未按招标文件规定加盖单位公章及法定代表人(或其授权人)印鉴以及签字的;

(五)招标文件规定不得标明投标人名称,但投标文件上标明了投标人名称或有任何可能透露投标人名称的标记的;

(六)未按招标文件要求编写或字迹模糊,导致无法确认关键技术方案(关键工期、关键工程质量保证措施、投标价格)的;

(七)未按规定交纳投标保证金的;

(八)超出招标文件规定,违反国家有关规定的;

(九)投标人提供虚假资料的;

(十)投标报价不符合国家颁布的勘察(测)设计取费标准,或者低于成本恶性竞争的;

(十一)未响应招标文件的实质性要求和条件的;

(十二)以联合体形式投标,未向招标人提交共同投标协议的;

(十三)投标文件附有招标人不能接受的条件的。

第六十七条　招标人与中标人签订合同后5个工作日内,应当向中标人和未中标人一次性退还投标保证金。招标文件中规定给予未中标人经济补偿的,也应在此期限内一并给付。

第六十八条　招标人应当在将中标结果通知所有未中标人后7个工作日内,逐一返还未中标人的投标文件。

招标人(或中标人)采用其他未中标人投标文件中技术方案的,应当征得该未中标人的书面同意,并应向其合理支付使用费。

1F－431120　水利工程建设项目招标投标管理规定

《水利工程建设项目招标投标管理规定》(水利部令第14号,简称《规定》)总则有关条文如下:

第二条　本规定适用于水利工程建设项目的勘察设计、施工、监理以及与水利工程建设有关的重要设备、材料采购等的招标投标活动。

第三条 符合下列具体范围并达到下列规模标准之一的水利工程建设项目,必须进行招标。

(一)具体范围

1. 关系社会公共利益、公共安全的防洪、排涝、灌溉、水力发电、引(供)水、滩涂治理、水土保持、水资源保护等水利工程建设项目;

2. 使用国有资金投资或者国家融资的水利工程建设项目;

3. 使用国际组织或者外国政府贷款、援助资金的水利工程建设项目。

(二)规模标准

1. 施工单项合同估算价在200万元人民币以上的;

2. 重要设备、材料等货物的采购,单项合同估算价在100万元人民币以上的;

3. 勘察设计、监理等服务的采购,单项合同估算价在50万元人民币以上的;

4. 分标单项合同估算价低于本项第1、2、3目规定标准,但项目总投资额在3000万元人民币以上的。

关于招标投标活动的行政监督与管理,《规定》有关条文如下:

第八条 水行政主管部门依法对水利工程建设项目的招标投标活动进行行政监督。其内容包括:

(一)接受招标人招标前提交备案的招标报告。

(二)可派员监督开标、评标、定标等活动。对发现的招标投标活动中的违法违规行为,应当立即责令改正;必要时,可做出暂停开标(或评标)以及宣布开标(评标)结果无效等决定,并对违法的中标结果予以否决。

(三)接受招标人提交备案的招标投标情况书面总结报告。

1F－431121 招标、投标

《规定》中有关招标的条文如下:

第九条 招标,分为公开招标和邀请招标两种方式。

第十条 依法必须招标的项目中,国家重点水利项目、地方重点水利项目及全部使用国有资金投资或者国有资金投资占控股(或者主导)地位的项目,应当采用公开招标方式招标;有下列情况之一的,经批准后,可采用邀请招标方式招标:

(一)属于第三条第(二)项第4目规定的项目;

(二)项目技术复杂,有特殊要求或涉及专利权保护,受自然资源或环境限制,新技术或技术规格事先难以确定的项目;

(三)应急度汛项目;

(四)其他特殊项目。

第十二条 下列项目,可不进行招标,但须经项目主管部门批准:

(一)涉及国家安全、国家秘密的项目;

(二)应急防汛、抗旱、抢险、救灾等项目;

(三)项目中经批准使用农民投工、投劳施工的部分(不包括该部分中勘察设计、监理

和重要设备、材料采购);

(四)不具备招标条件的公益性水利工程建设项目的项目建议书和可行性研究报告;

(五)采用特定专利技术或特有技术的;

(六)其他特殊项目。

第十六条 水利工程建设项目招标应当具备的条件。

(一)勘察设计招标应当具备的条件

1. 勘察设计项目已经确定;

2. 勘察设计所需资金已落实;

3. 必需的勘察设计基础资料已收集完成。

(二)监理招标应当具备的条件

1. 项目初步设计已得到批准;

2. 实施监理所需资金已落实;

3. 项目实施已被列入年度计划。

(三)施工招标应当具备的条件

1. 初步设计已得到批准;

2. 建设资金来源已落实,年度投资计划已作安排;

3. 监理单位已确定;

4. 具有能满足招标要求的设计文件,并已与设计单位签订适应施工进度要求的图纸交付合同(或协议);

5. 有关建设项目永久征地、临时征地及移民搬迁的实施、安置工作已经落实,或已有明确安排。

(四)重要设备、材料招标应当具备的条件

1. 项目初步设计已得到批准;

2. 重要设备、材料的技术经济指标已基本确定;

3. 设备、材料所需资金已落实。

第十七条 招标工作一般按下列程序进行:

(一)招标前,按项目管理权限,向水行政主管部门提交招标报告备案。报告具体内容应当包括:招标已具备的条件,招标方式,分标方案,招标计划安排,投标人资质(资格)条件,评标方法,评标委员会组建方案,以及开标、评标工作的具体安排等。

(二)编制招标文件。

(三)发布招标信息(招标公告或投标邀请书)。

(四)发售资格预审文件。

(五)按规定日期,接受潜在投标人编制的资格预审文件。

(六)组织对潜在投标人资格预审文件进行审核。

(七)向资格预审合格的潜在投标人发售招标文件。

(八)组织购买招标文件的潜在投标人现场踏勘。

(九)接受投标人对招标文件有关问题要求澄清的函件,对问题进行澄清,并书面通知所有潜在投标人。

(十)组织成立评标委员会,并在中标结果确定前保密。

(十一)在规定时间和地点,接受符合招标文件要求的投标文件。

(十二)组织开标评标会。

(十三)在评标委员会推荐的中标候选人中,确定中标人。

(十四)向水行政主管部门提交招标投标情况的书面总结报告。

(十五)发中标通知书,并将中标结果通知所有投标人。

(十六)进行合同谈判,并与中标人订立书面合同。

第十八条　采用公开招标方式招标的项目,招标人应当在国家发展计划委员会指定的媒介上发布招标公告;其中,大型水利工程建设项目以及国家重点项目、中央项目、地方重点项目,同时还应当在《中国水利报》上发布招标公告。公告自在正式媒介发布至发售资格预审文件(或招标文件)的时间间隔,一般不少于10日。招标人应当对招标公告内容的真实性负责。招标公告中,不得限制潜在投标人的数量。

采用邀请招标方式招标的,招标人应当向3个以上有投标资格的法人(或其他组织)发出投标邀请书。

投标人少于3个的,招标人应当依照本规定重新招标。

第二十二条　招标人对已发出的招标文件进行必要澄清或者修改的,应当在招标文件要求提交投标文件截止日期至少15日前,以书面形式通知所有投标人。该澄清或者修改的内容为招标文件的组成部分。

第二十三条　依法必须进行招标的项目,自招标文件开始发出之日起至投标人提交投标文件截止之日止,最短不应当少于20日。

第二十五条　招标文件中应当明确投标保证金金额。该金额一般可按以下标准控制:

(一)合同估算价在10000万元人民币以上的,投标保证金金额不超过合同估算价的千分之五;

(二)合同估算价在3000万元至10000万元人民币之间的,投标保证金金额不超过合同估算价的千分之六;

(三)合同估算价在3000万元人民币以下的,投标保证金金额不超过合同估算价的千分之七,但最低不得少于1万元人民币。

《规定》中有关投标的条文如下:

第二十七条　投标人应当按照招标文件的要求编写投标文件,并在招标文件规定的投标截止时间之前密封送达招标人。在投标截止时间之前,投标人可以撤回已递交的投标文件或进行更正和补充,但应当符合招标文件中相关规定的要求。

第二十九条　两个或两个以上单位联合投标的,应当按资质等级较低的单位确定联合体资质(资格)等级。

招标人不得强制投标人组成联合体共同投标。

第三十条　投标人在递交投标文件的同时,应当递交投标保证金。

招标人与中标人签订合同后5个工作日内,应当向全部投标人退还投标保证金。

1F－431122 评标标准和评标方法

《规定》中有关评标标准和评标方法的条文如下:

第三十二条 评标标准和评标方法应当在招标文件中载明;在评标时,不得另行制定或修改、补充任何评标标准和方法。

第三十四条 评标标准,分为技术标准和商务标准。

施工评标标准,一般包含以下内容:

1. 施工方案(或施工组织设计)与工期;
2. 投标价格、评标价格(即经评审的投标价格);
3. 施工项目经理及技术负责人的经历;
4. 组织机构及主要管理人员;
5. 主要施工设备;
6. 质量标准、质量和安全管理措施;
7. 投标人的业绩、类似工程经历和资信;
8. 财务状况。

第三十六条 施工招标,设标底的,标底可采用以下四种中的任一种:

(一)招标人组织编制的标底(A);

(二)以全部(或部分)投标人报价的平均值作为标底(B);

(三)以标底A和标底B的加权平均值(权重按有关办法确定)作为标底;

(四)以标底A的值作为确定有效标的标准,并以进入有效标的投标人的报价的平均值作为标底。

未设标底的,则报价不低于成本价的投标文件全部作为有效标,参加评审。

1F－431123 开标、评标和中标

《规定》中有关开标、评标和中标的条文如下:

第三十七条 开标,由招标人主持,并邀请所有投标人参加。

第三十八条 开标,应当按招标文件中确定的时间和地点进行。开标人员,至少应由主持人、监标人、开标人、唱标人和记录人组成。上述人员对开标工作负责。

第三十九条 开标,一般按以下程序进行:

(一)在招标文件确定的投标截止时间,主持人停止接收投标文件,并开始开标;

(二)主持人宣布开标人员名单;

(三)确认各投标人法定代表人(或其授权代表人)是否在场;

(四)宣布投标文件开启顺序(即开标顺序);

(五)依开标顺序,对每一投标文件,先检查密封是否完好,再启封;

(六)每开启一个投标文件,由唱标人宣布其投标要素,并由记录人作记录;投标人代表在书面记录上签字确认,直至全部投标文件开启完毕;

(七)对上述工作进行纪录,并将纪录资料存档(备查)。

第四十条 评标工作,由评标委员会负责。评标委员会,由招标人的代表和有关技

术、经济、合同管理等方面的专家组成;成员人数为七人以上单数。其中,专家(不含招标人代表)人数不得少于成员总数的三分之二。

第四十一条　公益性水利工程建设项目评标专家的名单,中央项目,应当从水利部(或流域管理机构)组建的评标专家库中抽取;地方项目,应当从省(自治区、直辖市)人民政府水行政主管部门组建的评标专家库中抽取,也可从水利部(或流域管理机构)组建的评标专家库中抽取。

第四十二条　评标专家名单的选择,应当采取随机抽取的方式。根据工程特殊专业技术对评标的要求,经水行政主管部门批准,招标人可以指定部分评标专家,但不得超过专家总人数的三分之一。

第四十三条　评标委员会成员不得与投标人有利害关系。

前款所指利害关系,包括下列情形:

1. 是投标人(或其代理人)的(近)亲属;

2. 近5年内与投标人曾有工作关系;

3. 与投标人有其他社会关系或经济利益关系。

评标委员会成员名单,在招标结果确定前应当保密。

第四十四条　评标工作,一般按以下程序进行:

(一)招标人宣布评标委员会成员名单并确定主任委员;

(二)招标人宣布有关评标纪律;

(三)根据需要,在主任委员主持下,经讨论通过,成立有关专业组和工作组;

(四)听取招标人介绍招标文件;

(五)组织评标人员学习评标标准和评标方法;

(六)经评标委员会讨论,提出需投标人澄清的问题;经二分之一以上委员同意后,以书面形式送达投标人;

(七)对需要以文字澄清的问题,投标人应当将澄清内容以书面形式送达评标委员会;

(八)评标委员会按招标文件中确定的评标标准和评标方法,对投标文件进行评审,并确定中标候选人及推荐顺序;

(九)评标委员会在三分之二以上委员同意并签字的情况下,可通过评标委员会工作报告,并报招标人。

评标委员会工作报告附件,包括评标有关往来澄清函、资料以及评标委员会的推荐意见等。

第四十六条　评标委员会经过评审,认为所有投标文件都不符合招标文件要求时,可以否决所有投标,此时,招标人应当重新组织招标。对已参加本次投标的单位,参加重新招标投标的,不应再收取招标文件费。

第四十七条　评标委员会评标,应当在秘密情况下进行;不得泄露评审过程、中标候选人的推荐情况以及与评标有关的其他情况。

第四十八条　在评标过程中,评标委员会可以要求投标人对投标文件中含义不明确的内容采取书面方式作出必要的澄清或说明,但不得超出投标文件的范围或改变投标文件的实质性内容。

第五十条　中标人的投标,应当符合下列条件之一:

(一)能够最大限度地满足招标文件中规定的各项综合评价标准;

(二)能够满足招标文件的实质性要求,并且经评审的投标价格合理最低,但投标价格低于成本的除外。

第五十一条　招标人可授权评标委员会直接确定中标人,也可根据评标委员会提出的书面评标报告和推荐的中标候选人顺序确定中标人。当招标人确定的中标人与评标委员会推荐的中标候选人顺序不一致时,应当有充足的理由,并将此情况按项目管理权限报水行政主管部门备案。

第五十二条　自中标通知书发出之日起30日内,招标人和中标人应当按照招标文件和中标人的投标文件订立书面合同,中标人提交履约保函。招标人和中标人不得另行订立背离招标文件实质性内容的其他协议。

第五十三条　招标人在确定中标人后,应当在15日之内按项目管理权限向水行政主管部门提交招标投标情况的书面报告。

1F-431130　水利建设市场主体信用信息管理暂行办法

《水利建设市场主体信用信息管理暂行办法》(水建管〔2009〕496号)就水利建设市场主体信用信息采集、审核、发布、更正和使用等作出规定。其有关条文如下:

第三条　本办法所称水利建设市场主体,是指参与水利工程建设活动的建设、勘察、设计、施工、监理、咨询、供货、招标代理、质量检测、安全评价等企(事)业单位及相关执(从)业人员。

第四条　水利建设市场主体信用信息管理,遵循依法、公开、公正、准确、及时的原则;维护水利建设市场主体的合法权益,保护商业秘密和个人隐私;保守国家秘密。

第五条　水利部、水利部在国家确定的重要江河湖泊设立的流域管理机构(以下简称流域管理机构)和省级人民政府水行政主管部门,是水利建设市场主体信用信息管理部门;按照各自的职责分工,负责水利建设市场主体信用信息管理工作。

水利部,负责组织制定全国水利建设市场主体信用信息制度和标准;建立全国水利建设市场主体信用信息平台,采集和发布全国水利建设市场主体信用信息;指导全国水利建设市场主体信用信息管理工作。

各流域管理机构和各省级人民政府水行政主管部门依照管理权限,分别负责其管辖范围内的水利建设市场主体信用信息管理工作;建立水利建设市场主体信用信息管理平台,采集和发布水利建设市场主体信用信息;同时,将信用信息及时报送水利部。

第六条　水利建设市场主体信用信息,包括基本信息、良好行为记录信息和不良行为记录信息。

基本信息,是指水利建设市场主体的名称、注册地址、注册资金、资质、业绩、人员、主营业务范围等信息。

良好行为记录信息,是指水利建设市场主体在工程建设过程中遵守有关法律、法规和规章,并受到县级以上人民政府、水行政主管部门、流域管理机构(或其相关专业部门)、有关社会团体等的奖励和表彰所形成的信用信息。

不良行为记录信息，是指水利建设市场主体在工程建设过程中违反有关法律、法规和规章，并受到县级以上人民政府、水行政主管部门、流域管理机构(或其相关专业部门)等的行政处理；或者未受到行政处理，但行为已造成不良影响所形成的信用信息。

第七条　水利建设市场主体信用信息，由各水利建设市场主体自主填写，并按以下程序报送：

(一)中央企业、水利部所属企(事)业单位，向水利部报送。

(二)流域管理机构所属企(事)业单位，向流域管理机构报送；经流域管理机构审核后，报水利部。

(三)其他企(事)业单位，向其注册所在地省级人民政府水行政主管部门报送；经省级人民政府水行政主管部门审核后，报水利部。

第八条　建立水利建设市场主体不良行为记录公告制度；对水利建设市场主体在工程建设过程中违反有关法律、法规和规章，并受到县级以上人民政府、水行政主管部门、流域管理机构(或其相关专业部门)等的行政处理所形成的不良行为记录进行公告。未受到行政处理的水利建设市场主体的不良信用信息，可在公告平台后台保存(备查)。

第九条　水利建设市场主体信用信息管理，实行实时更新制度。

水利建设市场主体基本信息，发布时间为长期；良好行为记录信息，发布期限为3年；不良行为记录信息，发布期限不少于6个月，但法律、法规另有规定的，从其规定。

1F－431140　水利建设市场主体不良行为记录公告暂行办法

《水利建设市场主体不良行为记录公告暂行办法》(水建管〔2009〕518号，简称《办法》)对水利建设市场主体不良行为记录公告办法作出规定。《办法》主要条文如下：

第五条　水利部、水利部在国家确定的重要江河湖泊设立的流域管理机构(以下简称流域管理机构)和省级人民政府水行政主管部门(以下统称公告部门)，负责水利建设市场主体不良行为记录公告的管理。

水利部，负责制定全国水利建设市场主体不良行为记录公告管理的相关规定；建立全国水利建设市场主体不良行为记录公告平台，并负责公告平台的日常维护。

各流域管理机构和各省级人民政府水行政主管部门按照规定的职责分工，建立水利建设市场主体不良行为记录公告平台，并负责公告平台的日常维护。

第六条　水利建设市场主体不良行为记录公告，应坚持“准确、及时、客观”的原则。

第八条　公告部门应自不良行为行政处理决定作出之日起20个工作日内，对外进行记录公告。

流域管理机构和省级人民政府水行政主管部门公告不良行为行政处理决定，应同时抄报水利部。

第九条　对不良行为作出以下行政处理决定，应给予公告：

(一)警告；

(二)通报批评；

(三)罚款；

(四)没收违法所得;

(五)暂停或者取消招标代理资格;

(六)降低资质等级;

(七)吊销资质证书;

(八)责令停业整顿;

(九)吊销营业执照;

(十)取消在一定时期内参加依法必须进行招标项目的投标资格;

(十一)暂停项目执行,或追回已拨付资金;

(十二)暂停安排国家建设资金;

(十三)暂停建设项目的审查、批准;

(十四)取消担任评标委员会成员的资格;

(十五)责令停止执业;

(十六)注销注册证书;

(十七)吊销执业资格证书;

(十八)公告部门或其他相关部门依法作出的其他行政处理决定。

第十条 不良行为记录公告基本内容为:被处理水利建设市场主体的名称(或姓名)及违法行为,处理依据,处理决定,处理时间,作出处理决定的机关等。

公告部门可将不良行为行政处理决定书直接进行公告。

第十一条 不良行为记录,公告期限为6个月;公告期满后,转入后台保存。

依法限制水利建设市场主体资质、资格等方面的行政处理决定,所认定的限制期限长于6个月的,公告期限从其决定。

《办法》以附件形式,对包括建设单位、勘察单位、设计单位、施工单位等在内的水利建设市场主体的不良行为记录认定标准作出规定。其中,施工单位在资质管理、招标投标、质量安全等方面发生的下列行为,被认定为不良行为:

(1)资质管理方面

1)超越本单位资质等级承揽工程的;

2)未取得资质证书而承揽工程的;

3)以欺骗手段取得资质证书,而后承揽工程的;

4)允许其他单位或者个人以本单位名义承揽工程的。

(2)招标投标方面

1)相互串通投标或者与招标人串通投标,以及以向招标人或者评标委员会成员行贿的手段谋取中标的;

2)投标人以他人名义投标,或者以其他方式弄虚作假、骗取中标的;

3)中标人将中标项目转让给他人,或将中标项目肢解后分别转让给他人;违反《招标投标法》规定,将中标项目的部分主体工作或关键性工作分包给他人,或者分包人再次分包的;

4)非因不可抗力原因,中标人不按照与招标人订立的合同履行义务的。

(3)质量安全方面

1)在施工中偷工减料,使用不合格的建筑材料、建筑构配件和设备,或者有不按照工程设计图纸或者施工技术标准施工的其他行为的;

2)未对建筑材料、建筑构(配)件、设备和商品混凝土进行检验,或者未对涉及结构安全的试块、试件以及有关材料取样检测的;

3)不履行保修义务,或者拖延履行保修义务的;

4)发生重大工程质量事故,隐瞒不报、谎报或者拖延报告期限的;

5)不接受水利工程质量监督机构监督的;

6)经水利工程质量监督机构核定,工程质量等级为不合格或工程需加固或拆除的;

7)竣工工程质量不符合国家和水利行业现行的工程标准及设计文件要求的;

8)未向项目法人(建设单位)提交完整的技术档案、试验成果及有关资料的;

9)由于施工单位责任造成质量事故的;

10)不依照《安全生产法》的规定保证安全生产所必需的资金投入,致使生产经营单位不具备安全生产条件的;

11)未按照规定设立安全生产管理机构或者配备安全生产管理人员的;

12)主要负责人和安全生产管理人员未按照规定经考核合格的;

13)未按照规定对从业人员进行安全生产教育和培训,或者未按照规定如实告知从业人员有关安全生产事项的;

14)特种作业人员未按照规定经专门的安全作业培训并取得特种作业操作资格证书,上岗作业的;

15)未在有较大危险因素的生产经营场所和有关设施、设备上设置明显的安全警示标志的;

16)安全设备的安装、使用、检测、改造、报废等,不符合国家标准或者行业标准的;

17)未对安全设备进行经常性维护、保养和定期检测的;

18)未为从业人员提供符合国家标准或者行业标准的劳动防护用品的;

19)特种设备以及危险物品的容器及运输工具,未经取得专业资质的机构检测、检验合格并取得安全使用证或者安全标志,投入使用的;

20)使用国家明令淘汰或禁止使用的危及生产安全的工艺、设备的;

21)生产、经营、储存、使用危险物品,未建立专门安全管理制度、未采取可靠的安全措施或者不接受有关主管部门依法实施的监督管理的;

22)对重大危险源未登记建档,或者未进行评估、监控,或者未制定应急预案的;

23)进行爆破、吊装等危险作业,未安排专门管理人员进行现场安全管理的;

24)生产、经营、储存及使用危险物品的车间、商店及仓库,与员工宿舍在同一座建筑内或者与员工宿舍的距离不符合安全要求的;

25)生产经营场所和员工宿舍未设有符合紧急疏散需要、标志明显、保持畅通的出口,或者封闭、堵塞生产经营场所或者员工宿舍出口的;

26)与从业人员订立协议,免除或者减轻其对从业人员因生产安全事故伤亡依法应承担的责任的;

27)未按照国家有关规定在施工现场设置消防通道和消防水源、配备消防设施和灭

火器材的;

28)未按照规定在施工起重机械和整体提升式脚手架以及模板等自升式架设的设施验收合格后登记的;

29)挪用列入建设工程概算中的安全生产作业环境及安全施工措施所需费用的;

30)施工前未对有关安全施工的技术要求向作业人员作出详细说明的;

31)未在施工现场根据不同施工阶段、周围环境以及季节与气候的变化采取相应的安全施工措施,或者城市市区内的建设工程施工现场未实行封闭围挡的;

32)在尚未竣工的建筑物内设置员工集体宿舍的;

33)施工现场临时搭建的建筑物不符合安全使用要求的;

34)未对可能因建设工程施工造成损害的毗邻建筑物及构筑物、地下管线等采取专项防护措施的;

35)安全防护用具、机械设备、施工机具及配件,在进入施工现场前未经查验,或者查验不合格即投入使用的;

36)使用未经验收(或者经验收不合格)的施工起重机械及整体提升式脚手架以及模板等自升式架设的设施的;

37)委托不具有相应资质的单位承担施工现场安装、拆卸施工起重机械及整体提升式脚手架以及模板等自升式架设的设施的;

38)在施工组织设计中未编制安全技术措施、专项施工方案或者施工现场临时用电方案的;

39)取得资质证书后,降低安全生产条件的;

40)未取得安全生产许可证,擅自进行生产的;

41)安全生产许可证有效期满,未办理延期手续,继续进行生产的;

42)转让安全生产许可证的;

43)冒用安全生产许可证,或者使用伪造的安全生产许可证的。

(4)其他方面

克扣或者无故拖欠劳动者工资的。

1F-431150 水利建设市场主体信用评价暂行办法

《水利建设市场主体信用评价暂行办法》(中水协〔2009〕39号)对水利建设市场主体信用评价办法作出规定。其相关条文如下:

第四条 信用评价,遵循公开、公正、公平和科学的原则。

第五条 中国水利工程协会负责制定水利建设市场主体信用等级评价标准,并组织开展水利建设市场主体信用评价工作;对水利建设市场主体信用行为实行行业自律管理。

第八条 水利建设市场主体信用等级,分为诚信(AAA级、AA级、A级)、守信(BBB级)、失信(CCC级)共三等、五级。

AAA级,表示信用很好;AA级,表示信用好;A级,表示信用较好;BBB级,表示信用一般;CCC级,表示信用差。

第九条 水利建设市场主体信用评价标准,由基础管理、经营效益、市场行为、工程服务、品牌形象、信用记录共六个指标体系、三十项指标组成；按各自所占权重分别赋分；合计为100分。

第十条　信用等级评价，分值为91～100分的，为AAA级；81～90分的，为AA级；71～80分的，为A级；61～70分的，为BBB级；60分以下的，为CCC级。

第十二条　申请信用等级评价，应提交以下资料：

（一）信用评价申请书；

（二）营业执照、组织机构代码证书、资质等级证书、安全生产许可证、管理体系认证证书等；

（三）近三年内获得的荣誉证书、获奖证书等；

（四）本单位信用管理制度以及合同管理制度；

（五）近两个会计年度的资产负债表、利润表及现金流量表；

（六）近三年内承建或参建工程的情况，包括质量、安全、履约等方面情况和工程在流域及地区内的分布情况等；

（七）其他相关材料。

第十六条　一次信用评价结果，有效期为三年。到期后，进行复查。经复查合格的，继续享有原信用等级；不合格的，根据实际情况，调整其信用等级。

水利建设市场主体取得信用等级一年后，可申请信用等级升级。

1F－431160　建筑业企业资质管理规定

《建筑业企业资质管理规定》（建设部令第159号）对建筑业企业资质作出规定。其相关条文如下：

第三条　建筑业企业，应当按照其拥有的注册资本、专业技术人员、技术装备和已完成的建筑工程业绩等条件申请资质，经审查合格，取得建筑业企业资质证书后，方可在资质许可的范围内从事建筑施工活动。

第四条　国务院建设主管部门负责全国建筑业企业资质的统一监督管理。国务院铁路、交通、水利、信息产业、民航等有关部门配合国务院建设主管部门实施相关资质类别建筑业企业资质的管理工作。

省、自治区、直辖市人民政府建设主管部门负责本行政区域内建筑业企业资质的统一监督管理。省、自治区、直辖市人民政府交通、水利、信息产业等有关部门配合同级建设主管部门，实施本行政区域内相关资质类别建筑业企业资质的管理工作。

第五条　建筑业企业资质，分为施工总承包、专业承包和劳务分包三个序列。

第六条　取得施工总承包资质的企业（以下简称施工总承包企业），可以承接施工总承包工程。施工总承包企业可以对所承接的施工总承包工程内各专业工程全部自行施工，也可以将专业工程或劳务作业依法分包给具有相应资质的专业承包企业或劳务分包企业。

取得专业承包资质的企业（以下简称专业承包企业），可以承接施工总承包企业分包的专业工程和建设单位依法发包的专业工程。专业承包企业可以对所承接的专业工程全部自行施工，也可以将劳务作业依法分包给具有相应资质的劳务分包企业。

取得劳务分包资质的企业(以下简称劳务分包企业),可以承接施工总承包企业或专业承包企业分包的劳务作业。

第七条 施工总承包、专业承包、劳务分包等资质序列,按照工程性质和技术特点,分别划分为若干资质类别。各资质类别,按照规定的条件,划分为若干资质等级。

第八条 建筑业企业资质等级标准和各类别、各资质等级企业承担工程的具体范围,由国务院建设主管部门会同国务院有关部门制定。

第九条 下列建筑业企业资质的许可,由国务院建设主管部门实施:

(一)施工总承包序列特级、一级资质;

(二)国务院国有资产管理部门直接监管的企业及其下属一层级的企业的施工总承包二级、三级资质;

(三)水利、交通、信息产业方面的专业承包序列一级资质;

(四)铁路、民航方面的专业承包序列一级、二级资质;

(五)公路交通工程、城市轨道交通等的专业承包不分等级资质。

第十条 下列建筑业企业资质许可,由企业工商注册所在地省、自治区、直辖市人民政府建设主管部门实施:

(一)施工总承包序列二级资质(不含国务院国有资产管理部门直接监管的企业及其下属一层级的企业的施工总承包序列二级资质);

(二)专业承包序列一级资质(不含铁路、交通、水利、信息产业、民航方面的专业承包序列一级资质);

(三)专业承包序列二级资质(不含民航、铁路方面的专业承包序列二级资质);

(四)专业承包序列的不分等级资质(不含公路交通工程专业承包序列和城市轨道交通专业承包序列的不分等级资质)。

第十一条 下列建筑业企业资质许可,由企业工商注册所在地设区的市人民政府建设主管部门实施:

(一)施工总承包序列三级资质(不含国务院国有资产管理部门直接监管的企业及其下属一层级的企业的施工总承包三级资质);

(二)专业承包序列三级资质;

(三)劳务分包序列资质;

(四)燃气燃烧器具安装、维修企业资质。

第十二条 建筑业企业资质证书,分为正本和副本;正本一份,副本若干份,由国务院建设主管部门统一印制;正、副本具备同等法律效力。资质证书有效期为 5 年。

第十三条 建筑业企业,可以申请一项或多项建筑业企业资质;申请多项建筑业企业资质的,应当选择等级最高的一项资质为企业主项资质。

第十六条 资质有效期届满,企业需要延续资质证书有效期的,应当在资质证书有效期届满 60 日前,申请办理资质延续手续。

对在资质有效期内遵守有关法律、法规、规章及技术标准,信用档案中无不良行为记录,且注册资本、专业技术人员等均满足资质标准要求的企业,经资质许可机关同意,有效期延续 5 年。

第十七条 建筑业企业在资质证书有效期内,名称、地址、注册资本、法定代表人等发生变更的,应当在工商部门办理变更手续后30日内办理资质证书变更手续。

第十九条 企业首次申请以及增项申请建筑业企业资质的,不考核企业工程业绩;其资质等级,按照最低资质等级核定。

1F－431170 建筑业企业资质管理规定实施意见

《建筑业企业资质管理规定实施意见》(建市〔2007〕241号)就《建筑业企业资质管理规定》实施提出指导意见。其相关内容如下:

(一)依法取得工商行政管理部门颁发的企业法人营业执照的企业,在中华人民共和国境内从事土木工程、建筑工程、线路管道设备安装工程、装修工程等的新建、扩建、改建等活动,应当申请建筑业企业资质。

(七)选择总承包序列某一类别资质作为本企业主项资质的,可申请总承包序列内各类别资质。取得施工总承包资质的企业,不再申请总承包资质覆盖范围内的各专业承包类别资质,即可承揽专业承包工程。总承包企业投标或承包其总承包类别资质覆盖范围以外的专业工程,须具备相应的专业承包类别资质;总承包企业不得申请劳务分包类别资质。

(二十六)建筑业企业资质证书,由建设部统一制定;实行全国统一编码。

(二十七)建筑业企业资质证书,包括一个正本和六个副本(特级十二本)。企业因经营需要申请增加资格证书副本数量的,应持增加申请、企业法人营业执照副本、资格证书副本到原发证机关办理,最多增加三本(特级不超过六本)。

(二十八)各级建设主管部门依法颁发的企业资质证书,在全国范围内有效。

(二十九)企业遗失资质证书,可以申请补办。

(三十一)施工总承包特级资质证书。

1. 取得施工总承包序列中某一类别特级资质的企业,核发本类别建筑业企业特级资质证书;同时,核发某一相应行业的工程设计甲级资质证书。

2. 取得房屋建筑、公路、铁路、市政公用、港口与航道、水利水电等类别中任意一类施工总承包特级资质,同时取得其他两类施工总承包一级及以上资质的企业,对其达到特级标准的类别,核发建筑业企业特级资质证书和相应行业的行业甲级设计证书,并在建筑业企业资质证书上注明可承接上述其他类别的各类工程施工总承包、工程总承包和项目管理及开展设计主导专业人员齐备的施工图设计业务;同时,不再授予其房屋建筑、公路、铁路、市政公用、港口航道、水利水电等类别的一级及以下施工总承包资质。

(三十二)资质证书有效期为5年。

有效期的起始时间:以企业首次取得最高等级主项资质的日期为资质证书有效期计算起始时间。企业资质发生变更的,有效期不变;其中,涉及主项升级,或分立、合并事项的,以新批准时间作为有效期的起始日。

(四十二)涉及铁道、交通、水利、信息产业、民航等方面资质的界定。

涉及水利方面的资质包括:水利水电工程施工总承包(水利专业)企业资质、水工建筑物基础处理工程专业承包企业资质、水工金属结构制作与安装工程专业承包企业资质、河湖整治工程专业承包企业资质、堤防工程专业承包企业资质、水利水电机电设备安装工程专业承包(水利专业)企业资质、水工大坝工程专业承包企业资质、水工隧洞工程专业承包企业资质。

1F－431180 建筑业企业资质等级标准

《建筑业企业资质等级标准》(建建〔2001〕82号)对建筑业企业资质等级标准作出规定(其中,施工总承包企业特级资质标准同时应遵守《施工总承包企业特级资质标准》(建市〔2007〕72号)的规定)。其相关内容如下:

水利水电施工总承包企业资质,分为特级、一级、二级、三级共四个等级。其承包工程范围分别如下:

特级企业:可承担各种类型水利水电工程及辅助生产设施的建筑、安装和基础工程的施工。

一级企业:可承担单项合同额不超过企业注册资本金5倍的各种类型水利水电工程及辅助生产设施的建筑、安装和基础工程的施工。工程内容包括:不同类型的大坝、电站厂房、引水和泄水建筑物、通航建筑物、基础工程、导截流工程、砂石料生产、水轮发电机组、输变电工程的建筑安装;金属结构制作安装;压力钢管、闸门制作安装;堤防加高加固、泵站、涵洞、隧道、施工公路、桥梁、河道疏浚、灌溉、排水工程施工。

二级企业:可承担单项合同额不超过企业注册资本金5倍的下列工程的施工:库容1亿m^3、装机容量100 MW及以下水利水电工程及辅助生产设施的建筑、安装和基础工程施工。工程内容包括:不同类型的大坝、电站厂房、引水和泄水建筑物、通航建筑物、基础工程、导截流工程、砂石料生产、水轮发电机组、输变电工程的建筑安装;金属结构制作安装;压力钢管、闸门制作安装;堤防加高加固、泵站、涵洞、隧道、施工公路、桥梁、河道疏浚、灌溉、排水工程施工。

三级企业:可承担单项合同额不超过企业注册资本金5倍的下列工程的施工:库容1000万m^3、装机容量10 MW及以下水利水电工程及辅助生产设施的建筑、安装和基础工程施工。工程内容包括:不同类型的大坝、电站厂房、引水和泄水建筑物、通航建筑物、基础工程、导截流工程、砂石料生产、水轮发电机组、输变电工程的建筑安装;金属结构制作安装;压力钢管、闸门制作安装;堤防加高加固、泵站、涵洞、隧道、施工公路、桥梁、河道疏浚、灌溉、排水工程施工。

水工建筑物基础处理工程专业承包资质,分为一级、二级、三级共三个等级。其承包工程范围分别如下:

一级企业:可承担各类水工建筑物基础处理工程的施工。

二级企业:可承担单项合同额1500万元以下的水工建筑物基础处理工程的施工。

三级企业:可承担单项合同额500万元以下的水工建筑物基础处理工程的施工。

水工金属结构制作与安装工程专业承包企业资质,分为一级、二级、三级共三个等级。其承包工程范围分别如下:

一级企业:可承担各类钢管、闸门、拦污栅等水工金属结构工程的制作、安装及启闭机的安装。

二级企业:可承担单项合同额不超过企业注册资本金5倍的大型及以下钢管、闸门、拦污栅等水工金属结构工程的制作、安装及启闭机的安装。

三级企业:可承担单项合同额不超过企业注册资本金5倍的中型及以下压力钢管、闸门、拦污栅等水工金属结构工程的制作、安装及启闭机的安装。

水利水电机电设备安装工程专业承包企业资质,分为一级、二级、三级共三个等级。其承包工程范围分别如下:

一级企业:可承担各类水电站、泵站主机(各类水轮发电机组、水泵机组)及其附属设备和水电(泵)站电气设备的安装工程。

二级企业:可承担单项合同额不超过企业注册资本金5倍的单机容量100 MW及以下的水电站、单机容量1000 kW及以下的泵站主机及其附属设备和水电(泵)站电气设备的安装工程。

三级企业:可承担单项合同额不超过企业注册资本金5倍的单机容量25 MW及以下的水电站、单机容量500 kW及以下的泵站主机及其附属设备和水电(泵)站电气设备的安装工程。

河湖整治工程专业承包企业资质,分为一级、二级、三级共三个等级。其承包工程范围分别如下:

一级企业:可承担各类河道、湖泊的河势控导、险工处理、疏浚、填塘固基工程的施工。

二级企业:可承担单项合同额不超过企业注册资本金5倍的2级及以下堤防相对应的河道、湖泊的河势控导、险工处理、疏浚、填塘固基工程的施工。

三级企业:可承担单项合同额不超过企业注册资本金5倍的3级及以下堤防相对应的河湖疏浚整治工程及一般吹填工程的施工。

堤防工程专业承包企业资质,分为一级、二级、三级共三个等级。其承包工程范围分别如下:

一级企业:可承担各类堤防的堤身填筑、堤身整险加固、防渗导渗、填塘固基、堤防水下工程、护坡护岸、堤顶硬化、堤防绿化、生物防治和穿堤、跨堤建筑物(不含单独立项的分洪闸、进水闸、排水闸、挡潮闸等)工程的施工。

二级企业:可承担单项合同额不超过企业注册资本金5倍的2级及以下堤防的堤身填筑、堤身整险加固、防渗导渗、填塘固基、堤防水下工程、护坡护岸、堤顶硬化、堤防绿化、生物防治和2级及以下穿堤、跨堤建筑物(不含单独立项的分洪闸、进水闸、排水闸、挡潮闸等)工程的施工。

三级企业:可承担单项合同额不超过企业注册资本金5倍的3级及以下堤防的堤身填筑、堤身整险加固、防渗导渗、填塘固基、堤防水下工程、护坡护岸、堤顶硬化、堤防绿化、生物防治和3级及以下穿堤、跨堤建筑物工程的施工。

水工大坝工程专业承包企业资质,分为一级、二级、三级共三个等级。其承包工程范围分别如下:

一级企业:可承担各类坝型的坝基处理、永久和临时水工建筑物及其辅助生产设施的施工。

二级企业:可承担单项合同额不超过企业注册资本金5倍、70 m高及以下各类坝型的坝基处理、永久和临时水工建筑物及其辅助生产设施的施工。

三级企业:可承担单项合同额不超过企业注册资本金5倍、50 m高及以下各类坝型的坝基处理、永久和临时水工建筑物及其辅助生产设施的施工。

水工隧洞工程专业承包企业资质,分为一级、二级、三级共三个等级。其承包工程范围分别如下:

一级企业:可承担各类有压(或明流)隧洞工程和与其相应的进(出)口工程的开挖、临时与永久支护、回填与固结灌浆、金属结构预埋件等工程,以及其辅助生产设施的施工。

二级企业:可承担单项合同额不超过企业注册资本金5倍的过流断面不大于50 m^2的各类有压(或明流)隧洞工程和与其相应的进(出)口工程的开挖、临时与永久支护、回填与固结灌浆、金属结构预埋件等工程,以及其辅助生产设施的施工。

三级企业:可承担单项合同额不超过企业注册资本金5倍的过流断面不大于28 m^2的各类有压(或明流)隧洞工程和与其相应的进(出)口工程的开挖、临时与永久支护、回填与固结灌浆、金属结构预埋件等工程,以及其辅助生产设施的施工。

1F-431190 水利建设工程施工分包管理规定

《水利建设工程施工分包管理规定》(水建管〔2005〕304号)对水利建设工程施工分包管理作出规定。其有关条文如下:

第四条 本规定所称施工分包,是指施工企业将其所承包的水利工程中的部分工程发包给其他施工企业,或者将劳务作业发包给其他企业或组织完成的活动,但仍需履行并承担与项目法人所签合同中确定的责任和义务。

第五条 水利工程施工分包,按其性质,分为工程分包和劳务作业分包两类。

本规定所称工程分包,是指承包人将其所承包工程中的部分工程发包给具有与分包工程相应资质的其他施工企业完成的活动。

本规定所称劳务作业分包,是指承包人将其承包工程中的劳务作业发包给其他企业或组织完成的活动。

本规定所称承包人,是指已由发包人授标,并与发包人正式签署协议书的企业或组织以及取得该企业或组织资格的合法继承人。

本规定所称分包人,是指从承包人处分包某一部分工程或劳务作业的企业或组织。

第六条 水利建设工程主要建筑物的主体结构,不得进行工程分包。

本规定所称主要建筑物,是指失事以后将造成下游灾害或严重影响工程功能和效益的建筑物,如堤坝、泄洪建筑物、输水建筑物、电站厂房和泵站等。

主要建筑物的主体结构,由项目法人在招标文件中,或要求设计单位在设计文件中明确。

第七条 承揽工程分包的分包人,必须具有与所分包承建的工程相应的资质,并在其资质等级许可范围内承揽业务。

第八条 工程分包,应在施工承包合同中约定,或经项目法人书面认可。

劳务作业分包,由承包人与分包人通过劳务合同约定。

分包人必须自行完成所承包的任务。

第九条　在合同实施过程中，有下列情况之一的，项目法人可向承包人推荐分包人：

（一）由于重大设计变更导致施工方案重大变化，致使承包人不具备相应的施工能力；

（二）由于承包人原因，导致施工工期拖延，承包人无力在合同规定的期限内完成合同任务；

（三）项目有特殊技术要求、特殊工艺，或涉及专利权保护的。

如承包人同意，则承包人应与分包人签订分包合同，并对该推荐分包人的行为负全部责任；如承包人拒绝，则可由承包人自行选择分包人，但需经项目法人书面认可。

第十条　项目法人一般不得直接指定分包人；但在合同实施过程中，如承包人无力在合同规定的期限内完成合同中的应急防汛、抢险等危及公共安全和工程安全的项目，项目法人经项目上级主管部门同意，可根据工程技术、进度的要求，对该应急防汛、抢险等项目的部分工程指定分包人。

非因承包人原因形成指定分包条件的，项目法人的指定分包不得增加承包人的额外费用；因承包人原因形成指定分包条件的，承包人应负责因指定分包增加的相应费用。

由指定分包人造成的与其分包工作有关的一切索赔、诉讼和损失赔偿，由指定分包人直接对项目法人负责，承包人不对此承担责任。职责划分，可由承包人与项目法人签订协议明确。

第十一条　承包人与分包人应当依法签订分包合同，并履行合同约定的义务。分包合同，必须遵循承包合同的各项原则，并满足承包合同中技术、经济条款的要求。

承包人应在分包合同签订后7个工作日内，将分包合同送发包人备案。

第十二条　发包人或其委托的监理单位，要对承包人与分包人所签订分包合同的实施情况进行监督检查。

第十三条　除本规定第十条规定的指定分包外，承包人就其分包项目的实施以及分包人的行为，向发包人负全部责任。

承包人应对分包项目的工程进度、质量、安全、计量和验收等，实施监督和管理。

第十四条　分包人应当按照分包合同的约定，就其分包工程向承包人负责；接受承包人对分包项目工程进度、质量、安全、计量和验收所进行的监督和管理。

承包人和分包人就分包项目，对发包人承担连带责任。

第十五条　承包人和分包人应当设立项目管理机构，组织并开展对所承包或分包工程的施工管理活动。

项目管理机构，应当具有与所承担工程的规模、技术复杂程度相适应的技术、经济管理人员。其中，项目负责人、技术负责人、财务负责人、质量管理人员、安全管理人员等，必须是本单位人员。

第十六条　禁止将承包的工程进行转包。

承包人有下列行为之一者，属转包：

（一）承包人未在施工现场设立项目管理机构和派驻相应管理人员，并未对该工程的施工活动（包括工程质量、进度、安全、财务等）进行组织及管理的；

（二）承包人将其承包的全部工程发包给他人，或者将其承包的全部工程肢解后以分包的名义分别发包给他人的。

第十七条 禁止将承包的工程进行违法分包。

承包人有下列行为之一者,属违法分包:

(一)承包人将工程分包给不具备相应资质条件的分包人的;

(二)将主要建筑物主体结构工程进行分包的;

(三)施工承包合同中未有约定,又未经项目法人书面认可,承包人将工程分包给他人的;

(四)分包人将工程再次分包的;

(五)法律、法规、规章规定的其他违法分包工程的行为。

第十八条 禁止通过出租、出借资质证书承揽工程或允许他人以本单位名义承揽工程。

下列行为,视为允许他人以本单位名义承揽工程:

(一)投标人法定代表人的授权代表人不是投标人本单位人员;

(二)承包人在施工现场所设项目管理机构的项目负责人、技术负责人、财务负责人、质量管理人员、安全管理人员等,不是工程承包人本单位人员。

第十九条 本规定所指本单位人员,必须同时满足以下条件:

(一)聘用合同,必须由承包人单位与之签订;

(二)与承包人单位有合法的工资关系;

(三)承包人单位为其办理社会保险关系,或具有其他有效证明其为承包人单位人员身份的文件。

第二十条 设备租赁和材料委托采购,不属于分包、转包管理范围。承包人可以自行进行设备租赁或材料委托采购,但应对设备或材料的质量负责。

1F-432000 标准文件

1F-432010 水利水电工程标准施工招标资格预审文件

《水利水电工程标准施工招标资格预审文件》(2009年版,简称《文件》)是供招标人编制资格预审文件时使用的标准文本。

水利部《关于印发水利水电工程标准施工招标资格预审文件和水利水电工程标准施工招标文件的通知》指出,招标人在编制资格预审文件时,对《文件》中的“申请人须知”(申请人须知前附表及附件格式除外)、“资格审查办法”(资格审查办法前附表及附件格式除外)应不加修改地引用。《文件》中的其他内容,供招标人在编制资格预审文件时参考使用。

“申请人须知前附表”用于进一步明确“申请人须知”正文中的未尽事宜,招标人应结合招标项目具体特点和实际需要编制和填写,但不得与“申请人须知”正文内容相抵触,否则抵触内容无效。

“资格审查办法前附表”用于进一步补充、明确资格审查的因素、标准。招标人应根据招标项目具体特点和实际需要,详细列明资格审查办法正文之外的审查因素、标准;没有列明的因素和标准,不得作为资格审查的依据。

《文件》中须不加修改引用的内容,如确因工程条件特殊而需要改动,应按项目隶属关系,报项目主管部门批准。

按《文件》“使用说明”的要求,《文件》中遇有以空格(加下划线)标示之处,招标人应根据招标项目具体特点和实际需要填写;确实不需要填写具体内容时,可在空格中以“/”标示。

“使用说明”指出,第1章“资格预审公告”的文本格式,供招标人在编制资格预审文件第1章时参考。《资格预审公告》经发布后,应将其编入资格预审文件中,用作“资格预审邀请书”。“资格预审公告”中应同时注明资以发布该公告的所有媒介的名称。

第2章“申请人须知”正文后以附件形式提供了供招标人在编制资格预审文件时参考使用的七种常用格式文件(往来函件)的样式。

《文件》中以“第3章”的相同序号,分别编印了“合格制”和“有限数量制”两种资格审查办法。招标人宜根据招标项目具体特点和实际需要,选择两者之一作为资格预审文件“资格审查办法”一章的内容。《文件》中,“资格审查办法”正文后以附件形式提供了供招标人参考使用的两种常用格式文件(往来函件)的样式。“使用说明”指出,鼓励招标人在选择资格审查办法时采用合格制。

第4章“资格预审申请文件格式”,供招标人在编制资格预审文件第4章时参考使用。

《文件》提供的《资格预审文件》封面格式为,在“________(项目名称)________(标段名称)资格预审文件”标题下,填记合同编号,下方署招标人名称及日期,并加盖单位章。

1F－432011　资格预审公告

第1章“资格预审公告”,包括招标条件、项目概况与招标范围、申请人资格要求、资格预审方法、资格预审文件的获取、资格预审申请文件的递交、发布公告的媒介以及联系方式等内容。

(1)招标条件。主要说明本招标项目由何项目审批、核准或备案机关以何批文号批准建设,建设资金来源,项目出资比例,项目法人、项目代建机构、招标人以及招标代理机构名称,并说明项目已具备招标条件,现对本项目施工进行公开招标,特邀请对本项目有兴趣的潜在投标人(简称申请人)提出资格预审申请。

(2)项目概况与招标范围。说明本次招标项目的建设地点、规模、计划工期、招标范围、标段划分以及相应计划工期等。

(3)申请人资格要求。说明本次资格预审要求申请人具备何种资质、何种业绩,并在人员、设备、资金等方面具有承担本标段施工的能力。同时,说明本次资格预审接受或不接受联合体资格预审申请,以及联合体申请资格预审时应满足的要求。

(4)资格预审方法。说明本次资格预审采用合格制或有限数量制。

(5)资格预审文件的获取。说明请申请人于何年何月何日至何年何月何日(法定公休日、法定节假日除外),每日上午几时至几时,下午几时至几时(北京时间),派代表持单位介绍信在何地点购买资格预审文件;资格预审文件每套售价,并说明售后不退。

(6)资格预审申请文件的递交。说明递交资格预审申请文件截止时间及递交地点。同时,说明逾期送达或者未送达指定地点的资格预审申请文件,招标人不予受理。

(7)发布公告的媒介。说明本资格预审公告同时在何媒介上发布。

(8)联系方式。说明招标人和招标代理机构的详细联系方式。

1F－432012　申请人须知

第2章"申请人须知"正文前为"申请人须知前附表",如表1F－432012所示。

申请人须知前附表　　表1F－432012

条款号	条款名称	编列内容
第(1)条第1)款第②项	招标人	
第(1)条第1)款第③项	招标代理机构	
第(1)条第1)款第④项	项目名称	
第(1)条第1)款第⑤项	建设地点	
第(1)条第1)款第⑥项	现场管理机构	
第(1)条第1)款第⑦项	设计人	
第(1)条第1)款第⑧项	监理人	
第(1)条第1)款第⑨项	代建机构	
第(1)条第2)款第①项	资金来源	
第(1)条第2)款第②项	出资比例	
第(1)条第2)款第③项	资金落实情况	
第(1)条第3)款第①项	招标范围	
第(1)条第3)款第②项	计划工期	计划工期:______日历天 计划开工日期:____年__月__日 计划完工日期:____年__月__日
第(1)条第3)款第③项	质量要求	
第(1)条第4)款第①项	申请人资质条件、能力和信誉	资质条件: 财务要求: 业绩要求: 信誉要求: 项目经理(建造师,下同)资格: 技术负责人资格: 其他要求:
第(1)条第4)款第②项	是否接受联合体资格预审申请	□不接受 □接受,应满足下列要求:

续表

条款号	条款名称	编列内容
第(3)条第1)款第①项	申请人需补充的其他材料	
第(4)条第2)款第①项	申请截止时间	
第(4)条第2)款第②项	递交资格预审申请文件的地点	
第(5)条第1)款第②项	投标资格审查委员会人数	
第(5)条第2)款	资格审查方法	
第(6)条第1)款	资格预审结果的通知时间	
(9)	需要补充的其他内容	
第(9)条第1)款	类似项目	指签约合同价(或工程规模)________以上的________、________项目
第(9)条第3)款	原件	□提交 □不提交
…		…

(1)总则

1)项目概况

①根据《中华人民共和国招标投标法》等有关法律、法规和规章的规定,本招标项目已具备招标条件,现进行公开招标,特邀请有兴趣承担本标段的申请人提出资格预审申请。

②本招标项目招标人:见“申请人须知前附表”。

③本标段招标代理机构:见“申请人须知前附表”。

④本招标项目名称:见“申请人须知前附表”。

⑤本标段建设地点:见“申请人须知前附表”。

⑥本招标项目现场管理机构:见“申请人须知前附表”。

⑦本招标项目设计人:见“申请人须知前附表”。

⑧本招标项目监理人:见“申请人须知前附表”。

⑨本招标项目代建机构:见“申请人须知前附表”。

2)资金来源和落实情况

①本招标项目的资金来源:见“申请人须知前附表”。

②本招标项目的出资比例:见“申请人须知前附表”。

③本招标项目的资金落实情况:见“申请人须知前附表”。

3)招标范围、计划工期和质量要求

①本次招标范围:见“申请人须知前附表”。

②本标段的计划工期:见“申请人须知前附表”。

③本标段的质量要求:见“申请人须知前附表”。

4)申请人资格要求

①申请人应具备承担本标段施工的资质条件、能力和信誉。

Ⅰ.资质条件:见“申请人须知前附表”。

Ⅱ.财务要求:见“申请人须知前附表”。

Ⅲ.业绩要求:见“申请人须知前附表”。

Ⅳ.信誉要求:见“申请人须知前附表”。

Ⅴ.项目经理资格:见“申请人须知前附表”。

Ⅵ.其他要求:见“申请人须知前附表”。

②“申请人须知前附表”中规定接受联合体资格预审申请的,联合体申请人除应符合第(1)条第4)款第①项及“申请人须知前附表”中的要求外,还应遵守以下规定:

Ⅰ.联合体各方必须按资格预审文件中提供的格式签订联合体协议书,明确联合体牵头人和各方的权利、义务;

Ⅱ.由同一专业的不同单位组成的联合体,按照资质等级较低单位的资质确定联合体资质等级;

Ⅲ.已通过资格预审的联合体,其成员组成及各方职责、财务能力、信誉等资格条件不得改变;

Ⅳ.联合体各方不得再以自己名义单独或加入其他联合体而在同一标段中参加资格预审。

③申请人不得存在下列情形之一:

- 为招标人不具有独立法人资格的附属机构(或单位);
- 为本标段招标提供设计或咨询服务的(属设计施工总承包的除外);
- 为本标段的监理人;
- 为本标段的代建人;
- 为本标段提供招标代理服务的;
- 与本标段的监理人(或代建人、招标代理机构)同为一个法定代表人的;
- 与本标段的监理人(或代建人、招标代理机构)相互控股(或参股)的;
- 与本标段的监理人(或代建人、招标代理机构)相互任职(或工作)的;
- 被责令停业的;
- 被暂停(或取消)投标资格的;
- 财产被接管(或被冻结)的;
- 在最近三年内有骗取中标(或严重违约)行为或出现过重大工程质量问题的。

5)语言文字

除专用术语外,往来文件均使用中文(用其他语言表示的专用术语,必要时,也应附有中文注释)。

6)费用承担

申请人准备和参加资格预审,发生的费用自理。

(2)资格预审文件

1)资格预审文件的组成

①本次资格预审文件,包括资格预审公告、申请人须知、资格审查办法、资格预审申请文件格式、建设项目概况,以及根据本章第(2)条第2)款(见下文)对资格预审文件所作的澄清和第(2)条第3)款(见下文)对资格预审文件所作的修改。

②当资格预审文件及资格预审文件的澄清(或修改)等在同一内容上的表述不一致时,以最后发出的书面文件为准。

2)资格预审文件的澄清

①申请人应仔细阅读和检查资格预审文件的全部内容。如发现缺页或附件不全,应及时向招标人提出,以便补齐。如有疑问,应在申请截止时间5天前以书面形式(指信函、电报、传真等可以有形表现所载内容的形式,下同)提出澄清申请,要求招标人对资格预审文件予以澄清。

②招标人应在申请截止时间3天前,以书面形式将澄清通知发给所有购买资格预审文件的申请人,但不指明澄清问题的来源。如果澄清通知发出的时间距申请截止时间不足3天,申请截止时间应相应延长。

③申请人收到澄清通知后,应在1天内以书面形式告知招标人,确认已收到该澄清通知。

3)资格预审文件的修改

①在申请截止时间3天前,招标人可以以书面形式通知申请人修改资格预审文件。修改资格预审文件的通知距申请截止时间不足3天的,申请截止时间应相应延长。

②申请人收到招标人的修改通知后,应在1天内以书面形式告知招标人,确认已收到该修改通知。

(3)资格预审申请文件的编制

1)资格预审申请文件的组成

①资格预审申请文件应包括下列内容:

Ⅰ.资格预审申请函;

Ⅱ.法定代表人身份证明或附有法定代表人身份证明的授权委托书;

Ⅲ.联合体协议书;

Ⅳ.申请人基本情况表;

Ⅴ.近年财务状况表;

Ⅵ.近年完成的类似项目情况表;

Ⅶ.正在施工和新承接的项目情况表;

Ⅷ.近年发生的诉讼及仲裁情况;

Ⅸ.其他材料,见“申请人须知前附表”。

②“申请人须知前附表”中规定不接受联合体资格预审申请或申请人没有组成联合体的,资格预审申请文件不包括本章第(3)条第1)款第①项Ⅲ所指的联合体协议书。

2)资格预审申请文件的编制要求

①资格预审申请文件应按第 4 章“资格预审申请文件格式”(见下文)进行编写;如有必要,可以增加附页,并作为资格预审申请文件的组成部分。“申请人须知前附表”规定接受联合体资格预审申请的,本项之后各项规定的表格和资料应包括联合体各方相关情况。

②《法定代表人授权委托书》必须由法定代表人签署。

③“申请人基本情况表”应附申请人营业执照副本及其年检合格的证明材料、资质证书副本和安全生产许可证等材料的复印件。

④“近 3 年财务状况”应附经会计师事务所或审计机构审计的财务会计报表(包括资产负债表、现金流量表、利润表)和财务情况说明书的复印件。

⑤“近 5 年完成的类似项目情况表”应附中标通知书、合同协议书和合同工程完工证书(或工程竣工证书)副本的复印件。每张表格只填写一个项目,并标明序号。

⑥“正在施工和新承接的项目情况表”应附中标通知书和(或)合同协议书复印件。每张表格只填写一个项目,并标明序号。

⑦“近 3 年发生的诉讼及仲裁情况表”应说明有关诉讼及仲裁情况,并附法院或仲裁机构作出的判决、裁决等有关法律文书的复印件。

3)资格预审申请文件的装订、签字

①申请人应按本章第(3)条第 1)款、第 2)款的要求,编制完整的资格预审申请文件,用不褪色的材料书写或打印。资格预审申请文件正本除封面、封底、目录、分隔页外,其余每一页均应加盖申请人单位公章,并由申请人的法定代表人或其委托代理人签字。资格预审申请文件中的任何修改之处应加盖单位公章,或由申请人的法定代表人或其委托代理人签字确认。

②资格预审申请文件正本 1 份,副本 3 份。正本和副本的封面上应清楚地标记“正本”或“副本”字样。当正本同副本不一致时,以正本为准。

③资格预审申请文件正本与副本应采用 A4 纸印刷(图表页可例外),分别装订成册及编制目录和页码,并不得采用活页装订。

(4)资格预审申请文件的递交

1)资格预审申请文件的密封和标识

①资格预审申请文件的正本与副本应分别包装、加贴封条,并在封套的封口处加盖申请人单位章。

②资格预审申请文件的封套上除应清楚地标记“正本”或“副本”字样外,还应写明以下内容:

Ⅰ.所申请标段的名称和合同编号;

Ⅱ.招标人的名称和地址;

Ⅲ.申请人的名称和地址,并加盖单位公章(申请人为联合体形式时,须注明联合体名称及联合体牵头人的名称、地址,加盖联合体牵头人单位公章);

Ⅳ.“在申请截止时间之前不得拆封”的声明。

③未按本章第(4)条第 1)款第①项、第②项要求密封和加写标记的资格预审申请文

件,招标人不予受理。

2)资格预审申请文件的递交

①申请截止时间:见“申请人须知前附表”。

②申请人递交资格预审申请文件的地点:见“申请人须知前附表”。

③除“申请人须知前附表”中另有规定外,申请人所递交的资格预审申请文件不予退还。

④逾期送达或者未送达指定地点的资格预审申请文件,招标人不予受理。

⑤招标人收到资格预审申请文件后,应向申请人出具签收凭证。

(5)资格预审申请文件的审查

1)审查委员会

①资格预审申请文件由招标人组建的审查委员会负责审查。审查委员会的组建办法,参照《中华人民共和国招标投标法》第三十七条的规定。

②审查委员会人数:见“申请人须知前附表”。

2)资格审查

审查委员会根据“申请人须知前附表”中规定的方法和第3章“资格审查办法”(见下文)中规定的审查标准,对所有已受理的资格预审申请文件进行审查。未作规定的方法和标准,不得作为审查时的依据。

(6)通知和确认

1)通知

招标人按“申请人须知前附表”规定的时间要求,将资格预审结果以书面形式通知申请人,并向通过资格预审的申请人发出投标邀请书。

2)解释

申请人书面要求对资格预审结果作出解释的,招标人应予解释,但不保证申请人对解释内容满意。

3)确认

通过资格预审的申请人收到投标邀请书后,应在1天内以书面形式明确表示是否参加投标。在规定时间内未表示是否参加投标或明确表示不参加投标的,不得再参加投标。由此造成潜在投标人数量不足3个的,招标人或重新组织资格预审,或不再组织资格预审而直接招标。

(7)申请人资格改变

通过资格预审的申请人,若组织机构、财务能力或信誉等资格条件发生变化,使其不再实质上满足第3章“资格审查办法”(见下文)规定标准的,其投标不应被接受。

(8)纪律与监督

1)严禁贿赂

严禁申请人向招标人、审查委员会成员和与审查活动有关的其他工作人员行贿;在资格预审期间,不得邀请招标人、审查委员会成员以及与审查活动有关的其他工作人员到申请人单位参观、考察,或邀请其出席由申请人主办或赞助的任何活动。

2)不得干扰资格审查工作

申请人不得以任何方式干扰、影响资格预审审查工作;否则,产生导致其不能通过资格预审结果的责任由其自负。

3)保密

招标人及审查委员会成员以及与审查活动有关的其他工作人员对资格预审申请文件审查过程履行保密义务,不得向他人透露可能影响公平竞争的有关情况;不得在资格预审结果公布前,透露资格预审结果。

4)投诉

申请人和其他利害关系人认为本次资格预审活动违反法律、法规和规章规定的,有权向有关行政监督部门投诉。

(9)需要补充的其他内容

1)类似项目

对类似项目的要求,见"申请人须知前附表"。

2)资格变化

通过资格预审的申请人的资质条件、组织机构、财务能力及信誉等资格条件发生变化时,申请人应按变化后的情况,在投标文件中更新(或补充)其在资格预审申请文件中所提供的资料,以证实其各项资格条件仍能继续满足资格预审文件的要求,具备承担本标段施工所必需的资质条件、能力和信誉。

3)原件

"申请人须知前附表"中要求申请人提交原件的,申请人应在递交资格预审申请文件时,按第4章"资格预审申请文件格式"中"十、原件的复印件"(见下文)所列清单的要求提交原件。原件经查验后,退还给申请人。

本章末以附件形式提供的七种常用格式文件如下。

附件一:资格预审文件澄清申请函

申请人要求招标人澄清资格预审文件中有关问题时,适用于本格式。该申请函正文主要内容为:

"________(招标人名称):经过仔细阅读________(项目名称)________(标段名称)资格预审文件后,我方申请对以下问题予以澄清"。之后,依序列出需招标人澄清的问题。落款署申请人名称并加盖单位章,并署日期。

附件二:资格预审文件澄清通知

招标人对资格预审文件中有关问题进行澄清时,适用于本格式。该通知正文主要内容为:

"________(申请人名称):经研究,对________(项目名称)________(标段名称)资格预审文件,作如下澄清"。之后,依序列出经澄清的内容;说明"请收到本通知后,以书面形式按资格预审文件第2章附件四的格式在________年____月____日前回复确认,同时,采用传真方式发至________(传真号码)"。落款署招标人名称并加盖单位章,并署日期。

附件三:资格预审文件修改通知

招标人对资格预审文件进行修改时,适用于本格式。其正文内容与附件二“资格预审文件澄清通知”相似。

附件四:资格预审文件澄清通知、修改通知确认函

收到资格预审文件澄清通知或修改通知后,申请人向招标人发出确认函时,适用于本格式。该确认函正文主要内容为:

“________(招标人名称):你方________年____月____日发送的________(项目名称)________(标段名称)资格预审文件________(澄清通知/修改通知),我方已于________年____月____日收到,通知的主要内容如下:

________年____月____日,________(通知名称及编号),共________页、________条。特此确认”。落款署申请人名称并加盖单位章,并署日期。

附件五:资格预审结果通知书

招标人向未通过资格预审的申请人发送资格预审结果时,适用于本格式(通过资格预审的,招标人将以“投标邀请书”的方式通知)。“资格预审结果通知书”正文主要内容为:

“________(申请人名称):我方已对你方递交的________(项目名称)________(标段名称)资格预审申请文件进行了仔细的审查,结果为未通过。你方如需我方解释,请在________年____月____日前以书面形式通知我方。我方不保证你方对解释内容满意。感谢你方对我方工作的大力支持。特此通知”。落款署招标人名称并加盖单位章,由法定代表人签字,并署日期。

附件六:资格预审结果解释申请函

申请人要求招标人对资格预审结果作出解释时,适用于本格式。该申请函正文主要内容为:

“________(招标人名称):我方已收到你方发送的资格预审结果通知书,现申请对下列问题予以解释”。之后,依序列出需招标人解释的问题。落款署申请人名称并加盖单位章,由法定代表人或其委托代理人签字,并署日期。

附件七:投标确认书

申请人收到投标邀请书后,向招标人确认是否继续参加投标时,适用于本格式。该确认书正文主要内容为:

“________(招标人名称):我方已收到你方发送的投标邀请书,将________(参加/不参加)________(项目名称)________(标段名称)投标。特此确认”。落款署申请人名称并加盖单位章,由法定代表人或其委托代理人签字,并署日期。

1F－432013　资格审查办法(合格制)

第3章“资格审查办法(合格制)”正文前为“资格审查办法前附表”,如表1F－432013所示。

资格审查办法前附表 表 1F－432013

条款号		审查因素	审查标准
第(2)条第 1)款Ⅶ	初步审查其他标准		
		…	…
第(2)条第 2)款Ⅻ	详细审查其他标准		
		…	…

(1)审查方法

本次资格预审采用合格制。凡符合本章第(2)条第 1)款“初步审查标准”(见下文)和第 2)款“详细审查标准”(见下文)规定审查标准的申请人,均确认为通过资格预审。

(2)审查标准

1)初步审查标准

Ⅰ. 申请人名称应与营业执照、资质证书、安全生产许可证上的单位名称一致;

Ⅱ. 资格预审申请文件上的签字、盖章符合第 2 章第(3)条第 3)款“资格预审申请文件的装订、签字”第①项的规定;

Ⅲ. 资格预审申请文件格式符合第 4 章“资格预审申请文件格式”(见下文)的要求;

Ⅳ. 联合体申请人应提交联合体协议书,并明确联合体牵头人;

Ⅴ. 资格预审申请文件的正本、副本数量符合第 2 章第(3)条第 3)款“资格预审申请文件的装订、签字”第②项的规定;

Ⅵ. 资格预审申请文件的印刷与装订符合第 2 章第(3)条第 3)款“资格预审申请文件的装订、签字”第③项的规定;

Ⅶ.初步审查其他标准，见“资格审查办法前附表”。

2）详细审查标准

Ⅰ.具备有效的营业执照；

Ⅱ.具备有效的安全生产许可证；

Ⅲ.具备有效的资质证书，且资质等级符合第2章第（1）条第4）款“申请人资格要求”第①项的规定；

Ⅳ.财务状况符合第2章第（1）条第4）款“申请人资格要求”第①项的规定；

Ⅴ.类似项目业绩符合第2章第（1）条第4）款“申请人资格要求”第①项的规定；

Ⅵ.信誉符合第2章第（1）条第4）款“申请人资格要求”第①项的规定；

Ⅶ.项目经理资格符合第2章第（1）条第4）款“申请人资格要求”第①项的规定；

Ⅷ.联合体申请人符合第2章第（1）条第4）款“申请人资格要求”第②项的规定；

Ⅸ.企业主要负责人具备有效的安全生产考核合格证书；

Ⅹ.技术负责人资格符合第2章第（1）条第4）款“申请人资格要求”第①项的规定；

Ⅺ.委托代理人、安全管理人员（专职安全生产管理人员）、质量管理人员、财务负责人应是申请人本单位人员，其中，安全管理人员（专职安全生产管理人员）具备有效的安全生产考核合格证书；

Ⅻ.详细审查其他标准，见“资格审查办法前附表”。

（3）审查程序

1）初步审查

①审查委员会依据本章第（2）条第1）款“初步审查标准”规定的标准，对资格预审申请文件进行初步审查。有一项因素不符合审查标准的，不得确认为通过资格预审。

②审查委员会可以要求申请人提交第2章第（3）条第2）款“资格预审申请文件的编制要求”第③～⑦项规定的有关证明和证件的原件，以供核验。

2）详细审查

①审查委员会依据本章第（2）条第2）款“详细审查标准”规定的标准，对通过初步审查的资格预审申请文件进行详细审查。有一项因素不符合审查标准的，不得确认为通过资格预审。

②通过资格预审的申请人除应满足本章第（2）条第1）款“初步审查标准”、第2）款“详细审查标准”规定的审查标准外，尚不得存在下列任何一种情形：

- 不按审查委员会要求进行澄清或说明的；
- 有第2章“申请人须知”第（1）条第4）款第③项规定的任何一种情形的；
- 在资格预审过程中有弄虚作假、行贿或其他违法（违规）行为的。

3）资格预审申请文件的澄清

在审查过程中，审查委员会可以用书面形式要求申请人对所提交的资格预审申请文件中不明确的内容进行必要的澄清（或说明）。申请人的澄清（或说明）应采用书面形式，并不得改变资格预审申请文件的实质性内容。申请人澄清和说明的内容属于资格预审申请文件的组成部分。招标人和审查委员会不接受申请人主动提出的澄清（或说明）。

(4)审查结果

1)提交审查报告

审查委员会按照本章第(3)条规定的程序对资格预审申请文件完成审查后,确定通过资格预审的申请人名单,并向招标人提交书面审查报告。

2)重新进行资格预审(或直接招标)

通过资格预审的申请人的数量不足3个的,招标人可重新组织资格预审,或不再组织资格预审而直接招标。

本章末以附件形式提供的两种常用格式文件如下。

附件一:资格预审申请文件澄清通知

"资格预审申请文件澄清通知"正文主要内容为:

"________(申请人名称):________(项目名称)________(标段名称)投标资格审查委员会对你方的资格预审申请文件进行了仔细的审查,现需你方对下列问题以书面形式予以澄清。"之后,依序列出需申请人澄清的问题;说明"请将上述问题的澄清函于____年____月____日____时前递交至________(详细地址)或传真至________(传真号码)。采用传真方式的,应在________年____月____日____时前将原件递交至________(详细地址)。"落款由投标资格审查委员会负责人签字并署日期。

附件二:资格预审申请文件澄清函

"资格预审申请文件澄清函"正文主要内容为:

"________(项目名称)________(标段名称)投标资格审查委员会:资格预审申请文件澄清通知(编号:________)已收悉,现就有关问题澄清如下。"之后,依序列出经澄清的内容。落款署申请人名称并盖单位章,由法定代表人或其委托代理人签字,并署日期。

1F-432014　资格审查办法(有限数量制)

第3章"资格审查办法(有限数量制)"正文前为"资格审查办法前附表",如表1F-432014所示。

(1)审查方法

本次资格预审采用有限数量制。审查委员会依据本章规定的审查标准和程序,对通过初步审查和详细审查的资格预审申请文件进行量化打分,按得分由高到低的顺序确定通过资格预审的申请人。通过资格预审的申请人数量不超过"资格审查办法前附表"中规定的数量。

(2)审查标准

1)初步审查标准

Ⅰ.申请人名称应与营业执照、资质证书、安全生产许可证上的单位名称一致;

Ⅱ.资格预审申请文件上的签字、盖章符合第2章第(3)条第3)款"资格预审申请文件的装订、签字"第①项的规定;

Ⅲ.资格预审申请文件格式符合第4章"资格预审申请文件格式"(见下文)的要求;

Ⅳ.联合体申请人应提交联合体协议书,并明确联合体牵头人;

Ⅴ. 资格预审申请文件的正本、副本数量符合第2章第(3)条第3)款“资格预审申请文件的装订、签字”第②项的规定；

资格审查办法前附表　　表1F－432014

<table>
<tr><th colspan="2">条款号</th><th>条款名称</th><th>编列内容</th></tr>
<tr><td colspan="2">(1)</td><td colspan="2">通过资格预审的人数</td></tr>
<tr><td colspan="2">(2)</td><td>审查因素</td><td>审查标准</td></tr>
<tr><td rowspan="7">第(2)条
第1)款
Ⅶ</td><td rowspan="7">初步审查其他标准</td><td></td><td></td></tr>
<tr><td></td><td></td></tr>
<tr><td></td><td></td></tr>
<tr><td></td><td></td></tr>
<tr><td></td><td></td></tr>
<tr><td></td><td></td></tr>
<tr><td>…</td><td>…</td></tr>
<tr><td rowspan="7">第(2)条
第2)款
Ⅻ</td><td rowspan="7">详细审查其他标准</td><td></td><td></td></tr>
<tr><td></td><td></td></tr>
<tr><td></td><td></td></tr>
<tr><td></td><td></td></tr>
<tr><td></td><td></td></tr>
<tr><td></td><td></td></tr>
<tr><td>…</td><td>…</td></tr>
<tr><td rowspan="6">第(2)条
第3)款</td><td rowspan="6">评分标准</td><td>评分因素</td><td>评分标准</td></tr>
<tr><td>财务状况</td><td>…</td></tr>
<tr><td>类似项目业绩</td><td>…</td></tr>
<tr><td>信誉</td><td>…</td></tr>
<tr><td>认证体系</td><td>…</td></tr>
<tr><td>…</td><td>…</td></tr>
<tr><td colspan="2" rowspan="2">第(3)条第4)款第②项</td><td colspan="2">申请人最终得分计算方法</td></tr>
<tr><td colspan="2">申请人最终得分相同时的处理方法</td></tr>
</table>

Ⅵ. 资格预审申请文件的印刷与装订符合第2章第(3)条第3)款“资格预审申请文件的装订、签字”第③项的规定；

Ⅶ. 初步审查其他标准，见“资格审查办法前附表”。

2)详细审查标准

Ⅰ. 具备有效的营业执照；

Ⅱ.具备有效的安全生产许可证;

Ⅲ.具备有效的资质证书,且资质等级符合第2章第(1)条第4)款“申请人资格要求”第①项的规定;

Ⅳ.财务状况符合第2章第(1)条第4)款“申请人资格要求”第①项的规定;

Ⅴ.类似项目业绩符合第2章第(1)条第4)款“申请人资格要求”第①项的规定;

Ⅵ.信誉符合第2章第(1)条第4)款“申请人资格要求”第①项的规定;

Ⅶ.项目经理资格符合第2章第(1)条第4)款“申请人资格要求”第①项的规定;

Ⅷ.联合体申请人符合第2章第(1)条第4)款“申请人资格要求”第②项的规定;

Ⅸ.企业主要负责人具备有效的安全生产考核合格证书;

Ⅹ.技术负责人资格符合第2章第(1)条第4)款“申请人资格要求”第①项的规定;

Ⅺ.委托代理人、安全管理人员(专职安全生产管理人员)、质量管理人员、财务负责人应是申请人本单位人员,其中,安全管理人员(专职安全生产管理人员)具备有效的安全生产考核合格证书;

Ⅻ.详细审查其他标准,见“资格审查办法前附表”。

3)评分标准

评分标准,见“资格审查办法前附表”。

(3)审查程序

1)初步审查

①审查委员会依据本章第(2)条第1)款“初步审查标准”规定的标准,对资格预审申请文件进行初步审查。有一项因素不符合审查标准的,不得确认为通过资格预审。

②审查委员会可以要求申请人提交第2章第(3)条第2)款“资格预审申请文件的编制要求”第③~⑦项规定的有关证明和证件的原件,以供核验。

2)详细审查

①审查委员会依据本章第(2)条第2)款“详细审查标准”规定的标准,对通过初步审查的资格预审申请文件进行详细审查。有一项因素不符合审查标准的,不得确认为通过资格预审。

②通过资格预审的申请人除应满足本章第(2)条第1)款“初步审查标准”、第2)款“详细审查标准”规定的审查标准外,尚不得存在下列任何一种情形:

- 不按审查委员会要求进行澄清或说明的;
- 有第2章第(1)条第4)款第③项规定的任何一种情形的;
- 在资格预审过程中有弄虚作假、行贿或其他违法(违规)行为的。

3)资格预审申请文件的澄清

在审查过程中,审查委员会可以用书面形式要求申请人对所提交的资格预审申请文件中不明确的内容进行必要的澄清(或说明)。申请人的澄清(或说明)应采用书面形式,并不得改变资格预审申请文件的实质性内容。申请人澄清和说明的内容属于资格预审申请文件的组成部分。招标人和审查委员会不接受申请人主动提出的澄清(或说明)。

4)评分

①通过详细审查的申请人不少于3个,且未超过本章第(1)条规定数量的,均确认为

通过资格预审,不再进行评分。

②通过详细审查的申请人数量超过本章第(1)条规定数量时,投标资格审查委员会首先依据本章第(2)条第3)款"评分标准"对申请人资格预审申请文件进行评分;其次,按"资格审查办法前附表"中的约定,计算申请人最终得分,并按最终得分由高到低的顺序对申请人进行排序。若申请人最终得分相同,则按"资格审查办法前附表"中的约定处理。

(4)审查结果

1)提交审查报告

审查委员会按照本章第(3)条规定的程序对资格预审申请文件完成审查后,确定通过资格预审的申请人名单,并向招标人提交书面审查报告。

2)重新进行资格预审(或直接招标)

通过资格预审的申请人的数量不足3个的,招标人可重新组织资格预审,或不再组织资格预审而直接招标。

本章末以附件形式提供的两种常用格式文件与合格制下的相同,此处不再赘述。

1F－432015　资格预审申请文件格式

第4章内容为资格预审申请文件格式要求。《资格预审申请文件》封面标题为:"________(项目名称)________(标段名称)资格预审申请文件",标题下方署申请人名称,并署日期。

《资格预审申请文件》"目录"内容为:

"一、资格预审申请函

二、法定代表人身份证明

二、授权委托书

三、联合体协议书

四、申请人基本情况表

五、近3年财务状况

六、近5年完成的类似项目情况表

七、正在施工的和新承接的项目情况表

八、近3年发生的诉讼及仲裁情况表

九、资格审查自审表(合格制)

九、资格审查自审表(有限数量制)

十、原件的复印件

十一、其他材料"

一、资格预审申请函。其正文主要内容为:

"____________(招标人名称):

1. 按照资格预审文件的要求,我方(申请人)递交的资格预审申请文件,用于你方(招标人)审查我方参加____________(项目名称)____________(标段名称)施工招标投标资格。

2. 我方的资格预审申请文件包含资格预审文件第2章第(3)条第1)款规定的全部内容。

3. 我方接受你方授权代表进行的调查,以审核我方提交的文件和资料,并通过我方的客户澄清资格预审申请文件中有关财务和技术方面的情况。

4. 你方授权代表可通过________(联系人及联系方式)得到进一步的资料。

5. 我方在此声明,所递交的资格预审申请文件及有关资料内容完整、真实和准确,且不存在资格预审文件第2章第(1)条第4)款第③项规定的任何一种情形。"

落款署申请人名称并加盖单位章,由法定代表人或其委托代理人签字;填写电话、传真、申请人地址及邮政编码,并署日期。

二、法定代表人身份证明。其正文主要内容为:

"申请人名称:________

单位性质:________

地址:________

成立时间:____年____月____日

经营期限:________

姓名:____性别:____年龄:____身份证号码:____职务:____系________(申请人名称)的法定代表人。特此证明。"

落款署申请人名称并加盖单位章,并署日期。

二、授权委托书。在有授权委托时,需要此文件。其正文主要内容为:

"本人________(姓名)系________(申请人名称)的法定代表人,现委托________(姓名)为我方代理人。代理人根据授权,以我方名义签署、澄清、递交、撤回、修改________(项目名称)________(标段名称)施工招标资格预审申请文件,其法律后果由我方承担。

委托期限:________

代理人无转委托权。

附:法定代表人身份证明"。

落款署申请人名称并加盖单位章,由法定代表人签字并填写身份证号码;委托代理人签字并填写身份证号码,并署日期。

三、联合体协议书。其正文主要内容为:

"________(所有成员单位名称)自愿组成________(联合体名称)联合体,共同参加________(项目名称)________(标段名称)施工招标资格预审和投标。现就联合体投标事宜订立如下协议:

1. ________(某成员单位名称)为________(联合体名称)牵头人。

2. 联合体牵头人合法代表联合体各成员,负责本标段施工招标资格预审申请文件和投标文件的递交和合同谈判活动,代表联合体提交和接收相关的资料、信息及指示,处理与之有关的一切事务,并负责合同实施阶段的主办、组织和协调工作。

3. 联合体将严格按照资格预审文件和招标文件的各项要求编制资格预审申请文件和投标文件,履行合同,并对外承担连带责任。

4. 联合体内部各成员单位的职责分工如下:________。

5. 本协议书自签署之日起生效;合同履行完毕后,自动失效。

6. 本协议书一式________份。联合体成员和招标人各执一份。”

落款署牵头人名称并加盖单位章，由其法定代表人或其委托代理人签字；其后，依次署成员单位一名称并加盖单位章，由其法定代表人或其委托代理人签字；署成员单位二名称并加盖单位章，由其法定代表人或其委托代理人签字；余类推，并署日期。末尾注明“本协议书由委托代理人签字时，应附经法定代表人签字的授权委托书”字样。

四、申请人基本情况表。填写内容包括申请人名称、注册地址及邮政编码、联系方式（包括联系人、电话、传真及网址）、组织结构、法定代表人和技术负责人的姓名、技术职称及电话、成立时间、员工总人数（其中，项目经理及高、中、初级职称人员以及技工人数）、企业资质等级、营业执照编号、经营范围、注册资金、开户银行及账号。表后注明“相关材料的复印件在本章‘十、原件的复印件’中提供”字样。

该表同时附“项目经理、技术负责人简历表”。简历表下方注明“项目经理、技术负责人分别列出”字样；填写内容包括姓名、年龄、学历、毕业学校（何年毕业于何学校、何专业）、职称、职务、执业资格、安全生产考核合格证书、拟在本合同任职及主要施工管理经历（包括时间、参加过的类似项目、担任职务、发包人及联系电话）。表后注明“相关材料的复印件在本章‘十、原件的复印件’中提供”字样。

五、近3年财务状况。应说明“近3年”是指________年____月至________年____月。其内容包括财务状况表和拟投入本项目的流动资金函两项。

1. 财务状况表。在财务状况表中，按所指3年逐年填写注册资金、净资产、总资产、固定资产、流动资产、流动负债、负债合计、营业收入和净利润等数值。表后注明“相关材料的复印件在本章‘十、原件的复印件’中提供”字样。

2. 拟投入本项目的流动资金函。该函格式如下：

“____________（招标人名称）：我方拟投入________（项目名称）________（标段名称）的流动资金为________万元，资金来源于____________，资金来源证明文件附后”。落款署申请人名称并加盖单位章，并署日期。其后，注明“资金来源填写银行存款、银行信贷或其他形式”及“相关材料的复印件在本章‘十、原件的复印件’中提供”字样。

六、近5年完成的类似项目情况表。应说明“近5年”是指________年____月至________年____月。表中逐行填写合同名称、合同项目所在地、发包人名称、发包人地址、发包人电话、签约合同价、开工日期、完工日期、承担的工作、工程质量、项目经理、技术负责人、监理人和总监理工程师及电话以及合同项目描述。表中，备注栏内的要求为“合同项目描述内容至少包括项目概况、本合同在项目中的地位（部位、合同价格所占比例）和《合同工程完工验收鉴定书》中有关验收结论”。表后注明“相关材料的复印件在本章‘十、原件的复印件’中提供”字样。

七、正在施工的和新承接的项目情况表。在表中逐行填写合同名称、合同项目所在地、发包人名称、发包人地址、发包人电话、签约合同价、开工日期、计划完工日期、承担的工作、工程质量、项目经理、技术负责人、监理人和总监理工程师及电话以及合同项目描述。表中，备注栏内的要求为“合同项目描述内容至少包括项目概况、本合同在项目中的地位（部位、合同价格所占比例）”。表后注明“相关材料的复印件在本章‘十、原件的复印件’中提供”字样。

八、近3年发生的诉讼及仲裁情况表。应说明"近3年"是指______年____月至______年____月。表中,按"一、诉讼事项"、"二、仲裁事项"分别填写诉讼或仲裁事项、诉讼或仲裁中的地位、缘由及结果,并加备注。表后注明"相关材料的复印件在本章'十、原件的复印件'中提供"字样。

九、资格审查自审表(合格制)。见表1F-432015-1。

资格审查自审表(合格制) **表**1F-432015-1

序号	审查因素	审查标准	审查结果	引用证明材料对应页码
一	初步审查			
	申请人名称			
	申请文件签字、盖章			
	申请文件格式			
	联合体申请人			
	申请文件正本、副本数量			
	申请文件印刷与装订			
	…			
二	详细审查			
	营业执照			
	安全生产许可证			
	资质证书及等级			
	财务状况			
	类似项目业绩			
	信誉			
	项目经理资格			
	联合体协议书			
	企业主要负责人安全生产考核合格证书			
	技术负责人资格			
	委托代理人、安全管理人员(专职安全生产管理人员)、质量管理人员、财务负责人			
	…			

九、资格审查自审表(有限数量制)。包括"(一)初步审查、详细审查表"和"(二)评分表"。其中,"初步审查、详细审查表"的表项与"九、资格审查自审表(合格制)"相同。"评分表"见表1F-432015-2。

评分表　　　　表 1F－432015－2

序号	评分因素	评分标准	赋分	引用证明材料对应页码
	财务状况			
	类似项目业绩			
	信誉			
	认证体系			
	…			

十、原件的复印件。列出需提交原件复印件的证书及证明材料名录，见表 1F－432015－3。

原件的复印件　　　　表 1F－432015－3

序号	名称	备注
	营业执照	
	安全生产许可证	
	资质证书	
	近 3 年经审计的财务会计报表	含流动资金来源证明
	近 5 年已完成的类似项目业绩(中标通知书、合同协议书、合同工程完工证书(或工程竣工证书)副本、合同工程完工验收鉴定书有关验收结论)	
	项目经理注册建造师证、身份证、职称证、学历证、业绩证明材料、社会保险证明、安全生产考核合格证书	
	联合体(如有)的有关证明材料	
	企业主要负责人安全生产考核合格证	
	委托代理人身份证及社会保险证明	
	技术负责人身份证、职称证、学历证、业绩证明材料、社会保险证明、安全生产考核合格证书	
	安全管理人员(专职安全生产管理人员)身份证、职称证、学历证、业绩证明材料、社会保险证明、安全生产考核合格证	
	质量管理人员身份证、职称证、学历证、业绩证明材料、社会保险证明	
	财务负责人身份证、职称证、学历证、业绩证明材料、社会保险证明	
	法律文书	
	正在施工的和新承接的项目(中标通知书、合同协议书)	
	认证体系证书	
	其他	

十一、其他材料

1F－432016 项目建设概况

第5章"项目建设概况"内容包括：

一、项目说明

二、建设条件

三、建设要求

四、其他需要说明的情况

1F－432020 水利水电工程标准施工招标文件(上)

《水利水电工程标准施工招标文件》(2009年版,简称《文件》)是供招标人编制招标文件时使用的标准文本。

水利部《关于印发水利水电工程标准施工招标资格预审文件和水利水电工程标准施工招标文件的通知》指出,招标人在编制招标文件时,对《文件》中的"投标人须知"(投标人须知前附表及附件格式除外)、"评标办法"(评标办法前附表及附件格式除外)以及"通用合同条款",应不加修改地引用。《文件》中的其他内容,供招标人参考。

"投标人须知前附表"用于进一步明确"投标人须知"正文中的未尽事宜,招标人应结合招标项目具体特点和实际需要编制和填写,但不得与"投标人须知"正文内容相抵触,否则,抵触内容无效。

"评标办法前附表"用于进一步补充、明确评标的因素、标准。招标人应根据招标项目具体特点和实际需要,详细列明正文之外的评审因素、标准;没有列明的因素和标准,不得作为评标的依据。

"专用合同条款"可根据招标项目的具体特点和实际需要,按其条款编号和内容对"通用合同条款"进行补充、细化,但除"通用合同条款"中明确"专用合同条款"可作出不同约定外,补充和细化的内容不得与通用合同条款的规定相抵触,并不得违反法律、法规和行业规章的有关规定以及平等、自愿、公平和诚实信用原则。

《文件》中须不加修改引用的内容,如确因工程条件特殊而需要改动,应按项目的隶属关系,报项目主管部门批准。

按《文件》"使用说明"的要求,《文件》中遇有以空格(加下划线)标示之处,招标人应根据招标项目具体特点和实际需要填写;确实不需要填写具体内容时,可在空格中以"/"标示。

"使用说明"指出,第1章"招标公告"(或第1章"投标邀请书")的文本格式供招标人在编制招标文件(或投标邀请书)时参考。《招标公告》(或《投标邀请书》)经发布后,应将其编入招标文件中,用做"投标邀请书"。其中,"招标公告"中应同时注明资以发布该公告的所有媒介的名称。

第2章"投标人须知"正文后以附件形式提供了供招标人在编制招标文件时参考使用的七种常用格式文件(往来函件)的样式。

《文件》中以"第3章"的相同序号,分别编印了"经评审的最低投标价法"和"综合评估法”两种评标办法。招标人宜根据招标项目具体特点和实际需要,选择两者之一作为招标文件“评标办法”一章的内容。“评标办法”正文后以附件形式提供了供招标人参考使用的两种常用格式文件(往来函件)的样式。

第4章为“合同条款及格式”。

第5章至第8章内容,将在1F－432030中介绍。

《文件》提供的《招标文件》封面格式为:在“________(项目名称)________(标段名称)招标文件”标题下,填记合同编号,下方署招标人名称并加盖单位章,并署日期。

1F－432021　招标公告(适用于未进行资格预审的)

第1章“招标公告(适用于未进行资格预审的)”,包括招标条件、项目概况与招标范围、投标人资格要求、招标文件的获取、投标文件的递交、踏勘现场和投标预备会、发布公告的媒介以及联系方式等内容。

(1)招标条件

本招标项目________(项目名称)已由________(项目审批、核准或备案机关名称)以________(批文名称及编号)批准建设,建设资金来自________(资金来源),出资比例为________,项目法人为________,项目代建机构为________,招标人为________,招标代理机构为________。项目已具备招标条件,现对该项目施工进行公开招标。

(2)项目概况与招标范围

________(说明本次招标项目的建设地点、规模、计划工期、招标范围、标段划分以及相应计划工期等)。

(3)投标人资格要求

1)本次招标要求投标人具备________资质,________业绩,在人员、设备、资金等方面具有承担本标段施工的能力。

2)本次招标________(接受/不接受)联合体投标。联合体投标的,应满足以下要求:________。

3)本次招标实行资格后审,资格审查的具体要求见招标文件。资格后审不合格的投标人投标文件,将按废标处理。

(4)招标文件的获取

1)凡有意参加投标者,请派代表于________年____月____日至________年____月____日(法定公休日、法定节假日除外),每天上午____时至____时,下午____时至____时(北京时间,下同),在________(详细地址)持单位介绍信购买招标文件。

2)招标文件每套售价________元,售后不退。图纸押金________元,在退还图纸时一并退还(不计利息)。

(5)投标文件的递交

1)投标文件递交的截止时间(投标截止时间,下同)为________(具体时间),地点为________(详细地址)。

2)逾期送达或者未送达指定地点的投标文件,招标人不予受理。

(6)踏勘现场和投标预备会

招标人定于________(具体时间)在________(踏勘现场集合地点)组织踏勘现场,在________(具体时间)________(投标预备会地点)召开投标预备会,投标人可自愿参加,交通工具________(自备/招标人提供),食宿自理。

(7)发布公告的媒介

本招标公告同时在________(发布公告的媒介名称)上发布。

(8)联系方式

分两列并列填写招标人和招标代理机构的名称、地址、邮政编码、联系人、电话、传真、电子邮件地址、网址、开户银行及账号。

1F-432022 投标邀请书(适用于邀请招标)

采用邀请招标方式招标时,将"投标邀请书"作为招标文件第1章的内容。投标邀请书标题为:"________(项目名称)________(标段名称)投标邀请书";正文抬头写"________(被邀请单位名称)"。内容包括:招标条件、项目概况与招标范围、投标人资格要求、招标文件的获取、投标文件的递交、踏勘现场和投标预备会、确认以及联系方式等。

(1)招标条件

本招标项目________(项目名称)已由________(项目审批、核准或备案机关名称)以________(批文名称及编号)批准建设,建设资金来自________(资金来源),出资比例为________,项目法人为________,项目代建机构为________,招标人为________,招标代理机构为________。项目已具备招标条件,现邀请你单位参加本项目施工投标。

(2)项目概况与招标范围

________(说明本次招标项目的建设地点、规模、计划工期、招标范围、标段划分以及相应计划工期等)。

(3)投标人资格要求

1)本次招标要求投标人具备________资质、________业绩,在人员、设备、资金等方面具有承担本标段施工的能力。

2)被邀请单位________(可以/不可以)组成联合体投标。组成联合体的,应满足以下要求:________。

(4)招标文件的获取

1)请派代表于________年____月____日至________年____月____日(法定公休日、法定节假日除外),每天上午____时至____时,下午____时至____时(北京时间,下同),在________(详细地址)持单位介绍信和本投标邀请书购买招标文件。

2)招标文件每套售价________元,售后不退。图纸押金________元,在退还图纸时一并退还(不计利息)。

(5)投标文件的递交

1)投标文件递交的截止时间(投标截止时间,下同)为________(具体时间),地点为________(详细地址)。

2)逾期送达或者未送达指定地点的投标文件,招标人不予受理。

(6)踏勘现场和投标预备会

招标人定于________(具体时间)在________(踏勘现场集合地点)组织踏勘现场,在________(具体时间)________(投标预备会地点)召开投标预备会,投标人可自愿参加,交通工具________(自备/招标人提供),食宿自理。

(7)确认

你单位收到本邀请书后,请于________(具体时间)前以传真(或快递)方式予以确认。

(8)联系方式

分两列分别填写招标人和招标代理机构的名称、地址、邮政编码、联系人、电话、传真、电子邮件地址、网址、开户银行及账号。

1F－432023　投标邀请书(代资格预审通过通知书)

已进行资格预审的招标项目,则将“资格预审通过通知书”作为招标文件第1章的内容。此时,标题仍写“________(项目名称)________(标段名称)投标邀请书”。正文内容如下:

“________(被邀请单位名称):你单位递交的资格预审申请文件已通过我方审查,现邀请你单位参加________(项目名称)________(标段名称)投标。

请派代表于________年____月____日至________年____月____日(法定公休日、法定节假日除外),每天上午____时至____时,下午____时至____时(北京时间,下同),在________(详细地址)持单位介绍信和本投标邀请书购买招标文件。

招标文件每套售价为________元,售后不退。图纸押金________元,在退还图纸时一并退还(不计利息)。

招标人定于________(具体时间)在________(踏勘现场集合地点)组织踏勘现场,于________(具体时间)在________(投标预备会地点)召开投标预备会,投标人可自愿参加,交通工具________(自备/招标人提供),食宿自理。

投标文件递交的截止时间(投标截止时间,下同)为________(具体时间),地点为________(详细地址)。

逾期送达或者未送达指定地点的投标文件,招标人不予受理。

你单位收到本投标邀请书后,请于________(具体时间)前以传真(或快递)方式予以确认。”落款分两列分别填写招标人和招标代理机构的名称、地址、邮政编码、联系人、电话、传真、电子邮件地址、网址、开户银行及账号。

1F－432024　投标人须知

第2章“投标人须知”正文前为“投标人须知前附表”,见表1F－432024－1。

(1)总则

1)项目概况

①根据《中华人民共和国招标投标法》等有关法律、法规和规章的规定,本招标项目已具备招标条件,现对本标段施工进行招标。

②本招标项目招标人:见“投标人须知前附表”。

③本标段招标代理机构:见“投标人须知前附表”。

投标人须知前附表 表1F-432024-1

条款号	条款名称	编列内容
第(1)条第1)款第②项	招标人	
第(1)条第1)款第③项	招标代理机构	
第(1)条第1)款第④项	项目名称	
第(1)条第1)款第⑤项	建设地点	
第(1)条第1)款第⑥项	现场管理机构	
第(1)条第1)款第⑦项	设计人	
第(1)条第1)款第⑧项	监理人	
第(1)条第1)款第⑨项	代建机构	
第(1)条第2)款第①项	资金来源	
第(1)条第2)款第②项	出资比例	
第(1)条第2)款第③项	资金落实情况	
第(1)条第3)款第①项	招标范围	
第(1)条第3)款第②项	计划工期	计划工期:____日历天 计划开工日期:____年____月____日 计划完工日期:____年____月____日
第(1)条第3)款第③项	质量要求	
第(1)条第4)款第①项	申请人资质条件、能力和信誉	资质条件: 财务要求: 业绩要求: 信誉要求: 项目经理(建造师,下同)资格: 技术负责人资格: 其他要求:
第(1)条第4)款第②项	是否接受联合体投标	□不接受 □接受,应满足下列要求:
第(1)条第9)款	踏勘现场	□组织 □不组织
第(1)条第10)款	投标预备会	□召开 □不召开
第(1)条第10)款第③项	投标截止时间	
第(1)条第11)款	分包	□允许,分包内容要求: 分包金额要求: 接受分包的第三人资质要求: □不允许

续表

条款号	条款名称	编列内容
第(1)条第12)款	偏离	偏离允许幅度及其处理方法:
第(3)条第3)款第①项	投标有效期	
第(3)条第4)款第①项	投标保证金	投标保证金的形式: 投标保证金的金额: 收取投标保证金账号:
第(4)条第2)款第②项	递交投标文件地点	
第(5)条第1)款	开标时间和地点	开标时间: 开标地点:
第(5)条第2)款	开标程序	投标文件的密封检查:
第(6)条第1)款第①项	评标委员会的组建	评标委员会构成:______人,其中招标人代表____人,专家____人; 评标专家确定方式:
第(7)条第3)款第①项	履约担保	履约担保的形式: 履约担保的金额:
(10)	需要补充的其他内容	
第(10)条第1)款	类似项目	指中标价(或工程规模)________以上的______、______项目
第(10)条第2)款	已标价工程量清单电子版	份数:________格式:______
第(10)条第3)款	原件	□提交 □不提交
第(10)条第4)款	中标后须提交的投标文件	份数:________
…	…	…

④本招标项目名称:见“投标人须知前附表”。

⑤本标段建设地点:见“投标人须知前附表”。

⑥本招标项目现场管理机构:见“投标人须知前附表”。

⑦本招标项目设计人:见“投标人须知前附表”。

⑧本招标项目监理人:见“投标人须知前附表”。

⑨本招标项目代建机构:见“投标人须知前附表”。

2)资金来源和落实情况

①本招标项目的资金来源:见“投标人须知前附表”。

②本招标项目的出资比例:见“投标人须知前附表”。

③本招标项目的资金落实情况:见“投标人须知前附表”。

3)招标范围、计划工期和质量要求

①本次招标范围:见“投标人须知前附表”。

②本标段的计划工期:见“投标人须知前附表”。

③本标段的质量要求:见“投标人须知前附表”。

4)投标人资格要求(适用于已进行资格预审的)

投标人,应是已收到招标人向其发出投标邀请书的单位。

4)投标人资格要求(适用于未进行资格预审的)

①投标人应具备承担本标段施工的资质条件、能力和信誉

Ⅰ.资质条件:见“投标人须知前附表”。

Ⅱ.财务要求:见“投标人须知前附表”。

Ⅲ.业绩要求:见“投标人须知前附表”。

Ⅳ.信誉要求:见“投标人须知前附表”。

Ⅴ.项目经理资格:见“投标人须知前附表”。

Ⅵ.其他要求:见“投标人须知前附表”。

②“投标人须知前附表”中规定接受联合体投标的,除应符合本章第(1)条第4)款“投标人资格要求(适用于未进行资格预审的)”第①项和“投标人须知前附表”中的要求外,还应遵守以下规定:

Ⅰ.联合体各成员应按招标文件中提供的格式,签订《联合体协议书》,明确联合体牵头人及联合体各成员的权利、义务;

Ⅱ.由同一专业的单位组成的联合体,按照资质等级较低单位的资质等级确定联合体的资质等级;

Ⅲ.联合体各成员不得再以自己名义单独(或参加其他联合体)在同一标段中投标。

③投标人不得存在下列情形之一:

- 为招标人不具有独立法人资格的附属机构(或单位);
- 为本标段前期准备提供设计或咨询服务的(属设计施工总承包的除外);
- 为本标段的监理人;
- 为本标段的代建人;
- 为本标段提供招标代理服务的;
- 与本标段的监理人(或代建人、招标代理机构)同为一个法定代表人的;
- 与本标段的监理人(或代建人、招标代理机构)相互控股(或参股)的;
- 与本标段的监理人(或代建人、招标代理机构)相互任职(或工作)的;
- 被责令停业的;
- 被暂停(或取消)投标资格的;
- 财产被接管(或被冻结)的;
- 在最近三年内有骗取中标(或严重违约)行为或出现过重大工程质量问题的。

5)费用承担

投标人用于准备及参加投标活动所发生的费用自理。

6)保密

参与招标、投标活动的各方,应对招标文件(投标文件)中涉及商业及技术等方面秘密的内容履行保密义务;违者应对由此造成的后果承担法律责任。

7）语言文字

除专用术语外，凡与招标、投标有关的语言文字均使用中文。必要时，用其他语言表述的专用术语也应附有中文注释。

8）计量单位

所有计量，均采用中华人民共和国法定计量单位。

9）踏勘现场

①“投标人须知前附表”规定组织踏勘现场的，招标人应按照招标公告（或投标邀请书）中规定的时间和地点组织踏勘现场。

②投标人因踏勘现场而发生的费用自理。

③除招标人原因外，投标人对自身在踏勘现场时可能出现的意外情况（包括人员伤亡和财产损失）负责。

④踏勘现场时招标人介绍的工程场地及周边环境等相关情况，供投标人在编制投标文件时参考；招标人不对投标人据此作出的判断和决策负责。

10）投标预备会

①“投标人须知前附表”中规定召开投标预备会的，招标人应按照招标公告（或投标邀请书）中规定的时间和地点召开投标预备会。

②在投标预备会召开前，投标人应以书面形式（包括信函、电报、传真等可以有形地表现所载内容的形式，下同）将需要招标人澄清的问题送达招标人。

③在“投标人须知前附表”中规定的投标截止时间15天前，招标人应将对投标人所提问题的澄清以书面形式通知所有购买招标文件的投标人。该澄清通知为招标文件的组成部分。

11）分包

分包是否被允许，见“投标人须知前附表”。当分包被允许时，分包的内容、分包金额及接受分包的第三人资质要求，见“投标人须知前附表”。投标人应在投标文件中明确说明在中标后是否将中标项目的部分非主体、非关键性工作进行分包。投标人拟分包时，分包人应具备与分包工程的标准和规模相适应的资质和业绩，在人力、设备、资金等方面具有承担分包工程施工的能力；投标人应在投标文件中提供分包协议，并提供分包人的资质证书及营业执照复印件，分包人人员、设备和业绩资料表以及分包的工程项目和工程量。

12）偏离

投标文件不得偏离招标文件的实质性要求和条件。对非实质性的偏离，其偏离允许幅度及其处理方法，见“投标人须知前附表”。

（2）招标文件

1）招标文件的组成

本招标文件包括：

Ⅰ.招标公告（或投标邀请书）；

Ⅱ.投标人须知；

Ⅲ.评标办法；

Ⅳ.合同条款及格式；

Ⅴ.工程量清单;

Ⅵ.图纸;

Ⅶ.技术标准和要求;

Ⅷ.投标文件格式;

Ⅸ."投标人须知前附表"中规定的其他材料。

根据本章第(1)条第10)款、第(2)条第2)款(见下文)对招标文件所作的澄清,以及根据本章第(2)条第3)款(见下文)对招标文件所作的修改,构成招标文件的组成部分。

2)招标文件的澄清

①投标人应仔细阅读和检查招标文件的全部内容;如发现缺页或附件不全,应及时向招标人提出,以便补齐;如有疑问,应在投标截止时间17天前以书面形式提出澄清申请,要求招标人对招标文件予以澄清。

②有关招标文件的澄清,招标人将在投标截止时间15天前以书面形式通知所有已购买招标文件的投标人;但不指明所澄清问题的来源。如果澄清通知发出的时间距投标截止时间不足15天,投标截止时间应相应延长。

③投标人在收到澄清通知后,应在1天内以书面形式告知招标人,确认已收到该澄清通知。

3)招标文件的修改

①在投标截止时间15天前,招标人可以以书面形式修改招标文件,并通知所有已购买招标文件的投标人。如果修改通知发出的时间距投标截止时间不足15天,投标截止时间应相应延长。

②投标人收到修改通知后,应在1天内以书面形式告知招标人,确认已收到该修改通知。

(3)投标文件

1)投标文件的组成

①投标文件应包括下列内容:

Ⅰ.投标函及投标函附录;

Ⅱ.法定代表人身份证明或附有法定代表人身份证明的授权委托书;

Ⅲ.联合体协议书;

Ⅳ.投标保证金;

Ⅴ.已标价工程量清单;

Ⅵ.施工组织设计;

Ⅶ.项目管理机构;

Ⅷ.拟分包项目情况表;

Ⅸ.资格审查资料;

Ⅹ."投标人须知前附表"中规定的其他材料。

②"投标人须知前附表"中规定不接受联合体投标的,或投标人没有组成联合体的,投标文件不包括本章第(3)条第1)款第①项中所指的联合体协议书。

2)投标报价

①投标人应按第5章"工程量清单"(见下文)的要求填写相应表格。

②投标人在投标截止时间前修改投标函中的投标总报价的,应同时修改第5章“工程量清单”中的相应报价。此修改须符合本章第(4)条第3)款(见下文)的有关要求。

3)投标有效期

①在“投标人须知前附表”中规定的投标有效期内,投标人不得要求撤销或修改其投标文件。

②因出现特殊情况而需要延长投标有效期的,招标人以书面形式通知所有投标人。投标人同意延长的,应相应延长其投标保证金的有效期,并不得要求(或被允许)修改或撤销其投标文件;投标人拒绝延长的,其投标失效,但投标人有权收回其投标保证金。

4)投标保证金

①投标人在递交投标文件的同时,应按“投标人须知前附表”中规定的金额、担保形式和第8章“投标文件格式”(见下文)中规定的投标保证金格式递交投标保证金,并作为其投标文件的组成部分。联合体投标的,其投标保证金由牵头人递交,并应符合“投标人须知前附表”中的规定。

②投标人不按本章第(3)条第4)款第①项的要求提交投标保证金的,其投标文件作废标处理。

③招标人与中标人签订合同后5个工作日内,向未中标的投标人和中标人退还投标保证金。

④有下列情形之一的,投标保证金将不予退还:

• 投标人在规定的投标有效期内撤销或修改其投标文件;

• 中标人在收到中标通知书后,无正当理由而拒签合同协议书,或未按招标文件规定提交履约担保。

5)资格审查资料(适用于已进行资格预审的)

投标人在编制投标文件时,如果其资质条件、组织机构、财务能力及信誉等资格条件与资格预审时提交的资格预审申请文件相比发生变化的,应按新情况更新(补充)其在资格预审申请文件中提供的资料,以证实其各项资格条件仍能继续满足资格预审文件的要求,具备承担本标段施工的资质条件、能力和信誉。

5)资格审查资料(适用于未进行资格预审的)

①“投标人基本情况表”应附投标人资质证书副本、营业执照副本及其年检合格证明以及安全生产许可证等复印件。

②“近3年财务状况”应附流动资金来源证明及经会计师事务所(或审计机构)审计的财务会计报表,包括资产负债表、现金流量表、利润表和财务情况说明书(复印件)。

③“近5年完成的类似项目情况表”应附中标通知书、合同协议书及合同工程完工证书(工程竣工证书副本)复印件。每张表格只填写一个项目,并标明序号。

④“正在施工和新承接的项目情况表”应附中标通知书和(或)合同协议书复印件。每张表格只填写一个项目,并标明序号。

⑤“近3年发生的诉讼及仲裁情况表”应说明诉讼、仲裁相关情况,并附法院(仲裁机构)作出的判决(裁决)等有关法律文书(复印件)。

⑥“投标人须知前附表”中规定接受联合体投标的,本章第(3)条第5)款第①项至第

⑤项所指表格和资料应包括联合体各方相关情况等内容。

6)备选投标方案

投标人可以递交备选投标方案。只有中标人所递交的备选投标方案方可予以考虑。如评标委员会认为中标人递交的备选投标方案优于其按照招标文件要求编制的投标方案,招标人可以接受该备选投标方案。

7)投标文件的编制

①投标文件应按第8章“投标文件格式”(见下文)进行编写,如有必要,可以增加附页,作为投标文件的组成部分。其中,投标函附录在满足招标文件实质性要求的基础上,可以提出比招标文件更有利于招标人的承诺。

②投标文件应当对招标文件中有关工期、投标有效期、质量要求、技术标准和要求以及招标范围等实质性内容作出响应。

③投标文件应采用不褪色的材料进行书写或打印。投标文件正本除封面、封底、目录和分隔页外,其余每一页均应加盖投标人单位公章,并由投标人的法定代表人(或其委托代理人)签字。已标价的工程量清单,还应加盖注册水利工程造价工程师执业印章。投标文件应尽量避免涂改、行间插字及作其他标记。如果出现上述情况,修改之处应加盖投标人单位公章或由投标人法定代表人(或其委托代理人)签字确认。

④投标文件正本1份,副本4份。正本和副本的封面上,应清楚地标记“正本”或“副本”字样。当副本同正本不一致时,以正本为准。

⑤投标文件的正本与副本应采用A4纸印刷(图表页可例外),分别装订成册(不得采用活页装订),并分别编制目录和页码。

(4)投标

1)投标文件的密封和标识

①投标文件的正本与副本应分别包装及加贴封条,并在封套的封口处加盖投标人单位章。

②投标文件的封套上,除应清楚地标记“正本”或“副本”字样外,还应写明以下内容:

Ⅰ.所投标段名称和合同编号;

Ⅱ.招标人的名称和地址;

Ⅲ.投标人的名称和地址,并加盖单位公章(投标人为联合体形式时,须注明联合体名称及联合体牵头人的名称与地址,加盖联合体牵头人单位公章);

Ⅳ.“在投标截止时间之前不得拆封”的声明。

③未按本章第(4)条第1)款第①项或第②项要求密封和加写标记的投标文件,招标人不予受理。

2)投标文件的递交

①投标人应在本章第(2)条第2)款第②项规定的投标截止时间前递交投标文件。

②投标人递交投标文件的地点:见“投标人须知前附表”。

③除“投标人须知前附表”中另有规定外,投标人所递交的投标文件不予退还。

④招标人收到投标文件后,向投标人出具签收凭证。

⑤逾期送达或者未送达指定地点的投标文件,招标人不予受理。

3)投标文件的修改与撤回

①在本章第(2)条第2)款第②项规定的投标截止时间前,投标人可以修改(或撤回)已递交的投标文件,但应以书面形式通知招标人。

②投标人修改(或撤回)其已递交投标文件的书面通知,应按照本章第(3)条第7)款第③项的要求签字或盖章。招标人收到该书面通知后,向投标人出具签收凭证。

③修改的内容为投标文件的组成部分。投标文件加入修改内容后,投标人应按照本章第(3)条、第(4)条的规定重新进行编制、密封、标记和递交,并标明"修改"字样。

(5)开标

1)开标时间和地点

招标人在本章第(1)条第10)款第③项规定的投标截止时间(即开标时间)和"投标人须知前附表"中规定的地点公开开标,并邀请所有投标人的法定代表人(或其委托代理人)准时参加。投标人的法定代表人(或其委托代理人)未参加开标会的,招标人可将其投标文件按无效标处理。

2)开标程序

主持人按下列程序进行开标:

Ⅰ.宣布开标纪律;

Ⅱ.公布在投标截止时间前递交投标文件的投标人名称,并确认投标人法定代表人(或其委托代理人)是否在场;

Ⅲ.宣布主持人、开标人、唱标人、记录人、监标人等有关人员姓名;

Ⅳ.由投标人推荐的代表("投标人须知前附表"中另有约定的除外)检查投标文件的密封情况;

Ⅴ.宣布投标文件开启顺序(按递交投标文件时先后顺序的逆序排序);

Ⅵ.设有标底的,公布标底;

Ⅶ.按照宣布的开标顺序当众开标;公布投标人名称、标段名称、投标保证金递交情况、投标报价、质量目标、工期以及招标文件中规定在开标时应公布的其他内容,并进行文字记录;

Ⅷ.主持人、开标人、唱标人、记录人、监标人及投标人法定代表人(或其委托代理人)等有关人员在开标记录上签字确认;

Ⅸ.开标结束。

(6)评标

1)评标委员会

①评标,由招标人依法组建的评标委员会负责。评标委员会,由招标人(或其委托的招标代理机构)的熟悉相关业务的代表以及有关技术、经济等方面的专家组成。评标委员会成员人数以及技术、经济等方面专家成员的确定方式,见"投标人须知前附表"。

②评标委员会成员有下列情形之一的,应当回避:

- 招标人(或投标人)主要负责人的(近)亲属;
- 项目主管部门或行政监督部门人员;
- 与投标人有经济利益关系,可能影响对投标的公正评审的;

• 曾因在招标(评标)或其他与招标投标有关的活动中从事违法行为而受到行政处罚(或刑事处罚)的。

2)评标原则

评标活动,遵循公平、公正、科学和择优的原则。

3)评标

评标委员会按照第3章“评标办法”(见下文)中规定的方法、程序、评审因素及标准,对投标文件进行评审。第3章“评标办法”中未作规定的方法、评审因素及标准,不作为评标依据。

(7)合同授予

1)定标方式

评标委员会推荐3名中标候选人,并标明推荐顺序。招标人依据评标委员会推荐的中标候选人确定中标人。

2)中标通知

在本章第(3)条第3)款规定的投标有效期内,招标人以书面形式向中标人发出中标通知书;同时,将中标结果通知未中标的投标人。

3)履约担保

①在签订合同前,中标人应按“投标人须知前附表”中规定的金额、担保形式和第4章“合同条款及格式”(见下文)中规定的履约担保格式,向招标人提交履约担保。联合体中标的,其履约担保由牵头人递交,并应符合“投标人须知前附表”中规定的金额、担保形式和第4章“合同条款及格式”中规定的履约担保格式要求。

②中标人不按本章第(7)条第3)款第①项要求提交履约担保的,视为放弃中标,其投标保证金不予退还。因放弃中标而给招标人造成的损失超过投标保证金数额的,中标人还应当就超过部分对招标人予以赔偿。

4)签订合同

①招标人和中标人应当自中标通知书发出之日起30天内,根据招标文件和中标人的投标文件订立书面合同。中标人无正当理由拒签合同的,招标人取消其中标资格;其投标保证金不予退还。因拒签合同而给招标人造成的损失超过投标保证金数额的,中标人还应当就超过部分对招标人予以赔偿。

②发出中标通知书后,招标人无正当理由拒签合同的,招标人向中标人退还投标保证金,并以投标保证金双倍的金额补偿投标人损失。

(8)重新招标和不再招标

1)重新招标

有下列情形之一的,招标人将重新招标:

• 至投标截止时间止,投标人少于3个的;

• 评标委员会经评审后否决所有投标的;

• 因评标委员会否决不合格投标(或界定为废标)后有效投标不足3个而使得投标明显缺乏竞争,评标委员会决定否决全部投标的;

• 同意延长投标有效期的投标人少于3个的;

• 中标候选人均未与招标人签订合同的。

2）不再招标

重新招标后，仍出现本章第（8）条第1）款规定情形之一，属于必须履行审批手续的水利工程建设项目的，经行政监督部门批准后，不再进行招标。

（9）纪律和监督

1）对招标人的纪律要求

招标人不得泄漏招标投标活动中应当保密的情况和资料；不得与投标人串通，从事损害国家利益、社会公共利益或者他人合法权益的活动。

下列行为，均属招标人与投标人串通投标：

• 招标人在开标前开启投标文件，并将该投标文件内容告知其他投标人；或者协助投标人撤换投标文件、更改报价；

• 招标人向投标人泄露标底；

• 招标人与投标人商定，投标时压低（抬高）标价；中标后，再给投标人（招标人）以额外补偿；

• 招标人预先内定中标人；

• 其他串通投标行为。

2）对投标人的纪律要求

投标人不得相互串通投标，或者与招标人串通投标；不得通过向招标人或者评标委员会成员行贿谋取中标；不得以他人名义投标，或者以其他方式弄虚作假、骗取中标；不得以任何方式干扰、影响评标工作。

①下列行为，均属以他人名义投标：

• 投标人挂靠其他施工单位投标；

• 投标人从其他施工单位处以租借（或接受转让）方式获取资质证书或投标资格；

• 投标文件所署单位名称为其他单位名称，并由其他单位法定代表人签字和加盖印章。

②下列行为，视为允许他人以本单位名义承揽工程：

• 经投标人法定代表人授权的委托代理人不是投标人本单位人员；

• 投标人拟在施工现场设立的项目管理机构，其项目经理、技术负责人、财务负责人、质量管理人员、安全管理人员（专职安全生产管理人员）等不是本单位人员。

“投标人本单位人员”，必须同时满足以下条件：

Ⅰ.持有由投标人单位与之签订的聘任合同；

Ⅱ.与投标人单位间有合法的工资关系；

Ⅲ.投标人单位为其办理社会保险关系，或具有其他可有效证明其为投标人本单位人员身份的文件。

③下列行为，均属投标人串通进行投标报价：

• 投标人之间相互约定抬高（压低）投标报价；

• 投标人之间相互约定，在招标项目中分别以高、中、低价位报价；

• 投标人之间先进行内部竞价、内定中标人，然后再参加投标；

• 投标人之间其他串通进行投标报价的行为。

3)对评标委员会成员的纪律要求

评标委员会成员不得收受他人财物或者其他好处;不得向他人透漏评标委员会对投标文件进行的评审和比较以及中标候选人的推荐等与评标有关的情况。在评标活动中,评标委员会成员不得擅离职守和影响评标程序正常进行;不得使用第 3 章“评标办法”(见下文)中未作规定的评审因素及标准进行评标。

4)对与评标活动有关的工作人员的纪律要求

与评标活动有关的工作人员,不得收受他人财物或者其他好处;不得向他人透漏评标委员会对投标文件进行的评审和比较以及中标候选人的推荐等与评标有关的情况。在评标活动中,与评标活动有关的工作人员不得擅离职守和影响评标程序正常进行。

5)投诉

投标人和其他利害关系人认为本次招标活动违反法律、法规和规章规定的,有权向有关行政监督部门投诉。

(10)需要补充的其他内容

1)类似项目

对类似项目的要求,见“投标人须知前附表”。

2)已标价工程量清单电子版

投标人递交投标文件时,应同时提交已标价工程量清单电子版;其份数及格式见“投标人须知前附表”。

3)原件

“投标人须知前附表”中要求投标人递交原件的,投标人应在递交投标文件时,按第 8 章“投标文件格式”“十、原件的复印件”(见下文)中所列清单提交原件。原件经查验后,退回给投标人。

4)中标人的投标文件

在签订合同前,中标人须向招标人另行提交“投标人须知前附表”中规定份数的投标文件的副本。

本章包含的 7 个附件(往来函件格式)如下。

附件一:招标文件澄清申请函。投标人要求招标人澄清招标文件有关问题时,适用于本格式。其主要内容如下:

“________(招标人名称):经过仔细阅读________(项目名称)________(标段名称)招标文件后,我方申请对以下问题予以澄清”。其后,依序列出需招标人澄清的问题。最后,署投标人名称及日期,并加盖单位章。

附件二:招标文件澄清通知。招标人对招标文件有关问题澄清时,适用于本格式。其主要内容如下:

“________(投标人名称):经研究,对________(项目名称)________(标段名称)招标文件,作如下澄清”。其后,依序列出澄清的内容,并说明“请收到本通知后,以书面形式按招标文件第 2 章附件四(见下文)格式在________年____月____日前回复确认,同时采用传真方式发至________(传真号码)。”最后,署招标人名称及日期,并加盖单位章。

附件三:招标文件修改通知。招标人对招标文件进行修改时,适用于本格式。其主要内容与招标文件澄清通知相近,此处不再予以说明。

附件四:招标文件澄清通知、修改通知确认函。收到招标文件澄清通知或修改通知后,投标人向招标人发出确认函时,适用于本格式。其主要内容如下:

“________(招标人名称):你方________年____月____日发送的________(项目名称)________(标段名称)招标文件问题________(澄清通知/修改通知),我方已于________年____月____日收到,通知的主要内容如下:

________年____月____日,________(文件名称及编号),共____(页码总数)页____(条款总数)条,特此确认”。最后,署投标人名称及日期,并加盖单位章。

附件五:开标记录表(见表 1F－432024－2)。

开标记录表　　　　表 1F－432024－2

________(项目名称)________(标段名称)

开标时间:________年____月____日____时____分

序号	投标人	密封情况	投标保证金	投标报价(元)	质量目标	工期	备注	投标人法定代表人或其委托代理人签名
招标人编制的标底								

开标结束时间:________年____月____日____时____分

主持人:________开标人:________唱标人:________记录人:________监标人:________

________年____月____日

附件六:中标通知书。其主要内容如下:

“________(中标人名称):你方于________(该中标人投标日期)所递交的________(项目名称)________(标段名称)投标文件已被我方接受,并被确定为中标人。

中标价:________元。

工期:________日历天。

工程质量:符合________标准。

项目经理:________(姓名)。

请你方在接到本通知书后____日内到________(详细地点)与我方签订施工合同协议书,在此之前,按招标文件第 2 章‘投标人须知’第(7)条第 3)款规定向我方提交履约担保。特此通知。”最后,署招标人名称及日期,由其法定代表人签字并加盖单位章。

附件七:中标结果通知书。其主要内容如下:

“________(未中标人名称):我方已接受________(中标人名称)于________(中标人投标日期)所递交的________(项目名称)________(标段名称)投标文件,确定________

(中标人名称)为中标人。感谢你单位对我方工作的大力支持!”最后,署招标人名称及日期,由其法定代表人签字并加盖单位章。

1F－432025　评标办法(经评审的最低投标价法)

第3章“评标办法”正文前为“评标办法前附表”(见表1F－432025)。

评标办法前附表　　表1F－432025

<table>
<tr><th colspan="2">条款号</th><th>评审因素</th><th>评审标准</th></tr>
<tr><td rowspan="2">第(2)条第1)款
第①项Ⅷ</td><td rowspan="2">形式评审
其他标准</td><td></td><td></td></tr>
<tr><td>…</td><td></td></tr>
<tr><td rowspan="2">第(2)条第1)款
第②项Ⅻ</td><td rowspan="2">资格审查
其他标准</td><td></td><td></td></tr>
<tr><td>…</td><td></td></tr>
<tr><td rowspan="2">第(2)条第1)款
第③项Ⅸ</td><td rowspan="2">响应性评审
其他标准</td><td></td><td></td></tr>
<tr><td>…</td><td></td></tr>
<tr><td rowspan="10">第(2)条第1)款
第④项</td><td rowspan="10">施工组织设计和
项目管理机构
评审标准</td><td>施工方案与技术措施</td><td></td></tr>
<tr><td>质量管理体系与措施</td><td></td></tr>
<tr><td>安全管理体系与措施</td><td></td></tr>
<tr><td>工程进度计划与措施</td><td></td></tr>
<tr><td>环境保护管理体系与措施</td><td></td></tr>
<tr><td>资源配备计划</td><td></td></tr>
<tr><td>其他主要人员</td><td></td></tr>
<tr><td>施工设备</td><td></td></tr>
<tr><td>试验、检测仪器设备</td><td></td></tr>
<tr><td>…</td><td></td></tr>
<tr><td colspan="2">条款号</td><td>量化因素</td><td>量化标准</td></tr>
<tr><td rowspan="3">第(2)条
第2)款</td><td rowspan="3">详细评审标准</td><td>单价遗漏</td><td>…</td></tr>
<tr><td>付款条件</td><td>…</td></tr>
<tr><td>…</td><td>…</td></tr>
</table>

(1)评标方法

本次评标采用经评审的最低投标价法。评标委员会对满足招标文件实质要求的投标文件,根据本章第(2)条第2)款(见下文)规定的量化因素及量化标准进行价格折算,按照经评审的投标价由低到高的顺序推荐中标候选人;或根据招标人授权,直接确定中标人。经评审的投标价相等时,以投标报价低的优先,但投标人的投标报价低于其成本的除外;投标报价也相等的,由招标人自行制定确定中标人的办法。

(2)评审标准

1)初步评审标准

①形式评审标准

Ⅰ.投标人名称应与营业执照、资质证书、安全生产许可证一致;

Ⅱ.投标文件的签字、盖章符合第2章“投标人须知”第(3)条第7)款第③项规定;

Ⅲ.投标文件格式符合第8章“投标文件格式”(见下文)的要求;

Ⅳ.联合体投标人应提交联合体协议书,并明确联合体牵头人;

Ⅴ.有唯一一个报价;

Ⅵ.投标文件的正本、副本数量符合第2章“投标人须知”第(3)条第7)款第④项规定;

Ⅶ.投标文件的印刷与装订符合第2章“投标人须知”第(3)条第7)款第⑤项规定;

Ⅷ.形式评审其他标准在“评标办法前附表”中说明。

②资格评审标准(适用于未进行资格预审的)

Ⅰ.具备有效的营业执照;

Ⅱ.具备有效的安全生产许可证;

Ⅲ.具备有效的资质证书且资质等级符合第2章“投标人须知”第(1)条第4)款第①项规定;

Ⅳ.财务状况符合第2章“投标人须知”第(1)条第4)款第①项规定;

Ⅴ.业绩符合第2章“投标人须知”第(1)条第4)款第①项规定;

Ⅵ.信誉符合第2章“投标人须知”第(1)条第4)款第①项规定;

Ⅶ.项目经理资格符合第2章“投标人须知”第(1)条第4)款第①项规定;

Ⅷ.联合体投标人符合第2章“投标人须知”第(1)条第4)款第②项规定;

Ⅸ.企业主要负责人具备有效的安全生产考核合格证书;

Ⅹ.技术负责人资格符合第2章“投标人须知”第(1)条第4)款第①项规定;

Ⅺ.委托代理人、安全管理人员(专职安全生产管理人员)具备有效的安全生产考核合格证书;

Ⅻ.资格评审其他标准在“评标办法前附表”中说明。

②资格评审标准(适用于已进行资格预审的)。详见资格预审文件第3章“资格审查办法”第(2)条第2)款“详细审查标准”。

③响应性评审标准

Ⅰ.投标范围符合第2章“投标人须知”第(1)条第3)款第①项规定;

Ⅱ.计划工期符合第2章“投标人须知”第(1)条第3)款第②项规定;

Ⅲ.工程质量符合第2章“投标人须知”第(1)条第3)款第③项规定;

Ⅳ.投标有效期符合第2章“投标人须知”第(3)条第3)款第①项规定;

Ⅴ.投标保证金符合第2章“投标人须知”第(3)条第4)款规定;

Ⅵ.权利义务符合第4章“合同条款及格式”(见下文)中规定的权利义务;

Ⅶ.已标价工程量清单符合第5章“工程量清单”(见下文)中的有关要求;

Ⅷ.技术标准和要求符合第7章“技术标准和要求(合同技术条款)”(见下文)中的规定;

Ⅸ.响应性评审其他标准在“评标办法前附表”中说明。

④施工组织设计和项目管理机构评审标准在“评标办法前附表”中说明。

2)详细评审标准

详细评审标准在“评标办法前附表”中说明。

(3)评标程序

1)初步评审

①(适用于未进行资格预审的)评标委员会可以要求投标人提交第2章“投标人须知”第(3)条第5)款第①项至第⑤项规定的有关证明和证件的原件,以便核验。评标委员会依据本章第(2)条第1)款规定的标准对投标文件进行初步评审。有一项不符合评审标准的,作废标处理。

①(适用于已进行资格预审的)评标委员会依据本章第(2)条第1)款第①项、第③项、第④项规定的标准对投标文件进行初步评审。有一项不符合评审标准的,作废标处理。当投标人资格预审申请文件的内容发生重大变化时,评标委员会依据本章第(2)条第1)款第②项规定的标准对其更新的资料进行评审。

②投标人有以下情形之一的,其投标作废标处理:

Ⅰ.第2章“投标人须知”第(1)条第4)款第③项规定的任何一种情形的;

Ⅱ.串通投标或弄虚作假或有其他违法行为的;

Ⅲ.不按评标委员会要求澄清、说明或补正的。

③投标报价有算术错误的,评标委员会按以下原则对其进行修正:

Ⅰ.投标文件中的大写金额与小写金额不一致的,以大写金额为准;

Ⅱ.总价金额与依据单价计算出的结果不一致的,以单价金额为准修正总价;但单价金额小数点位置有明显错误的除外。

修正后的价格,经投标人书面确认后具有约束力;投标人不接受修正后价格的,其投标作废标处理。

2)详细评审

①评标委员会按本章第(2)条第2)款规定的量化因素和评审标准进行价格折算,计算出评标价,并编制价格比较一览表。

②评标委员会发现投标人的报价明显低于其他投标报价,或者在设有标底时明显低于标底,使得其投标报价可能低于其成本的,应当要求该投标人作出书面说明并提供相应的证明材料。投标人不能合理说明或者不能提供相应证明材料的,评标委员会应认定该投标人以低于成本的价格报价竞标,其投标应作废标处理。

3)投标文件的澄清和补正

①在评标过程中,评标委员会可以以书面形式要求投标人对所提交的投标文件中不明确的内容进行书面澄清或说明,或者对细微偏差进行补正。评标委员会不接受投标人主动提出的澄清、说明或补正。

②澄清、说明和补正不得改变投标文件的实质性内容(属算术性错误修正的除外)。投标人的书面澄清、说明和补正属于投标文件的组成部分。

③评标委员会对投标人提交的澄清、说明或补正有疑问的,可以要求投标人进一步澄

清、说明或补正,直至满足评标委员会的要求。

4)评标结果

①评标委员会按照经评审的投标价由低到高的顺序推荐3名中标候选人,并标明推荐顺序。

②评标委员会完成评标后,应当向招标人提交书面评标报告。

本章包含的两个附件如下:

附件一:投标文件澄清通知。其主要内容如下:

"________(投标人名称):________(项目名称)________(标段名称)评标委员会对你方的投标文件进行了仔细的审查,现需你方对下列问题以书面形式予以澄清",其后,依序列出需投标人澄清的内容,并说明"请将上述问题的澄清函于________年____月____日____时前递交至________(详细地址)或传真至________(传真号码)。采用传真方式的,应在________年____月____日____时前将原件递交至________(详细地址)。"最后,由评标委员会负责人签字并署日期。

附件二:投标文件澄清函。其主要内容如下:

"________(项目名称)________(标段名称)评标委员会:投标文件澄清通知(编号:________)已收悉,现就有关问题澄清如下",其后,依序列出所澄清的内容。最后,署投标人名称及日期,由法定代表人或其委托代理人签字并盖单位章。

1F－432026　评标办法(综合评估法)

第3章"评标办法(综合评估法)"正文前为"评标办法前附表"(见表1F－432026－1)。

(1)评标方法

本次评标采用综合评估法。评标委员会对满足招标文件实质性要求的投标文件,按照本章第(2)条第2)款(见下文)规定的评分标准进行打分,并按得分由高到低的顺序推荐中标候选人;或根据招标人授权,直接确定中标人。综合评分相等时,以投标报价低的优先,但投标人的投标报价低于其成本的除外;投标报价也相等的,由招标人自行制定确定中标人的办法。

(2)评审标准

1)初步评审标准

①形式评审标准

Ⅰ.投标人名称应与营业执照、资质证书、安全生产许可证一致;

Ⅱ.投标文件的签字、盖章符合第2章"投标人须知"第(3)条第7)款第③项规定;

Ⅲ.投标文件格式符合第8章"投标文件格式"(见下文)的要求;

Ⅳ.联合体投标人应提交联合体协议书,并明确联合体牵头人;

Ⅴ.有唯一一个报价;

Ⅵ.投标文件的正本、副本数量符合第2章"投标人须知"第(3)条第7)款第④项规定;

Ⅶ.投标文件的印刷与装订符合第2章"投标人须知"第(3)条第7)款第⑤项规定;

Ⅷ.形式评审其他标准在"评标办法前附表"中说明。

评标办法前附表　　表 1F-432026-1

条款号		评审因素	评审标准
第(2)条第1)款第①项Ⅷ	形式评审其他标准		
		…	
第(2)条第1)款第②项Ⅻ	资格审查其他标准		
		…	
第(2)条第1)款第③项Ⅸ	响应性评审其他标准		
		…	
条款号		条款内容	编列内容
第(2)条第2)款第①项		分值构成（总分100分）	施工组织设计:______分 项目管理机构:______分 投标报价:______分 其他评分因素:______分
第(2)条第2)款第②项		评标基准价计算	□招标人不提供标底 投标人有效报价 a_i: □招标人提供标底 投标人有效报价 a_i: 招标人标底在评标基准价中所占的权重 A:
第(3)条第4)款第①项		投标人最终得分的计算方法	

②资格评审标准(适用于未进行资格预审的)

Ⅰ.具备有效的营业执照;

Ⅱ.具备有效的安全生产许可证;

Ⅲ.具备有效的资质证书且资质等级符合第2章“投标人须知”第(1)条第4)款第①项规定;

Ⅳ.财务状况符合第2章“投标人须知”第(1)条第4)款第①项规定;

Ⅴ.业绩符合第2章“投标人须知”第(1)条第4)款第①项规定;

Ⅵ.信誉符合第2章“投标人须知”第(1)条第4)款第①项规定;

Ⅶ.项目经理资格符合第2章“投标人须知”第(1)条第4)款第①项规定;

Ⅷ.联合体投标人符合第2章“投标人须知”第(1)条第4)款第②项规定;

Ⅸ.企业主要负责人具备有效的安全生产考核合格证书;

Ⅹ.技术负责人资格符合第2章“投标人须知”第(1)条第4)款第①项规定;

Ⅺ.委托代理人、安全管理人员(专职安全生产管理人员)具备有效的安全生产考核合格证书;

Ⅻ.资格评审其他标准在“评标办法前附表”中说明。

②资格评审标准(适用于已进行资格预审的),详见资格预审文件第3章“资格审查办法”第(2)条第2)款“详细审查标准”。

③响应性评审标准

Ⅰ.投标范围符合第2章“投标人须知”第(1)条第3)款第①项规定;

Ⅱ.计划工期符合第2章“投标人须知”第(1)条第3)款第②项规定;

Ⅲ.工程质量符合第2章“投标人须知”第(1)条第3)款第③项规定;

Ⅳ.投标有效期符合第2章“投标人须知”第(3)条第3)款第①项规定;

Ⅴ.投标保证金符合第2章“投标人须知”第(3)条第4)款规定;

Ⅵ.权利、义务内容符合第4章“合同条款及格式”(见下文)中规定的权利、义务;

Ⅶ.已标价工程量清单填写符合第5章“工程量清单”(见下文)中的有关要求;

Ⅷ.技术标准和要求内容符合第7章“技术标准和要求(合同技术条款)”(见下文)中的规定;

Ⅸ.响应性评审其他标准在“评标办法前附表”中说明。

2)分值构成与评分标准

①分值构成

施工组织设计、项目管理机构、投标报价和其他评分因素等所占分值,均在“评标办法前附表”中说明。

②采用有效报价的平均数确定评标基准价(适用于招标人不提供标底的)

$$S=\begin{cases}\dfrac{a_1+a_2+\cdots+a_n-M-N}{n-2} & (n\geqslant 5)\\[2ex] \dfrac{a_1+a_2+\cdots+a_n}{n} & (n\leqslant 4)\end{cases}$$

式中　S——评标基准价;

a_i——投标人的有效报价($i=1,2,\cdots,n$),有效报价约定见“评标办法前附表”;

n——有效报价投标人的个数;

M——投标人最高有效报价;

N——投标人最低有效报价。

②采用复合标底确定评标基准价(适用于招标人提供标底的)

$$S=T\times A+\frac{a_1+a_2+\cdots+a_n}{n}\times(1-A)$$

式中　S——评标基准价;

a_i——投标人的有效报价($i=1,2,\cdots,n$),有效报价约定见“评标办法前附表”;

T——招标人标底;

A——招标人标底在评标基准价中所占的权重,权重约定见“评标办法前附表”;

n——有效报价投标人的个数。

③投标报价偏差率的计算方法

$$偏差率=\frac{投标人报价-评标基准价}{评标基准价}\times 100\%$$

④评分标准

评分标准,在本章附件三“评分标准”表(见下文)中说明。

(3)评标程序

1)初步评审

①(适用于未进行资格预审的)评标委员会可以要求投标人提交第2章“投标人须知”第(3)条第5)款第①项至第⑤项规定的有关证明和证件的原件,以便核验。评标委员会依据本章第(2)条第1)款规定的标准,对投标文件进行初步评审;有一项不符合评审标准的,应作废标处理。

①(适用于已进行资格预审的)评标委员会依据本章第(2)条第1)款第①项、第③项规定的评审标准对投标文件进行初步评审;有一项不符合评审标准的,应作废标处理。投标文件与资格预审申请文件比较,内容发生重大变化时,评标委员会应依据本章第(2)条第1)款第②项规定的标准,对其更新后的资料重新进行评审。

②投标人有以下情形之一的,其投标作废标处理:

- 有按第2章“投标人须知”第(1)条第4)款第③项规定的任何一种情形的;
- 串通投标或弄虚作假或有其他违法行为的;
- 不按评标委员会要求澄清、说明或补正的。

③投标报价有算术错误的,评标委员会按以下原则对其进行修正:

Ⅰ.投标文件中的大写金额与小写金额不一致的,以大写金额为准;

Ⅱ.总价金额与依据单价计算出的结果不一致的,以单价金额为准修正总价;但单价金额小数点位置有明显错误的除外。

修正后的价格,经投标人书面确认后具有约束力;投标人不接受修正后的价格的,其投标作废标处理。

2)详细评审

①评标委员会按本章第(2)条第2)款规定的量化因素和分值进行打分,并计算出综合评估得分。

Ⅰ.按本章附件三“评分标准”表(见下文)中规定的评分因素和分值对施工组织设计计算出得分A;

Ⅱ.按本章附件三“评分标准”表(见下文)中规定的评分因素和分值对项目管理机构计算出得分B;

Ⅲ.按本章附件三“评分标准”表(见下文)中规定的评分因素和分值对投标报价计算出得分C;

Ⅳ.按本章附件三“评分标准”表(见下文)中规定的评分因素和分值对其他部分计算出得分D。

②评分分值计算结果保留至小数点后两位,小数点后第三位按“四舍五入”原则取舍。

③投标人得分$=A+B+C+D$。

④评标委员会如发现投标人的报价明显低于其他投标人的投标报价,或者在设有标底时明显低于标底,使得其投标报价可能低于其个别成本的,应当要求该投标人作出书面

说明并提供相应证明材料。投标人不能合理说明或者不能提供相应证明材料的,评标委员会应认定该投标人以低于成本的价格报价竞标,其投标应作废标处理。

3)投标文件的澄清和补正

①在评标过程中,评标委员会可以以书面形式要求投标人对所提交的投标文件中不明确的内容进行书面澄清或说明,或者对细微偏差进行补正。评标委员会不接受投标人主动提出的澄清、说明或补正。

②澄清、说明和补正不得改变投标文件的实质性内容(属算术性错误修正的除外)。投标人的书面澄清、说明和补正属于投标文件的组成部分。

③评标委员会对投标人提交的澄清、说明或补正有疑问的,可以要求投标人进一步澄清、说明或补正,直至满足评标委员会的要求。

4)评标结果

①评标委员会依据本章第(2)条第2)款中所列评分标准进行评分,按“评标办法前附表”中的约定计算投标人最终得分,根据得分由高到低的顺序推荐3名中标候选人,并标明推荐顺序。

②评标委员会完成评标后,应当向招标人提交书面评标报告。

本章包含的3个附件,其中附件一“投标文件澄清通知”、附件二“投标文件澄清函”与第3章“评标办法(经评审的最低投标价法)”相应附件格式同,在此不再说明。附件三为“评分标准”表(见表1F－432026－2)。

评分标准　　**表**1F－432026－2

序号	评分因素	分值	评分标准	赋分
一	施工组织设计			
1	内容完整性和编制水平			
2	施工方案与技术措施			
	格式一:分部工程			
2.1	施工导流			
2.2	上(下)游连接工程			
2.3	基础工程			
2.4	水下工程			
2.5	上部结构			
2.6	设备安装工程			
2.7	观测工程			
	…			
	格式二:专业工程			
2.1	施工导流			
2.2	土方工程			

续表

序号	评分因素	分值	评分标准	赋分
2.3	砌石工程			
2.4	混凝土工程			
2.5	基础处理工程			
2.6	设备安装工程			
2.7	观测工程			
	…			
3	质量管理体系与措施			
3.1	质量计划			
3.2	岗位职责			
3.3	材料采购			
3.4	过程控制及检验			
3.5	分项措施的针对性			
	…			
4	安全管理体系与措施			
4.1	安全体系建设			
4.2	安全预案可靠性			
4.3	安全经费保障			
	…			
5	环境保护管理体系与措施			
5.1	环境保护管理体系健全			
5.2	污染物处理和排放与国家和地方环境保护标准的符合性			
5.3	技术及管理措施可行性			
	…			
6	工程进度计划与措施			
6.1	进度计划			
6.2	关键路径			
6.3	逻辑关系			
6.4	措施保证计划			
	…			

续表

序号	评分因素	分值	评分标准	赋分
7	资源配备计划			
7.1	设备配备计划			
7.2	劳动力配备计划			
7.3	施工生产其他类资源配备计划			
7.4	资金使用计划			
	…			
二	项目管理机构			
1	项目经理学历、专业、职称和业绩			
2	技术负责人学历、专业、职称和业绩			
3	质量管理人员学历、专业、职称和业绩			
4	安全管理人员（专职安全生产管理人员）学历、专业、职称和业绩			
5	财务负责人学历、专业、职称和业绩			
	…			
三	投标报价			
1	投标总价			
2	投标分项报价			
2.1	基础价格			
2.2	费用构成			
2.3	主要工程项目单价			
2.4	总价项目（措施项目）			
2.5	分项报价			
	…			
四	其他因素			
1	投标人的业绩			
2	综合实力			
3	财务状况			
	…			

1F-432027 通用合同条款

第4章“合同条款及格式”第1节为“通用合同条款”。

(1)一般约定

1)词语定义

通用合同条款、专用合同条款中的下列词语应具有本款所赋予的含义。

①合同

a. 合同文件(或称合同):指合同协议书、中标通知书、投标函及投标函附录、专用合同条款、通用合同条款、技术标准和要求、图纸、已标价工程量清单,以及其他合同文件。

b. 合同协议书:指第(1)条第5)款(见下文)所指的合同协议书。

c. 中标通知书:指发包人通知承包人中标的函件。

d. 投标函:指构成合同文件组成部分的由承包人填写并签署的投标函。

e. 投标函附录:指附在投标函后构成合同文件的投标函附录。

f. 技术标准和要求:指构成合同文件组成部分的、名为“技术标准和要求(合同技术条款)”的文件,包括按合同双方当事人约定对其所作的修改(或补充)。

g. 图纸:指列入合同的招标图纸、投标图纸和发包人按合同约定向承包人提供的施工图纸和其他图纸(包括配套说明和有关资料)。列入合同的招标图纸,是合同文件的一部分,具有合同效力;主要用于在履行合同中,作为衡量变更的依据,但不能直接用于施工。经发包人确认进入合同的投标图纸,亦成为合同文件的一部分,用作在履行合同中检验承包人是否按其投标时承诺的条件进行施工的依据,亦不能直接用于施工。

h. 已标价工程量清单:指构成合同文件组成部分的由承包人按照规定格式和要求填写并标明价格的工程量清单。

i. 其他合同文件:指经合同双方当事人确认,构成合同文件的其他文件。

②合同当事人和人员

a. 合同当事人:指发包人和(或)承包人。

b. 发包人:指专用合同条款中指明,与承包人在合同协议书中签字的当事人。

c. 承包人:指专用合同条款中指明,与发包人在合同协议书中签字的当事人。

d. 承包人项目经理:指承包人为履行施工承包合同而派驻施工场地的受权负责人。

e. 分包人:指专用合同条款中指明,从承包人处分包其与发包人签订的承包合同中的一部分工程,并与其签订分包合同的分包人。

f. 监理人:指专用合同条款中指明,受发包人委托、对施工承包合同履行合同管理的法人(或其他组织)。

g. 总监理工程师(总监):指由监理人派驻施工场地,对施工承包合同履行合同管理的受权负责人。

③工程和设备

a. 工程:指永久工程和(或)临时工程。

b. 永久工程:指按合同约定建造并移交给发包人的工程,包括工程设备。

c. 临时工程:指为完成合同约定的永久工程所修建的各类临时性工程,不包括施工设备。

d. 单位工程:指专用合同条款中指明,特定范围的永久工程。

e. 工程设备:指构成或计划构成永久工程一部分的机电设备、金属结构设备、仪器装置及其他类似的设备和装置。

f. 施工设备:指为完成合同约定的各项工作所需的设备、器具和其他物品,不包括临时工程和材料。

g. 临时设施:指为完成合同约定的各项工作而服务的临时性生产和生活设施。

h. 承包人设备:指承包人自带的施工设备。

i. 施工场地(或称施工工地、施工现场):指用于合同工程施工的场所,以及合同中指定作为施工场地组成部分的其他场所,包括永久占地和临时占地。

j. 永久占地:指发包人为建设本合同工程永久征用的场地。

k. 临时占地:指发包人为建设本合同工程临时征用,承包人在完工后须按合同要求退还的场地。

④日期

a. 开工通知:指监理人按第(11)条第1)款(见下文)的规定通知承包人开工的函件。

b. 开工日期:指监理人按第(11)条第1)款(见下文)的规定发出的开工通知中写明的开工日期。

c. 工期:指承包人在投标函中承诺的完成合同工程所需的期限,包括按第(11)条第3)款、第4)款、第6)款(均见下文)约定所作的变更。

d. 竣工日期:即合同工程完工日期,指第(1)条第1)款第④项c目约定工期届满时的日期(实际完工日期以合同工程完工证书中写明的日期为准)。

e. 缺陷责任期:即工程质量保修期,指履行第(19)条第2)款(见下文)约定的缺陷责任的期限,包括根据第(19)条第3)款(见下文)约定所作的延长,具体期限由专用合同条款约定。

f. 基准日期:指投标截止时间前28天的日期。

g. 天:除特别指明外,指日历天。合同中按天计算时间的,开始当天不计入,从次日开始计算。期限最后一天的截止时间为当天24:00。

⑤合同价格和费用

a. 签约合同价:指签订合同时合同协议书中写明的,包括了暂列金额、暂估价的合同总金额。

b. 合同价格:指承包人按合同约定完成了包括缺陷责任期责任在内的全部承包工作后,发包人应付给承包人的金额,包括在履行合同过程中按合同约定进行变更和调整所应付给承包人的金额。

c. 费用:指为履行合同所发生的或将要发生的所有合理开支,包括管理费和应分摊的其他费用,但不包括利润。

d. 暂列金额:指已标价工程量清单中所列的暂列金额,用于在签订协议书时尚未确定的工程(或不可预见的变更项目)的施工及其所需材料、工程设备、服务等的金额,包括以计日工方式支付的金额。

e. 暂估价:指发包人在工程量清单中给定的用于支付必然发生但暂时不能确定价格的材料、设备以及暂时未选定承包人的专业工程合同付款所需的金额。

f. 计日工:指对零星工作采取的一种计价方式,按合同中所列的计日工子目及其单价进行计价、付款。

g. 质量保证金(或称保留金):指按第(17)条第4)款第①项(见下文)约定用于保证在缺陷责任期内履行缺陷修复义务所需的金额。

⑥其他

书面形式:指文本、信函、电报、传真等可以有形地表现所载内容的形式。

2)语言文字

除专用术语外,合同条文使用的语言文字均为中文。必要时,用其他语言表示的专用术语也应附有中文注释。

3)法律

适用于合同的法律,包括中华人民共和国法律、行政法规、部门规章,以及工程所在地的地方法规、自治条例、单行条例和地方政府规章。

4)合同文件的优先顺序

组成合同的各文件应互相解释、互为说明。除专用合同条款另有约定外,解释合同文件的优先顺序如下:

Ⅰ. 合同协议书;

Ⅱ. 中标通知书;

Ⅲ. 投标函及投标函附录;

Ⅳ. 专用合同条款;

Ⅴ. 通用合同条款;

Ⅵ. 技术标准和要求;

Ⅶ. 图纸;

Ⅷ. 已标价工程量清单;

Ⅸ. 其他合同文件。

5)合同协议书

承包人按中标通知书中规定的时间,与发包人签订合同协议书。除法律另有规定或合同另有约定外,发、承包人的法定代表人(或其委托代理人)在合同协议书上签字并盖单位章后,合同生效。

6)图纸和承包人文件

①图纸的提供

发包人应按技术标准和要求(合同技术条款)有关条款约定的期限和数量,将施工图纸以及其他图纸(包括配套说明和有关资料)提供给承包人。因发包人未按时提供图纸而造成工期延误的,按第(11)条第3)款(见下文)的约定办理。

②承包人提供的文件

承包人提供的文件,应按技术标准和要求(合同技术条款)有关条款约定的期限和数量提供给监理人。监理人应按技术标准和要求(合同技术条款)有关条款约定的期限批复承包人。

③图纸的修改

设计人需要对已发给承包人的施工图纸进行修改时,监理人应在技术标准和要求(合同技术条款)有关条款约定的期限内将施工图纸的修改图签发给承包人。承包人应按技术标准和要求(合同技术条款)有关条款的约定编制一份承包人实施计划,提交监理人批准后执行。

④图纸的错误

承包人如发现发包人提供的图纸存在明显错误或疏忽,应及时通知监理人。

⑤图纸和承包人文件的保管

监理人和承包人均应在施工场地各保存一套完整的包含第(1)条第6)款第①项至第③项约定内容的图纸和承包人文件。

7)联络

①与合同有关的通知、批准、证明、证书、指示、要求、请求、同意、意见、确定和决定等,均应采用书面形式。

②第(1)条第7)款第①项中的通知、批准、证明、证书、指示、要求、请求、同意、意见、确定和决定等来往函件,均应在合同约定的期限内送达指定地点和接收人,并办理签收手续。来往函件的送达期限在技术标准和要求(合同技术条款)中约定,送达地点在专用合同条款中约定。

③来往函件均应按合同约定的期限及时发出和答复,不得无故扣压和拖延,亦不得拒收。否则,由此造成的后果由责任方负责。

8)转让

除合同另有约定外,未经对方当事人同意,一方当事人不得将合同权利全部或部分转让给第三人,也不得全部或部分转移合同义务。

9)严禁贿赂

合同双方当事人不得以贿赂或变相贿赂的方式,谋取不当利益或损害对方权益。因贿赂造成对方损失的,行为人应赔偿损失,并承担相应的法律责任。

10)化石、文物

①在施工场地发掘的所有文物、古迹以及具有地质研究或考古价值的其他遗迹、化石、钱币或物品属于国家所有。一旦发现上述文物,承包人应采取有效、合理的保护措施,防止任何人员移动或损坏上述物品,并立即报告当地文物行政部门,同时通知监理人。发包人、监理人和承包人应按文物行政部门的要求,采取妥善保护措施。由此导致的费用增加和(或)工期延误,由发包人承担。

②承包人发现文物后隐瞒不报或不及时报告,致使文物丢失或损坏的,应赔偿损失,并承担相应的法律责任。

11)专利技术

①承包人在使用任何材料、工程设备或承包人设备,或采用施工工艺时,因侵犯专利权或其他知识产权所引起的责任由承包人承担;但由于遵照执行发包人提供的设计或技术标准和要求而引起的责任除外。

②承包人在投标文件中采用专利技术的,专利技术的使用费包含在投标报价内。

③承包人的技术秘密和已声明需要保密的资料和信息,发包人和监理人不得为合同以外的目的泄露给他人。

④合同实施过程中,发包人要求承包人采用专利技术的,发包人应办理相应的使用手续,承包人应按与发包人约定的条件使用,并承担使用专利技术时的相关试验工作,所需费用由发包人承担。

12)图纸和文件的保密

①发包人提供的图纸和文件,未经发包人同意,承包人不得为合同以外的目的泄露给他人,或公开发表与引用。

②承包人提供的文件,未经承包人同意,发包人和监理人不得为合同以外的目的泄露给他人,或公开发表与引用。

(2)发包人义务

1)遵守法律

发包人在履行合同过程中应遵守法律,并保证承包人免于承担因发包人违反法律而引起的任何责任。

2)发出开工通知

发包人应委托监理人按第(11)条第1)款(见下文)的约定向承包人发出开工通知。

3)提供施工场地

①发包人应在合同双方签订合同协议书后的14天内,将本合同工程的施工场地范围图提交给承包人。发包人提供的施工场地范围图应标明场地范围内永久占地与临时占地的范围和界限,以及指明提供给承包人用于施工场地布置的范围和界限,并提供有关资料。

②发包人提供的施工用地范围在专用合同条款中约定。

③除专用合同条款另有约定外,发包人应按技术标准和要求(合同技术条款)有关条款的约定,向承包人提供有关施工场地的地下障碍物图纸及工程地质图纸和报告等资料,并保证资料的真实、准确和完整。

4)协助承包人办理证件和批件

发包人应协助承包人办理法律规定的有关施工证件和批件。

5)组织设计交底

发包人应根据合同进度计划,组织设计单位向承包人进行设计交底。

6)支付合同价款

发包人应按合同约定,向承包人及时支付合同价款。

7)组织竣工验收(法人验收)

发包人应按合同约定,及时组织法人验收。

8)其他义务

其他义务,在专用合同条款中补充约定。

(3)监理人

1)监理人的职责和权力

①监理人受发包人的委托,享有合同约定的权力。监理人的权力范围在专用合同条

款中明确。当监理人认为出现了危及生命、工程或毗邻财产安全等紧急事件时,在不免除合同约定的承包人责任的情况下,监理人可以指示承包人实施为消除或减少危险所必须进行的工作,即使没有发包人的事先批准,承包人也应立即遵照执行。监理人应按第(15)条(见下文)的约定确认增加的相应费用,并通知承包人。

②监理人发出的任何指示应视为已得到发包人的批准;但监理人无权免除或变更合同约定的发包人和承包人的权利、义务和责任。

③合同约定应由承包人承担的义务和责任,不因监理人对承包人所提交文件的批准(或审查),对工程、材料和设备的检查和检验,以及为实施监理作出的指示等职务行为而解除或减轻。

2)总监理工程师

发包人应在发出开工通知前,将总监理工程师的任命通知承包人。更换总监理工程师时,应在调离14天前通知承包人。总监理工程师短期离开施工场地的,监理人应委派代表代行其职责,并通知承包人。

3)监理人员

①总监理工程师可以授权其他监理人员负责执行其指派的一项(或多项)监理工作。总监理工程师应将授权范围和被授权监理人员的姓名通知承包人。被授权的监理人员在受权范围内发出的指示,视为已得到总监理工程师的同意,与总监理工程师发出的指示具有同等效力。总监理工程师撤销某项授权时,应将撤销授权的决定及时通知承包人。

②监理人员对承包人的任何工作、工程或其采用的材料和工程设备未在约定的或合理的期限内提出否定意见的,视为已予批准;但监理人的批准不影响其以后拥有的拒绝该项工作、工程、材料或工程设备的权利。

③承包人对总监理工程师授权的监理人员发出的指示有疑问的,可向总监理工程师书面提出异议。总监理工程师应在48小时内对受权监理人员所发出的指示予以确认、更改或撤销。

④除专用合同条款另有约定外,总监理工程师不应将第(3)条第5)款(见下文)约定由总监理工程师作出确定的权力授权(或委托)给其他监理人员。

4)监理人的指示

①监理人应按第(3)条第1)款的约定向承包人发出指示。监理人的指示应盖有监理人授权的施工场地机构章,并由总监理工程师(或总监理工程师按第(3)条第3)款第①项约定授权的监理人员)签字。

②承包人收到监理人按第(3)条第4)款第①项作出的指示后应遵照执行。指示构成变更的,应按第(15)条(见下文)的约定处理。

③在紧急情况下,总监理工程师或被授权的监理人员可以当场签发临时书面指示,承包人应遵照执行。同时,承包人应在收到上述临时书面指示后24小时内,向监理人发出书面确认函。监理人在收到书面确认函后24小时内未予答复的,则该书面确认函应被视为监理人的正式指示。

④除合同另有约定外,承包人只从总监理工程师或按第(3)条第3)款第①项约定被授权的监理人员处取得指示。

⑤由于监理人未能按合同约定发出指示、指示延误或指示错误而导致承包人费用增加和(或)工期延误的,由发包人承担赔偿责任。

5)商定或确定

①合同约定总监理工程师应按照本款约定对任何事项进行商定(确定)时,总监理工程师应与合同当事人协商,尽量达成一致。不能达成一致的,总监理工程师应在认真研究后审慎确定。

②总监理工程师应将商定(确定)的事项通知合同当事人,并附详细依据。对总监理工程师的确定有异议,构成争议的,按照第(24)条(见下文)的约定处理。在争议解决前,双方应暂按总监理工程师的确定执行;按照第(24)条的约定对总监理工程师的确定作出修改的,按修改后的结果执行。

(4)承包人

1)承包人的一般义务

①遵守法律

承包人在履行合同过程中应遵守法律,并保证发包人免于承担因承包人违反法律而引起的任何责任。

②依法纳税

承包人应按有关法律的规定纳税。承包人应缴纳的税金包括在合同价格内。

③完成各项承包的工作

承包人应按合同约定以及监理人根据第(3)条第4)款的约定作出的指示实施并完成全部工程,并修补工程中的任何缺陷。除第(5)条第2)款(见下文)、第(6)条第2)款(见下文)另有约定外,承包人应提供为完成合同工作所需的劳务、材料、施工设备、工程设备以及其他有关物品,并按合同约定,负责临时设施的设计、建造、运行、维护、管理和拆除等工作。

④对施工作业和施工方法的完备性负责

承包人应按合同约定的工作内容和施工进度要求,编制施工组织设计和施工措施计划,并对所有施工作业和施工方法的完备性和安全可靠性负责。

⑤保证工程施工和人员的安全

承包人应按第(9)条第2)款(见下文)的约定,采取施工安全措施,确保工程及自身人员、材料、设备和设施的安全,防止因工程施工造成的人身伤害和财产损失。

⑥负责施工场地及周边环境与生态的保护工作

承包人应按照第(9)条第4)款(见下文)的约定,负责施工场地及周边环境与生态的保护工作。

⑦避免施工对公众(或他人)的利益造成损害

承包人在进行合同约定的各项工作时,不得侵害发包人与他人使用公用道路、水源、市政管网等公共设施的权利,同时,避免对邻近的公共设施产生干扰。承包人占用(或使用)他人的施工场地,影响他人作业或生活的,应承担相应责任。

⑧为他人提供方便

承包人应按监理人的指示,为他人在施工场地(或附近)实施与工程有关的其他各项工作提供可能的条件。除合同另有约定外,应提供条件的内容和可能发生的费用,由监理人按第(3)条第5)款的约定商定(确定)。

⑨工程的维护和照管

除合同另有约定外,合同工程完工证书颁发前,承包人应负责照管和维护工程。合同工程完工证书颁发时尚有部分未完工程的,承包人还应负责该未完工程的照管和维护工作,直至完工后移交给发包人。

⑩其他义务

其他义务,在专用合同条款中进行补充约定。

2)履约担保

承包人应保证其履约担保在发包人颁发合同工程完工证书前一直有效。发包人应在合同工程完工证书颁发后28天内将履约担保退还给承包人。

3)分包

①承包人不得将其承包的全部工程转包给第三人,或将其承包的全部工程肢解后以分包的名义转包给第三人。

②承包人不得将工程主体、关键性工作分包给第三人。除专用合同条款另有约定外,未经发包人同意,承包人不得将工程的其他部分或工作分包给第三人。

③分包人的资格、能力应与其分包工程的标准和规模相适应。

④按投标函附录中的约定分包工程的,承包人应向发包人和监理人提交分包合同副本。

⑤承包人应与分包人就分包工程向发包人承担连带责任。

⑥分包,分为工程分包和劳务作业分包。

工程分包应遵循合同约定,或者经发包人书面认可。禁止承包人将本合同工程进行违法分包。

分包人应具备与分包工程规模和标准相适应的资质和业绩,在人力、设备、资金等方面具有承担分包工程施工的能力。分包人应自行完成所承包的任务。

⑦在合同实施过程中,如承包人无力在合同规定的期限内完成合同中的应急防汛、抢险等危及公共安全和工程安全的项目,发包人可对该应急防汛、抢险等项目的部分工程指定分包人。因非承包人原因形成指定分包条件的,发包人的指定分包不应增加承包人的额外费用;因承包人原因形成指定分包条件的,承包人应承担指定分包所增加的费用。

因发包人指定分包人造成的与其分包工作有关的一切索赔、诉讼和损失赔偿,由指定分包人直接对发包人负责,承包人不对此承担责任。

⑧承包人和分包人应当签订分包合同,并履行合同约定的义务。分包合同必须遵循承包合同的各项原则,满足承包合同中相应条款的要求。发包人可以对分包合同的实施情况进行监督检查。承包人应将分包合同副本提交给发包人和监理人。

⑨除第(4)条第3)款第⑦项规定的指定分包外,承包人对其分包项目的实施以及分包人的行为向发包人负全部责任。承包人应对分包项目的工程进度、质量、安全、计量和验收等实施监督和管理。

⑩分包人应按专用合同条款的约定设立项目管理机构,组织、管理分包工程的施工活动。

⑪不利物质条件

Ⅰ.除专用合同条款另有约定外,不利物质条件是指在施工中遭遇不可预见的外界障碍(或自然条件)造成的施工受阻。

Ⅱ.承包人遇到不利物质条件时,应采取适应不利物质条件的合理措施继续施工,并及时通知监理人。承包人有权根据第(23)条第1)款(见下文)的约定,要求延长工期及增加费用。监理人收到此类要求后,应在分析上述外界障碍(或自然条件)是否不可预见及不可预见程度的基础上,按照通用合同条款第(15)条(见下文)的约定办理。

(5)材料和工程设备

1)承包人提供的材料和工程设备

①除第(5)条第2)款(见下文)约定由发包人提供的材料和工程设备外,承包人应负责采购、运输和保管完成本合同工作所需的材料和工程设备,并对其采购的材料和工程设备负责。

②承包人应按专用合同条款的约定,将各项材料和工程设备的品种、规格、数量、供货时间和供货人等报送监理人审批。承包人应向监理人提交其负责提供的材料和工程设备的质量证明文件,其所载明的质量特性应满足合同约定的质量标准。

③对承包人提供的材料和工程设备,承包人应会同监理人进行检验和交货验收,包括查验材料合格证明和产品合格证书,并按合同约定和监理人指示,进行材料的抽样检验和工程设备的检验、测试。检验和测试结果应提交给监理人;所需费用由承包人承担。

2)发包人提供的材料和工程设备

①发包人提供材料和工程设备的,应在专用合同条款中写明材料和工程设备的名称、规格、数量、价格、交货方式、交货地点和计划交货日期等。

②承包人应根据合同进度计划的安排,向监理人报送要求发包人何时交货的时间计划。发包人应按照监理人与合同双方当事人商定的交货日期,向承包人提交材料和工程设备。

③发包人应在材料和工程设备到货7天前通知承包人。承包人应会同监理人在约定的时间内赴交货地点共同进行验收。发包人提供的材料和工程设备运至交货地点验收后,由承包人负责接收、卸货、运输和保管。

④发包人要求向承包人提前交货的,承包人不得拒绝;但发包人应承担承包人由此增加的费用。

⑤承包人要求更改交货日期(或地点)的,应事先报请监理人批准。由于承包人要求更改交货时间(或地点)所增加的费用和(或)工期延误,由承包人承担。

⑥发包人所提供材料和工程设备的规格或数量(质量)不符合合同要求,或由于发包人原因发生交货日期延误、交货地点变更等情况的,发包人应承担由此增加的费用和(或)工期延误责任,并向承包人支付合理利润。

3)材料和工程设备专用于合同工程

①运入施工场地的材料、工程设备及其备品(备件)、安装专用工(器)具以及附带资料等,必须专用于合同工程;未经监理人同意,承包人不得将其运出施工场地或挪作他用。

②随同工程设备运入施工场地的备品(备件)、专用工(器)具和附带资料,应由承包人会同监理人按供货人的装箱单清点后共同封存,且未经监理人同意不得启用;承包人因完成合同工作而需要使用上述物品时,应向监理人提出申请。

4)禁止使用不合格的材料和工程设备

①监理人有权拒绝承包人提供的不合格材料或工程设备,并要求承包人立即进行更换。监理人应在承包人更换后再次进行检查和检验,由此增加的费用和(或)工期延误由承包人承担。

②监理人发现承包人使用了不合格的材料和工程设备,应即时发出指示,要求承包人立即改正,并禁止在工程中继续使用不合格的材料和工程设备。

③发包人提供的材料(或工程设备)不符合合同要求的,承包人有权拒绝,并可要求发包人更换,由此增加的费用和(或)工期延误由发包人承担。

(6)施工设备和临时设施

1)承包人提供的施工设备和临时设施

①承包人应按合同进度计划的要求,及时配置施工设备和修建临时设施。进入施工场地的承包人设备,需经监理人核查后才能投入使用。承包人更换合同约定的承包人设备的,应报监理人批准。

②除专用合同条款另有约定外,承包人应自行承担修建临时设施所需的费用;修建临时设施需要临时占地的,应由发包人办理申请手续并承担相应费用。

2)发包人提供的施工设备和临时设施

发包人提供的施工设备(或临时设施),在专用合同条款中约定。

3)要求承包人增加或更换施工设备

承包人使用的施工设备不能满足合同进度计划和(或)质量要求时,监理人有权要求承包人增加(或更换)施工设备,承包人应及时增加(或更换),由此增加的费用和(或)工期延误由承包人承担。

4)施工设备和临时设施专用于合同工程

①除合同另有约定外,运入施工场地的所有施工设备以及在施工场地建设的临时设施应专用于合同工程。未经监理人同意,不得将上述施工设备和临时设施中的任何部分运出施工场地或挪作他用。

②经监理人同意,承包人可根据合同进度计划撤走闲置的施工设备。

(7)交通运输

1)道路通行权和场外设施

除专用合同条款另有约定外,承包人应根据合同工程的施工需要,负责办理(取得)出入施工场地所经专用(或临时)道路的通行权,以及取得为工程建设需要而修建场外设施的权利,并承担相关费用。发包人应协助承包人办理上述手续。

2)场内施工道路

①除本合同约定由发包人提供的部分道路和交通设施外,承包人应负责修建、维修、养护和管理其施工所需的全部临时道路和交通设施(包括合同约定由发包人提供的部分道路和交通设施的维修、养护和管理),并承担相应费用。

②承包人修建的临时道路和交通设施,应免费提供给发包人、监理人和与本合同有关的其他承包人使用。

3)场外交通

①承包人车辆外出行经场外公共道路所需通行费、养路费和税款等由承包人承担。

②承包人应遵守有关交通法规,车辆载重严格按照道路和桥梁限制荷重的要求,做到安全行驶,并服从交通管理部门的检查和监督。

4)超大件和超重件的运输

由承包人负责运输的超大件或超重件,应由承包人负责向交通管理部门办理申请手续,发包人给予协助。运输超大件或超重件,所需道路和桥梁临时加固改造费用和其他有关费用由承包人承担;但专用合同条款另有约定的除外。

5)道路和桥梁损坏的责任

因承包人运输原因造成施工场地内(外)公共道路和桥梁损坏的,由承包人承担修复所损坏道路和桥梁所需全部费用及由此引起的可能的赔偿。

6)水路和航空运输

本条上述各款的内容适用于水路运输和航空运输。其中,"道路"一词的涵义包括河道、航线、船闸、机场、码头、堤防以及水路(或航空运输)中其他相似结构物;"车辆"一词的涵义包括船舶和飞机等。

(8)测量放线

1)施工控制网

①除专用合同条款另有约定外,施工控制网由承包人负责测设。发包人应在本合同协议书签订后的14天内,向承包人提供测量基准点、基准线和水准点(包括相关资料)。承包人应在收到上述点据及其相关资料后的28天内,将施测得的施工控制网(点)有关资料提交给监理人审批。监理人应在收到报批件后的14天内批复承包人。

②承包人应负责管理施工控制网(点);施工控制网(点)点位丢失(或损坏)的,承包人应及时恢复(修复),并承担管理和恢复(修复)所需费用。工程竣工后,承包人应将施工控制网(点)移交给发包人。

2)施工测量

①承包人应负责施工过程中的全部施工测量放线工作,并为此配置合格的人员和仪器、设备等相关物品。

②监理人可以指示承包人进行抽样复测。当复测中发现错误或有超过合同约定的误差时,承包人应按监理人指示进行补测(或修正),并承担相应复测(补测)费用。

3)基准资料错误的责任

发包人应对由其提供的测量基准点、基准线和水准点(包括书面资料)的真实性、准确性和完整性负责。因发包人提供上述基准点据及其书面资料错误导致承包人测量放线工作返工或造成工程损失的,发包人应承担由此增加的费用和(或)工期延误责任,并向承包人支付合理利润。承包人发现发包人提供的上述基准点据及其书面资料存在明显错误(或疏忽)的,应及时通知监理人。

4)监理人使用施工控制网

监理人需要使用施工控制网的,承包人应提供必要的协助;发包人不再为此支付费用。

5)补充地质勘探

在合同实施期间,监理人可以指示承包人进行必要的补充地质勘探并提供有关资料。承包人为本合同永久工程施工需要而进行补充地质勘探时,须经监理人批准,并应向监理人提交有关资料;上述补充勘探所需费用由发包人承担。承包人为其临时工程设计和施工需要而进行的补充地质勘探,其费用由承包人承担。

(9)施工安全、治安保卫和环境保护

1)发包人的施工安全责任

①发包人应按合同约定履行安全职责;委托监理人根据国家有关工程建设安全方面的法律、法规和部门规章、强制性标准等,对承包人安全责任履行情况进行监督和检查。监理人的监督(检查)不减轻承包人应负的安全责任。

②发包人应对其现场机构雇用的全部人员的工伤事故承担责任;但由于承包人原因造成发包人人员工伤的,应由承包人承担责任。

③发包人应负责赔偿以下各种情况造成的第三者人身伤亡和财产损失:

Ⅰ.工程或工程的任何部分对土地的占用所造成的第三者财产损失;

Ⅱ.由于发包人原因在施工场地及其毗邻地带造成的第三者人身伤亡和财产损失。

④除专用合同条款另有约定外,发包人负责向承包人提供施工现场及施工可能影响的毗邻区域内供水、排水、供电、供气、供热、通信、广播电视等地下管线资料,气象和水文观测资料,拟建工程可能影响的相邻建筑物地下工程的有关资料,并保证有关资料的真实、准确、完整,满足有关技术规程的要求。

⑤发包人按照已标价工程量清单所列金额和合同约定的计量及支付规定,支付安全作业环境及安全施工措施所需费用。

⑥发包人负责组织工程参建单位编制保证安全生产的措施方案;工程开工前,就落实保证安全生产的措施进行全面、系统地布置,进一步明确承包人的安全生产责任。

⑦发包人负责在拆除工程和爆破工程施工14天前,向有关部门或机构报送相关备案资料。

2)承包人的施工安全责任

①承包人应按合同约定,履行安全职责,执行监理人有关安全工作的指示。承包人应按技术标准和要求(合同技术条款)约定的内容和期限以及监理人的指示,编制施工安全技术措施并提交给监理人审批。监理人应在技术标准和要求(合同技术条款)约定的期限内批复承包人。

②承包人应加强施工作业安全管理,特别应加强对易燃易爆材料、火工器材、有毒与腐蚀性材料和其他危险品,以及爆破作业和地下工程施工等危险作业的管理。

③承包人应严格按照国家有关安全技术标准,制定施工安全操作规程,配备必要的安全生产和劳动保护设施,发放安全工作手册和劳动保护用具,并加强对承包人人员的安全教育。

④承包人应按监理人的指示,制定应对灾害的紧急预案并报送监理人审批;按预案要

求,配置必要的救助物资和器材,做好安全检查,切实保护好有关人员的人身和财产安全。

⑤合同中约定安全作业环境及安全施工措施所需费用时应遵守有关规定,其应包括在相关工作的合同价格中。因采取合同中未约定的安全作业环境及安全施工措施而增加的费用,由监理人按第(3)条第5)款的约定商定(确定)。

⑥承包人应对其履行合同所雇用的全部人员(包括分包人人员)的工伤事故承担责任;但由于发包人原因造成承包人人员工伤事故的,应由发包人承担责任。

⑦由于承包人原因而在施工场地内及其毗邻地带造成的第三者人员伤亡和财产损失,由承包人负责赔偿。

⑧承包人已标价工程量清单应包含工程安全作业环境及安全施工措施所需费用。

⑨承包人应建立、健全安全生产责任制度和安全生产教育培训制度,制定安全生产规章制度和操作规程,保证本单位建立和完善安全生产条件所需资金的投入,对本工程进行定期和专项安全检查,并做好安全检查记录。

⑩承包人应设立安全生产管理机构,施工现场应有专职安全生产管理人员。

⑪承包人应负责对特种作业人员进行专门的安全作业培训,并保证其持证上岗。

⑫承包人应在施工组织设计中编制安全技术措施和施工现场临时用电方案。对在专用合同条款中约定的工程,应编制专项施工方案并报监理人批准;对在专用合同条款中约定的专项施工方案,还应组织专家进行论证、审查。其中,专家中1/2人员应经发包人同意。

⑬承包人在使用施工起重机械和整体提升式脚手架及模板等自升式架设的设施前,应组织有关单位进行验收。

3)治安保卫

①除合同另有约定外,发包人应与当地公安部门协商,在现场建立治安管理机构或联防组织,统一管理施工场地的治安保卫事项,履行合同工程的治安保卫职责。

②发包人和承包人除应协助现场治安管理机构(或联防组织)维护施工场地的社会治安外,还应做好包括生活区在内各自管辖区域内的治安保卫工作。

③除合同另有约定外,工程开工后,发包人和承包人应共同编制施工场地治安管理计划,并制定应对突发治安事件的紧急预案。在工程施工过程中发生暴乱、爆炸等恐怖事件,或突发群殴、械斗等群体性治安事件的,发包人和承包人应立即向当地政府报告,并积极协助当地有关部门采取措施平息事态和防止事态扩大,尽量避免人员伤亡、减少财产损失。

4)环境保护

①承包人在施工过程中应遵守有关环境保护方面的法律,履行合同中约定的环境保护义务,并对因违反法律和合同约定义务而造成环境破坏、人身伤害和财产损失的结果负责。

②承包人应按合同中约定的环保工作内容,编制施工环保措施计划并报送监理人审批。

③承包人应按照经批准的施工环保措施计划,有序堆放和处理施工废弃物,避免对环境造成破坏。因承包人任意堆放或弃置施工废弃物而造成妨碍公共交通、影响城镇居民

生活、降低河流行洪能力、危及居民安全、破坏周边环境,或者影响其他承包人施工等后果的,承包人应承担责任。

④承包人应按合同约定,采取有效措施,对施工开挖形成的边坡及时进行支护;维护排水设施,并进行水土保护,避免因施工造成水土流失灾害。

⑤承包人应按国家饮用水管理标准,定期对饮用水水源进行监测,防止因施工活动造成饮用水水源污染。

⑥承包人应按合同约定,加强对噪声、粉尘、废气、废水和废油的控制,努力降低噪声;控制粉尘和废气浓度,做好废水和废油的治理和排放。

5)事故预防与处理

①发包人负责组织参建单位制定本工程的质量与安全事故应急预案,建立质量与安全事故应急处置指挥部。

②承包人应对施工现场易发生重大事故的部位、环节进行监控,配备救援器材、设备,并定期组织演练。

③工程开工前,承包人应根据本工程的特点,制定施工现场施工质量与安全事故应急预案,并报发包人备案。

④施工中发生事故时,发包人、承包人应立即启动各自的应急预案。

⑤事故的调查、处理,由发包人按有关规定和程序组织进行,承包人应予以配合。

6)水土保持

①发包人应将其制定的水上保持方案及时提供给承包人。

②承包人在施工过程中应遵守有关水土保持法律、法规和规章的规定,履行合同中约定的水土保持义务,并对因违反法律和合同约定义务而造成的水土流失灾害、人身伤害和财产损失负责。

③承包人制定的水土保持措施计划,应满足技术标准和要求(合同技术条款)的有关规定和约定。

7)文明工地

①发包人应按专用合同条款中的约定,负责建立文明建设工地创建活动组织机构,并制定创建文明建设工地的规划和办法。

②承包人应按文明建设工地创建活动的要求,履行相应职责,并承担相应责任。承包人为参加文明建设工地创建活动所需支付的费用,应含在已标价工程量清单中。

8)防汛、度汛

①发包人负责组织工程参建单位编制本工程的度汛措施方案。

②承包人应根据发包人编制的本工程度汛措施方案,制定相应的度汛方案,并在报发包人批准后实施。

(10)进度计划

1)合同进度计划。承包人应按技术标准和要求(合同技术条款)约定的内容和期限以及监理人指示,编制详细的施工总进度计划及其说明并提交给监理人审批。监理人应在技术标准和要求(合同技术条款)约定的期限内批复承包人,否则,该进度计划视为已得到批准。经监理人批准的施工进度计划称为合同进度计划,是控制合同工程进度的依据。承包人还应根据合同进度计划,编制更为详细的分阶段(单位工程或分部工程)进度计划,并报监理人审批。

2)合同进度计划的修订。不论何种原因造成工程的实际进度与第(10)条第1)款中的合同进度计划不符时,承包人均应在14天内向监理人提交关于修订合同进度计划的申请报告,并附相应措施计划及有关资料,报监理人审批。监理人应在收到申请报告后的14天内批复。当监理人认为需要修订合同进度计划时,承包人应按监理人的指示,在14天内向监理人提交作出修订的合同进度计划,并附为调整计划所需提供的相关资料,提交给监理人审批。监理人应在收到该进度计划后的14天内批复。

不论何种原因造成施工进度延迟,承包人均应按监理人的指示,采取有效措施赶上进度。承包人应在向监理人提交作出修订的合同进度计划的同时,编制一份赶工措施报告提交给监理人审批。由于发包人原因造成施工进度延迟的,应按第(11)条第3)款(见下文)的约定办理;由于承包人原因造成施工进度延迟的,应按第(11)条第5)款(见下文)的约定办理。

3)单位工程进度计划。监理人认为有必要时,承包人应按监理人指示的内容和期限,并根据合同进度计划有关进度控制要求,编制单位工程进度计划,提交给监理人审批。

4)提交资金流估算表。承包人应在按第(10)条第1)款约定向监理人提交施工总进度计划的同时,按表1F－432027约定的格式,向监理人提交按月的资金流估算表。估算表应包括承包人计划可从发包人处得到的全部款额,以供发包人参考。此后,如监理人提出对资金流估算表进行修订的要求,承包人应在监理人指定的期限内提交经修订的资金流估算表。

资金流估算表(参考格式)(金额单位:元)　　**表**1F－432027

年	月	工程预付款	完成工作量付款	质量保证金扣留	材料款扣除	预付款扣还	其他	应收款	累计应收款

(11)开工和竣工(完工)

1)开工

①监理人应在开工日期7天前向承包人发出开工通知。监理人在发出开工通知前应获得发包人同意。工期自监理人发出的开工通知中载明的开工日期起计算。承包人应按开工通知的要求按时开始施工。

②承包人应按第(10)条第1)款约定的合同进度计划,向监理人提交工程开工报审

表，经监理人审批后执行。开工报审表应详细说明按合同进度计划正常施工所需的施工道路、临时设施、材料、设备和施工人员等施工组织措施和资源的落实情况以及工程进度安排。

③若发包人未能按合同约定向承包人提供开工所需的必要条件，承包人有权要求延长工期。监理人应在收到承包人的书面要求后，按第（3）条第5）款的约定，与合同双方商定（确定）所增加的费用和应延长的工期。

④承包人在接到开工通知后14天内未按进度计划要求及时进场组织施工，监理人可通知承包人在接到通知后7天内向监理人提交一份书面报告，说明其不能及时进场的原因及相应补救措施。由此增加的费用和工期延误责任由承包人承担。

2）竣工（完工）

承包人应在第（1）条第1）款第④项c目约定的期限内完成合同工程。合同工程实际完工日期在合同工程完工证书中明确。

3）发包人工期延误

在履行合同过程中，由于发包人的下列原因造成工期延误的，承包人有权要求发包人延长工期和（或）增加费用，并支付合理利润：

Ⅰ.增加合同工作内容；

Ⅱ.改变合同中任何一项工作的质量要求或其他特性；

Ⅲ.发包人迟延提供材料、工程设备或变更交货地点的；

Ⅳ.因发包人原因导致的暂停施工；

Ⅴ.提供图纸延误；

Ⅵ.未按合同约定及时支付预付款、进度款；

Ⅶ.发包人造成工期延误的其他原因。

需要修订合同进度计划的，按照第（10）条第2）款的约定办理。

4）异常恶劣的气候条件

①当工程所在地发生危及施工安全的异常恶劣气候时，发包人和承包人应按本合同通用合同条款第（12）条（见下文）的约定，及时采取暂停施工或部分暂停施工措施。异常恶劣气候条件解除后，承包人应及时安排复工。

②异常恶劣气候条件造成的工期延误和工程损坏，应由发包人与承包人参照本合同通用合同条款第（21）条第3）款（见下文）的约定协商处理。

③本合同工程异常恶劣气候条件的界定范围在专用合同条款中约定。

5）承包人工期延误

由于承包人自身原因而使其未能按合同进度计划完成工作，或监理人认为承包人施工进度不能满足合同工期要求的，承包人应采取措施加快进度，并承担因加快进度所增加的费用。由于承包人原因造成工期延误，承包人应支付逾期竣工违约金。逾期竣工违约金的计算方法在专用合同条款中约定。承包人支付逾期竣工违约金，不免除承包人完成工程及修补缺陷的义务。

6）工期提前

发包人要求承包人提前完工，或承包人提出提前完工的建议能够给发包人带来效益的,应由监理人与承包人共同协商,采取加快工程进度的措施和修订合同进度计划。发包人应承担承包人由此增加的费用,并向承包人支付专用合同条款中约定的相应奖金。

发包人要求提前完工的,双方协商一致后,应签订提前完工协议。协议内容包括:

Ⅰ.提前的时间和修订后的进度计划;

Ⅱ.承包人的赶工措施;

Ⅲ.发包人为赶工提供的条件;

Ⅳ.赶工费用(包括利润和奖金)。

(12)暂停施工

1)承包人暂停施工的责任

因下列暂停施工而增加的费用和(或)工期延误,由承包人承担:

Ⅰ.承包人违约引起的暂停施工;

Ⅱ.承包人原因引起的、为工程合理施工和安全保障而必需的暂停施工;

Ⅲ.承包人擅自暂停施工;

Ⅳ.承包人其他原因引起的暂停施工;

Ⅴ.专用合同条款中约定由承包人承担责任的其他暂停施工。

2)发包人暂停施工的责任

由于发包人原因引起暂停施工,造成工期延误的,承包人有权要求发包人延长工期和(或)增加费用,并支付合理利润。

属于下列任何一种情况引起的暂停施工,均为发包人的责任:

Ⅰ.由于发包人违约引起的暂停施工;

Ⅱ.由于不可抗力的自然或社会因素引起的暂停施工;

Ⅲ.专用合同条款中约定的其他由于发包人原因引起的暂停施工。

3)监理人暂停施工指示

①监理人认为有必要时,可向承包人作出暂停施工的指示。承包人应按监理人指示要求,暂停施工。不论由于何种原因引起的暂停施工,暂停施工期间,承包人应负责妥善保护工程,并承担工程安全保障方面的责任。

②由于发包人原因而发生需要暂停施工的紧急情况,且监理人未及时下达暂停施工指示的,承包人可先暂停施工,并及时向监理人提出暂停施工的书面请求。监理人应在接到书面请求后的24小时内予以答复,逾期未答复的,视为同意承包人的暂停施工请求。

4)暂停施工后的复工

①暂停施工后,监理人应与发包人和承包人协商,积极采取有效措施,消除暂停施工产生的影响。当工程具备复工条件时,监理人应立即向承包人发出复工通知。承包人收到复工通知后,应在监理人指定的期限内复工。

②承包人无故拖延和拒绝复工的,由此增加的费用和工期延误由承包人承担;因发包人原因无法按时复工的,承包人有权要求发包人延长工期和(或)增加费用,并支付合理利润。

5)暂停施工持续56天以上

①监理人发出暂停施工指示后56天内未向承包人发出复工通知,除该项停工属于第

(12)条第1)款的情况外,承包人可向监理人提交书面通知,要求监理人在收到书面通知后28天内准许已暂停施工的工程或其中一部分工程继续施工。如监理人逾期不予批准,则承包人可以通知监理人,将工程受影响的部分视为按第(15)条第1)款第①项(见下文)规定的可取消工作。如暂停施工影响到整个工程,可视为发包人违约,应按第(22)条第2)款(见下文)的规定办理。

②由于承包人责任引起的暂停施工,如承包人在收到监理人暂停施工指示后56天内,不认真采取有效的复工准备措施并造成工期延误,可视为承包人违约,应按第(22)条第1)款(见下文)的规定办理。

(13)工程质量

1)工程质量要求

①工程质量验收,按合同约定的验收标准执行。

②因承包人原因造成工程质量达不到合同约定的验收标准的,监理人有权要求承包人返工,直至符合合同要求,由此造成的费用增加和(或)工期延误由承包人承担。

③因发包人原因造成工程质量达不到合同约定的验收标准的,发包人应承担承包人因此返工而造成的费用增加和(或)工期延误责任,并支付给承包人合理利润。

2)承包人的质量管理

①承包人应在施工场地设置专门的质量检查机构,配备专职质量检查人员,建立完善的质量检查制度;按技术标准和要求(合同技术条款)约定的内容和期限,编制工程质量保证措施文件,包括所设质量检查机构的组织及岗位责任、质量检查人员的组成、质量检查程序及实施细则等,提交监理人审批。监理人应在技术标准和要求(合同技术条款)约定的期限内批复承包人。

②承包人应加强对施工人员的质量意识教育和技术培训,定期考核施工人员的劳动技能;施工中,应严格执行规范和操作规程。

3)承包人的质量检查

承包人应按合同约定,对材料、工程设备以及工程的所有部位及其施工工艺进行全过程的质量检查和检验,并作详细记录,同时,编制工程质量报表,报送给监理人审查。

4)监理人的质量检查

监理人有权对工程所用材料、工程设备和工程所有部位及其施工工艺进行检查和检验。承包人应为监理人的检查和检验提供方便,包括监理人到施工场地,或制造、加工地点,或合同中约定的其他地方进行察看和查阅施工原始记录。承包人还应按监理人指示,在施工场地进行取样试验、工程复核测量和设备性能检测,提供试验样品、提交试验报告和测量成果以及监理人要求进行的其他工作。监理人的检查和检验,不免除承包人按合同约定应负的责任。

5)工程隐蔽部位覆盖前的检查

①通知监理人检查

经承包人自检,确认工程隐蔽部位具备覆盖条件后,承包人应通知监理人在约定的期限内检查。承包人的通知应附有自检记录和必要的检查结果资料。监理人应按时到场检查。经监理人检查,确认质量符合隐蔽要求的,由监理人在检查记录上签字后,承包人方可进行覆盖;确认质量不合格的,承包人在监理人指示的时间内修整或返工后,由监理人重新检查。

②监理人未到场检查

监理人未按第(13)条第5)款第①项约定的时间进行检查的,除监理人另有指示外,承包人可自行完成覆盖工作,同时,作相应记录并报送给监理人,监理人应签字确认。监理人事后对检查记录有疑问的,可按第(13)条第5)款第③项(见下文)的约定重新检查。

③监理人重新检查

承包人按第(13)条第5)款第①项或第(13)条第5)款第②项覆盖工程隐蔽部位后,监理人对质量有疑问的,可要求承包人对已覆盖的部位进行钻孔探测或揭开重新检验,承包人应遵照执行,并在检验后重新覆盖,恢复原状。经检验,证明工程质量符合合同要求的,由发包人承担由此增加的费用和(或)工期延误责任,并支付给承包人合理利润;证明工程质量不符合合同要求的,由此增加的费用和(或)工期延误由承包人承担。

④承包人私自覆盖

承包人未通知监理人到场检查,私自将工程隐蔽部位覆盖的,监理人有权指示承包人钻孔探测或揭开检查,由此增加的费用和(或)工期延误由承包人承担。

6)清除不合格工程

①承包人使用不合格材料、不合格工程设备,或采用不适当的施工工艺,或施工不当,造成工程不合格的,监理人可以随时发出指示,要求承包人立即采取措施进行补救,直至达到合同要求的质量标准,由此增加的费用和(或)工期延误由承包人承担。

②由于发包人提供的材料或工程设备不合格造成的工程不合格,需要承包人采取措施补救的,发包人应承担由此增加的费用和(或)工期延误责任,并支付给承包人合理利润。

7)质量评定

①发包人应组织承包人进行工程项目划分,确定单位工程,并确定主要分部工程、重要隐蔽单元工程和关键部位单元工程。

②工程实施过程中,项目划分时确定的单位工程、主要分部工程、重要隐蔽单元工程或关键部位单元工程需要调整时,承包人应报发包人确认。

③承包人应在单元工程(工序)质量自评合格后,将自评结果报监理人,由监理人核定质量等级并签证认可。

④除专用合同条款另有约定外,对于重要隐蔽单元工程、关键部位单元工程,在承包人质量自评合格及监理人抽检后,应由监理人组织承包人等单位组成联合小组,共同检查、核定其质量等级,并填写签证表。发包人应按有关规定要求,将质量结论报工程质量监督机构核定。

⑤承包人应在分部工程质量自评合格后,将自评结果报监理人复核和发包人认定。发包人应按有关规定要求,将分部工程质量结论报工程质量监督机构核备(核定)。

⑥承包人应在单位工程质量自评合格后,将自评结果报监理人复核和发包人认定。发包人应按有关规定要求,将单位工程质量结论报工程质量监督机构核定。

⑦除专用合同条款另有约定外,工程质量等级分为合格和优良两级。评定为优良或

合格时,工程质量应分别达到约定的标准。

8)质量事故处理

①当发生质量事故时,承包人应及时向监理人和发包人报告。

②质量事故的调查、处理,由发包人按有关规定和程序组织进行,承包人应予以配合。

③承包人应对质量缺陷进行备案。发包人应委托监理人对承包人的质量缺陷备案情况进行监督检查,制作质量缺陷备案表。

④除专用合同条款另有约定外,工程竣工验收时,发包人负责向竣工验收委员会提交对历次质量缺陷的备案资料。

(14)试验和检验

1)材料、工程设备及工程的试验与检验

①承包人应按合同约定,进行材料、工程设备及工程的试验和检验,并为监理人对该材料、工程设备及工程进行质量检查提供必要的试验资料及有关原始记录。按合同约定,应由监理人与承包人共同进行试验和检验的,由承包人负责提交试验资料及相关原始记录。

②监理人未按合同约定派员参加试验和检验的,除监理人另有指示外,承包人可自行试验和检验,并应立即将试验和检验结果报送给监理人,监理人应签字确认。

③监理人对承包人的试验和检验结果有疑问的,或为查清承包人试验和检验成果的可靠性,要求承包人重新试验和检验的,可按合同约定,由监理人与承包人共同进行。重新试验和检验结果证明该项材料、工程设备或工程的质量不符合合同要求的,由此增加的费用和(或)工期延误由承包人承担;重新试验和检验结果证明该项材料、工程设备和工程的质量符合合同要求的,由发包人承担由此增加的费用和(或)工期延误责任,并支付给承包人合理利润。

④承包人应按有关规定和标准的要求,对水泥、钢材等原材料及其中间产品的质量进行检验,并报监理人复核。

⑤除专用合同条款另有约定外,水工金属结构、启闭机及机电产品进场后,监理人应组织发包人按合同约定进行交货检查和验收;安装前,承包人应检查产品是否有出厂合格证、设备安装说明书及相关技术文件,对在运输和存放过程中发生的变形、受潮、损坏等问题应进行妥善处理,并做好记录。

⑥在专用合同条款中约定了的试块、试件及材料,监理人对其实行见证取样。见证取样有关资料由承包人制备,其记录应真实、齐全。监理人、承包人等参与见证取样人员均应在相关文件上签字。

2)现场材料试验

①承包人根据合同约定或监理人指示进行的现场材料试验,应由承包人安排参试人员,并提供试验场所、试验设备及器材以及其他必要的试验条件。

②必要时,监理人可以使用承包人的试验场所、试验设备及器材以及其他试验条件,进行以工程质量检查为目的的复核性材料试验,承包人应予以协助。

3)现场工艺试验

承包人应按合同约定或监理人指示,进行现场工艺试验。对于大型现场工艺试验,监理人认为必要时,应由承包人根据监理人提出的工艺试验要求编制工艺试验措施计划,并报送给监理人审批。

(15)变更

1)变更的范围和内容

在履行合同中,发生以下情形之一,应按照本款规定进行变更:

Ⅰ.取消合同中任何一项工作,且被取消的工作未转由发包人或其他人实施;

Ⅱ.改变合同中任何一项工作的质量标准或其他特性要求;

Ⅲ.改变合同工程的位置、尺寸或其基线位置、标高数据;

Ⅳ.改变合同中任何一项工作的施工时间(日期),或改变经批准的施工工艺或顺序;

Ⅴ.为完成工程而需要追加的额外工作;

Ⅵ.增加(减少)专用合同条款中约定的关键项目的工程量超过其工程总量的一定数量(按百分比计)。

当上述第Ⅰ~Ⅵ目的变更内容引起工程施工组织和进度计划发生实质性变动且影响到其原定价格时,才予调整该项目的单价。其中,第Ⅵ目情形下的单价调整方式在专用合同条款中约定。

2)变更权

在履行合同过程中,经发包人同意,监理人可按第(15)条第3)款(见下文)约定的变更程序向承包人作出变更指示,承包人应遵照执行。没有监理人的变更指示,承包人不得擅自变更。

3)变更程序

①变更的提出

Ⅰ.在合同履行过程中,可能发生第(15)条第1)款约定情形的,监理人可向承包人发出变更意向书。变更意向书应说明变更的具体内容和发包人对变更的时间要求,并附必要的图纸和相关资料。变更意向书应要求承包人提交包括拟实施变更工作的计划、措施和竣工时间等内容的实施方案。发包人同意承包人根据变更意向书要求提交的变更实施方案的,由监理人按第(15)条第3)款第③项(见下文)的约定发出变更指示。

Ⅱ.在合同履行过程中,发生第(15)条第1)款约定情形的,监理人应按照第(15)条第3)款第③项(见下文)的约定,向承包人发出变更指示。

Ⅲ.承包人收到监理人按合同约定发出的图纸和文件,经检查认为其中存在第(15)条第1)款约定情形的,可向监理人提出书面变更建议。变更建议应阐明要求变更的依据,并附必要的图纸和说明。监理人收到承包人书面建议后,应就是否存在变更与发包人共同进行研究。确认存在变更的,应在收到承包人书面建议后的14天内作出变更指示。经研究后,不同意作出变更的,应由监理人书面答复承包人。

Ⅳ.若承包人收到监理人的变更意向书后,认为难以实施此项变更,应立即通知监理人,向其说明原因,并附详细依据。监理人经与承包人、发包人协商后,作出撤销、改变(不改变)原变更意向书的决定。

②变更估价

Ⅰ.除专用合同条款对期限另有约定外,承包人应在收到变更指示或变更意向书后的

14天内,向监理人提交变更报价书。报价内容应根据第(15)条第4)款(见下文)约定的估价原则,详细开列所变更工作的价格组成及其依据,并附必要的施工方法说明和有关图纸。

Ⅱ.变更工作影响工期的,承包人应提出与调整工期相关的具体细节。监理人认为有必要时,可要求承包人提交与提前(延长)工期有关的施工进度计划及相应施工措施等详细资料。

Ⅲ.除专用合同条款对期限另有约定外,监理人收到承包人变更报价书后的14天内,根据第(15)条第4)款(见下文)约定的估价原则,按照第(3)条第5)款的约定商定(确定)变更价格。

③变更指示

Ⅰ.变更指示只能由监理人发出。

Ⅱ.变更指示应说明变更的目的、范围、内容以及与变更有关的工程量及其进度和技术要求,并附有关图纸和文件。承包人收到变更指示后,应按变更指示的要求实施变更工作。

4)变更的估价原则

除专用合同条款另有约定外,因变更引起的价格调整,按照本款约定处理。

①已标价工程量清单中有适用于变更工作的子目的,采用该子目的单价。

②已标价工程量清单中无适用于变更工作的子目,但有类似子目的,可在合理范围内参照类似子目的单价,由监理人按第(3)条第5)款的约定商定(确定)变更工作的单价。

③已标价工程量清单中无适用或类似子目的单价,可按照成本加利润的原则,由监理人按第(3)条第5)款的约定商定(确定)变更工作的单价。

5)承包人的合理化建议

①在履行合同过程中,承包人对由发包人提供的图纸、技术要求以及其他方面需要提出合理化建议时,均应以书面形式提交给监理人。合理化建议书的内容,应包括对所建议工作的详细说明、编制的进度计划、实施该工作后的效益以及与其他工作的协调等,并附必要的设计文件。监理人应与发包人协商,确认是否采纳承包人的建议。建议被采纳并构成变更的,监理人应按第(15)条第3)款第③项的约定,向承包人发出变更指示。

②因采用承包人提出的合理化建议而降低了合同价格、缩短了工期或者提高了工程经济效益的,发包人可按国家有关规定并在专用合同条款中约定,给予承包人奖励。

6)暂列金额

暂列金额,只能按照监理人的指示使用;其已使用的部分,计入合同结算价格中。

7)计日工

①发包人认为有必要时,监理人可通知承包人以计日工方式实施与变更有关的零星工作。其价款按列入已标价工程量清单中的计日工计价子目及单价进行计算。

②任何一项采用计日工计价的变更工作的款额,均应从暂列金额中予以支付。每项变更实施过程中,承包人每天应提交以下报表及相关凭证,并报送给监理人审批:

Ⅰ.工作名称、内容及数量;

Ⅱ.投入该工作所有人员的姓名、工种、等级以及所耗用工时;

Ⅲ.投入该工作的材料类别及数量；

Ⅳ.投入该工作的施工设备型号、台数及所耗用台时；

Ⅴ.监理人要求提交的其他资料及凭证。

③计日工经汇总后，承包人按第(17)条第3)款第②项(见下文)的约定，将其列入进度付款申请单；经监理人复核并经发包人同意后，再将其列入进度付款。

8)暂估价

①发包人在工程量清单中给定暂估价的材料、工程设备及专业工程，属于依法必须招标的范围并达到规定的规模标准的，若承包人不具备承担暂估价项目的能力，或虽具备承担暂估价项目的能力但确认不参与投标的，由发包人和承包人共同组织招标；若承包人具备承担暂估价项目的能力且确认参与投标的，由发包人组织招标。暂估价项目中标金额与工程量清单中所列相应暂估价金额之差以及相应的税金等其他费用，列入合同结算价格。属于必须招标的暂估价项目，其招标组织形式、发包人和承包人共同组织招标时双方的权利(义务)关系，在专用合同条款中约定。

②发包人在工程量清单中给定暂估价的材料和工程设备，不属于依法必须招标的范围或未达到规定的规模标准的，应由承包人按第(5)条第1)款的约定提供。经监理人确认的材料及工程设备的价格与工程量清单中所列相应暂估价金额之差以及相应的税金等其他费用，列入合同结算价格。

③发包人在工程量清单中给定暂估价的专业工程，不属于依法必须招标的范围或未达到规定的规模标准的，由监理人按照第(15)条第4款的约定进行估价；但专用合同条款另有约定的除外。专业工程估价与工程量清单中所列该专业工程暂估价金额之差以及相应的税金等其他费用，列入合同结算价格。

(16)价格调整

1)物价波动引起的价格调整

由于物价波动原因致使需要调整合同价格的，其价格调整方式在专用合同条款中约定。

①采用价格指数调整价格差额

a.价格调整公式

因人工、材料和设备等的价格波动而影响合同价格时，根据投标函附录“价格指数权重表”中约定的权重数值，按以下公式计算价格差额：

$$\Delta P = P_0\left[A + \left(B_1 \times \frac{F_{t1}}{F_{01}} + B_2 \times \frac{F_{t2}}{F_{02}} + B_3 \times \frac{F_{t3}}{F_{03}} + \cdots + B_n \times \frac{F_{tn}}{F_{0n}}\right) - 1\right]$$

式中 ΔP——需调整的价格差额；

P_0——第(17)条第3)款第③项、第(17)条第5)款第②项和第(17)条第6)款第②项(均见下文)约定的付款证书中，承包人应得到的已完成工程量的金额。此项金额，不应另行计入质量保证金当期应扣留额(或当期返还额)，并不应另行计入预付款当期支付额(或当期应扣回额)；第(15)条约定的变更及其他金额，已按现行价格计价的，也不计在内；

A——定值(即不调部分)权重；

$B_1,B_2,B_3,\cdots,B_n$——各可调因子(变值)权重，为各可调因子在投标函的投标总报价中分别所占的比例；

$F_{t1}, F_{t2}, F_{t3}, \cdots, F_{tn}$——各可调因子的现行价格指数，指按第(17)条第3)款第③项、第(17)条第5)款第②项和第(17)条第6)款第②项(均见下文)约定的付款证书，其相关周期的最后一天前第42天各可调因子的价格指数；

$F_{01}, F_{02}, F_{03}, \cdots, F_{0n}$——各可调因子的基本价格指数，指基准日期各可调因子的价格指数。

以上价格调整公式中，各可调因子及定值所占权重和基本价格指数及其来源，在投标函附录"价格指数权重表"中约定。应首先采用有关部门提供的价格指数；缺乏价格指数数据时，可以用有关部门提供的价格代替。

b. 暂时确定调整差额

在计算调整差额时，得不到现行价格指数的，可暂用上一次所用价格指数计算；在以后的付款中，再以实际价格指数取代暂用的价格指数，重新确定调整差额，并调整付款。

c. 权重的调整

按第(15)条第1)款约定的变更，导致使用原定合同中的权重数值变得不合理时，由监理人与承包人和发包人共同协商后，进行调整。

d. 承包人工期延误后的价格调整

由于承包人原因，未在约定的工期内竣工的，对原约定竣工日期后继续施工的工程，在使用第(16)条第1)款第①项a目中的价格调整公式时，应采用原约定竣工日期与实际竣工日期两者价格指数中较低的一个，作为现行价格指数。

②采用造价信息调整价格差额

施工期内，因人工、材料、设备和机械台班等的价格波动而影响合同价格时，其中，人工费及机械使用费按照国家或省(自治区、直辖市)建设行政管理部门、行业建设管理部门或其授权的工程造价管理机构发布的人工成本信息、机械台班单价(机械使用费系数)进行调整；对于需要进行价格调整的材料，其单价及采购数量应经监理人复核。经监理人确认需调整的材料单价及数量，作为调整工程合同价格差额的依据。

工程造价信息来源以及价格调整所涉及的项目及所采用的系数，在专用合同条款中约定。

2)法律变化引起的价格调整

在基准日后，因法律变化导致承包人履行合同所需工程费用发生除第(16)条第1)款约定外的增减时，监理人应根据法律、国家或省(自治区、直辖市)有关部门的规定，按第(3)条第5)款的约定商定(确定)需调整的合同价款。

(17)计量与支付

1)计量

①计量单位

工程计量，采用国家法定计量单位。

②计量方法

结算工程量，应按工程量清单中约定的方法计量。

③计量周期

除专用合同条款另有约定外,单价子目的已完成工程量按月计量;总价子目的计量周期,按经批准的支付分解报告确定。

④单价子目的计量

Ⅰ.已标价工程量清单中,单价子目的工程量为估算工程量。结算工程量,是承包人实际完成的,并按合同约定的计量方法进行计量后的工程量。

Ⅱ.承包人对已完成的工程进行计量后,向监理人提交进度付款申请单、已完成工程量报表及工程计量有关资料。

Ⅲ.监理人对承包人提交的工程量报表进行复核,以确定实际完成的工程量。对工程量数量有异议的,可要求承包人按第(8)条第2)款的约定共同进行复核和抽样复测。承包人应协助监理人进行复核,并按监理人要求,提供补充计量资料。承包人未按监理人要求参加复核,则监理人复核(修正)的工程量视为承包人实际完成的工程量。

Ⅳ.监理人认为有必要时,可通知承包人共同进行联合测量(计量),承包人应遵照执行。

Ⅴ.承包人完成工程量清单中每个子目的工程量后,监理人应要求承包人派员并与其共同对每个子目的历次计量报表进行汇总,以核实最终结算工程量。监理人可要求承包人提供补充计量资料,以确定最后一次进度付款的准确工程量。承包人未按监理人要求派员参加的,监理人单方最终核实的工程量视为承包人完成该子目的准确工程量。

Ⅵ.监理人应在收到承包人提交的工程量报表后7天内进行复核。监理人未在约定时间内进行复核的,承包人提交的工程量报表中的工程量视为承包人实际完成的工程量,结算时,据此计算工程价款。

⑤总价子目的计量

总价子目的分解和计量,按照下述约定进行。

Ⅰ.总价子目的计量和支付应以总价为基础,且不因第(16)条第1)款中的因素而进行调整。承包人实际完成的总价子目工程量,作为进行工程目标控制和进度支付的依据。

Ⅱ.承包人应按工程量清单的要求,对总价子目进行分解;并在签订协议书后28天内,将各子目的总价支付分解表提交给监理人审批。分解表应标明其所属子目和分阶段需支付的金额。承包人应按经批准的各总价子目的支付周期,对已完成的总价子目进行计量,并确定按分项应付金额,将其列入进度付款申请单中。

Ⅲ.监理人对承包人提交的上述资料进行复核,以确定分阶段实际完成的工程量和工程形象目标。承包人有异议的,监理人可按第(8)条第2)款的约定,要求承包人进行共同复核和抽样复测。

Ⅳ.除按照第(15)条约定进行的变更外,总价子目的工程量是承包人用于结算的最终工程量。

2)预付款

①预付款概述

预付款,是为保证承包人为合同工程施工所做准备工作,包括购置材料及工程设备和施工设备、修建临时设施、组织施工队伍进场等的顺利开展,发包人预先付给承包人的款额,包括工程预付款和工程材料预付款。预付款必须专用于合同工程。预付款的额度及预付办法,在专用合同条款中约定。

②预付款保函(预付款担保)

Ⅰ.承包人应在收到第一次工程预付款的同时,向发包人提交由第三方开具的工程预付款担保(预付款保函),其担保金额应与第一次工程预付款的金额相同。承包人提交的工程预付款担保(预付款保函),在发包人将第一次工程预付款全部扣回前应一直有效。

Ⅱ.工程材料预付款的担保,在专用合同条款中约定。

Ⅲ.从承包人利益出发,预付款担保(预付款保函)的担保金额,宜随发包人扣回的预付款金额的增加而相应递减。

③预付款的扣回与还清

预付款,由发包人在支付给承包人的进度付款中扣回;扣回与还清办法,在专用合同条款中约定。由于不可抗力或其他原因解除合同时,尚未扣清的预付款余额,承包人应将其作为到期应付款。

3)工程进度付款

①付款周期

付款周期,同计量周期。

②进度付款申请单

承包人应在每个付款周期末,按经监理人批准的格式和专用合同条款中约定的份数,向监理人提交进度付款申请单,并附相应支持性证明文件。除专用合同条款另有约定外,进度付款申请单应包括下列内容:

Ⅰ.截至本次付款周期末,已实施工程的价款;

Ⅱ.根据第(15)条的约定,应获得和应被扣除的变更金额;

Ⅲ.根据第(23)条(见下文)的约定,应获得和应被扣除的索赔金额;

Ⅳ.根据第(17)条第2)款的约定,应获得和应被扣回的预付款;

Ⅴ.根据第(17)条第4)款第①项(见下文)的约定,应被扣留的质量保证金;

Ⅵ.根据合同,应获得和应被扣除的其他金额。

③进度付款证书和进度付款支付时间

Ⅰ.监理人应在收到承包人进度付款申请单以及相应支持性(证明)文件后的14天内完成对其的核查,确认或提出发包人到期应支付给承包人的金额及其支持性文件;经发包人审查同意后,监理人向承包人出具经发包人签认的进度付款证书。监理人有权扣发承包人未按合同要求履行任何工作或义务的相应金额。

Ⅱ.发包人应在监理人收到承包人进度付款申请单后的28天内,将应支付的进度付款支付给承包人。发包人不按期支付的,应按专用合同条款的约定,向承包人支付逾期付款违约金。

Ⅲ.监理人出具进度付款证书,不应视为监理人已同意、批准或接受了承包人完成的该部分工作。

Ⅳ.进度付款涉及政府投资资金的,按照国库集中支付等国家相关规定和专用合同条款的约定办理。

④工程进度付款的修正

在对历次已签发的进度付款证书进行汇总和复核时,发现错、漏或重复的,监理人有权予以修正,承包人也有权提出进行修正的申请。经双方复核,同意修正的,应在本次进度付款中支付(扣除)。

4)质量保证金

①质量保证金,用于约束承包人的质量保修责任。自第一个工程进度付款周期开始,监理人应按专用合同条款的约定,从结算工程款中扣留质量保证金;直至扣留的质量保证金总额达到专用合同条款中约定的金额(比例)。质量保证金的计算基数,应未参与预付款的支付与扣回。

②合同工程完工证书颁发后的14天内,发包人将历次扣留的质量保证金总额的一半支付给承包人。在第(1)条第1)款第④项e目约定的缺陷责任期(工程质量保修期)满后30个工作日内,按合同约定的内容,发包人会同承包人核实承包人是否完成保修责任;如无异议,发包人应当在核实后,将剩余的质量保证金支付给承包人。

③在第(1)条第1)款第④项e目约定的缺陷责任期满时,承包人没有完成缺陷责任的,发包人有权扣留与未履行责任剩余工作所需金额相应的质量保证金余额,并有权根据第(19)条第3)款(见下文)的约定,要求延长缺陷责任期,直至承包人完成剩余工作。

5)竣工(完工)结算

①竣工(完工)付款申请单

Ⅰ.承包人应在合同工程完工证书颁发后28天内,按专用合同条款中约定的份数,向监理人提交完工付款申请单,并提供相关证明材料。完工付款申请单内容应包括完工结算合同总价、发包人已支付承包人的工程价款、应被扣留的质量保证金、发包人应支付承包人的完工付款金额。

Ⅱ.监理人对完工付款申请单有异议的,有权要求承包人进行修正和提供补充资料。经双方就修正内容协商一致后,由承包人向监理人提交修正后的完工付款申请单。

②竣工(完工)付款证书及支付时间

Ⅰ.监理人在收到承包人提交的完工付款申请单后的14天内完成核查,书面提出发包人到期应支付给承包人的价款,送交发包人审核并抄送承包人;发包人应在14天内完成审核。之后,由监理人向承包人出具经发包人签认的完工付款证书。监理人未在约定时间内核查,又未提出具体意见的,承包人提交的完工付款申请单应被视为已经监理人核查、同意。发包人未在约定时间内审核又未提出具体意见的,监理人提出的发包人到期应支付给承包人的价款应被视为已经发包人同意。

Ⅱ.发包人应在监理人出具完工付款证书后的14天内,将应支付款支付给承包人。发包人不按期支付的,按第(17)条第3)款第③项b目的约定,发包人将逾期付款违约金支付给承包人。

Ⅲ.承包人对经发包人签认的完工付款证书有异议的,发包人可出具完工付款申请单中承包人已同意部分的临时付款证书。对存在争议的部分,按第(24)条(见下文)的约定办理。

Ⅳ.完工付款涉及政府投资资金的,按第(17)条第3)款第③项d目的约定办理。

6)最终结清

①最终结清申请单

Ⅰ.工程质量保修责任终止证书签发后,承包人应按经监理人批准的格式,提交最终结清申请单。其份数在专用合同条款中约定。

Ⅱ.发包人对最终结清申请单内容有异议的,有权要求承包人进行修正和提供补充资料;承包人应向监理人提交经修正后的最终结清申请单。

②最终结清证书与支付时间

Ⅰ.监理人收到承包人提交的最终结清申请单后的14天内,书面提出发包人应支付给承包人的价款,送交发包人审核并抄送承包人。发包人应在14天内完成审核。之后,由监理人向承包人出具经发包人签认的最终结清证书。监理人未在约定时间内核查,又未提出具体意见的,承包人提交的最终结清申请应被视为已经监理人核查、同意。发包人未在约定时间内审核又未提出具体意见的,监理人提出的发包人应支付给承包人的价款应被视为已经发包人同意。

Ⅱ.发包人应在监理人出具最终结清证书后的14天内,将应支付款支付给承包人。发包人不按期支付的,按第(17)条第3)款第③项b目的约定,发包人将逾期付款违约金支付给承包人。

Ⅲ.承包人对经发包人签认的最终结清证书有异议的,按第(24)条(见下文)的约定办理。

Ⅳ.最终结清付款涉及政府投资资金的,按第(17)条第3)款第③项d目的约定办理。

7)竣工财务决算

发包人负责编制本工程项目竣工财务决算。承包人应按专用合同条款的约定,提供编制竣工财务决算所需的相关材料。

8)竣工审计

发包人负责履行本工程竣工审计相关手续。承包人应配合完成相应工作。

(18)(竣工)验收

1)验收工作分类

本工程验收工作,按主持单位不同,分为法人验收和政府验收。法人验收和政府验收各自所包括的类别在专用合同条款中约定。除专用合同条款另有约定外,法人验收由发包人主持。

验收时,承包人应配合完成相应工作。承包人因此所需支出的费用,应含在已标价工程量清单中。

2)分部工程验收

①分部工程具备验收条件时,承包人应向发包人提交验收申请报告。发包人应在收到验收申请报告之日起10个工作日内,决定是否同意进行验收。

②除专用合同条款另有约定外,监理人主持分部工程验收。承包人应派符合条件的代表参加验收工作组。

③分部工程验收获得通过后,发包人向承包人发送《分部工程验收鉴定书》。承包人应及时完成《分部工程验收鉴定书》中载明的应由承包人处理的遗留问题。

3)单位工程验收

①单位工程具备验收条件时,承包人应向发包人提交验收申请报告。发包人应在收到验收申请报告之日起10个工作日内,决定是否同意进行验收。

②发包人主持单位工程验收。承包人应派符合条件的代表参加验收工作组。

③单位工程验收获得通过后,发包人向承包人发送《单位工程验收鉴定书》。承包人应及时完成《单位工程验收鉴定书》中载明的应由承包人处理的遗留问题。

④需提前投入使用的单位工程,在专用合同条款中明确。

4)合同工程完工验收

①合同工程具备验收条件时,承包人应向发包人提交验收申请报告。发包人应在收到验收申请报告之日起20个工作日内,决定是否同意进行验收。

②发包人主持合同工程完工验收。承包人应派代表参加验收工作组。

③合同工程完工验收获得通过后,发包人向承包人发送《合同工程完工验收鉴定书》。承包人应及时完成《合同工程完工验收鉴定书》中载明的应由承包人处理的遗留问题。

④合同工程完工验收获得通过后,发包人与承包人应在30个工作日内组织专人负责进行工程交接;双方交接负责人应在交接记录单上签字。承包人应按验收鉴定书中约定的时间及时移交工程及其档案资料。工程移交时,承包人应向发包人递交工程质量保修书。在承包人递交了工程质量保修书、完成施工场地清理以及提交有关资料后,发包人应在30个工作日内向承包人颁发合同工程完工证书。

5)阶段验收

①工程建设具备阶段验收条件时,发包人负责提出阶段验收申请报告。承包人应派代表参加阶段验收,并作为被验收单位,在验收鉴定书上签字。阶段验收所包括的具体类别在专用合同条款中约定。

②承包人应及时完成《阶段验收鉴定书》中载明的应由承包人处理的遗留问题。

6)专项验收

①发包人负责提出专项验收申请报告。承包人应按有关规定要求参加专项验收。专项验收所包括的具体类别在专用合同条款中约定。

②承包人应及时完成专项验收成果性文件中载明的应由承包人处理的遗留问题。

7)竣工验收

①申请竣工验收前,发包人组织竣工验收自查;承包人应派代表参加。

②竣工验收,分为竣工技术预验收和竣工验收两个阶段。竣工验收时,发包人应通知承包人派代表参加竣工技术预验收和竣工验收。

③专用合同条款中约定工程需要进行技术鉴定的,承包人应提交有关资料并配合完成相应工作。

④竣工验收时,需要进行质量检测的,其所需费用由发包人承担;但因承包人原因造成质量不合格的除外。

⑤在工程质量保修期满,竣工验收遗留问题及尾工处理均已完成并经验收获得通过后,发包人将有关情况及验收资料报送竣工验收主持单位;最后,由发包人申请领取工程

竣工证书，并发送给承包人一份。

8）施工期运行

①施工期运行，是指合同工程尚未全部完工，其中某单位工程或部分工程已完工，并在整个工程施工期结束前即投入运行。经发包人按第（18）条第2）款或第（18）条第3）款的约定验收并确认质量合格和具备安全条件后，已完工工程才能投入施工期运行。需要在施工期运行的单位工程或部分工程，在专用合同条款中约定。

②在施工期运行中，发现工程或工程设备损坏或存在缺陷的，由承包人按第（19）条第2）款（见下文）的约定进行修复。

9）试运行

①除专用合同条款另有约定外，承包人应按规定进行工程及工程设备的试运行；负责安排试运行人员，提供试运行所需器材及其他必备条件，并承担全部试运行费用。

②由于承包人原因导致试运行失败的，承包人应采取措施使试运行达到合格要求，并承担相应费用。由于发包人原因导致试运行失败的，承包人仍应采取措施使试运行达到合格要求；发包人应承担由此产生的费用，并支付给承包人合理利润。

10）竣工（完工）清场

①工程项目竣工（完工）清场工作的范围和内容在技术标准和要求（合同技术条款）中约定。

②承包人未按监理人的要求恢复临时占地，或者场地清理未达到合同约定要求的，发包人有权委托其他人恢复或清理。由此所发生的付款金额，从拟支付给承包人的款项中扣除。

11）施工队伍的撤离

合同工程完工证书颁发后的56天内，除经监理人同意需在缺陷责任期（工程质量保修期）内继续工作的人员和继续使用的施工设备及临时工程外，其余人员和施工设备及临时工程均应撤离施工场地或拆除。除合同另有约定外，缺陷责任期（工程质量保修期）满时，承包人人员及施工设备应全部撤离施工场地。

（19）缺陷责任与保修责任

1）缺陷责任期（工程质量保修期）的起算时间

除专用合同条款另有约定外，缺陷责任期（工程质量保修期）从工程通过合同工程完工验收后开始计算。在合同工程完工验收前，已经发包人提前验收的单位工程或部分工程，若未投入使用，其缺陷责任期（工程质量保修期）亦从工程通过合同工程完工验收后开始计算；若已投入使用，其缺陷责任期（工程质量保修期）从单位工程或部分工程投入使用验收获得通过后开始计算。缺陷责任期（工程质量保修期）的期限在专用合同条款中约定。

2）缺陷责任

①在缺陷责任期内，承包人应对已交付使用的工程承担缺陷责任。

②缺陷责任期内，已接收（使用）工程的日常维护工作由发包人负责；但对工程存在的缺陷或已修复缺陷部位（部件）又遭损坏的，承包人应负责修复，直至检验合格。

③监理人和承包人应共同查清造成缺陷和（或）损坏的原因。属承包人原因的，由承

包人承担修复和查验所需费用;属发包人原因的,由发包人承担修复和查验所需费用,并支付给承包人为修复该缺陷所应获得的合理利润。

④承包人不能在合理时间内修复缺陷的,发包人可自行修复或委托其他人修复;所需费用和利润的承担,按第(19)条第2)款第③项约定办理。

3)缺陷责任期的延长

由于承包人原因造成某项缺陷或损坏,使某项工程或工程设备不能按原定目标使用而需要再次检查、检验和修复的,发包人有权要求承包人相应延长缺陷责任期;但缺陷责任期最长不超过2年。

4)进一步试验和试运行

任何一项缺陷或损坏修复后,经检查,证明其影响了工程或工程设备的使用性能,承包人应重新进行合同中约定的试验和试运行;试验和试运行所需全部费用由责任方承担。

5)承包人的进入权

缺陷责任期内,承包人为缺陷修复工作需要,有权进入工程现场,但应遵守发包人的安保和保密规定。

6)缺陷责任期(工程质量保修期)终止证书

合同工程完工验收或投入使用验收完成后,发包人与承包人之间应办理工程交接手续;承包人应向发包人递交工程质量保修书。

缺陷责任期(工程质量保修期)满后30个工作日内,发包人应向承包人颁发工程质量保修期终止证书,并退还剩余的质量保证金;但在保修责任范围内未完成质量缺陷处理的除外。

7)保修责任

合同当事人根据有关法律的规定,在专用合同条款中约定工程质量保修的范围、期限及责任。保修期自实际竣工日期起计算。在全部工程竣工验收前已经发包人提前验收的单位工程,其保修期起算日期相应提前。

(20)保险

1)工程保险

除专用合同条款另有约定外,承包人应以承包人(名称)与发包人(名称)的共同名义,向双方同意的保险人投保建筑工程一切险和安装工程一切险。其投保内容、保险金额、保险费率、保险期限等具体内容在专用合同条款中约定。

2)人员工伤事故保险

①承包人人员工伤事故保险

承包人应依照有关法律的规定参加工伤保险,为其履行合同所雇用的全部人员缴纳工伤保险费,并要求其分包人也参加此项保险。

②发包人人员工伤事故保险

发包人应依照有关法律的规定参加工伤保险,为其现场机构雇用的全部人员缴纳工伤保险费,并要求其委托的监理人也参加此项保险。

3)人身意外伤害险

①发包人应在工程整个施工期间,为其现场机构雇用的全部人员投保人身意外伤害险并缴纳保险费,要求其委托的监理人也投保此项保险。

②承包人应在整个施工期间,为其现场机构雇用的全部人员投保人身意外伤害险并缴纳保险费,要求其分包人也投保此项保险。

4)第三者责任险

①第三者责任险,是指在保险期内,对因工程意外事故造成的、依法应由被保险人负责的工地及毗邻地区内的第三者人身伤亡、疾病或财产损失,以及被保险人因此而支付的诉讼费用和事先经保险人书面同意而支付的其他费用等的赔偿责任。

②在缺陷责任终止证书颁发前,承包人应以承包人(名称)与发包人(名称)的共同名义,投保第(20)条第4)款第①项约定的第三者责任险。其保险费率、保险金额等相关内容在专用合同条款中约定。

5)其他保险

除专用合同条款另有约定外,承包人应为其施工设备、进场的材料及工程设备等办理保险。

6)对各项保险的一般要求

①保险凭证

承包人应在专用合同条款约定的期限内,向发包人提交各项保险已生效的证据及保险单副本;保险单必须与专用合同条款中约定的条件保持一致。

②保险合同条款的变动

承包人需要变动保险合同条款时,应事先征得发包人同意,并通知监理人。保险人对保险合同条款作出变动的,承包人应在收到保险人通知后立即通知发包人和监理人。

③持续保险

承包人应与保险人保持联系,使保险人能够随时了解工程在实施中的变动,确保按保险合同条款要求,持续保险。

④保险金不足时的补偿

保险金不足以补偿损失时,承包人和发包人各自应负责补偿的范围和金额,在专用合同条款中约定。

⑤未按约定投保时的补救

Ⅰ.由于负有投保义务的一方当事人未按合同约定办理保险,或未能使保险持续有效的,另一方当事人可代为办理;所需费用由对方当事人承担。

Ⅱ.由于负有投保义务的一方当事人未按合同约定办理某项保险,导致受益人未能获得保险人赔偿,其应从该项保险得到的保险金应由负有投保义务的一方当事人支付。

⑥报告义务

当保险事故发生时,投保人应按照保险单中规定的条件和期限,及时向保险人报告。

⑦风险责任的转移

工程通过合同工程完工验收并移交给发包人后,原应由承包人承担的风险责任以及有关保险责任、权利和义务同时转移给发包人;但承包人在缺陷责任期(工程质量保修期)开始前造成损失(损坏)情形的除外。

(21)不可抗力

1)不可抗力的确认

①不可抗力,是指承包人和发包人在订立合同时不可预见、在工程施工过程中不能绝对避免并不能被克服的自然灾害和社会性突发事件,包括地震、海啸、瘟疫、水灾、骚乱、暴动、战争以及专用合同条款中约定的其他情形。

②不可抗力发生后,发包人和承包人应及时、认真地统计其所造成的损失,收集认定为不可抗力所造成损失的证据。合同双方对是否属于不可抗力以及因其造成损失的大小认定意见不一致的,由监理人按第(3)条第5)的约定商定(确定)。发生争议时,按第(24)条(见下文)的约定办理。

2)不可抗力的通知

①合同一方当事人遇到不可抗力事件,使其履行合同义务受到阻碍时,应立即通知合同另一方当事人和监理人,书面说明不可抗力及因之受到阻碍的详细情况,并提供必要的证据。

②如发生不可抗力事件且持续时间较长,合同一方当事人应及时向合同另一方当事人和监理人提交中间报告,说明不可抗力及履行合同因之受阻的最新情况;并于不可抗力事件结束后28天内,提交最终报告及有关资料。

3)不可抗力后果及其处理

①不可抗力造成损害的责任

除专用合同条款另有约定外,因不可抗力导致的人员伤亡、财产损失、费用增加和(或)工期延误等后果,由合同双方按以下原则承担:

Ⅰ.永久工程、已运至施工场地的材料及工程设备的损害以及因工程损害造成的第三者人员伤亡和财产损失,由发包人承担;

Ⅱ.承包人设备损坏,由承包人承担;

Ⅲ.发包人、承包人各自承担其人员伤亡、财产损失责任及其相关费用;

Ⅳ.承包人停工损失,由承包人承担;但停工期间,应监理人要求照管工程和清理、修复工程所需金额,由发包人承担;

Ⅴ.不能按期竣工的,应合理延长工期;承包人不需支付逾期竣工违约金。发包人要求赶工的,承包人应采取赶工措施;赶工费用由发包人承担。

②延迟履行期间发生的不可抗力

合同一方当事人延迟履行,在延迟履行期间发生不可抗力的,不免除其责任。

③避免和减少不可抗力损失

不可抗力发生后,发包人和承包人均应采取措施,尽量避免和减少损失的扩大;任何一方没有采取有效措施,导致损失扩大的,应对扩大的损失承担责任。

④因不可抗力解除合同

合同一方当事人因发生不可抗力而不能履行合同的,应当及时通知对方,解除合同。合同解除后,承包人应按照第(22)条第2)款第⑤项(见下文)的约定撤离施工场地。已经订货的材料、设备,由订货方负责退货或解除订货合同;不能退还的货款和因退货、解除订货合同发生的费用,由发包人承担。因未及时退货而造成的损失,由责任方承担。合同解除后的付款,参照第(22)条第2)款第④项(见下文)的约定,由监理人按第(3)条第5)款的约定商定(确定)。

(22)违约

1)承包人违约

①承包人违约的情形

在履行合同过程中发生的下列情况,属承包人违约:

Ⅰ.承包人违反第(1)条第8)款或第(4)条第3)款的约定,私自将合同的全部或部分权利转让给其他人,或私自将合同的全部或部分义务转让给其他人;

Ⅱ.承包人违反第(5)条第3)款或第(6)条第4)款的约定,未经监理人批准,私自将已按合同约定进入施工场地的施工设备、临时设施或材料撤离施工场地;

Ⅲ.承包人违反第(5)条第4)款的约定使用了不合格材料或工程设备,工程质量达不到标准要求,又拒绝清除不合格工程;

Ⅳ.承包人未能按合同进度计划及时完成合同约定的工作,已造成或预期造成工期延误;

Ⅴ.承包人在缺陷责任期(工程质量保修期)内,未能对《合同工程完工验收鉴定书》中所列缺陷清单的内容或缺陷责任期(工程质量保修期)内发生的缺陷进行修复,而又拒绝按监理人指示再进行修补;

Ⅵ.承包人无法继续履行或明确表示不履行或实质上已停止履行合同;

Ⅶ.承包人不按合同约定履行义务的其他情况。

②对承包人违约的处理

Ⅰ.承包人发生第(22)条第1)款第①项f目约定的违约情况时,发包人可立即将解除合同的要求通知承包人,并按有关法律处理合同解除后的事宜。

Ⅱ.承包人发生除第(22)条第1)款第①项f目约定外的其他违约情况时,监理人可向承包人发出整改通知,要求其在指定的期限内改正。承包人应承担其违约所引起的费用增加和(或)工期延误责任。

Ⅲ.经检查,证明承包人已采取了有效措施纠正违约行为,具备复工条件的,可由监理人签发复工通知,决定复工。

③因承包人违约而解除合同

监理人发出整改通知的28天后,承包人仍不纠正违约行为的,发包人可向承包人发出解除合同通知。合同解除后,发包人可派员进驻施工场地,另行组织人员或委托其他承包人施工。发包人为继续完成该工程的需要,有权扣留、使用承包人在现场的材料、设备和临时设施。发包人的行为不免除承包人应承担的违约责任,也不影响发包人根据合同约定而享有的索赔权利。

④合同解除后的估价、付款与结清

Ⅰ.合同解除后,监理人按第(3)条第5)款的约定,商定(确定)承包人实际完成工作的价值和承包人已提供材料、施工设备、工程设备及临时工程等的价值。

Ⅱ.合同解除后,发包人应暂停对承包人的一切付款;查清各项已付款及已扣款的金额,以及承包人应支付的违约金。

Ⅲ. 合同解除后,发包人应按第(23)条第4)款(见下文)的约定,向承包人索赔因承包人原因解除合同而给发包人造成的损失。

Ⅳ. 合同双方确认上述往来款项后,出具最终结清付款证书,结清全部合同款项。

Ⅴ. 发包人与承包人未能就解除合同后的结清达成一致而形成争议的,按第(24)条(见下文)的约定办理。

⑤协议利益的转让

因承包人违约而解除合同的,发包人有权要求承包人将其为实施合同而签订的材料、设备订货协议或任何服务协议相关利益转让给发包人,并在解除合同后的14天内,依法办理转让手续。

⑥紧急情况下无能力或不愿进行抢救

在工程实施期间或缺陷责任期内发生危及工程安全的事件,监理人通知承包人进行抢救,承包人声明无能力或不愿立即执行的,发包人有权雇用其他人员进行抢救。此类抢救,按合同约定属于承包人义务的,由此发生的金额和(或)工期延误责任由承包人承担。

2)发包人违约

①发包人违约的情形

在履行合同过程中发生的下列情形,属发包人违约:

Ⅰ. 发包人未能按合同约定支付预付款或合同价款,或拖延、拒绝批准付款申请和支付凭证,导致付款延误的;

Ⅱ. 发包人原因造成停工的;

Ⅲ. 监理人无正当理由没有在约定期限内发出复工指示,导致承包人无法复工的;

Ⅳ. 发包人无法继续履行或明确表示不履行或实质上已停止履行合同的;

Ⅴ. 发包人不履行合同约定的其他义务的。

②承包人有权暂停施工

发包人发生除第(22)条第2)款第①项d目外的违约情况时,承包人可向发包人发出通知,要求发包人采取有效措施纠正违约行为。发包人收到承包人通知后的28天内仍不履行合同义务,承包人有权暂停施工,但应通知监理人;发包人应承担由此增加的费用和(或)工期延误责任,并支付给承包人合理利润。

③因发包人违约而解除合同

Ⅰ. 发生第(22)条第2)款第①项d目约定的违约情况时,承包人可书面通知发包人,解除合同。

Ⅱ. 承包人按第(22)条第2)款第②项的约定暂停施工28天后,发包人仍不纠正违约行为的,承包人可向发包人发出解除合同通知。承包人的行为不免除发包人应承担的违约责任,也不影响承包人根据合同约定而享有的索赔权利。

④合同解除后的付款

因发包人违约而解除合同的,发包人应在合同解除后的28天内向承包人支付下列金额,承包人在此期限内应及时向发包人提交与支付有关的资料和凭证:

Ⅰ. 合同解除日以前所完成工作的价款;

Ⅱ.承包人为该工程施工订购并已付款的材料、工程设备及其他物品的金额。发包人付还后,该材料、工程设备及其他物品归发包人所有;

Ⅲ.承包人为完成工程已发生了的、发包人尚未支付的金额;

Ⅳ.承包人撤离施工场地及遣散承包人人员所发生的金额;

Ⅴ.应赔偿承包人因合同解除所造成损失的金额;

Ⅵ.按合同约定,在合同解除日前应支付给承包人的其他金额。

发包人应在支付上述金额的同时,向承包人退还质量保证金及履约担保;但有权要求承包人支付应偿还发包人的各项金额。

⑤合同解除后的承包人撤离

因发包人违约而解除合同后,承包人应妥善做好已竣工工程和已购材料、设备的保护和移交工作;按发包人要求,将承包人设备和人员撤出施工场地。承包人撤出施工场地时,应遵守第(18)条第7)款第①项的约定。发包人应为承包人的撤出提供必要条件。

3)第三人原因造成的违约

在履行合同过程中,一方当事人因第三人原因造成违约的,应当向对方当事人承担违约责任。一方当事人和第三人之间的纠纷,依照法律规定或者按照约定解决。

(23)索赔

1)承包人索赔的提出

根据合同约定,承包人认为有权得到追加付款和(或)延长工期的,应按以下程序向发包人提出索赔:

Ⅰ.承包人应在知道或应当知道发生索赔事件后的28天内,向监理人递交索赔意向通知书,并说明索赔事件发生的事由。承包人未在规定期限内发出索赔意向通知书的,即丧失要求追加付款和(或)延长工期的权利;

Ⅱ.承包人应在发出索赔意向通知书后的28天内,向监理人正式递交索赔通知书。索赔通知书应详细说明索赔理由及要求追加的付款金额和(或)延长的工期,并附必要的证明(记录)材料;

Ⅲ.索赔事件具有持续性影响的,承包人应以合理时间间隔分次递交延续索赔通知,说明持续受影响的实际情况及相关记录,并列出累计(追加)付款金额和(或)工期延长天数;

Ⅳ.在索赔事件影响结束后的28天内,承包人应向监理人递交最终索赔通知书,说明最终要求索赔(追加)的付款金额和延长的工期,并附必要的证明(记录)材料。

2)对承包人索赔的处理程序

Ⅰ.监理人在收到承包人提交的索赔通知书后,应及时审查索赔通知书的内容,查验承包人的记录(证明)材料;必要时,监理人可要求承包人提交全部原始记录(副本)。

Ⅱ.监理人应按第(3)条第5)款的约定商定(确定)应追加的付款和(或)延长的工期,并在收到上述索赔通知书或关于索赔的进一步证明材料后的42天内,将索赔相关处理结果答复承包人。

Ⅲ.承包人接受索赔处理结果的,发包人应在作出索赔处理结果答复后的28天内完成赔付;承包人不接受索赔处理结果的,按第(24)条(见下文)的约定办理。

3)承包人提出索赔时的期限

①承包人按第(17)条第5)款的约定接受了完工付款证书后,应被认为已无权再提出对合同工程完工证书颁发前所发生事件的任何索赔。

②承包人按第(17)条第6)款的约定提交的最终结清申请单中,只限于提出对合同工程完工证书颁发后发生事件的索赔;提出索赔时的期限,至接受最终结清证书时终止。

4)发包人的索赔

①发生索赔事件后,监理人应及时书面通知承包人,详细说明发包人有权得到的索赔金额和(或)要求延长缺陷责任期的细节和依据。发包人提出索赔时的期限等要求与第(23)条第3)款的约定相同;要求延长缺陷责任期的通知,应在缺陷责任期届满前发出。

②监理人按第(3)条第5)款的约定,商定(确定)发包人从承包人处得到赔付的金额和(或)缺陷责任期的延长期。承包人应付给发包人的金额,可从拟支付给承包人的合同价款中扣除,或由承包人以其他方式支付给发包人。

③承包人对监理人按第(23)条第4)款第①项的约定发出的索赔书面通知的内容持异议时,应在收到书面通知后的14天内,将关于异议内容的书面报告及有关证明材料提交给监理人。监理人应在收到承包人书面报告后的14天内,将有关异议的处理意见通知承包人,并按第(23)条第4)款第②项的约定执行赔付。若承包人不接受监理人对索赔的处理意见,可按本合同第(24)条(见下文)的规定办理。

(24)争议的解决

1)争议的解决方式

发包人和承包人在履行合同中发生争议的,可通过友好协商方式解决,也可提请争议评审组评审。合同当事人友好协商解决不成,又不愿提请争议评审组评审或者不接受争议评审组意见的,可在专用合同条款中约定,按下列任意一种方式解决:

- 向约定的仲裁委员会申请仲裁;
- 向有管辖权的人民法院提起诉讼。

2)友好解决

在提请争议评审、仲裁以及诉讼前,或者在争议评审、仲裁以及诉讼过程中,发包人和承包人均应努力争取以友好协商方式解决争议。

3)争议评审

①采用争议评审方式的,发包人和承包人应在开工日期后的28天内(或在争议发生后),协商成立争议评审组。争议评审组成员由有合同管理及工程实践经验的专家组成。

②合同双方发生争议,应首先由申请人(合同一方当事人)向争议评审组提交一份详细的评审申请报告,并附必要的文件、图纸和证明材料;申请人还应将上述报告的副本同时提交给申请相对人(合同另一方当事人)和监理人。

③申请相对人在收到申请人评审申请报告副本后的28天内,向争议评审组提交一份答辩报告,并附证明材料;同时,将答辩报告的副本提交给申请人和监理人。

④除专用合同条款另有约定外,争议评审组在收到合同双方报告后的14天内,邀集双方代表及有关人员举行调查会,调查双方争议细节;必要时,争议评审组可要求双方进一步提供补充材料。

⑤除专用合同条款另有约定外,在调查会结束后的14天内,争议评审组应在不受任何干扰的情况下进行独立、公正的评审,作出书面评审意见,并说明理由。在争议评审期间,争议双方暂按总监理工程师的确定执行。

⑥发包人和承包人接受评审意见的,由监理人根据评审意见拟定执行协议。执行协议经争议双方签字后,作为合同的补充文件;合同双方应遵照执行。

⑦发包人或承包人不接受评审意见,并要求提请仲裁或提起诉讼的,应在收到评审意见后的14天内将仲裁或起诉意向以书面形式通知另一方,并抄送监理人。在仲裁或诉讼结束前,应暂按总监理工程师的确定执行。

4)仲裁

①若合同双方商定直接向仲裁机构申请仲裁,应签订仲裁协议并约定仲裁机构。

②若合同双方未能达成仲裁协议,则本合同的仲裁条款无效;任一方均有权向人民法院提起诉讼。

1F－432028　专用合同条款

第4章"合同条款及格式"第2节为"专用合同条款"。该部分内容以与通用合同条款相同的条款号,对其相应条款进行补充和细化。

(1)一般约定

1)词语定义

②合同当事人和人员

b.发包人:（填入发包人的名称）。

c.承包人:（填入承包人的名称）。

e.分包人:（填入签约后的分包人名称）。

f.监理人:（填入监理人名称）。

④日期

e.缺陷责任期(工程质量保修期):________。

4)合同文件的优先顺序

进入合同文件的各项文件及其优先顺序是________。

7)联络

②来往函件均应按技术标准和要求(合同技术条款)约定的期限送达（填写文件送达地点）。

(2)发包人义务

3)提供施工场地

②发包人提供的施工场地范围为:________。

③承包人自行勘察的施工场地范围为:________。

8)其他义务

(根据发包人合同管理要求进行补充)

Ⅰ.……

Ⅱ.……

(3)监理人

1)监理人的职责和权力

①监理人须根据发包人事先批准的权力范围行使权力。发包人批准的权力范围：(填写监理人须经发包人批准才能行使的权力;以下示例供参考)

Ⅰ.按第(4)条第3)款的约定,批准工程的分包;

Ⅱ.按第(11)条第3)款的约定,确定延长完工期限;

Ⅲ.按第(15)条第6)款的约定,批准暂列金额的使用;

Ⅳ.……

(4)承包人

1)承包人的一般义务

⑩其他义务

Ⅰ.……

Ⅱ.……

3)分包

②允许承包人分包的工程项目、工作内容与分包金额限额为:

Ⅰ.工程项目:____________________。

Ⅱ.工作内容:____________________。

Ⅲ.分包金额限额:____________________。

⑩分包人项目管理机构的设立:____________________。

11)不利物质条件

①不利物质条件的范围:____________________。

(5)材料和工程设备

2)发包人提供的材料和工程设备

①发包人提供的材料和工程设备见表1F-432028-1和表1F-432028-2。

发包人提供材料表(参考格式)　　表1F-432028-1

序号	材料名称	材料规格	数量	交货地点	交货方式	计划交货日期	备注

发包人提供工程设备表(参考格式)　　表1F-432028-2

序号	工程设备名称	型号及规格	数量	交货地点	交货方式	计划交货日期	备注

(6)施工设备和临时设施

2)发包人提供的施工设备和临时设施

Ⅰ.发包人提供的施工设备见表1F－432028－3。

Ⅱ.发包人提供的临时设施：________。

发包人提供施工设备表(参考格式)　　**表**1F－432028－3

序号	施工设备名称	型号及规格	设备状况	数量	移交地点	计划移交日期	备注

注:设备状况栏内应填写该设备的新旧程度、购进时间、已使用小时数和最近一次大修的时间。

(7)交通运输

1)道路通行权和场外设施

道路通行权和场外设施的约定：________。

(8)测量放线

1)施工控制网

①施工控制网的约定：________。

(9)施工安全、治安保卫和环境保护

1)发包人的施工安全责任

④发包人提供________资料,其余资料由承包人负责收集。

2)承包人的施工安全责任

⑫下列工程应编制专项施工方案：________。其中,________应组织专家论证和审查。

7)文明工地

①本合同文明工地的约定：________。

(11)开工和竣工(完工)

4)异常恶劣的气候条件

③本合同工程界定异常恶劣气候条件的范围为:

Ⅰ.日降雨量大于________mm的雨日超过________天;

Ⅱ.风速大于________m/s的________级以上台风灾害;

Ⅲ.日气温超过________℃的高温大于________天;

Ⅳ.日气温低于________℃的严寒大于________天;

Ⅴ.造成工程损坏的冰雹和大雪灾害:________;

Ⅵ.其他异常恶劣气候灾害:________。

5)承包人工期延误

Ⅰ.逾期完工应支付违约金(标准)表(参考格式),见表1F－432028－4。

逾期完工应支付违约金(标准)表(参考格式) 表1F-432028-4

序号	工程项目	约定完工日期	逾期完工应支付违约金(元/天)

Ⅱ.逾期完工应支付违约金的总限额为（不超过签约合同价的____%）。

6)工期提前

工期提前时的奖金约定:________。

(12)暂停施工

1)承包人暂停施工的责任

Ⅴ.承包人承担暂停施工责任的其他情形:________。

2)发包人暂停施工的责任

Ⅲ.发包人承担暂停施工责任的其他情形:________。

(13)工程质量

7)质量评定

④重要隐蔽单元工程和关键部位单元工程质量评定的约定:________。

⑦工程合格标准为:________;优良标准为:________。达到优良时的奖金为:________。

8)质量事故处理

④工程竣工验收时,________向竣工验收委员会汇报并提交历次质量缺陷处理情况的备案资料。

(14)试验和检验

1)材料、工程设备及工程的试验与检验

⑤水工金属结构、启闭机及机电产品进场后进行交货检查和验收时,承包人负责________。

⑥本工程实行见证取样的试块、试件及材料:________。

(15)变更

1)变更的范围和内容

Ⅵ.增加或减少合同中关键项目的工程量超过其工程总量的________%;关键项目:________;单价调整方式:________。

5)承包人的合理化建议

②承包人合理化建议实现后的奖励金额为:________。

8)暂估价

①Ⅰ.发包人与承包人共同组织招标的暂估价项目:（签约后填入）;发包人组织招标的暂估价项目:（签约后填入）。

Ⅱ.当发包人与承包人以招标方式共同选择暂估价项目供应商或分包人时,双方各自的权利、义务：__________。

(16)价格调整

1)物价波动引起的价格调整

物价波动引起的价格调整的方式：__________。

②采用造价信息调整价格差额

工程造价信息的来源：__________。

实行价格调整的项目及采用系数：__________。

(17)计量与支付

2)预付款

①预付款

Ⅰ.工程预付款的总金额为签约合同价的________%,分________次支付给承包人。各次预付款支付额度及付款时间为：

Ⅰ)第一次预付款的金额为工程预付款总金额的________%；付款时间,应在合同协议书签订后,待承包人向发包人提交了发包人认可的工程预付款担保,且监理人出具的付款证书经报送发包人并获批准后的14天内予以支付。

Ⅱ)第二次预付款的金额为工程预付款总金额的________%；付款时间,需待承包人主要设备进入工地,且其估算价值已达到本次预付款金额时,由承包人提出书面申请,经监理人核实,出具付款证书并报送发包人批准后的14天内予以支付。

Ⅲ)第三次预付款……。

……

Ⅱ.工程材料预付款的额度及预付办法的约定：__________。

②预付款保函(预付款担保)

Ⅱ.工程材料预付款的担保的约定：__________。

③预付款的扣回与还清

Ⅰ.工程预付款,在合同累计完成金额达到签约合同价的________%时开始扣回,至合同累计完成金额达到签约合同价的________%时全部扣清。

$$R = \frac{A}{(F_2 - F_1)S}(C - F_1 S)$$

式中　R——逐次进度付款时,累计应扣回的工程预付款的金额；

A——工程预付款总金额；

S——签约合同价；

C——合同累计完成金额；

F_1——开始扣款时,合同累计完成金额应达到签约合同价的比例；

F_2——全部扣清时,合同累计完成金额应达到签约合同价的比例。

其中,合同累计完成金额是指未参与价格调整且未经扣留质量保证金时的金额。

Ⅱ.工程材料预付款的扣回与还清的约定：__________。

4)质量保证金

①每个付款周期所扣留质量保证金的金额为工程进度付款的________%。历次扣留

的质量保证金的总额,限定为签约合同价的________%。

5)竣工(完工)结算

①竣工(完工)付款申请单

Ⅰ.承包人应提交完工付款申请单一式________份。

6)最终结清

①最终结清申请单

Ⅰ.承包人应提交最终结清申请单一式________份。

7)竣工财务决算

承包人应为竣工财务决算编制提供的资料:____________。

(18)(竣工)验收

1)验收工作分类

本工程法人验收包括:________;政府验收包括:________。验收条件为:________。验收程序为:________。

2)分部工程验收

②本工程由发包人主持的分部工程验收为________;其余由监理人主持。

3)单位工程验收

④提前投入使用的单位工程包括:________、________、________。

5)阶段验收

①本合同工程阶段验收类别包括:________、________、________。

6)专项验收

②本合同工程专项验收类别包括:________、________、________。

7)竣工验收

③本工程________(需要/不需要)进行竣工验收技术鉴定(蓄水安全鉴定)。

8)施工期运行

①拟在施工期即投入运行的单位工程或工程设备为:________、________、________。

9)试运行

①试运行的组织:________;费用承担:________。

(19)缺陷责任与保修责任

1)缺陷责任期(工程质量保修期)的起算时间

本工程缺陷责任期(工程质量保修期)计算如下:________。

(20)保险

1)工程保险

建筑工程一切险和(或)安装工程一切险的投保人:________;

投保内容:________________________;

保险金额、保险费率和保险期限:____________。

4)第三者责任险

②第三者责任险保险费率:________;

第三者责任险保险金额:________。

5)其他保险

需要投保的其他内容:________;

保险金额、保险费率和保险期限:________。

6)对各项保险的一般要求

①保险凭证

承包人提交保险凭证的期限:________;

保险条件:________。

④保险金不足时的补偿

承包人负责补偿的范围与金额:________;

发包人负责补偿的范围与金额:________。

(24)争议的解决

1)争议的解决方式

合同当事人友好协商解决不成,又不愿提请争议评审组评审或者不接受争议评审组意见时,约定合同争议解决方式:________。

1F－432029　合同附件格式

第4章"合同条款及格式"第3节为"合同附件格式"。该部分内容给出了合同协议书、履约担保、预付款担保函等三种文件的通用格式。

附件一:合同协议书。其主要内容如下:

"________(发包人名称,以下简称'发包人')为实施________(项目名称),已接受________(承包人名称,以下简称'承包人')对________(项目名称)________(标段名称)的投标,并确定其为中标人。发包人和承包人共同达成如下协议。

1. 本协议书与下列文件一起构成合同文件:

Ⅰ. 中标通知书;

Ⅱ. 投标函及投标函附录;

Ⅲ. 专用合同条款;

Ⅳ. 通用合同条款;

Ⅴ. 技术标准和要求(合同技术条款);

Ⅵ. 图纸;

Ⅶ. 已标价工程量清单;

Ⅷ. 其他合同文件。

2. 上述文件互相补充和解释;如有不明确或不一致之处,以合同约定次序在先者为准。

3. 签约合同价:人民币(大写)________元(¥________元)。

4. 承包人项目经理:________。

5. 工程质量符合________标准。

6. 承包人承诺按合同约定承担工程的实施、完成及缺陷修复。

7. 发包人承诺按合同约定的条件、时间和方式向承包人支付合同价款。

8. 承包人承诺执行监理人开工通知,计划工期为________天。

9. 本协议书一式________份,合同双方各执一份。

10. 合同未尽事宜,双方另行签订补充协议。补充协议是合同的组成部分。"

落款并列署发包人、承包人名称并盖单位章,双方法定代表人或其委托代理人签字并署日期。

附件二:履约担保。其主要内容如下:

"____________(发包人名称):

鉴于________(发包人名称,以下简称'发包人')已接受________(承包人名称,以下简称'承包人')于________年____月____日递交的________(项目名称)________(标段名称)的投标文件。我方愿意无条件地、不可撤销地就承包人履行与你方订立的合同,向你方提供担保。

1. 担保金额:人民币(大写)________元(¥________元)。

2. 担保有效期:自发包人与承包人签订的合同生效之日起,至发包人签发合同工程完工证书之日止。

3. 在本担保有效期内,因承包人违反合同约定的义务而给你方造成经济损失时,我方在收到你方以书面形式提出的在担保金额数额以内的赔偿要求后,无条件地在7天内予以支付。

4. 发包人和承包人按《通用合同条款》第(15)条的约定变更合同时,我方承担本担保规定的义务不变。"

落款署担保人名称并盖单位章,由其法定代表人(或其委托代理人)签字;署担保人单位地址、邮政编码、电话及传真(号码)并署日期。由法定代表人的委托代理人签字时,应附授权委托书。

附件三:预付款担保函。其主要内容如下:

"____________(发包人名称):

根据________(承包人名称,以下简称'承包人')与________(发包人名称,以下简称'发包人')于________年____月____日签订的________(项目名称)________(标段名称)合同协议书,承包人按约定的金额向发包人提交一份预付款担保,即有权得到发包人支付相等金额的预付款。我方愿意就你方提供给承包人的预付款提供担保。

1. 担保金额:人民币(大写)________元(¥________元)。

2. 担保有效期:自预付款支付给承包人起生效,至发包人签发的进度付款证书可说明预付款已完全扣清止。

3. 在本担保有效期内,因承包人违反合同约定的义务,你方要求收回预付款时,我方在收到你方的书面通知后,无条件地在7天内予以支付。但本担保的担保金额,在任何时候不应超过预付款金额减去发包人按合同约定在向承包人签发的进度付款证书中已扣回的金额后所剩余的金额。

4. 发包人和承包人按《通用合同条款》第(15)条的约定变更合同时,我方承担本担保规定的义务不变。"

落款署担保人名称并盖单位章,由其法定代表人(或其委托代理人)签字;署担保人单位地址、邮政编码、电话及传真(号码)并署日期。由法定代表人的委托代理人签字时,应附授权委托书。

1F－432030　水利水电工程标准施工招标文件(下)

《水利水电工程标准施工招标文件》(2009 年版,简称《文件》)是供招标人编制招标文件时使用的标准文本。

《文件》中以“第 5 章”的相同序号,分别按《水利工程工程量清单计价规范》(GB 50501—2007)格式和《水利水电工程施工合同和招标文件示范文本》(GF－2000－0208)格式编印了两种“工程量清单”。招标人可选择两者之一作为编制招标文件时“工程量清单”一章的内容,但应注意与“投标人须知”“通用合同条款”“专用合同条款”“技术标准和要求(合同技术条款)”“图纸(招标图纸)”等章内容相衔接。

第 6 章“图纸(招标图纸)”提出了对图纸的有关要求。招标人编制招标文件第 6 章时,应根据招标项目具体特点和实际需要,按本章要求进行编制,但应注意与“投标人须知”“通用合同条款”“专用合同条款”“技术标准和要求(合同技术条款)”等章内容相衔接。

第 7 章“技术标准和要求(合同技术条款)”供招标人在编制招标文件时参考使用。招标人可根据招标项目具体特点和实际需要进行修改和补充,但应注意与“投标人须知”“通用合同条款”“专用合同条款”“工程量清单”等章内容相衔接。“技术标准和要求(合同技术条款)”应符合国家强制性标准,不得在条文中要求采用(或标明)某一特定的专利、商标、名称、设计、原产地或生产(供应)者;条文中不得含有倾向(或排斥)某一特定投标人的内容。当只有引用某一生产(供应)者的技术标准才能准确(或清楚)地说明拟招标项目的技术标准时,应当使用“参照(或相当于)×××技术标准”的字样。“技术标准和要求(合同技术条款)”中有关(竣工)验收及质量评定的条款与第 4 章“合同条款及格式”相关条款内容不一致时,以第 4 章“合同条款及格式”中相应条款为准。本章内容将在 1F－440000“成本控制”一章中进行介绍。

第 8 章“投标文件格式”供招标人在编制招标文件时参考使用。

1F－432031　工程量清单(GB 50501—2007 格式)

第 5 章“工程量清单”(GB 50501—2007 格式)内容如下。

(1)工程量清单说明

1)对于工程量清单,应与招标文件中的投标人须知、通用合同条款、专用合同条款、技术标准和要求(合同技术条款)、图纸及《水利工程工程量清单计价规范》(GB 50501—2007)等一起阅读和理解。

2)工程量清单是各投标人编制投标报价时共同的基础性依据。除另有约定外,工程量清单中的工程量,是以招标设计图纸为依据并按《水利工程工程量清单计价规范》(GB 50501—2007)中计算规则计算得的、仅供投标人投标报价时使用的工程量(称“估算工程量”),不作为结算用工程量。结算用工程量,是承包人实际完成的、符合技术标准和要求(合同技术条款)规定及《水利工程工程量清单计价规范》(GB 50501—2007)中计算规则的,并按施工图纸计算得的工程量(称“有效工程量”)。

3)工程量清单中所列各工作项目的工作内容及其要求,应符合相关技术标准和要求(合同技术条款)及《水利工程工程量清单计价规范》(GB 50501—2007)的规定。

4)工程价款支付,应遵循合同条款的约定。

(2)投标报价说明

1)工程量清单报价表组成

工程量清单报价表,由以下表格组成:

Ⅰ.投标总价。

Ⅱ.工程项目总价表。

Ⅲ.分类分项工程量清单计价表。

Ⅳ.措施项目清单计价表。

Ⅴ.其他项目清单计价表。

Ⅵ.计日工项目计价表。

Ⅶ.工程单价汇总表。

Ⅷ.工程单价费(税)率汇总表。

Ⅸ.投标人生产电、风、水、砂石基础单价汇总表。

Ⅹ.投标人生产混凝土配合比材料费表。

Ⅺ.招标人供应材料价格汇总表。

Ⅻ.投标人自行采购主要材料预算价格汇总表。

XIII.招标人提供施工机械台时(班)费汇总表。

XIV.投标人自备施工机械台时(班)费汇总表。

XV.总价项目分类分项工程分解表。

XVI.工程单价计算表。

XVII.人工费单价汇总表。

2)工程量清单报价表填写规定

1.除招标文件另有规定外,投标人不得随意增加、删除或涂改招标文件工程量清单中的任何内容。工程量清单中列明的所有需要填写的单价和合价,投标人均应填写;未填写的,视为已包含在工程量清单中的其他单价和合价中。

2.工程量清单中的工程单价,是完成工程量清单中一个质量合格的规定计量单位的项目所需的直接费(包括人工费、材料费、机械使用费和季节、夜间、高原、风沙等原因增加的直接费)、施工管理费、企业利润和税金的总和,并考虑了风险因素。投标人应根据所规定的工程单价组成,按招标文件及《水利工程工程量清单计价规范》(GB 50501—2007)附录 A 和附录 B 表中所列主要工作内容综合确定工程单价。除另有规定外,对于有效工程量以外的超挖(超填)工程量、施工附加量及加工(运输)损耗量等,其所消耗的人工费、材料费及机械使用费等均应摊入相应有效工程量的工程单价中。

3.投标报价,金额(价格)均应以人民币表示。

4.投标总价,应按工程项目总价表中的合计金额填写。

5.工程项目总价表中,一级项目的项目名称按招标文件工程项目总价表中的相应名称填写;金额按分类分项工程量清单计价表中相应项目合计金额填写。

6. 分类分项工程量清单计价表的填写，其中序号、项目编码、项目名称、计量单位、工程数量、合同技术条款章节号等六列按招标文件分类分项工程量清单计价表中相应项内容照抄；单价、合价等两列由承包人自行填写。

7. 措施项目计价表的填写，其中序号、项目名称等两列按招标文件措施项目清单计价表中相应项内容照抄；金额、合计金额等两列由承包人自行填写。

8. 其他项目清单计价表的填写，序号、项目名称、金额等三列均按招标文件其他项目清单计价表中相应项内容照抄。

9. 计日工项目计价表的填写，其中序号、名称（按人工、材料、机械分别填写）、型号规格、计量单位等四列按招标文件计日工项目计价表中相应项内容照抄；单价一列由承包人自行填写。

10. 辅助表格及其主要填写内容包括：

Ⅰ. 工程单价汇总表。按已填写的各张工程单价计算表逐张进行汇总，即将各工程单价计算表中相应项的合价填入工程单价汇总表的相应列中，然后，按行合计，得到工程单价汇总结果。

Ⅱ. 工程单价费（税）率汇总表。将各张工程单价计算表中实际采用的费（税）率汇总填入该表。

Ⅲ. 投标人生产电、风、水、砂石基础单价汇总表。按对基础单价进行分析计算后的结果填写，并附相应分析计算书。

Ⅳ. 投标人生产混凝土配合比材料费表。其中，填写的单价必须与工程单价计算表中相应混凝土材料的单价一致。

Ⅴ. 招标人供应材料价格汇总表。有由招标人供应的材料时填写此表。其中，填写的预算价格必须与工程单价计算表中相应材料的预算价格一致。

Ⅵ. 投标人自行采购主要材料预算价格汇总表。其中，填写的预算价格必须与工程单价计算表中相应材料的预算价格一致。

Ⅶ. 招标人提供施工机械台时（班）费汇总表。有由招标人提供的施工机械时填写此表。其中，填写的台时（班）费合计金额必须与工程单价计算表中相应施工机械台时（班）费单价一致。

Ⅷ. 投标人自备施工机械台时（班）费汇总表。其中，填写的台时（班）费合计金额必须与工程单价计算表中相应施工机械台时（班）费单价一致。

Ⅸ. 投标人应参照分类分项工程量清单计价表格式，按每个分类分项工程一张表，编制总价项目分类分项工程分解表。

Ⅹ. 对一个标段中投标金额大于或等于投标总标价万分之五的工程项目，必须编报工程单价计算表。其中，填写的人工费、材料费、机械使用费等基础价格，必须与人工费单价汇总表、基础材料单价汇总表、主要材料预算价格汇总表及施工机械台时（班）费汇总表中的单价相一致；填写的施工管理费、企业利润和税金等费（税）率，必须与工程单价费（税）率汇总表中的费（税）率相一致。

Ⅺ. 人工费单价汇总表。应按各张人工费单价计算表进行汇总，并附相应人工费单价计算表。

《工程量清单》首页为“投标总价”页,内容包括:

“__________(项目名称)__________(标段名称)

合同编号:__________

投标总价人民币(大写):________元

(¥):________元”

“投标总价”页之后为“工程项目总价表”页(见表 1F-432031-1)。“工程项目总价表”页之后各表页,见表 1F-432031-2 至表 1F-432031-16。

工程项目总价表 表 1F-432031-1

合同编号:(投标项目合同号)

工程名称:__________(项目名称)__________(标段名称)

序号	工程项目名称	金额(元)
1	一级×××项目	
2	一级×××项目	
××	措施项目	
××	其他项目	
	合计	

分类分项工程量清单计价表　　**表**1F－432031－2

合同编号:(投标项目合同号)

工程名称:__________(项目名称)__________(标段名称)

序号	项目编码	项目名称	计量单位	工程数量	单价(元)	合价(元)	合同技术条款章节号
1		一级××项目					
1.1		二级××项目					
1.1.1		三级××项目					
	50××××××××××	最末一级项目					
1.1.2							
2		一级××项目					
2.1		二级××项目					
2.1.1		三级××项目					
	50××××××××××	最末一级项目					
2.1.2							
		合计					

注:项目编码应遵守《水利工程工程量清单计价规范》(GB 50501—2007)。

措施项目清单计价表　　**表**1F－432031－3

合同编号:(投标项目合同号)

工程名称:__________(项目名称)__________(标段名称)

序号	项目名称	金额(元)
	合计	

其他项目清单计价表　　表 1F-432031-4

合同编号:(投标项目合同号)

工程名称:__________(项目名称)__________(标段名称)

序号	项目名称	金额(元)	备注
	合计		

计日工项目计价表　　表 1F-432031-5

合同编号:(投标项目合同号)

工程名称:__________(项目名称)__________(标段名称)

序号	名称	型号规格	计量单位	单价(元)	备注
1	人工				
2	材料				
3	机械				

工程单价汇总表　　表1F－432031－6

合同编号:(投标项目合同号)

工程名称:＿＿＿＿＿＿(项目名称)＿＿＿＿＿＿(标段名称)

序号	项目编码	项目名称	计量单位	人工费	材料费	机械使用费	施工管理费	企业利润	税金	合计
1		建筑工程								
1.1		土方开挖工程								
1.1.1	500101××××××									
1.1.2										
2		安装工程								
2.1		机电设备安装工程								
2.1.1	500201××××××									
2.1.2										

工程单价费(税)率汇总表　　表1F－432031－7

合同编号:(投标项目合同号)

工程名称:＿＿＿＿＿＿(项目名称)＿＿＿＿＿＿(标段名称)

序号	工程类别	工程单价费(税)率(%)			备注
		施工管理费	企业利润	税金	
一	建筑工程				
二	安装工程				

投标人生产电、风、水、砂石基础单价汇总表 表1F－432031－8

合同编号:(投标项目合同号)

工程名称:＿＿＿＿＿(项目名称)＿＿＿＿＿(标段名称)

序号	名称	型号规格	计量单位	人工费	材料费	机械使用费			合计	备注

投标人生产混凝土配合比材料费表 表1F－432031－9

合同编号:(投标项目合同号)

工程名称:＿＿＿＿＿(项目名称)＿＿＿＿＿(标段名称)

序号	工程部位	混凝土强度等级	水泥强度等级	级配	水灰比	预算材料量(kg/m^3)					单价(元/m^3)	备注
						水泥	砂	石				

招标人供应材料价格汇总表 表1F－432031－10

合同编号:(投标项目合同号)

工程名称:＿＿＿＿＿(项目名称)＿＿＿＿＿(标段名称)

序号	材料名称	型号规格	计量单位	供应价格(元)	预算价格(元)

投标人自行采购主要材料预算价格汇总表 表 1F-432031-11

合同编号:(投标项目合同号)

工程名称:__________(项目名称)__________(标段名称)

序号	材料名称	型号规格	计量单位	预算价格(元)	备注

招标人提供施工机械台时(班)费汇总表 表 1F-432031-12

合同编号:(投标项目合同号)

工程名称:__________(项目名称)__________(标段名称)

序号	机械名称	型号规格	招标人收取的折旧费	投标人应计算的费用								合计
				维修费	安拆费	人工	柴油	电			小计	

投标人自备施工机械台时(班)费汇总表 表 1F-432031-13

合同编号:(投标项目合同号)

工程名称:__________(项目名称)__________(标段名称)

序号	机械名称	型号规格	一类费用				二类费用						合计
			折旧费	维修费	安拆费	小计	人工	柴油	电			小计	

总价项目分类分项工程分解表　　　　表 1F－432031－14

合同编号:(投标项目合同号)

工程名称:__________(项目名称)__________(标段名称)

序号	项目编码	项目名称	计量单位	工程数量	单价(元)	合价(元)	说明

注:项目编码应遵守《水利工程工程量清单计价规范》(GB 50501—2007)。

工程单价计算表　　　　表 1F－432031－15

__________________工程

单价编号:　　　　　　　　　　　　　　　　定额单位:

施工方法:

序号	名称	型号规格	计量单位	数量	单价(元)	合价(元)
1	直接费					
1.1	人工费					
1.2	材料费					
1.3	机械使用费					
2	施工管理费					
3	企业利润					
4	税金					
	合计					

人工费单价汇总表　　表1F－432031－16

合同编号:(投标项目合同号)

工程名称:＿＿＿＿＿＿(项目名称)＿＿＿＿＿＿(标段名称)

序号	工种	单位	单价(元)	备注

1F－432032　工程量清单(GF－2000－0208格式)

第5章"工程量清单"(GF－2000－0208格式)内容如下。

(1)工程量清单说明

1)对于工程量清单,应与招标文件中的投标人须知、通用合同条款、专用合同条款、技术标准和要求(合同技术条款)、图纸等一起阅读和理解。

2)工程量清单是各投标人编制投标报价时共同的基础性依据。除另有约定外,工程量清单中的工程量,是以招标设计图纸为依据计算得的、仅供投标人投标报价时使用的工程量(称"估算工程量"),不作为结算用工程量。结算用工程量,是承包人实际完成的、符合技术标准和要求(合同技术条款)规定的,并按施工图纸计算得的工程量(称"有效工程量")。

3)工程量清单中所列各工作项目的工作内容及其要求,应符合相关技术标准和要求(合同技术条款)的规定。

4)工程价款支付,遵循合同条款的约定。

(2)投标报价说明

1)工程量清单报价表组成

工程量清单报价表,由以下表格组成:

Ⅰ.投标总价。

Ⅱ.工程项目总价表。

Ⅲ.分组工程量清单报价表。

Ⅳ.计日工项目报价表。

Ⅴ.工程单价汇总表。

Ⅵ.工程单价费(税)率汇总表。

Ⅶ.投标人生产电、风、水、砂石基础单价汇总表。

Ⅷ.投标人生产混凝土配合比材料费表。

Ⅸ.招标人供应材料价格汇总表。

Ⅹ.投标人自行采购主要材料预算价格汇总表。

Ⅺ.招标人提供施工机械台时(班)费汇总表。

Ⅻ.投标人自备施工机械台时(班)费汇总表。

ⅩⅢ.总价项目分解表。

ⅩⅣ.工程单价计算表。

ⅩⅤ.人工费单价汇总表。

2)工程量清单报价表填写规定

1.除招标文件另有规定外,投标人不得随意增加、删除或涂改招标文件工程量清单中的任何内容。工程量清单中列明的所有需要填写的单价和合价,投标人均应填写;未填写的,视为已包含在工程量清单中的其他单价和合价中。

2.工程量清单中的工程单价,是完成工程量清单中一个质量合格的规定计量单位的项目所需的直接工程费、间接费、企业利润和税金的总和,并考虑了风险因素。投标人应根据所规定的工程单价组成,确定工程单价。除另有规定外,对于有效工程量以外的超挖(超填)工程量、施工附加量及加工(运输)损耗量等,其所消耗的人工费、材料费及机械使用费等均应摊入相应有效工程量的工程单价中。

3.投标报价,金额(价格)均应以人民币表示。

4.投标总价,应按工程项目总价表中的合计金额填写。

5.工程项目总价表中,组号和工程项目名称按招标文件工程量清单中的相应内容填写;金额按分组工程量清单报价表中相应项目合计金额填写;暂列金额按招标文件工程项目总价表中的相应内容填写。

6.分组工程量清单报价表的填写,其中序号、项目名称、计量单位、工程数量等四列按招标文件分组工程量清单报价表中相应项内容照抄;单价、合价等两列由承包人自行填写。

7.计日工项目报价表的填写,其中序号,名称(按人工、材料、机械分别填写),型号规格,计量单位等四列按招标文件计日工项目清单报价表中相应项内容照抄;单价一列由承包人自行填写。

8.辅助表格的填写主要内容包括:

Ⅰ.工程单价汇总表。按已填写的各张工程单价计算表逐张进行汇总,即将各工程单价计算表中相应项的合价填入工程单价汇总表的相应列中,然后按行合计,得到工程单价汇总结果。

Ⅱ.工程单价费(税)率汇总表。将各张工程单价计算表中实际采用的费(税)率汇总填入该表。

Ⅲ.投标人生产电、风、水、砂石基础单价汇总表。按对基础单价进行分析计算后的结果填写,并附相应分析计算书。

Ⅳ.投标人生产混凝土配合比材料费表。其中,填写的单价必须与工程单价计算表中相应混凝土材料的单价一致。

Ⅴ.招标人供应材料价格汇总表。有由招标人供应的材料时填写此表。其中,填写的预算价格必须与工程单价计算表中相应材料的预算价格一致。

Ⅵ.投标人自行采购主要材料预算价格汇总表。其中,填写的预算价格必须与工程单价计算表中相应材料的预算价格一致。

Ⅶ. 招标人提供施工机械台时(班)费汇总表。有由招标人提供的施工机械时填写此表。其中,填写的台时(班)费合计金额必须与工程单价计算表中相应施工机械台时(班)费单价一致。

Ⅷ. 投标人自备施工机械台时(班)费汇总表。其中,填写的台时(班)费合计金额必须与工程单价计算表中相应施工机械台时(班)费单价一致。

Ⅸ. 对工程量清单中的总价项目,投标人应按每个项目一张表,编制总价项目分解表。其中,项目编号(序号)和项目名称应与工程量清单中的相一致。

Ⅹ. 对一个标段中投标金额大于或等于投标总标价万分之五的工程项目,必须编报工程单价计算表。其中,填写的人工费、材料费、机械使用费等基础价格,必须与人工费单价汇总表、基础材料单价汇总表、主要材料预算价格汇总表及施工机械台时(班)费汇总表中的单价相一致;填写的其他直接费、现场经费、间接费、企业利润和税金等费(税)率,必须与工程单价费(税)率汇总表中的费(税)率相一致。

Ⅺ. 人工费单价汇总表。应按各张人工费单价计算表进行汇总,并附相应人工费单价计算表。

《工程量清单》首页为"投标总价"页,内容包括:

"____________(项目名称)____________(标段名称)

合同编号:____________

投标总价人民币(大写):________元

(¥):________元"。

"投标总价"页之后为"工程项目总价表"页(见表1F－432032－1)。"工程项目总价表"页之后各表页,见表1F－432032－2至表1F－432032－7。其中,"投标人生产电、风、水、砂石基础单价汇总表"等7张表页与GB 50501—2007格式中的相同,此处不再列示。

工程项目总价表 表1F－432032－1

合同编号:(投标项目合同号)

工程名称:____________(项目名称)____________(标段名称)

组号	项目分组名称	金额(元)	备注
	合计(A)		

暂列金额(B)　　(由招标人填入)

投标总报价(A)+(B)　　(填入投标总价)

分组工程量清单报价表 表 1F-432032-2

合同编号:(投标项目合同号)

工程名称:________(项目名称)________(标段名称)

组号:________ 分组名称:________

序号	项目名称	计量单位	工程数量	单价(元)	合价(元)	备注
合计 (合价汇入工程项目总价表)						

注:对工程量清单中的项目进行项目分组时,可选择按单位工程或专项工程模式进行。

模式一:按单位工程进行分组。各分组工程量清单报价表中“序号”一列由四段数字组成,其格式及含义如下:

□第一段——□第二段——□第三段——□第四段

第一段数字即为本分组的组号,也即单位工程序号;第二段数字为专业工程序号,与技术标准和要求(合同技术条款)的章号一致;第三段数字为该专业工程下属的子项序号;第四段数字为第三段数字所指工程子项下属的孙项序号。

模式二:按技术标准和要求(合同技术条款)各章所指专项工程进行分组。各分组工程量清单报价表中“序号”一列仍由四段数字组成,其格式及含义如下:

□第一段——□第二段——□第三段——□第四段

第一段数字即为本分组的组号,也即专项工程序号,与技术标准和要求(合同技术条款)中各章的章号一致;第二段数字为单位工程序号(同一单位工程,各分组工程量清单报价表“序号”一列中的第二段数字应相同);第三段数字为该单位工程下属的子项序号;第四段数字为第三段数字所指工程子项下属的孙项序号。

计日工项目报价表 表 1F-432032-3

合同编号:(投标项目合同号)

工程名称:________(项目名称)________(标段名称)

序号	名称	型号规格	计量单位	单价(元)	备注
1	人工				
2	材料				
3	机械				

工程单价汇总表　　表1F－432032－4

合同编号:(投标项目合同号)

工程名称:＿＿＿＿＿＿(项目名称)＿＿＿＿＿＿(标段名称)

序号	项目名称	计量单位	人工费	材料费	机械使用费	其他直接费	现场经费	企业利润	税金	合计
一	建筑工程									
二	安装工程									

工程单价费(税)率汇总表　　表1F－432032－5

合同编号:(投标项目合同号)

工程名称:＿＿＿＿＿＿(项目名称)＿＿＿＿＿＿(标段名称)

序号	工程类别	工程单价费(税)率(%)					备注
		其他直接费	现场经费	间接费	企业利润	税金	
一	建筑工程						
二	安装工程						

总价项目分解表　　表 1F－432032－6

合同编号:(投标项目合同号)

工程名称:__________(项目名称)__________(标段名称)

序号	项目名称	计量单位	工程数量	单价(元)	合价(元)	备注

工程单价计算表　　表 1F－432032－7

__________工程

单价编号:　　定额单位:

施工方法:

序号	名称	型号规格	计量单位	数量	单价(元)	合价(元)
1	直接工程费					
1.1	人工费					
1.2	材料费					
1.3	机械使用费					
1.4	其他直接费					
1.5	现场经费					
2	间接费					
3	企业利润					
4	税金					
	合计					

1F－432033　图纸(招标图纸)

第6章“图纸(招标图纸)”内容如下。

(1)招标图纸的组成

附入招标文件中的图纸,应包括(不限于)以下各项图纸:

Ⅰ.本工程所在流域(水系)有关水文测站洪峰、洪量资料(图),工程场址处河流的水位、流量、泥沙等水文资料(图表)。

Ⅱ.本工程蓄水后将形成的库区及各有关建筑物(包括天然建筑材料开采场)的平面地质总图、平面地质填图、地质剖面及平切面图,以及本工程各永久建筑物基础、天然建筑材料等的物理力学试验成果(图)。

Ⅲ.工程枢纽建筑物布置总图、各有关建筑物总布置图、体形图、结构布置详图、开挖与支护图、排水与基础处理及灌浆详图、边坡处理图、压力输水管道及其他钢结构的制造安装图、工程建筑物细部的典型大样图,以及各有关建筑物的典型钢筋配置图、安全监测详图等。

Ⅳ.本工程机电设备及金属结构的布置及制造安装总图,消防、采暖、通风、火灾报警以及计算机控制等的布置及系统安装图等。

Ⅴ.为进行工程枢纽建筑物施工组织设计所需的工程位置及对外交通图、施工场地范围图(包括土料场、砂石料场、存渣场和弃渣场)等。

Ⅵ.施工总布置图、各施工临时辅助设施布置图等。

Ⅶ.施工导流工程方案布置图、导流工程建筑物施工布置图、施工期通航方案布置图。

Ⅷ.施工控制性进度表、发包人建议的施工总进度网络图。

(2)招标图纸的编绘

1)招标文件附图的幅面,推荐采用A3号图纸;图纸的幅面及图框的尺寸,应符合《水利水电工程制图标准　基础制图》(SL 73.1—1995)等有关规定的要求。

2)通用图纸的幅面及图框尺寸,见表1F－432033－1和图1F－432033。

3)图纸的加长,应遵守《水利水电工程制图标准　基础制图》(SL 73.1—1995)的规定。

4)标题栏。标题栏设在图纸右下角,其格式和尺寸应遵守《水利水电工程制图标准　基础制图》(SL 73.1—1995)的规定。

幅面及图框尺寸　　表1F－432033－1

幅面代号	A0	A1	A2	A3	A4
$B \times L$(mm)	841×1 189	594×841	420×594	297×420	210×297
c(mm)		10		5	
a(mm)			25		

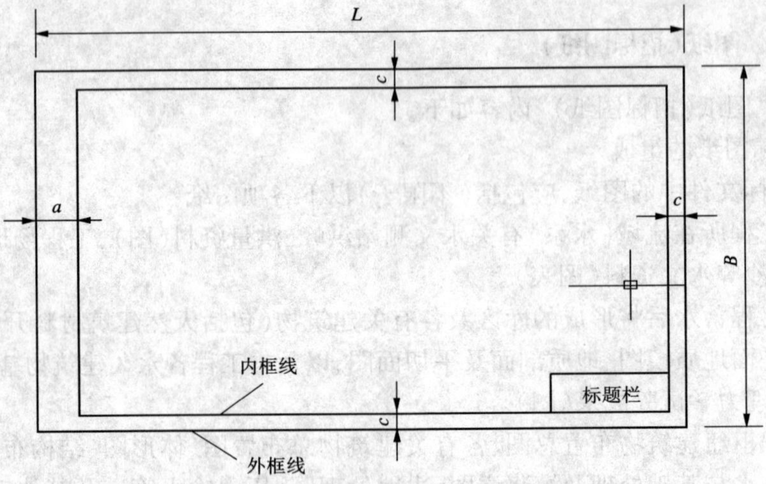

图 1F－432033 图框

(3)招标图纸目录

招标图纸目录(明细),见表 1F－432033－2。

招标图纸目录 **表 1F－432033－2**

序号	图名	图号	版本	出图日期	备注

注:招标图纸另册。

1F－432034 投标文件格式

第 8 章“投标文件格式”内容如下。

投标文件封面内容为:

“____________(项目名称)____________(标段名称)

投标文件

投标人:____________________

________年________月________日”。

扉页内容为“评审因素索引表”(见表 1F－432034－1)。

评审因素索引表　　表 1F-432034-1

序号	评审因素	投标文件页码范围
		P____~P____
		P____~P____
		P____~P____
		P____~P____
		P____~P____
		P____~P____

目录内容为：

“一、投标函及投标函附录

二、法定代表人身份证明

二、授权委托书

三、联合体协议书

四、投标保证金

五、已标价工程量清单

六、施工组织设计

七、项目管理机构表

八、拟分包项目情况表

九、资格审查资料

十、原件的复印件

十一、其他材料”。

一、投标函及投标函附录

(一)投标函

投标函内容如下：

“____________________(招标人名称)：

1. 我方已仔细研究了________(项目名称)________(标段名称)招标文件的全部内容，愿意以人民币(大写)________元(¥________元)的投标总报价，工期________日历天，按合同约定实施和完成承包的工程，修补工程中的任何缺陷，工程质量达到________。

2. 我方承诺在投标有效期内不补充、修改、替代或者撤回本投标文件。

3. 随同本投标函递交投标保证金一份，金额为人民币(大写)______________元(¥________元)。

4. 如我方中标：

(1)我方承诺在收到中标通知书后，在中标通知书规定的期限内与你方签订合同；

(2)随同本投标函递交的投标函附录属于合同文件的组成部分;

(3)我方承诺按照招标文件规定向你方递交履约担保;

(4)我方承诺在合同约定的期限内完成并移交全部合同工程。

5. 我方在此声明,所递交的投标文件及有关资料内容完整、真实和准确,且不存在第2章'投标人须知'第(1)条第4)款第③项中规定的任何一种情形。

6. ________________(其他补充说明)。"

最后,署投标人名称并盖单位章,由法定代表人或其委托代理人签字,填写投标人单位地址、网址、电话、传真及邮政编码,并署日期。

(二)投标函附录

投标函附录是对投标函的补充和具体化。投标函附录的格式,见表 1F－432034－2。

投标函附录　　表 1F－432034－2

序号	条款名称	合同条款号	约定内容	备注
1	项目经理	第(1)条第1)款第②项 d 目	姓名:_____	
2	工期	第(1)条第1)款第④项 c 目	天数:____日历天	
3	缺陷责任期(工程质量保修期)	第(1)条第1)款第④项 e 目		
4	分包	第(4)条第3)款		
5	价格调整的差额计算	第(16)条第1)款第①项	见价格指数权重表	
⋮	⋮	⋮	⋮	
⋮	⋮	⋮	⋮	

其中,"价格指数权重表"见表 1F－432034－3。

价格指数权重表　　表 1F－432034－3

基本价格指数的基准日:

名称		基本价格指数		权重			价格指数来源
		代号	指数值	代号	允许范围	投标人建议值	
定值部分				A			
变值部分	人工费	F_{01}		B_1	___至___		
	钢材	F_{02}		B_2	___至___		
	水泥	F_{03}		B_3	___至___		
	⋮	⋮		⋮	⋮		
合计						1.00	

注:除另有约定外,可调因子、定值权重和变值权重的允许范围以及基本价格指数的基准日期,均由招标人在招标文件中指定。变值权重建议值,由投标人填写。可调因子的价格指数(或其计算参数)由招标人在招标文件中指定。

二、法定代表人身份证明

“法定代表人身份证明”内容如下：

“投标人名称：________

单位性质：________

地址：________

成立时间：______年______月______日

经营期限：________

姓名：______性别：______年龄：______身份证号码：________

职务：________系________(投标人名称)的法定代表人。

特此证明。”

最后，署投标人名称并盖单位章，并署日期。

二、授权委托书

“授权委托书”的内容如下：

“本人________(姓名)系________(投标人名称)的法定代表人，现委托________(姓名)为我方代理人。代理人根据授权，以我方名义签署、澄清、说明、补正、递交、撤回、修改________(项目名称)________(标段名称)投标文件、签订合同和处理有关事宜，其法律后果由我方承担。

委托期限：________。

代理人无转委托权。

附：法定代表人身份证明”。

最后，署投标人名称并盖单位章，由投标人法定代表人签字并填写身份证号码；其后，由委托代理人签字并填写身份证号码，并署日期。

三、联合体协议书

“联合体协议书”的内容如下：

“________(所有成员单位名称)自愿组成________(联合体名称)，共同参加________(项目名称)________(标段名称)投标。现就联合体投标事宜订立如下协议。

1. ________(某成员单位名称)为________(联合体名称)牵头人。

2. 联合体牵头人合法代表联合体各成员，负责本标段施工招标投标文件的递交和合同谈判活动；代表联合体提交和接受相关的资料、信息及指示，处理与之有关的一切事务，并负责合同实施阶段的主办、组织和协调工作。

3. 联合体将严格按招标文件要求编制投标文件，履行合同，并对外承担连带责任。

4. 联合体内部各成员单位职责分工如下：________。

5. 本协议书自签署之日起生效；合同履行完毕后，自动失效。

6. 本协议书一式______份。联合体成员和招标人各执一份。”

落款署牵头人名称并盖单位章，由投标人法定代表人或其委托代理人签字；其后，署成员单位一名称并盖单位章，由其法定代表人(或其委托代理人)签字；余类推，直至全部成员单位签署完毕，并署日期。结尾注明“本协议由委托代理人签字时，应附法定代表人签字的授权委托书”字样。

四、投标保证金

“投标保证金”文件的内容如下:

“__________(招标人名称):

鉴于__________(投标人名称,以下称‘投标人’)已于________年____月____日参加__________(项目名称)__________(标段名称)的投标,__________(担保人名称,以下简称‘我方’)无条件地、不可撤销地保证:投标人在规定的投标文件有效期内补充、修改、替代或撤回其投标文件的,或者投标人在收到中标通知书后无正当理由拒签合同或拒交规定履约担保的,我方承担保证责任。收到你方书面通知后,在7日内无条件向你方支付人民币(大写)________元(￥________元)。

本担保在投标有效期内保持有效。要求我方承担保证责任的书面通知,应在投标有效期内送达我方。”

落款署担保人名称并盖单位章,由其法定代表人(或其委托代理人)签字;填写担保人单位地址、邮政编码及电话号码,并署日期。结尾注明“投标保证金采取汇票、电汇、支票的,附上述票据的复印件;采取担保的,应采用上述格式”及“委托代理人应附授权委托书”字样。

五、已标价工程量清单

已标价工程量清单,是招标文件中的工程量清单经投标人填写报价后所形成的文件。

六、施工组织设计

1. 投标人编制施工组织设计时,应采用文字并结合图表形式,说明工程的施工组织、施工方法、技术组织措施;同时,应对关键工序、复杂环节等重点提出相应技术措施,如冬(雨)季施工技术及有关减少噪声、降低环境污染和保护(加固)地下管线及其他地上(地下)设施的措施。施工组织设计,还应结合工程特点提出切实可行的有关工程质量、工程进度、安全生产、防汛度汛、文明施工、水土保持与环境保护等管理方案。

施工组织设计中应附的文字说明及附图,见表1F-432034-4(不限于,仅供参考)。

施工组织设计中应附的文字说明及附图　　表1F-432034-4

序号	名称	备注
1	施工围堰设计说明书及附图(包括加高、维护、拆除)	
2	施工排水设计说明书及附图(包括降水方案、场地排水等)	
3	材料采购(黄砂、碎石、块石的产地及矿名等均应示明;钢材、水泥的生产厂家;材料转运方案,包括卸料、短驳、运输、道路维护等)	
4	土方工程施工说明书及附图(施工工艺及质量保证措施以及有关试验要求,施工进度与工期计划等)	
5	基坑支护、地基加固工程施工说明书及附图(施工工艺及质量保证措施以及有关试验要求,施工进度与工期计划等)	
6	主体建筑物工程施工说明书及附图(施工工艺及质量保证措施以及有关试验要求,施工进度与工期计划等)	

续表

序号	名称	备注
7	金属结构制造与安装有关计划、措施及附图	
8	机电设备安装、调试方案及施工进度计划说明书	
9	建筑与装修工程施工说明书(施工工艺及质量保证措施,施工进度与工期计划等)	
10	工程质量管理方案	
11	安全生产管理方案	
12	防汛度汛	
13	文明工地建设措施,为其他承包人提供方便的措施等	
14	水土保持与环境保护管理方案	
15	其他有关工程的施工工艺及进度计划	
16	有关施工建议	

2. 施工组织设计,还应附下列附件一至附件六形式的图表。

附件一:拟投入本标段的主要施工设备表

拟投入本标段的主要施工设备表,见表1F－432034－5。

拟投入本标段的主要施工设备表　　**表1F－432034－5**

序号	设备名称	型号规格	数量	国别产地	制造年份	额定功率(kW)	生产能力	用于施工部位	备注

附件二:拟投入本标段的试验和检测仪器设备表

拟投入本标段的试验和检测仪器设备表,见表1F－432034－6。

拟投入本标段的试验和检测仪器设备表　　**表1F－432034－6**

序号	仪器设备名称	型号规格	数量	国别产地	制造年份	已使用台时数	用途	备注

附件三:拟投入本标段的劳动力计划表

拟投入本标段的劳动力计划表,见表1F－432034－7。

拟投入本标段的劳动力计划表(单位:人)　　表1F－432034－7

工种	按工程施工阶段投入劳动力情况						

附件四:计划开工日期、完工日期和施工进度网络图

1. 投标人应递交施工进度网络图或施工进度表,并说明按招标文件要求的计划工期进行施工的各个关键日期(包括开工日期、完工日期)。

2. 递交施工进度表时,应同时递交相应＿＿＿＿＿＿＿＿网络图(横道图)。

附件五:施工总平面图

投标人应递交一份施工总平面图;绘制现场临时设施布置图、表,并附文字说明图中临时设施(如加工车间、现场办公、设备仓储、供电、供水、卫生、生活、道路、消防等)的布置情况。

附件六:临时用地表

临时用地表,见表1F－432034－8。

临时用地表　　表1F－432034－8

用途	面积(m^2)	位置	需用时间

七、项目管理机构表

(一)项目管理机构组成表

项目管理机构组成表,见表1F－432034－9。

项目管理机构组成表　　　　表1F－432034－9

职务	姓名	职称	执业(职业)资格证明					备注
			证书名称	级别	证号	专业	社会保险	

(二)主要人员简历表

主要人员简历表,见表1F－432034－10。

主要人员简历表　　　　表1F－432034－10

姓名		年龄		学历	
执业资格				安全生产考核合格证书	
职称		职务		拟在本合同任职	
毕业学校	年毕业于			学校　　专业	
主要施工管理经历					
时间	参加过的类似项目			担任职务	发包人及联系电话

注:主要人员,指项目经理、技术负责人、安全管理人员(专职安全生产管理人员)、质量管理人员、财务负责人及其他主要人员。

八、拟分包项目情况表

拟分包项目情况表,见表1F－432034－11。

拟分包项目情况表 表 1F－432034－11

<table>
<tr><td>分包人名称</td><td></td><td>地址</td><td></td></tr>
<tr><td>法定代表人</td><td></td><td>电话</td><td></td></tr>
<tr><td>营业执照号码</td><td></td><td>资质等级</td><td></td></tr>
<tr><td>拟分包的工程项目</td><td>主要内容</td><td>预计造价(万元)</td><td>已做过的类似项目</td></tr>
<tr><td></td><td></td><td></td><td rowspan="5"></td></tr>
<tr><td></td><td></td><td></td></tr>
<tr><td></td><td></td><td></td></tr>
<tr><td></td><td></td><td></td></tr>
<tr><td></td><td></td><td></td></tr>
</table>

九、资格审查资料

(一)投标人基本情况表

投标人基本情况表,见表 1F－432034－12。

投标人基本情况表 表 1F－432034－12

<table>
<tr><td>投标人名称</td><td colspan="7"></td></tr>
<tr><td>注册地址</td><td colspan="4"></td><td>邮政编码</td><td colspan="2"></td></tr>
<tr><td rowspan="2">联系方式</td><td>联系人</td><td colspan="3"></td><td>电话</td><td colspan="2"></td></tr>
<tr><td>传真</td><td colspan="3"></td><td>网址</td><td colspan="2"></td></tr>
<tr><td>组织结构</td><td colspan="7"></td></tr>
<tr><td>法定代表人</td><td>姓名</td><td></td><td>技术职称</td><td colspan="2"></td><td>电话</td><td></td></tr>
<tr><td>技术负责人</td><td>姓名</td><td></td><td>技术职称</td><td colspan="2"></td><td>电话</td><td></td></tr>
<tr><td>成立时间</td><td colspan="3"></td><td colspan="3">员工总人数</td><td></td></tr>
<tr><td>企业资质等级</td><td colspan="3"></td><td rowspan="5">其中</td><td colspan="2">项目经理</td><td></td></tr>
<tr><td>营业执照号</td><td colspan="3"></td><td colspan="2">高级职称人员</td><td></td></tr>
<tr><td>注册资金</td><td colspan="3"></td><td colspan="2">中级职称人员</td><td></td></tr>
<tr><td>开户银行</td><td colspan="3"></td><td colspan="2">初级职称人员</td><td></td></tr>
<tr><td>账号</td><td colspan="3"></td><td colspan="2">技工</td><td></td></tr>
<tr><td>经营范围</td><td colspan="7"></td></tr>
<tr><td>备注</td><td colspan="7"></td></tr>
</table>

注:相关材料复印件在“十、原件的复印件”中提供。

(二)～(五)“近3年财务状况”“近5年完成的类似项目情况表”“正在施工的和新承接的项目情况表”“近3年发生的诉讼及仲裁情况表”与1F－432010“水利水电工程标准施工招标资格预审文件”中相应表格内容相同,此处不再列示。其中,“近3年财务状况”所附“拟投入本项目的流动资金函”,落款将“申请人”改为“投标人”即可。

(六)资格审查自审表

资格审查自审表,见表1F－432034－13。

资格审查自审表　　**表1F－432034－13**

序号	审查因素	审查标准	审查结果	引用证明材料对应的页码
	营业执照			
	安全生产许可证			
	资质证书及等级			
	财务状况			
	类似项目业绩			
	信誉			
	项目经理资格			
	联合体协议书			
	企业主要负责人安全生产考核合格证书			
	技术负责人资格			
	委托代理人、安全管理人员(专职安全生产管理人员)、质量管理人员、财务负责人			
	…			

十、原件的复印件

原件的复印件,见表1F－432034－14。

原件的复印件　　　　表 1F－432034－14

序号	名称	备注
	营业执照	
	安全生产许可证	
	资质证书	
	近 3 年经审计的财务会计报表	
	近 5 年已完成的类似项目业绩(中标通知书、合同协议书、合同工程完工证书或工程竣工证书副本、合同工程完工验收鉴定书有关验收结论)	
	项目经理注册建造师证、身份证、职称证、学历证、业绩证明材料、社会保险证明、安全生产考核合格证书	
	联合体(如有)的有关证明材料	
	企业主要负责人安全生产考核合格证书	
	委托代理人身份证及社会保险证明	
	技术负责人身份证、职称证、学历证、业绩证明材料、社会保险证明、安全生产考核合格证书	
	安全管理人员(专职安全生产管理人员)身份证、职称证、学历证、业绩证明材料、社会保险证明、安全生产考核合格证书	
	质量管理人员身份证、职称证、学历证、业绩证明材料、社会保险证明	
	财务负责人身份证、职称证、学历证、业绩证明材料、社会保险证明	
	法律文书	
	正在施工的和新承接的项目(中标通知书、合同协议书)	
	认证体系证书	
	其他	

十一、其他材料

1F－440000　成本控制

1F－441000　相关规范

1F－441010　水利水电工程设计工程量计算规定

《水利水电工程设计工程量计算规定》(SL 328—2005)(简称《规定》)是根据不同设计阶段会得出不同的工程量这一情况，为统一和完善设计工程量计算而制定的一部标准。

《规定》包含总则、永久工程建筑工程量、施工临时工程工程量、金属结构工程量以及附录“水利水电工程简要项目划分”等内容。

1F－441011　总则

《规定》总则指出，各设计阶段计算得的工程量乘表1F－441011中所列相应阶段系数后，才可作为编制工程概(估)算时的设计工程量。

施工中允许的超挖(超填)量、合理的施工附加量及施工操作损耗，已计入概算定额，在设计工程量中不应再重复计算。

水利水电工程设计工程量阶段系数表　　表1F－441011

类别	设计阶段	土石方开挖工程量(万 m^3)				混凝土工程量(万 m^3)			
		>500	500～200	200～50	<50	>300	300～100	100～50	<50
永久工程或建筑物	项目建议书	1.03～1.05	1.05～1.07	1.07～1.09	1.09～1.11	1.03～1.05	1.05～1.07	1.07～1.09	1.09～1.11
	可行性研究	1.02～1.03	1.03～1.04	1.04～1.06	1.06～1.08	1.02～1.03	1.03～1.04	1.04～1.06	1.06～1.08
	初步设计	1.01～1.02	1.02～1.03	1.03～1.04	1.04～1.05	1.01～1.02	1.02～1.03	1.03～1.04	1.04～1.05
施工临时工程	项目建议书	1.05～1.07	1.07～1.10	1.10～1.12	1.12～1.15	1.05～1.07	1.07～1.10	1.10～1.12	1.12～1.15
	可行性研究	1.04～1.06	1.06～1.08	1.08～1.10	1.10～1.13	1.04～1.06	1.06～1.08	1.08～1.10	1.10～1.13
	初步设计	1.02～1.04	1.04～1.06	1.06～1.08	1.08～1.10	1.02～1.04	1.04～1.06	1.06～1.08	1.08～1.10
金属结构工程	项目建议书								
	可行性研究								
	初步设计								

续表

类别	设计阶段	土石方填筑、砌石工程量(万 m^3)				钢筋	钢材	模板	灌浆
		>500	500~200	200~50	<50				
永久工程或建筑物	项目建议书	1.03~1.05	1.05~1.07	1.07~1.09	1.09~1.11	1.08	1.06	1.11	1.16
	可行性研究	1.02~1.03	1.03~1.04	1.04~1.06	1.06~1.08	1.06	1.05	1.08	1.15
	初步设计	1.01~1.02	1.02~1.03	1.03~1.04	1.04~1.05	1.03	1.03	1.05	1.10
施工临时工程	项目建议书	1.05~1.07	1.07~1.10	1.10~1.12	1.12~1.15	1.10	1.10	1.12	1.18
	可行性研究	1.04~1.06	1.06~1.08	1.08~1.10	1.10~1.13	1.08	1.08	1.09	1.17
	初步设计	1.02~1.04	1.04~1.06	1.06~1.08	1.08~1.10	1.05	1.05	1.06	1.12
金属结构工程	项目建议书						1.17		
	可行性研究						1.15		
	初步设计						1.10		

注:1. 若采用混凝土立模面系数乘混凝土工程量来计算模板工程量,不应再考虑模板阶段系数。

2. 若采用混凝土含钢率(或含钢量)乘混凝土工程量来计算钢筋工程量,不应再考虑钢筋阶段系数。

3. 截流工程的工程量阶段系数可取1.25~1.35。

4. 表中工程量系总工程量。

1F-441012　永久工程建筑工程量

土石方开挖工程量,应按岩土级别分级别进行计算,并区分明挖、暗挖。明挖宜分一般、坑槽、基础、坡面等;暗挖宜分平洞、斜井、竖井和地下厂房等。

土石方填(砌)筑工程工程量计算,应符合下列规定:

(1)土石方填筑工程量,应根据建筑物设计断面中不同部位、不同填筑材料的设计要求分别计算,并以建筑物实体方计量。

(2)砌筑工程量,应按不同砌筑材料、砌筑方式(干砌、浆砌等)和砌筑部位分别计算,并以建筑物砌体方计量。

疏浚与吹填工程工程量计算,应符合下列规定:

(1)疏浚工程工程量计算,宜按设计水下方计量;开挖过程中的超挖及回淤(再挖)量,不应再另行计算。

(2)吹填工程工程量计算,除考虑吹填区填筑量外,还应考虑吹填土层固结(沉降)、吹填区地基沉降和施工期泥(沙)流失等因素。计量单位为水下方。

土工合成材料工程量,宜按设计铺设面积(或长度)计算;材料搭接及各种型式的嵌固用量,不应再另行计算。

混凝土工程工程量计算,应以成品实体方计量,并应符合下列规定:

(1)项目建议书阶段混凝土工程量,宜以工程各建筑物为单位,分项、分强度、分级配进行计算。可行性研究和初步设计阶段混凝土工程量,应根据设计图纸,分部位、分强度、分级配进行计算。

(2)对于碾压混凝土,宜提出工法;对于沥青混凝土,宜提出开级配(或密级配)。

(3)钢筋混凝土中的钢筋,可按含钢率(或含钢量)进行计算。混凝土结构中的钢衬,其工程量应单独列出。

混凝土立模面积,应根据建筑物结构体形、施工分缝要求及所使用模板类型进行计算;初步设计阶段,可根据工程设计立模面积进行计算。

钻孔灌浆工程工程量计算,应符合下列规定:

(1)基础固结灌浆与帷幕灌浆工程量,自起灌基面算起;钻孔长度,自孔顶实际高程算起。基础帷幕灌浆采用孔口封闭的,还应计算灌注孔口管的工程量(根据不同孔口管长度,以孔为单位计算)。基础(地下工程)固结灌浆钻孔(灌浆)工程量,按设计值以长度计。

(2)回填灌浆工程量,按回填接触面积的设计值进行计算。

(3)接触灌浆和接缝灌浆工程量,按其面积设计值进行计算。

混凝土地下连续墙成槽工程量与混凝土浇筑工程量应分别计算,并应符合下列规定:

(1)成槽工程量,按不同墙厚、孔深和地层,以面积计算。

(2)混凝土浇筑工程量,按不同墙厚和地层,以成墙面积计算。

混凝土灌注桩钻孔工程量与灌注混凝土工程量应分别计算,并应符合下列规定:

(1)钻孔工程量,按不同地层类别,以钻孔长度计。

(2)灌注混凝土工程量,按不同桩径,以桩长度计。

锚固工程量,可按下列要求计算:

(1)锚杆支护工程量,按锚杆类型、长度、直径和支护部位及相应岩石级别,以根数计。

(2)预应力锚索的工程量,按不同预应力等级及锚索长度、型式以及锚固对象,以束计。

1F－441013　施工临时工程工程量

施工导流工程工程量,计算要求与永久水工建筑物相同。其中,永久工程与临时工程结合部分应计入永久工程工程量中;阶段系数按施工临时工程计取。

施工支洞工程量,应按永久水工建筑物工程量计算要求进行计算;阶段系数按施工临时工程计取。

大型施工设施及施工机械布置所需土建工程量,按永久建筑物的要求进行计算;阶段系数按施工临时工程计取。

施工临时公路的工程量,可根据相应设计阶段施工总平面布置图或设计中提出的运输线路,分等级计算公路长度或具体工程量。

施工供电线路工程量,可按设计中的线路走向、电压等级和回路数进行计算。

1F－441014 金属结构工程量

水工建筑物各种钢闸门及拦污栅的工程量均以吨计。工程量的计算,项目建议书中可按已建工程类比确定;可行性研究阶段,可根据初选方案中确定的类型和主要尺寸进行计算;初步设计阶段,应根据所选定方案及其设计尺寸和参数进行计算。

闸门及拦污栅各种埋件工程量的计算精度,应与主设备工程量计算精度一致。

启闭设备工程量计算精度,宜与闸门及拦污栅工程量计算精度相适应,并应分别列出设备重量(吨)及数量(台、套)。

压力钢管工程量,应按钢管型式(一般、叉管)、直径及壁厚分别计算,以吨为计量单位,并不应计入钢管制作及安装时的操作损耗量。

1F－441015 水利水电工程简要项目划分

《规定》在附录中给出 4 张项目划分示例表,即第一部分“建筑工程”、第二部分“机电设备及安装工程”、第三部分“金属结构设备及安装工程”和第四部分“施工临时工程”。每一部分又分为“枢纽工程”和“引水工程及河道工程”两类工程,并按一级项目、二级项目、三级项目逐级进行划分。表 1F－441015 是第一部分“建筑工程”中“枢纽工程”项目划分列示(部分)。

项目划分表 表 1F－441015

序号	一级项目	二级项目	三级项目	单位
I	枢纽工程			
一	挡水工程			
1		混凝土坝(闸)工程		
			土方开挖	m^3
			石方开挖	m^3
			土石方回填	m^3
			模板	m^2
			混凝土	m^3
			防渗墙	m^2
			灌浆孔	m
			砌石	m^3
			灌浆	
			排水孔	m
			钢筋	t
			锚杆	根
			锚索	束(根)
			启闭机室	m^2
			温控措施	
			细部结构工程	m^3
2		土(石)坝工程		
			土方开挖	m^3

续表

序号	一级项目	二级项目	三级项目	单位
			石方开挖	m^3
			土料填筑	m^3
			砂砾料填筑	m^3
			斜（心）墙土料填筑	m^3
			反滤料、过渡料填筑	m^3
			坝体（坝趾）堆石	m^3
			土工膜	m^2
			沥青混凝土	m^3
			模板	m^2
			混凝土	m^3
			铺盖填筑	m^3
			防渗墙	m^2
			灌浆孔	m
			灌浆	
			排水孔	m
			钢筋	t
			面板止水	m
			细部结构工程	m^3
二	泄洪工程			
1		溢洪道工程		
		⋮		

1F－441020　水利工程设计概（估）算编制规定

《水利工程设计概（估）算编制规定》（水总〔2002〕116 号，简称《规定》）分为“初步设计概算”“可行性研究投资估算”两部分内容。其中，“初步设计概算”包含第一篇“总论”和第二篇“工程部分”两篇。第一篇“总论”包括第一章“工程分类及概算编制依据”、第二章“概算文件组成内容”、第三章“工程部分项目组成”；第二篇“工程部分”包括第四章“项目划分”、第五章“费用构成”、第六章“编制方法及计算标准”和第七章“概算表格”。

1F－441021　工程分类及水利工程概算组成

水利工程，按工程性质划分为枢纽工程、引水工程及河道工程两大类。具体划分如

图1F－441021－1所示。

- 水利工程
  - 枢纽工程
    - 水库
    - 水电站
    - 其他大型独立建筑物
  - 引水工程及河道工程
    - 供水工程
    - 灌溉工程
    - 河湖整治工程
    - 堤防工程

图1F－441021－1　水利工程分类

水利工程概算，由工程部分、移民和环境部分两部分构成。具体划分如图1F－441021－2所示。

- 水利工程概算
  - 工程部分
    - 建筑工程
    - 机电设备及安装工程
    - 金属结构设备及安装工程
    - 施工临时工程
    - 独立费用
  - 移民和环境部分
    - 水库移民征地补偿
    - 水土保持工程
    - 环境保护工程

图1F－441021－2　水利工程概算组成

1F－441022　工程部分项目组成

一、第一部分　建筑工程

(一)枢纽工程

枢纽工程，指水利枢纽建筑物(含引水工程中的水源工程)和其他大型独立建筑物。它包括挡水工程、泄洪工程、引水工程、发电厂工程、升压变电站工程、航运工程、鱼道工程、交通工程、房屋建筑工程和其他建筑工程。其中，挡水工程等前七项为主体建筑工程。

(1)挡水工程。包括挡水的各类坝(闸)工程。

(2)泄洪工程。包括溢洪道、泄洪洞、冲砂孔(洞)、放空洞等工程。

(3)引水工程。包括发电引水明渠、进水口、隧洞、调压井、高压管道等工程。

(4)发电厂工程。包括地面(地下)各类发电厂工程。

(5)升压变电站工程。包括升压变电站、开关站等工程。

(6)航运工程。包括上(下)游引航道、船闸、升船机等工程。

(7)鱼道工程。根据枢纽建筑物布置情况，可独立列项；与拦河坝相结合的，也可作为拦河坝工程的组成部分。

(8)交通工程。包括上坝、进厂、对外等场内(外)永久公路、桥涵、铁路、码头等交通工程。

(9)房屋建筑工程。包括为生产运行服务的各种永久性辅助生产建筑，以及仓库、办公、生活及文化福利等房屋建筑和室外工程。

(10)其他建筑工程。包括内(外)部观测(设施)工程，厂(坝)区动力线路，照明线路，通信线路，厂(坝)区及生活区供水、供热、排水等公用设施工程，厂(坝)区环境建设工程,水情自动测报(设施)工程等。

(二)引水工程及河道工程

引水工程及河道工程,指供水、灌溉、河湖整治、堤防修建与加固等工程。它包括供水(灌溉)渠(管)道工程、河湖整治与堤防工程、建筑物工程(水源工程除外)、交通工程、房屋建筑工程、供电设施工程和其他建筑工程。

(1)供水(灌溉)渠(管)道工程、河湖整治与堤防工程。包括渠(管)道工程、清淤(疏浚)工程、堤防修建与加固工程等。

(2)建筑物工程。包括泵站、水闸、隧洞工程,渡槽、跌水、倒虹吸,以及排水沟(涵)、小水电站、调蓄用水库等工程。

(3)交通工程。指永久性公路、铁路、桥梁、码头等工程。

(4)房屋建筑工程。

(5)供电设施工程。指为满足工程生产运行用电需要而架设的输电线路及变(配)电设施工程。

(6)其他建筑工程。

二、第二部分　机电设备及其安装工程

(一)枢纽工程

枢纽工程机电设备及其安装工程,指构成枢纽工程固定资产的全部机电设备及其安装工程。它由发电设备及其安装工程、升压变电设备及其安装工程、公用设备及其安装工程三项组成。

(1)发电设备及其安装工程。包括水轮机、发电机、主阀、起重机、水力机械辅助设备、电气设备等设备及其安装工程。

(2)升压变电设备及其安装工程。包括主变压器、高压电气设备、一次拉线等设备及其安装工程。

(3)公用设备及其安装工程。包括通信设备、通风采暖设备、机修设备、计算机监控系统(设备)、管理自动化系统(设备)、全厂接地及保护网(设备),电梯,坝区馈电设备,厂(坝)区及生活区供水、排水、供热设备,水文、泥沙监测设备,水情自动测报系统(设备),外部观测设备,消防设备,以及交通设备等设备及其安装工程。

(二)引水工程及河道工程

引水工程及河道工程机电设备及其安装工程,指构成该工程固定资产的全部机电设备及其安装工程。一般由泵站设备及其安装工程、小水电站设备及其安装工程、供(变)电工程,以及公用设备及其安装工程四项组成。

(1)泵站设备及其安装工程。包括水泵、电动机、主阀、起重机、水力机械辅助设备、电气设备等设备及其安装工程。

(2)小水电站设备及其安装工程。

(3)供(变)电工程。包括供电及变(配)电设备及其安装工程。

(4)公用设备及其安装工程。包括通信设备,通风采暖设备,机修设备,计算机监控系统(设备),管理自动化系统(设备),全厂接地及保护网(设备),坝(闸、泵站)区馈电设备,厂(坝、闸、泵站)区供水、排水、供热设备,水文、泥沙监测设备,水情自动测报系统(设备),外部观测设备,消防设备,以及交通设备等设备及其安装工程。

三、第三部分 金属结构设备及其安装工程

金属结构设备及其安装工程,指构成枢纽工程和枢纽工程以外其他水利工程固定资产的全部金属结构设备及其安装工程。包括闸门、启闭机、拦污栅、升船机等设备及其安装工程,压力钢管制作及其安装工程,以及其他金属结构设备及其安装工程。

四、第四部分 施工临时工程

施工临时工程,指为辅助主体工程施工所必须修建的生产(生活)用临时性工程。其组成内容如下:

(1)导流工程。包括导流明渠、导流洞、施工围堰及蓄水期下游断流补偿设施,以及金属结构设备及其安装工程等。

(2)施工交通工程。包括施工现场内(外)为服务于工程建设而修建的临时交通工程,如公路、铁路、桥梁、施工支洞、码头、转运站等。

(3)施工场外供电工程。包括从外部电网接至施工现场的高压输电线路(枢纽工程:35 kV 及以上等级;引水工程及河道工程:10 kV 及以上等级)和施工变(配)电设施(场内除外)工程。

(4)施工房屋建筑工程。指在工程建设过程中建造的临时房屋,包括施工仓库、办公(生活、文化福利)建筑及相应配套设施工程。

(5)其他施工临时工程。指除施工导流、施工交通、施工场外供电、施工房屋建筑、缆机平台等以外的施工临时工程。它主要包括施工供水(大型泵房及干管)、砂石料系统、混凝土拌和(浇筑)系统、大型机械安装(拆卸)、施工排水、施工通信、施工临时支护(含隧洞临时钢支撑)、防汛(防冰)等设施工程。

五、第五部分 独立费用

独立费用,由建设管理费、生产准备费、科研勘测设计费、建设及施工场地征用费和其他等五项组成。

(1)建设管理费。包括项目建设管理费、工程建设监理费和联合试运转费。

(2)生产准备费。包括生产(管理)单位提前进厂费、生产职工培训费、管理用具购置费、备品备件购置费、工(器)具及生产家具购置费。

(3)科研勘测设计费。包括工程科学研究(试验)费和工程勘测(设计)费。

(4)建设及施工场地征用费。指永久及临时征地所发生的费用。

(5)其他。包括定额编制管理费、工程质量监督费、工程保险费、其他税费。

1F-441023 费用构成

一、费用组成

水利工程费用组成,如图 1F-441023 所示。

这里,仅将建筑及安装工程费相关内容摘录如下。

二、建筑及安装工程费

建筑及安装工程费,由直接工程费、间接费、企业利润、税金组成。

- 水利工程费用
  - 工程费
    - 建筑及安装工程费
    - 设备费
  - 独立费用
  - 预备费
  - 建设期融资利息

图 1F－441023　水利工程费用组成

（一）直接工程费

直接工程费，指建筑安装工程施工过程中，直接消耗在工程项目上的活劳动和物化劳动；由直接费、其他直接费、现场经费组成。

1. 直接费，包括人工费、材料费、施工机械使用费。

（1）人工费。指用于直接从事建筑安装工程施工的生产工人开支的各项费用。包括基本工资、辅助工资和工资附加费。

（2）材料费。指用于建筑安装工程项目上的消耗性材料、装置性材料和周转性材料摊销费。上述材料包括定额工作内容所涉及的未计价材料和计价材料。

材料预算价格，一般包括材料原价、包装费、运杂费、运输保险费和采购及保管费五项。

1）材料原价。指材料运至指定交货地点时的价格。

2）包装费。指材料在运输及保管过程中的包装费，以及包装材料的折旧费（摊销）。

3）运杂费。指材料从指定交货地点运至工地分仓库（或相当于工地分仓库（材料堆放场））时所发生的全部费用。包括运输费、装卸费、调车费及其他杂费。

4）运输保险费。指材料发生在运输途中的保险费。

5）材料采购及保管费。指材料在采购、供应和保管过程中所发生的各项费用。主要包括材料采购、供应及保管部门工作人员基本工资、辅助工资、工资附加费、教育经费、办公费、差旅交通费及工具用具使用费；仓库、转运站等设施的检修费，固定资产折旧费、技术安全措施费和材料检验费；材料在运输、保管过程中发生的损耗等。

（3）施工机械使用费。指消耗在建筑安装工程项目上的机械磨损、维修及动力燃料等费用。包括折旧费、修理及替换设备费、安装拆卸费、机上人工费和动力燃料费等。

1）折旧费。指施工机械按规定使用年限回收原值时的台时折旧费用（摊销）。

2）修理及替换设备费。修理费，指在施工机械使用过程中，为保持机械正常功能而进行修理所需的费用（摊销），机械正常运转及日常保养所需润滑油料、擦拭用品的费用，以及保管机械所需的费用。

替换设备费，指为保持施工机械正常运转而耗用替换设备及随机使用工具（附具）等的费用（摊销）。

3）安装拆卸费。指施工机械进（出）工地时，安装、场内转移、试运转、拆卸及耗用辅助设施等的费用（摊销）。注意，部分大型施工机械的安装拆卸费不在施工机械使用费中计列，而在其他施工临时工程中计列。

4)机上人工费。指施工机械使用时,机上操作人员人工费用。

5)动力燃料费。指施工机械正常运转时所耗用风、水、电、油和煤等的费用。

2.其他直接费,包括冬雨季施工增加费、夜间施工增加费、特殊地区施工增加费和其他。

(1)冬雨季施工增加费。指在冬(雨)季施工期间,为保证工程质量和安全生产所需增加的费用。包括增加施工工序及因增设防雨、保温、排水等设施而增耗动力、燃料、材料,以及因人工及机械效率降低而增加的费用。

(2)夜间施工增加费。指施工场地和公用施工道路的照明费用。

(3)特殊地区施工增加费。指在高海拔和原始森林等特殊地区施工而增加的费用。

(4)其他。包括施工工具用具使用费,检验试验费,工程定位复测、工程点交、竣工场地清理等费用,以及工程项目及设备(仪表)移交(投产)前的维护及观察费等。其中,施工工具用具使用费,是指施工生产所需、但不属于固定资产的生产工具及其检验(试验)用具等的购置、摊销及维护费。检验试验费,是指对建筑材料、构件及建筑安装物进行一般鉴定及检查所发生的费用(包括自设实验室所耗用材料及化学药品的费用,以及技术革新及研究试验费;不包括新结构及新材料试验费,建设单位要求对具有出厂合格证明的材料进行试验、对构件进行破坏性试验,以及为其他特殊要求而进行检验试验所发生的费用)。

3.现场经费,包括临时设施费和现场管理费。

(1)临时设施费。指施工企业为进行建筑安装工程施工所必需的但又未被划入施工临时工程的临时建筑物、构筑物和各种临时设施的建设、维修、拆除、摊销等费用。如供风、供水(支线)、供热系统、供电(场内)、夜间照明及通信(支线),土石料场,简易砂石料加工系统,小型混凝土拌和(浇筑)系统,木工、钢筋、机修等辅助加工厂,混凝土预制构件厂,场地平整,道路养护,场内施工排水及其他小型临时设施。

(2)现场管理费。主要包括:现场管理人员基本工资、辅助工资、工资附加费和劳动保护费,办公费,差旅交通费,固定资产使用费,工具用具使用费及保险费。

(二)间接费

间接费,指施工企业为建筑安装工程施工而进行组织与经营管理所发生的各项费用,由企业管理费、财务费用和其他费用组成。它构成产品成本。

1.企业管理费。指施工企业为组织施工生产及经营活动所发生的费用。主要包括:管理人员基本工资、辅助工资、工资附加费和劳动保护费,差旅交通费,办公费,固定资产折旧、修理费,工具用具使用费,职工教育经费,劳动保护费,保险费,税金及其他。

2.财务费用。指施工企业为筹集资金等而发生的各项费用。主要包括:企业在经营期间进行短期融资所产生的利息净支出、汇兑净损失及金融机构手续费,企业为筹集资金而发生的其他财务费用,企业在投标和承包工程时发生的保函手续费等。

3.其他费用。指企业定额测定费与施工企业进(退)场补贴费。

(三)企业利润

企业利润,是指企业应获得的利润;在计算建筑及安装工程费用时,应将其计算在内。

(四)税金

税金,是指国家对施工企业因从事建筑及安装工程作业而获得收入所征收的营业税、城市维护建设税和教育费附加。

1F－441024　基础单价编制

一、人工预算单价

人工工日预算单价(元/工日)＝基本工资＋辅助工资＋工资附加费

基本工资(元/工日)＝基本工资标准(元/月)×地区工资系数×12(月)÷年应工作天数×1.068

辅助工资(元/工日)＝地区津贴(元/工日)＋施工津贴(元/工日)＋夜餐津贴(元/工日)＋节日加班津贴(元/工日)

工资附加费(元/工日)＝职工福利基金(元/工日)＋工会经费(元/工日)＋养老保险费(元/工日)＋医疗保险费(元/工日)＋工伤保险费(元/工日)＋职工失业保险基金(元/工日)＋住房公积金(元/工日)

式中,基本工资标准见表1F－441024。

基本工资标准表(六类工资区)　**表**1F－441024

序号	名称	单位	枢纽工程	引水工程及河道工程
1	工　长	元/月	550	385
2	高级工	元/月	500	350
3	中级工	元/月	400	280
4	初级工	元/月	270	190

地区工资系数,六类以上工资区取值如下:七类工资区,取1.026 1;八类工资区,取1.052 2;九类工资区,取1.078 3;十类工资区,取1.104 3;十一类工资区,取1.130 4。

年应工作天数取251工日;1.068为考虑年应工作天数内非工作天数后的工资系数。

人工工时预算单价(元/工时)＝人工工日预算单价(元/工日)÷日工作时间(工时/工日)

式中,日工作时间取8工时/工日。

二、材料预算价格

材料预算价格＝(材料原价＋包装费＋运杂费)×(1＋采购及保管费率)＋运输保险费

式中,采购及保管费率取3%。

(1)材料原价。按工程所在地就近大的物资供应公司、材料交易中心的市场成交价(或设计文件中选定的生产厂家的出厂价)计算。

(2)包装费。按工程所在地区实际价格资料及有关规定计算。

(3)运杂费。铁路运输,按现行《铁路货物运价规则》及有关规定计算;公路及水路运输,按工程所在省(自治区、直辖市)交通部门现行规定计算。

(4)运输保险费。按工程所在省(自治区、直辖市)或中国人民保险公司有关规定计算。

(5)采购及保管费。以材料运至工地仓库时的价格(材料原价与包装费、运杂费之和)乘采购及保管费率(3%)计算。

三、电、风、水预算价格

施工用电价格,由基本电价、电能损耗费(摊销)和供电设施维修费(摊销)组成;根据施工组织设计中确定的供电方式及不同电源电量所占比例,按国家或工程所在省(自治区、直辖市)规定的电网电价及加价进行计算。

施工用水价格,由基本水价、供水损耗和供水设施维修费(摊销)组成;根据施工组织设计中所配置的供水系统设备组(台)时总费用和组(台)时总有效供水量进行计算。

施工用风价格,由基本风价、供风损耗和供风设施维修费(摊销)组成;根据施工组织设计中所配置的空气压缩机系统设备组(台)时总费用和组(台)时总有效供风量进行计算。

四、施工机械使用费

施工机械使用费,应根据《水利工程施工机械台时费定额》及有关规定计算;对于定额有缺项的施工机械,可对其台时费定额内容进行补充编制。

五、砂石料单价

砂石料由承包商自行采备时,其单价应根据料源情况、开采条件和工艺流程进行计算。

六、混凝土材料单价

根据设计文件中描述的工程部位及所使用混凝土的标号、级配及龄期,计算出每立方米混凝土材料相应单价。混凝土配合比及各项材料用量,应根据专门试验所提供的资料进行计算;若无试验资料,也可参照《水利建筑工程概算定额》附录中提供的混凝土材料配合比表进行计算。

1F－441025　建筑及安装工程单价编制

一、建筑工程单价

建筑工程单价＝直接工程费＋间接费＋企业利润＋税金

1.直接工程费

直接工程费＝直接费＋其他直接费＋现场经费

(1)直接费

直接费＝人工费＋材料费＋机械使用费

人工费＝定额劳动量(工时)×人工预算单价(元/工时)

材料费＝定额材料用量×材料预算单价

机械使用费＝定额机械使用量(台时)×施工机械台时费(元/台时)

(2)其他直接费

其他直接费＝直接费×其他直接费率之和

(3)现场经费

现场经费＝直接费×现场经费费率之和

2. 间接费

间接费＝直接工程费×间接费费率

3. 企业利润

企业利润＝(直接工程费＋间接费)×企业利润率

4. 税金

税金＝(直接工程费＋间接费＋企业利润)×税率

二、安装工程单价

(一)实物量形式

安装工程单价＝直接工程费＋间接费＋企业利润＋未计价装置性材料费＋税金

1. 直接工程费

直接工程费＝直接费＋其他直接费＋现场经费

(1)直接费

直接费＝人工费＋材料费＋机械使用费

人工费＝定额劳动量(工时)×人工预算单价(元/工时)

材料费＝定额材料用量×材料预算单价

机械使用费＝定额机械使用量(台时)×施工机械台时费(元/台时)

(2)其他直接费

其他直接费＝直接费×其他直接费费率之和

(3)现场经费

现场经费＝人工费×现场经费费率之和

2. 间接费

间接费＝人工费×间接费费率

3. 企业利润

企业利润＝(直接工程费＋间接费)×企业利润率

4. 未计价装置性材料费

未计价装置性材料费＝未计价装置性材料用量×材料预算单价

5. 税金

税金＝(直接工程费＋间接费＋企业利润＋未计价装置性材料费)×税率

(二)费率形式

安装工程单价＝直接工程费＋间接费＋企业利润＋未计价装置性材料费＋税金

1. 直接工程费

直接工程费＝直接费＋其他直接费＋现场经费

(1)直接费

直接费＝人工费＋材料费＋装置性材料费＋机械使用费

人工费＝定额人工费(%)×设备原价

材料费＝定额材料费(%)×设备原价

装置性材料费＝定额装置性材料费(%)×设备原价

机械使用费 = 定额机械使用费(%) × 设备原价

(2)其他直接费

其他直接费 = 直接费 × 其他直接费费率之和

(3)现场经费

现场经费 = 人工费 × 现场经费费率之和

2. 间接费

间接费 = 人工费 × 间接费费率

3. 企业利润

企业利润 =(直接工程费 + 间接费)× 企业利润率

4. 税金

税金 =(直接工程费 + 间接费 + 企业利润)× 税率

三、其他直接费

1. 冬雨季施工增加费

根据地区的不同,按直接费的一定百分率计算。其中,西南、中南、华东区取0.5% ~ 1.0%;华北区取1.0% ~2.5%;西北、东北区取2.5% ~4.0%。

2. 夜间施工增加费

按直接费的一定百分率计算。其中,建筑工程取0.5%,安装工程取0.7%。

注意:照明线路工程费用应包含在“临时设施费”中。另外,施工附属企业(系统)、加工厂、车间等的照明,其费用应列入相应产品费用中,而不应列入夜间施工增加费中。

3. 特殊地区施工增加费(略)

4. 其他

按直接费的一定百分率计算。其中,建筑工程取1.0%,安装工程取1.5%。

四、现场经费

根据工程性质不同,现场经费标准分为枢纽工程、引水工程及河道工程两部分。

1. 枢纽工程

枢纽工程现场经费费率标准,见表1F-441025-1。

枢纽工程现场经费费率 表1F-441025-1

序号	工程类别	计算基础	现场经费费率(%)		
			合计	临时设施费	现场管理费
一	建筑工程				
1	土石方工程	直接费	9	4	5
2	砂石备料工程(自采)	直接费	2	0.5	1.5
3	模板工程	直接费	8	4	4
4	混凝土浇筑工程	直接费	8	4	4
5	钻孔灌浆及锚固工程	直接费	7	3	4
6	其他工程	直接费	7	3	4
二	机电及金属结构设备安装工程	人工费	45	20	25

工程类别划分如下：

（1）土石方工程：包括土（石）方开挖与填筑，砌石、抛石工程等。

（2）砂石备料工程：包括天然砂砾料及人工砂砾料开采、加工。

（3）模板工程：包括现浇各种混凝土时制作及安装的各类模板（工程）。

（4）混凝土浇筑工程：包括现浇及预制各种混凝土，钢筋制作、安装，伸缩缝、止水、防水层及温控措施（设施）等。

（5）钻孔灌浆及锚固工程：包括各种类型钻孔灌浆、防渗墙、喷浆（喷混凝土）及锚杆（锚索）工程等。

（6）其他工程：指除上述工程外的工程。

2. 引水工程及河道工程

引水工程及河道工程现场经费费率标准，见表1F－441025－2。

引水工程及河道工程现场经费费率　　表1F－441025－2

序号	工程类别	计算基础	现场经费费率（%）		
			合计	临时设施费	现场管理费
一	建筑工程				
1	土方工程	直接费	4	2	2
2	石方工程	直接费	6	2	4
3	模板工程	直接费	6	3	3
4	混凝土浇筑工程	直接费	6	3	3
5	钻孔灌浆及锚固工程	直接费	7	3	4
6	疏浚工程	直接费	5	2	3
7	其他工程	直接费	5	2	3
二	机电及金属结构设备安装工程	人工费	45	20	25

注：若自采砂石料，则费率标准同枢纽工程。

工程类别划分如下：

（1）除疏浚工程外，其余均与枢纽工程类别相同；

（2）疏浚工程，指用挖泥船、水力冲挖机组等机械疏浚江河、湖泊的工程。

五、间接费

根据工程性质不同，间接费标准分为枢纽工程、引水工程及河道工程两部分。

1. 枢纽工程

枢纽工程间接费费率标准，见表1F－441025－3。

枢纽工程间接费费率　　表 1F－441025－3

序号	工程类别	计算基础	间接费费率(%)
一	建筑工程		
1	土石方工程	直接工程费	9(8)
2	砂石备料工程(自采)	直接工程费	6
3	模板工程	直接工程费	6
4	混凝土浇筑工程	直接工程费	5
5	钻孔灌浆及锚固工程	直接工程费	7
6	其他工程	直接工程费	7
二	机电及金属结构设备安装工程	人工费	50

注:1. 工程类别划分,同现场经费。
2. 若土(石)方填筑工程项目所利用原料为已计取现场经费、间接费、企业利润和税金的砂石料,则其间接费费率选取括号内数值。

2. 引水工程及河道工程

引水工程及河道工程间接费费率标准,见表 1F－441025－4。

引水工程及河道工程间接费费率　　表 1F－441025－4

序号	工程类别	计算基础	间接费费率(%)
一	建筑工程		
1	土方工程	直接工程费	4
2	石方工程	直接工程费	6
3	模板工程	直接工程费	6
4	混凝土浇筑工程	直接工程费	4
5	钻孔灌浆及锚固工程	直接工程费	7
6	疏浚工程	直接工程费	5
7	其他工程	直接工程费	5
二	机电及金属结构设备安装工程	人工费	50

注:1. 工程类别划分,同现场经费。
2. 若自采砂石料,则费率标准同枢纽工程。

六、企业利润

企业利润,按直接工程费和间接费之和的7%计算。

七、税金

税率标准如下:建设项目在市区的,取3.41%;建设项目在县城(城镇)的,取3.35%;建设项目在市区及县城(城镇)以外的,取3.22%。

1F－441026　分部工程概算编制

一、第一部分　建筑工程

建筑工程，区分为主体建筑工程、交通工程、房屋建筑工程、外部供电线路工程和其他建筑工程，分别采用不同的概算编制方法。

（一）主体建筑工程

（1）主体建筑工程概算，用设计工程量乘工程单价计算方法进行编制。

（2）主体建筑工程量，应按《水利工程设计工程量计算规则》进行计算，并依照项目划分深度，计算到三级项目。

（3）当设计文件中有混凝土施工温控要求时，应按有关温控措施设计内容，计算温控措施费用；也可在经过分析、确定指标后，按建筑物混凝土方量进行计算。

（4）细部结构工程，可参照水工建筑工程细部结构指标表确定工程单价（略）。

（二）交通工程

交通工程投资，用设计工程量乘单价进行计算；也可依据工程所在地区造价指标或有关实际价格资料，采用扩大单位指标法进行编制。

（三）房屋建筑工程

（1）水利工程永久房屋建筑面积中，用作生产和管理（办公）的部分，由设计单位结合工程规模，按有关规定确定；用作生活及文化福利建筑工程的部分，在考虑国家现行房改政策的前提下，按主体建筑工程投资的一定百分率进行计算（略）。

（2）室外工程投资，一般按房屋建筑工程投资的10%～15%计算。

（四）供电线路工程

根据设计的电压等级、线路架设长度及所需配备的变（配）电设施要求，采用工程所在地区造价指标或有关实际价格资料进行计算。

（五）其他建筑工程

（1）内（外）部观测工程项目投资，应按设计资料进行计算；如无设计资料，可依据坝型或工程其他特征，按主体建筑工程投资的一定百分率进行计算（略）。

（2）动力线路、照明线路、通信线路等工程投资，按设计工程量乘单价计算方法或采用扩大单位指标法进行编制。

（3）其余项目投资，按设计内容要求，具体进行分析、计算。

二、第二部分　机电设备及其安装工程（略）

三、第三部分　金属结构设备及其安装工程（略）

四、第四部分　施工临时工程

（一）导流工程

导流工程，按设计工程量乘工程单价方法进行计算。

（二）施工交通工程

施工交通工程，按设计工程量乘单价方法进行计算；也可依据工程所在地区造价指标或有关实际价格资料，采用扩大单位指标法进行编制。

(三)施工场外供电工程

施工场外供电工程,根据设计的电压等级、线路架设长度及所需配备的变(配)电设施要求,采用工程所在地区造价指标或有关实际价格资料进行计算。

(四)施工房屋建筑工程

施工房屋建筑工程,包括施工仓库和办公、生活及文化福利建筑两部分。施工仓库,指为工程施工而临时兴建的用于储存设备、材料、工(器)具等的仓库。办公、生活及文化福利建筑,指施工单位、建设单位(包括监理)、设计代表等在工程建设期所需的办公室、宿舍、招待所和其他文化福利设施等房屋建筑工程。

注意:施工房屋建筑工程中,不包括列入临时设施和其他施工临时工程项目内的电、风、水、通信系统,砂石料系统,混凝土拌和及浇筑系统,木工、钢筋、机修等辅助加工厂,混凝土预制构件厂,混凝土制冷、供热系统,以及施工排水等生产用房。

(五)其他施工临时工程

其他施工临时工程,按工程第一部分至第四部分(不含其他施工临时工程)建筑安装工作量之和的一定百分率计算:

(1)枢纽工程和引水工程,为3.0%~4.0%;

(2)河道工程,为0.5%~1.0%。

五、第五部分 独立费用(略)

1F-441030 水利建筑工程预算定额

《水利建筑工程预算定额》(上、下册,水总〔2002〕116号,简称《定额》)是一部为合理确定和有效控制水利工程基本建设投资及提高投资效益,就特定工程所需人工、材料、机械而拟定的耗用量标准的手册。

《定额》由土方工程、石方工程、砌石工程、混凝土工程、模板工程、砂石备料工程、钻孔灌浆及锚固工程、疏浚工程、其他工程等九章及附录组成。

《定额》"总说明"指出,本定额是编制《水利建筑工程概算定额》的基础,适用于大中型水利工程项目;可作为编制水利工程招标标底和编制投标报价时的参考。

本定额适用于海拔小于或等于2 000 m地区的工程项目。其中,海拔应以拦河坝或水闸顶部的海拔为准;没有拦河坝或水闸的,以厂房顶部海拔为准。海拔大于2 000 m的地区,根据水利枢纽工程所在地的海拔及规定的调整系数计算。一个建设项目,只采用一个调整系数。

本定额不包括冬季、雨季和特殊地区气候影响施工的因素及增加的设施费用。

本定额按一日三班作业施工、每班八小时工作制拟定。若部分工程项目采用一日一班(或两班)制的,定额不作调整。

定额中,"工作内容"项虽仅列出主要施工过程及工序,但次要的施工过程及工序和必要的辅助工作所需的人工、材料、机械也已包括在定额内。

定额中,人工、机械用量是指完成一个定额子目内容所需的全部人工和机械。包括基本工作、准备与结束、辅助生产、不可避免的中断、必要的休息、工程检查、交接班、班内工作干扰、夜间施工工效受到的影响、常用工具和机械的维修(保养、加油、加水)等全部工作及因素。

定额中,人工是指完成该定额子目工作内容所需的人工耗用量。包括基本用工和辅助用工。

材料消耗定额(含其他材料费、零星材料费),是指完成一个定额子目内容所需的全部材料耗用量。其中,其他材料费和零星材料费是指完成一个定额子目的工作内容所必需的未列量材料费。

材料从分仓库(或相当于分仓库的堆放地)至工作面,其场内运输所需人工、机械及其费用,已包括在各定额子目中。

机械台时定额(含其他机械费),是指完成一个定额子目工作内容所需主要机械及次要(辅助)机械使用费。其中,其他机械费是指完成一个定额子目工作内容所必需的次要机械使用费。如混凝土浇筑现场居次要地位的运输机械等。

定额中,其他材料费、零星材料费及其他机械费均以费率形式表示。其计算基数如下:

(1)其他材料费,以主要材料费之和为计算基数。

(2)零星材料费,以人工费、机械费之和为计算基数。

(3)其他机械费,以主要机械费之和为计算基数。

用数字表示的定额的适用范围:

(1)只用一个数字表示的,仅适用于该数字代表的定额子目耗用量。当需要选用介于两子目之间的定额时,可用插入法计算。

(2)数字用上、下限表示的,如 2 000 ~ 2 500,适用于大于 2 000、小于(或等于)2 500 的定额子目耗用量。

定额中,汽车运输定额适用于水利工程施工现场路况及 10 km 以内场内运输。当运距超过 10 km 时,超过部分增加的台时数按每增运 1 km 增加定额台时数乘 0.75(系数)所得数值计算。

1F－441031　土方工程

《定额》第一章为“土方工程”定额。

土方工程定额分为“人工挖一般土方”“人工挖冻土方”“人工挖一般土方人力挑抬运输”“人工挖一般土方胶轮车运输”“人工挖倒沟槽土方”等共 49 节内容。

《定额》前“说明”指出,土方定额的计量单位,除注明外,均按自然方计算。

自然方指未经扰动的自然状态的土方。

松方指自然方经人工(或机械)开挖而松动过的土方。

实方指填筑(回填)并经过压实后的成品方。

土方开挖和土方填筑工程,除定额规定的工作内容外,还包括挖小排水沟、修坡、清除场地内草皮及杂物、交通指挥、设置安全设施及取土场和卸土场小路修筑与维护等工作。

一般土方开挖定额,适用于一般明挖土方工程和上口宽超过 16 m 的渠道及上口面积大于 80 m^2 的柱坑土方工程。

渠道土方开挖定额,适用于上口宽小于(或等于)16 m 的梯形断面、长条形,以及底边需要修整的渠道土方工程。

沟槽土方开挖定额,适用于上口宽小于(或等于)4 m 的矩形断面或边坡陡于 1:0.5 的梯形断面,长度大于宽度 3 倍的长条形,以及只修底、不修边坡的土方工程(如截水墙、齿墙等各类墙基和电缆沟等)。

推土机的推土距离和铲运机的铲运距离,是指取土中心至卸土中心的平均距离。推土机推松土时,定额乘 0.8 的系数。

挖掘机(轮斗挖掘机、装载机)挖装土(含渠道土方)、自卸汽车运输(定额)各节,适用于Ⅲ类土。Ⅰ、Ⅱ类土和Ⅳ类土,按表 1F-441031-1 所列系数进行调整。

开挖不同类土时的定额调整系数　　表 1F-441031-1

项目	人工	机械
Ⅰ、Ⅱ类土	0.91	0.91
Ⅲ类土	1	1
Ⅳ类土	1.09	1.09

挖掘机(装载机)挖土(含渠道土方)、汽车运输(定额)各节,已包括卸料场配备的推土机定额在内。

挖掘机(装载机)挖装土料、自卸汽车运输定额,系按挖装自然方拟定。如挖装松土,其中人工及挖装机械定额各乘 0.85(系数)。

压实定额适用于水利筑坝工程和堤(堰)填筑工程。

压实定额,均按压实成品方计。在计算压实工程备料量和运输量时,需考虑各种因素引起的方量的损失(缩减),如下式所示:

$$每100压实成品方需要的自然方量=(100+A)\frac{设计干密度}{天然干密度}$$

式中,A 为综合系数。A 值综合了开挖、上坝运输、雨后清理、边坡削坡、接缝削坡、施工沉陷、取土坑、试验坑,以及不可避免的压坏损失等损耗因素。A 的取值,见表 1F-441031-2。

综合系数 A 的取值　　表 1F-441031-2

项目	A(%)
机械填筑混合坝坝体土料	5.86
机械填筑均质坝坝体土料	4.93
机械填筑心(斜)墙土料	5.70
人工填筑坝体土料	3.43
人工填筑心(斜)墙土料	3.43
坝体砂砾料、反滤料	2.20
坝体堆石料	1.40

1F-441032　混凝土工程

《定额》第四章为“混凝土工程”定额。

混凝土工程定额分为"坝""碾压混凝土""厂房""泵站""地下厂房衬砌"等共65节内容。

《定额》"说明"指出，混凝土定额的计量单位，除注明者外，均为建筑物(构筑物)成品实体方。

现浇混凝土定额，包含冲(凿)毛、冲洗、清仓、铺水泥砂浆、平仓浇筑、振捣、养护，以及工作面上的运输及辅助工作，不含模板制作、安装、拆除及修整。

预制混凝土定额中，模板材料均按预算消耗量计算，包括制作(钢模为组装)、安装、拆除及维修过程中的消耗(损耗)，并考虑了模板周转及回收。

材料定额中，"混凝土"一项系指完成单位产品所需的混凝土半成品量，其中包括冲(凿)毛、干缩、施工损耗、运输损耗及接缝砂浆等的消耗量在内。

混凝土半成品的单价，只计算配制混凝土所需水泥、砂石骨料、水、掺和料及外加剂等的用量及价格。各项材料的用量，应按试验资料计算；没有试验资料时，可采用《定额》附录7"混凝土、砂浆配合比及材料用量表"中所列的量。

混凝土拌制定额，按拌制常态混凝土拟定。若拌制其他类别的混凝土，则按表1F－441032中所列系数对定额进行调整。

拌制不同类别混凝土时的定额调整系数　　表1F－441032

搅拌楼规格	混凝土类别			
	常态混凝土	加冰混凝土	加粉煤灰混凝土	碾压混凝土
1×2.0 m^3 强制式	1.00	1.20	1.00	1.00
2×2.5 m^3 强制式	1.00	1.17	1.00	1.00
2×1.0 m^3 自落式	1.00	1.00	1.10	1.30
2×1.5 m^3 自落式	1.00	1.00	1.10	1.30
3×1.5 m^3 自落式	1.00	1.00	1.10	1.30
2×3.0 m^3 自落式	1.00	1.00	1.10	1.30
4×3.0 m^3 自落式	1.00	1.00	1.10	1.30

混凝土拌制定额，均以半成品方为单位计算；不含施工损耗及运输损耗中所消耗的人工、材料及机械的数量及费用。

混凝土运输，是指混凝土自搅拌楼(或搅拌机)出料口至仓面的全部水平运输及垂直运输。

混凝土运输定额，均以半成品方为单位计算；不含施工损耗及运输损耗中所消耗的人工、材料及机械的数量及费用。

混凝土拌制及浇筑定额中，不包括加冰、骨料预冷、通水等温控措施所需费用。

1F－441033　附录

《定额》正文后为附录,包括附录1～附录11共11个附录。

一、附录1　土石方松实系数换算表(见表1F－441033－1)

土石方松实系数换算表　　表1F－441033－1

项目	自然方	松方	实方	码方
土方	1	1.33	0.85	
石方	1	1.53	1.31	
砂方	1	1.07	0.94	
混合料	1	1.19	0.88	
块石	1	1.75	1.43	1.67

注:1. 松实系数是指土(石)料体积的比例关系。

2. 块石实方指堆石坝坝体方,块石松方即块石堆方。

二、附录2　一般工程土类分级表(见表1F－441033－2)

一般工程土类分级表　　表1F－441033－2

土质级别	土质名称	自然湿容重(kg/m³)	外形特征	开挖方法
Ⅰ	1. 砂土 2. 种植土	1 650～1 750	疏松,黏着力差或易透水,略有黏性	用锹(或略加脚踩)开挖
Ⅱ	1. 壤土 2. 淤泥 3. 含壤种植土	1 750～1 850	开挖时能成块,并易打碎	用锹(需用脚踩)开挖
Ⅲ	1. 黏土 2. 干燥黄土 3. 干淤泥 4. 含少量砾石黏土	1 800～1 950	黏手,看不见砂粒(或干硬)	用镐、三齿耙开挖,或用锹(需用力加脚踩)开挖
Ⅳ	1. 坚硬黏土 2. 砾质黏土 3. 含卵石黏土	1 900～2 100	土壤结构坚硬,将土分裂后成块状(或含黏粒砾石较多)	用镐、三齿耙等工具开挖

三、附录3　岩石类别分级表(略)

四、附录4　河道疏浚工程分级表(略)

五、附录5　岩石十二类分级与十六类分级对照表(略)

六、附录6　钻机钻孔工程地层分类与特征表(见表1F－441033－3)

钻机钻孔工程地层分类与特征表　　表 1F－441033－3

地层名称	特征
1. 黏土	塑性指数＞17，人工回填压实（或天然）黏土层（或含石黏土）
2. 砂壤土	1＜塑性指数≤17，人工回填压实（或天然）砂壤土层（土砂、壤土、砂土互层、含石壤土、砂土等）
3. 淤泥	1＜天然孔隙比≤1.5 的黏土、亚黏土，天然孔隙比＞1.5 的淤泥
4. 粉细砂	d_{50}≤0.25 mm、塑性指数≤1，粉砂、含石粉细砂
5. 中粗砂	0.25 mm＜d_{50}≤2 mm，含石中粗砂
6. 砾石	2～20 mm 粒径的颗粒占全重的 50%，砂砾石、砂砾
7. 卵石	20～200 mm 粒径的颗粒占全重的 50%，砂砾卵石
8. 漂石	200～800 mm 粒径的颗粒占全重的 50%，漂卵石
9. 混凝土	水下浇筑、龄期不超过 28 d 的防渗墙接头混凝土
10. 基岩	全风化（强风化、若风化）的岩石
11. 孤石	粒径＞800 mm、需作专项处理（处理后的孤石按基岩定额计算）

注：1、2、4、5 项所指"含石"，均指含石量≤50% 的情形。

七、附录 7　混凝土、砂浆配合比及材料用量表

按照国际标准（ISO 3893）的规定，原有规范中混凝土（砂浆）标号改称混凝土（砂浆）强度等级。混凝土和砂浆强度等级与原标号的对应关系，分别见表 1F－441033－4 和表 1F－441033－5。

混凝土强度等级与原标号对照　　表 1F－441033－4

原标号（kgf/cm^2）	100	150	200	250	300	350	400
强度等级	C9	C14	C19	C24	C29.5	C35	C40

砂浆强度等级与原标号对照　　表 1F－441033－5

原标号（kgf/cm^2）	30	50	75	100	125	150	200	250	300	350	400
强度等级	M3	M5	M7.5	M10	M12.5	M15	M20	M25	M30	M35	M40

水泥混凝土强度等级，均以 28 d 龄期、用标准试验方法测得的具有 95% 保证率的抗压强度标准值确定。如设计龄期非 28 d，则其在 28 d 龄期时的强度等级，应达到经用表 1F－441033－6中系数折算后的值；如折算后的值在两种强度等级之间，应选用高一级的强度等级。

不同设计龄期混凝土强度等级折合系数　　表 1F－441033－6

设计龄期(d)	28	60	90	180
强度等级折合系数	1.00	0.83	0.77	0.71

附录7分别列出了纯混凝土及掺外加剂混凝土的材料配合比及材料用量表,以及掺粉煤灰混凝土、碾压混凝土、泵用纯混凝土、泵用掺外加剂混凝土等的材料配合表。表中所指混凝土是采用卵石、粗砂为骨料的混凝土。如改用碎石或中(细)砂为骨料,则配合比应按表1F－441033－7中系数进行换算。

骨料变换时混凝土配合比换算系数　　表 1F－441033－7

项目	水泥	砂	石子	水
卵石换为碎石	1.10	1.10	1.06	1.10
粗砂换为中砂	1.07	0.98	0.98	1.07
粗砂换为细砂	1.10	0.96	0.97	1.10
粗砂换为特细砂	1.16	0.90	0.95	1.16

注:水泥按重量计,砂、石子、水按体积计。

附录7介绍了混凝土细骨料的划分标准(按细度模数,略)。

埋块石混凝土,应将按配合比表计算得的材料用量,扣除埋块石实体的数量后,作为埋块石混凝土材料量,如下式所示:

埋块石混凝土材料量＝配合表列材料用量×(1－埋块石率%)

1块石实体方＝1.67码方

因埋块石增加的人工,见表1F－441033－8。

人工工时增加与埋块石率的关系　　表 1F－441033－8

埋块石率(%)	5	10	15	20
每100 m^3 埋块石混凝土增加人工工时	24.0	32.0	42.4	56.8

注:不包括块石运输及影响浇筑的工时。

有抗渗(抗冻)要求时,按表1F－441033－9中的水灰比选用相应混凝土强度等级。

不同抗渗(抗冻)等级混凝土的一般水灰比　　表 1F－441033－9

抗渗等级	一般水灰比	抗冻等级	一般水灰比
W4	0.60～0.65	F50	<0.58
W6	0.55～0.60	F100	<0.55
W8	0.50～0.55	F150	<0.52
W12	<0.50	F200	<0.50
		F300	<0.45

混凝土(碾压混凝土除外)配合表中的预算量,包含材料场内运输及操作损耗(搅拌前);不包含搅拌后(熟料)的运输及浇筑损耗(该项已按不同浇筑部位,计入相应定额)。

水泥强度等级换算系数(参考值)见表1F－441033－10。

水泥强度等级换算系数(参考值)　　表1F－441033－10

原强度等级	代换强度等级		
	32.5	42.5	52.5
32.5	1.00	0.86	0.76
42.5	1.16	1.00	0.88
52.5	1.31	1.13	1.00

八、附录8　沥青混凝土材料配合表(略)

九、附录9　水利工程混凝土建筑物立模面系数参考表

附录9列出了大坝和电站厂房、溢洪道、隧洞、渡槽槽身、涵洞、水闸等建筑物立模面系数(参考值)。其中,大坝及水闸立模面系数见表1F－441033－11、表1F－441033－12。

大坝立模面系数(参考值)　　表1F－441033－11

序号	建筑物名称	立模面系数(m^2/m^3)	各类立模面所占比例(参考值,%)					说明
			平面	曲面	牛腿	键槽	溢流面	
1	重力坝(综合)	0.15～0.24	70～90	2.0～6.0	0.7～1.8	15～25	1.0～3.0	不包括拱形廊道模板,实际工程中如果坝体纵(横)缝不设键槽,键槽立模面积所占比例为0,平面模板所占比例相应增加
	分部:非溢流坝	0.10～0.16	70～98	0.0～1.0	2.0～3.0	15～28		
	表面溢流坝	0.18～0.24	60～75	2.0～3.0	0.2～0.5	15～28	8.0～16.0	
	孔洞泄流坝	0.22～0.31	65～90	1.0～3.5	0.7～1.2	15～27	5.0～8.0	
2	宽缝重力坝	0.18～0.27						
3	拱坝	0.18～0.28	70～80	2.0～3.0	1.0～3.0	12～25	0.5～5.0	
4	连拱坝	0.80～1.60						
5	平板坝	1.10～1.70						
6	单支墩大头坝	0.30～0.45						
7	双支墩大头坝	0.32～0.60						

注:泄流和引水孔洞多而坝体较低时,坝体立模面系数取大值;泄流和引水孔洞较少时,以非溢流坝段为主的高坝,坝体立模面系数取小值。

水闸立模面系数(参考值)　　表1F－441033－12

序号	建筑物名称	立模面系数(m^2/m^3)	各类模板所占比例(参考值,%)			说明
			平面	曲面	牛腿	
1	水闸闸室(综合)	0.65～0.85	92～96	4.0～7.0	0.5(0)～0.9	
2	分部:闸墩	1.15～1.75	91～95	5.0～8.0	0.7(0)～1.2	含中(边)墩等
	闸底板	0.16～0.30	100			

十、附录10 绞吸式挖泥船主要性能参考表(见表1F-441033-13)

绞吸式挖泥船主要性能(参考值) 表1F-441033-13

船型 (m^3/h)	挖深(m)		基本排高(m)		铰刀直径 (m)	排泥管径 (mm)	总功率 (kW)
	最大	基本	泥、粉细砂	中(粗)砂			
60	4.5	3	5	3	0.8	250	200
80	5.2	3	6	3	1.0	300	246
100	5.2	3	6	4	1.1	300	298
120	5.5	3	6	4	1.1	300	463
200	10	6	6	4	1.4	400	860
350	10	6	6	4	1.45	560	993
400	10	6	6	4	2.0	560	1 185
500	10	6	6	4	2.1	600	2 383
800	14	8	6	4	1.75	500	1 176
980	16	9	6	4	1.8	550	1 726
1 250	16	9	6	4	2.0	650	2 537
1 450	16	9	6	4	2.4	650	2 813
1 720	16	9	9	5	2.35	700	3 402
2 500	30	16	10	6	3.0	800	7 948

十一、附录11 混凝土温控费用计算参考资料

因水泥遇水产生水化热,使大体积混凝土在浇筑后温度迅速、大幅上升;单靠自然方法散热,速度将极为缓慢。为了防止混凝土出现裂缝,必须严格控制浇筑后混凝土坝体内的最高温度。方法之一是限制混凝土出混凝土搅拌机出机口时的温度(出机口温度)。在气温较高的季节,混凝土在自然条件下的出机口温度往往超过施工技术规范规定的限度。此时,就必须采取人工降温措施。例如,采用冷水喷淋方法预冷骨料,或采用一次(或二次)风冷方法冷却骨料、加片冰和(或)加冷水方法拌制混凝土等方法,来降低混凝土出机口温度。

将混凝土温升控制在最高限度范围,方法之二是浇筑时在坝体混凝土内预埋冷却用水管,进行一、二期通水冷却。其中,一期(混凝土浇筑后不久)通水冷却为通低温水,以削减混凝土浇筑初期因水泥水化热而产生的温升;二期通水冷却,主要是为了满足水工建筑物接缝灌浆的要求。

以上这些温控措施在具体运用时,应根据不同工程特点、不同地区气温条件、不同结构物不同部位的温控要求等因素综合确定。

出机口混凝土温度,一般在施工组织设计中确定。根据不同标号混凝土的材料配合比和相关材料的温度,可计算出混凝土的出机口温度(计算过程见表1F-441033-14)。

混凝土出机口温度计算表　表 1F－441033－14

序号	材料	重量 G (kg/m^3)	比热 C [(kJ/(kg·℃)]	温度 t (℃)	$G\cdot C=P$ [(kJ/(m^3·℃)]	$G\cdot C\cdot t=Q$ (kJ/m^3)
1	水泥及粉煤灰		0.796	$t_1=T+15$		
2	砂		0.963	$t_2=T-2$		
3	石子		0.963	t_3		
4	砂的含水		4.2	$t_4=t_2$		
5	石子含水		4.2	$t_5=t_3$		
6	拌和水		4.2			
7	片冰		2.1			$Q_7=-335\ G_7$
			潜热 335			
8	机械热					Q_8
合计		出机口温度 $t_c=\sum Q/\sum P$			$\sum P$	$\sum Q$

注：1. T 为月平均气温，℃；石子的自然温度，可取与 T 同值。

2. 砂子，含水率可取 5%。

3. 风冷骨料（石子），含水率可取 0。

4. 淋水预冷骨料（石子），脱水后的含水率可取 0.75%。

5. 混凝土拌和机械热取值：常温混凝土，$Q_8=2\ 094$ kJ/m^3；14 ℃混凝土，$Q_8=4\ 187$ kJ/m^3；7 ℃混凝土，$Q_8=6\ 281$ kJ/m^3。

6. 若给定了出机口温度、加冷水和加片冰量，则可按下式确定石子经预冷后应达到的温度：

$$t_3=\frac{t_c\sum P-(Q_1+Q_2+Q_4+Q_5+Q_6+Q_7+Q_8)}{0.963G_3}$$

综合各项温控措施的单价（即分项单价），之后，可按表 1F－441033－15 计算出每 1 m^{3}混凝土的预冷综合价（指直接费）。

1 m^3 混凝土预冷综合单价计算　表 1F－441033－15

序号	项目	单位	数量 G	材料温度（℃）			分项措施单价 M	复价（元） $G\cdot\Delta t\cdot M$
				初温 t_0	终温 t_i	降幅 $\Delta t=t_0-t_i$		
1	制冷水	kg					元/(kg·℃)	
2	制片冰	kg					元/kg	
3	冷水喷淋骨料	kg					元/(kg·℃)	
4	一次风冷骨料	kg					元/(kg·℃)	
5	二次风冷骨料	kg					元/(kg·℃)	
合计								

注：1. 冷水喷淋预冷骨料和一次风冷骨料，二者则其一（不得同时计费）。

2. 一次风冷（或水冷）石子时，初温可取月平均气温值。

3. 一次风冷（或水冷）之后，骨料转运至二次风冷料仓过程中，温度回升值可取 1.5～2 ℃。

冷水喷淋预冷骨料、一次风冷骨料及坝体通水冷却单价计算,见表1F-441033-16、表1F-441033-17及表1F-441033-18。

冷水喷淋预冷骨料单价(100 t骨料降温10 ℃时) **表1F-441033-16**

适用范围:2~4 ℃冷水喷淋,将骨料预冷至8~16 ℃。

工作内容:制冷水、喷淋、回收、排渣、骨料脱水。

项目	单位	预冷骨料量(t/h)	
		200	400
中级工	工时	3	2
初级工	工时	3	2
合计	工时	6	4
水	m^3	43	43
氟里昂	kg	0.20	0.20
冷冻机油	kg	0.20	0.20
其他材料费	%	10	10
螺杆式冷水机组 LSLGF500	台时	0.36	
螺杆式冷水机组 LSLGF1000	台时	0.72	0.89
水泵 7.5 kW	台时	0.36	0.36
水泵 15 kW	台时	1.07	1.07
水泵 30 kW	台时	1.44	1.25
衬胶泵 17 kW	台时	0.72	0.72
玻璃钢冷却塔 NBL-500	台时	0.72	0.72
输冰胶带机 $B=1\ 000\ L=40$ m	台时	0.72	0.89
输冰胶带机 $B=1\ 400\ L=170$ m	台时	0.36	0.36
圆振动筛 2 400×6 000	台时	0.36	0.36
其他机械费	%	5	5

一次风冷骨料单价（100 t 骨料降温 10 ℃时）　　**表 1F－441033－17**

适用范围：在料仓内用冷风将骨料预冷至 8～16 ℃。

工作内容：制冷、鼓风、回风、骨料冷却。

项目	单位	预冷骨料量（t/h）	
		200	400
中级工	工时	4	2
初级工	工时	2	2
合计	工时	6	4
水	m^3	21	21
氨液	kg	0.84	0.84
冷冻机油	kg	0.20	0.20
其他材料费	%	10	10
氨螺杆压缩机 LG20A250G	台时	1.11	1.11
卧式冷凝器 WNA－300	台时	1.11	1.11
氨贮液器 ZA－4.5	台时	1.11	1.11
空气冷却器 GKL－1250	台时	1.11	1.11
离心式风机 55 kW	台时	1.11	
离心式风机 75 kW	台时		0.56
水泵 75 kW	台时	0.56	0.56
玻璃钢冷却塔 NBL－500	台时	0.56	0.56
其他机械费	%	17	17

坝体通水冷却单价（每 100 m^3 混凝土）　　**表 1F－441033－18**

适用范围：需要通水冷却的坝体混凝土。

工作内容：冷却水管埋设、通水、观测、混凝土表面保护。

项目	单位	冷却水管间距（m×m）			
		1×1.5	1.5×1.5	2×1.5	3×3
中级工	工时				
初级工	工时	60	40	30	10
合计	工时	60	40	30	10
钢管（冷却水管）	kg	240	160	120	40
低温水（一期冷却）温升 5 ℃	m^3	120	80	60	20
水（二期冷却）	m^3	700	466	350	120
表面保护材料	m^2	50	50	50	30
其他材料费	%	5	5	5	5
电焊机交流 20 kVA	台时	3	2	1.5	0.5
水泵	台时				
其他机械费	%	20	20	20	20

注：一期冷却和二期冷却是否用制冷水，以及水量及水温等，在温控设计中确定。如用循环水，则应增加水泵台时量。

1F－441040 水电工程设计概算编制规定

《水电工程设计概算编制规定》(发改办能源〔2008〕1250号,简称《规定》)包括总则、项目划分、费用构成、枢纽工程概算编制、建设征地和移民安置补偿概算编制、独立费用概算编制等内容。

1F－441041 项目划分

一、水电工程项目划分

水电工程设计概算,项目划分为枢纽工程、建设征地和移民安置补偿、独立费用等三部分。水电工程项目划分,如图1F－441041所示。

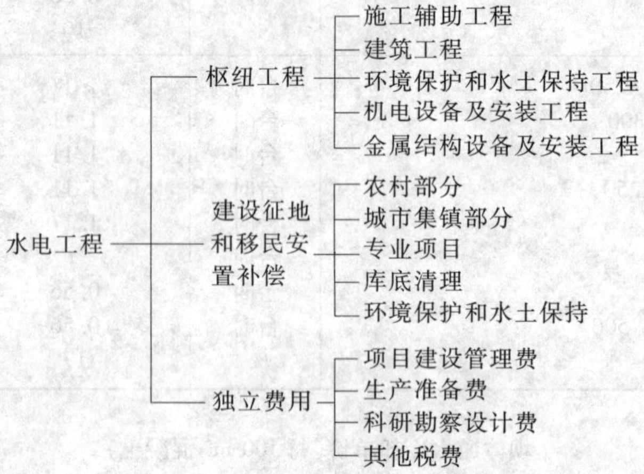

图1F－441041 水电工程项目划分

二、枢纽工程组成

(一)施工辅助工程

施工辅助工程,指为辅助主体工程施工而修建的临时性工程。它由以下扩大单位工程组成:

1. 施工交通工程。指施工场地内(外)为服务工程建设而修建的临时交通设施工程。包括公路、铁路、桥梁、施工支洞、架空索道、铁路转运站、水运码头、桥涵,以及建设期间上述设施的维护及道路加固等。

2. 施工期通航工程。包括通航设施、助航设施,以及货物过坝转运费、施工期航道整治维护费、施工期临时通航管理费、断(碍)航补偿费等。

3. 施工供电工程。包括从外部电网接至施工现场的高压输电线路、施工场内10 kV及其以上线路工程和出线为10 kV及其以上的供电设施工程。其中,供电设施工程包括变电站建筑工程、变电设备及其安装工程和相应配套设施等。

4. 施工供水系统工程。包括取水建筑物、水池,以及输水干管敷设、移设和拆除等工程。

5. 施工供风系统工程。包括施工供风站建筑及供风干管敷设、移设和拆除等工程。

6. 施工通信工程。包括施工所需的场内(外)通信设施、通信线路工程及相关设施

(线路)的维护管理等。

7. 施工管理信息系统工程。指为工程建设管理需要所建设的管理信息自动化系统工程。

8. 料场覆盖层清除及防护工程。包括料场覆盖层清除、无用层清除及料场开挖之后所需的防护工程。

9. 砂石料生产系统工程。指为建造砂(石)骨料生产系统所需的场地平整及建筑物、钢构架、配套设施等。

10. 混凝土生产及浇筑系统工程。指为建造混凝土拌和(包括混凝土制冷、供热)及浇筑系统所需的场地平整及建筑物、钢构架、缆机平台等。

11. 导流工程。包括导流明渠、导流洞、施工围堰(含截流)及初期蓄水期间下游临时供水工程等。

12. 施工期安全监测工程。指在施工(建设)过程中为监测各建筑物的变形与稳定,确保施工安全而埋设的安全监测设备及实施的配套设施等。包括设备及其安装以及配套的建筑工程,另包括永久及临时安全监测系统在施工期内的运行维护以及观测资料整理分析等。

13. 施工期水情测报工程。指为满足施工期水情预报而建造的设施或发生的相关费用。包括设备及其安装以及配套的建筑工程,另包括永久及临时水情测报系统在施工期内的运行维护以及观测资料整理分析与水情预报等。

14. 施工及建设管理房屋建筑工程。指在工程建设过程中,为施工和建设管理需要而兴建的房屋建筑工程及其配套设施。包括施工仓库及辅助加工厂、办公及生活营地(含场地平整)及其维护与管理。

其中,施工仓库及辅助加工厂,包括设备、材料及工(器)具仓库,以及木材加工厂、钢筋加工厂、金属结构加工厂、机械修理厂、大型设备安装平台、混凝土预制构件厂等。

办公及生活营地,指为工程建设管理、监理、设计及施工人员办公和生活需要而在施工现场兴建的房屋建筑和配套设施工程。

场地平整,指为施工(建设)管理用房等建筑工程而进行的土(石)开挖及回填以及圬工等工程。

15. 其他施工辅助工程。指除上述所列工程外,其他所有的施工辅助工程。包括施工场地平整,施工临时支撑,地下施工通风,施工排水,大型施工排架、平台和大型施工机械安装(拆卸),施工区封闭管理措施,施工场地整理,以及施工期防汛、防冰工程等。

其中,施工排水,包括施工期内需要建设的排水工程及经常性排水措施。

地下施工通风,包括施工期内需要建设的通风设施及施工期通风运行。

其他施工辅助工程中,如有费用高、工程量大的项目,可根据工程实际需要,单独列项。

(二)建筑工程

建筑工程,指枢纽建筑物和其他永久建筑物。它由以下扩大单位工程组成(其中,挡水工程等前八项为主体建筑工程):

1. 挡水工程。包括用作拦河挡水的各类坝(闸)工程。

2. 泄水工程。包括用作宣泄洪水的溢洪道、泄洪洞、冲砂孔(洞)、放空(孔)洞等工程。

3. 输水工程。包括发电引水明渠、进(取)水口、输水隧洞、调压井、高压管道、尾水渠(洞)、尾水出口工程等。

4. 发电工程。包括地面、地下等各类发电工程的基础、发电厂房、通风洞(井)工程等。

5. 升压变电工程。包括升压变电站、母线洞、出线洞、出线场等工程。如有换流站工程,应作为一级项目,与升压变电站工程并列。

6. 航运过坝工程。包括上(下)游引航道、船闸、升船机等工程。

7. 灌溉渠首工程。根据枢纽建筑物布置情况,可独立列项;与拦河坝相结合的,也可作为拦河坝工程的组成部分。

8. 近坝岸坡处理工程。指近坝岸坡防护工程及受泄洪和发电尾水影响的下游河段岸坡防护工程。

9. 交通工程。包括新建上坝、进厂、对外等场内(外)永久性公路、铁路、桥涵、隧洞、码头等交通工程,以及对原有公路、桥梁等的改造加固工程。

10. 房屋建筑工程。包括为现场生产运行管理服务的辅助生产建筑、仓库、办公室、值班公寓及附属设施等房屋建筑及其室外工程。如需在就近城市建立电站生产运行管理设施(或梯级集控中心),则在此项下单独计列。

11. 安全监测建筑工程。包括为完成监测设备埋设、电缆敷设及保护、观测设施修建等所必须进行的全部土建工作。

12. 水文、气象、泥沙监测工程。包括为完成工程水情预报、水文观测、工程气象和泥沙监测设施修建等所必须进行的全部土建工作。

13. 劳动安全与工业卫生工程。指专用于生产运行期为避免危险源和有害因素而建设的永久性劳动安全与工业卫生建筑工程设施等。

14. 其他工程。包括动力线路,照明线路,通信线路,厂(坝)区供水、供热、排水等公用设施工程,地震监测站(台)网工程等。

(三)环境保护和水土保持工程

环境保护和水土保持工程,指在工程建设区域内为减轻或消除项目兴建对环境的不利影响所采取的各种保护性工程措施和非工程措施。

其中,环境保护工程由以下项目组成:

1. 水环境保护工程。指防治水污染、维护水环境的功能、保护和改善水环境等工程。它包括砂(石)料加工时的废水处理、修配系统污水处理、混凝土拌和系统废水处理、生活污水处理及其他水环境保护措施。

2. 大气环境保护工程。主要指针对城(集)镇、集中居民点、学校、医院、自然保护区、风景名胜区等大气环境敏感对象,维护工程所在地区大气环境功能要求所采取的措施。其主要包括:开挖(爆破)粉尘的削减与控制,砂(石)加工及混凝土加工系统粉尘削减与控制,交通粉尘及生活营地废气削减与控制等。

3. 声环境保护工程。主要针对医院、学校、疗养区、居民区等敏感对象进行重点保护,以维护受工程影响区域声环境功能要求所采取的措施。其主要包括：施工机械及辅助施工企业噪声控制、交通噪声控制、爆破噪声控制。

4. 固体废物处置工程。指施工区内固体废物（包括弃渣、生活垃圾与危险废物）的处理。

5. 地质环境保护工程。包括库岸及边坡稳定防护、水库渗漏及浸没处理、泥石流防治、触发地震预测预防、河岸受冲（淤）防护等。

6. 土壤环境保护工程。包括工程建设及运行引起的土壤浸没、土壤潜育化、盐碱化、沙化和土壤污染等的防治措施。

7. 陆生生态保护工程。主要包括保护野生珍稀、濒危、特有生物物种及其栖息地和古树名木，森林、草原、湿地等重要生态系统，自然保护区、森林公园、天然林保护工程等。

8. 水生生态保护工程。主要包括保护珍稀、濒危和特有水生生物，具有生物多样性保护价值和一定规模的野生鱼类产卵场、索饵场、越冬场，洄游鱼类及其洄游通道，以水生生物为主要保护对象的自然保护区，以及为水生生态及生境保护、物种保护等所采取的措施。

9. 人群健康保护工程。包括防治因工程项目实施引起环境变化所带来的传染病、地方病，防止因交叉感染或生活卫生条件引发传染病流行所采取的卫生检疫、疫情监控、疾病防治及相关管理措施等。

10. 景观及文物保护工程。主要指保护具有观赏、旅游、文化价值等的特殊地理区域和由地貌、岩石、河流、湖泊、森林等组成的自然、人文景象，风景名胜区、森林公园、地质公园等，以及文物保护相关措施。

11. 环境监测工程。主要包括施工期水环境、大气环境、声环境、生态环境及人群健康监测等内容，以及运行期水环境、生态环境监测等内容。

12. 其他。包括上述环境保护措施以外的其他措施。

水土保持工程，包括永久工程占地区、施工营地区、弃渣场区、土石料场区、施工公路区、库岸影响区等水土流失防治区的水土保持工程措施及植物措施，以及水土保持监测工程等。

（四）机电设备及其安装工程

机电设备及其安装工程，指构成电站固定资产的全部机电设备及其安装工程。它由以下扩大单位工程组成：

1. 发电设备及其安装工程。包括水轮发电机组及其附属设备、进水阀、起重机、水力机械辅助设备、电气设备、控制保护设备、通信设备等及其安装工程。

2. 升压变压设备及其安装工程。包括主变压器、高压电气设备、一次拉线等设备及其安装工程。如有换流站工程，其设备及其安装工程作为一级项目，与升压变电站设备及其安装工程并列。

3. 航运过坝设备及其安装工程。包括升船机、过木设备、货物过坝设备等及其安装工程。

4. 安全监测设备及其安装工程。包括结构内部监测设备及其埋入，结构表面设备及其安装，二次仪表及其维护与定期检验，自动化系统及其安装、调试等。

5. 水文、气象、泥沙监测设备及其安装工程。包括为完成工程水情预报、水文观测、工程气象(观测)和泥沙监测所需的设备及其安装、调试等。

6. 消防设备及其安装工程。指专用于生产运行期为避免发生火灾而购置的消防设备、仪器及其安装、率定等。

7. 劳动安全与工业卫生设备及其安装工程。指专用于生产运行期为避免危险源和有害因素而购置的劳动安全与工业卫生设备、仪器及其安装、率定等。

8. 其他设备及其安装工程。包括电梯,厂(坝)区馈电设备,厂(坝)区供水、排水、供热设备,梯级集控中心设备(分摊),地震监测站(台)网设备,通风、采暖设备,机修设备,交通设备,全厂接地设备等及其安装工程。

(五)金属结构设备及其安装工程

金属结构设备及其安装工程,指构成电站固定资产的全部金属结构设备及其安装工程。包括闸门、启闭机、拦污栅等设备及其安装工程,升船机等设备及其安装工程,压力钢管制作及安装工程和其他金属结构设备及其安装工程。金属结构设备及其安装工程扩大单位工程,应与建筑工程扩大单位工程(或分部工程)相对应。

施工辅助工程与建筑工程、金属结构设备及其安装工程相结合的项目,列入相应的永久工程中。

施工辅助工程项目划分(部分),见表1F-441041。

第一项 施工辅助工程 表1F-441041

序号	一级项目	二级项目	三级项目	技术经济指标
一	施工交通工程			
1		公路工程		元/km
2		铁路工程		元/km
3		桥梁工程		元/m
4		施工支洞工程		
			土方开挖	元/m^3
			石方开挖	元/m^3
			混凝土	元/m^3
			钢筋制作安装	元/t
			锚杆(束)	元/根(束)
			锚索	元/束
			灌浆钻孔	元/m
			灌浆	元/t(m)
			封堵	元/m^3
5		架空索道工程		元/km
6		桥涵、道路加固工程		元/km
7		铁路转运站工程		元/项
8		水运码头工程		元/座
9		设施维护与管理		元/项
二	施工期通航工程			
1		通航设施		元/项
		……		

第二项“建筑工程”、第三项“环境保护和水土保持工程”、第四项“机电设备及安装工程”及第五项“金属结构设备及安装工程”项目划分，此处不再列示。

项目划分时，各项下设一级（扩大单位工程）、二级（单位工程）、三级（分部工程）项目。各级项目可根据工程需要设置，但应注意，一级项目及二级项目下各项目不得合并（只允许对三级项目进行合并）。

三、建设征地和移民安置补偿组成

（一）农村部分

农村部分，指项目建设征地前，属乡（镇）人民政府管辖的农村集体经济组织及地区迁建的相关项目。包括土地的征收和征用、搬迁补助、附着物拆迁处理、青苗和林木处理、基础设施建设和其他项目等。

进入集镇、城市安置的农村集体经济组织的成员，其基础设施建设部分纳入相应的城市（集镇）部分；其他项目仍纳入农村部分。

（二）城市集镇部分

城市集镇部分，指列入城市（集镇）原址的实物指标处理和新址基础设施建设的项目。包括搬迁补助、附着物拆迁处理、林木处理、基础设施建设和其他项目等。

（三）专业项目

专业项目，是指受项目影响的迁（改）建或新建专业项目。包括铁路工程、公路工程、航运工程、水利工程、水电工程、电力工程、电信工程、广播电视工程、企（事）业单位、防护工程、文物古迹以及其他等。

（四）库底清理

库底清理，指在水库蓄水前对库底进行的清理。包括建筑物清理、卫生清理、林木清理和其他清理等。

（五）环境保护和水土保持

环境保护和水土保持，指在移民安置区内采取的环境保护和水土保持措施。包括水土保持、水环境保护、陆生动（植）物保护、生活垃圾处理、人群健康保护、环境监测、水土保持监测以及其他项目等。

四、独立费用组成

（一）项目建设管理费

项目建设管理费，包括工程前期费、工程建设管理费、建设征地和移民安置补偿管理费、工程建设监理费、咨询服务费、项目技术经济评审费、项目验收费和工程保险费。

（二）生产准备费

生产准备费，包括生产人员提前进厂费、培训费、管理用具购置费、备品备件购置费、工（器）具及生产家具购置费、联合试运转费。

（三）科研勘察设计费

科研勘察设计费，包括施工科研试验费和勘察设计费。

（四）其他税费

其他税费，包括耕地占用税、耕地开垦费、森林植被恢复费、水土保持设施补偿费、工程建设质量监督费、定额编制管理费和其他等。

1F-441042 费用构成

一、水电工程总费用构成

水电工程总费用构成,如图1F-441042-1所示。

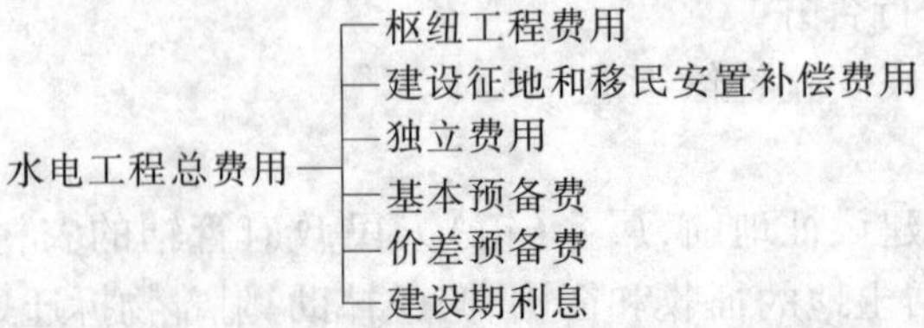

图1F-441042-1 水电工程总费用构成

二、枢纽工程费用构成

枢纽工程费用构成,如图1F-441042-2所示。

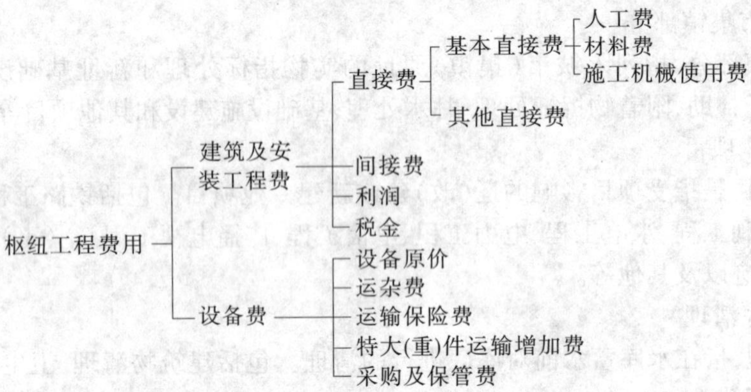

图1F-441042-2 枢纽工程费用构成

(一)建筑及安装工程费

1.直接费。指建筑及安装工程施工过程中直接消耗在工程项目建设中的活劳动和物化劳动。

(1)基本直接费

1)人工费。指直接从事建筑及安装工程施工的生产工人的工资、工资性津贴和属于生产工人开支范围的相关费用。包括生产工人的基本工资、辅助工资、职工福利费和劳动保护费。

2)材料费。指用于建筑安装工程项目中的消耗性材料费、装置性材料费和周转性材料摊销费。包括材料原价、包装费、运输保险费、运杂费、采购及保管费和包装品回收等。

3)施工机械使用费。指消耗在建筑安装工程项目上的施工机械的折旧、维修和动力燃料费用等。包括基本折旧费、设备修理费、安装拆卸费、机上人工费和动力燃料费,以及应计入的车船使用税、养路费和年检费等。

(2)其他直接费

其他直接费,包括冬雨季施工增加费、特殊地区施工增加费、夜间施工增加费、小型临时设施摊销费、安全文明施工措施费及其他。

2.间接费。指建筑、安装工程施工过程中构成建筑产品成本,但又无法直接计量的消耗在工程项目上的有关费用；由施工管理费、社会保障及企业计提费和财务费用组成。

(1)施工管理费

施工管理费，指承包人组织施工生产和经营管理所发生的费用。包括现场管理费、企业管理费和承包人进退场费。

1)现场管理费。指承包人在施工现场为组织和管理工程施工所需的费用；包括现场管理人员工资、现场办公费、差旅费、交通费、固定资产使用费、工具用具使用费、保险费，以及设计收费标准中未包括的、应由承包人负责的施工辅助工程设计费、图纸资料费及摄影费等。

2)企业管理费。指承包人摊销在项目中的总部管理性费用；包括管理人员工资、差旅费、办公费、固定资产折旧及修理费、工具用具使用费、劳动补贴费、保险费、税金及其他。

3)承包人进退场费。指承包人根据建设任务需要，派遣人员和将施工机械从基地迁往工程所在地(含往、返)所发生的费用；包括承担任务的职工接受调遣时的差旅费及在调遣期间的工资，以及施工机械、工具、用具、周转性材料及其他施工装备搬运费用。

(2)社会保障及企业计提费

社会保障及企业计提费，包括生产工人及管理人员的基本养老保险费、医疗保险费、工伤保险基金、失业保险费、女职工生育保险费、工会经费、教育经费、住房公积金和职业病防治费。

(3)财务费

财务费，指承包人为筹集资金而发生的各项费用。包括企业在生产经营期间发生的利息支出、汇(兑)净损失、调剂外汇手续费、金融机构手续费、保函手续费，以及筹资时发生的其他财务费用等。

3. 利润。指按水电建设市场盈利水平，承包人应获得的净收益。

4. 税金。指承包人预期应缴纳的营业税、城市维护建设税、教育费附加及地方教育费附加。

(二)设备费(略)

三、建设征地和移民安置补偿费用构成

建设征地和移民安置补偿费用构成，如图 1F－441042－3 所示。

四、独立费用构成

独立费用构成，如图 1F－441042－4 所示。

五、预备费及建设期利息

(一)预备费

1. 基本预备费。指用以解决可行性研究设计范围以内的设计变更(含施工过程中工程量变化、设备改型、材料代用等)，采取措施预防自然灾害，以及弥补一般自然灾害所造成损失中工程保险未能补偿部分而预留的费用。

2. 价差预备费。指用以解决工程建设过程中，因国家政策调整、材料和设备价格上涨，以及人工费和其他各种费用标准调整、汇率变化等引起投资增加而预留的费用。

- 建设征地和移民安置补偿费用
  - 补偿补助费
    - 土地补偿费和安置补助费
    - 划拨用地补偿费
    - 征用土地补偿费
    - 房屋及附属建筑物补偿费
    - 青苗补偿费
    - 林木补偿费
    - 农副业及个人所有文化设施补偿费
    - 搬迁补偿费
    - 停产损失费
    - 其他补偿补助费
  - 工程费
    - 建筑安装工程费
    - 设备费
    - 其他费用

图 1F－441042－3　建设征地和移民安置补偿费用构成

- 独立费用
  - 项目建设管理费
    - 工程前期费
    - 工程建设管理费
    - 建设征地和移民安置管理费
    - 工程建设监理费
    - 咨询服务费
    - 项目技术经济评审费
    - 项目验收费
    - 工程保险费
  - 生产准备费
  - 科研勘察设计费
    - 施工科研试验费
    - 勘察设计费
  - 其他税费
    - 耕地占用税
    - 耕地开垦费
    - 森林植被恢复费
    - 水土保持设施补偿费
    - 工程建设质量监督费
    - 定额编制管理费
    - 其他

图 1F－441042－4　独立费用构成

(二)建设期利息

建设期利息,指为筹措工程建设资金,在建设期内发生并按规定允许在投产后计入固定资产原值的债务资金利息。包括银行借款及其他债务资金利息,以及其他融资费用。

其中,其他融资费用是指某些债务融资中发生的手续费、承诺费、管理费、信贷保险费。

1F－441050　水利基本建设项目竣工财务决算编制规程

《水利基本建设项目竣工财务决算编制规程》(SL 19—2008)(简称《规程》)包括总则、编制要求、编制内容、编制方法等内容。

按"总则"所述,编制水利基本建设项目竣工财务决算(下称"竣工财务决算")的目的，是考核水利投资效益，核定新增资产价值，以及反映竣工项目概（预）算执行成果。

"总则"指出，竣工财务决算是项目资产形成、资产移交和投资核销时的依据。

竣工财务决算由项目法人组织编制。设计、监理、施工等单位按要求向项目法人提供有关资料。

竣工财务决算编制依据，应包括：

（1）国家有关法律、法规等的规定。

（2）经批准的设计文件。

（3）主管部门下达的年度投资计划、基本建设支出预算。

（4）经批复（确认）的年度财务决算。

（5）项目合同（协议）。

（6）会计核算资料和财务管理资料。

（7）其他有关项目管理文件。

编制竣工财务决算，应具备下列条件：

（1）经批准的初步设计中所确定的工作内容已完成。

（2）建设资金已全部到位。

（3）完工结算已完成。

（4）未完工程概算投资及相应预留费用未超过规定的比例。

（5）涉及法律诉讼、工程质量及移民安置的事项已处理完毕。

（6）其他影响竣工财务决算编制的重大问题已解决。

1F－441051 编制要求

建设项目完成并满足竣工财务决算编制条件后，项目法人应在规定的期限内完成竣工财务决算编制工作。大中型项目的期限应为 3 个月，小型项目的期限应为 1 个月。

如有特殊情况，不能在规定期限内完成编制工作的，报经竣工验收主持单位同意后，可适当延期。

竣工财务决算，应区分大中型、小型项目，按项目规模分别编制。

项目规模，以得到批复的设计文件中所确定的为准。设计文件中未明确的，非经营性项目投资额在 3 000 万元（含本数）以上、经营性项目投资额在 5 000 万元（含本数）以上的，为大中型项目；其他项目为小型项目。

建设项目包含两个（或两个以上）具有独立概算的单项工程的，每个单项工程竣工时，可编制单项工程竣工财务决算；建设项目全部竣工后，还应编制该项目的竣工财务总决算。

建设项目是大中型项目，而单项工程是小型项目的，应按大中型项目的编制要求，编制单项工程竣工财务决算。

未完工程概算投资及相应预留费用，可按预计额度纳入竣工财务决算。大中型项目，该投资（费用）额应控制在总概算的 3% 以内；小型项目，应控制在 5% 以内。

1F-441052 编制内容

竣工财务决算,应反映项目从筹建到竣工验收的全部费用。

竣工财务决算,由下列4部分组成:

(1)竣工财务决算封面及目录。

(2)竣工后的工程平面示意图及主体工程照片。

(3)竣工财务决算说明书。

(4)竣工财务决算报表。

竣工财务决算说明书,应反映下列主要内容:

(1)项目基本情况。

(2)基本建设支出预算、投资计划和资金到位情况。

(3)概(预)算执行情况。

(4)招(投)标及政府采购有关情况。

(5)合同(协议)履行情况。

(6)征地补偿和移民安置情况。

(7)预备费动用有关情况。

(8)未完工程概算投资及相应预留费用情况。

(9)财务管理情况。

(10)其他需说明的事项。

(11)报表的说明。

竣工财务决算报表,应包括下列8张表格:

(1)水利基本建设竣工项目概况表。该表反映竣工项目主要特性、建设过程和建设成果等基本情况。

(2)水利基本建设项目竣工财务决算表。该表反映竣工项目财务收支状况。

(3)水利基本建设竣工项目投资分析表。该表反映竣工项目概(预)算执行情况。

(4)水利基本建设竣工项目未完工程投资及预留费用表。该表反映按预计纳入竣工财务决算的未完工程概算投资及相应预留费用明细。

(5)水利基本建设竣工项目成本表。该表反映竣工项目成本构成情况。

(6)水利基本建设竣工项目交付可用资产表。该表反映竣工项目向不同资产接收单位交付资产情况。

(7)水利基本建设竣工项目待核销基建支出表。该表反映竣工项目发生的待核销基建支出明细。

(8)水利基本建设竣工项目转出投资表。该表反映竣工项目发生的转出投资明细。

大中型项目,应编制上述竣工财务决算报表全部8张表格;小型项目,应编制其中"水利基本建设竣工项目概况表""水利基本建设项目竣工财务决算表""水利基本建设竣工项目未完工程投资及预留费用表""水利基本建设竣工项目交付可用资产表"。

项目法人可根据项目情况,增设反映有关重要事项的辅助报表。

1F－441053　编制方法

概(预)算同核算之间的口径差异,应依据项目概(预)算口径并通过辅助核算,调整会计核算指标,并按概(预)算口径形成对应关系。

与项目建设成本、资产价值等相关联的会计业务,应在竣工财务决算基准日之前入账。

未完工程概算投资及相应预留费用,应能满足后续项目实施及管理费用需求;并以项目概(预)算、合同等为依据,合理计列。其中,已签订合同(协议)的,应按合同(协议)相关条款约定进行测算;尚未签订合同(协议)的,不应突破相应概(预)算标准。

待摊投资,应由受益的各项交付使用资产共同负担。其中,能够确定由某项资产负担的待摊投资,应直接计入该资产成本;不能确定负担对象的待摊投资,应分摊计入受益的各项资产成本中。

分摊时,应根据项目特点,合理分摊。可以按实际发生数的比例分摊,或按概算数的比例分摊。

待摊投资的分摊对象,主要为房屋、建筑物、水(电)专用设备,可能发生安装费用的通用设备以及其他分摊对象。

交付使用资产,应以具有独立使用价值的固定资产、流动资产、无形资产及递延资产作为计算(交付)对象。

"具有独立使用价值",其确定依据应是具有较完整的使用功能,能够按照设计要求,独立地发挥作用。

具有防洪、发电、灌溉、供水等多种效益的工程项目,应根据项目实际情况,合理选择建设成本分摊方法。包括:

(1)按各功能占用水量的比例分摊。

(2)按各功能占用库容的比例分摊。

(3)按各功能可获得效益现值的比例分摊。

1F－442000　标准文件

1F－442010　技术标准和要求(合同技术条款)(上)

《水利水电工程标准施工招标文件》(2009年版,简称《文件》)第7章"技术标准和要求(合同技术条款)"独立于《文件》之外而单独成册(即《水利水电工程标准施工招标文件技术标准和要求　合同技术条款》(2009年版),简称《技术条款》)。

《技术条款》"编者说明"指出,2000年颁发的《水利水电工程施工合同和招标文件示范文本　下册　技术条款》(GF—2000—0208,简称《范本》),在水利水电工程施工招标、工程合同管理及施工质量控制等方面得到广泛应用,并取得良好效果。随着我国建设管理体制的改革及科学技术的进步、施工装备水平的提高和国外先进技术的引进,以及我国许多大中型水利水电工程的建设及投入运行,积累了极为丰富的施工技术与经验,提供了新的更为科学的数据;加之近年来,原颁布的多部国家(行业)标准、规程(规范)重新进行了修订、再版。因此,需要对《范本》内容作出更新,以适应新时期水利水电工程建设发展的需要。《技术条款》正是对《范本》进行更新后的结果。

《技术条款》将《范本》第1章分解为"一般规定""施工临时设施""施工安全措施"及"环境保护和水土保持"四章。其中,第1章"一般规定"除具体划分发包人和承包人各自的工作责任外,还详细说明发包人合同管理相关工作内容及工程验收程序以及合同中有关工程计量与工程支付规则;第2章"施工临时设施"说明施工临时设施建设有关工作内容及发包人与承包人相应分工;第3章"施工安全措施"提出承包人应承担的施工安全责任和应采取的安全措施;第4章"环境保护和水土保持"强调承包人应遵守的国家有关环境保护与水土保持方面的法律、法规,以及承包人应采取的有关环境保护和水土保持措施。

《技术条款》其他各章(第5~24章),则是按专业工程施工顺序,以各专业工程独立成章进行编排。

"编者说明"同时指出,《技术条款》不是技术标准,即不能直接将其作为技术标准使用。《技术条款》的主要作用,是指导招标文件编制者根据国家法律、法规,以及国家和行业主管部门颁布的技术标准和规程、规范,编写出符合工程项目施工要求的合同技术条款。

合同技术条款是合同的重要组成部分。合同一般条款用于划清发、承包人在本合同中各自的责任、权利和义务;而合同技术条款则是合同责任、权利和义务在包括安全管理及质量控制等在内的实物操作领域里的具体延伸。后者是发包人委托监理人进行合同管理时的实物标准,也是工程施工过程中发包人及监理人按一定操作程序和方法实施进度(质量、费用)控制时的依据。

技术条款是投标人编制投标报价时的依据,也是发包人进行合同支付时的实物依据。投标前,投标人按招标文件有关进度要求及技术条款中规定的质量标准,结合自身施工能力、水平,参照相关定额计算投标价;中标后,承包人根据合同一般条款约定及技术条款规定,组织工程施工。在施工过程中,发包人及监理人根据技术条款中规定的质量标准,进行工程检查和验收;按技术条款中有关计量和支付条款的约定进行支付。

为保证技术条款与施工合同(文本)其他部分成为一个统一的整体,其编制范围及内容应与招标设计图纸及《工程量清单》中所列内容相协调、一致,做到互相对应。

1F-442011 一般规定

因《技术条款》即《文件》第7章,其"章"序号相当于《文件》中的"条"序号,故《技术条款》各章第一层次条款号为"款"。第1章"一般规定"中各款的"条"序号为"(1)";余类推。

此处,仅将第1章"一般规定"中各款、项的名称列出,具体编写要求从略。

1)工程说明

①工程概况

②水文、气象及工程地质条件

③施工条件

2)主体工程项目及其工作内容

①本合同承包人承担的主体工程项目及其工作内容

②发包人(其他承包人)承担的相关工程项目及其工作内容

3)发包人提供的施工图纸和文件

①发包人负责提供的施工图纸和文件

②发包人供图计划

③发包人提供施工图纸的期限

④施工图纸的修改

Ⅰ.承包人收到发包人按上述第(1)条第3)款第③项规定提交的施工图纸后,应进行详细检查;若发现有错误或表达不清楚之处,应在收到图纸后的____天内书面通知监理人。若监理人确认需要作出修改或补充,应在接件后____天内将修改和补充后的施工图纸重新提交给承包人。

Ⅱ.监理人发出施工图纸后,需要对某些工程设计进行修改和补充时,应在该部位开始施工__14__天前及时签发设计修改图。

Ⅲ.若因施工情况紧急,监理人无法在上述规定时间内签发修改后的施工图纸,可以临时发出施工图修改通知单,但应在此后的合理时限内补发正式施工图纸。

4)承包人提交的文件

①承包人文件提交计划

②承包人负责设计的临时工程图纸(文件)

Ⅰ.由承包人负责设计的临时工程项目,应在该项目开工前____天,将该项目的总布置图、结构详图及设计依据,以及监理人认为需要提交的其他图纸、文件,提交给监理人审批。

Ⅱ.承包人提交上述临时工程项目的基本资料、试验成果、施工样品,以及所有图纸、文件和影像资料等,其所需费用均包括在相关项目的报价中,发包人不另行支付。

③施工总进度计划

Ⅰ.承包人按本合同专用合同条款第(10)条第1)款要求提交的施工总进度计划,应采用关键线路法编制网络图。

Ⅱ.承包人编制的施工总进度计划,应满足本合同约定的工程施工各控制节点的工期要求。

④施工总布置设计

⑤主要施工方法和措施

⑥承包人文件的审批

5)发包人提供的材料和工程设备

①发包人提供的材料

②发包人提供的工程设备

6)承包人提供的材料和设备

①承包人提供的材料

②承包人提供的工程设备

③承包人施工设备

④不合格的材料和工程设备的处理

7)进度计划的实施

①施工总进度实施措施

②年进度计划

③季、月进度计划

④月、周进度报告

⑤进度会议

8)工程质量的检查、检验和预验收

①承包人的质量自检

②监理人的质量检查

③发包人的完工预验收

9)验收

①专项验收

②阶段验收

③工程竣工验收

10)工程量计量

① 说明

Ⅰ.本合同工程项目应按本合同通用(专用)合同条款第(17)条的约定进行计量。计量方法应符合本技术条款各章的有关规定。

Ⅱ.承包人应保证自供的一切计量设备和用具符合有关计量标准精度要求。

Ⅲ.除合同另有约定外,凡超出施工图纸所示(或技术条款规定)有效工程量以外的超挖(超填)工程量、施工附加量、加工及运输损耗量等,均不予计量。

Ⅳ.承包人完成的合同工程有效工程量,由承包人按施工图纸计算(或用标准计量设备称量)得出;经监理人签认,列入承包人月完成工程量报表中。当已完工程逐次结算时的累计工程量同按施工图纸所示(按合同文件规定)计算的有效工程量不一致时,以后者结果为准。

Ⅴ.逐次结算时工程量的测量由承包人负责,并在监理人在场情况下进行。必要时,监理人有权指示承包人对结算工程量进行,并对承包人复核或重新测量结果进行核查、确认。

②重量计量

Ⅰ.按施工图纸所示计算得的有效重量,以吨(或千克)为单位计量。

Ⅱ.凡以重量计量并需称量的材料,由承包人合格的测量人员按合同约定,并使用经国家计量监督部门检验合格的称量设备,在监理人指定的地点进行称量。

③面积计量

按施工图纸所示施工轮廓尺寸(或结构物尺寸)计算得的有效面积,以平方米为单位计量。

④体积计量

按施工图纸所示施工轮廓尺寸（或结构物尺寸）计算得的有效体积，以立方米为单位计量。

⑤长度计量

按施工图纸所示施工轮廓尺寸（或结构物尺寸）计算得的有效长度，以米为单位计量。

11）引用技术标准及规程、规范时的规定

①遵守国家和行业标准中的强制性规定

技术条款中约定的涉及工程等级、防洪标准、工程安全鉴定标准等的工程的施工（安装）技术要求及验收标准，必须严格遵守国家和行业标准中的强制性规定；与之相矛盾时，应由监理人按国家和行业标准中的强制性规定进行修正。

②引用标准及规程、规范时，以其最新版本为准

《技术条款》中引用的标准、规程和规范，均标注了其出版年份（截止日期为2009年底）。应用《技术条款》编制技术条款时，应按其中涉及的标准（规程、规范）的最新版本引用。

12）工程保险

①投保险种

发包人及承包人应按本合同通用合同条款第（20）条的约定，投保以下险种：

Ⅰ.建筑（安装）工程一切险（涵盖材料和工程设备两者）；

Ⅱ.人员工伤事故险；

Ⅲ.人身意外伤害险；

Ⅳ.第三者责任险；

Ⅴ.施工设备险。

②保险费用

Ⅰ.若本合同约定由承包人负责投保建筑（安装）工程一切险，承包人应按本合同通用合同条款第（20）条第1）款约定的责任和内容，在工程量清单各有关表单中专项列报。

若本合同约定由发包人负责投保建筑（安装）工程一切险，则承包人不需对该险种列报。

Ⅱ.承包人人员的工伤事故险和人身意外伤害险，应由承包人按本合同通用合同条款第（20）条第2）款、第3）款约定的责任和内容，为全部现场施工人员办理保险（在工程量清单各有关表单中专项列报）。

Ⅲ.承包人管辖区内的第三者责任险，应由承包人根据本合同通用合同条款第（20）条第4）款约定的责任和内容，在工程量清单各有关表单中专项列报。

Ⅳ.施工设备险由承包人负责投保，保险费包含在施工设备运行费内。

13）工程价款支付方法

①单价支付项目

除合同另有约定外，对承包人以单价形式列报的工程项目，发包人以已标价工程量清单中所列项目为准，按工程单价支付。

②一般总价支付项目

除合同另有约定外,对承包人以总价形式列报的工程项目,发包人以已标价工程量清单中所列项目为准,按总价(不包括以总价形式列报的暂列金额)支付。

③特殊约定的总价支付项目

Ⅰ.进场费

承包人为完成合同项目施工而用于人员、施工设备及周转性材料等的调遣费用,在工程量清单中应以总价形式列报,由发包人在合同计划开工日期____天前支付。

Ⅱ.退场费

工程经完工验收后,承包人用于完工清场,撤退人员、施工设备及周转性材料等所需费用,由承包人在工程量清单中以总价形式列报;经监理人检查并确认承包人完成全部清场及撤退后,由发包人给予支付。

Ⅲ.保险费

发包人按本《技术条款》第(1)条第12)款的规定支付。

Ⅳ.其他费用

承包人为完成本《技术条款》规定的各项工作所发生的其他费用,均包含在已标价工程量清单中所列相关项目的工程单价或总价中,发包人不另行支付。

1F-442012　施工临时设施

《技术条款》第2章内容为"施工临时设施"。相应地,该章各款的"条"序号为"(2)"。

此处仅摘录与成本控制有关的款、项。

16)计量和支付

①现场施工测量

现场施工测量(指根据合同约定由承包人承担的施工控制网测设及工程施工阶段施工测量与放样等)所需费用,发包人依据已标价工程量清单中所列项目,按总价支付。

②现场试验

Ⅰ.现场室内试验

承包人现场试验室的建设费用,发包人依据已标价工程量清单,对相应项目按总价支付。

Ⅱ.现场工艺试验

除合同另有约定外,现场工艺试验所需费用包含在现场工艺试验总价中;发包人依据已标价工程量清单,对相应项目按总价支付。

Ⅲ.现场生产性试验

除合同约定的大型现场生产性试验项目由发包人依据已标价工程量清单,对相应项目按总价支付外,其他各项生产性试验费用均包含在已标价工程量清单中相应项目的工程单价或总价中,发包人不另行支付。

③施工交通设施

Ⅰ.除合同另有约定外,承包人根据合同约定完成场内施工道路建设及施工期对其进行管理维护工作所需费用,发包人依据已标价工程量清单,对相应项目按工程单价或总价支付。

Ⅱ.除合同约定由承包人负责修建和(或)维护场外公共交通相应临时设施外,承包人在施工场地外的一切交通费用,均由承包人自行承担,发包人不另行支付。

Ⅲ.合同约定由承包人承担的超大、超重件的运输费用,均由承包人自行负责,发包人不另行支付。超大、超重件的尺寸(重量)超出合同约定的限度时,增加的费用由发包人承担。

④施工及生活供电设施

除合同另有约定外,承包人根据合同约定完成施工用电设施建设及移设、拆除等工作所需费用,发包人依据已标价工程量清单,对相应项目按工程单价或总价支付。

⑤施工及生活供水设施

除合同另有约定外,承包人根据合同约定完成施工及生活供水设施建设及移设、拆除等工作所需费用,发包人依据已标价工程量清单,对相应项目按工程单价或总价支付。

⑥施工供风设施

除合同另有约定外,承包人根据合同约定完成施工供风设施建设及移设、拆除等工作所需费用,发包人依据已标价工程量清单,对相应项目按工程单价或总价支付。

⑦施工照明设施

除合同另有约定外,承包人根据合同约定完成施工照明设施建设及维护管理、移置、拆除等工作所需费用,发包人依据已标价工程量清单,对相应项目按工程单价或总价支付。

⑧施工通信和邮政设施

除合同另有约定外,承包人根据合同约定完成施工通信和邮政设施建设及维护管理、移设、拆除等工作所需费用,发包人依据已标价工程量清单,对相应项目按工程单价或总价支付。

⑨砂石料生产系统

除合同另有约定外,承包人根据合同约定完成砂石料生产系统建设和拆除工作所需费用,发包人依据已标价工程量清单,对相应项目按工程单价或总价支付。

⑩混凝土生产系统

除合同另有约定外,承包人根据合同约定完成混凝土生产系统建设和拆除工作所需费用,发包人依据已标价工程量清单,对相应项目按工程单价或总价支付。

⑪附属加工厂

除合同另有约定外,承包人根据合同约定完成附属加工厂建设及维护管理、拆除等工作所需费用,发包人依据已标价工程量清单,对相应项目按工程单价或总价支付。

⑫仓库和存料场

除合同另有约定外,承包人根据合同约定完成仓库或存料场建设及维护管理、拆除等工作所需费用,发包人依据已标价工程量清单,对相应项目按工程单价或总价支付。

⑬弃渣场

除合同另有约定外,承包人根据合同约定完成弃渣场建设及维护管理等工作所需费用,发包人依据已标价工程量清单,对相应项目按工程单价或总价支付。

⑭临时生产管理和生活设施

除合同另有约定外,承包人根据合同约定完成临时生产管理设施及生活设施建设及维护管理、移设、拆除等工作所需费用,发包人依据已标价工程量清单,对相应项目按工程单价或总价支付。

⑮其他临时设施

工程量清单中未列入的其他临时设施,承包人根据合同约定完成这些设施的建设及维护管理、移设、拆除等工作所需费用,包含在相应永久工程项目的工程单价或总价中,发包人不另行支付。

1F-442013 施工安全措施

《技术条款》第3章内容为"施工安全措施"。相应地,该章各款的"条"序号为"(3)"。

此处仅摘录与成本控制有关的款、项。

4)计量和支付

Ⅰ.承包人按《技术条款》第(3)条第2)款、第3)款约定进行的、非直接属于具体工程项目安全施工所需的安全保护措施费用,在工程量清单中应以总价形式专项列报;经监理人检查,实施情况得到确认后,由发包人按项审批、支付。

Ⅱ.直接属于具体工程项目的安全文明施工措施费,应包含在已标价工程量清单中各具体工程项目有效工程量的工程单价中,发包人不另行支付。

1F-442014 环境保护和水土保持

《技术条款》第4章内容为"环境保护和水土保持"。相应地,该章各款的"条"序号为"(4)"。

此处仅摘录与成本控制有关的款、项。

7)计量和支付

Ⅰ.施工临时设施(指混凝土生产系统、砂石料生产加工系统、机修车间、施工现场及生活区临时设施等)的废(污)水、废油处理设施,应分别包含在《技术条款》第2章"施工临时设施"中各相关施工临时设施项目中。承包人根据合同约定完成废(污)水、废油处理设施建设、移设和拆除工作所需费用,发包人依据已标价工程量清单"施工临时设施"项中的废(污)水、废油处理设施子项,按总价支付(若未设列废(污)水、废油处理设施子项,则承包人完成该类设施建设、移设和拆除工作所需费用,应包含在与之相关的"施工临时设施"项目总价中,发包人不另行支付);除合同另有约定外,承包人按合同约定完成废(污)水、废油处理设施的运行及维护管理以及施工期水质监测等工作所需费用,包含在已标价工程量清单"环境保护和水土保持专项措施费"中,发包人不另行支付。

Ⅱ.除合同另有约定外,施工场地和生活区内其他零星污水(废弃物、生活垃圾)的处理费用及大气环境(声环境)保护措施费用,包含在已标价工程量清单"环境保护和水土保持专项措施费"中,发包人不另行支付。

Ⅲ.河床基坑中废水的处理费用,发包人依据已标价工程量清单,对相应项目按工程单价或总价支付。

Ⅳ.列入工程量清单中的环境保护和水土保持其他工程项目(如渣场及场内交通的工程防护,水土保持设施修建及林草植被种植等),发包人依据已标价工程量清单,对相应项目按工程单价或总价支付。除合同另有约定外,上述工程单价或总价中,应包含承包人为完成相应项目建设及运行(维护)管理以及施工期监测等工作所需费用。

Ⅴ.未列入工程量清单的其他环境保护和水土保持措施,承包人为完成这些措施的建设及运行(维护)管理以及施工期监测等工作所需费用,包含在已标价工程量清单"环境保护和水土保持专项措施费"中,发包人不另行支付。

Ⅵ.承包人在已标价工程量清单中以总价形式专项列报的"环境保护和水土保持专项措施费用",在相应项目按计划实施并经监理人检查、确认后,由发包人按项支付。

1F－442015　施工导流工程

《技术条款》第5章内容为"施工导流工程"。相应地,该章各款的"条"序号为"(5)"。

此处仅摘录与成本控制有关的款、项。

10)计量和支付

Ⅰ.承包人按合同约定完成截流方案设计、材料制备与运输、截流施工及水情观测等工作所需费用,包含在已标价工程量清单"工程截流"项目总价中,发包人不另行支付。

Ⅱ.承包人按合同约定完成截流模型试验所需费用,发包人依据已标价工程量清单,对相应项目按总价支付。

Ⅲ.承包人按合同约定完成基坑排水(包括初期排水与经常性排水)工作所需费用,发包人依据已标价工程量清单,对相应项目按总价支付。

Ⅳ.承包人按合同约定完成施工期防洪度汛和(或)排冰凌所需费用,发包人依据合同具体约定及已标价工程量清单,对相应项目按总价分年度支付。

Ⅴ.除合同另有约定外,承包人完成临时导流泄水建筑物建设及拆除(或封堵)工作所需费用,发包人依据已标价工程量清单,对相应项目按工程单价或总价支付。

Ⅵ.施工期临时通航费用(包括断航期内的补偿费用)及向下游供水所发生费用,发包人依据已标价工程量清单,对相应项目按总价支付。

Ⅶ.除合同另有约定外,导流泄水建筑物的永久(临时)闸门及其启闭机的安拆及建设期运行费用,发包人依据已标价工程量清单,对相应项目按工程单价或总价支付。

1F－442016　土方明挖

《技术条款》第6章内容为"土方明挖"。相应地,该章各款的"条"序号为"(6)"。

此处仅摘录与成本控制有关的款、项。

8)计量和支付

Ⅰ.场地平整,按施工图纸所示场地平整区域计算得的有效面积,以平方米为单位计量;发包人依据已标价工程量清单,对相应项目有效工程量,按每平方米工程单价支付。

Ⅱ.一般土方开挖、淤泥流砂开挖、沟槽开挖及柱坑开挖,按施工图纸所示开挖轮廓尺寸计算得的有效自然方体积,以立方米为单位计量;发包人依据已标价工程量清单,对相应项目有效工程量,按每立方米工程单价支付。

Ⅲ.塌方清理,按施工图纸所示开挖轮廓尺寸计算得的有效塌方堆方体积,以立方米为单位计量;发包人依据已标价工程量清单,对相应项目有效工程量,按每立方米工程单价支付。

Ⅳ.承包人完成《技术条款》第(6)条第2)款第①项所列"植被清理"工作所需费用,包含在已标价工程量清单相应土方明挖项目有效工程量的每立方米工程单价中,发包人不另行支付。

Ⅴ.土方明挖工程单价,应包括承包人按合同约定完成场地清理、测量放样、临时性排水设施安拆及运行(维修)、土方开挖与装运、边坡整治与稳定性观测、基础及边坡面检查与验收,以及将开挖出的可利用(或废弃)土方运至监理人指定的堆放区并加以保护(或处理)等工作所需费用。

Ⅵ.土方明挖开始前,承包人应按照监理人指示,对开挖区地形及工程量测算时需使用断面进行测量;经监理人检查、确认后,作为计量、支付时的原始资料。土方明挖,按施工图纸所示轮廓尺寸计算得的有效自然方体积,以立方米为单位计量;发包人依据已标价工程量清单,对相应项目有效工程量,按每立方米工程单价支付。施工过程中增加的超挖量和施工附加量所需费用,应包含在已标价工程量清单相应项目有效工程量的每立方米工程单价中,发包人不另行支付。

Ⅶ.除合同另有约定外,开采土料或砂砾料(包括取土、含水量调整、弃土处理、土料运输及堆放等工作)所需费用,包含在已标价工程量清单相应项目有效工程量的工程单价或总价中,发包人不另行支付。

Ⅷ. 除合同另有约定外,承包人结束在料场开采后,完成开采区清理、恢复及绿化等工作所需费用,包含在《技术条款》第4章"环境保护和水土保持"的已标价工程量清单相应项目的工程单价或总价中,发包人不另行支付。

1F-442017 石方明挖

《技术条款》第7章内容为"石方明挖"。相应地,该章各款的"条"序号为"(7)"。

此处仅摘录与成本控制有关的款、项。

8)计量和支付

Ⅰ.石方明挖和石方槽挖,按施工图纸所示轮廓尺寸计算得的有效自然方体积,以立方米为单位计量;发包人依据已标价工程量清单,对相应项目有效工程量,按每立方米工程单价支付。施工过程中增加的超挖量和施工附加量所需费用,应包含在已标价工程量清单相应项目有效工程量的每立方米工程单价中,发包人不另行支付。

Ⅱ.直接利用开挖料作为混凝土骨料(或填筑料)的原料时,原料进入骨料加工系统进料仓(或填筑工作面)以前的开挖运输费用,不计入混凝土骨料(或填筑料)原料的开采运输费用中。

Ⅲ.承包人按合同约定完成基础清理工作所需费用,包含在已标价工程量清单相应开挖项目有效工程量的每立方米工程单价中，发包人不另行支付。

Ⅳ.石方明挖过程中临时性排水措施（指排水设备的安拆、运行及维修）所需费用，包含在已标价工程量清单相应石方明挖项目有效工程量的每立方米工程单价中。

Ⅴ.除合同另有约定外，当骨料（或填筑料）原料来自石料场开采料时，其开采时所发生的费用，以及开采过程中用于弃料（废料）运输、堆放及处理所发生费用，均包含在每吨（或每立方米）材料单价中，发包人不另行支付。

Ⅵ.除合同另有约定外，承包人对石料场进行查勘、取样试验、地质测绘、大型爆破试验，以及工程完建后进行料场整治及清理等工作所需费用，应包含在每吨（或每立方米）材料单价或已标价工程量清单相应项目工程单价（或总价）中，发包人不另行支付。

1F－442018 地下洞室开挖

《技术条款》第 8 章内容为“地下洞室开挖”。相应地，该章各款的“条”序号为“（8）”。

此处仅摘录与成本控制有关的款、项。

13）计量和支付

Ⅰ.地下洞室开挖，按施工图纸所示轮廓尺寸计算得的有效自然方体积，以立方米为单位计量；发包人依据已标价工程量清单，对相应项目有效工程量，按每立方米工程单价支付。

Ⅱ.不可预见地质原因引起的超挖工程量，以及相应增加支护和回填工程量所发生费用，发包人依据已标价工程量清单，对相应项目（或其变更项目）有效工程量按每立方米工程单价支付。除此之外，其他因素引起的超挖工程量及相应增加支护和回填工程量所需费用，均包含在已标价工程量清单相应项目有效工程量的每立方米工程单价中，发包人不另行支付。

Ⅲ.承包人因自身施工需要而开挖的施工排水集水井、临时排水沟、避车洞、施工设备安装间等，其开挖、支护及回填工程量所需费用，均包含在已标价工程量清单相应项目有效工程量的每立方米工程单价中，发包人不另行支付。

Ⅳ.由于非承包人原因修改设计开挖轮廓尺寸，并需要进行二次扩挖时，其扩挖工程量按《技术条款》第（8）条第 7）款所述的方法计量；发包人依据已标价工程量清单，对相应项目（或其变更项目）按每立方米工程单价支付。

Ⅴ.地下开挖，其排水、照明及通风等所需费用，均包含在已标价工程量清单相应项目有效工程量的每立方米工程单价中，发包人不另行支付。

Ⅵ.地下洞室超前勘探洞开挖，按施工图纸所示轮廓尺寸计算得的有效工程量，以米（或立方米）为单位计量；发包人依据已标价工程量清单，对相应项目有效工程量，按每米（或每立方米）工程单价支付。

1F－442019 支护工程

《技术条款》第 9 章内容为“支护工程”。相应地，该章各款的“条”序号为“（9）”。

此处仅摘录与成本控制有关的款、项。

7)计量和支付

Ⅰ.锚杆(包括系统锚杆与随机锚杆),按施工图纸所示钢筋强度等级、直径和锚孔深度及外露长度的不同划分类别,以有效根数计量;发包人依据已标价工程量清单,对相应项目有效工程量,按每根工程单价支付。

Ⅱ.预应力锚索

1.预应力锚索,按施工图纸所示预应力强度等级、黏结类型和孔内长度的不同划分类别,以有效束数计量;发包人依据已标价工程量清单,对相应项目有效工程量,按每束工程单价支付;

2.预应力锚索钻孔所需费用,应包含在预应力锚索有效工程量的每束工程单价中,发包人不另行支付。

Ⅲ.喷射混凝土

按施工图纸所示部位、喷射厚度和是否挂网等划分类别,并计算喷射混凝土有效实体方体积,以立方米为单位计量;发包人依据已标价工程量清单,对相应项目有效工程量,按每立方米工程单价支付。

Ⅳ.钢筋(钢丝)网

按施工图纸所示尺寸计算得的钢筋(钢丝)有效重量,以吨为单位计量;发包人依据已标价工程量清单,对相应项目有效工程量,按每吨工程单价支付。加工及安装过程中的损耗量及附加工程量所需费用,包含在钢筋(钢丝)网有效工程量的每吨工程单价中,发包人不另行支付。

Ⅴ.钢支撑及其附件,按施工图纸所示尺寸计算得的有效重量,以吨为单位计量;发包人依据已标价工程量清单,对相应项目有效工程量,按每吨工程单价支付。

Ⅵ.边坡防护结构与防护网

1.防护结构所采用的钢筋、型钢、锚杆、预应力锚索、土石方、砌石、混凝土等,按施工图纸所示尺寸计算得的有效工程量,以《技术条款》有关章节的"计量与支付"条款中规定的相应计量单位计量;发包人依据已标价工程量清单,对相应项目有效工程量,按工程单价支付。

2.边坡防护网,按施工图纸所示防护区域计算得的有效防护面积,以平方米为单位计量;发包人依据已标价工程量清单,对相应项目有效工程量,按每平方米工程单价支付。

1F－442020 技术标准和要求(合同技术条款)(中)

1F－442021 钻孔和灌浆工程

《技术条款》第10章内容为"钻孔和灌浆工程"。相应地,该章各款的"条"序号为"(10)"。

此处仅摘录与成本控制有关的款、项。

14)计量和支付

①钻孔

钻孔,按施工图纸所示尺寸计算有效钻孔长度,以米为单位计量;发包人依据已标价工程量清单，对相应项目有效工程量，按每米工程单价支付。

②灌浆

Ⅰ．帷幕灌浆、固结灌浆，按设计净干灰耗量计算有效干灰重量，以吨为单位计量；发包人依据已标价工程量清单，对相应项目有效工程量，按每吨工程单价支付。

Ⅱ．回填灌浆、接缝灌浆及接触灌浆，按施工图纸所示灌浆区域计算得的有效灌浆面积，以平方米为单位计量；发包人依据已标价工程量清单，对相应项目有效工程量，按每平方米工程单价支付。

Ⅲ．化学灌浆（包括丙烯酸盐类、丙烯酸胺类、聚氨酯类及改性环氧树脂类等灌浆），按施工图纸所示化学灌浆材料的有效总重量，以千克为单位计量；发包人依据已标价工程量清单，对相应项目有效工程量，按每千克工程单价支付。

Ⅳ．劈裂灌浆，按施工图纸所示灌浆区域计算得的有效灌浆面积，以平方米为单位计量；发包人依据已标价工程量清单，对相应项目有效工程量，按每平方米工程单价支付。

Ⅴ．灌浆管预埋、金属埋件（指止水、止浆片等）等所需费用，包含在相应灌浆项目的工程单价中，发包人不另行支付。

Ⅵ．灌浆前压水试验，按以设计文件为依据计算得的有效压水试验段数，以试段为单位计量；发包人依据已标价工程量清单，对相应项目有效工程量，按每试段工程单价支付。

1F－442022　基础防渗墙工程

《技术条款》第 11 章内容为“基础防渗墙工程”。相应地，该章各款的“条”序号为“(11)”。

此处仅摘录与成本控制有关的款、项。

4)计量和支付

①混凝土防渗墙

Ⅰ．钢筋混凝土防渗墙、塑性混凝土防渗墙，按施工图纸所示尺寸计算得的有效截水面积，以平方米为单位计量；发包人依据已标价工程量清单，对相应项目有效工程量，按每平方米工程单价支付。

Ⅱ．钢筋混凝土防渗墙的钢筋，按施工图纸所示钢筋强度等级、直径及长度计算得的有效重量，以吨为单位计量；发包人依据已标价工程量清单，对相应项目有效工程量，按每吨工程单价支付。

②高压喷射灌浆防渗墙

高压喷射灌浆防渗墙，按施工图纸所示尺寸计算得的有效截水面积，以平方米为单位计量；发包人依据已标价工程量清单，对相应项目有效工程量，按每平方米工程单价支付。

1F－442023　地基及基础工程

《技术条款》第 12 章内容为“地基及基础工程”。相应地，该章各款的“条”序号为“(12)”。

此处仅摘录与成本控制有关的款、项。

5)计量和支付

①振冲地基

Ⅰ.振冲加密或振冲置换成桩,按施工图纸所示尺寸计算得的有效长度,以米为单位计量;发包人依据已标价工程量清单,对相应项目有效工程量,按每米工程单价支付。

Ⅱ.除合同另有约定外,承包人按合同约定完成振冲试验、振冲桩体密实度及承载力检验等工作所需费用,包含在已标价工程量清单相应项目有效工程量的每米工程单价中,发包人不另行支付。

②混凝土灌注桩基础

Ⅰ.钻孔灌注桩或沉管灌注桩,按施工图纸所示尺寸计算得的桩体有效体积,以立方米为单位计量;发包人依据已标价工程量清单,对相应项目有效工程量,按每立方米工程单价支付。

Ⅱ.除合同另有约定外,承包人按合同约定完成灌注桩成孔(成桩)试验、成桩承载力检验、校验施工参数及工艺、埋设孔口装置、造孔、清孔、护壁,以及混凝土拌和、运输及灌注等工作所需费用,包含在已标价工程量清单相应灌注桩项目有效工程量的每立方米工程单价中,发包人不另行支付。

Ⅲ.灌注桩的钢筋,按施工图纸所示钢筋强度等级、直径及长度计算得的有效重量,以吨为单位计量;发包人依据已标价工程量清单,对相应项目有效工程量,按每吨工程单价支付。

③沉井

Ⅰ.沉井(包括钢筋混凝土沉井和钢沉井),按施工图纸所示尺寸计算得的水面(或地面)以下有效空间的体积,以立方米为单位计量;发包人依据已标价工程量清单,对相应项目有效工程量,按每立方米工程单价支付。

Ⅱ.除合同另有约定外,承包人按合同约定完成地质复勘、检验试验、沉井制作及运输、清基(或水中筑岛)、沉井沉放、封底等工作(操作损耗)所需费用,包含在已标价工程量清单相应项目有效工程量的每立方米工程单价中,发包人不另行支付。

1F-442024 土石方填筑工程

《技术条款》第13章内容为"土石方填筑工程"。相应地,该章各款的"条"序号为"(13)"。

此处仅摘录与成本控制有关的款、项。

9)计量和支付

① 坝体填筑

Ⅰ.坝(堤)体填筑,按施工图纸所示尺寸计算得的有效压实方体积,以立方米为单位计量;发包人依据已标价工程量清单,对相应项目有效工程量,按每立方米工程单价支付。

Ⅱ.坝(堤)体全部填筑完成后,用于最终结算的工程量,应是施工期间经过压实并经自然沉陷后,按施工图纸所示尺寸计算得的有效压实方体积;若分次支付时累计工程量已超出该值,则超出的部分不作为应支付工程量。

Ⅲ.黏土心墙、接触黏土、混凝土防渗墙顶部附近的高塑性黏土、上游铺盖区的土料、反滤料、过渡料、垫层料等,均按施工图纸所示尺寸计算得的有效压实方体积,以立方米为单位计量；发包人依据已标价工程量清单，对相应项目有效工程量，按每立方米工程单价支付。

Ⅳ. 坝体上（下）游面块石护坡，按施工图纸所示尺寸计算得的有效体积，以立方米为单位计量；发包人依据已标价工程量清单，对相应项目有效工程量，按每立方米工程单价支付。

Ⅴ. 除合同另有约定外，承包人对料场（土料场、石料场及存料场）进行复核、复勘、取样试验、地质测绘，以及工程完建后料场整治和清理等工作所需费用，包含在每立方米（每吨）材料单价或已标价工程量清单相应项目工程单价或总价中，发包人不另行支付。

Ⅵ. 坝体填筑现场碾压试验所需费用，发包人依据已标价工程量清单，对相应项目按总价支付。

②土工合成材料防渗体

土工合成材料的铺设，按施工图纸所示尺寸计算得的有效面积，以平方米为单位计量；发包人依据已标价工程量清单，对相应项目有效工程量，按每平方米工程单价支付。土工合成材料接缝搭接面积、褶皱面积及抽样检验等所发生费用，包含在已标价工程量清单相应项目有效工程量的工程单价中，发包人不另行支付。

③堆石坝体过流保护

过流保护施工和过流后堆石坝体修复、基坑排水、清淤及道路恢复等所需费用，发包人依据已标价工程量清单，对相应项目按总价支付。

1F－442025　混凝土工程

《技术条款》第 14 章内容为“混凝土工程”。相应地，该章各款的“条”序号为“(14)”。

此处仅摘录与成本控制有关的款、项。

11）计量和支付

①模板

Ⅰ. 除合同另有约定外，现浇混凝土模板所需费用，包含在已标价工程量清单相应混凝土或钢筋混凝土项目有效工程量的工程单价中，发包人不另行计量和支付。

Ⅱ. 混凝土预制构件模板所需费用，包含在已标价工程量清单相应预制混凝土构件项目有效工程量的工程单价中，发包人不另行支付。

②钢筋

按施工图纸所示钢筋强度等级、直径及长度计算得的有效重量，以吨为单位计量；发包人依据已标价工程量清单，对相应项目有效工程量，按每吨工程单价支付。施工架立筋、搭接（套筒）连接、加工及安装过程中操作损耗等所需费用，包含在已标价工程量清单相应项目有效工程量的每吨工程单价中，发包人不另行支付。

③普通混凝土

Ⅰ. 普通混凝土，按施工图纸所示尺寸计算得的有效体积，以立方米为单位计量；发包人依据已标价工程量清单，对相应项目有效工程量，按每立方米工程单价支付。

Ⅱ. 混凝土有效工程量，不扣除设计单体体积小于 $0.1\ m^3$ 的圆角（斜角）、单体占用空间体积小于0.1 m^3 的钢筋及金属件,以及单体横截面积小于0.1 m^2 的孔(洞)、排水管、预埋管及凹槽等所占体积;但按设计要求对上述孔、洞进行回填,其混凝土量不予计量。

Ⅲ.因不可预见的地质原因而超挖,由此引起超填工程量所发生费用,发包人依据已标价工程量清单,对相应项目(或其变更项目)按每立方米工程单价支付。除此之外,同一承包人由于其他原因超挖而引起的超填工程量,以及由此增加的其他工作所需费用,均应包含在已标价工程量清单相应项目有效工程量的每立方米工程单价中,发包人不另行支付。

Ⅳ.混凝土在冲(凿)毛、拌和、运输及浇筑过程中的操作损耗,以及为临时性施工措施而增加的附加混凝土量所需费用,应包含在已标价工程量清单相应项目有效工程量的每立方米工程单价中,发包人不另行支付。

Ⅴ.施工过程中,承包人按《技术条款》约定进行的各项混凝土试验所需费用(除以总价形式支付的混凝土配合比试验费外),均包含在已标价工程量清单相应项目有效工程量的每立方米工程单价中,发包人不另行支付。

Ⅵ.止水(止浆)、伸缩缝等,按施工图纸所示各种材料所需数量,以米(或平方米)为单位计量;发包人依据已标价工程量清单,对相应项目有效工程量,按每米(或每平方米)工程单价支付。

Ⅶ.混凝土温度控制措施费(包括冷却水管埋设及通水冷却费用,对混凝土收缩缝及冷却水管灌浆所需费用,以及混凝土坝体保温所需费用等),包含在已标价工程量清单相应混凝土项目有效工程量的每立方米工程单价中,发包人不另行支付。

Ⅷ.混凝土坝体接缝灌浆(接触灌浆),按设计图纸所示要求灌浆的混凝土施工缝(指混凝土与基础、混凝土与岸坡岩体间的接触缝)的接缝面积,以平方米为单位计量;发包人依据已标价工程量清单,对相应项目有效工程量,按每平方米工程单价支付。

Ⅸ.混凝土坝体内预埋排水管所需费用,应包含在已标价工程量清单相应混凝土项目有效工程量的每立方米工程单价中,发包人不另行支付。

④预制混凝土

Ⅰ.预制混凝土构件的预制和安装,按施工图纸所示尺寸计算得的有效体积,以立方米为单位计量;发包人依据已标价工程量清单,对相应项目有效工程量,按每立方米工程单价支付。

Ⅱ.预制混凝土钢筋及模板所需费用,均包含在已标价工程量清单相应预制混凝土预制项目有效工程量的工程单价中,发包人不另行支付。

Ⅲ.除合同另有约定外,承包人完成预制混凝土构件吊装、运输、就位、固定、填缝灌浆、复检、焊接等工作所需费用,包含在已标价工程量清单相应预制混凝土安装项目有效工程量的每立方米工程单价中,发包人不另行支付。

⑤预应力混凝土

Ⅰ.预应力混凝土,按施工图纸所示尺寸计算得的有效体积,以立方米为单位计量;发包人依据已标价工程量清单,对相应项目有效工程量,按每立方米工程单价支付。

Ⅱ.预应力混凝土锚索所需费用,包含在已标价工程量清单相应混凝土项目有效工程量的每立方米工程单价中,发包人不另行支付。

⑥水下混凝土

水下混凝土，按施工图纸所示浇筑范围内混凝土灌注前、后水下地形平面（剖面）图计算得的水下混凝土有效体积，以立方米为单位计量；发包人依据已标价工程量清单，对相应项目有效工程量，按每立方米工程单价支付。

⑦碾压混凝土

Ⅰ.碾压混凝土，按施工图纸所示尺寸计算得的有效体积，以立方米为单位计量；发包人依据已标价工程量清单，对相应项目有效工程量，按每立方米工程单价支付。

Ⅱ.碾压混凝土模板所需费用，包含在每立方米碾压混凝土工程单价中，发包人不另行支付。

Ⅲ.碾压混凝土配合比试验及生产性碾压试验所需费用，发包人依据已标价工程量清单，对相应项目按总价支付。

1F－442026 沥青混凝土工程

《技术条款》第15章内容为“沥青混凝土工程”。相应地，该章各款的“条”序号为“（15）”。

此处仅摘录与成本控制有关的款、项。

8）计量和支付

Ⅰ.沥青混凝土面板（包括用作防渗层、整平胶结层、加厚层等的面板）和沥青混凝土心墙，按施工图纸所示尺寸计算得的有效体积，以立方米为单位计量；发包人依据已标价工程量清单，对相应项目有效工程量，按每立方米工程单价支付。

Ⅱ.沥青玛琋脂封闭层、塑性止水材料、加强网格（聚酯（聚乙烯树脂）纤维网格）、沥青涂料等，均按施工图纸所示尺寸计算得的有效面积，以平方米为单位计量；发包人依据已标价工程量清单，对相应项目有效工程量，按每平方米工程单价支付。

Ⅲ.承包人按合同约定完成沥青混凝土室内试验、现场试验及生产性试验所需费用，发包人依据已标价工程量清单，对相应项目按总价支付。

1F－442027 砌体工程

《技术条款》第16章内容为“砌体工程”。相应地，该章各款的“条”序号为“（16）”。

此处仅摘录与成本控制有关的款、项。

4）计量和支付

Ⅰ.浆砌石、干砌石、混凝土预制块及砖砌体等，按施工图纸所示尺寸计算得的有效砌筑体积，以立方米为单位计量；发包人依据已标价工程量清单，对相应项目有效工程量，按每立方米工程单价支付。

Ⅱ.砌筑工程中，砂浆、拉结筋、垫层、排水管、止水设施、伸缩缝、沉降缝及埋设件等所需费用，包含在已标价工程量清单相应砌筑项目有效工程量的每立方米工程单价中，发包人不另行支付。

Ⅲ.承包人按合同约定完成砌体（建筑物）基础清理及施工排水等工作所需费用，包含在已标价工程量清单相应砌筑项目有效工程量的每立方米工程单价中，发包人不另行支付。

1F－442028　疏浚和吹填工程

《技术条款》第17章内容为“疏浚和吹填工程”。相应地,该章各款的“条”序号为“(17)”。

此处仅摘录与成本控制有关的款、项。

7)计量和支付

Ⅰ.疏浚工程,按施工图纸所示轮廓尺寸计算得的水下有效自然方体积,以立方米为单位计量;发包人依据已标价工程量清单,对相应项目有效工程量,按每立方米工程单价支付。

Ⅱ.疏浚工程施工过程中,疏浚设计断面以外增加的超挖量、施工期自然回淤量、开工展布与收工集合、避险与防干扰措施、排泥管安拆及移动,以及使用辅助船只等所需费用,包含在已标价工程量清单相应项目有效工程量的每立方米工程单价中,发包人不另行支付。疏浚工程辅助措施(如浚前扫床及障碍物清除,排泥区围堰、隔埂、退水口及排水渠等项目)另行计量、支付。

Ⅲ.吹填工程,按施工图纸所示尺寸计算得的有效吹填体积(扣除吹填区围堰、隔埂等之后的体积),以立方米为单位计量;发包人依据已标价工程量清单,对相应项目有效工程量,按每立方米工程单价支付。

Ⅳ.吹填工程施工过程中,吹填土体的沉陷量与泥沙流失量、原地基因上部吹填荷载而产生的沉降量,以及对吹填区平整度要求较高的工程配备陆上土方机械等所需费用,包含在已标价工程量清单相应项目有效工程量的每立方米工程单价中,发包人不另行支付。吹填工程辅助措施(如浚前扫床及障碍物清除,排泥区围堰、隔埂、退水口及排水渠等项目)另行计量、支付。

Ⅴ.利用疏浚工程排泥量进行吹填工程时,疏浚工程同吹填工程在计量和支付时的分界,根据合同相关条款的具体约定执行。

1F－442029　屋面和地面建筑工程

《技术条款》第18章内容为“屋面和地面建筑工程”。相应地,该章各款的“条”序号为“(18)”。

此处仅摘录与成本控制有关的款、项。

4)计量和支付

①屋面建筑工程

Ⅰ.屋面建筑工程,按施工图纸所示建筑物尺寸计算得的有效面积,以平方米为单位计量;发包人依据已标价工程量清单,对相应项目有效工程量,按每平方米工程单价支付。

Ⅱ.完成屋面建筑工程全部施工作业后,进行质量检查、检验及验收等所需费用,包含在屋面建筑工程的每平方米工程单价中,发包人不另行支付。

②地面建筑工程

Ⅰ.地面和楼面工程,按施工图纸所示建筑物尺寸计算得的有效面积,以平方米为单位计量;发包人依据已标价工程量清单,对相应项目有效工程量,按每平方米工程单价支付。

Ⅱ.完成地面和楼面建筑工程全部施工作业后,进行质量检查、检验及验收等所需费用,包含在已标价工程量清单相应项目有效工程量的每平方米工程单价中,发包人不另行支付。

1F－442030　技术标准和要求(合同技术条款)(下)

1F－442031　压力钢管制造和安装

《技术条款》第19章内容为"压力钢管制造和安装"。相应地,该章各款的"条"序号为"(19)"。

此处仅摘录与成本控制有关的款、项。

11)计量和支付

①钢管

Ⅰ.压力钢管(含岔管、伸缩节)及其附件的制造、运输及安装,按施工图纸所示尺寸计算得的有效质量,以吨为单位计量;发包人依据已标价工程量清单,对相应项目有效工程量,按每吨工程单价支付。

Ⅱ.压力钢管(含岔管、伸缩节)水压试验、涂装等所需费用,包含在已标价工程量清单相应项目有效工程量的每吨工程单价中,发包人不另行支付。

②钢管接触灌浆

钢管接触灌浆,按施工图纸所示尺寸计算(钢管外缘周长乘接触灌浆钢板衬砌段的长度)得的有效接触面积,以平方米为单位计量;发包人依据已标价工程量清单,对相应项目有效工程量,按每平方米工程单价支付。

1F－442032　钢结构制作和安装

《技术条款》第20章内容为"钢结构制作和安装"。相应地,该章各款的"条"序号为"(20)"。

此处仅摘录与成本控制有关的款、项。

7)计量和支付

Ⅰ.钢结构,按施工图纸所示尺寸计算得的有效质量,以吨为单位计量;发包人依据已标价工程量清单,对相应项目有效工程量,按每吨工程单价支付。

Ⅱ.钢结构有效质量,不扣减因切肢、切边和打孔(眼)而减轻的质量;也不计入因使用电焊条、铆钉和螺栓而增加的重量。

Ⅲ.施工架立件及进行搭接、焊接、套筒链接、检验、试验、涂装,以及操作损耗等所需费用,均包含在已标价工程量清单相应项目有效工程量的每吨工程单价中,发包人不另行支付。

1F－442033 钢闸门及启闭机安装

《技术条款》第21章内容为"钢闸门及启闭机安装"。相应地，该章各款的"条"序号为"(21)"。

此处仅摘录与成本控制有关的款、项。

6)计量和支付

Ⅰ.钢闸门安装工程，按施工图纸所示尺寸计算得的闸门本体有效质量，以吨为单位计量；发包人依据已标价工程量清单，对相应项目按每吨工程单价支付。钢闸门附件及附属装置安装，以及对钢闸门本体及附件进行试验、检测、调试、校正及涂装等工作所需费用，包含在已标价工程量清单相应钢闸门安装项目有效工程量的每吨工程单价中，发包人不另行支付。

Ⅱ.门槽(门楣)安装工程，按施工图纸所示尺寸计算得的有效质量，以吨为单位计量；发包人依据已标价工程量清单，对相应项目按每吨工程单价支付。对二次埋件及附件进行安装、涂装、调试、校正等工作所需费用，均包含在已标价工程量清单相应门槽(门楣)安装项目有效工程量的每吨工程单价中，发包人不另行支付。

Ⅲ.启闭机安装工程，按施工图纸所示启闭机数量，以台为单位计量；发包人依据已标价工程量清单，对相应启闭机安装项目按每台工程单价支付。除合同另有约定外，基础埋件及附属设备(如起吊梁(平衡梁)、供电系统、操作控制系统及液压启闭机的液压系统等)安装及其与闸门连接，以及进行调试、校正等工作所需费用，均包含在已标价工程量清单相应启闭机安装项目每台工程单价中，发包人不另行支付。

1F－442034 预埋件埋设

《技术条款》第22章内容为"预埋件埋设"。相应地，该章各款的"条"序号为"(22)"。

此处仅摘录与成本控制有关的款、项。

7)计量和支付

Ⅰ.预埋管道，除合同另有约定外，按施工图纸所示尺寸计算得的有效长度(或有效质量)，以米(或吨)为单位计量；发包人依据已标价工程量清单，对相应项目有效工程量，按每米(或每吨)工程单价支付。

Ⅱ.除合同另有约定外，永久设备预埋件的安装费用包含在已标价工程量清单相应设备安装项目有效工程量的工程单价中，发包人不另行支付。除此之外，其他预埋件安装，按施工图纸所示尺寸计算得的预埋件有效质量，以吨为单位计量；发包人依据已标价工程量清单，对相应项目有效工程量，按每吨工程单价支付。

Ⅲ.接地系统的预埋件，按施工图纸所示接地装置的尺寸计算得的有效质量(或有效长度)，以吨(或米)为单位计量；发包人依据已标价工程量清单，对相应项目有效工程量，按每吨(或每米)工程单价支付。

1F－442035　机电设备安装

《技术条款》第23章内容为“机电设备安装”。相应地，该章各款的“条”序号为“(23)”。

此处仅摘录与成本控制有关的款、项。

20)计量和支付

Ⅰ.《技术条款》第(23)条第3)款至第17)款所指各项设备的安装，按施工图纸所示设备数量，以相应单位计量；依据已标价工程量清单，对相应项目按工程单价或总价支付。

Ⅱ.承包人按经批准的安装进度计划，对《技术条款》第(23)条第3)款至第17)款中的总价支付项目进行分解；其结果经发包人批准后，作为合同支付时的依据。

Ⅲ.承包人按合同约定采购的装置性材料及其安装，按施工图纸所示装置性材料的有效数量，以相应单位计量；发包人依据已标价工程量清单，对相应项目有效工程量，按工程单价或总价支付。

Ⅳ.承包人为本合同机电设备安装需要而进行的开箱检查、验收、清扫、仓储(保管)、安装现场内运输，以及主体设备及随机成套供应的管路与附件的安装、涂装、现场试验、调试、试运行及移交(投产)前维护保养等工作所需费用，包含在已标价工程量清单相应机电设备安装项目的工程单价或总价中，发包人不另行支付。

Ⅴ.除本合同专门列入已标价工程量清单中的临时工程、措施项目外，承包人为完成机电设备安装而修建其他临时工程及采取其他措施所需费用，包含在已标价工程量清单相应机电设备安装项目的工程单价或总价中，发包人不另行支付。

1F－442036　工程安全监测

《技术条款》第24章内容为“工程安全监测”。相应地，该章各款的“条”序号为“(24)”。

此处仅摘录与成本控制有关的款、项。

5)计量和支付

Ⅰ.监测仪器设备采购及安装，按施工图纸所示仪器设备数量，以相应的单位计量；发包人依据已标价工程量清单，对相应项目有效工程量，按工程单价支付。

Ⅱ.监测仪器的电缆的采购及敷设，按施工图纸所示有效敷设长度，以米为单位计量；发包人依据已标价工程量清单，对相应项目有效工程量，按每米工程单价支付。

Ⅲ.承包人按合同约定，完成施工期安全监测(包括巡视检查与现场监测)、设备维护、资料记录及整理(分析)、建模(建库)、安全评价等工作所需费用，发包人依据已标价工程量清单，对相应施工期安全监测项目，按总价支付。

Ⅳ.观测墩、水准点及其他测量标志(墩)，按施工图纸所示尺寸计算得的有效墩体体积(或数量)，以立方米(或个)为单位计量；发包人依据已标价工程量清单，对相应项目有效工程量，按每立方米(或个)的工程单价支付。

Ⅴ.水位观测孔、扬压力测孔、坝基温度测孔等的钻孔，按施工图纸所示尺寸计算得的有效钻孔深度，以米为单位计量；发包人依据已标价工程量清单，对相应项目有效工程量，按每米工程单价支付。

Ⅵ.多点位移计钻孔、滑动测微计钻孔、固定测斜仪钻孔、倒垂孔、双金属标孔等取芯钻孔,按施工图纸所示尺寸计算得的有效钻孔深度,以米为单位计量;发包人依据已标价工程量清单,对相应项目按每米工程单价支付。由于承包人失误,未按本技术条款相关约定取得有效芯样的钻孔,发包人不予支付。

Ⅶ.观测房,按施工图纸所示尺寸计算得的有效建筑面积,以平方米为单位计量;发包人依据已标价工程量清单,对相应项目按每平方米工程单价支付。

1F－450000 水利水电工程技术

1F－451000 相关规范

1F－451010 水利水电工程施工测量规范

《水利水电工程施工测量规范》(SL 52—93)(简称《规范》)是为推动水利水电工程施工测量技术的进步,保证施工测量质量而制定的一部规范。

《规范》包含总则、平面控制测量、高程控制测量、放样的准备与方法、开挖工程测量、立模与填筑放样、施工期间的外部变形监测、竣工测量等内容。

1F－451011 放样的准备与方法

放样前,应根据设计图纸和有关数据及使用的控制点成果,计算放样数据,绘制放样草图。所有数据、草图,均应经两人独立校核。

应将施工区域内的平面(高程)控制点、轴线点、测站点等测量成果,以及设计图纸中工程各部位的坐标(桩号)、方位、尺寸等几何数据编制成放样数据手册,供放样人员使用。

现场放样所取得的测量数据,应记录在专门的手簿中。手簿中的所有栏目必须填写完整,字体应整齐、清晰,且不得任意涂改。

平面位置放样,应根据放样点位的精度要求、现场作业条件及具备的仪器设备等,选择适用的放样方法。

高程放样方法,主要根据放样点高程精度要求和现场作业条件进行选择;可分别采用水准测量法、光电测距三角高程法、解析三角高程法和视距法等。

对于高程放样中误差要求不超过 ±10 mm 的部位,应采用水准测量法。

采用经纬仪代替水准仪进行土建工程放样时,应注意以下两点:

(1)放样点离高程控制点,不得大于 50 m。

(2)必须用正倒镜置平法读数,并取正、倒镜读数的平均值进行计算。

采用光电测距三角高程法测设高程放样控制点时,注意加入地球曲率改正,并与相邻点的高程进行互校。

施工放样使用的仪器,应定期进行下列项目的检验和校正:

①经纬仪的三轴误差、指标差、光学对中误差,以及水准仪的 i 角,应经常检验和校正。

②光电测距仪的照准误差(相位不均匀误差)、偏调误差(三轴平行性)、加常数及乘常数,一般每年进行一次检验;若发现仪器有异常现象或受到剧烈震动,则应随时进行检校。

施工放样所使用工具,应进行下列项目的检验:

(1)钢带尺,应通过检定建立尺长方程式。

(2)水准标尺,应测定红、黑面常数差和标尺零点差。标尺标称常数差与实测常数差之差超过1.0 mm时,应采用实测常数差。标尺零点差超过0.5 mm时,应进行尺底面的修理,或在高差中改正。

(3)塔尺,应检查底面及接合处误差。

(4)垂球,应检查球尖与吊线是否同轴。

1F-451012 开挖工程测量

开挖工程测量,内容包括:开挖区原始地形图和原始断面图测量;开挖轮廓点放样;开挖工程竣工后的地形、断面测量和工程量测算。

开挖工程细部放样,需在实地放出控制开挖轮廓的坡顶点、转角点(或坡脚点),并用醒目的标志加以标定。

《规范》"条文说明"指出,开挖工程细部放样方法有极坐标法、测角前方交会法、测角后方交会法等。但基本的方法主要是极坐标法和前方交会法。后方交会法,是先测设放样测站点的坐标,然后由测站点起,用极坐标法放样。在开挖轮廓点放样中,直接用后方交会法的情形较少。

开挖工程细部放样采用测角前方交会法时,宜用三个交会方向,以半测回标定即可。

"条文说明"指出,开挖轮廓点放样采用极坐标法时,测站点必须靠近放样点。因此,不论以钢尺或皮尺量距,均以一尺段为限。用视距法或视差法放样时,也必须限制放样距离。

距离丈量,可根据条件和精度要求,从下列方法中选择:

(1)用钢尺或经过比长的皮尺丈量,以不超过一尺段为宜。在高差较大地区,可丈量斜距,再加倾斜改正。

(2)用视距法测定,其视距长度不应大于50 m。预裂爆破,放样不宜采用视距法。

(3)用视差法测定,端点法线长度不应大于70 m。

细部点的高程放样,可采用支线水准,使用光电测距三角高程法或经纬仪置平测高法。

开挖工程动工前,必须实测开挖区原始断面图(或地形图);开挖过程中,应定期测量收方断面图(或地形图)。开挖工程结束后,必须实测竣工断面图(或竣工地形图),作为工程量结算时的依据。

断面间距,可根据用途、所在工程部位和地形复杂程度,选择5~20 m。有特殊要求的部位,按设计要求执行。

断面图(地形图)比例尺,可根据用途及工程开挖范围大小,选择1:200~1:1 000。主要建筑物开挖竣工地形图(或断面图)应选用1:200,收方图以1:500或1:200为宜。大范围土石覆盖层开挖收方,可选用1:1 000。

断面上测点间距的大小,应以能正确反映断面形状、满足断面面积计算精度要求为原则,一般相当于图上每1~3 cm的间距施测一点。地形变化处,应增加测点。断面上测点布置的范围,应在开挖边线以外另延伸3~10 m。

开挖施工过程中,应定期测、算开挖已完成量和工程剩余量。开挖工程量结算,应以收方时的测量成果为依据。

开挖工程量计算中,面积计算可采用解析法或图解法(求积仪法)。

两次独立测量得的同一区域开挖工程量若有不同,其差值小于5%(岩石)或7%(土方)时,可取中数作为最后值。

1F－451013　立模与填筑放样

立模及填筑时的放样,应包括下列内容:测、设(布置)各建筑物立模及填筑时的轮廓点;对已架立的模板、预制(预埋)件进行形体和位置检查;测、算填筑工程量等。

混凝土建筑物立模细部轮廓点放样位置,以距设计线0.2～0.5 m为宜。

土石坝填筑点放样,按设计位置测设。

立模及填筑时的轮廓点,可直接依据等级控制点进行测设;也可依据已放样建筑物的纵(横)轴线点(或测站点)进行测设。

(1)由轴线点(或测站点)放样细部轮廓点时,一般采用极坐标法。

(2)在不便于丈量距离的部位进行放样时,宜采用短边(边长200 m以内)前方交会法。

(3)有众多三角点可用作交会方向的部位放样时,也可先采用后方交会法测定测站点坐标,然后放样细部点。

(4)在已精确测定了轴线位置的部位进行细部放样时,也可采用轴线交会法。

(5)在有条件的地方,细部点的精确放样可采用边角前方交会法、边角后方交会法或测边交会法等。

混凝土建筑物高程放样,应区分对象并采用不同的放样方法。

(1)对于连续垂直上升的建筑物,除结构物(如牛腿、廊道、门洞等)部位外,其余部位高程放样精度要求较低,主要应防止粗差的发生。

(2)对于溢流面、斜坡面和其他体形特殊的部位,其高程放样的精度一般应与平面位置放样精度一致。

(3)对于混凝土抹面层有金属结构及机电设备埋件的部位,其高程放样的精度一般高于平面位置放样精度。应按相应精度要求,采用水准测量方法进行放样,并注意检核。

特殊部位的模板在架设后,应利用已测放的轮廓点进行检查。其偏差应符合表1F－451013－1的规定。

模板偏差限值　　表1F－451013－1

项目	允许偏差(mm)	
	外露表面	隐蔽内部
模板边线与放样轮廓点偏差	±10	±15
结构物水平截面内部尺寸	±20	
预留孔(洞)尺寸及位置	±10～±20	

放样工作开始前,应认真阅读设计图纸,验证设计坐标(或几何尺寸);在切实弄清设

计数据之后,才能开始放样。

对于放样时的轮廓点,必须进行检核。检核方法,可根据不同情况而异。外业检核,以自检为主。放样与检核尽量同时进行;必要时,也可另派小组进行检查。检核结果应记入放样资料中。

选择放样方法时,应考虑检核条件。采用没有检核条件的放样方法(如极坐标法、两点前方交会法、三方向后交法等)时,必须在放样后采用另外的方法进行检查。

建筑物基础块(第一层)轮廓点放样后,必须全部采用相互独立的方法进行检核。放样和检核点位之差不应大于$\sqrt{2}m$(m为轮廓点测量放样中误差)。

混凝土浇筑(土石料填筑)工程量必须从实测的断面(或平面)图上计算求得。收方断面图的技术要求应符合表1F－451013－2的规定。

填筑工程收方断面图技术要求　　　　表1F－451013－2

工程分类	断面间距	断面图比例尺	断面点点位中误差(图上mm)	
			平面	高程
混凝土工程量	与开挖竣工断面图一致	1:50～1:200	≤0.5	≤0.5
土石料填筑工程量		1:200～1:500	≤0.75	≤0.5

混凝土浇筑块体收方,基础部位应根据基础开挖竣工图计算;基础以上部位,可直接根据水工设计图所示几何尺寸及该部位实测平均高程进行计算。

土石料填筑量收方,应按照各种填料的实际分界线,分别计算各类填料方量。

对同一工程量,当两次独立测算得的体积之较差小于其中数的3%时,可取中数作为最后值。

1F－451014　施工期间的外部变形监测

施工期间外部变形监测的内容包括:施工区的滑坡观测;高边坡开挖稳定性监测;围堰的水平位移和沉陷观测;临时性的基础沉陷(回弹)和裂缝监测等。

变形观测的基点,应尽量利用施工控制网中的三角点。不敷应用时,可建立独立的、相对的控制点,其精度应不低于四等网的标准。

工作基点的选择与埋设,应注意下列几点:

(1)基点必须建立在变形区以外稳固的基岩上。在土质和地质不稳定区域设置基点时,应进行加固处理。基点应尽量靠近变形区;在选择其位置时,应注意使它们对测点构成有利的作业条件。

(2)工作基点,一般应建造具有强制归心的混凝土观测墩。

(3)垂直位移的基点,至少要布设一组;每组不少于三个固定点。

测点的选择与埋设,应符合下列要求:

(1)测点应与变形体牢固结合,且能控制变形体的范围;应选在变形幅度及变形速率大的部位。

(2)滑坡测点,宜设在滑动量大、滑动速度快的轴线方向,以及滑坡前沿区等部位。

凡人员能够接近的测点，宜埋设具有一定管径的钢管，供观测时设置（固定）观测标志用。

对于人员不易接近的危险地段，可埋设 1.2 m 高的钢管（或木桩），然后在其上端焊接（或打入）供观测时使用的简易固定标志。

（3）高边坡上的监测点宜布置在不同高程上（各测点的连线呈断面线形式）。测点标志应明显可见，以实现无人立标。

（4）围堰变形点采用视准线监测的，其距视准线的距离不应大于 20 mm。垂直位移测点，宜与水平位移测点合用。

围堰变形观测点的密度，应根据变形特征确定。险要地段，每 20～30 m 布设一个测点；一般地段，每 50～80 m 布设一个测点。

（5）山体（或建筑物）裂缝观测点，应埋设在裂缝的两侧。标志的形式，应专门设计。

对滑坡、高边坡进行稳定性监测，采用交会法时，其主要技术要求应符合表 1F－451014－1 的规定。

用前方交会法对滑坡、高边坡进行监测时的技术要求　　表 1F－451014－1

方法 / 点位中误差	测角前方交会			测边前方交会			边角前方交会			
	测角中误差（″）	交会边长（m）	交会角 γ（°）	测距中误差（mm）	交会边长（m）	交会角 γ（°）	测角中误差（″）	测距中误差（mm）	交会边长（m）	交会角 γ（°）
±3 mm	±1.0 ±1.8	≤200	30～120 60～120	±2	≤500	70～110	±1.8	±2	≤500	40～140 60～120
±5 mm	±1.8 ±2.5	≤250	40～140 60～120	±3	≤500	60～120	±2.5	±3	≤700	40～140

注：观测时，应有多余观测。

采用视准线法（活动觇牌法或小角度法）监测水平位移时，应符合表 1F－451014－2 的规定。

视准线法技术要求　　表 1F－451014－2

方法 / 指标 / 精度要求	活动觇牌法				小角度法			
	视准线长度（m）	测回数	半测回读数差（mm）	测回差（mm）	视线长度（m）	测角中误差（″）	半测回读数差（″）	测回差（″）
±3 mm	≤300	3	3.5	3.0	≤500	1.0	4.5	3.0
±5 mm	≤500	3	5.0	4.0	≤600	1.8	3.5	2.5

垂直位移观测，宜采用水准观测法；也可采用满足精度要求的光电测距三角高程法。

地基回弹，宜采用水准仪与悬挂钢尺相配合的观测方法。

观测资料应认真检查并及时整理。资料整理应包括下列内容:

(1)外业观测资料检查;测站平差和平均值的计算。

(2)平差计算;求得未知数的最或是值。

(3)位移量计算;编制累计位移量一览表。

(4)绘制位移量与相关因素关系曲线(图)。

成果分析,应包括下列内容:

(1)评定观测精度。

(2)分析观测成果是否符合正常变化规律。

(3)对异常观测值和异常变化现象,应认真分析原因,辨别真伪。

(4)重点部位应结合其他观测资料综合分析。

(5)寻找影响位移的相关因素。

1F-451015 竣工测量

竣工测量,包括下列主要项目:

(1)主要水工建筑物基础开挖至建基面时的地形图(或纵、横断面图,比例尺为1:200~1:500)。

(2)建筑物过流部位(或隐蔽部位)形体测量。

(3)外部变形监测设施埋设(设备安装)竣工图。

(4)建筑物的各种重要孔、洞(如电梯井、倒垂孔等)的形体测量。

(5)施工区竣工平面图(视需要)。

竣工测量,可采用下列两种作业方法之一:

(1)随着施工的进程,按竣工测量要求,逐渐积累竣工资料。

(2)待单项工程完工后,进行一次性的测量。

隐蔽工程、水下工程及垂直凌空面的竣工测量,宜采用第一种作业方法。

主体工程开挖至建基面时,应及时施测建基面地形图;亦可测绘分级高程平面图。比例尺一般为1:200。图上应标有建筑物开挖设计边线(或分块线)。

单项填筑工程竣工时,应测绘建筑物的分级高程平面图(或纵、横断面图),其比例尺不应小于施工详图。

土(石)坝在心墙(斜墙、坝壳)填筑过程中,每上料两层须进行一次边线测量,并据此绘成图表,为竣工时备用。

需要进行形体测量的部位有:溢洪道,泄水坝段的溢流面;机组的进水口,蜗壳锥管、扩散段;闸孔的门槽附近,闸墩尾部,护坦曲线段、斜坡段,闸室底板及边墩(岸墙)等。

过流部位形体测量断面布设,应符合表1F-451015的规定。

过流部位的形体测量,也可采用光电测距极坐标法(测量散点的三维坐标)。散点的密度,可根据建筑物的形体特征确定;水平段可稀,曲线段、斜坡段宜密。

对竣工测量成果,除进行整理并编制成果表外,还必须按解析法的要求计算各测点的三维坐标值。在提交成果时,除图纸外,还应提供测点坐标值。

过流部位形体测量断面布设及测量精度要求 表 1F－451015

<table>
<tr><th colspan="2" rowspan="2">工程部位</th><th colspan="2">断面布设</th><th colspan="2">测点中误差(mm)</th></tr>
<tr><th>横断面间距(mm)</th><th>纵断面间距(mm)</th><th>平面</th><th>高程</th></tr>
<tr><td rowspan="6">闸(孔)溢流段</td><td>护坦</td><td>—</td><td>20</td><td>±20</td><td>±15</td></tr>
<tr><td>闸墩(室)</td><td>3～5</td><td>(每孔 1～3 条)</td><td rowspan="9">±15</td><td rowspan="9">±10</td></tr>
<tr><td>消力坎</td><td>—</td><td>3</td></tr>
<tr><td>过流底板</td><td>3～5</td><td>20</td></tr>
<tr><td>导墙</td><td>5～10</td><td>—</td></tr>
<tr><td>胸墙</td><td>—</td><td>3</td></tr>
<tr><td rowspan="3">厂房</td><td>进口段</td><td>3～5</td><td>(每孔 1～3 条)</td></tr>
<tr><td>主机段</td><td>1～5</td><td>—</td></tr>
<tr><td>尾水段</td><td>3～5</td><td>(每孔 1～3 条)</td></tr>
<tr><td rowspan="2">隧洞</td><td>混凝土衬砌段</td><td>10</td><td>—</td><td>±20</td><td>±20</td></tr>
<tr><td>混凝土喷锚段</td><td>20</td><td>—</td><td>±40</td><td>±40</td></tr>
</table>

竣工图的编排顺序，应与设计平面布置图上划分的序号相对应。图(表)的尺寸，应按统一的图幅规格选用。图(表)应分类装订成册，并附必要的文字说明。

竣工地形图上，应注明图幅的坐标系统、高程系统、测图方法、比例尺、制图日期等基本要素。对竣工纵(横)断面图，必须注明断面桩号、断面中心桩坐标、断面方向、比例尺，并附有断面位置示意图。

1F－451020 水利水电工程等级划分及洪水标准

工程等级划分及洪水标准确定，均属设计范畴。《水利水电工程等级划分及洪水标准》(SL 252—2000)(简称《标准》)对水利水电工程在设计阶段如何确定工程等别及水工建筑物级别作出规定；给定与水工建筑物级别相应的应抵御洪水的标准(即洪水标准)。

1F－451021 工程等别及建筑物级别

水利水电工程的等别，应根据其工程规模、效益及在国民经济中的重要性，按表 1F－451021－1 确定。

对综合利用的水利水电工程，当按各综合利用项目对应的指标得出的等别不同时，其工程等别应按其中最高者确定。

拦河水闸工程的等别，应根据其过闸流量，按表 1F－451021－2 确定。

水利水电工程分等指标 表 1F－451021－1

工程等别	工程规模	水库总库容 (10^8 m^3)	防洪		治涝	灌溉	供水	发电
			保护城镇及工矿企业的重要性	保护农田 (10^4 亩)	治涝面积 (10^4 亩)	灌溉面积 (10^4 亩)	供水对象重要性	装机容量 (10^4 kW)
Ⅰ	大(1)型	≥10	特别重要	≥500	≥200	≥150	特别重要	≥120
Ⅱ	大(2)型	10～1.0	重要	500～100	200～60	150～50	重要	120～30
Ⅲ	中型	1.0～0.10	中等	100～30	60～15	50～5	中等	30～5
Ⅳ	小(1)型	0.10～0.01	一般	30～5	15～3	5～0.5	一般	5～1
Ⅴ	小(2)型	0.01～0.001		<5	<3	<0.5		<1

注:1. 水库总库容指水库最高水位以下的静库容;

2. 治涝面积和灌溉面积均指设计面积。

拦河水闸工程分等指标 表 1F－451021－2

工程等别	工程规模	过闸流量(m^3/s)
Ⅰ	大(1)型	≥5 000
Ⅱ	大(2)型	5 000～1 000
Ⅲ	中型	1 000～100
Ⅳ	小(1)型	100～20
Ⅴ	小(2)型	<20

灌溉(排水)泵站的等别,应根据其装机流量与装机功率,按表 1F－451021－3 确定[工业(城镇)供水泵站的等别,应根据其供水对象的重要性,按表 1F－451021－1 确定]。

灌溉(排水)泵站分等指标 表 1F－451021－3

工程等别	工程规模	分等指标	
		装机流量(m^3/s)	装机功率(10^4 kW)
Ⅰ	大(1)型	≥200	≥3
Ⅱ	大(2)型	200～50	3～1
Ⅲ	中型	50～10	1～0.1
Ⅳ	小(1)型	10～2	0.1～0.01
Ⅴ	小(2)型	<2	<0.01

注:1. 装机流量、装机功率系指包括备用机组在内的单站指标;

2. 当泵站按表中分等指标分属两个不同等别时,其等别按其中高者确定。

《标准》“条文说明”指出，水利水电工程永久性水工建筑物，是指工程运行期间使用的建筑物；按其在工程中发挥的作用和失事后对工程整体安全性影响程度的不同，分为主要建筑物和次要建筑物。

主要建筑物，是指失事后将造成下游灾害，或使工程效益受到严重影响的建筑物。如堤坝、泄洪建筑物、输水建筑物、电站厂房及泵站等。

次要建筑物，是指失事后对工程效益影响不大、不致造成下游灾害并易于修复的建筑物。如失事后对主要建筑物和设备运行不构成影响的挡土墙、导流墙及护岸等。

水利水电工程建筑物的级别反映了对建筑物不同的技术要求和安全要求；应根据其所在工程的等别和建筑物自身的重要性确定。永久性水工建筑物分级，如表1F－451021－4所示。

永久性水工建筑物级别　　表1F－451021－4

工程等别	主要建筑物	次要建筑物
Ⅰ	1	3
Ⅱ	2	3
Ⅲ	3	4
Ⅳ	4	5
Ⅴ	5	5

失事后损失巨大（或影响十分严重）的水利水电工程的2～5级主要永久性水工建筑物，经论证并报主管部门批准，其级别可提高一级；失事后造成损失不大的水利水电工程的1～4级主要永久性水工建筑物，经论证并报主管部门批准，其级别可降低一级。

另外，水库大坝的2级、3级永久性水工建筑物，如坝高超过表1F－451021－5中规定的指标，其级别可提高一级（洪水标准可不提高）。

水库大坝提级指标　　表1F－451021－5

级别	坝型	坝高(m)
2	土石坝	90
	混凝土坝、浆砌石坝	130
3	土石坝	70
	混凝土坝、浆砌石坝	100

当永久性水工建筑物基础的工程地质条件复杂，或采用新型结构时，对2～5级建筑物可提高一级设计（但洪水标准不予提高）。

堤防工程的级别，应按GB 50286—98《堤防工程设计规范》确定。穿堤水工建筑物的级别，按所在堤防工程的级别和与建筑物规模相应的级别两者中的高者确定。

水利水电工程施工期使用的临时性挡水（泄水）建筑物的级别，应根据其保护对象的重要性、失事后果、使用年限和规模，按表1F－451021－6确定。

临时性水工建筑物级别 表 1F-451021-6

级别	保护对象	失事后果	使用年限(年)	规模	
				高度(m)	库容(10^8 m^3)
3	有特殊要求的1级永久性水工建筑物	淹没重要城镇、工矿企业、交通干线,或推迟总工期及第一台(批)机组发电,造成重大灾害和损失	>3	>50	>1.0
4	1、2级永久性水工建筑物	淹没一般城镇、工矿企业,或影响总工期及第一台(批)机组发电而造成较大经济损失	3~1.5	50~15	1.0~0.1
5	3、4级永久性水工建筑物	淹没基坑,但对总工期及第一台(批)机组发电影响不大,经济损失较小	<1.5	<15	<0.1

《标准》"条文说明"指出,水利水电工程施工期所使用的临时性挡水(泄水)建筑物,系指导流建筑物。表 1F-451021-6 中,"保护对象"一栏中所指永久性建筑物的"特殊要求",是指在施工期不允许过水(或其他特殊要求)。"使用年限",是指导流建筑物相应于某一施工阶段的工作年限;两个(或两个以上)施工阶段先后共用的同一导流建筑物(如分期导流时,一、二期共用的纵向围堰),使用年限不叠加计算。"规模"一栏中,"高度"是指挡水围堰最大高度;"库容"是指堰前水位达到设计水位时所拦蓄的水量。

当临时性水工建筑物按表 1F-451021-6 中指标判断分属不同级别时,其级别应按其中最高者确定。但须注意,临时性水工建筑物级别拟确定为3级时,其符合该级别规定的指标不得少于两项。

拟利用临时性水工建筑物挡水并进行发电、通航运用时,经技术经济论证,原定3级以下临时性水工建筑物的级别可提高一级。

1F-451022 洪水标准

水利水电工程永久性水工建筑物的洪水标准,应按山区(丘陵区)和平原区(滨海区)分别确定。

当山区(丘陵区)的水利水电工程永久性水工建筑物挡水高度低于 15 m,且上、下游最大水头差小于 10 m 时,其洪水标准宜按平原区(滨海区)标准确定;当平原区(滨海区)的水利水电工程永久性水工建筑物挡水高度高于 15 m,且上、下游最大水头差大于 10 m 时,其洪水标准宜按山区(丘陵区)标准确定。

江、河采取梯级开发方式,在确定各梯级水利水电工程的永久性水工建筑物的设计洪水与校核洪水标准时,还应结合江、河治理和开发利用规划统筹研究,做到相互协调。

山区(丘陵区)水利水电工程永久性水工建筑物的洪水标准,应按表 1F-451022-1 确定。

山区（丘陵区）水利水电工程永久性水工建筑物洪水标准［重现期（年）］　表 1F－451022－1

项目		水工建筑物级别				
		1	2	3	4	5
设计		1 000～500	500～100	100～50	50～30	30～20
校核	土石坝	可能最大洪水（PMF）或 10 000～5 000	5 000～2 000	2 000～1 000	1 000～300	300～200
	混凝土坝、浆砌石坝	5 000～2 000	2 000～1 000	1 000～500	500～200	200～100

对土石坝，如失事后下游将造成特别重大灾害，则其 1 级建筑物的校核洪水标准应按表 1F－451022－1 要求，取可能最大洪水（PMF）或重现期 10 000 年标准；2～4 级建筑物的校核洪水标准，可相应提高一级。

对混凝土坝、浆砌石坝，如洪水漫顶将造成极严重的损失，则其 1 级建筑物的校核洪水标准经专门论证并报主管部门批准，可取可能最大洪水（PMF）或重现期 10 000 年标准。

山区（丘陵区）水利水电工程的永久性泄水建筑物消能防冲设计洪水标准，可低于泄水建筑物的洪水标准，即容许消能防冲建筑物在遇到超过设计标准的洪水时出现局部破坏，但不得危及挡水建筑物及其他主要建筑物的安全，且易于修复，而不致长期影响工程运行；根据泄水建筑物的级别，按表 1F－451022－2 确定。

山区（丘陵区）水利水电工程消能防冲建筑物洪水标准　表 1F－451022－2

永久性泄水建筑物级别	1	2	3	4	5
洪水重现期（年）	100	50	30	20	10

山区（丘陵区）水电站厂房的洪水标准，应根据其级别，按表 1F－451022－3 的规定确定。

水电站厂房洪水标准［重现期（年）］　表 1F－451022－3

水电站厂房级别	设计	校核
1	200	1 000
2	200～100	500
3	100～50	200
4	50～30	100
5	30～20	50

河床式水电站厂房，其挡水部分的洪水标准应与工程主要挡水建筑物的洪水标准相一致。

坝体施工期临时度汛洪水标准,应根据坝型及坝前拦洪库容,按表1F-451022-4确定;根据其失事后对下游的影响,标准可适当提高(或降低)。

坝体施工期临时度汛洪水标准[重现期(年)] 表1F-451022-4

坝型	拦洪库容(10^8 m^3)		
	>1.0	1.0~0.1	<0.1
土石坝	>100	100~50	50~20
混凝土坝、浆砌石坝	>50	50~20	20~10

导流泄水建筑物封堵后,若永久泄洪建筑物尚未具备设计泄洪能力,坝体度汛洪水标准应在分析坝体施工和运行要求后,按表1F-451022-5规定确定。

导流泄水建筑物封堵后坝体度汛洪水标准[重现期(年)] 表1F-451022-5

坝型		大坝级别		
		1	2	3
混凝土坝、浆砌石坝	设计	200~100	100~50	50~20
	校核	500~200	200~100	100~50
土石坝	设计	500~200	200~100	100~50
	校核	1 000~500	500~200	200~100

平原区水利水电工程永久性水工建筑物洪水标准,应按表1F-451022-6确定。

平原区水利水电工程永久性水工建筑物洪水标准[重现期(年)] 表1F-451022-6

项目		永久性水工建筑物级别				
		1	2	3	4	5
水库工程	设计	300~100	100~50	50~20	20~10	10
	校核	2 000~1 000	1 000~300	300~100	100~50	50~20
拦河水闸	设计	100~50	50~30	30~20	20~10	10
	校核	300~200	200~100	100~50	50~30	30~20

潮汐河口段(滨海区)水利水电工程永久性水工建筑物的潮水标准,应根据其级别,按表1F-451022-7确定。

潮汐河口段(滨海区)水利水电工程永久性水工建筑物潮水标准 表1F-451022-7

永久性水工建筑物级别	1	2	3	4、5
设计潮水位重现期(年)	≥100	100~50	50~20	20~10

对1级、2级建筑物,若依据表1F-451022-7确定的设计潮水位低于当地历史最高

潮水位，应采用当地历史最高潮水位校核。

临时性水工建筑物洪水标准，应根据建筑物的结构类型和级别，在表1F－451022－8规定的幅度内，结合风险度综合分析，合理选用。对失事后果严重的，应考虑遇超标准洪水时的应急措施。

临时性水工建筑物洪水标准［重现期（年）］ 表1F－451022－8

临时性建筑物类型	临时性水工建筑物级别		
	3	4	5
土石结构	50～20	20～10	10～5
混凝土、浆砌石结构	20～10	10～5	5～3

1F－451023 建筑物超高

不过水的临时性挡水建筑物的顶部高程，应按设计洪水位加波浪高度，再加安全加高确定。安全加高值按表1F－451023确定。

临时性挡水建筑物安全加高值（单位：m） 表1F－451023

临时性挡水建筑物类型	建筑物级别	
	3	4、5
土石结构	0.7	0.5
混凝土、浆砌石结构	0.4	0.3

过水的临时性挡水建筑物顶部高程，应按设计洪水位加波浪高度确定（不加安全加高）。

1F－451030 水工建筑物水泥灌浆施工技术规范

《水工建筑物水泥灌浆施工技术规范》（SL 62—94）（简称《规范》）包括总则、灌浆材料、制浆和灌浆设备、坝基岩石灌浆、水工隧洞灌浆、混凝土坝接缝灌浆、竣工资料和工程验收等内容。

《规范》“总则”指出，下列灌浆工程，在施工前（或施工初期）应进行现场灌浆试验：

（1）Ⅰ、Ⅱ级水工建筑物基岩帷幕灌浆；

（2）地质条件复杂地区或有特殊要求的Ⅰ、Ⅱ级水工建筑物基岩固结灌浆和水工隧洞固结灌浆。

已完成灌浆或正在灌浆的地区，其附近30 m以内不得进行爆破作业；如必须进行爆破作业，应采取减震和防震措施，并应征得设计或建设、监理部门同意。

“坝基岩石灌浆”有关内容摘录如下。

同一地段的基岩灌浆，必须按先固结灌浆、后帷幕灌浆的顺序进行。

帷幕灌浆，必须按分序加密的原则进行。

由三排孔组成的帷幕,应先进行边排孔的灌浆,然后进行中排孔的灌浆。边排孔宜分为三序施工,中排孔可分为二序或三序施工。

由两排孔组成的帷幕,宜先进行下游排孔的灌浆,然后进行上游排孔的灌浆。每排孔宜分为三序施工。

单排帷幕灌浆孔应分为三序施工。

帷幕后的主排水孔和扬压力观测孔,必须在相应部位帷幕灌浆检查合格后,方可开始钻进。

固结灌浆宜在有混凝土覆盖的情况下进行;钻孔、灌浆,必须在相应部位的混凝土达到50%设计强度后,方可开始。

固结灌浆应按分序加密的原则进行,可分为二序或三序施工。

帷幕灌浆孔宜采用回转式钻机和金刚石钻头(或硬质合金钻头)钻进。固结灌浆孔可采用各式合宜的钻机和钻头钻进。

帷幕灌浆钻孔位置与设计中的位置偏差不得大于10 cm。孔深应符合设计文件规定。

帷幕灌浆孔宜选用较小的孔径,钻孔孔壁应平直、完整。

帷幕灌浆钻孔,必须保证孔向准确。钻机安装必须平正、稳固;宜埋设孔口管;钻机立轴及孔口管的方向必须与设计的孔向一致;钻进应采用较长的粗径钻具,并适当控制钻进压力。

灌浆孔(段)在灌浆前,应进行钻孔冲洗;孔内沉积物厚度不得超过20 cm。

帷幕灌浆孔(段)在灌浆前,宜采用压力水进行裂隙冲洗,直至回水清静。冲洗压力,可为灌浆压力的80%;该值若大于1 MPa,采用1 MPa。

帷幕灌浆采用自上而下分段灌浆法时,先导孔应自上而下分段进行压水试验。各次序灌浆孔的各灌浆段在灌浆前,宜进行简易压水。

简易压水可在裂隙冲洗后(或结合裂隙冲洗)进行,压力可为灌浆压力的80%(该值若大于1 MPa,采用1 MPa)。

压水试验应在裂隙冲洗后进行,采用五点法或单点法(按附录A执行)。

《规范》正文末为附录A"灌浆工程压水试验"。其中,压水试验压力值选用,见表1F-451030。

帷幕灌浆采用自下而上分段灌浆法时,先导孔仍应自上而下分段进行压水试验。各次序灌浆孔在灌浆前,全孔应进行一次钻孔冲洗和裂隙冲洗。除孔底段外,各灌浆段在灌浆前可不进行裂隙冲洗和简易压水。

固结灌浆孔灌浆前的压水试验,应在裂隙冲洗后进行,采用单点法(按附录A执行)。试验孔数不宜少于总孔数的5%。

灌浆孔的基岩段长小于6 m时,可采用全孔一次灌浆法;大于6 m时,可采用自上而下分段灌浆法、自下而上分段灌浆法、综合灌浆法或孔口封闭灌浆法。

基岩灌浆方式,有循环式和纯压式两种。帷幕灌浆应优先采用循环式(射浆管距孔底不得大于50 cm)。浅孔固结灌浆可采用纯压式。

帷幕灌浆段长度宜采用5~6 m;特殊情况下,可适当加长(或缩减),但不得大于10 m。采用自下而上分段灌浆法,灌浆段长度因故超过10 m时,对该段宜采取补救措施。

压水试验压力值选用表　　表 1F－451030

灌浆工程类别	钻孔类型	坝高(m)	灌浆压力(MPa)	单点法压水试验压力	五点法压水试验压力	备注
基岩帷幕灌浆	先导孔	—	≥1	1(MPa)	0.3, 0.6, 1.0, 0.6, 0.3 (MPa)	H_0、H为坝前水头(m)，分别从河床基岩面和帷幕所在部位基岩面算起，至正常蓄水位止
		—	<1	0.3(MPa)	0.1,0.2,0.3,0.2,0.1(MPa)	
		—	<0.3	灌浆压力	—	
	质量检查孔	<70	—	H_0 或 $1.5H_0$ (m)	单点法压水试验压力的 0.3, 0.6, 1.0, 0.6, 0.3 倍	1 m 水头≈0.01 MPa
		70～100	—	1(MPa)		
		>100	—	1(MPa)或 $1.5H$(m)		$1.5H > 2$ MPa 时，采用 2 MPa
基岩固结灌浆和水工隧洞围岩固结灌浆	灌浆孔和质量检查孔		1～3	1(MPa)	—	灌浆压力>3 MPa时，压水试验压力在设计文件中依据地质条件和工程需要确定
			≤1	灌浆压力的80%		

进行帷幕灌浆时，坝体混凝土与基岩接触段（长度不得大于 2 m）应先行单独灌浆并待凝。

采用自上而下分段灌浆法时，灌浆塞应塞在已灌段段底以上 0.5 m 处，以确保不漏灌；孔口无涌水的孔段，灌浆结束后可不待凝（但在断层、破碎带等地质条件复杂地区则宜待凝）。

固结灌浆，为防止灌浆孔相互串浆，可采用群孔（不宜多于 3 个）并联灌注，并且应控制压力，以防止混凝土面（或岩石面）抬动。

灌浆压力宜通过灌浆试验确定；也可通过公式计算或根据经验先行拟定，而后在灌浆施工过程中调整、确定。

采用循环式灌浆，压力表应安装在孔口处回浆管路上；采用纯压式灌浆，压力表应安装在孔口处进浆管路上。灌浆应尽快达到设计压力，但注入率大时，应分级升压。

灌浆浆液的浓度，应由稀到浓，并逐级变换。

帷幕灌浆浆液水灰比可采用 5∶1、3∶1、2∶1、1∶1、0.8∶1、0.6∶1、0.5∶1 等七个比级。开灌水灰比可采用 5∶1。

帷幕灌浆浆液变换：

（1）当灌浆压力保持不变，注入率持续减少时，或当注入率不变而压力持续升高时，不得改变水灰比。

(2)当某一比级浆液的注入量已达300 L以上,或灌注时间已达1 h,而灌浆压力和注入率均无改变(或改变不显著)时,应改浓一级。

(3)当注入率大于30 L/min时,可根据具体情况越级变浓。

灌注细水泥浆液,可采用水灰比2∶1、1∶1、0.6∶1,或1∶1、0.8∶1、0.6∶1三个比级。

固结灌浆浆液比级及其变换原则可参照帷幕灌浆,并根据工程具体情况确定。

帷幕灌浆采用自上而下分段灌浆法时,在规定的压力下,当注入率不大于0.4 L/min时,继续灌注60 min;或不大于1 L/min时,继续灌注90 min,灌浆可以结束。

采用自下而上分段灌浆法时,相对于自上而下分段灌浆法,继续灌注的时间可相应地减少为30 min和60 min,灌浆可以结束。

固结灌浆在规定的压力下,当注入率不大于0.4 L/min时,继续灌注30 min,灌浆可以结束。

帷幕灌浆采用自上而下分段灌浆法时,灌浆孔封孔应采用“分段压力灌浆封孔法”;采用自下而上分段灌浆法时,应采用“置换和压力灌浆封孔法”或“压力灌浆封孔法”。

固结灌浆,灌浆孔封孔应采用“机械压浆封孔法”或“压力灌浆封孔法”。

灌浆过程中,发现冒浆、漏浆,应根据具体情况,采用嵌缝、表面封堵、低压、浓浆、限流、限量、间歇灌浆等方法进行处理。

帷幕灌浆过程中发生串浆时,如串浆的孔具备灌浆条件,则可对其同时进行灌浆,并一泵灌一孔;否则,应将串浆的孔用塞子塞住,待灌浆孔灌浆结束后,对串浆的孔再行扫孔、冲洗,而后进行钻进或灌浆。

灌浆工作必须连续进行,若因故中断,可按照下述原则进行处理:

(1)应及早恢复灌浆;否则,应立即冲洗钻孔,而后恢复灌浆;若无法冲洗(或冲洗后无效果),则应进行扫孔,而后恢复灌浆。

(2)恢复灌浆时,应使用开灌比级的水泥浆进行灌注。如注入率同中断前相近,即可改用中断前所用比级的水泥浆继续灌注;如注入率较中断前减少较多,则继续灌注时浆液应逐级加浓。

(3)恢复灌浆后,如注入率较中断前减少很多,且有短时间内停止吸浆现象,则应采取补救措施。

帷幕灌浆质量检查,应以检查孔压水试验成果为主,结合对竣工资料和测试成果的分析,进行综合评定。

帷幕灌浆检查孔应布置在下述部位:

(1)帷幕中心线上;

(2)岩石破碎、断层、大孔隙等地质条件复杂的部位;

(3)钻孔偏斜过大、灌浆情况不正常,以及经对资料进行分析,认为对灌浆质量有影响的部位。

帷幕灌浆检查孔的数量,宜为灌浆孔总数的10%;一个坝段(或一个单元工程)内,至少应布置一个检查孔。应利用检查孔采取岩芯,然后计算获得率并加以描述。

帷幕灌浆检查孔压水试验,应在该部位灌浆结束14 d后进行。试验应自上而下分段卡塞进行;采用五点法或单点法(按附录A执行)。试验结束后,按技术要求对检查孔进行灌浆和封孔。

固结灌浆质量检查宜采用测量岩体波速（或静弹性模量）的方法。以测量结果看，岩体波速（或静弹性模量）的改善程度应符合设计文件规定。

固结灌浆质量检查也可采用单点压水试验的方法（按附录 A 执行）。其检查孔的数量不宜少于灌浆孔总数的5%。检查结束后，应按技术要求对检查孔进行灌浆和封孔。

固结灌浆质量压水试验检查、岩体波速检查及静弹性模量检查，应分别在灌浆结束3～7 d、14 d 及 28 d 后进行。

固结灌浆质量压水试验检查，孔段合格率应在80%以上；不合格孔段的透水率值与设计文件中规定值相比，超出后者的部分不大于其50%，且不合格孔段不集中出现，灌浆质量可认为合格。

1F－451040　碾压式土石坝施工规范（上）

《碾压式土石坝施工规范》（DL/T 5129—2001）（简称《规范》）包括测量、导流与度汛、坝基与岸坡处理、坝料复查与使用规划、施工试验与坝料加工、坝料的开采与运输、填筑、结合部位处理、反滤排水设施与护坡、安全监测、施工质量控制等内容。

1F－451041　测量

开工前，在监理工程师主持下，勘测设计单位应将勘测设计阶段引用和测设的平面控制点、高程控制点、主要建筑物轴线方向桩及起点位置、坝址附近地形图等有关测量资料向施工单位交底，现场交接各类控制点。施工单位对坝区原设控制点进行复查和校测，并补充不足或丢失部分。

平面（高程）控制点（包括观测用的起测基点及工作基点）的位置，应符合下列要求：

（1）在建筑物轮廓线以外，不妨碍施工，引测方便。

（2）不会被水淹没的基岩、平地（或平缓的坡地）。

（3）不受爆破、开挖施工影响和不发生崩塌、无岩溶影响、不风化破碎的岩石。

（4）不发生隆起、沉降、蠕变和不受冻融影响的土层。

施工放样应以预加沉降量后的断面为准。

开工前，应施测坝基原始纵、横断面，放定坝脚清基（考虑富裕宽度）及填筑起坡的边线。零点桩号从左岸开始。施工桩号应与设计图纸中的桩号一致。施测时，可按下列要求进行：

（1）纵断面测量。沿轴线按设计图设置里程桩，桩距以20～50 m为宜（一般宜用整数）。坝端岸坡、渐变段和地形变化较大地段，桩距可适当缩短，并相应施测横断面。高坝或坝宽较大时，应加测平行于坝轴线的纵断面。

（2）横断面测量。施测范围以超出坝基（含铺盖区）上、下游边线各20～50 m为宜。如坝轴线为圆弧（曲线），则横断面方向应为径向。

（3）开始填筑前，应测绘清基后的地形图及横断面图；按清基完成后的地形设填筑起坡桩。为防止填土时掩埋标桩，距清基边界桩及填筑起坡桩以外一定距离，可加设引桩。

（4）坝体削坡，应以放样时的控制桩为准。削坡后，应施测断面，并与相应设计断面进行比较。

坝区开挖和坝体填筑施工过程中,应定期进行纵、横断面的测量。测量时,各类填筑料所在区间的界限应加以区分。

施工期间,所有有关施工定线、进度、工程量、竣工等的测量原始记录、计算成果及绘制的图表,特别是隐蔽工程的有关资料,均应及时整理、校核和分类,并整编成册,妥善保存。一个合同项目的工程全部完工后,施工单位应负责将上述资料和地面控制网点(资料)全部移交给监理工程师。监理工程师按合同(协议)要求,分期或一次移交给建设单位。

1F－451042　导流与度汛

中(高)坝施工期,一般可分为初期导流、坝体施工期临时度汛、导流泄水建筑物封堵后坝体度汛等三个阶段。

《规范》"条文说明"指出,初期导流阶段是指以围堰挡水度汛阶段;坝体施工期临时度汛阶段是指坝体筑高到不需围堰保护,而以坝体挡水度汛;导流泄水建筑物封堵后坝体度汛,是指大坝完建并最终达到设计标准时的后期导流阶段。三个阶段分别采用不同的洪水标准。

导流工程施工必须按计划进行,特别是导流泄水建筑物和截流后无法继续施工的工程,必须如期建成并进行验收。

导流建筑物与永久建筑物相结合部分的施工,应满足永久建筑物设计要求。

截水槽(或防渗墙)修建完成后,如需在其上导流,应对其采取保护措施。

截流围堰平面位置与导流泄水建筑物进(出)口之间,应有足够的距离,以确保水流平顺进入导流泄水建筑物内。应做好围堰地基处理,以保证围堰填筑质量。

截流时机的选择,取决于围堰、导流建筑物及库内工程的施工进度以及水文、气象等因素;同时,考虑给围堰(或坝体)施工留有足够时间,以保证其在汛前能达到安全度汛高程。截流前,必须将导流泄水建筑物上、下游施工围堰全部拆除至规定高程,不得欠挖,以确保分流条件满足要求。

截流方法、龙口位置及宽度的选择,应根据断面流量并综合考虑河床抗冲刷性能、地形及施工条件等因素予以确定。对难度较大的截流工程,应进行水力学模型试验。

截流前,对宽河床应进行预进占,以形成截流龙口。

截流开始后,应快速连续施工。合龙过程中,随时测量龙口水力特征值;适时改换抛投料物种类、强度和改进抛投技术,使能在计划时间内顺利合龙。合龙后,应保证龙口段上升速度快于上游水位上升速度,并有安全超高,直至截流完成。截流后,应对戗体及时加高、培厚和闭气。

截流后,应控制工程进度,以保证围堰高度在汛前达到度汛要求。

大坝施工期间,必须保证按照施工总进度要求,使大坝在汛前达到度汛时应具备的形象面貌。

当封堵导流泄水建筑物时,应谨慎确定封堵时间。封堵前,应对包括土石坝在内的全部枢纽建筑物的水下部分(包括导流建筑物)进行蓄水安全鉴定和中间验收;制订封堵施工方案与技术措施,报请监理工程师批准。

在坝区内，应根据施工期间可能的降雨强度及地基可能的渗漏量建立排水系统，以保证及时排水。

1F－451043 坝基与岸坡处理

坝基与岸坡处理工程为隐蔽工程。

清理坝基、岸坡和铺盖地基时，应将树木、草皮、树根、乱石、坟墓以及各种建筑物等全部清除，并认真做好水井、泉眼、地道、洞穴等的处理。

坝基和岸坡表层的粉土、细砂、淤泥、腐殖土、泥炭等，均应按设计要求和有关规定清除。对于风化岩石、坡积物、残积物、滑坡体等，应按设计要求和有关规定处理。

坝区范围内的地质勘测孔、竖井、平洞、试坑等，均应按图逐一检查、处理，并经监理工程师主持验收。

坝肩岸坡的开挖、清理工作，宜自上而下一次完成；对于高坝，可分阶段进行，但应提出保证质量和不影响工期的措施。

凡坝基（岸坡）易风化、易崩解的岩石（土层），开挖后不能及时回填者，应留保护层，或喷水泥砂浆（或混凝土）保护。

在岩石地基上填筑防渗体、反滤层或均质坝体时，与岩石岸坡的结合必须采用斜面连接；不得有台阶、急剧变坡，更不得有反坡。

非黏性土的坝壳料与岸坡接合时，亦不得有反坡。

防渗体区域内的坝基（岸坡）岩面开挖，应采用预裂爆破、光面爆破等方法进行控制爆破，以使开挖面基本平顺；严禁采用洞室爆破法、药壶爆破法施工。必要时，可留保护层（在开始填筑前清除）。

使用灌浆法进行地基处理时，必须在施工现场进行灌浆试验，以确定施工工艺及灌浆技术参数。对砂砾石层进行灌浆处理后，应将其表层予以清除（至灌浆合格处），方可进行防渗体（或截水墙）的填筑。

防渗体与基岩直接结合时，岩石上的裂隙水、泉眼渗水均应处理。填土必须在无水岩面进行，严禁水下填土。

伸入防渗体内的现浇混凝土防渗墙（或水下浇筑的墙体）必须与防渗体结合良好。混凝土墙体的缺陷必须处理。

人工铺盖，其地基应按设计要求进行清理、平整压实；如为砂砾石地基，必须按设计要求做好反滤过渡层。

利用天然土层作铺盖时，应按设计要求复查土的物理性质、渗透系数、渗透稳定性，对其厚度及长度方向分布是否连续，以及根孔结构等亦应查明。凡不能满足设计要求的地段，应采取补强措施（或做人工铺盖）。凡已确定为天然铺盖的区域，严禁取土；施工期间应予保护，不得破坏。

人工或天然铺盖的表面，均应根据设计要求设置保护层，以防干裂、冻裂及冲刷。

以天然黏性土作为坝基和岸坡时，应根据设计要求进行清理和处理。天然黏性土岸坡开挖，必要时可留保护层（在开始填筑前清除）。

对坝基中的软黏土、湿陷性黄土、软弱夹层、中细砂层、膨胀土、岩溶构造等，应按设计要求进行处理。

1F－451044　坝料复查与使用规划

施工单位对勘测(设计)单位所提供的对各料场的勘察报告和可资利用的枢纽建筑物开挖料的调查、试验资料,应进行核查。对在合同文件中选定的各种料源的储量和质量,应辅以适量的坑探和钻孔取样进行复核。

料源复查的内容如下:

(1)覆盖层(或剥离层)厚度、料层的地质变化及夹层的分布情况。

(2)料源的分布、开采及运输条件。

(3)料源水文地质条件及其与汛期河水位的关系。

(4)复查料场占地面积,并根据地下水位及地质情况、施工方法及施工机械可能的开采深度等因素,复查料场可开采范围、可用料层厚度、有效储量及弃料数量。

(5)进行必要的室内和现场试验,以核实坝料的物理力学性质及压实特性。

对枢纽建筑物开挖料的复查(补充调查)工作,应按利用开挖料时可能的填筑顺序进行,并在开始填筑前完成。复查内容如下:

(1)可供利用的开挖料的分布及其运输、堆存及回采条件。

(2)根据枢纽工程所在位置的地质、地形条件,复查主要可供利用的建筑物开挖料的工程特性。

(3)复查有效挖方的利用率。

黏性土、砾质土的复查要求:

(1)重点复查天然含水率及其随季节变化的情况,土层情况、覆盖层厚度、储量、可开采土层的厚度及颗粒组成(砾质土应复查大于5 mm的粗颗粒含量及性质)。

(2)压实特性,即最大干密度、最优含水率,以及砾质土的破碎率。

(3 物理力学性质,如天然干密度、比重、液塑限、压缩性、渗透性、抗剪强度等。

(4)复查方法:黏性土,采用手摇钻或坑探取样;砾质土,用坑探取样。对宽级配砾质土,可按地层情况分别采用混合取样和分层取样,以了解砾质土分别在粗、细级配范围内的物理力学性质及其变化情况。

(5)当土料黏粒含量偏多(或含水率偏高)时,宜补充进行必要的现场碾压试验,以判定土料的施工性能。

对于软岩、风化岩石料场,应复查料场范围、料场储存量、风化后岩性变化情况及可利用风化层的厚度。

对于砂砾料场,应复查料场的分布,淤泥、细砂夹层、胶结层及覆盖层厚度,不同河水位时水上及水下可开采的厚度、范围及储量,天然干密度、最大及最小干密度、最大粒径、级配、小于5 mm料含量、含泥量等;取少量代表样,做比重、渗透系数、抗剪强度、抗渗比降等物理力学性能试验。复查方法,可采用坑探。

对于石料场,应重点复查岩性、断层、节理和层理、强风化层厚度、软弱夹层分布、坡积物剥离层及可用层的储量及开采运输条件等,并取代表性试样,进行物理力学特性试验。复查方法,可采用钻孔、探洞(或探槽)。

对于天然反滤料场，应重点复查料场的分布与储量、淤泥及胶结层厚度、天然干密度、最大及最小干密度、颗粒级配、含泥量、软弱颗粒含量、颗粒形状与成品率等。取少量代表样，做比重、渗透系数、渗透破坏比降等项性能试验。

人工制备反滤料的料场，也应对其质量和数量进行复查。

施工前，对料场实际可开采的总量进行规划时，应考虑料场调查时的精确度、料场天然密度同坝面压实密度之间的差值，以及开挖与运输、雨后坝面清理、坝面返工及削坡等的损失。各类料实际可开采总量与其在坝体填筑中相应方量之间的倍比关系一般为：土料，2.0～2.5（宽级配砾质土取上限）；砂砾料，1.5～2.0；水下砂砾料，2.0～2.5；石料，1.2～1.5；天然反滤料应根据筛取的有效方量确定，一般不宜小于3.0。

料场复查报告内容应包括料场地形图、试坑与钻孔平面图、地质剖面图、含水率及地下水位随季节变化情况及其试验分析成果、代表性坝料样品、有效开采面积、实际可开采数量（附计算书）、料场全部（或部分）坝料与建筑物可利用开挖料适用于填筑坝体某一部位的说明书及要否进行加工处理的明确结论，并说明开采和运输条件等。

坝料使用规划，应根据坝型、料场地形、施工方法、导流方式和施工分期等具体条件，并按照施工方便、投资经济、保证质量、不占或少占耕地以及施工期间各种坝料供给整体平衡的原则进行编制。

对符合设计要求的各种坝料，应分别确定其在不同施工阶段所填筑的部位。应充分利用符合设计要求的建筑物开挖料，并提高开挖料直接上坝的比例。

在坝料使用程序上，应考虑建筑物开挖料及料场开采料的选择同坝体填筑在位置上和时间上的相互关系；考虑施工期内河水位及流量的变化以及因导流建筑物的运用使上游水位升高而给坝料选择带来的影响。在枯水季节，可多用河滩料场。应有计划地保留一部分近坝料场，以供合龙段填筑和度汛拦洪高峰期填筑使用。

《规范》"条文说明"指出，在坝料同样符合设计要求的情况下，最主要的经济比较条件是减少运距，因为运输费用占筑坝总造价的比例最大。

宜根据料场高程、位置及用以填筑的部位，对各料场使用顺序作统一规划，以减少过坝运输和交叉运输。

宜选择作业面宽阔、料层厚、储量集中的大料场作为施工主料场，其他料场与之配合使用，并考虑有一定数量的备用料场。

对黏性土、砾质土的使用规划，应优先选用土质均匀、含水率适当的料场；考虑将天然含水率较高的料场用于干燥季节，天然含水率较低的料场用于多雨、潮湿及低温季节。

对砂砾料的使用规划，应将筑坝用料料场和混凝土骨料及反滤料筛选料场作统一安排。需要对料场水下部分进行开采时，应根据开挖设备的机械性能并考虑汛期施工时便于防洪和撤退等要求进行规划。

堆石料场，应优先选用岩性单一、剥离层较薄、开采及运输条件较好以及施工干扰少的料场。

必须做好反滤料的料源规划，其数量和质量应有可靠保证，并应有储备。反滤料与过渡料宜在天然料场筛选，也可采用人工方法制备。

1F－451045　施工试验

坝料施工试验的内容包括:复核设计文件中确定的有关技术指标、施工工艺及各种参数;提出关于质量控制的技术要求及检验方法;制定有关的施工技术措施。必要时,可提出对设计文件的修改或补充意见,报监理工程师审批。

施工试验项目一般有:土料、砂砾料及石料的碾压试验,石料场的爆破试验,坝料加工试验,以及混凝土防渗墙、基础灌浆、坝基加固处理、排水减压井等的施工试验。

1、2级坝和高100 m以上的土石坝工程,必须在主体工程开工前完成有关施工试验项目。

碾压试验按附录B的规定进行。

《规范》正文后的附录B“碾压试验”,对碾压试验中压实参数和试验组合、试验场地要求、场地布置、现场描述、试验、成果整理等方面内容作了介绍。其主要内容如下:

压实参数:压实参数包括机械参数和施工参数两大类。当压实设备型号选定后,机械参数已基本确定。施工参数有铺土(料)厚度、碾压遍数、行车速度、无黏性土和堆石的加水量、黏性土的含水率等。

试验组合:试验组合方法,有经验确定法、循环法、淘汰法和综合法。一般多采用淘汰法(又称逐步收敛法)。此法每次只变动一种参数,即在其他参数固定的情况下,变动某一参数进行试验,直至获得该参数适宜的值。依此类推,逐个求得每一参数适宜的值。待各项参数选定后,再用选定的参数进行统一试验。

试验场地要求:场地应平坦,地基应坚实。用试验用料先在地基上铺压一层,压实至设计标准(若是黏性土,其含水率应控制在最优含水率附近);然后将这一层作为基层,在其上进行碾压试验。试验区面积按黏性土、砾石土(风化砾石土、砂及砂砾石)、卵漂石(堆石料)进行区分,分别采取不同大小的试验场地。

场地布置:使用淘汰法进行黏性土碾压试验时,一般一场试验布置4个组合试验,即将整个场地分成并列的4个2 m×5 m的碾压带;每一碾压带均采用同一铺土厚度、同一含水率,并分别采用1～4遍的碾压遍数进行试验,以确定该铺土厚度和该含水率下的最优碾压遍数。

现场描述包括记录所使用的运输设备、卸料方式及铺料方法;对黏性土,应观察振动凸块碾的工作状况,气胎碾车辙深度,有无黏碾、弹簧土、涌土、表面龟裂及压实后有无剪切破坏现象,检查上、下压实土层结合情况;对于堆石料,应观察表面石料压碎及堆石架空情况;对各种料物,记录碾压前后实际土(料)层厚度。

试验,即测定经每一组合压实后,土(石)料的干密度、含水率(洒水量)及颗粒级配。取样数量:黏性土,每一组合取样10～15个;砾石土,每一组合取样10～15个;砂和砂砾料,每一组合取样6～8个;堆石料,每一组合取样不少于3个。

试验完成后,应将试验资料进行系统整理、分析,绘制成果图表,并编写试验报告。具体要求如下:

(1)黏性土,应绘制不同铺土厚度时的干密度(ρ_d)与碾压遍数(N)的关系曲线,以及不同铺土厚度、不同碾压遍数时的干密度(ρ_d)与含水率(ω)的关系曲线。

(2)砾质土(包括掺合土),除绘制黏性土应绘制的各关系曲线外,尚应绘制砾石(>5 mm)含量与干密度(ρ_d)的关系曲线。

(3)无黏性土及堆石料,应绘制不同铺料厚度时的干密度(ρ_d)与碾压遍数(N)的关系曲线,以及沉降量(Δh)与碾压遍数(N)的关系曲线。

根据以上成果,结合工程具体条件,确定各类坝料的施工碾压参数和填筑标准。

在试验报告中,应提出以下结论:

(1)设计压实标准的合理性。

(2)与各种坝料相适应的压实机械及其参数。

(3)各类坝料填筑时干密度的控制范围。

(4)达到设计压实标准时的施工参数,包括铺土(料)厚度、碾压遍数、行车速度、错车方式、黏性土含水率,以及无黏性土(堆石料)的加水量等。

(5)上、下土层的结合情况,以及确保结合良好的措施。

(6)其他施工(如铺土、平土、刨毛等)的施工措施与施工方法。

堆石料的爆破试验,应在具有代表性的堆石料料场进行。试验前,应根据石料场的地质、地形条件和设计文件中提出的堆石料块径及级配要求进行爆破设计。通过爆破试验,选择最优的爆破方法及参数,并选择与之相应的施工机械及火工材料。

防渗土料的含水率高于(或低于)施工含水率的上(下)限值时,应按附录A提示的方法进行含水率调整相关工艺试验。

《规范》正文后的附录A“坝料加工处理”,对低含水率土料的加水处理、高含水率土料降低含水率的措施、防渗掺合料制备方法等方面内容作了介绍。其主要内容如下:

土料加水:应使土料含水率控制在施工含水率范围内且保持均匀。

坝面洒水:当坝面土层表面干燥、需补充水分时,可在坝面直接洒水。洒水宜用洒水车;以压力水和压缩空气混合,以雾状喷出,使洒水均匀。洒水后,宜用拖拉机牵引圆盘耙耙行,使掺合均匀。

土料场加水:土料场加水,减少了坝面施工工序及施工干扰,且易于控制土料含水率,是提高土料含水率的最佳方法,适宜于大面积的土料场和土料含水率较施工含水率低得较多的情况。加水方式有以下几种:

(1)筑畦灌水。当土场天然土料垂直渗透系数较大,地势平坦,且用立面开采方式时,可在土料场筑畦灌水。

(2)喷灌灌水。喷灌灌水,用喷灌机进行,适宜于高差大的地形条件。

(3)表面喷水。在土料场喷水时,应随时辅以齿耙进行耕翻,以使混合均匀。此法适用于砂壤土、轻(中)粉质壤土,以及用铲运机、推土机平面开采的条件。

高含水率土料降低含水率的措施包括翻晒法、掺料、综合措施等。

翻晒法:土料天然含水率较高,且具备翻晒条件时,可采用翻晒法降低含水率。经翻晒合格的土料,应堆成土牛,并加防护。

掺料:掺料的目的,是通过掺入含水率低的土料,吸收含水率高的土料中多余的水分,使土料含水率重新调整,以满足施工含水率的要求。

综合措施:当土料天然含水率稍高于施工含水率时,可在土料开挖、运输及装卸过程中采取措施,降低含水率。如采用平面分层取土(用推土机、铲运机进行)、山坡溜土、皮带机运输等。当采用立面开采时,也可用向阳面开采或掌子面轮换开采等方法。

防渗掺合料制备方法:在土料中掺入一定数量的砂砾料时,可采用一层土料、一层砂砾料,按比例逐层铺筑料堆,然后用挖土机立面开采并加以混合,或推土机斜面开采并加以混合的方法制备掺合料。铺料时,先铺砂砾料。铺料方法:铺砂砾料时,用进占法卸料;铺黏土时,用后退法卸料,使汽车始终在砂砾料层上行走,以避免土料层被轮胎压实而不利于掺合。铺料过程中,每层黏土和砂砾料均取10~20个试样,测定其含水率和颗粒级配,以此进行掺合料质量控制。

1F－451046　坝料开采

选择开采方式时,应考虑水文地质、坝料性质、料场地形、开采机具、料层分布、料层厚度、黏性土(砾质土)天然含水率大小等因素,据以确定采用立面开采或平面开采(包括斜面开采)。

料层较厚而上、下层土料性质不均匀时,宜采用立面开采;对于砾质土或坡(残)积风化料,宜采用斜面与立面相结合的混合开采方式。

防渗土料开采时,应符合下列要求:

(1)料场周围应布置截水沟,以防止外水浸入;同时,根据地形、取土面积及施工期间降雨强度等,在料场内布置排水系统,及时宣泄径流。

(2)当土料天然含水率接近(或小于)控制含水率下限时,宜采用立面开挖方式,以减少含水率损失;如天然含水率偏大,宜采用平面开挖方式,分层取土。

(3)冬季施工,为防止土温散失,应采用立面开挖方式;工作面宜避风、向阳,并选用含水率较低的料场。

(4)雨季施工时,应优先选用含水率较低的料场,或预先储备足够数量的合格土料,加以覆盖保护,以保证合格土料及时供应。开挖作业区内排水应通畅,开挖底面应有一定坡度,以利于排水。

(5)应根据开采运输条件和天气等因素,经常观测料场含水率的变化,并作适当调整。料场含水率控制值与填筑含水率的差值,应通过试验确定。

砂砾料开采,可采用水下、水上分别开采,或水上、水下混合开采方式。水下开采深度较大时,可采取降低地下水位或引流改道等措施,变水下开采为水上开采。

堆石料开采,应符合如下要求:

(1)石料开采,宜采用深孔梯段微差爆破法和(或)挤压爆破法;在地质、地形和安全条件允许的情况下,亦可采用洞室爆破法。

(2)为确保安全,应优先采用非电导爆管网络。

1F－451047　填筑

坝体填筑,必须在坝基、岸坡及隐蔽工程验收合格,并经监理工程师批准后,方可填筑。

坝体各部位的填筑,必须按设计文件中对断面要求进行;应保证防渗体和反滤层的有效厚度达到设计要求。建基面起伏不平时,防渗体应从低处开始填筑。

防渗体填筑时，应在逐层取样检查并确认合格后，方可继续铺填。反滤料、坝壳砂砾料和堆石料在进行每一层填筑时，应检查坝料质量、铺料厚度、洒水量，严格控制碾压参数；经检查合格后，方可继续填筑。

坝面施工，应统一管理、合理安排；实施分段流水作业，使填筑面层次分明；坝体均衡上升，作业面保持平整。

填筑过程中，应保证观测仪器埋设及监测工作的正常进行；采取有效措施，保护所埋设仪器和测量标志完好无损。

当气候干燥、土层表面水分蒸发较快时，铺料前，已压实土层表土应适当洒水湿润；严禁在表土干燥状态下，在其上铺填新土。

对于中、高坝，防渗体（或窄心墙）填筑过程中，凡已压实土层表面形成光面时，铺土前均应洒水湿润，并将光面刨毛。对低坝，洒水湿润即可。

防渗土料的铺筑，应沿坝轴线方向进行；铺料应及时，并施行平地机平整工序。宜采用定点测量方式，严格控制铺土厚度，不得超厚。

防渗体土料应用进占法卸料。汽车不应在已压实土料面上行驶。

汽车穿越防渗体填筑区时经过的路口段，应经常更换位置；各填筑层间，路口段应交错布置。对路口段超压的土体，应予以处理。

防渗体土料，宜采用振动凸块碾压实。碾压时，应沿坝轴线方向进行。当遇特殊部位，只能沿垂直于坝轴线方向碾压时，质检人员应对该部位铺料和碾压过程进行现场监视，严禁铺料超厚及漏压、欠压。

防渗体分段碾压时，相邻两段交接带碾迹应彼此搭接。垂直于碾压行进方向上的搭接带的宽度，应不小于0.3～0.5 m；平行于碾压行进方向上的搭接带的宽度，应为1～1.5 m。

心墙应同上、下游反滤料及部分宽度的坝壳料平起填筑，跨缝碾压。宜采用先填反滤料、后填土料的平起填筑方法施工。

斜墙宜与下游反滤料及部分宽度的坝壳料平起填筑；也可滞后于坝壳料填筑。若先行填筑部分宽度坝壳料，则需留有斜墙、反滤料及剩余宽度坝壳料施工空间。先行填筑的坝壳料必须经削坡至合格面，并经监理工程师验收后，方可进行后续工程的填筑。

如防渗体填筑过程中出现"弹簧"、层间光面、松土层、干土层、粗粒富集层，或发生剪切破坏等，应根据具体情况认真处理，并经监理工程师验收后，始准铺填新土。

防渗体的铺筑，应连续作业；如因故需短时间停工，其表面土层应洒水湿润，保持含水率在所控制范围之内；如需长时间停工，则应铺设保护层。复工时，将保护层予以清除，并经监理工程师验收后，方可继续填筑。

防渗体及反滤层填筑面上散落的松土、杂物等，应于铺料前清除。

振动碾工作质量宜大于10 t，振动频率20～30 Hz，行驶速度不应超过4 km/h。应定期检查振动碾的工作性能。

均质坝（或砂砾料坝壳）在铺筑护坡垫层料之前，应按设计断面尺寸整坡。

坝壳料的填筑应遵守下列规定：

（1）宜采用进占法卸料；推土机应及时平料；铺料厚度应符合设计要求，其误差不宜超过层厚的10%。坝壳料与岸坡及刚性建筑物结合部位，宜回填一条带过渡料。

(2)超径石宜在石料场爆破解小;填筑面上不应有超径块石和块石集中及架空现象。

(3)应用振动平碾压实;与岸坡结合处2 m宽范围内平行岸坡方向碾压,不易压实的边角部位应减薄铺料厚度,用轻型振动碾(或用平板振动器等)压实。

斜墙(心墙)内不应留有纵向接缝。

黏性土(砾质土、风化料、掺合料)填筑时,纵、横向接缝的设置应符合下列要求:

(1)防渗体(或均质坝)横向接坡不宜陡于1:3.0。需采用更陡接坡时,应提出论证,经监理工程师批准后方可实施。

(2)随坝体填筑上升,接缝处必须相应陆续进行削坡。

(3)防渗体(或均质坝)接缝处,经削坡并经取样检查合格后,必须边洒水、边刨毛、边铺料压实(含水率控制为施工含水率的上限)。

砂砾料(堆石、其他坝壳料)纵(横)向接合部位,宜采用台阶收坡法(每层台阶宽度不小于1 m)。

坝体填筑面应布置有效的洒水系统,其供水量应满足施工要求。防渗土料宜用洒水车喷雾洒水。

心墙坝雨季施工时,宜先将心墙和其两侧反滤料与部分宽度坝壳料筑高;雨天时,可继续填筑坝壳料,保持坝面稳定上升。

对于心墙(斜墙),填筑面应稍向上游倾斜;对于宽心墙(或均质坝),填筑面可中央凸起(向上、下游倾斜),以利排泄雨水。

防渗体雨季填筑,应适当缩短流水作业段长度;土料应及时平整、压实。

降雨来临之前,应将已平整但尚未碾压的松土用振动平碾快速碾压,使之形成光面。

对于心墙(斜墙)坝,用于防渗体填筑的机械设备,雨前应撤离填筑面(可将其停置于坝壳填筑区)。

下雨期间(至雨后复工前),严禁施工机械(或人员)在防渗体及反滤料填筑区穿行。

防渗体(包括其对两岸的接坡)与上、下游反滤料必须平起施工。雨后复工时,应将含水率超标或被泥土混杂(污染)的反滤料予以清除。

雨后复工,处理要彻底。首先,人工排除防渗体表层局部积水;其次,视未压实表土含水率情况,可分别采用翻松、晾晒或清除等处理方式。严禁在有积水、泥泞或被运输车辆碾压过的坝面上填土。

在负温下施工,应特别加强气温、土温及风速测量,并加强气象预报及质量控制工作。

负温下,填筑范围内的坝基在冻结前应处理好,并预先填筑1~2 m松土层(或采取其他防冻措施),以防坝基冻结。若部分地基被冻结,须仔细检查(要求黏性土地基含水率小于塑限,砂及砂砾地基冻结后无显著冰夹层和冻胀现象)。

负温下,露天土料施工,应缩小填筑区,并采取铺土、碾压、取样等的快速、连续作业;压实时,土料温度必须在-1 ℃以上。当日最低气温在-10 ℃以下(或在0 ℃以下且风速大于10 m/s)时,应停止施工。

负温下填筑,要求黏性土含水率不应大于塑限的90%;砂砾料含水率(指粒径小于5 mm的细料的含水率)应小于4%。

负温下填筑,应做好已压实土层的防冻保温工作,避免土层冻结。均质坝体及防渗体

（心墙、斜墙等）不得冻结；否则，必须将冻结部分挖除。砂、砂砾料及堆石的已压实层，如冻结后干密度仍达到设计要求，可继续填筑。

负温下停止填筑时，防渗料表面应加以保护，防止冻结。

填土中严禁夹有冰雪，且不得含有冻块。土、砂、砂砾料及堆石，不得加水；必要时，采用减薄层厚、加大压实功能等措施，以确保压实效果达到设计要求。如因下雪停工，复工前，应清理坝面积雪，经检查合格后，方可复工。

1F－451048　结合部位处理

截水槽回填，应遵守下列规定：

（1）必须在槽基处理已完成，其中渗水已排除，对其进行过地质描述，并经监理工程师验收后，方可开始回填。

（2）槽基填土，应从低洼处开始；填土面宜保持水平，且不得有积水。

（3）槽内填土厚度在0.5 m之内时，可采用轻型压实机具薄层碾压；填土厚度达0.5 m以上时，方可采用选定的压实机具和碾压参数压实。

铺盖填筑应符合下列规定：

（1）铺盖地基处理完成，并经监理工程师验收后，方可开始填筑。

（2）铺盖位于坝体填筑区内、与心墙（或斜墙）相接的部分，应与心墙（或斜墙）同时填筑；坝外铺盖填筑，应于水库蓄水前完成。

（3）铺盖完成后，应及时按设计要求在其上铺设保护层。不准在已建成铺盖上打桩、挖坑、埋设电杆等。

防渗体在从坝基起开始填筑时，应符合下列规定：

（1）对于黏性土、砾质土坝基，应将其表面含水率调整至施工含水率上限，用凸块振动碾压实，并经监理工程师验收后，始可填土。

（2）对于无黏性土坝基，铺土前应洒水、压实，并经监理工程师验收后，始可根据设计要求回填反滤料和填筑第一层土料。第一层料，铺土厚度可适当减薄；含水率应调整至施工含水率上限；宜采用轻型压实机具压实。

防渗体同岸坡结合时的填筑，应符合下列规定：

（1）防渗体与岸坡结合带的填土宜选用黏性土，其含水率应调整至施工含水率上限；选用轻型碾压机具薄层压实，局部碾压不到的边角部位，可使用小型机具压实，严禁漏压、欠压。

（2）结合带填筑施工参数，应由碾压试验确定。

（3）与岸坡结合带，碾压搭接宽度不应小于1.0 m。

（4）如岸坡过缓，结合处碾压后土料因侧向位移而出现爬坡、脱空现象，应将其挖除。

（5）结合带碾压经取样合格后，方可继续铺填土料；铺料前，压实合格面应洒水或刨毛。

防渗体同混凝土面（岩石面）结合时的填筑，应符合下列规定：

（1）填土前，混凝土表面的乳皮、粉尘及其上附着的杂物必须清除干净。

（2）在与混凝土面（岩石面）结合部位填土时，应对其洒水湿润，并边涂刷浓泥浆、边铺土、边夯实,泥浆涂刷的高度必须与采用的铺土厚度相当,并与此前涂刷的泥浆相接;严禁在泥浆干涸后铺土和压实。填土含水率控制在较最优含水率大1% ~3%的范围。开始填土时,用轻型碾压机械碾压(可适当降低干密度要求);待厚度在0.5 ~1.0 m以上时,方可用选定的压实机具和碾压参数正常压实。

(3)压实机具可采用振动夯、蛙夯及小型振动碾等。

(4)填土与混凝土面(岸坡岩面)脱开时,必须予以清除。

(5)防渗体在混凝土齿墙(坝下埋管、混凝土防渗墙)两侧及顶部一定宽度和高度内的土料回填宜选用黏性土,且含水率应调整至施工含水率上限;采用轻型碾压机械压实;两侧填土应保持均衡上升。

(6)混凝土防渗墙顶部局部范围用高塑性土回填。其回填范围、回填土料物理力学性质、含水率、压实标准等应满足设计要求。

防浪墙基础同防渗体结合时的处理应符合设计要求。

1F-451049 反滤排水设施与护坡

反滤料的材质、级配、不均匀系数、含泥量、铺筑位置及有效宽度,应符合设计要求。

地基经处理、验收合格,并经监理工程师批准后,方可回填第一层反滤料。

在挖装及铺筑反滤料过程中,应防止其颗粒分离,并防止杂物及其他料物混入。宜在挖装前洒水,保持其湿润状态,以免颗粒分离。

反滤料铺筑必须严格控制铺料厚度。

与反滤料接触的过渡料的级配应符合设计要求。两者交界处,超径石应清除。

对已碾压合格的反滤层,应做好防护;一旦发生土料混杂,则必须即时清除。

反滤料应与其相邻的防渗土料、过渡料一起压实,宜采用自行式振动碾压实。

反滤层填筑过程中,严禁设置纵缝。横向接坡,必须清至合格面,使接坡反滤料层次清楚;不得发生层间错位、中断和混杂。

排水设施所用石料必须质地坚硬,其抗水性、抗冻性、抗压强度及排水能力应满足设计要求,应严格控制细粒含量和含泥量(不得超出设计允许范围)。

排水堆石体施工可设置纵缝和横缝,宜采用预留平台方式、逐层收坡。

排水设施的外露表面宜力求平整、美观。

坝内排水带和排水褥垫,其地基必须按设计要求进行处理,并经监理工程师验收后,方可铺设。

坝内竖式排水体,可与其两侧防渗体平起施工;亦可先回填防渗体,然后将防渗体挖槽再回填排水体(每层排水体回填厚度应不超过60 cm)。

水平排水带铺筑时的纵坡、铺筑厚度及透水性应符合设计要求。

坝内排水管路地基必须夯实,所用管材、管径、间距及纵坡应符合设计要求。排水管滤孔及接头部位应仔细铺设反滤层。

减压井施工应符合下列要求:

(1)减压井的位置及井深、井距、井径等结构尺寸以及所用滤料级配、其他材料等,均应符合设计要求。

(2)减压井和深式排水沟施工,应在库水位较低时期进行;其钻孔宜用清水固壁。

(3)减压井钻进过程中,应进行地质描绘和绘制柱状图;如发现与原地层资料有较大出入,应提请监理工程师及设计单位研究处理。

(4)钻孔结束,经监理工程师验收后,方可安装井管。井管连接应顺直牢固,并封好管底。反滤料回填宜采用导管法,以避免反滤料分离。

(5)装好井管后,应做好洗井工作。洗井宜采用鼓水和抽水法。水变清后,再连续抽水半小时,如清水保持不变,即可结束洗井作业。

砌筑护坡前,应进行坝坡修整,使之符合设计要求。

护坡石料须选用质地坚硬、不易风化的石料,其抗水性、抗冻性、几何尺寸等均应满足设计要求。

护坡下垫层用料级配与铺筑厚度应满足设计要求。铺筑块石或其他面层时,不得损坏垫层。

当采用块石护坡时,可采用机械(或人工)选石、堆码、整坡。护坡宜与坝体填筑同步进行。

现浇混凝土护面,宜采用无轨滑模浇筑;其厚度应符合设计要求,并须按设计要求分缝,做好排水孔。

草皮护坡应选用易生根、能蔓延且耐旱的草类;无黏性土坡面上应先铺一层种植土,然后种植草皮。草皮铺植后,应洒水护理。

当采用抛石、混凝土预制块、水泥土等护坡型式及采用土工织物垫层时,均应按设计要求执行。

1F－451050　碾压式土石坝施工规范(下)

《碾压式土石坝施工规范》(DL/T 5129—2001)(简称《规范》)包括测量、导流与度汛、坝基与岸坡处理、坝料复查及使用规划、施工试验与坝料加工、坝料的开采与运输、填筑、结合部位处理、反滤排水设施与护坡、安全监测、施工质量控制等内容。

1F－451051　**安全监测**

土石坝监测仪器设备的埋设、安装及调试,以及施工期观测、资料整理分析等工作,应按设计规定进行。

施工期间,应对已埋设的观测设施采取有效的安全防护措施,严防机械和人为损坏。

位于坝下游的观测房,应随观测仪器的埋设而及时相应建成,并建好监测观测房自身位移的标点,以便及早取得观测资料。

坝面位移观测中使用的标点、基点等的埋设(安装),以及坝面位移观测,应随坝的施工进度及时进行。

观测用仪器设备,应做好保养、检查、维护等工作;至少每年校验一次,并做好记录。

工程竣工后,应将监测系统仪器的标定、埋设及安装,以及施工期观测等全部原始资料及其整编分析报告整理成册;提出竣工报告,经审查验收后,正式移交。

1F－451052　施工质量控制

质量控制应按国家和行业颁发的有关标准、工程设计、施工图、合同技术条款的技术要求进行。

质量检查记录是工程验收时的重要依据,应及时进行汇总、编录与分析,并妥善保存,防止丢失,严禁掺假、涂改和自行销毁。

质量检查部门应参加施工期各项验收工作;对隐蔽工程和工程关键部位,应详细记录其质量情况,宜进行录像、照相,或取原状样品保存(备查)。

施工过程中出现的质量问题及其处理结果,或者在现场做出的决定,必须在经主管技术的负责人签署后,作为施工质量控制原始记录保存。

坝体压实质量控制除应控制压实参数外,还应取样检测密度和含水率。检验方法、使用仪器及操作方法应符合国家及行业颁发的有关规程、规范要求。

(1)黏性土现场密度检测宜采用环刀法、表面型核子水分密度计法。环刀容积不小于500 cm^3,直径不小于100 mm,高度不小于64 mm。

(2)砾质土现场密度检测宜采用挖坑灌砂(灌水)法。挖坑灌砂(灌水)法试坑尺寸见附录C(参见表1F－451052－1)。

试坑尺寸与试样最大粒径的关系　　表1F－451052－1

试样最大粒径(mm)	试坑尺寸		套环直径(cm)
	直径(cm)	深度	
≤800	≥160	碾压层厚	200
≤300	90～120		120

《规范》附录C中列出了灌水法操作步骤。摘录如下:

①将测点处地面整平,并用水准尺检查。

②按表1F－451052－1规定选定试坑尺寸,然后将相应直径的套环平稳地放置在试验点上。

③将水位测针安装在套环上。

④将大于套环内表面积(含套环围住的地面面积)的一层塑料薄膜置于套环内,并沿环底、环壁紧密相贴。

⑤用盛水器向环内注水,记录每桶水质量,环内水深控制在10～15 cm;记录注水总质量m_1、水温T和环内水位z_1(测针读数)。

⑥排除环内水,取出塑料薄膜。按表1F－451052－1的规定在套环内挖试坑。挖试坑时,应从中间向外扩展;在挖试坑过程中,不得碰撞套环和挤压坑壁;已松动的岩块应全部取出。称量试样干质量m。

⑦在挖好的试坑内,人工整平、踩实坑底,将面积足够大的一层塑料薄膜置于坑内,并沿坑底、坑壁及套环壁松松地铺上。

⑧用盛水器向试坑内注水，记录每桶水质量，注水至环内水位至 z_1（测针原读数）时止；记录注入试坑内水的总质量 m_2，测量水的温度 T。

⑨向试坑注水过程中，随时调整塑料薄膜，以排除薄膜与试坑壁间的空隙，使其靠紧坑底、坑壁及环壁。

注水完毕后，按下式计算试坑体积：

$$V = \frac{m_2 - m_1}{\rho_w} + \Delta V$$

式中 V——修正后的试坑体积，cm^3；

m_1——套环内注水质量，g；

m_2——试坑及套环内的注水总质量，g；

ρ_w——T ℃时水的密度，$\rho_w \approx 1.0\ g/cm^3$；

ΔV——塑料薄膜的体积，cm^3。

按下式计算干密度：

$$\rho_d = \frac{m}{V}$$

式中 ρ_d——干密度，g/cm^3；

m——试样干质量，g；

V——试坑体积，cm^3。

（3）土质不均匀的黏性土和砾质土的压实度检测，宜用三点击实法。

（4）反滤料（过渡料、砂砾料）现场密度检测宜采用挖坑灌水法（或辅以表面波压实密度仪法）。挖坑灌水法试坑尺寸见表 1F－451052－1；另外，试样中最大粒径超过 80 mm 时，试坑直径不应小于最大粒径的 3 倍，试坑深度为碾压层厚。

（5）堆石料现场密度检测宜采用挖坑灌水法（也可辅以表面波法、测沉降法等快速方法）。试坑直径不小于坝料最大粒径的 2～3 倍（最大不超过 2 m），试坑深度为碾压层厚。

（6）黏性土含水率检测宜采用烘干法，也可用核子水分密度计法、酒精燃烧法、红外线烘干法。

（7）砾质土含水率检测宜采用烘干法（或烤干法）。

（8）反滤料（过渡料、砂砾料）含水率检测宜采用烘干法（或烤干法）。

（9）堆石料含水率检测宜采用烤干和风干联合法。

施工质量控制，包括坝基处理质量控制、料场质量控制、坝体填筑质量控制、护坡和排水反滤质量控制等方面。

各种坝料的质量控制应以料场控制为主。必须是合格的坝料，才能运输上坝。不合格材料应在料场经处理合格后，才能上坝；否则，应予废弃。

各种坝料现场鉴别项目与指标按附录 C 中规定（参见表 1F－451052－2）进行。现场鉴别方法以目测为主，并取一定数量的代表样进行试验。

现场鉴别项目与指标　　表 1F－451052－2

坝料类别		鉴别项目与指标
防渗土料	黏性土	含水率,黏粒含量
	砾质土	允许最大粒径,砾石含量,含水率
反滤料		级配,含泥量,风化软弱颗粒含量
过渡料		级配,允许最大粒径,含泥量
坝壳砾质土		小于 5 mm 料含量,含水率
坝壳砂砾石		级配,砾石含量,含泥量
堆石	硬岩	允许最大块径,小于 5 mm 颗粒含量,含泥量,软岩含量
	软岩	单轴抗压强度,小于 5 mm 颗粒含量,含泥量

反滤料铺筑前应取样检查(规定每 200～500 m^3 取一个样);检查颗粒级配、含泥量及软弱颗粒含量。如不符合规范规定和要求,应调整加工和筛分系统(或更换料源),重新加工;经检验合格后,方可使用。

坝体填筑质量控制应进行以下项目(或内容)的检查:

(1)各坝料填筑区边界控制及坝料质量,防渗体与反滤料及部分宽度坝壳料填筑时的平起关系。

(2)碾压机具规格、质量,振动碾振动频率、激振力,气胎碾气胎压力等。

(3)铺料厚度和碾压参数。

(4)防渗体碾压层表面有无光面、剪切破坏、弹簧土、漏压(欠压)土层、裂缝等。

(5)防渗体在每层铺土前,已压实土层表面是否按要求进行了处理。

(6)与防渗体接触的岩石上的石粉、泥土,以及与防渗体接触的混凝土表面的乳皮等杂物清除情况。

(7)防渗体与之接触的岩石(或混凝土)面上涂浓泥浆情况。

(8)过渡料、堆石料有无超径石(或大块石集中)及夹泥等现象。

(9)坝体填筑时与坝基、岸坡、刚性建筑物等的结合;纵(横)向接缝处理及其结合情况;土、砂结合处压实方法及其施工质量。

(10)坝坡控制情况。

防渗体压实控制指标采用干密度和含水率(或压实度)。

反滤料、过渡料及砂砾料的压实控制指标采用干密度(或相对密度)。

堆石料的压实控制指标采用孔隙率。

坝体压实检查项目及取样次数,见表 1F－451052－3。

坝体压实检查项目及取样次数　　表1F－451052－3

坝料类别及部位			检查项目	取样(检测)次数
防渗体	黏性土	边角夯实部位	干密度、含水率	2～3次/每层
		碾压面		1次/100～200 m^3
		均质坝		1次/200～500 m^3
	砾质土	边角夯实部位	干密度、含水率、大于5 mm砾石含量	2～3次/每层
		碾压面		1次/200～500 m^3
反滤料			干密度、颗粒级配、含泥量	1次/200～500 m^3，每层至少1次
过渡料			干密度、颗粒级配	1次/500～1 000 m^3，每层至少1次
坝壳砂砾(卵)料			干密度、颗粒级配	1次/5 000～10 000 m^3
坝壳砾质土			干密度、含水率、小于5 mm料含量	1次/3 000～6 000 m^3
堆石料			干密度、颗粒级配	1次/10 000～100 000 m^3

注：堆石料颗粒级配试验组数可比干密度试验组数适当减少。

对取样试坑，必须按坝体填筑要求回填后，方可继续填筑。

防渗体填筑时，经取样检查、确认压实合格后，方可继续铺土填筑；否则，应进行补压。补压无效时，应分析原因并进行处理。

反滤料和过渡料的填筑，除按规定检查压实质量外，必须严格控制颗粒级配；若其不符合设计要求，应进行返工。

坝壳堆石料的填筑以控制压实参数为主，并按规定取样，测定干密度和级配，将结果作为原始资料加以记录。对压实参数和测定的干密度应进行统计分析，并研究改进措施。

经其他填筑区进入防渗体填筑面的路口段处，应检查其土层有无剪切破坏；一经发现有剪切破坏，必须处理。

测密度时，若采用环刀法，应取压实层的下部。若采用挖坑灌砂(灌水)法，试坑应挖至层间结合面。

对堆石料、砂砾料，按表1F－451052－3取样后所测定的干密度，其平均值应不小于设计值，标准差应不大于0.1 g/cm^3；当样本数小于20组时，应按合格率不小于90%、不合格干密度值不低于设计干密度的95%控制。

对防渗土料，干密度(压实度)的合格率应不小于90%，且不合格干密度(不合格压实度)值不得低于设计干密度(设计压实度)的98%。

根据坝址处地形、地质及坝体填筑施工条件以及土料性质，对防渗体选定若干个固定取样断面；在每个断面沿坝高方向每5～10 m取一代表性试样，进行室内物理力学性质试验，作为复核设计值及进行工程管理的依据。必要时，应留样品并蜡封保存；竣工后，将其移交工程管理单位。

对坝壳料,也应在坝面取适当组数的代表性试样,进行试验室内复核试验。

雨季施工,应检查施工措施落实情况。雨前应检查防渗土体表面松土是否已适当平整和压实;雨后复工前,应检查填筑面上土料是否合格。

负温下施工,相对于常温下施工应另增加以下检查内容:

(1)填筑面防冻措施。

(2)坝基已压实土层有无冻结现象。

(3)填筑面上的冰雪是否清除干净。

(4)对气温、土温、风速的观测记录。

(5)在春季,对冻结深度以内的填土层质量进行复查。

砌石护坡,应检查下列项目:

(1)石料质量及其块体尺寸、形状是否符合设计要求。

(2)砌筑方法和砌筑质量,抛石护坡块石是否稳定等。

(3)垫层的级配、厚度、压实质量及护坡块石的厚度。

当采用混凝土板作护坡时,应按设计要求控制垫层的级配、厚度、压实质量,以及混凝土板接缝及排水孔的质量等。

铺筑排水反滤层前,应对坝基覆盖层进行下列试验分析:

(1)覆盖层为黏性土时,进行天然干密度、含水率及塑性指数的试验分析(当塑性指数小于7时,尚需进行颗粒分析)。

(2)覆盖层为无黏性土时,进行天然干密度的试验分析和颗粒分析。

坝基覆盖层取样,一般应每25 m×25 m面积取一个样;对于条形反滤层,可每隔50 m取一个(或数个)样。

在填筑反滤层过程中,应对铺料厚度、施工方法、接头及防护措施等进行检查。

1F-451060 混凝土面板堆石坝设计规范

《混凝土面板堆石坝设计规范》(DL/T 5016—1999)(简称《规范》)包括术语和符号、坝的布置和坝体分区、筑坝材料及填筑标准、趾板、混凝土面板、接缝和止水等内容。

1F-451061 **术语和符号**

一、术语

1. 混凝土面板堆石坝

用堆石料或(和)砂砾石料分层碾压填筑、混凝土面板作上游防渗体的坝。

2. 混凝土面板

位于堆石坝体上游面的混凝土防渗结构。

3. 堆石坝体

面板下游、用不同粗细的材料分区填筑而成的坝体的统称。

4. 坝高

从趾板建基面算起,到坝顶道路路面之间的高度。

5. 趾板

连接地基防渗体和面板的混凝土板。

6. 垫层区

面板的直接支承体，向堆石体均匀传递水压力，并起辅助渗流控制作用。

7. 过渡区

位于垫层区和主堆石区之间，保护垫层并共同起辅助渗流控制作用。

8. 主堆石区

堆石坝体的上游部分，是承受水荷载的主要支承体。

9. 下游堆石区

堆石坝体的下游部分，与主堆石区一起，共同保持坝体的稳定。其变形对面板影响轻微。

10. 上游铺盖区

用低液限粉土（或类似的其他土）覆盖在面板下部和周边缝上所形成的区域，起渗流辅助控制作用。

11. 周边缝

面板与趾板之间的接缝。

12. 盖重区

用渣料覆盖在上游铺盖区上所形成的区域，用于维持上游铺盖区的稳定。

13. 防浪墙

位于坝顶并与面板顶部相连接的混凝土防浪挡墙。

14. 垂直缝

面板分块形成的竖向永久接缝。位于面板拉伸区的垂直缝，称张性垂直缝；位于面板压缩区的垂直缝，称压性垂直缝。

15. 硬岩

饱和无侧限抗压强度大于（或等于）30 MPa 的岩石。

二、符号

1. 1A——上游铺盖区

2. 1B——盖重区

3. 2A——垫层区

4. 3A——过渡区

5. 3B——主堆石区

6. 3C——下游堆石区

7. F——混凝土面板

1F－451062　坝的布置和坝体分区

坝顶上游侧应设置防浪墙，墙高可采用 4～6 m，墙顶高出坝顶 1～1.2 m。

防浪墙与混凝土面板顶部之间水平接缝的高程，宜高于水库正常蓄水位。

防浪墙必须坚固，且不透水；应设伸缩缝，缝内设一道铜止水片（或 PVC 止水带）。该止水片同防浪墙与面板间水平接缝所用止水片相连。

当筑坝材料为质量良好的硬岩堆石料时,上、下游坝坡可采用1∶1.3～1∶1.4;当用质量良好的天然砂砾石料筑坝时,上、下游坝坡可采用1∶1.5～1∶1.6。

用硬岩堆石料填筑的坝体,从上游向下游依次可分为垫层区、过渡区、主堆石区及下游堆石区。高100 m以上的坝,面板上游面下部应设上游铺盖区及盖重区。

各区坝料的透水性,宜按水力过渡要求从上游向下游增加。

堆石坝体的上游部分,应具有低压缩性。

当用汽车直接卸料、推土机平料的机械化施工时,垫层区的水平宽度不宜小于3 m。

硬岩堆石料作主堆石区,它与垫层区之间应设过渡区。过渡区的水平宽度不应小于3 m。

1F－451063　**筑坝材料及填筑标准**

对筑坝材料进行料场勘察时,应查明其储量、质量。天然砂砾石料勘察中,应重视对砂砾石料颗粒级配的调查、取样。

1、2级高坝的岩石室内试验项目,应包括容重、密度、吸水率、抗压强度和弹性模量。

1、2级高坝坝料室内试验项目,应包括坝料的颗粒级配、相对密度、抗剪强度和压缩模量。

高坝垫层料应具有良好的级配,最大粒径为80～100 mm,小于5 mm的颗粒含量宜为30%～50%,小于0.075 mm的颗粒含量不宜超过8%。压实后具有低压缩性、高抗剪强度,并具有良好的施工特性。中、低坝可适当降低对垫层料的要求。

垫层料可采用人工砂石料、砂砾石料,或两者的掺合料。其中,人工砂石料应采用坚硬和抗风化力强的母岩加工。

过渡料应采用级配连续、最大粒径不超过300 mm的料。压实后应具有低压缩性和高抗剪强度,并具有自由排水性能。

过渡料可以采用专门开采的细堆石料、经筛分加工的天然砂砾石料或洞室开挖石料。

硬岩主堆石料压实后,宜有良好的颗粒级配,最大粒径不应超过压实层厚度,并具有低压缩性、高抗剪强度。

下游水位以下的下游堆石区,应用坚硬、抗风化能力强的堆石料,压实后应能自由排水;下游水位以上的下游堆石区,对坝料的要求可以降低。

设计时,各区坝料填筑标准可根据经验初步选定;同时,规定孔隙率(或相对密度)、坝料的级配和碾压参数。设计孔隙率(或相对密度)宜符合表1F－451063的要求。设计干密度值,可用孔隙率和岩石密度换算。

设计孔隙率(或相对密度)　　表1F－451063

坝料	垫层料	砂砾石料	过渡料	主堆石料	下游堆石料
孔隙率(%)	15～20		18～22	20～25	23～28
相对密度		0.75～0.85			

填筑标准，应通过碾压试验复核和修正；并通过碾压试验确定相应的碾压参数。在施工过程中，宜采用碾压参数和孔隙率（或相对密度）两种参数控制，宜以控制碾压参数为主。

1F－451064　趾板

趾板宜置于坚硬、不冲蚀和可灌浆的弱风化至新鲜基岩上。对置于强风化或有地质缺陷的基岩上的趾板，应采取专门的处理措施。

岩石地基上，趾板布置应依据地形和地质条件选定，且宜采用平趾板的布置型式；当岸坡很陡时，可采用其他的布置型式。

趾板的宽度，可根据趾板下基岩的允许水力梯度和地基处理措施确定，最小宜为3 m。基岩允许的水力梯度，宜符合表1F－451064的规定。

趾板下基岩的允许水力梯度　　表1F－451064

风化程度	新鲜、微风化	弱风化	强风化	全风化
允许水力梯度	≥20	10～20	5～10	3～5

在趾板宽度已能满足灌浆孔布置需要情况下，可通过在趾板下游设置防渗板（钢筋混凝土板或钢筋网喷混凝土板）来延长渗径，以满足水力梯度要求。

趾板的厚度可小于其承接的面板的厚度，但不小于0.3 m。

趾板的下游侧（面）应垂直于面板，以适应面板底面与其衔接；与面板底面衔接处趾板的高度，不应小于0.9 m。

趾板混凝土配筋，宜采用单层双向钢筋；每向配筋率可采用0.3%～0.4%。岩基上的趾板，其钢筋保护层厚度为10～15 cm。

趾板应用锚筋与基岩连接。

1F－451065　混凝土面板

面板的厚度应保证面板承受的水力梯度不超过200。高坝面板顶部厚度宜取0.3 m，并向底部逐渐增加。

应根据坝体变形及施工条件进行面板分缝（垂直缝的间距可为12～18 m）。

面板混凝土应具有较高的耐久性、抗渗性、抗裂性和施工和易性。

面板宜采用单层双向钢筋。钢筋宜置于面板截面中部，每向配筋率为0.3%～0.4%，水平向配筋率可低于竖向配筋率。

可铺抗压强度为5 MPa的碾压砂浆（或喷乳化沥青）作为面板基础，以减小其对面板的约束。

面板混凝土宜在低温季节浇筑。混凝土入仓温度应加以控制，必要时，应采取措施降低入仓温度。

面板混凝土出模后，应及时覆盖，保温、保湿，并进行不间断的潮湿养护，直到水库蓄水（或至少养护90 d）。同时，应防暴晒、防大风、防寒潮袭击和防养护水冷击。

1F－451066 接缝和止水

铜止水片宜选用延伸率不小于20%的纯铜卷材,现场压制成型,厚度0.8～1 mm。异型接头宜专门加工。

PVC止水带,其拉伸强度、断裂伸长率、邵氏硬度和脆性温度应满足设计要求。

橡胶止水带的性能应符合相关规范规定。

柔性填料在运行环境条件下,应保持高温不流淌、低温不硬化;在水压力作用下,易被压入缝内。

高100 m以上的坝,周边缝应设底部铜止水片,并在缝中部和顶部各设一道其他材料的止水。

周边缝底部铜止水片、中部PVC(或橡胶)止水带及缝顶柔性填料应自成封闭的止水系统;或将中部止水带和顶部柔性填料连接至垂直缝的铜止水片上,实现封闭。铜止水片的底部应设置垫片。

施工期,周边缝止水片应作保护罩设计。

对左、右坝肩附近的面板,设张性垂直缝;其余部分的面板,设压性垂直缝。

在周边缝法线方向约0.6 m范围内,垂直缝应垂直于周边缝布置。

压性垂直缝应设底部铜止水片。

高坝的张性垂直缝除设底部铜止水片外,应在缝顶部设置与周边缝顶部止水相同材料的止水。

垂直缝铜止水片的底部,应设置垫片和砂浆垫(砂浆的强度应和面板混凝土的强度等级相同)。

建于岩基上的趾板,应按开挖后的地形(或地质)条件设置必要的伸缩缝,并应和面板的垂直缝错开。伸缩缝内不设填充料,缝面涂刷薄层沥青乳剂(或其他防黏结材料);设一道止水,并与周边缝的止水片共同对基岩构成封闭的止水系统。

防浪墙同面板间的接缝,除设底部铜止水片外,缝内填预塑柔性填料。

面板同溢洪道(或其他建筑物)边墙连接时,其接缝除应按周边缝设计外,还应有减少缝底堆石体位移的措施。

面板分期浇筑、施工工艺要求或浇筑中发生事故时,应设施工缝。

1F－451067 坝基处理

应做好趾板下基岩的固结灌浆和帷幕灌浆设计。固结灌浆孔宜布置为2～4排,深度应不小于5 m。帷幕宜布置在趾板中部;帷幕灌浆孔的布置,一般为1排。

趾板建在河床砂砾石层上时,可采用混凝土防渗墙防渗。防渗墙底部应嵌入弱风化基岩。应做好渗流出逸区的反滤保护及趾板同防渗墙之间的连接设计。

1F－451070 混凝土面板堆石坝施工规范

《混凝土面板堆石坝施工规范》(DL/T 5128—2001)(简称《规范》)包括导流与度汛、坝基与岸坡处理、筑坝材料、坝体填筑、面板与趾板施工、接缝止水施工、安全监测、质量控制等内容。

1F－451071　导流与度汛

施工单位应根据合同文件中规定的导流标准、施工导流方式及施工分期，确定工程施工程序、施工强度及坝体分期填筑（面板分期浇筑）规划，制订导流及度汛施工计划与技术措施，并报监理工程师审批后实施。

施工期间，应保证导流建筑物的正常运行；加强水文气象预报，考虑非常情况下的应急措施；做好防汛抢险方案及物资准备，以保证工程及下游安全。

应充分研究坝址区水文、气象、地质及地形特点以及施工条件，慎重确定施工导流与度汛方案。宜优先采用隧洞导流、一次断流的导流方式；在宽河谷情况下，也可采用河床分期导流的方式。

选用隧洞导流、围堰一次断流的导流方式时，宜在截流前做好一切施工准备，保证截流后第一个枯水期内将坝体填筑至度汛高程。

在条件适宜时，也可用挡全年设计洪水标准的高围堰挡水、隧洞过水的导流方式，争取全年施工条件，但必须经技术和经济论证。

当采用河床分期导流方式时，宜在截流前将围堰及坝体堆石从一岸（或两岸）向河床方向进占，以束窄的河床导流；或先行填筑滩地段上的坝体，以整个河床导流。于汛后截流，利用一个枯水期将河床段坝体抢筑至度汛高程，使之在下一个汛期到来时挡水度汛。

导流及度汛方式以及施工分期，应按设计要求执行；若需优化施工设计，应报监理工程师批准，并按选定后的方案组织实施。

导流工程的施工必须按计划进行。特别是导流泄水建筑物和截流后无法继续施工的工程，必须如期完成，并达到质量要求。导流工程通过验收后，方可进行截流。

导流泄水建筑物进（出）口与截流围堰之间应有足够的距离，以防止水流对围堰的淘刷或给围堰闭气造成困难。布置在导流泄水建筑物出口附近的施工临时设施，距其也应有一定安全距离。

必须做好围堰地基的清理工作，以保证围堰防渗体与地基及两岸的可靠连接。

围堰结构型式，宜优先选用堆石围堰型式。在岩基（或覆盖层较浅的地基）上，且围堰与坝体间距离较近时，也可采用混凝土（或碾压混凝土）围堰。

在覆盖层较深的地基上修建堆石围堰，宜优先选用垂直防渗措施，采用以混凝土防渗墙（或高喷水泥板墙）处理地基覆盖层、上接复合土工膜的施工方案；也可在将围堰填筑至一定高程后，在堰顶进行垂直防渗体施工。

导流泄水建筑物封堵，应选择合适的封堵时间，按照专门设计进行；由施工单位制定详细的施工计划和技术措施，报请监理工程师审批后实施。堵头施工应保证进度和质量。

1F－451072　坝基与岸坡处理

坝基及岸坡处理均属隐蔽工程，应按设计和有关标准要求认真施工和进行检查、验收，并应特别注意趾板地基的处理。应如实、准确地进行地质描绘和编录。如发现新的地质问题，应及时研究处理。

趾板地基开挖应采取控制爆破。必要时,可采取留保护层或对特殊岩基面表面及时进行保护等措施,避免地基情况的恶化。

岩石岸坡开挖、清理后的坡度,应符合设计规定。当趾板部位岩石边坡存在局部反坡或凹坑时,应进行削坡或填补混凝土(或砌石)处理。趾板端点以上岸坡应开挖成稳定边坡。岩面如裂隙发育、风化速度较快,必须及时采取喷水泥砂浆(或混凝土)等保护措施。

1F-451073 筑坝材料

施工单位应按照设计文件对料场的要求,对主要料场进行质量、储量和开采运输条件的复核,并提出报告和做好开采规划。必要时,可提出优化料场的意见,报监理工程师审批。

应根据工程规模,坝区和料场的地形、地质条件,以及导流方式、施工分期和填筑强度,按照坝料综合平衡的原则,规划料场掌子面及开采顺序、运输道路布置,以及转运及堆存场地、弃料场地和加工系统的设置。

应做好挖、填平衡规划,充分利用符合设计要求的枢纽建筑物地基开挖料。除设置必要的周转储料场外,尽量使开挖料直接上坝和运至指定部位。

料场可开采量(包括可利用的开挖料数量)同坝体填筑量间的比值,堆石料宜为1.2~1.5;砂砾石料,水上开采时宜为1.5~2.0,水下开采时宜为2.0~2.5。

主堆石料宜选择运距较短、储量较大和便于高强度开采的料场。设置石料储存场地,并设置备用料场,以保证坝体填筑高峰时的用量。

垫层、过渡层等使用的有特殊级配要求的坝料,必要时,可分别对其设置专用料场;或在同一料场内,划出各类料专用掌子面。

垫层料及有特殊级配要求的坝料需进行加工、掺配时,应规划专用场地及专门生产加工系统。

堆石料宜采用深孔梯段微差爆破法和(或)挤压爆破方法开采。

过渡料宜在石料场用钻孔爆破法直接生产,也可从枢纽地下洞室开挖时的渣料中选用。

各类坝料均应有足够的储备,其数量应满足开采量和上坝强度间的调节需要。

施工现场的运输线路应根据坝体工程量、上坝强度及地形、运距等条件合理布置。

当运输道路跨经趾板及垫层区时,应有避免施工干扰的可靠措施,确保趾板及垫层质量不受影响。

1F-451074 坝体填筑

坝体填筑一般应在坝基、两岸岸坡处理完成并经验收,以及相应部位趾板混凝土浇筑完成后进行。截流前,可在不影响行洪的一岸(或两岸)先行填筑部分坝体。基坑开挖后,也可在河床部位趾板基础开挖(或混凝土浇筑)的同时,进行部分坝体的填筑。

堆石填筑前,应进行坝料碾压试验,以确定堆石填筑施工参数,并对设计指标进行复核。

垫层料、过渡料的填筑,同一定宽度的主堆石区的填筑应平起施工、均衡上升。主(次)堆石区可分区、分期填筑,其坡面纵、横方向上均可布置临时施工道路。

必须严格控制筑坝材料的质量,其岩性、级配和含泥量应符合要求。不合格坝料严禁上坝;已上坝的不合格料,必须清除至坝外。

坝体原型观测仪器、设施必须按设计要求埋设和安装,并采取有效措施,妥善保护。

当坝料填筑同面板浇筑、地基灌浆、溢洪道建筑部位开挖等同时施工时,应科学规划,以避免相互干扰,确保安全;同时,应确保施工质量和工程形象进度。

垫层料、过渡料、排水料等的级配、细粒含量、含泥量等应符合设计要求。垫层料、过渡料卸料、铺料时应避免分离,两者交界处应避免大石集中,超径石应予以剔除。对严重分离的垫层料、过渡料,应予以挖除。

垫层料铺筑,上游侧边线水平超宽一般为20~30 cm。

坝料铺筑宜采用进占法卸料。必须及时平料,并保持填筑面平整。每层铺料后,宜用测量方法检查铺料厚度,超厚时,应及时处理。

坝料碾压应采用振动平碾,其工作质量不小于10 t。高坝应采用重型振动碾。应经常检测振动碾的工作参数,以保持其正常工作状态。碾压应按坝料分区、分段进行,各碾压段之间搭接宽度不应小于1.0 m。

坝体堆石区纵(横)向接坡宜采用台阶收坡法施工,台阶宽度不宜小于1.0 m。

下游护坡宜与坝体填筑平起施工。护坡块石宜选取大块石,采用机械整坡、堆码(或人工干砌)。块石间应嵌合牢固。

坝料填筑、垫层料防护以及混凝土面板施工时,严禁损伤已安装好的止水及其防护装置。

堆石区内临时施工道路应设于已填筑、压实合格的坝段。如在未压实区设置施工道路,在继续填筑前必须将其清除。

垫层料宜每填筑升高10~15 m,进行一次坡面削坡、修整和碾压。如采用反铲方法削坡,宜每填高3.0~4.5 m进行一次。削坡、修整后,坡面在其法线方向上的高度宜高于设计线5~8 cm。有条件时,宜用激光方法控制削坡坡度。

斜坡碾压可用振动碾(或振动平板)。碾压方式和碾压参数应经试验确定。

雨季施工应缩短上游坡面整坡、防护周期,并做好岸坡排水,以确保垫层料免遭径流冲刷;如被水流冲刷,应仍以垫层料薄层回填、压实,直至达到设计要求。

垫层坡面压实合格后,应尽快进行坡面保护。常用的保护形式,为铺设(碾压)水泥砂浆(也可喷乳化沥青、混凝土等)。

水泥砂浆(条幅)由人工(或机械)摊铺,每条幅宽度不宜小于4 m。砂浆初凝前应碾压完毕,碾压方法及遍数由试验确定;终凝后,洒水养护。碾压后的砂浆(条幅)表面,高于设计线不应超过5 cm(或低于设计线不应大于8 cm)。

1F－451075 面板与趾板施工

面板(趾板)混凝土原材料的品种和质量必须符合设计要求。

运至工地的水泥、外加剂、掺合料、钢筋等材料,应有生产厂家的品质检验报告,并应经有资质的单位进行检验、复核。

砂石骨料应严格控制含泥量(石料中不应高于1%,砂料中不应高于3%),不得含有黏土团块。

面板(趾板)混凝土配合比必须依据设计及施工工艺要求,并通过配合比设计及试验加以确定。配合比试验应符合下列要求:

(1)应掺用引气剂和减水剂,并视需要掺用调凝剂等外加剂。外加剂品种、掺量必须通过试验确定。

(2)宜掺用适量粉煤灰(或其他掺合料)。其掺量应通过试验确定。

(3)水灰比应不超过0.5,可根据施工条件及当地气候特点选用(宜尽量取小值)。

(4)坍落度,应根据混凝土运输及浇筑方法和气候条件决定。当用溜槽输送入仓时,溜槽入口处坍落度宜控制在3～7 cm(视气候条件选用)。

混凝土拌和程序和拌和时间应通过试验确定。掺加引气剂时,应视具体情况适当延长搅拌时间(视和易性情况,取150～180 s)。应在机口取样,测定混凝土含气量。

面板混凝土入仓,宜选用溜槽输送。应根据面板宽度选择溜槽数量。溜槽连接不得脱落、漏浆。溜槽出口距仓面距离不应大于2 m。

面板(趾板)混凝土浇筑必须保持连续性。如因特殊原因中止浇筑且超过允许间歇时间,则继续浇筑时应按施工缝予以处理。浇筑间歇时间超过允许间歇时间时,其间生产的混凝土拌和物应按废料处理(严禁在恢复浇筑时将其加水后强行入仓)。

混凝土浇筑时的允许间歇时间(自混凝土拌和物出料时起,至覆盖上层混凝土时止的时间)应通过试验确定。

混凝土浇筑时,应加强气象预报工作,并根据气候特点进行防雨、防晒、防冻等方面保护措施的准备。

混凝土施工应选择气温适宜、湿度较大的有利时段进行,避开高温、负温、多雨、大风等季节。如必须在不利气候条件下施工,则应采取必要措施,并须经监理工程师批准,以保证混凝土质量。

脱模后的混凝土,宜及时用塑料薄膜遮盖。混凝土初凝后,应及时铺盖草袋等隔热、保温材料,并及时洒水养护,宜连续养护至水库蓄水(或至少养护90 d)。

施工过程中,应有专人进行质量检查与控制,并做好各项原始资料记录;必要时,可根据检验结果调整混凝土施工配合比及施工工艺。

趾板混凝土施工,应在其基础面开挖、处理完毕,并按隐蔽工程质量要求验收合格后方可进行,并应在相邻区的垫层、过渡层和主堆石区填筑前完成。

趾板分缝,按设计要求进行。

趾板钢筋绑扎前,应按设计要求设置锚筋(可作架立筋使用)。绑扎钢筋时,应同时按设计要求预埋灌浆导管，并将趾板各类接缝处采用的止水片按正确位置固定。

河床部分的趾板在施工时，可在其内埋设必要数量的排水管；但在上游铺盖施工时，须将其管口用水泥砂浆封堵。

趾板混凝土浇筑时，应及时振捣密实，尤其应注意止水片（带）附近混凝土的密实；同时，应避免止水片（带）变形和变位。

周边缝一侧的趾板混凝土表面应仔细整平，并用 2 m 直尺检查；不平整度不超过 5 mm。

趾板混凝土浇后 28 d 内，20 m 范围内不得进行爆破；20 m 以外进行爆破时，最大一段起爆药量必须严格控制。

坝高不大于 70 m 时，面板混凝土宜一次浇筑完成；坝高大于 70 m 时，根据施工安排或提前蓄水需要，面板宜分二期（或三期）浇筑。分期浇筑时的接缝，应按施工缝予以处理。

坝面用于滑模施工的作业平台的宽度，应满足布置卷扬机及其平台装置、混凝土运输等施工需要。

浇筑面板混凝土时，宜以无轨滑模作模板，并宜跳仓浇筑。

滑动模板设计应遵循如下原则：

（1）适应面板条块宽度和滑模平整度要求。

（2）有足够的自重和配重。

（3）有足够的强度和刚度。

（4）工作平台和修整平台宽度满足施工振捣与压面时的需要。

（5）安装（拆卸）方便，运行灵活。

（6）具有安全保险措施，滑模上应设有可挂在面板钢筋网上的制动装置；滑模牵引机具为卷扬机时，其地锚应安全可靠。

水泥砂浆垫，其坡面应与设计线相符合（允许偏差为 ±5 mm）；表面平整度用 2 m 长直尺检查时，允许偏差为 5 mm；宽度和厚度应满足设计要求。

侧模可为木模板（或组合钢模板）；其高度应适应面板厚度需要。当侧模兼作滑模支承结构时，应按受力结构设计。

侧模安装应坚固、牢靠。其容许偏差要求如下：

（1）偏离分缝设计线不超过 ±3 mm。

（2）不垂直度不超过 ±3 mm。

（3）侧模顶面偏离设计线不超过 ±5 mm。

安装侧模时，应同时将接缝止水设施固定就位。

面板钢筋宜采用现场绑扎（或焊接）的方法固定，也可采用预制钢筋网片、现场整体拼装的方法。搭设在垫层上的架立筋，应按设计要求设置。

面板混凝土浇筑应遵守以下规定：

（1）混凝土入仓时必须均匀布料，每层布料厚度应为 250～300 mm。止水片周围混凝土应辅以人工布料，并严禁分离。

(2)布料后,应及时振捣密实。振捣时,应在滑模前沿振捣,不得触及滑动模板、钢筋、止水片等,也不得伸入模板底下;垂直插入下层混凝土的深度宜为 50 mm。止水片附近应采用直径为 30 mm 的振捣器仔细振捣,以保证止水片周围混凝土振捣密实。

(3)浇筑过程中,应及时清除粘在模板及钢筋上的混凝土。滑模每次滑升前,必须清除其前沿超填的混凝土。

(4)脱模后的混凝土表面,必须及时修整和压面。接缝两侧各 50 cm 内的混凝土表面,应及时整平;用 2 m 长直尺检查,其不平整度不超过 5 mm。

(5)滑模每次滑升的距离应不大于 300 mm,每滑升一次的时间间隔,不应超过 30 min,平均滑升速度宜为 1.5～2.5 m/h。

面板水平施工缝,在面板钢筋下部的部分应按水平方向,在钢筋上部的部分应按面板法线方向留设,并且应使留缝前浇筑的面板中的钢筋在施工缝处露出,露出的长度应不小于其锚固长度。

分期施工面板在续浇混凝土时,或坝顶防浪墙底座浇筑前,应对已浇面板顶部与垫层间脱开情况进行详细检查和处理。

面板混凝土施工现场应测定混凝土的坍落度及含气量。混凝土强度、抗渗、抗冻等检验取样,应按照本标准附录 A(见下文)的规定进行。

施工单位应在趾板及面板混凝土浇筑完成后、表面覆盖前(或水库蓄水前),对趾板及面板裂缝情况进行全面检查;记录裂缝条数、宽度、产状及是否贯通等资料,并提出专门报告。

应根据设计要求对宽度大于 0.2 mm 或判定为贯穿性的裂缝逐条进行处理。

1F－451076　质量控制

混凝土面板堆石坝施工,应建立完善的质量保证体系,健全各级技术责任制。

质量控制应按国家和行业颁发的有关标准和技术要求,以及工程设计、施工图、招(投)标文件等进行。质量检查项目与要求应符合本标准附录 A(见下文)的有关规定。

《规范》附录 A“质量检查的主要项目及技术要求”主要内容如下:

A1 坝基与岸坡处理

质量检查项目和技术要求,见表 1F－451076－1。

检查数量及方法:

(1)坝区地质钻孔、探坑、竖井、平洞等应逐个进行检查。

(2)岸坡开挖、清理,按 50～100 m 方格网进行检查。必要时,可局部加密。

(3)坝基砂砾石层开挖、清理,按 50～100 m 方格网进行检查,在每个角点取样测干密度和颗粒级配。

(4)岩石开挖面检测点数,200 m^2 以内不少于 10 个,200 m^2 以上每增加 20 m^2 增加一点。

(5)趾板基础处理检查数量,按长度不少于每米 1 个,并做好地质编录。

坝基与岸坡处理质量检查项目和技术要求　表1F－451076－1

项目	质量要求
地质钻孔、探坑、竖井、平洞	无遗漏；处理符合要求
坝基部位	1. 草皮、树根、乱石、坟墓及各种建筑物等全部挖除（清除），并符合设计要求； 2. 按设计要求清除砂砾石覆盖层（或完成砂砾石表层处理）； 3. 岩基处理符合设计要求
岩坡部位	1. 开挖坡度和表面清理符合设计要求； 2. 开挖坡面稳定，无松动岩块、危石及孤石； 3. 凹坑、反坡已按设计要求处理
趾板基础	1. 开挖断面尺寸、深度及底部标高符合设计要求，无欠挖； 2. 断层、裂隙、破碎带及软弱夹层已按设计要求处理； 3. 在浇筑混凝土范围内，渗水水源切断，无积水、明流，岩面清洁； 4. 灌浆质量符合设计要求及有关规定

A2 料场

料场质量控制应按设计要求进行，内容包括：

（1）在规定的料区范围内开采；料场的草皮、树根、覆盖层及风化层已清除干净。

（2）坝料开采及加工方法符合规定。

（3）坝料级配、含泥量及物理力学性质符合设计要求，不合格料不得上坝。

A3 坝体填筑

一般要求：

（1）各填筑部位的坝料质量符合设计要求。

（2）压实机具规格、质量、振动频率、激振力等符合要求。

（3）负温下施工，坝基已压实的砂砾石层无冻结现象；填筑面上的冰雪已清除干净。

（4）坝料压实质量检查，应采用碾压参数和孔隙率两种参数控制，以控制碾压参数为主。

（5）填筑面应保持平整。

铺料厚度、碾压遍数、加水量等碾压参数应符合设计要求，铺料厚度应每层测量，其误差不宜超过层厚的10%。

坝料压实检查项目和取样次数，见表1F－451076－2。

坝料压实检查方法：

垫层料、过渡料及堆石料压实干密度检测方法，宜采用挖坑灌水法（或辅以表面波压实密度仪法）。施工过程中，可用压实计实施控制（垫层料可用核子密度计法）。

垫层料试坑直径应不小于最大粒径的4倍，试坑深度为碾压层厚。

过渡料试坑直径应不小于最大粒径的3～4倍，试坑深度为碾压层厚。

坝料压实检查项目和取样次数　　表 1F－451076－2

坝料		检查项目	检查次数
垫层料	坝面	干密度、颗粒级配	1 次/500～1 000 m^3,每层至少一次
		渗透系数	次数不定
	上游坡面	干密度、颗粒级配	1 次/1 500～3 000 m^2
	小区	干密度、颗粒级配	每 1～3 层一次
过渡料		干密度、颗粒级配	1 次/3 000～6 000 m^3
砂砾料		干密度、颗粒级配	1 次/5 000～10 000 m^3
堆石料		干密度、颗粒级配	1 次/10 000～100 000 m^3

注:堆石料颗粒级配试验次数可比干密度试验次数适当减少。

堆石料试坑直径为坝料最大粒径的 2～3 倍(最大不超过 2 m),试坑深度为碾压层厚。

按表 1F－451076－2 规定取样所测定的干密度,其平均值不小于设计值,标准差不大于 0.1 g/cm^3。当样本数小于 20 组时,应按合格率不小于 90%,不合格点的干密度不低于设计干密度的 95% 控制。

A4 趾板和面板混凝土浇筑

面板混凝土浇筑质量检查及质量检测项目和要求,见表 1F－451076－3、表 1F－451076－4。

面板混凝土浇筑质量检查项目和要求　　表 1F－451076－3

项目	质量要求	检查方法
入仓混凝土料	不合格料不入仓	试验与观察检查
平仓	厚度不大于 30 cm;铺设均匀,分层清楚,无骨料集中现象	量测与观察检查
混凝土振捣	振捣器应垂直下插至下层混凝土 5 cm 深处;有次序、无漏振	观察检查
浇筑间歇时间	符合要求,无初凝现象	观察检查
积水和泌水	无外部水流入;仓内不允许有泌水现象	观察检查
混凝土养护	在规定的时间内,混凝土表面保持湿润,无时干时湿现象	观察检查

面板混凝土浇筑质量检测项目和技术要求 表1F－451076－4

项目	质量要求	检测方法
混凝土表面	表面基本平整,局部凹凸不超过设计线 ±3 cm	测量检查
麻面	无	观察检查
蜂窝狗洞	无	观察检查
露筋	无	观察检查
表面裂缝	无,或有短小的表面裂缝,但已按要求处理	观察和测量检查
深层及贯穿裂缝	无,或已按要求处理	观察检查
抗压强度	保证率不小于80%	试验
均匀性	离差系数(C_v)值不大于0.18	统计分析
抗冻性	符合设计要求	试验
抗渗性	符合设计要求	试验

检查数量要求:

趾板,每浇筑一块或每50～100 m^3,至少有一组抗压强度试件;抗冻、抗渗检验试件,每200～500 m^3 成型一组。

面板浇筑,每班取一组抗压强度试件;抗渗检验试件,每500～1 000 m^3 成型一组;抗冻检验试件,每1 000～3 000 m^3 成型一组。不足以上数量者,也应取一组样。

1F－451080 混凝土面板堆石坝接缝止水技术规范

《混凝土面板堆石坝接缝止水技术规范》(DL/T 5115—2008)(简称《规范》)包括术语和定义、总则、接缝止水结构、接缝止水施工、质量控制等内容。

1F－451081 **术语和定义**

1. 防浪墙结构缝

防浪墙墙体间的接缝。

2. 防浪墙水平缝

防浪墙底部与面板、趾板间的接缝。

3. 趾板缝

趾板分块间的接缝。

4. 止水带

具有特定形状,全部(或部分)浇捣于混凝土中,起止水和抗绕渗作用的一类带材。其材质可以是铜、不锈钢、PVC或橡胶(天然或合成)等。

5. 塑性填料

以丁基橡胶等高分子材料为主要原料生产的塑性密封材料,在水压力作用下,能由嵌缝位置挤入接缝中,发挥填缝止水作用。

6. 防渗保护盖片

用于塑性填料表面,可均匀传递水压力,密封和保护塑性填料,辅助其发挥止水作用的一类片状材料。

7. 无黏性填料

用于接缝顶部,由不含黏性成分的细粒矿物料组成,起自愈止水作用的一类材料,如粉煤灰、粉细砂等。

8. 无黏性填料保护罩

用于对表层止水无黏性填料进行覆盖和保护的装置,由内衬土工织物的带孔金属片制成。

9. 施工缝

因坝体分期填筑或其他原因,面板(或趾板)间断浇筑而形成的接缝。

10. F 形铜止水带

横切面呈"F"形的铜止水带。其中央为"鼻子",两翼为平段,其中一端有立腿。使用时,"鼻子"内塞入氯丁橡胶棒,并以聚乙烯泡沫填塞;"鼻子"与立腿间的一段平段下胶结有一定厚度的 PVC 带。

11. W 形铜止水带

横切面呈"W"形的铜止水带。其中央为"鼻子",两翼为平段,两端均有立腿。

12. 异型接头

除直线连接外,止水带(防渗保护盖片)以其他方式连接的接头,统称异型接头(包括不同材质止水带的连接接头)。

1F-451082　**总则**

面板、趾板、防浪墙等的接缝止水,应形成连续、密封的止水系统。

接缝止水材料应能与混凝土良好地结合,便于现场加工和安装,并应具有足够的耐久性。

现场施工人员应经过岗位培训,考试合格后方能上岗。

接缝止水施工前,应对主要工序、工种制定安全操作规程和作业指导书;施工过程中,应加强安全管理,做好安全防护;采用易燃材料时,应严禁明火。

1F-451083　**接缝止水结构**

高 50~100 m 的坝,周边缝除在缝底部设铜止水带外,应设第二道止水。第二道止水宜在缝顶部,采用塑性填料(或无黏性填料)。

高 100 m 以上的坝,周边缝应在缝底部设铜止水带,在缝顶部设置塑性填料(或无黏性填料)止水,在中部设置橡胶(或 PVC)止水(或铜止水带);也可不设中间止水,而在顶部同时设塑性填料和无黏性填料两道止水。

高 100 m 以上的坝,死水位(或潜水员难以到达的水位)以下的面板接缝及周边缝,宜设以无黏性填料为材料的自愈防渗措施。

高 50 m 以上坝的张性垂直缝和压性垂直缝除设底部铜止水带外,张性垂直缝应(压性垂直缝宜）在缝顶部设第二道止水。

《规范》“条文说明”指出，垂直缝主要经受张开或压缩位移。中、低坝垂直缝位移小，压性垂直缝只设底部铜止水带就能满足防渗要求。张性垂直缝和高坝的压性垂直缝，相对位移较大，应设第二道止水。垂直缝第二道止水的设置位置与周边缝结构有关。

垂直缝止水，与周边缝止水相连接。

防浪墙水平缝底部应设铜止水带，并在缝顶部加设塑性填料止水；缝顶、缝底部止水应与垂直缝止水一一连接。

防浪墙结构缝应设一道止水带，此止水带应与防浪墙水平缝底部铜止水带连接，并宜与防浪墙水平缝顶部塑性填料止水连接。

面板与溢洪道（或其他建筑物）边墙连接时，其接缝止水结构与周边缝相同，并应有减少该接缝位移的措施。

趾板伸缩缝宜设两道止水，其一端与周边缝止水相接，另一端埋入基岩内，从而构成封闭的止水系统。

周边缝的缝宽宜为 12 mm。当铜止水带“鼻子”的宽度大于 12 mm 时，宜采取在缝底局部加大缝宽的措施。缝内应设置沥青浸渍木板（或有一定强度的其他填充板），并宜将其固定在已浇筑的混凝土趾板上。

周边缝缝底 F 形铜止水带，应放在 PVC（或土工织物、橡胶）垫片上（垫片厚度宜为 4～6 mm），并将垫片放在水泥砂浆垫（或沥青砂浆垫）上。铜止水带“鼻子”内应填塞橡胶棒和聚氨酯泡沫（或其他可塑性材料）。

周边缝 F 形铜止水带（平段）埋入趾板的宽度，应不小于 150 mm；另一平段（端部有立腿）宽度应不小于 165 mm，埋入面板内的立腿高度宜为 60～80 mm。

铜止水带“鼻子”的高度，应略大于缝的可能沉陷值。缝的切向位移大时，“鼻子”的宽度宜适当增大；反之，可用较小的宽度。

周边缝缝顶设有塑性填料止水时，应在周边缝缝口设橡胶棒，其直径应大于预计的周边缝张开值；塑性填料表面应设防渗保护盖片（用膨胀螺栓和角钢固定），使塑性填料、防渗保护盖片都能构成封闭的止水系统。

周边缝缝顶设有无黏性填料时，保护罩应透水（无黏性填料不得被带出保护罩外）。

周边缝铜止水带“鼻子”宜朝向迎水面。

应进行周边缝止水带施工期保护设计（保护罩尺寸应尽量小）。

垂直缝底部铜止水带应与周边缝底部铜止水带、防浪墙底部铜止水带连接成封闭的止水系统。

张性垂直缝 W 形铜止水带“鼻子”高度宜为 40～60 mm、宽度为 12 mm，立腿高度为 60～80 mm，两平段宽度宜不小于 160 mm。压性垂直缝，“鼻子”高度宜适当减小。

面板水平施工缝，宜在面板顶部设一道塑性材料止水（或防渗盖片），其两端与垂直缝（或周边缝）连接。

面板水平施工缝在钢筋网以上的缝面，应垂直于面板表面留设；在钢筋网以下的缝面，应呈水平面留设。

趾板施工缝缝面应垂直于趾板表面留设，并使趾板钢筋穿过缝面。

1F－451084　接缝止水施工

施工中,止水带如有损坏或破坏,应修补或更换,并查明原因,记录备案。止水带有严重变形时,在浇筑前应做整形处理。修补处理后,应经验收合格,方可进行下一道工序。

铜止水带应采用卷材;在工作面附近,按设计形状、尺寸和所需长度,使用专门的成型机,整体挤压成型。成型后的止水带,表面应平整、光滑,不得有因使用机械加工而引起的裂纹、孔洞等损伤。

成型后的铜止水带,在搬运和安装时,应避免扭曲变形或其他损坏。安装前,应将其表面浮皮、锈污、油漆、油渍等清除干净;检查并校正加工时的缺陷。

铜止水带下的砂浆垫应平整;其平整度用2 m长的直尺检查,与设计线的偏差不应大于5 mm。砂浆垫的宽度和厚度,应符合设计要求。

PVC(或橡胶)垫片应平铺(或粘贴)在砂浆垫(或沥青垫)上,不得有褶曲和脱空;其中线应与缝中线重合。

铜止水带连接,宜采用对缝焊接或搭接焊接。采用对缝焊接方法时,应采用单面双层焊道焊缝。搭接焊接,宜双面焊接;搭接长度应大于20 mm。

铜止水带安装时,应使"鼻子"的位置符合设计要求;安装后,应用模板夹紧并固定牢靠。

PVC止水带接头应采用热(熔)黏结或热焊,搭接长度应大于150 mm。橡胶止水带接头应采用硫化连接。

PVC止水带(或橡胶止水带)安装时,应采用模板夹紧。止水带中心线应与设计线重合;止水带两平段应在一个平面上。

安装波形橡胶止水带前,应将与其接触的混凝土表面擦拭干净,并涂刷黏结剂;安装后,拧紧两侧固定螺栓。

周边缝若设有中部橡胶棒,趾板上橡胶棒位置处应预留与橡胶棒直径相适应的半圆槽;待浇面板混凝土前,将橡胶棒固定在预留槽内,并用胶带纸作局部加固。橡胶棒的连接,可将其端部削成一定斜度后胶接。

铜止水带异型接头宜在施工现场车间内用钨极氩弧焊方法焊接加工。成型后的接头,不应有裂纹或孔洞等缺陷。

PVC止水带(或橡胶止水带)异型接头,接头连接处不得有气泡或漏接现象存在,中心部分应黏结紧密、连续。

PVC止水带(或橡胶止水带)与铜止水片连接时,宜将PVC止水带(或橡胶止水带)平段的一面削平后,热压在铜止水片上,并趁热铆接。

铜止水带(PVC止水带、橡胶止水带)与塑性填料止水连接时,必须按设计要求进行。

防渗保护盖片异型接头,接头部位应外覆同材质的盖片,进行加强处理。

1F－451085　质量控制

混凝土浇筑前,应对止水带安装质量进行专项检查。止水带必须安装牢固,其平段及立腿必须彻底清理干净。止水带安装经验收合格后,才能开仓浇筑。

混凝土浇筑过程中，应加强对止水带及其模板位移和变形情况的检查，发现问题应及时处理。

用于安装表面止水的V形槽，处理完成后应经验收合格，方能进行塑性填料的施工。塑性填料填塞前，宜用塑性填料对混凝土表面进行找平层施工（厚2～3 mm），以确保塑性填料与混凝土黏结良好。

塑性填料填塞完成并经验收合格后，应及时覆盖防渗保护盖片。

无黏性填料施工完成后，应检查其保护罩安装牢固程度及规格（尺寸）。

接缝止水施工应遵循隐蔽工程施工要求，上道工序不合格，不得转入下道工序。

接缝止水设施经验收不合格时，大坝不应投入运行。

1F－451090 水工混凝土施工规范

《水工混凝土施工规范》（DL/T 5144—2001）（简称《规范》）包括总则、术语和符号、材料、配合比选定、施工、温度控制、低温季节施工、预埋件施工、质量控制与检查等内容。

《规范》总则指出，水工混凝土应满足抗压、抗拉、抗渗、抗冻、抗裂、抗冲耐磨和抗侵蚀等设计要求。

1F－451091 **术语、符号**

一、术语

1. 掺合料

为改善混凝土性能、减水水泥用量及降低水化热而掺入混凝土中的活性（或惰性）材料。

2. 强度等级

将标准条件下立方体试件的抗压强度分成若干级别，称为强度等级。

3. 水胶比

每立方米混凝土用水量与所用胶凝材料用量的比值。

4. 胶凝材料用量

每立方米混凝土中水泥和掺合料质量的总和。

5. 拌和时间

自全部材料加入并进行拌和始，至开始出料时止所持续的时间。

6. 混凝土运输时间

自混凝土从机口全部卸料完始，至混凝土卸入仓内止所持续的时间。

7. 浇筑间歇时间

自混凝土振捣作业完毕始，至新浇混凝土将上层混凝土覆盖止所持续的时间。

8. 冷缝

混凝土浇筑过程中，当上层铺料平仓振捣完成前，被其覆盖的下层铺料已初凝时，该上、下两层混凝土的结合面所形成的薄弱层面。

9. 浇筑温度

混凝土卸入仓内，经平仓、振捣并在覆盖上一层混凝土前，其表面以下10 cm深处的温度。

10. 气温骤降

日平均气温在 3 d 内连续下降累计 6 ℃以上。

11. 寒冷地区

最冷月平均气温为 -10 ℃与 -3 ℃之间的地区。

12. 温和地区

最冷月平均气温高于 -3 ℃的地区。

13. 细度模数

用筛分试验中各号筛的累计筛余百分率的总和(扣除 5 mm 筛上的筛余)除以 100 来表示细骨料粗细程度的指标。

$$FM = \frac{\text{各筛累计筛余百分数总和}}{100}$$

14. 碱活性骨料

容易与水泥里的碱离子化合,吸水后体积膨胀,导致混凝土开裂破坏的一种含活性二氧化硅的混凝土骨料。

15. 骨料级配

混凝土骨料按颗粒粗细分级及各级骨料含量比率的组合情况。

16. 间断级配

混凝土骨料的粒级级配中,缺少其中一级(或两级)粒级的不连续的骨料级配。

17. 连续级配

混凝土骨料从其最小粒径到最大粒径,粒级不间断的骨料级配。

18. 水泥水化热

水泥在遇水化合后凝结硬化过程中释放出来的热量。

19. 外加剂

为改善混凝土的性能,在拌制混凝土时掺进的化学制剂及工业副产品等少量物质。

20. 混凝土骨料

混凝土中起骨架及填充作用的砂、石等粒状材料。

21. 粗骨料

粒径大于 5 mm 的混凝土骨料。

22. 细骨料

粒径小于 5 mm 的混凝土骨料。

23. 人工骨料

将开采的石料经过破碎、筛分而制成的混凝土骨料。

24. 人工砂

粒径小于 5 mm 的人工骨料。

25. 天然骨料

将天然砂石料筛分、冲洗而制成的混凝土骨料。

26. 表面积系数

结构物的表面积与体积之比，用符号“M”表示。

二、符号

C_{90}20——C 表示水工混凝土强度等级，C_{90}20 指设计龄期 90 d，强度标准值为 20 MPa 的水工混凝土强度等级。

F100——F 表示抗冻等级，F100 表示 100 级抗冻等级。

W2——W 表示抗渗等级，W2 表示 2 级抗渗等级。

1F－451092　材料

运至工地的每一批水泥，应有生产厂家的出厂合格证和品质试验报告；使用单位应进行验收检验（以每 200～400 t 同厂家、同品种、同强度等级的水泥为一取样单位，如不足 200 t 也作为一取样单位），必要时，应进行复验。

水泥品质的检验，按现行国家标准进行。

《规范》“条文说明”中给出的水泥各龄期强度见表 1F－451092－1。

水泥各龄期强度　　表 1F－451092－1

品种	强度等级（或标号）	抗压强度（MPa）			抗折强度（MPa）		
		3 d	7 d	28 d	3 d	7 d	28 d
硅酸盐水泥	42.5	17.0	—	42.5	3.5	—	6.5
	52.5	23.0	—	52.5	4.0	—	7.0
普通硅酸盐水泥	32.5	11.0	—	32.5	2.5	—	5.5
	42.5	16.0	—	42.5	3.5	—	6.5
	52.5	22.0	—	52.5	4.0	—	7.0
矿渣硅酸盐水泥	32.5	10.0	—	32.5	2.5	—	5.5
火山灰质硅酸盐水泥	42.5	15.0	—	42.5	3.5	—	6.5
粉煤灰硅酸盐水泥	52.5	21.0	—	52.5	4.0	—	7.0
抗硫酸盐硅酸盐水泥	425	16.0	24.5	42.5	3.5	4.5	6.5
	525	21.0	31.5	52.5	4.0	5.5	7.0

《规范》“条文说明”中给出的水泥各龄期水化热见表 1F－451092－2。

水泥各龄期水化热（单位：kJ/kg）　　表 1F－451092－2

水泥标号	中热硅酸盐水泥		低热矿渣硅酸盐水泥		低热微膨胀水泥	
	3 d	7 d	3 d	7 d	3 d	7 d
425	251	293	197	230	185	205
525	251	293	—	—	—	—

水泥的运输、保管及使用,应遵守下列规定:

(1)优先使用散装水泥。

(2)运到工地的水泥,应按标明的品种、强度等级、生产厂家和出厂批号,分别储存到有明显标志的储罐(或仓库)中,不得混装。

(3)水泥在运输和储存过程中应防水防潮。已受潮结块的水泥,应经处理并检验合格,方可使用。罐储水泥宜一个月倒罐一次。

(4)水泥仓库应保持干燥,并有排水、通风措施。堆放袋装水泥时,应设防潮层,距地面、边墙至少 30 cm。

(5)散装水泥运至工地,入罐温度不宜高于 65 ℃。

(6)先出厂的水泥应先用。袋装水泥储运时间超过 3 个月,散装水泥超过 6 个月,使用前应重新检验。

使用骨料,应根据优质、经济、就地取材的原则进行选择。可使用天然骨料、人工骨料,或两者互相补充。

骨料料源在品质、数量发生变化时,应按现行建筑材料勘察规程进行详细的补充勘察和碱活性成分含量试验。未经专门论证,不得使用碱活性骨料。

应根据粗(细)骨料总需要量及分期需要量,通过进行技术、经济比较,制订合理的开采规划和平衡使用计划,以尽量减少弃料。

覆盖层剥离应有专门弃渣场地,并采取必要的防护及环境恢复措施,避免产生水土流失。

成品骨料的堆存和运输应符合下列规定:

(1)堆存场地应有良好的排水设施,必要时应设遮阳防雨棚。

(2)各级骨料仓之间应设置隔墙等有效措施,严禁混料,并应避免泥土和其他杂物混入骨料中。

(3)应尽量减少转运次数。卸料时,粒径大于 40 mm 骨料的自由落差大于 3 m 时,应设置缓降设施。

(4)储料仓除应有足够的容积外,还应维持不小于 6 m 的堆料厚度;细骨料仓的数量和容积应满足细骨料脱水要求。

(5)在粗骨料成品堆场取料时,同一级料,应注意在料堆不同部位同时取料。

细骨料(人工砂、天然砂)的品质要求:

(1)细骨料应质地坚硬且洁净,级配良好;人工砂的细度模数宜在 2.4 ~2.8 范围内,天然砂的细度模数宜在 2.2 ~3.0 范围内。

《规范》"条文说明"指出,根据细度模数的大小,可将细骨料分为粗、中、细三种砂。水工混凝土宜使用中砂[细度模数为 2.4 ~2.8(人工砂)、2.2 ~3.0(天然砂)]。中砂颗粒级配要求见表 1F -451092 -3。

中砂的颗粒级配要求 表 1F -451092 -3

筛孔尺寸(mm)	5.00	2.50	1.25	0.63	0.315	0.16
累计筛余(%)	10 ~0	25 ~0	50 ~10	70 ~41	92 ~70	100 ~90

（2）细骨料在开采过程中应定期（或按一定开采数量）进行碱活性检验；有潜在危害时，应采取相应措施，并经专门试验论证。

（3）细骨料的含水率应保持稳定；人工砂饱和面干的含水率不宜超过6%。必要时，应采取加速脱水措施。

《规范》“条文说明”指出，控制成品砂含水率稳定（如人工砂饱和面干含水率不超过6%），是控制水胶比和出机口混凝土坍落度稳定的主要措施之一，也是为了拌和预冷混凝土时控制加冰量的要求。指明砂子含水率为“饱和面干含水率”，是为了统一计算标准，也与后面“配合比选定”中混凝土水胶比（或水灰比）的定义相一致。

（4）细骨料的其他品质要求应符合表1F－451092－4的规定。

细骨料的品质要求　　表1F－451092－4

项目		指标		备注
		天然砂	人工砂	
石粉含量（%）		—	6～18	
含泥量（%）	$\geqslant C_{90}30$和有抗冻要求的	≤3	—	
	$<C_{90}30$	≤5		
泥块含量		不允许	不允许	
坚固性（%）	有抗冻要求的混凝土	≤8	≤8	
	无抗冻要求的混凝土	≤10	≤10	
表观密度（kg/m^3）		≥2 500	≥2 500	
硫化物及硫酸盐含量（%）		≤1	≤1	折算成SO_3，按质量计
有机质含量		浅于标准色	不允许	
云母含量（%）		≤2	≤2	
轻物质含量（%）		≤1	—	

粗骨料（碎石、卵石）的品质要求：

（1）粗骨料的最大粒径不应超过钢筋净间距的2/3、构件断面最小边长的1/4、素混凝土板厚的1/2。对少筋或无筋混凝土结构，应选用较大的粗骨料粒径。

（2）施工中，宜将粗骨料按粒径分成下列几种粒径组合：

①当最大粒径为40 mm时，分成D_{20}、D_{40}两级。

②当最大粒径为80 mm时，分成D_{20}、D_{40}、D_{80}三级。

③当最大粒径为150（120）mm时，分成D_{20}、D_{40}、D_{80}、D_{150}（D_{120}）四级。

（3）应控制各级骨料超、逊径料的含量。以原孔筛检验，其控制标准：超径小于5%，逊径小于10%；当以超、逊径筛检验时，其控制标准：超径为零，逊径小于2%。

（4）采用连续级配还是间断级配，应由试验确定。

（5）各级骨料应避免分离。D_{150}、D_{80}、D_{40}和D_{20}分别用中径（115 mm、60 mm、30 mm和10 mm）方孔筛检测，筛余量应在40%～70%范围内。

(6)如使用含有活性材料、黄锈和钙质结核等的粗骨料,必须进行专门试验论证。

(7)粗骨料表面应洁净。如有裹粉、裹泥或被污染等,应清除。

(8)碎石和卵石的压碎指标值宜采用表1F－451092－5的规定。

粗骨料的压碎指标值　　表1F－451092－5

骨料类别		不同混凝土强度等级的压碎指标值(%)	
		$C_{90}55 \sim C_{90}40$	$\leqslant C_{90}35$
碎石	水成岩	≤10	≤16
	变质岩(或深成的火成岩)	≤12	≤20
	火成岩	≤13	≤30
卵石		≤12	≤16

(9)粗骨料其他品质要求,应符合表1F－451092－6的规定。

粗骨料的品质要求　　表1F－451092－6

项目		指标	备注
含泥量(%)	D_{20}、D_{40}粒径级	≤1	
	D_{80}、D_{150}(D_{120})粒径级	≤0.5	
泥块含量		不允许	
坚固性(%)	有抗冻要求的混凝土	≤5	
	无抗冻要求的混凝土	≤12	
硫化物及硫酸盐含量(%)		≤0.5	折算成SO_3,按质量计
有机质含量		浅于标准色	如深于标准色,应进行混凝土强度对比试验;抗压强度比不应低于0.95
表观密度(kg/m^3)		≥2 550	
吸水率(%)		≤2.5	
针片状颗粒含量(%)		≤15	经试验论证,可以放宽至25%

水工混凝土中,应掺入适量的掺合料。其品种有粉煤灰、凝灰岩粉、矿渣微粉、硅粉、粒化电炉磷渣、氧化镁等。

《规范》"条文说明"指出,水工混凝土中掺入适量的掺合料,具有改善混凝土性能、提高混凝土质量、减少混凝土水化热、抑制碱骨料反应,以及节约水泥、降低成本等作用。

以粉煤灰作掺合料时,宜选用Ⅰ级(或Ⅱ级)粉煤灰。

《规范》"条文说明"指出,Ⅰ级、Ⅱ级粉煤灰,特别是Ⅰ级灰,具有明显的减水、增强作用和显著改善混凝土多种性能的效果,并可降低混凝土水化热温升。

水工混凝土中,必须掺加适量的外加剂。

《规范》“条文说明”指出，在水工混凝土中掺入品种适宜的外加剂，能改善混凝土和易性，调节混凝土凝结时间，提高混凝土强度及耐久性。

常用的外加剂有普通减水剂、高效减水剂、缓凝高效减水剂、缓凝减水剂、引气减水剂、缓凝剂、高温缓凝剂、引气剂、泵送剂等。

《规范》“条文说明”指出，掺外加剂混凝土的性能指标，应符合表1F－451092－7中的规定。

常用掺外加剂混凝土性能指标　　表1F－451092－7

试验项目 \ 外加剂种类		引气剂	普通减水剂	早强减水剂	缓凝减水剂	引气减水剂	高效减水剂	缓凝剂	缓凝高效减水剂
减水率(%)		≥6	≥8	≥8	≥8	≥12	≥15	—	≥15
含气量(%)		4.5～5.5	≤2.5	≤2.5	≤3.0	4.5～5.5	<3.0	<2.5	<3.0
泌水率比(%)		≤70	≤95	≤95	≤100	≤70	≤95	≤100	≤100
凝结时间差(min)	初凝	－90～＋120	0～＋90	≤＋30	＋90～＋120	－60～＋90	－60～＋90	＋210～＋480	＋120～＋240
	终凝	－90～＋120	0～＋90	≤0	＋90～＋120	－60～＋90	－60～＋90	＋210～＋720	＋120～＋240
抗压强度比(%)	3 d	≥90	≥115	≥130	≥90	≥115	≥130	≥90	≥125
	7 d	≥90	≥115	≥115	≥90	≥110	≥125	≥95	≥125
	28 d	≥85	≥110	≥105	≥85	≥105	≥120	≥105	≥120
28 d收缩率比(%)		<125	<125	<125	<125	<125	<125	<125	<125
抗冻等级		≥F200	≥F50	≥F50	≥F50	≥F200	≥F50	—	≥F50

注：1. 凝结时间差，“－”号表示凝结时间提前，“＋”号表示凝结时间延缓。

2. 除含气量、抗冻等级等两项外，其余项目相应数据为受检验混凝土与基准混凝土的差值(或比值)。

有抗冻性要求的混凝土，应掺用引气剂。混凝土的含气量，与混凝土的抗冻等级、骨料最大粒径等有关。

外加剂应配成水溶液使用。配制溶液时，应称量准确并搅拌均匀。

凡符合国家饮用水标准的水，均可用于拌和(或养护)混凝土。未经处理的工业污水及生活污水，不得用于拌和(或养护)混凝土。

将混凝土拌和(养护)用水与标准饮用水进行试验比较，所得的水泥初凝时间差及终凝时间差均不得大于30 min。

拌和(或养护)混凝土用水的pH值及水中不溶物、可溶物、氯化物、硫酸盐等的含量，应符合表1F－451092－8的规定。

拌和与养护混凝土用水的指标要求　　表 1F－451092－8

项目	钢筋混凝土	素混凝土
pH 值	>4	>4
不溶物(mg/L)	<2 000	<5 000
可溶物(mg/L)	<5 000	<10 000
氯化物(以 Cl^- 计,mg/L)	<1 200	<3 500
硫酸盐(以 SO_4^{2-} 计,mg/L)	<2 700	<2 700

1F－451093　配合比选定

为满足混凝土设计强度及耐久性、抗渗性等要求和适应施工和易性需要,应进行混凝土施工配合比优选试验。

混凝土施工配合比选择,应经综合分析、比较,并合理降低水泥用量。主体工程混凝土配合比应经审查后选定。

《规范》"条文说明"指出,混凝土强度分级的名称,过去叫"标号",混凝土立方体强度用符号"R"来表达;现在称为"强度等级",以英文"Concrete(混凝土)"的第一个字母"C"与立方体抗压强度标准值的组合来表达,如 C15、C20 等。因建筑工程系统混凝土均采用 28 d 龄期,一般地,C15、C20……是指 28 d 龄期下,强度标准值为 15 MPa、20 MPa……的强度等级。水工大体积混凝土普遍采用 90 d(或 180 d)龄期,故在符号"C"后加龄期下角标,以示区别。如,$C_{90}15$、$C_{90}20$……是指 90 d 龄期下,强度标准值为 15 MPa、20 MPa……的水工混凝土强度等级。

C 值与 R 值对应关系见表 1F－451093－1。

C 值与 R 值对应关系　　表 1F－451093－1

混凝土标号 R(kg/cm^2)		100	150	200	250	300	350	400
混凝土强度等级 C	计算值(MPa)	9.24	14.20	19.21	24.33	29.56	34.89	40.28
	取用值及其表达式	C9	C14	C19	C24	C29.5	C35	C40

混凝土设计强度标准值,是指以标准方法制作并养护的边长为 150 mm 的立方体试件在设计龄期下的抗压强度值,以 MPa 表示。

混凝土的水胶比(或水灰比),应按照设计文件对混凝土性能的要求通过试验确定,并应符合表 1F－451093－2 的规定。

水胶比最大允许值　　表 1F－451093－2

部位		寒冷地区	温和地区
坝体外部	上(下)游水位以上	0.55	0.60
	上(下)游水位变化区	0.50	0.55
	上(下)游最低水位以下	0.55	0.60
基础		0.55	0.60
内部		0.65	0.65
受水流冲刷部位		0.50	0.50

粗骨料级配及砂率的选择,应根据对混凝土性能要求、施工和易性及最小单位用水量,以及尽量充分利用已生产骨料、减少弃料等原则,并通过试验进行综合分析、确定。

混凝土的坍落度,应根据建筑物的结构断面、钢筋含量、运输距离、浇筑方法、运输方式、振捣能力和气候等条件决定,宜采用较小的坍落度。在选定配合比时,应综合考虑这一要求。

《规范》"条文说明"指出,混凝土以坍落度进行分类的方法,是依据 GB 50164—1992《混凝土质量控制标准》进行的。混凝土按坍落度的分级见表 1F－451093－3。水工混凝土主要采用低塑性混凝土和塑性混凝土施工。

混凝土按坍落度的分级　　表 1F－451093－3

级别	名称	坍落度(cm)
T1	低塑性混凝土	1～4
T2	塑性混凝土	5～9
T3	流动性混凝土	10～15
T4	大流动性混凝土	≥16

混凝土在浇筑地点的坍落度,可参照表 1F－451093－4 选用。

混凝土在浇筑地点的坍落度　　表 1F－451093－4

混凝土类别		坍落度(cm)
素混凝土(或少筋混凝土)		1～4
钢筋混凝土	配筋率不超过 1%	3～6
	配筋率超过 1%	5～9

注:有温度控制要求或高(低)温季节浇筑混凝土时,其坍落度可根据实际情况酌量增减。

混凝土中使用有碱活性反应的骨料,进行配合比选择时,必须控制混凝土中的总含碱量(混凝土含碱量的计算方法见《规范》附录 B),以保证混凝土的耐久性。

《规范》附录 B"混凝土含碱量的计算方法"介绍了中热水泥混凝土及低热水泥混凝

土碱含量的计算方法。其中,低热水泥混凝土碱含量的计算方法如下:

混凝土碱含量(kg/m^3) = 低热水泥熟料中碱含量(%) × 水泥熟料用量(kg/m^3) + 0.5 × 矿渣中碱含量(%) × 矿渣用量(kg/m^3) + 0.2 × 粉煤灰碱含量(%) × 粉煤灰用量(kg/m^3) + 外加剂中碱含量(%) × 外加剂用量(kg/m^3)

1F－451094　施工

拌和设备在投入混凝土生产前,应按经批准的混凝土施工配合比进行最佳投料顺序和拌和时间的试验。

混凝土拌和必须按照试验部门签发并经审核的混凝土配料单进行配料,严禁擅自更改。

混凝土组成材料配料量均以质量计。称量允许偏差:水泥、掺合料、水、冰、外加剂溶液为±1%;骨料为±2%。

混凝土拌和时间,应通过试验确定。表1F－451094－1中最少拌和时间供参考。

混凝土最少拌和时间　　表1F－451094－1

拌和机容量 Q(m^3)	最大骨料粒径 (mm)	最少拌和时间(s)	
		自落式拌和机	强制式拌和机
$0.8 \leqslant Q \leqslant 1$	80	90	60
$1 < Q \leqslant 3$	150	120	75
$Q > 3$	150	150	90

注:1. 入机拌和量,应在拌和机额定容量的110%以内。
2. 加冰混凝土,拌和时间应延长30 s(强制式15 s);出机的混凝土拌和物中不应有冰块。

外加剂溶液中的水量,应在拌和用水量中扣除。

混凝土拌和物出现下列情况之一者,按不合格料处理:

(1)错用配料单,且已无法补救,因而不能满足质量要求。

(2)配料时,任何一种材料计量失控(或漏配),因而不符合质量要求。

(3)拌和不均匀(夹带生料)。

(4)出机口处,混凝土坍落度超过最大允许值。

运输混凝土时所用的运输设备,应使混凝土在运输过程中不致发生分离、漏浆、严重泌水、过多温度回升和坍落度损失。

混凝土运输时间:运输时段平均气温在20～30 ℃时,不宜超过45 min;10～20 ℃时,不宜超过60 min;5～10 ℃时,不宜超过90 min。

混凝土的自由下落高度不宜大于1.5 m。

用汽车、侧翻车、侧卸车、料罐车、搅拌车及其他专用车辆运送混凝土时,装载混凝土的厚度不应小于40 cm。

用门式(塔式、缆式)起重机(或其他吊车)配吊罐运输混凝土时,起重设备的吊钩、钢丝绳及机电系统配套设施，吊罐的吊耳及放料口等，应定期进行检查、维修，保证设备完好。

用各类皮带机（包括塔带机、胎带机等）运输混凝土时，应避免运输中的砂浆损失。必要时，可适当增加配合比中的砂率。

用溜筒、溜管、溜槽（含负压（真空）溜槽）运输混凝土时，溜筒（管、槽）内壁应光滑。开始浇筑前，应用砂浆润滑筒（管、槽）内壁；当用水润滑时，应将水引出仓外。仓面必须有排水措施。

建筑物地基处理必须经验收合格后，方可进行混凝土浇筑仓面准备工作。

岩基上的松动岩块及杂物、泥土等，均应清除。岩基面应冲洗干净并排净积水，如有承压水，必须采取可靠的处理措施。清洗后的岩基，在浇筑混凝土前应保持洁净和湿润。

《规范》"条文说明"指出，为了对非岩基基础做好保护，经审批后，可在处理合格的基础面上先浇一层15～20 cm厚、与结构物混凝土相同强度等级的混凝土垫层。垫层表面按施工缝面处理。

浇筑混凝土前，应详细检查有关准备工作，包括地基（或施工缝缝面）处理情况和浇筑准备工作，以及模板、钢筋、预埋件等是否符合设计要求，并应做好记录。

基岩面和新、老混凝土间的施工缝面，在浇筑第一（坯）层混凝土前，可铺水泥砂浆、小级配混凝土或同强度等级的富砂浆混凝土，保证新混凝土与基岩间（或新、老混凝土施工缝面）结合良好。

混凝土浇筑可采用平铺法或台阶法施工。应按一定厚度、次序及方向，分层进行，且保持浇筑层面平整。台阶法施工，台阶宽度不应小于2 m。在压力钢管、竖井、孔道、廊道等的周边及顶板上浇筑混凝土时，混凝土应对称均匀上升。

混凝土浇筑坯层厚度，应根据拌和能力、运输能力、浇筑速度、振捣能力及气温等因素确定，一般为30～50 cm。

《规范》"条文说明"指出，坯层厚度是指每一铺料层振捣完成后的厚度。

根据振捣设备类型确定浇筑坯层允许最大厚度可参照表1F－451094－2中的规定。

混凝土浇筑坯层允许最大厚度　　表1F－451094－2

<table>
<tr><th colspan="2">振捣设备类别与结构型式</th><th>浇筑坯层允许最大厚度</th></tr>
<tr><td rowspan="3">插入式</td><td>振捣机</td><td>振捣棒（头）长度的1.0倍</td></tr>
<tr><td>电动（或风动）振捣器</td><td>振捣棒（头）长度的0.8倍</td></tr>
<tr><td>软轴式振捣器</td><td>振捣棒（头）长度的1.25倍</td></tr>
<tr><td rowspan="2">平板式</td><td>无筋（或单层钢筋）结构中</td><td>250 mm</td></tr>
<tr><td>双层钢筋结构中</td><td>200 mm</td></tr>
</table>

入仓的混凝土，应及时平仓、振捣，不得堆积。仓内若有粗骨料堆叠，应将其均匀地分布至砂浆较多处；不得用水泥砂浆覆盖，以免造成蜂窝。在倾斜面上浇筑混凝土时，应从低处开始，浇筑面应水平，收仓面应与倾斜面垂直。

混凝土浇筑、振捣时应遵守下列规定：

(1)应先平仓、后振捣,严禁以振捣代替平仓。振捣时间,以混凝土粗骨料不再显著下沉并开始泛浆为准,应避免欠振(或过振)。

(2)振捣设备的振捣能力,应与浇筑使用机械及仓位客观条件相适应。使用塔带机浇筑的大仓位,宜配置振捣机振捣。使用振捣机时,应遵守下列规定:

①振捣棒组应垂直插入混凝土中,振捣完,应慢慢拔出。

②振捣第一(坯)层混凝土时,振捣棒组应距已硬化混凝土面5 cm。振捣上层混凝土时,振捣棒头应插入下层混凝土5~10 cm。

③进行振捣作业时,振捣棒头离模板的距离应不小于振捣棒有效作用半径的1/2。

(3)采用手持式振捣器时,应遵守下列规定:

①振捣器相邻两次插入混凝土时的间距,应不超过振捣器有效作用半径的1.5倍。

②振捣时,应将振捣器插入下层混凝土5 cm左右。

③严禁振捣器直接碰撞模板、钢筋及预埋件。

④在预埋件,特别是止水片、止浆片周围,应仔细振捣。必要时,辅以人工振捣,以确保振捣密实。

⑤浇筑块第一(坯)层、卸料时易接触地带及台阶边坡处的混凝土,应加强振捣。

混凝土浇筑过程中,严禁在仓内加水;混凝土和易性较差时,必须采取加强振捣等措施;应避免外来水进入仓内;仓内的泌水,必须及时排除;严禁在模板上开孔赶水,以免带走灰浆;应随时清除黏附在模板、钢筋和预埋件表面的砂浆。

混凝土浇筑应保持连续性。混凝土浇筑允许间歇时间,应通过试验确定。掺普通减水剂混凝土的允许间歇时间,可参照表1F-451094-3。如因故超过允许间歇时间,但混凝土能重塑者,可继续浇筑。

混凝土的允许间歇时间 表1F-451094-3

混凝土浇筑时的气温(℃)	允许间歇时间(min)	
	中热硅酸盐水泥、硅酸盐水泥、普通硅酸盐水泥	低热矿渣硅酸盐水泥、矿渣硅酸盐水泥、火山灰质硅酸盐水泥
20~30	90	120
10~20	135	180
5~10	195	—

混凝土浇筑间歇期间,如局部初凝,但其面积未超过允许值,则在初凝部位铺水泥砂浆(或小级配混凝土)后,可继续浇筑。

浇筑仓面,混凝土料出现下列情况之一时,应予挖除:

(1)出现不合格料。

(2)下到高等级混凝土浇筑部位的低等级混凝土料。

(3)不能保证混凝土振捣密实,或对建筑物带来不利影响的级配错误的混凝土料。

(4)长时间不凝固,且超过规定时间的混凝土料。

浇筑仓面出现下列情况之一时,应停止浇筑:

(1)混凝土初凝,并超过允许面积。

(2)混凝土平均浇筑温度超过允许偏差值,并在1 h内无法调整至允许温度范围内。

混凝土施工缝设置及续浇时的处理,应遵守下列规定:

(1)混凝土收仓面应浇筑平整。在其抗压强度尚未达到2.5 MPa前,不得在仓面进行下道工序的准备工作。

(2)混凝土施工缝面应无乳皮,并微露粗砂。

(3)作毛面处理宜采用25~50 MPa高压水冲毛机,也可采用低压水、风砂枪、刷毛机及人工凿毛等方法。作毛面处理的开始时间,由试验确定。

雨季施工应做好下列工作:

(1)砂石料仓应排水畅通。

(2)运输工具应有防雨及防滑措施。

(3)浇筑仓面应有防雨措施,并备有不透水的覆盖用材料。

(4)增加骨料含水率测定次数,及时调整拌和用水量。

中雨以上的雨天,不得新开混凝土浇筑仓面。有抗冲耐磨和有抹面要求的混凝土,不得在雨天施工。

《规范》中所指"中雨",是指一天内降雨总量在10.1~25 mm,半天内降雨总量在5.1 ~15 mm,1 h降雨总量在3~10 mm的降雨。

在小雨天气进行浇筑时,应采取下列措施:

(1)适当减少混凝土拌和用水量和降低出机口混凝土的坍落度。必要时,应适当减小混凝土的水胶比。

(2)防止周围雨水流入仓内,加强仓内排水。

(3)做好新浇混凝土面,尤其是接头部位的保护工作。

《规范》中所指"小雨",是指一天内降雨总量在1~10 mm,半天内降雨总量在1~5 mm,1 h降雨总量在1~3 mm的降雨。

在浇筑过程中,遇大雨、暴雨,应立即停止进料;已入仓混凝土,应在振捣密实后予以遮盖。雨后,必须先排除仓内积水;对受雨水冲刷的部位,应立即处理。如混凝土还能重塑,应在加铺接缝混凝土后继续浇筑;否则,应按施工缝进行处理。

《规范》中所指"大雨",是指一天内降雨总量在25.1~50 mm,半天内降雨总量在15.1~30 mm,1 h降雨总量在10~20 mm的降雨。

《规范》中所指"暴雨",是指一天内降雨总量在50.1~100 mm,半天内降雨总量在30.1~70 mm,1 h降雨总量>20 mm的降雨。

混凝土浇筑完毕后,应及时洒水养护,并保持混凝土表面湿润。

混凝土表面养护要求如下:

(1)混凝土浇筑完毕后、养护前,宜避免太阳光暴晒。

(2)塑性混凝土应在浇筑完毕后6~18 h内开始洒水养护。低塑性混凝土宜在浇筑完毕后立即喷雾养护,并及早开始洒水养护。

(3)混凝土养护应连续进行,养护期内,始终使混凝土表面保持湿润。

混凝土养护时间不宜少于28 d;有特殊要求的部位,宜适当延长养护时间。

混凝土养护应有专人负责,并应做好养护记录。

1F-451095　温度控制

混凝土浇筑,其纵(横)缝设置、分层厚度及浇筑间歇时间等,应符合设计规定。

为防止混凝土浇筑后出现裂缝,必须从结构设计、原材料选择、配合比设计、施工安排、施工质量、混凝土温度控制、养护、表面保护等方面采取综合措施。应避免混凝土薄块长间歇和块体早期过水,基础部位必须从严控制。

降低混凝土浇筑温度,内容包括:

(1)采取下列措施,降低料仓内骨料温度:

①成品料仓、骨料的堆高不宜低于6 m。

②通过地弄取料。

③搭盖凉棚,并喷洒水雾降温(砂子除外)。

(2)粗骨料预冷,可采用风冷、浸水、喷洒冷水等措施。采用水冷法时,应有脱水措施,并使骨料含水量保持稳定。采用风冷法时,应采取措施,防止骨料(尤其是小石)冻仓。

(3)为防止温度回升,骨料从预冷仓到拌和楼途中应采取隔热措施。

(4)混凝土拌和时,可采用冷水、加冰等降温措施。加冰时,宜用片冰或冰屑,并适当延长拌和时间。

(5)在高温季节施工时,应根据具体情况,采取下列措施减少混凝土温度回升:

①缩短混凝土运输及卸料等待时间;入仓后,及时进行平仓、振捣,以加快覆盖速度、缩短混凝土暴露时间。

②混凝土运输工具有隔热、遮阳措施。

③采用喷雾等方法降低仓面气温。

④混凝土浇筑宜安排在早晚、夜间,以及利用阴天进行。

⑤当浇筑块尺寸较大时,可采用台阶式浇筑法,且浇筑块分层厚度小于1.5 m。

⑥混凝土平仓、振捣后,采用隔热材料及时覆盖。

(6)基础部位混凝土浇筑应在有利季节进行。

降低混凝土的水化热温升,内容包括:

(1)在满足混凝土各项设计指标的前提下,采用水化热低的水泥;优化配合比设计;采取综合措施,减少混凝土的单位水泥用量。

(2)基础混凝土和有老混凝土约束的部位,浇筑层厚以1~2 m为宜;上、下层浇筑间歇时间宜为5~10 d。若在浇筑层中埋设冷却水管,分层厚度可采用3 m;层间间歇时间可相应适当延长。在高温季节,可采用表面流水方式养护混凝土,以利于表面散热。

(3)采用冷却水管进行初期冷却,通水时间一般为15~20 d。管中水温与混凝土温度之差不宜超过25 ℃,流速以0.6 m/s为宜,水流方向应每24 h调换一次。每天降温幅度不宜超过1 ℃。

为降低坝体内、外温差,防止或减少表面裂缝,应在低温季节前将坝体温度降至设计要求的温度。如采用坝体中期通水冷却,通水冷却时间一般为2个月左右;通水水温与混凝土内部温度之差,不应超过20 ℃;日降温幅度不超过1 ℃。

表面保护,内容包括:

(1)在低温季节和气温骤降季节,应进行混凝土早期表面保护。

(2)在气温变幅较大的季节,长期暴露的基础混凝土及其他重要部位混凝土必须加以保护。

(3)模板拆除时间应根据混凝土强度及混凝土内、外温差确定,并应避免在夜间或气温骤降时拆模。在气温较低季节,当预计拆模后有气温骤降发生时,应推迟拆模时间;如必须拆模,应在拆模的同时采取保护措施。

(4)混凝土侧面保护应结合模板类型、材料性能等综合考虑。必要时,可采取在模板内贴保温材料的方法(或采用混凝土预制模板)。

(5)混凝土表面保护层所使用材料及其厚度,应根据不同部位及结构的混凝土内、外温度和气候条件,并经计算和试验后进行选择、确定。

(6)已浇好的底板、护坦、闸墩等薄板(壁)建筑物,其顶(侧)面宜保护至过水前。对于宽缝重力坝、支墩坝、空腹坝等的空腔,在进入低温及气温频繁骤降季节前,宜将空腔封闭,并进行表面保护。

隧洞、竖井、调压井、廊道、尾水管、泄水孔及其他孔洞的进、出口,在进入低温季节前应封闭。浇筑块的棱角和突出部分应加强保护。

特殊部位的温度控制措施:

(1)预留槽必须在两侧老混凝土温度达到设计规定后,才能回填混凝土。回填混凝土应在有利季节进行,或采用低温混凝土施工。

(2)自然冷却不能达到坝体接缝灌浆温度要求时,应在混凝土浇筑时埋设冷却水管,进行后期冷却。

(3)孔(洞)封堵时的混凝土,宜采用综合温控措施,以满足设计要求。

1F－451096　预埋件施工

预埋件的结构型式、位置、尺寸以及所用材料的品种、规格、性能指标等,必须符合设计要求和有关标准。

预埋件所用材料,应有生产厂家出具的性能检测报告和出厂合格证。在使用前,应对其进行抽样(或全部)检测;不合格者,严禁使用。

预埋件材料及构件均不宜露天堆存,且要防晒、防潮。

止水片(带)连接与安装要求如下:

(1)铜止水片应平整,表面浮皮、锈污、油渍等均应清除干净。如有砂眼、钉孔、裂纹,应予补焊。

(2)铜止水片现场接长,宜用搭接焊接,搭接长度应不小于2cm,且应双面焊接(包括"鼻子"部分)。

(3)焊接接头表面应光滑、无砂眼(或裂纹),且不渗水。

(4)铜止水片安装应准确、牢固,其"鼻子"中心线与接缝中心线偏差应控制在±5 mm内。定位后,应在"鼻子"空腔内满填塑性材料。

(5)不得使用变形、有裂纹和撕裂的聚氯乙烯(PVC,或橡胶)止水带。

(6)铜止水片与 PVC 止水带接头宜采用螺栓栓接法(俗称“塑料包紫铜”);栓接长度不宜小于 35 cm。

(7)止水带安装应以模板夹紧后进行定位,并支撑牢固。

(8)水平止水片(带)上、下各 50 cm 范围内不宜设置水平施工缝。

接缝止水基座施工,应按设计要求的尺寸挖槽,并按建基面标准,清除松动岩块和浮渣,冲洗干净。基座混凝土必须振捣密实。混凝土抗压强度达 10 MPa 后,方可浇筑上部混凝土(混凝土抗压强度达 2.5 MPa 后,可开始下道工序准备工作)。

排水设施施工要求如下:

(1)坝基排水孔施工应在相邻 30 m 范围内的帷幕灌浆施工完毕后进行。排水孔的钻进应按设计图纸及有关文件要求,统一编号,并做好原始记录。

(2)岩基排水孔允许偏差按设计要求控制。当设计文件中未作规定时,应按表 1F－451096 的规定控制。

基岩排水孔允许偏差 表 1F－451096

分项	孔口位置	孔的倾斜度		孔的深度
		孔深 >8 m	孔深 <8 m	
允许偏差	10 cm	1%	2%	±0.5%

(3)坝基排水孔钻好后,应进行冲洗,直至回水澄清并持续 10 min,方可结束。同时,应做好孔口保护,防止污水、污物等流进孔内。

(4)坝体排水孔宜采用拔管法造孔。当坝体排水孔采用预制无砂混凝土管时,应待其达到设计强度后才能安装。

1F－451097 质量控制与检查

混凝土的各种原材料,应经检验合格后方可使用。

拌和及养护混凝土用水,在水源改变或对水质有怀疑时,应随时进行检验。

对所配制外加剂溶液的浓度,每天应检测 1～2 次。必要时,可采用测水泥净浆(或砂浆)流动度的方法,检测减水剂溶液的减水率和引气剂溶液的表面张力。

骨料品质检验:

1. 骨料生产成品的品质检验

(1)骨料生产成品的品质,每 8 h 应检测一次。检测项目:细骨料的细度模数、石粉含量(人工砂)、含泥量和泥块含量,粗骨料的超径、逊径、含泥量和泥块含量。

(2)成品骨料出厂品质检测:细骨料,应按同料源每 600～1 200 t 为一批进行检测;粗骨料,应按同料源、同规格碎石每 2 000 t 为一批,卵石每 1 000 t 为一批进行检测。

(3)每批产品出厂时,应有产品品质检验报告。

2. 在拌和楼抽样检测

(1)砂子、小石的含水量,每 4 h 检测一次;雨(雪)后等特殊情况,应加密检测。

(2)砂子的细度模数和人工砂的石粉含量、天然砂的含泥量，每天检测一次。当砂子细度模数超出控制中值 ±0.2 时，应调整配料单中的砂率。

(3)粗骨料的超(逊)径、含泥量，每 8 h 应检测一次。

混凝土施工配合比必须通过试验，确认满足设计技术指标和施工要求，并经审批后，方可使用。混凝土施工配料单必须经校核后签发，并严格按所签发的配料单进行配料，严禁擅自更改。

混凝土拌和楼(站)的计量器具应定期(每月不少于 1 次)检验、校正。必要时，随时抽验。每班在称量前，应对称量设备进行零点校验。

在混凝土拌和(生产)中，应定期对混凝土拌和物的均匀性、拌和时间和称量时所用衡器的精度进行检验；如发现问题，应立即处理。同时，应对各种原材料的配料称量进行检查并记录，每 8 h 不应少于 2 次。

混凝土拌和时间，每 4 h 应检测 1 次。

混凝土坍落度，每 4 h 应检测 1～2 次，其允许偏差应符合表 1F－451097－1 的规定。

坍落度允许偏差

表 1F－451097－1

坍落度(cm)	允许偏差(cm)
≤4	±1
4～10	±2
>10	±3

引气混凝土的含气量，每 4 h 应检测 1 次。含气量允许偏差范围为 ±1.0%。

混凝土拌和物温度、气温和原材料温度，每 4 h 应检测 1 次。

混凝土浇筑前准备工作检查，要求如下：

(1)应按相关规范要求，对基础面(或混凝土施工缝面)进行处理。对模板、钢筋、预埋件等的质量进行检查，并在取得开仓证后，方可进行混凝土浇筑。

(2)有金属结构及机电设备安装和仪器埋设时，签发开仓证前，应按相关规程(或标准)要求进行验收。

浇筑混凝土时，应有专人在仓内检查，并对施工过程以及施工中出现的问题及其处理情况进行详细记录。

混凝土拆模后，应检查其外观质量。有混凝土裂缝、蜂窝、麻面、错台和模板走样等质量问题(或事故)时，应及时检查和处理。对混凝土强度(或内部质量)有怀疑时，可采取无损检测法(如回弹法、超声回弹综合法等)或钻孔取芯、压水试验等进行检查。

现场混凝土质量检验以抗压强度为主，并以 150 mm 立方体试件的抗压强度为标准。

《规范》"条文说明"指出，水工混凝土的技术指标要求较多，如抗压、抗渗、抗冻、极限拉伸值以及抗冲耐磨、抗侵蚀等。在混凝土配合比设计阶段，必须通过试验论证符合要求的指标值，并确定施工配合比。《水工混凝土结构设计规范》(SL/T 191—1996)把立方体抗压强度标准值作为混凝土力学指标的基本(代表)值。在现场混凝土施工中，均以 150 mm 立方体试件抗压强度作为混凝土强度的主要控制指标。

混凝土试件以机口随机取样为主;每组混凝土的3个试件,应在同一储料斗(或运输车厢)内的混凝土中取样制作。浇筑地点,试件取样数量宜为机口取样数量的10%。

同一强度等级混凝土试件取样数量应符合下列规定:

(1)抗压强度:大体积混凝土,28 d龄期每500 m^3成型一组,设计龄期每1 000 m^3成型一组;非大体积混凝土,28 d龄期每100 m^3成型一组,设计龄期每200 m^3成型一组。

(2)抗拉强度:28 d龄期每2 000 m^3成型一组,设计龄期每3 000 m^3成型一组。

(3)抗冻、抗渗或其他主要特殊要求,应在施工中适当取样检验;其数量,可按每季度施工中主要部位取样、成型1~2组控制。

混凝土质量验收时取用混凝土抗压强度的龄期,应与设计龄期相一致。混凝土生产过程中的质量控制,应以标准条件下养护28 d试件的抗压强度为准。

混凝土设计龄期时的抗冻检验,合格率不应低于80%。混凝土设计龄期时的抗渗检验,应满足设计要求。

已建成的混凝土建筑物,应适量地进行钻孔取芯和压水试验。大体积混凝土,取芯和压水试验可按每万立方米混凝土钻孔累计长2~10 m控制。钢筋混凝土结构物,应以无损检测为主;必要时,采取钻孔法检测混凝土。

《规范》"条文说明"指出,由于无论在拌和机口或浇筑地点,抽样成型的试件都代表混凝土拌和物的质量;建成的混凝土建筑物的质量要依靠对钻孔取出芯样的检验及压水试验成果作出最后判定。对于钢筋混凝土结构物,一般不进行钻孔取芯及压水试验检验,而是以无损检测(如超声波、回弹仪等)为主进行检测。

1F-451100 水工碾压混凝土施工规范

《水工碾压混凝土施工规范》(DL/T 5112—2009)(简称《规范》)包括术语和定义、总则、材料、配合比设计、施工、质量控制和评定等内容。

《规范》总则指出,碾压混凝土施工前应进行现场试验,以验证配合比、施工工艺流程、施工系统及施工设备的适应性;确定施工工艺和参数,以满足施工各项性能要求。

碾压混凝土的物理力学性能、耐久性能等技术指标,应满足设计要求。

1F-451101 术语和定义

1. 铺筑厚度

每一碾压作业层碾压前的混凝土厚度。

2. 压实厚度

每一碾压作业层经碾压达到设计要求的表观密度(或相对密实度)时的厚度。

3. 相对密实度

施工仓面实测表观密度与碾压混凝土室内试验获得的基准表观密度之比。

4. 基准表观密度

已选定配合比的碾压混凝土在室内试验中获得的表观密度大值平均值。

5. 层间间隔时间

从开始下一层混凝土拌和物加水拌和时起,至上一层混凝土碾压完毕时止的历时。

6. 直接铺筑允许时间

不经任何层面处理直接铺筑上层碾压混凝土就能够满足层间结合质量要求的最大层间间隔时间。

7. 加垫层铺筑允许时间

在层面上铺垫层拌和物后，再铺筑碾压混凝土就能够满足层间结合质量要求的最大层间间隔时间。

8. 垫层拌和物

铺在浇筑层面（或基岩面）上的、与碾压混凝土相适应的灰浆（或砂浆、小骨料（$d_{max}\leqslant$ 20 mm）混凝土）。

9. 变态混凝土

在已摊铺的碾压混凝土中掺入一定比例的灰浆，并经振捣密实后的混凝土。用振捣的方法可使之密实。

10. 斜层铺筑

当浇筑仓面较大时，为缩短层间间隔时间而采用的从仓面一端向另一端逐层斜面摊铺和碾压的施工方法。

11. *VC* 值

碾压混凝土拌和物的工作度，以按有关规程规定的方法进行试验并达到合乎标准要求时的时间（以秒为计量单位）表示。

1F-451102 材料

水泥、掺合料、外加剂等碾压混凝土原材料，应通过优选试验确定。

碾压混凝土原材料运到工地后，应进行检验。

碾压混凝土原材料运输及其存放场地，应有防雨及防潮措施。应按不同厂家、品种、等级及出厂批号，分别运输及存放。

碾压混凝土宜选用硅酸盐水泥、普通硅酸盐水泥等，并优先采用散装水泥。可根据具体情况，对水泥矿物成分、细度、水化热及含碱量等提出专门要求。

碾压混凝土中，应优先掺入适量的Ⅰ级（或Ⅱ级）粉煤灰等活性掺合料。经过试验论证，也可以掺用非活性掺合料。

碾压混凝土中应掺用外加剂。其品种及掺量，应通过试验确定。

碾压混凝土宜掺用与环境、施工条件、原材料等相适应的缓凝高效减水剂。有抗冻要求的，还应掺用引气剂。

骨料应有足够的储备量，并设有遮阳、防雨及脱水设施。砂子的含水率，应不大于6%。

冲洗（筛分）骨料时，应注意减少细砂、人工砂中石粉的流失。

砂料宜质地坚硬、级配良好。人工砂的细度模数宜为2.2~2.9，天然砂细度模数宜为2.0~3.0。

人工砂的石粉（$d\leqslant0.16$ mm的颗粒）含量，宜控制在12%~22%；其中，$d<0.08$ mm的微粒含量不宜小于5%。

天然砂的含泥量,应不大于5%。

1F-451103 配合比设计

配合比设计参数选定:

(1)水胶比:应根据设计文件中提出的混凝土强度、抗渗性、抗冻性、拉伸变形等要求确定,其值宜不大于0.65。

(2)砂率:应通过试验选取最佳数值。使用天然粗骨料时,三级配碾压混凝土砂率取28%~32%,二级配取32%~37%;使用人工粗骨料时,砂率应相应增加3%~6%。

(3)单位用水量:可根据碾压混凝土VC值、砂率,骨料种类、最大粒径及石粉含量,以及掺合料及外加剂的品种等选定。

(4)掺合料:掺合料种类及掺量应通过试验确定,掺量超过65%时,应做专门试验论证。

(5)外加剂:外加剂品种及掺量应通过试验确定。

碾压混凝土拌和物的VC值,现场宜选用2~12 s;机口VC值,应根据施工现场气候条件的变化,动态选用和控制,宜为2~8 s。

永久建筑物碾压混凝土,胶凝材料用量不宜低于130 kg/m^3。

1F-451104 施工

基础块铺筑前,应在基岩面上先铺砂浆,再浇筑垫层混凝土(或变态混凝土);也可在基岩面上直接铺筑小骨料混凝土(或富砂浆混凝土)。除有专门要求外,其厚度以找平基面并便于碾压作业为原则。

拌制碾压混凝土,宜选用强制式搅拌设备,也可采用自落式等其他类型搅拌设备。

搅拌设备的称量系统,应灵敏、精确、可靠,并应定期检定。

碾压混凝土的拌和时间、投料顺序、拌和量等,都应通过现场混凝土拌和均匀性检验加以确定。

搅拌设备宜配备细骨料含水率快速测定装置,并应具有拌和加水量自动调整功能。

卸料斗出料口与运输工具之间的自由落差不宜大于1.5 m。

运输碾压混凝土,宜采用自卸汽车、皮带输送机、负压溜槽(管)、专用垂直溜管、满管溜槽(管),也可采用缆机、门机、塔机等设备。

采用负压溜槽(管)运输混凝土时,应在负压溜槽(管)出口设置垂直向下的弯头。负压溜槽(管)的坡度宜为40°~50°,长度不宜大于100 m,并应通过现场试验确定防分离措施。

碾压混凝土施工所用的模板,应满足强度、刚度和稳定性要求;承受振动碾压所产生的荷载和施工中其他荷载;保证建筑物形状及尺寸符合设计要求,变形在允许范围内。

模板形式应与结构(构件)特征、施工条件、浇筑方法等相适应。宜采用悬臂模板、翻升式(或自升式)模板;背水面和廊道等孔洞结构,可采用预制混凝土模板(或预拼式钢木模板)。

碾压混凝土宜采用大仓面薄层连续铺筑。铺筑方法宜采用平层通仓法,也可采用斜层平推法。

采用斜层平推法铺筑时,层面不得倾向下游,坡度不应陡于1:10,且坡脚部位应避免形成薄层尖角。

碾压混凝土铺筑层应以固定方向、逐条带铺筑。距坝体迎水面3～5 m范围内,平仓方向应与坝轴线方向平行。

采用自卸汽车直接进仓卸料时,宜卸在已摊铺而未碾压的层面上,之后再平仓;应控制料堆高度;与卸料堆相分离的骨料,应在平仓过程中使其均匀散布到混凝土内。

当压实厚度为300 mm左右时,可一次平仓(铺筑);为了改善骨料分离状况,也可分2次(或3次)铺筑。

《规范》"条文说明"指出,根据施工实践,压实厚度为300 mm(碾压厚度约340 mm)时,采用平仓机分2次(或3次)将混凝土逐渐推离卸料位置进行平仓,可较好地达到改善骨料分离状态的效果。

平仓后,混凝土表面应平整,以使碾压层厚均匀。

振动碾机型的选择,应考虑碾压效率、激振力、滚筒尺寸、振动频率、振幅、行走速度、维护要求以及运行可靠性。

建筑物周边部位宜采用与仓内相同型号的振动碾,靠近模板碾压;无法靠近的部位,采用小型振动碾压实。

《规范》"条文说明"指出,大型振动碾靠近模板碾压,施工效率高,质量容易保证,但应控制模板位移。

振动碾行走速度应控制在1.0～1.5 km/h。

《规范》"条文说明"指出,碾压施工时,振动碾的行走速度直接影响碾压效率及压实质量。行走速度过快,则压实效果差;过慢则振动碾易陷碾,并使施工强度降低。

施工中采用的碾压厚度及碾压遍数,宜经过试验确定。其中,碾压厚度不宜小于混凝土最大骨料粒径的3倍。

《规范》"条文说明"指出,不同振动碾所能压实的厚度不同。同一配合比的拌和物,使用不同振动碾时所需的压实遍数也不同。碾压厚度若小于最大骨料粒径的3倍,则最大粒径骨料将影响压实效果,且骨料还会被压碎。

距坝体迎水面3～5 m范围内,碾压方向应平行于坝轴线方向。碾压作业应采用搭接法;碾压条带间搭接宽度为100～200 mm,端头部位搭接宽度宜为1 m左右。

《规范》"条文说明"指出,碾压方向平行于坝轴线,可避免因碾压条带接触不良而形成渗水通道。端头部位搭接的长度,要保证振动碾的前、后轮都能进入搭接范围,可根据所用振动碾的轴距来决定搭接长度。

每一碾压条带作业结束后,应及时按网格布点,并检测混凝土的表观密度。

《规范》"条文说明"指出,表观密度数值是碾压混凝土是否压实的主要标志。当测值低于规定指标时,可增加碾压遍数。

需作为水平施工缝停歇的层面,达到规定的碾压遍数及表观密度后,宜进行1～2遍无振碾压。

《规范》"条文说明"指出,无振碾压有利于弥合细微的表面裂纹。

碾压层内,铺筑条带的边缘(采用斜层平推法时的斜面边缘)碾压时应留200～300

mm 的宽度,以与下一条带同时碾压。预留宽度范围内最终完成碾压的时间,应控制在直接铺筑允许时间内。

横缝可采用切缝机具切制、设置诱导孔(或设置填缝材料)等方法形成。缝面位置、缝的结构形式及缝内填充材料,均应满足设计要求。

采用切缝机切缝时,宜根据工程具体情况,采用“先碾后切”或“先切后碾”方式。采用“先碾后切”方式时,应对缝口进行补碾。

《规范》“条文说明”指出,切缝机切缝有“先碾后切”和“先切后碾”两种方式。为了保证缝面的形成,规定每层切缝成缝面积应满足一定要求,余下部分,待混凝土自然拉裂。

设置诱导孔,宜在层间间歇期内完成。成孔后,孔内应及时用干砂填塞。

《规范》“条文说明”指出,当采用薄层连续铺筑法施工时,诱导孔可在混凝土碾压后,由人工打钎(或使用风钻)造孔。成孔后,孔内应填塞干燥砂子,以免在上层施工时,被混凝土填塞而影响成缝效果。

设置填缝材料时,其高度应比压实厚度低 30 ~ 50 mm。

连续铺筑、上升的碾压混凝土,层间间隔时间应控制在直接铺筑允许时间以内。超过直接铺筑允许时间的层面,应先在层面上铺垫层拌和物,再铺筑上层碾压混凝土。超过加垫层铺筑允许时间的层面,应作施工缝处理。

施工缝应进行缝面处理。缝面处理,可用刷毛、冲毛等方法,清除混凝土表面的浮浆及松动骨料,达到微露粗砂即可。冲毛(刷毛)时机可根据施工季节、混凝土强度、设备性能等因素,经现场试验后确定,不得过早冲毛。缝面处理完成并经清洗干净、验收合格后,及时铺垫层拌和物。然后,铺筑上层混凝土,并在垫层拌和物初凝前碾压完毕。

因故中断铺筑的混凝土面,其边缘宜碾压成坡度不大于 1:4 的斜坡面,并将坡脚处厚度小于 150 mm 的部分切除。当重新具备施工条件时,可在采取相应的层(缝)面处理措施后继续施工。

坝内常态混凝土浇筑,宜与主体碾压混凝土同步进行。

常态混凝土与碾压混凝土结合部位,两者应交叉浇筑。常态混凝土应在初凝前振捣密实,碾压混凝土应在允许层间间隔时间内碾压完毕。

结合部位常态混凝土振捣、碾压混凝土碾压,两者应相互搭接。

《规范》“条文说明”指出,常态混凝土与碾压混凝土结合部位,有两种搭接方式。一种是先浇常态混凝土、后铺筑碾压混凝土。此时,在碾压混凝土碾压时,应搭接碾压 200 mm 宽度范围的常态混凝土。另一种是先浇碾压混凝土、后铺筑常态混凝土。此时,在常态混凝土振捣时,振捣器振捣范围应覆盖整个常态混凝土宽度范围;在与碾压混凝土交界处,振捣器垂直插入时应深入到以斜面相搭接的碾压混凝土中;之后,再用振动碾对结合处补充碾压,搭接常态混凝土范围不小于 200 mm。

施工过程中,碾压混凝土仓面应保持湿润。

《规范》“条文说明”指出,碾压混凝土是干硬性混凝土,受外界因素影响很大。因此,仓面上要求混凝土保持湿润。

正在施工和刚碾压完毕的仓面,应防止外来水流入。

碾压混凝土终凝后,即应开始保湿养护。对水平施工缝,养护应持续至上层碾压混凝土开始铺筑为止。对永久暴露面，养护时间不应少于 28 d。台阶、棱角应加强养护。

《规范》“条文说明”指出，碾压混凝土单位用水量少，早期强度较低；为防止裂缝的发生，应有足够的养护时间。棱角部位容易发生裂缝，须加强养护。

1F－451105 质量控制和评定

碾压混凝土拌和物质量检测可在搅拌机口随机取样进行，检测项目和频率执行表 1F－451105－1 的规定。

碾压混凝土检测项目和频率

表 1F－451105－1

检测项目	检测频率	检测目的
VC 值	每 2 h 一次①	控制工作度变化
含气量	使用引气剂时，每班 1～2 次	调整引气剂掺量
温度	每 2～4 h 一次	温度控制要求
抗压强度	28 d 龄期每 500 m^3 成型一组，设计龄期每 1 000 m^3 成型一组；不足 500 m^3，至少每班取样一次	检验碾压混凝土拌和质量及施工质量

注：①气候条件变化较大（大风、雨天、高温）时，应适当增加检测次数。

机口处测得的碾压混凝土拌和物 *VC* 值相对于已选定的 *VC* 值，允许偏差为 ±3 s；超出时，应查找原因，并采取措施。如需调整碾压混凝土拌和物的用水量，应保持水胶比不变。

应严格控制掺引气剂碾压混凝土的含气量。其允许偏差为 ±1%。

《规范》“条文说明”指出，为了提高大坝混凝土的耐久性，混凝土中需保持一定的含气量。碾压混凝土由于掺加比例较大的掺合料，且具有干硬性的特点，故引气比较困难；要达到与常态混凝土相同的含气量，就需要增加引气剂掺量。同时，为保证碾压混凝土施工质量和提高耐久性性能，掺加引气剂的碾压混凝土应严格控制含气量。

碾压混凝土铺筑现场质量检测应按表 1F－451105－2 的规定进行，并做好记录。

表观密度检测采用核子水分密度仪（或压实密度计），以碾压完毕 10 min 后的测试结果作为表观密度判定依据。

建筑物的外部混凝土相对密实度不应小于 98%，内部混凝土相对密实度不应小于 97%。

碾压混凝土试件，应在搅拌机机口取样、成型。碾压混凝土生产质量控制，应以 150 mm 标准立方体试件按标准养护 28 d 时的抗压强度为准。

碾压混凝土抗冻及抗渗检验，合格率不应低于 80%。

碾压混凝土质量评定，应以设计龄期的抗压强度为准。

钻孔取样是碾压混凝土质量评定中采用的一类综合方法，可在碾压混凝土达到设计龄期后进行。钻孔的部位和数量，应根据需要确定。

钻孔取样评定内容如下：

（1）芯样获得率：评价碾压混凝土的均质性。

（2）压水试验：评定碾压混凝土抗渗性。

碾压混凝土铺筑现场检测项目和标准　　表 1F－451105－2

检测项目	检测频率	控制标准
VC 值	每 2 h 一次	允许偏差:±5 s
抗压强度	相当于机口相应项目取样数量的 5%～10%	设计指标
表观密度	每铺筑 100～200 m^2 至少应有一个检测点,每一铺筑层仓面内应不少于 3 个检测点	每个铺筑层测得的表观密度应全部达到建筑物内(外)部混凝土相对密实度规定指标
骨料分离情况	全过程控制	不允许出现骨料集中现象
上、下碾压层间隔时间	全过程控制	不大于由试验确定的相应气温条件下的允许层间间隔时间
混凝土自加水拌和至碾压完毕历时	全过程控制	小于 2 h 或通过试验确定
入仓温度	2～4 h 一次	设计指标

注:气候条件变化较大(大风、雨天、高温)时,应适当增加 *VC* 值及入仓温度的检测次数。

(3)芯样物理力学性能试验:评定碾压混凝土的均质性和力学性能。

(4)芯样断口位置及形态描述:描述断口形态;分别统计芯样断口在不同类型碾压层层间结合处存在的数量,并计算占总断口数的比例;评价层间结合是否符合设计要求。

(5)芯样外观描述:评定碾压混凝土的均质性和密实性。评定标准见表 1F－451105－3。

碾压混凝土芯样外观评定标准　　表 1F－451105－3

级别	表面光滑程度	表面致密程度	骨料分布均匀性
优良	光滑	致密	均匀
一般	基本光滑	稍有孔	基本均匀
差	不光滑	有部分孔、洞	不均匀

注:本表适用于金刚石钻头钻取的芯样。

测定抗压强度时使用的芯样,直径以 150～200 mm 为宜。混凝土最大骨料粒径大于 80 mm 的部位,宜采用直径 200 mm(或更大直径)的芯样。

以高径比为 2.0 的芯样试件为标准试件。

1F－451110　堤防工程施工规范

《堤防工程施工规范》(SL 260—98)(简称《规范》)包括总则、施工准备、度汛与导流、筑堤材料、堤基施工、堤身填筑与砌筑、防护工程施工、管理设施施工、加固与扩建、质量控制、工程验收等内容。

《规范》总则指出,堤防工程必须根据经批准的设计文件进行施工,重大设计变更应报请原审批单位批准。

1F－451111　施工准备

开工前，施工单位应对合同（或设计文件）进行深入研究，并应结合施工具体条件，编制施工设计。

堤防工程基线相对于邻近基本控制点，平面位置允许误差为±30～±50 mm，高程允许误差为±30 mm。

堤防基线使用的永久标石及标架，埋设必须牢固。施工中须严加保护，并及时检查维护，定时核查、校正。

堤身放样时，应根据设计要求预留堤基、堤身的沉降量。

开工前，施工单位应对料场进行现场核查。内容如下：

（1）料场位置、开挖范围和开采条件，对可开采土料厚度及储量作出估算。

（2）了解料场的水文地质条件和采料时受水位变动影响的情况。

（3）普查料场土质和土的天然含水量。

（4）根据设计要求，对料场土质作简易鉴别，并对筑堤土料的适用性作初步评估。

《规范》正文后附录A“筑堤土料的简易鉴别与适用性”相关内容见表1F－451111。

筑堤土料的简易鉴别与适用性　表1F－451111

土的基本属性	塑性土分类	三角坐标分类	土在不同条件下的特征			各类土对筑堤的适用性			
						分层碾压填筑法	不同堤身部位		
							均质堤	非均质堤	
			湿土用手搓捻时的感觉	土块的干强度	干土块劈裂后的断口状态			防渗体	排渗体
无黏性土	良好级配砂	砂土	只有砂粒的感觉，粗细不一	缺乏胶结性，松散不结块	—	√			√
	不良级配砂	砂土	只有砂粒的感觉，粗细均匀			√			√
少黏性土	低液限粉质土	粉砂	手感是均匀的极细砂粒，无黏附性	无—微	—	√			
		粉土	手感是均匀的粉粒，有面粉感，黏附性弱			√			
		轻、重砂壤土	手感有砂粒和粉砂，没有黏粒的感觉，黏附性弱	微	—	√			
		轻、重粉质砂壤土				√			
	低液限黏质土	轻壤土	感觉有砂粒，含黏粒但不明显，手感以粉状为主，有弱的塑性和黏附性	低	断口粗糙，结构很疏松，含砂粒。但以粉粒为主	√	√		
		轻粉质壤土				√	√		

续表

<table>
<tr><th rowspan="4">土的基本属性</th><th rowspan="4">塑性土分类</th><th rowspan="4">三角坐标分类</th><th colspan="3" rowspan="2">土在不同条件下的特征</th><th colspan="4">各类土对筑堤的适用性</th></tr>
<tr><th rowspan="3">分层碾压填筑法</th><th colspan="3">不同堤身部位</th></tr>
<tr><th rowspan="2">湿土用手搓捻时的感觉</th><th rowspan="2">土块的干强度</th><th rowspan="2">干土块劈裂后的断口状态</th><th rowspan="2">均质堤</th><th colspan="2">非均质堤</th></tr>
<tr><th>防渗体</th><th>排渗体</th></tr>
<tr><td rowspan="6">黏性土</td><td rowspan="4">中液限黏质土</td><td>中壤土</td><td rowspan="2">感觉有砂粒,也感觉含黏粒,手感以粉状为主,土稍有塑性和黏附性</td><td rowspan="2">中</td><td rowspan="2">断口粗糙,结构较疏松,含砂粒。但以粉粒为主</td><td>√</td><td>√</td><td></td><td></td></tr>
<tr><td>中粉质壤土</td><td>√</td><td>√</td><td></td><td></td></tr>
<tr><td>重壤土</td><td rowspan="2">感觉有砂粒,但手感以含黏粒为主,土有塑性和黏附性</td><td rowspan="2">中—高</td><td rowspan="2">断口粗糙,结构较密实,可见砂粒</td><td>√</td><td>√</td><td>√</td><td></td></tr>
<tr><td>重粉质壤土</td><td>√</td><td>√</td><td>√</td><td></td></tr>
<tr><td rowspan="2">中高液限黏质土</td><td>砂质黏土</td><td rowspan="2">微感有砂粒,但手感以含黏粒为主,土的塑性和黏附性明显</td><td rowspan="2">中—高</td><td rowspan="2">断口粗糙,结构致密,可见砂粒</td><td>√</td><td>√</td><td>√</td><td></td></tr>
<tr><td>粉质黏土</td><td>√</td><td>√</td><td>√</td><td></td></tr>
</table>

注:表中"√"表示适用。

(5)核查土料特性。采集代表性土样,并按相关标准要求做颗粒组成试验、黏性土液塑限及击实试验,以及砂性土相对密度试验等。

料场土料的可开采储量,应大于填筑需要量的 1.5 倍。

应根据设计文件要求,划定取土区并设立标志。严禁在堤身两侧设计文件规定的保护范围内取土。

施工机械(工具、设备)及材料的型号、规格、技术性能等,应根据工程施工进度和强度,合理安排与调配。

检修及预制件加工等附属企业与设施,应按所需规模及时安排。

1F－451112　**度汛与导流**

堤防工程跨汛期施工时,其度汛及导流洪水标准,应根据不同挡水体类别和堤防工程级别,按表 1F－451112－1 采用。

度汛、导流的洪水标准　　**表** 1F－451112－1

堤防工程级别		1、2 级	3 级及以下
洪水标准(年一遇)	堤防	10～20	5～10
	围堰	5～10	3～5

挡水堤身(或围堰)顶部高程,应按照度汛洪水标准的静水位,加上波浪爬高及安全加高确定。安全加高按表 1F－451112－2 的规定取值。

堤防及围堰施工度汛、导流安全加高值　　表 1F－451112－2

堤防工程级别		1	2	3
安全加高(m)	堤防	1.0	0.8	0.7
	围堰	0.7	0.5	0.5

围堰截流方案,应根据龙口水流特征、抛投物料种类、施工条件等选定,并应备足物料及运输机具。合龙后,应注意闭气,以保证围堰上升速度高于水位上涨速度。

1F－451113　筑堤材料

开工前,应根据设计要求、土质、天然含水量、运距、开采条件等因素,选择取料区。

淤泥土、杂质土、冻土块、膨胀土、分散性黏土等特殊土料,一般不宜用于筑堤身。

土料开采方式:

(1)土料的天然含水量接近施工控制下限值时,宜采用立面开挖;若含水量偏大,宜采用平面开挖。

(2)当层状土料有须剔除的不合格料层时,宜用平面开挖;当层状土料允许掺混时,宜用立面开挖。

(3)冬季施工采料,宜用立面开挖。

不同粒径组的反滤料,应根据设计要求筛选加工(或选购),并需按不同粒径组分别堆放。

堤身及堤基结构采用的土工织物、加筋材料、土工防渗膜、塑料排水板、止水带等土工合成材料,应根据设计文件中要求的型号、规格及数量选购,并应有相应的技术参数资料、产品合格证和质量检测报告。

采集(或选购)石料,应满足岩性、强度等的性能指标要求。

1F－451114　堤基施工

当堤基冻结且有明显冰夹层和冻胀现象时,未经处理,不得在其上施工。

堤基开挖(处理),应对过程中各种情况及时进行详细记录,经分部工程验收合格后,方能进行堤身填筑。

基坑积水,应及时抽排。对泉眼,应分析其成因及对堤防的影响,并予以封堵或引导。

堤基基面清理范围包括堤身、铺盖、压载等的基面。其边界,应在设计基面边线 30～50 cm 外。

堤基表层的不合格土、杂物等必须清除,堤基范围内的坑、槽、沟等,应按堤身填筑要求进行回填处理。

基面清理平整后,应及时报验。基面验收后,应抓紧施工。若不能立即施工,应做好基面保护,复工前应再检验;必要时,须重新清理。

1F－451115 堤身填筑

填筑作业,应符合下列要求:

(1)地面起伏不平时,应由低处开始,按水平方向分层逐层填筑,不得顺坡铺填。堤防横断面方向上的地面,坡度陡于1∶5时,应削至缓于1∶5。

(2)分段作业,最小作业面长度不应小于100 m;人工施工时,段长可适当减短。

(3)同一作业面,应按层统一铺土、统一碾压,并配备人员(或平土机具)参与整平作业,严禁出现界沟。

(4)在软土堤基上筑堤时,如堤身两侧设计有压载平台,压载平台与堤身两者应按设计文件中要求的断面型式,同步、分层填筑,严禁先筑堤身,后压载。

(5)相邻施工段,作业面宜均衡上升。若不可避免出现高差,应以斜坡面相接。

(6)已铺土料压实前表面被晒干时,应洒水湿润。

(7)黏性土填筑层用光面碾碾压实时,在新层铺料前,应对压光的层面作刨毛处理。填筑层经检验合格但未继续施工,因搁置较久(或经过雨淋)而干湿交替,并使表面产生疏松层时,复工前应进行复压(处理)。

(8)若发现局部有"弹簧土"、层间光面、层间中空、松土层,或出现剪切破坏等质量问题,应及时进行处理。经检验合格后,方准铺填新土。

(9)施工过程中,应保证观测设备埋设(安装)和测量工作正常进行,并保护观测设备及测量标志完好。

(10)在软土地基上筑堤,或用含水量较高的土料填筑堤身时,应严格控制施工速度。必要时,应在地基及坡面设置沉降及位移观测点。

(11)对占(压)堤身断面的上堤临时坡道作补缺口处理时,应将已板结老土刨松,并与新铺土料按填筑要求统一分层压实。

(12)堤身全断面填筑完毕后,应作整坡压实及削坡处理,并对堤防两侧护堤地的坑洼处进行铺填、平整。

铺料作业应符合下列要求:

(1)应按设计要求将土料铺至规定部位,严禁将砂(砾)料(或其他透水料)与黏性土料混杂。上堤土料中的杂质应予清除。

(2)土料(砾质土)可采用进占法(或后退法)卸料,砂砾料宜用后退法卸料。砂砾料(砾质土)在卸料时如发生颗粒分离现象,应将其拌和均匀。

(3)铺料厚度和土块直径限制尺寸,宜通过碾压试验确定;在缺乏试验资料时,可参照表1F－451115的规定取值。

(4)铺料至堤边时,应在设计边线外侧各超填一定余量:人工铺料宜为10 cm,机械铺料宜为30 cm。

压实作业应符合下列要求:

(1)施工前,应先做碾压试验,验证碾压质量能否达到设计干密度值要求。

铺料厚度和土块直径限制尺寸　表1F－451115

压实功能类型	压实机具种类	铺料厚度(cm)	土块限制直径(cm)
轻型	人工夯、机械夯	15～20	≤5
	5～10 t平碾	20～25	≤8
中型	12～15 t平碾 斗容2.5 m^3铲运机 5～8 t振动碾	25～30	≤10
重型	斗容＞7 m^3铲运机 10～16 t振动碾 加载气胎碾	30～50	≤15

《规范》正文后附录B“碾压试验”主要内容如下：

碾压试验目的：

①核查土料压实后是否能够达到设计压实干密度值。

②检查压实机具的性能是否满足施工要求。

③选定合理的施工压实参数：铺土厚度、土块限制直径、含水量的适宜范围、压实方法和压实遍数。

④确定有关质量控制的技术要求和检测方法。

碾压试验的基本要求：

①试验应在开工前完成。

②试验所用的土料应具有代表性，并与设计文件要求相符。

③试验时采用的机具，应与施工时使用机具的类型、型号相同。

碾压试验场地布置：

①碾压试验可在堤基范围内进行。试验前，应将堤基清理平整，并将表层压实至不低于填土设计要求的密实程度。

②碾压试验场地面积，应不小于20 m×30 m。

③以长边为轴线方向，将试验场地划分为10 m×15 m的4个试验小块。

碾压试验方法及质量检测项目：

①在场地中线一侧两个相连的试验小块内，铺设土质、天然含水量、厚度均相同的土料；中线另一侧的两个试验小块，土质和土厚均与前面两小块内的相同，含水量较天然含水量分别增加、减少某一幅度。

②每个试验小块分别进行一组碾压遍数的碾压。相应地，依次在填筑面上采用环刀法取样，测定干密度值。

③测定压实后土层厚度，并观察压实土层底部有无虚土层，上、下层面结合是否良好，有无光面及剪力破坏现象等，并作记录。

试验完成后,应及时将试验资料进行整理、分析,绘制干密度值与压实遍数关系曲线等。

根据碾压试验结果,提出正式施工时的碾压参数。

(2)分段填筑,各段应设立标志,以防漏压、欠压和过压。上、下层分段接缝位置应错开。

(3)碾压施工应符合下列规定:

①碾压机械行走方向应平行于堤轴线。

②分段、分片碾压,相邻作业面的搭接碾压宽度,平行于堤轴线方向上不应小于0.5 m,垂直于堤轴线方向上不应小于3 m。

③振动碾(或拖拉机带碾磙)压实作业,宜采用进退错距法,碾迹搭压宽度应大于10 cm。铲运机兼作压实机械时,宜采用轮迹排压法,应使轮迹搭压1/3轮宽。

④机械碾压时,应控制行车速度,且以不超过下列规定为宜:平碾,2 km/h;振动碾,2 km/h;铲运机,为2挡。

(4)使用机械碾压不到的部位,应辅以夯具夯实。夯实时,应采用连环套打法,夯迹双向套压。分段、分片夯实时,夯迹搭压宽度应不小于1/3夯径。

(5)砂砾料在压实时,洒水量宜为填筑方量的20%~40%;中细砂压实时的洒水量,宜按最优含水量控制。压实施工,宜用振动碾(或气胎碾)、履带式拖拉机带平碾。

黏土防渗体施工应符合下列要求:

(1)在清理过的无水基底上进行。

(2)与坡脚截水槽及堤身防渗体协同铺筑,并尽量减少接缝。

(3)分层铺筑时,上、下层接缝应错开,每层厚以15~20 cm为宜,层面间应刨毛、洒水。

《规范》"条文说明"指出,使用黏土防渗,对于堤防工程来说,主要是黏土铺盖;黏土心墙(斜墙)防渗体方式在堤防工程中较少用。黏土铺盖与堤身防渗体同时铺筑,可以提高堤防的整体防渗功能。

铺反滤层前,应将基面用挖除法整平。对个别低洼部分,应采用与基面相同土料(或以反滤层第一层滤料)填平。

反滤层铺筑应符合下列要求:

(1)铺筑前,应做好场地排水,设好样桩,并备足反滤料。

(2)不同粒径组的反滤料,层厚必须符合设计要求。

(3)应由底部向上,按设计结构层要求逐层铺设,并保证层次清楚,互不混杂。不得从高处顺坡倾倒。

(4)分段铺筑时,应使接缝处层次清楚,不得发生层间错位、缺断、混杂等现象。

(5)陡于1:1的坡段,应先用挡板支护后再铺筑。

(6)已铺筑反滤层的工段,应及时铺筑上层堤料,并严禁人、车经反滤层穿行。

(7)下雪天,应停止铺筑。雪后复工时,应严防冻土、冰块和积雪混入料内。

土工织物作反滤层(垫层、排水层)铺设时,应符合下列要求:

(1)铺设前应进行复验,且质量必须合格。有扯裂、蠕变和老化的土工织物,均不得使用。

(2)土工织物长边宜顺河铺设,并应避免张拉受力、折叠、打皱等情况发生。

(3)铺设时,自下游侧开始,依次向上游侧进行;上游侧织物应搭接在下游侧织物上(或采用专用设备缝制)。

(4)土工织物层铺设完毕,应尽快铺设上层堤料。

堆石排水体应按设计要求分层实施;施工时,不得使反滤层被破坏,靠近反滤层处用较小石料铺设;应避免上、下层间形成水平通缝。

排水减压沟应在枯水期施工。沟的位置、断面型式和深度均应符合设计要求。

排水减压井应严格按设计及有关规范要求施工。钻井宜用清水固壁。钻完井孔,要用清水洗井,并经验收合格后,安装井管。

《规范》"条文说明"指出,用清水(而不用泥浆)固壁,是为防止泥浆把井壁透水通道堵塞,而降低排水减压井作用。当遇到地质条件不好,清水固壁给打井造成困难时,也可改用泥浆固壁,但成井后,必须用清水洗井。

土堤碾压施工,有高差的分段间连接(或新、老堤相接)时,垂直于堤轴线方向上的各种接缝应以斜面相接,坡度可采用1:3～1:5,高差大时,宜用缓坡。

与刚性建筑物(涵闸、堤内埋管、混凝土防渗墙等)相接时,土堤施工应符合下列要求:

(1)建筑物周边进行土方回填,宜在建筑物强度达到设计强度的50%～70%情况下施工。

(2)填土前,应清除建筑物表面的乳皮、粉尘及油污等,外露的铁件(如模板对销螺栓等)宜割除。

(3)填筑时,须先将建筑物表面湿润,然后边涂泥浆、边铺土、边夯实。严禁泥浆干固后再铺土、夯实。涂浆高度应与将要铺土的厚度相一致,并与前一铺土层涂抹的泥浆衔接;涂层厚宜为3～5 mm。

(4)制备泥浆,应采用塑性指数 $I_P > 17$ 的黏土。泥浆的浓度,可用1:2.5～1:3.0(水、土质量比)。

(5)建筑物两侧填土应保持均衡上升;贴边填筑,铺土层厚度宜为15～20 cm,宜用夯具夯实。

雨天及低温时,碾压土堤施工应符合下列要求:

(1)雨前应及时压实作业面,并做成中央凸起,向两侧微倾的形状。当降小雨时,应停止黏性土填筑。

(2)黏性土填筑面在下雨时不宜行走、践踏,并应严禁车辆通行。雨后恢复施工,填筑面应经晾晒、复压(处理)。必要时,应对表层再次进行清理,并待质检合格后,及时复工。

(3)负温下施工时,应取正温土料。黏性土含水量不得大于塑限的90%,砂料含水量不得大于4%,铺土厚度应适当减薄(或采用重型机械碾压)。土料压实时的气温,必须在－1 ℃以上。

(4)填土中,不得夹冰雪。

1F-451116　防护工程施工

堤(岸)坡防护,包括护脚、护坡、封顶等三部分。施工时,一般先护脚,后护坡及封顶。

根据设计要求,采用抛石、抛土袋(柴枕、石笼)、混凝土沉井、土工织物软体沉排等护脚方式时,应根据护脚工程所在部位实际情况,按以下要求实施:

1. 抛石护脚

(1)石料尺寸和质量,应符合设计要求。

(2)抛投时机,宜在枯水期内选择。

(3)抛石前,应测量抛投区的水深、流速、断面形状等基本情况。

(4)必要时,应通过试验掌握抛石位移规律。

(5)应从最能控制险情的部位抛起,并依次展开。

(6)船上抛石时,首先应准确定位,然后自下而上、逐层抛投,并及时探测水下抛石(体)的坡度及厚度。

(7)水深流急时,应先用较大石块在护脚部位靠下游侧抛一石埂,然后渐次抛投至上游侧。

2. 抛土袋护脚

(1)装土(砂)编织袋用布孔径的大小,应与土(砂)的粒径相匹配。

(2)编织袋装土(砂)时的充填度,以70%～80%为宜,每袋重不宜少于50 kg。装土后,封口绑扎应牢固。

(3)岸上抛投时,宜利用滑板,使土袋准确入水、叠压。

(4)在船上抛投土(砂)袋时,如水流流速过大,可将几个土袋捆绑抛投。

3. 混凝土沉井护脚

(1)施工前,将质量合格的混凝土沉井运至现场。

(2)在枯水位时,将沉井按设计要求在河滩面上准确定位。

(3)人工(或用机械)挖除沉井内的河床介质,并使沉井平稳沉至设计高程。

(4)向混凝土沉井中回填砂石料。填满后,顶面以大石块盖护。

《规范》"条文说明"指出,混凝土沉井实施时,关键在于沉井定位要准确,下沉过程中要及时控制和调整,使沉井沉放到设计要求的部位。沉井内装填砂石料和在井顶压盖大石块,都是为了使沉井稳定。

根据设计要求,采用砌石、现浇混凝土(或预制混凝土板)、植草皮、植防浪林等方式进行护坡时,应分别按以下要求实施:

(1)砌石护坡。

①按设计要求,对堤坡进行削坡,并铺好垫层(反滤层)。

②干砌石护坡,应由低向高逐步铺砌,并嵌紧、整平,铺砌厚度应达到设计要求。

③浆砌石护坡,应做好排水孔的施工。

④灌砌石护坡，要确保混凝土的质量，并做好削坡和灌入、振捣工作。

(2)草皮护坡，应按设计要求选用适宜草种，铺植要均匀，草皮厚度不应小于3 cm，并注意加强草皮养护，提高成活率。

(3)护堤林、防浪林，应按设计要求选用林带宽度及树种以及行、株距，适时栽种，保证成活率，并应选择观测点，验证消浪效果。

1F－451117　质量控制

施工单位应建立完善的质量保证体系，建设(监理)单位应建立相应的质量检查体系，并分别承担工程质量自检和抽检任务，实行全面质量管理。

应保证检测成果的真实性，严禁伪造(或任意舍弃)成果。质量检测记录应妥善保存，严禁涂改(或自行销毁)。

堤防工程施工质量，应包括内在质量和外观质量两方面内容。

土料质量控制，现场以目(手)测法为主；辅以简易试验，以鉴别筑堤土料的土质及天然含水量。

应根据不同堤基处理措施相应的技术标准与要求，确定需要开展质检的项目及其检测方法。

土料碾压筑堤质量控制，应符合下列要求：

(1)堤身填筑，施工参数应与碾压试验确定的参数相符。

(2)土(砾质土)料的压实指标，按设计干密度值控制；砂(砂砾)料的压实指标，按设计相对密度值控制。

(3)压实质量检测时所用环刀容积：对细粒土，不宜小于100 cm^3(内径50 mm)；对砾质土和砂砾料，不宜小于200 cm^3(内径70 mm)。含砾量多，用环刀无法取样时，应采用灌砂(灌水)法测试。

(4)质量检测取样部位，应符合下列要求：

①取样部位应有代表性，在面上应均匀分布，且不得随意改换。特殊情况下取样，须加注明。

②应在压实层1/3厚度处取样；若该处不足环刀高度，以环刀底面达下层压实层顶面且环刀能取满土样为准，并记录压实层厚度。

(5)质量检测取样数量，应符合下列要求：

①每次检测的施工作业面不宜过小。机械筑堤时，不宜小于600 m^2；人工筑堤(或老堤加高培厚)时，不宜小于300 m^2。

②每层取样数量：自检时，可控制在每100～150 m^3 填筑量取样1个；抽检量，可为自检量的1/3，但至少应有3个。

③特别狭长堤防的加固施工作业面，取样时，可按每20～30 m段长取样1个。

④若作业面(或局部返工部位)按填筑量比例计算的取样数量不足3个，也应取样3个。

(6)每一填筑层，凡自检、抽检后不合格的取样部位，应补压(或作局部处理)；经复验,合格后方可进行下道工序。

(7)土堤质量评定,按单元工程进行,并应符合下列要求:

①单元工程划分:筑新堤,宜按工段内每200~500 m堤长划分为一个单元;老堤加高培厚,可按每5 000 m^3 填筑量划分为一个单元。

②单元工程质量评定,是对本单元全部填土质量的总体评价,样本总数应不少于20个,由本单元分层检测所得全部干密度成果经统计后,得出样本合格率。

③检测干密度值不小于设计干密度值时,为合格样。

碾压土堤单元工程压实质量总体评价时的合格标准,应按表1F-451117-1的规定执行。

碾压土堤单元工程压实质量合格标准 表1F-451117-1

堤型		筑堤材料	干密度值合格率(%)	
			1、2级土堤	3级土堤
均质堤	新筑堤	黏性土	≥85	≥80
		少黏性土	≥90	≥85
	老堤加高培厚	黏性土	≥85	≥80
		少黏性土	≥85	≥80
非均质堤	防渗体	黏性土	≥90	≥85
	非防渗体	少黏性土	≥85	≥80

注:压实质量合格时,必须同时满足下列条件:

1. 不合格样干密度值,不得低于设计干密度值的96%。
2. 不合格样不得集中在局部范围内。

土堤竣工后的外观质量合格标准,应按表1F-451117-2的规定执行。

碾压土堤外观质量合格标准 表1F-451117-2

检查项目		允许偏差(cm)或规定要求	检查频率	检查方法
堤轴线偏差		±15	每200延米测4点	用经纬仪测
高程	堤顶	0~+15	每200延米测4点	用水准仪测
	平台顶	-10~+15		
宽度	堤顶	-5~+15	每200延米测4处	用皮尺量
	平台顶	-10~+15		
边坡	坡度	不陡于设计值	每200延米测4处	用水准仪测和用皮尺量
	平顺度	目测平顺		

注:质量可疑处必测。

1F－451120　水闸施工规范

《水闸施工规范》(SL 27—91)(简称《规范》)包括总则、施工测量、施工导流、土方开挖和填筑、地基处理、混凝土和钢筋混凝土、混凝土构件的预制与装配、砌石、防(导)渗和永久缝、钢闸门安装、启闭机安装、观测设施和施工期观测等内容。

《规范》总则指出,水闸施工前,应根据经批准的设计文件,编制施工措施设计;对地基差、技术复杂、涉及面广的大型水闸,应根据需要,编制专项施工措施设计。

总则指出,必须按设计图纸施工;如需修改,应有设计单位的修改补充图和设计变更通知书。

施工措施设计的重大修改,须经原审批单位批准。

1F－451121　**施工测量**

施工测量前,建设单位应向施工单位提交施工图、闸址中心线标志和附近平面(高程)控制等资料。

施工测量主要精度指标,应符合表1F－451121－1的规定。

闸室底板上部的工程立模时的点位放样,应直接以轴线控制点测放出底板中心线(垂直于水流方向)和闸孔中心线(顺水流方向)位置(其中误差要求为±2 mm);而后,用钢带尺直接丈量并用墨线弹出闸墩、门槽、门轴、岸墙、胸墙、工作桥、公路桥等的平面立模线和检查控制线,据以进行上部工程施工。

《规范》"条文说明"指出,闸室底板上部的工程,立模时点位放样精度要求较高;一般是在闸塘口中心轴线位于闸塘四周的控制点处居高临下,直接交会,测出底板中心线和闸孔中心线位置。宜在底板混凝土浇筑后5天内,用钢带尺按设计图中的尺寸量出点位,并用墨线弹出立模线和检查控制线(此时弹线,因混凝土面仍吸收水分,墨线可永不退色)。

施工测量主要精度指标(单位:mm)　　**表**1F－451121－1

项次	项目		精度指标			说明
	分部工程	部位	内容	平面位置中误差	高程中误差	
1	混凝土	闸室底板	轮廓点放样	±20	±20	平面,相对于轴线控制点(闸址中心轴线标志之点);高程,相对于工地水准基点
		岸(翼)墙	轮廓点放样	±25	±20	
		铺盖、消力池	轮廓点放样	±30	±30	
2	浆砌石	岸(翼)墙	轮廓点放样	±30	±30	
		护底、海漫、护坡	轮廓点放样	±40	±30	
3	干砌石	护底、海漫、护坡	轮廓点放样	±40	±30	
4	土石方开挖		轮廓点放样	±50	±50	包括土方保护层开挖
5	机电与金属结构安装		安装点	±(1～3)	±(1～3)	相对于建筑物安装轴线和相对水平度
6	外部变形观测		位移测点		±(1～3)	相对于观测基点

闸门及金属结构预埋件安装时的放样点测量精度,应符合表1F－451121－2的要求。

闸门及金属结构预埋件安装时的放样点测量精度(单位:mm) 表1F－451121－2

项次	项目	测量中误差(或相对中误差)			说明
		纵向	横向	竖向	
1	平面闸门埋件测点 (1)底槛、主轨、反轨 (2)门楣	≤±2 ±1		±2	1. 纵向中误差,系指对该孔门槽中心线而言; 2. 横向中误差,系指对该孔中心线而言; 3. 竖向中误差,系指对安装高程控制点而言
2	弧形闸门埋件测点 (1)底槛、侧止水座板、滚轮导板 (2)门楣 (3)铰座钢梁中心 (4)铰座基础螺旋中心	±1	±2 ±1 ±1 ±1	±2 ±1 ±1	

立模、砌(填)筑时的高程点放样,应遵守下列规定:

(1)供混凝土施工立模时使用的高程点、混凝土抹面层,以及金属结构预埋和混凝土预制构件安装时,均应采用有闭合条件的几何水准法测设。

(2)闸门预埋件埋设、闸身上部结构施工以及闸门安装时的高程测量,应在闸底板上建立初始观测基点,采用相对高差法进行测放。

《规范》"条文说明"指出,为了保证施测精度,立模、砌(填)筑、浇筑以及金属构件预埋时的高程放样,均应采用有闭合条件的几何水准法测设。由于闸塘内的样桩较多,为了防止偶然性差错,一般宜选取两个后视高程点,并使视线高度符合限制误差要求,然后进行测放。测量完毕,还应进行复测和校核。

"条文说明"指出,闸门(特别是弧形闸门)预埋件埋设以及闸门安装时的高程测量,以浇筑后底板上观测点的初始高程(一般取底板沉降观测中的首次观测值)为基准;采用相对高差进行测放,即不再考虑水闸沉降的影响,只要保持工程各部位间相对几何高差始终不变即可。

1F－451122 土方开挖和填筑

土方开挖和填筑,应优化施工方案,正确选定降、排水措施,并进行土方挖、填平衡计算,做到合理调配。

《规范》"条文说明"指出,正确选定降、排水措施,是保证土方开挖施工质量及进度的前提。如措施得当,可减少开挖难度,加快施工进度。特别是在有承压水影响的粉细砂(或砂壤土)地基中,更需高度重视;否则,开挖有可能达不到设计高程,甚至使地基发生渗流破坏。

"条文说明"指出,水闸施工中的土方工程,一般包括基坑开挖与回填,引河段的开挖与筑堤,导流建筑物的开挖与填堵,以及施工围堰修筑与拆除等,土方工程量大。为此,在施工中应对土(石)方进行综合平衡,做到顺序合理,挖、填结合。

基坑排水设施,应根据坑内积水量、地下渗流量、围堰渗流量、降雨量等的计算结果,综合进行确定。

《规范》"条文说明"指出，基坑排水设施的排水能力，在围堰合龙后的初期，一般按坑内积水量的2～3倍来配备；在以后阶段，可结合水文地质情况、围堰渗水量、最大降雨量、施工进度等因素计算确定。

降低地下水位（以下简称"降水"），可根据不同工程地质和水文地质情况，分别选用集水坑降水或井点降水。

集水坑降水适用于无承压水的土层。

井点降水适用于砂壤土、粉细砂和有承压水的土层。

《规范》"条文说明"指出，对砂壤土、粉细砂土或有承压水的土层，应根据所需降低水头（水量）的大小，分别选用不同的井点降水类型。各类井点的适用范围，见表1F－451122。

各类井点的适用范围　表1F－451122

项次	井点类别	土层渗透系数(m/d)	降低水位深度(m)
1	单层轻型井点	0.1～50	3～6
2	多层轻型井点	0.1～50	6～12 第一级，3～4 m， 以后逐级减少0.5 m
3	喷射井点	0.1～2	8～20
4	管井井点（农用机井井点）	0.5～80	单井，3～4 群井，<15
5	深井井点	10～250	>15

集水坑降水，应符合下列规定：

(1)抽水设备能力，宜为基坑渗透流量与施工期最大日降雨径流量之和的1.5～2.0倍。

(2)基坑底、排水沟底、集水坑底，应保持一定深差。

(3)集水坑和排水沟，应设置在建筑物底部轮廓线以外一定距离处。

(4)挖深较大时，应分级设置平台和排水设施。

(5)流砂、管涌部位，应采取反滤导渗措施。

井点降水措施设计，应包括井点降水计算、井点平面布置、抽水设备的型号和数量、水位观测孔的位置和数量、降水范围内已有建筑物安全防范措施等。

《规范》"条文说明"指出，布置井点时，一般要求将地下水降至基坑底以下0.5～1.0 m。采用井点降水，特别是管井井点降水时，形成的降水漏斗范围大，可能会引起附近建筑物的沉降，应制订相应观测计划和安全防范措施。

管井井点的设置，应符合下列要求：

(1)成孔时，宜采用清水固壁；采用泥浆护壁时，泥浆应符合有关规定。

(2)各段井管的连接应牢固；检查合格后，方能使用；井管应经常清洗。

(3)滤布、滤料，应符合设计要求；滤布应紧固；井底滤料，应分层铺填；井周滤料，应均匀、连续填入,不得猛倒。

(4)成井后,应立即采用分段自上而下和抽、停相间的方式,抽水洗井。

(5)试抽时,应检查地下水位下降情况;调整水泵,使抽水量与渗水量相适应,并使地下水位逐步降至预定水位。

《规范》"条文说明"指出,在水闸施工中,管井井点的井管多采用混凝土管,分实管和过滤管两种;管的内径一般为300~400 mm。过滤管,多为10 MPa无砂混凝土管,孔隙率为20%~25%,裹滤布;实管,一般为20 MPa混凝土管。井底为透水层时,其底部应分层铺填反滤料;先填底部,后填井周。

"条文说明"指出,洗井能清除井底淤积沉淀物,破除井壁附着的泥浆和抽出渗入含水层中的黏土颗粒,并使井周围地层成为天然反滤层。因此,滤料回填完毕后,应及时洗井;否则,将影响管井的出水量。抽水洗井,每段的长度为3~4 m;抽、停相间,能产生瞬时负水锤,起到带动泥沙的作用,效果较好。洗井的主要设备,有空气压缩机、风水管和气水混合器等。

轻型井点设置,应符合下列规定:

(1)安装顺序,宜为敷设集水总管,沉放井点管,灌填滤料,连接管路,安装抽水机组。

(2)各部件均应安装严密、不漏气。集水总管与井点管之间,宜用软管连接。

(3)冲孔时,孔径不应小于30 cm。孔底应比管底深0.5 m以上,其间用来灌填滤料;管距宜为0.8~1.6 m。

(4)每根井点管在沉放后,均应检查其渗水性能。在井点管与孔壁之间填砂滤料时,管口应有泥浆水冒出;或向管内灌水时,能很快下渗,方为合格。

(5)整个系统安装完毕后,应及时试抽。合格后,将孔口向下0.5 m深的范围用黏性土填塞。

井点在抽水时,应监视其出水情况,如发现水质浑浊,应分析原因并及时处理。

降水期间,应按时观测、记录水位和流量。对轻型井点,并应观测真空度。

井点管拔除后,应按设计要求填塞孔眼。

基坑开挖前,应将地下水位降低至低于开挖面0.5 m。

基坑边坡,应根据工程地质、降低地下水位时所采取措施和施工条件等,经稳定验算后确定。

基坑开挖,宜分层、分段依次进行,逐层设置排水沟,层层下挖。

根据土质、气候和施工机具等情况,基坑底部应留有一定厚度的保护层。在底部工程施工前,再分块将其依次挖除。

在负温下,挖除保护层后,应立即采取可靠的防冻措施。

进行土方填筑前,必须清除基坑底部的积水、杂物等。

填筑时使用的土料,应符合设计要求。应控制土料含水量。铺土厚度,宜为25~30 cm,并应使其密实程度达到规定值。

岸(翼)墙后的填土,应符合下列要求:

(1)墙背及伸缩缝经清理、整修,合格后方可回填,填土应均衡上升。

(2)靠近岸墙、翼墙及岸坡处的回填土,宜用人工(或小型机具)夯压密实,铺土厚度宜适当减薄。

（3）分段处，应按一定坡度错缝搭接，并注意使填土密实。

（4）墙后填土和筑堤，应考虑预加沉降量。

（5）墙后排渗设施施工，应按照先回填，后开挖槽坑、铺设滤料的程序进行。

1F－451123　地基处理

对已确定的地基处理方法，应做现场试验，并编制专项施工措施设计。在地基处理过程中，如遇地质情况与设计不符，应及时修改施工措施设计。

《规范》“条文说明”指出，采用换土（砂）、振冲、高压喷射灌浆等地基处理方法时，在施工前，宜做现场工艺试验，确定有关施工参数，并编制专项施工措施设计，以保证施工质量。

（一）换土（砂）地基

砂垫层，所用砂料应符合设计要求，并通过试验确定。如用混合砂料，应按经优选的比例拌和均匀。

《规范》“条文说明”指出，选择垫层材料时，级配良好的中砂和粗砂较易振动密实，级配良好的砾质砂也可使用。但如使用易发生管涌的土类，必须验算闸基出口段的抗渗稳定性。至于粉（细）砂和砂壤土类，不均匀系数多为1～3，遭受振动荷载作用时，易产生“液化”现象，故不宜采用。

黏性土垫层，所用土料应符合设计要求。土料的含水量，应控制在施工控制含水量范围内；否则，应在料场处理。料场，表面覆盖层应清理干净，并做好排水系统。

《规范》“条文说明”指出，黏性土垫层，以中壤土类为适宜。这类土，易于打碎，施工含水量易控制，也易夯实。黏粒含量较大的重粉质壤土和黏土，打碎较困难，施工含水量也难控制，故不宜作为换土使用土料。含砾黏性土，其中含有较多的砂粒和小砾石，有利于土块的破碎和疏干，是较好的垫层材料。

“条文说明”指出，黏性土垫层，施工含水量的控制是保证施工质量的关键，应严格掌握。设计文件中的控制干密度，是由经室内击实试验得到的最大干密度乘以压实度而得出的。以含水量（%）为横坐标、干密度（g/cm^3）为纵坐标的土料击实曲线，为一倒抛物线（图略）；抛物线顶点对应的纵坐标值，即为最大干密度。设最大干密度为1.65 g/cm^3，取压实度为96%，则控制干密度为1.58 g/cm^3。控制干密度线（为平行于横坐标轴的一条直线）与击实曲线相交于a、b两点；a点的横坐标（数值较小）即为施工含水量的下限值，b点的横坐标（数值较大）即为施工含水量的上限值；a、b点横坐标之间的区间，即为施工控制含水量的范围。若土料含水量不在该区间内，则密实度是很难达到预期效果的。

挖土和铺料时，不宜直接践踏基坑底面，可边挖除保护层、边回填。

《规范》“条文说明”指出，为了避免坑底基土受到扰动，预留适当厚度的保护层是一般常用的方法。对于含水量过大的淤泥类土，在开挖到设计高程后，可铺垫一层土工织物，一方面起保护基坑底面的作用，解决在淤泥土上操作困难的问题；另一方面，可起到铺垫和承受一部分拉应力的作用，从而增强地基稳定性，减小沉降量。

回填料应按规定分层铺填，密实度应符合设计要求。下层经密实度检验合格后，方可铺填上层。上、下层接缝应相互错开。

《规范》“条文说明”指出，垫层作为水闸基础的持力层，在设计计算中是作为基础的一部分进行考虑的。因此，填筑时，每层的厚度应符合规定；否则，层底部密实度将达不到设计要求。由于土的性质和施工机械的不同，铺土厚度也不同，应根据试验确定。采用壤土作填料，以人工石硪夯击时，铺土厚度为 20 ~ 30 cm；为避免基土受到扰动，第一层铺土厚度为 10 cm，并轻夯密实。砂垫层为中砂，采用水撼法施工时，层厚为 25 ~ 30 cm。

“条文说明”指出，垫层在铺垫时应尽可能一层铺毕并压实后，再铺下一层，不要形成“界沟”或接头。若回填面积过大，必须分段施工，则层间应将接头错开，不要形成自上而下的通缝，以免造成薄弱环节。

黏性土垫层，宜用碾压(或夯实)法压实。填筑时，应将地下水位控制在低于基坑底面处。

黏性土垫层的填筑，应做好防雨措施。填土面，宜中部高、四周低，以利排水。雨前，应将已铺的松土迅速压实(或加以覆盖)；雨后，对填筑面内不合格的土料应进行晾晒(或清除)，并经检查、确认合格后，方可继续施工。

(二)钻孔灌注桩基础

钻孔灌注桩成孔时，可根据地质条件的不同，选用回转钻机或冲击(冲抓、潜水等)钻机。各种钻机的适用范围详见《规范》附录 A(参见表 1F－451123－1)。

护筒埋设，应符合下列规定：

(1)用回转钻机时，护筒内径宜大于钻头直径 20 cm；用冲击(冲抓)钻机时，宜大于 30 cm。

(2)护筒埋置应稳定。其中心线对桩位中心的允许偏差，不应大于 50 mm。

(3)护筒顶端，应高出地面 30 cm 以上；当有承压水存在时，应高出承压水水位 1.5 ~ 2.0 m。

钻孔灌注桩各种机具适用范围　　表 1F－451123－1

钻孔方法	适用范围			需否泥浆浮悬钻渣
	土层	孔径(cm)	孔深(m)	
正循环回转	黏土、砂、壤土、含少量砂砾及卵石的土	80 ~ 160	30 ~ 100	需要
反循环回转	壤土、砂、含少量砂砾的土	80 ~ 120	<35	不需要
潜水电钻	软土、腐殖土、砂壤土、砂	100 ~ 220	60 ~ 70	需要
冲抓锥	软土、腐殖土、密实黏土、砂土、砂砾石、卵石	100 ~ 200	<30	不需要
冲击钻	砂土、壤土、砂砾石、松散卵石	60 ~ 150	<40	需要
人工推钻(大锅锥) 机动蜗杆推钻	壤土、含少量砂砾石的土	60 ~ 100	20 ~ 30	不需要

（4）护筒埋设深度要求：在地面黏性土中，不宜小于1.0 m；在软土（或砂土）中，不宜小于2.0 m。

（5）护筒四周，应分层回填黏性土，对称夯实。

《规范》"条文说明"指出，护筒对钻孔起定位和导向作用，要求位置准确，安设稳固，并有一定埋深。护筒与坑壁间用黏土回填并夯实，是为防止成孔（桩）过程中跑水、漏浆。

"条文说明"指出，为防止坍孔，应使钻孔中的水位经常保持高于地下水位（或承压水水位）。因此，护筒顶端的高程要高于地面（或承压水水位）。

采用泥浆护壁和排渣时，应符合下列规定：

（1）在黏土（或壤土）中成孔时，可在孔中注入清水，并以原土造浆护壁；排渣泥浆的比重，应控制在1.1～1.2。

（2）在砂土（或夹砂土层）中成孔时，孔中泥浆比重应控制在1.1～1.3；在砂卵石（或易坍孔的土层）中成孔时，孔中泥浆比重应控制在1.3～1.5。

（3）泥浆，宜选用塑性指数$I_P \geqslant 17$的黏土调制。泥浆控制指标：黏度18～22 s，含砂率不大于4%～8%，胶体率≥90%。

（4）施工中，应经常在孔内取样，测定泥浆的比重。

《规范》"条文说明"指出，造孔时使用泥浆，是保证孔壁稳定及造孔质量的重要措施。泥浆性能，一般用比重、黏度、含砂率和胶体率四项指标表示：

（1）比重：表示泥浆的稠稀程度，可反映其固壁及防渗能力的大小。

（2）黏度：表示泥浆流动时，其内摩擦力的大小；当泥浆循环时，反映泥浆挟砂能力的大小。

（3）含砂率：表示泥浆挟砂的程度，用来估计泥浆循环工作情况。从钻孔中流出的泥浆同泥浆池中的泥浆含砂率的差值，一般不应小于1%。

（4）胶体率：是指泥浆中的固体颗粒保持为悬浮状态的能力，表示泥浆的稳定性。

终孔并经检查后，应即清孔。清孔应符合下列规定：

（1）孔壁土质较好且不易坍孔时，可用空气吸泥机清孔。

（2）经用原土造浆护壁的孔，清孔后，泥浆比重应控制在1.1左右。

（3）孔壁土质较差时，宜用泥浆循环清孔。清孔结束后的泥浆，比重应控制在1.15～1.25，泥浆含砂率控制在8%以内。

（4）清孔过程中，必须保持浆面稳定。

（5）清孔标准：摩擦桩，沉渣厚度应小于30 cm；端承桩，沉渣厚度应小于10 cm。

灌注水下混凝土，应符合下列要求：

（1）导管下口距孔底的高度，宜为30～50 cm。

（2）初灌混凝土时，宜先灌少量水泥砂浆。导管和储料斗中的混凝土储料量，应使导管一次被埋深不小于1 m。

（3）灌注应连续进行。导管埋深应始终控制在不小于2.0 m，并不大于5.0 m。孔内混凝土升高至钢筋骨架下端时，导管埋深宜取大值，并放慢灌注速度。

（4）轮到终灌时，混凝土一次灌注的最小高度应能使泥浆全部顺利排出，以保证桩上段的质量。

(5)桩顶灌注到达的高度,应比设计高程加高50~80 cm。

(6)随时测定坍落度。对每根桩,留取试块数量不得少于一组。

《规范》“条文说明”指出,灌注桩施工,是在钻孔中灌注水下混凝土。灌注水下混凝土所用导管的规格,应根据桩长、桩径以及每小时通过的混凝土量来决定,可参照表1F-451123-2选用。

导管规格的选用 表1F-451123-2

<table>
<tr><th rowspan="2">通过的混凝土数量
(m^3/h)</th><th rowspan="2">导管直径
(mm)</th><th colspan="2">导管壁厚(mm)</th></tr>
<tr><th>桩长30 m以内</th><th>桩长30 m以上</th></tr>
<tr><td>10</td><td>200</td><td rowspan="2">3</td><td rowspan="2">4</td></tr>
<tr><td>20</td><td>250</td></tr>
<tr><td>30</td><td>300</td><td rowspan="2">4</td><td rowspan="2">5</td></tr>
<tr><td>40</td><td>350</td></tr>
</table>

“条文说明”指出,灌注桩施工中,灌注水下混凝土所用导管的管口处多设有预制混凝土隔水栓(球塞),其直径一般为导管内径加3 cm。因此,初灌时,为使隔水栓能从管口顺利脱落,导管下口距孔底的高度宜为30~50 cm。

“条文说明”指出,初灌混凝土时,导管一次被埋深不小于1.0 m,以及连续灌注时,导管埋深宜为2.0~4.0 m,都是为保证在水下灌注混凝土时导管内不进水,且不出现桩身夹泥、断裂和钢筋骨架上浮等情况。

(三)高压喷射灌浆

《规范》“条文说明”指出,高压喷射灌浆,适用于砂砾石、砂土、黏性土、湿陷性黄土及人工填筑地基的加固。

高压喷射灌浆,有单管法、二管法、三管法等三种方法。单管法用于制作0.3~0.8 m直径的旋喷桩,二管法用于制作1 m左右直径的旋喷桩,三管法用于制作1~2 m直径的旋喷桩以及修筑防渗板墙。

高压喷射灌浆主要机具和施工参数,见《规范》附录B(参见表1F-451123-3)。

《规范》“条文说明”指出,高压喷射灌浆,单管法是单独喷射水泥浆液;二管法是同轴喷射高压水和压缩空气;三管法是同轴喷射高压水和压缩空气,并注入水泥浆。施工步骤为:先成孔,后将灌浆管插至孔底,由下而上喷射灌浆。构筑防渗板墙,多用三管法。

“条文说明”指出,高压喷射灌浆法,有旋喷、定喷和摆喷三种方式。旋喷灌浆,形成旋喷桩,用于提高地基承载能力。定喷及摆喷灌浆,形成板墙防渗体,用于水工建筑物地基防渗处理。摆喷,形成哑铃状凝结体,其宽度与摆角大小有关,随离喷射孔距离的增加,宽度逐渐加大。定喷,如土层颗粒粗、透水性强,则形成的凝固体厚度大;土层颗粒细、透水性弱,则厚度小。

高压喷射灌浆主要机具及参数　　表1F－451123－3

项目			单管法	二管法	三管法
参数	喷嘴孔径(mm)		φ2～3	φ2～3	φ2～3
	喷嘴个数(个)		2	1～2	1～2
	旋转速度(r/min)		20	10	5～15
	提升速度(mm/min)		200～250	100	50～150
机具性能	高压泵	压力(MPa)	20～40	20～40	20～40
		流量(L/min)	浆液 60～120	浆液 60～120	水 60～150
	空压机	压力(MPa)	—	0.7	0.7～0.8
		排气量(m^3/min)	—	1～3	1～3
	泥浆泵	压力(MPa)	—	—	3.0～5.0
		流量(L/min)	—	—	100～150

1F－451124　混凝土和钢筋混凝土

水闸混凝土工程施工，宜掌握以闸室为中心，按照“先深后浅、先重后轻、先高后矮、先主后次”的原则进行。

《规范》“条文说明”指出，混凝土工程是水闸施工中的主要环节。闸室是水闸的主体部位。“先深后浅”、“先重后轻”，主要是出于对工程安全的考虑。在松软地基上施工，尤须注意。

“条文说明”指出，“先深后浅”，指相邻两部位基面深浅不一时，应先浇深部位的混凝土，后浇浅部位的混凝土。若先浇浅部位的混凝土，则在浇筑深的部位时，可能会扰动已浇部位的基土，导致混凝土沉降、走动或断裂。

“先重后轻”，是为了给重的部位有足够的预沉时间，以使地基达到相对稳定，从而减轻对邻接部位混凝土产生的不良影响。如，消力池(铺盖)邻接两岸挡土墙的部位，应尽量推迟到挡土墙砌筑及墙后回填到一定高度后再开始浇筑，以减轻因边载荷影响而造成的消力池(铺盖)混凝土边缘部位开裂。

“先高后矮”，主要是为了平衡施工力量，保证整体进度。处于闸室平面中心位置的闸底板，包括位于其上的闸墩、胸墙、桥梁等，高度较大，层次较多，工作量较集中，需要的施工时间也较长；在混凝土浇完后，接着就要进行闸门及启闭机安装等工序。因而，必须集中力量优先进行。其他(如铺盖、消力池、翼墙等)部位的混凝土，则可穿插其中施工，以利施工力量的平衡。

“先主后次”，一般是指先主体部位、后次要部位，既基于施工安全考虑，亦从节省投资、缩短工期着眼。但如遇到流砂、渗水等特别严重的地基，为避免地基破坏，可以打破常规，抓住主要矛盾，先集中力量突击下部工程；以后再进行墩、墙、桥梁等主体部位的施工。

总之,施工中应按照具体情况,分清轻重缓急,合理确定施工程序。

水闸混凝土必须根据其所在部位的工作条件,分别满足强度、抗冻、抗渗、抗侵蚀、抗冲刷、抗磨损等性能及施工和易性要求。

《规范》"条文说明"指出,长期以来,人们在进行水闸混凝土和钢筋混凝土结构设计时,往往偏重于结构形状和强度性能,而忽视了结构所处环境对结构的侵蚀作用。当前,我国水闸混凝土和钢筋混凝土结构存在的薄弱环节,一是混凝土碳化问题比较普遍存在;二是沿海地区水闸钢筋锈蚀相当严重;三是寒冷地区、包括温和地区,存在混凝土冻融破坏现象;四是混凝土裂缝问题尤其普遍而严重。裂缝的性质,大体有以下特点:一是锈胀裂缝比较普遍;二是温度裂缝占较大比重;三是由于设计荷载偏低,配筋不足,分缝分块不合理,过大的不均匀沉降及超载影响等因素引起的裂缝。总的来说,混凝土裂缝、冻融破坏和钢筋锈蚀,是当前我国水闸混凝土和钢筋混凝土结构在耐久性方面存在的主要问题。设计部门今后对钢筋混凝土结构除提出强度指标外,还应根据建筑物各部位所处环境条件,提出抗冻、抗渗、抗冲磨和防腐蚀等耐久性要求。

水闸混凝土施工,应从材料选择、配合比设计、温度控制、施工安排和质量控制等方面,采取综合措施,防止产生裂缝和钢筋锈蚀。

《规范》"条文说明"指出,原型观测与资料分析结果显示,当底板(墩、墙)混凝土任一点的温度应力与收缩应力之和大于混凝土抗裂极限强度时,结构上就可能开始出现裂缝。其中,温度应力包括内、外温差应力和基础约束应力,收缩应力包括凝缩应力和干缩应力。提高混凝土抗裂能力,减小应力,采取的措施包括:

(1)加强混凝土早期湿养护,以大大减小收缩应力。

(2)建于土基上的底板,受基础约束影响很小,主要是内、外温差应力,可通过减少内部水化热温升、降低浇筑温度、加强表面保护等措施,达到减小与控制内、外温差的目的。

(3)墩、墙部位,尤其是其下部,除控制内、外温差外,还必须采取措施,减轻基础约束影响。

模板及支架,应符合下列要求:

(1)模板的型式,应与结构特点和施工方法相适应。

(2)具有足够的强度、刚度和稳定性。

(3)保证浇筑后结构物的形状、尺寸和相互位置符合图纸中的规定,各项误差在允许范围之内。

(4)模板表面光洁、平整,接缝严密。

(5)制作简单,装、拆方便,经济、耐用,尽量做到系列化、标准化。

模板、支架及脚手架,应进行设计,并提出对选材、制作、安装、使用及拆除工艺等的要求。

模板和支架,宜选用钢材、木材(或其他新型材料)制作,并尽量少用木材。

设计模板及支架时,应考虑下列荷载:

(1)模板及支架的自重。

(2)钢筋的重力。

(3)新浇筑混凝土的重力。

（4）人员、浇筑设备、运输工具等荷载。

（5）振捣混凝土时产生的荷载。

（6）倾倒混凝土时产生的竖向动力荷载。

（7）冷天施工时，保温层的重力及雪荷载。

（8）新浇筑混凝土对模板的侧压力。

（9）倾倒混凝土时产生的水平动力荷载。

（10）其他荷载。

《规范》"条文说明"指出，水闸混凝土模板工程，除必然存在的荷载情况外，可能存在的荷载情况包括：

（1）冷天施工时，桥梁、顶盖等部位使用的模板、支架，可能存在保温层和雪荷载。

（2）桥梁、顶盖等部位使用的模板及支架，当采用传统浇筑运输方式时，很可能产生倾倒混凝土时的竖向动力荷载。

（3）墩、墙、柱等部位断面较小，浇筑时上升速度较快，因而倾倒混凝土时产生的水平动力荷载的影响尚不能完全排除。

（4）水闸多建于平原地区，并深处地表面以下，突出地表面以上 10 m 的部位很少，且两岸多数有堆土（或堤身）遮挡，受风荷载的影响一般不是太大；但在受台风影响的沿海（沿江）地区，对台风季节施工使用的高大模板，应适当考虑风荷载，故增列"其他荷载"项。设计模板时，应按照实际可能发生的情况，正确选用荷载。

设计模板及支架时，应按照最不利荷载组合原则，选择使用可能发生的各种荷载（详见表 1F－451124－1）。

不同模板结构及其荷载组合　　**表 1F－451124－1**

项次	项目	荷载种类	
		计算强度用	计算刚度用
1	桥面、顶盖等部位的底模及支架	（1）＋（2）＋（3）＋（4）＋（5）或（1）＋（2）＋（3）＋（4）＋（6）	（1）＋（2）＋（3）或（1）＋（2）＋（3）＋（7）
2	胸墙、单梁的底模及支架	（1）＋（2）＋（3）＋（5）	（1）＋（2）＋（3）
3	梁的侧模	（8）	（8）
4	墩、墙、柱等部位的侧模	（8）＋（9）或（8）	（8）
5	底板、消力池等部位的侧模	（8）或（8）＋（9）	（8）

模板及支架安装，应与钢筋架设、预埋件安装、混凝土浇筑等工序密切配合，做到互不干扰。

支架（或支撑）宜支承在基础面（或坚实的地基）上，并应有足够的支承面积与可靠的防滑措施；如支承在湿陷性黄土、冻胀土（或其他软弱土层）上，还应采取有效的排水及防冻融措施（或其他加固措施）。

支架、脚手架的各立柱之间,应由足够数量的杆件牢固连接。

脚手架不宜与模板及支架相连接,如必须连接,应采取措施确保模板及支架的稳定,并防止模板变形。

制作和安装模板时的允许偏差,应符合表1F-451124-2的规定。

模板制作和安装时的允许偏差　　表1F-451124-2

项次	项目	允许偏差(mm)
1	钢模板制作	
	(1)模板的长度和宽度	±2
	(2)模板表面局部不平(用2 m直尺检查)	2
	(3)连接件孔眼位置	±1
2	木模板制作	
	(1)模板的长度和宽度	±3
	(2)相邻两板面高差	1
	(3)平面刨光模板局部不平(用2 m直尺检查)	5
3	模板安装	
	(1)相邻两板面高差	2
	(2)水平截面内部尺寸	
	长度和宽度	±5
	平面对角线	±10
	(3)轴线对设计位置	
	基础	±10
	墩、墙、柱	±5
	梁、板	±10
4	承重底模上表面高程	±5
5	预留孔(洞)尺寸及位置	10

拆除模板及支架时的期限,应符合下列规定:

(1)不承重的侧面模板,应在混凝土强度达到混凝土表面及棱角不因拆模而损伤时,方可拆除;在墩、墙、柱等部位,混凝土强度宜不低于3.5 MPa。

(2)承重模板及支架,应在混凝土强度达到设计强度的下列百分率后,始准拆除。

①悬臂梁、悬臂板

跨度≤2 m,　70%

跨度>2 m,　100%

②其他梁、板、拱

跨度≤2 m,　50%

2 m＜跨度≤8 m， 70%

跨度＞8 m， 100%

③桥梁、胸墙等重要部位的承重支架，除混凝土强度应达到以上规定外，龄期还不得少于7 d。

(3)有温控及防裂要求的部位，拆除期限应专门确定。

1F－451125 防渗、导渗和永久缝

防渗、导渗和永久缝(止水缝、伸缩缝)工程所用材料及制品的品种、规格等，均应符合设计要求。应优先使用耐久性好的紫铜片、橡皮止水及经过鉴定的塑料止水，以及不易变形、经过干燥处理的松、杉等木材。

《规范》“条文说明”指出，永久缝具有调节沉降及伸缩的作用，按是否具有防渗功能，可分为有防渗和不防渗两种缝。对有防渗功能的永久缝，有些大(中)型水闸使用镀铜铁片、白铁皮、铝片等不耐腐蚀的材料，经历数年便有严重损坏。因此，要求选择有良好耐久性的紫铜片或较耐久的塑料及橡胶止水片。防渗木板桩，应采用杉、松等不易变形的木材制作。在打入前，宜保持干燥状态。

钢筋混凝土铺盖，应按分块间隔浇筑。对荷载相差过大的相邻部位，应等已浇筑块沉降基本稳定后，再浇筑与之交接的分块(或预留的二次浇筑带)。

在混凝土铺盖上行驶重型机械(或堆放重物)，必须经过验算。

《规范》“条文说明”指出，在水闸建筑中，防渗铺盖与翼墙间荷载一般悬殊较大。施工处理方法是，整个边块铺盖(或其邻近翼墙处的条带)，待翼墙施工至相当荷载阶段且沉降较稳定后，再行浇筑。通常，为减少施工缝，采取边块全部后浇方式。另外，如设计文件中规定消力池(或其前段)有防渗要求，其两侧多设有斜坡和平台；因施工较复杂，宜采用预留二次混凝土浇筑带的方法进行施工。

“条文说明”指出，水闸施工时，多有利用已浇筑完毕的防渗铺盖作为预制混凝土施工场地，以及堆放(或吊装)闸门、行走重型机械等情况；如不注意，常使铺盖产生裂缝或损伤。因此，规定应经核算。

黏土铺盖填筑，应符合下列规定：

(1)填筑时，应尽量减少施工接缝；如分段填筑，其接缝处的坡度不应陡于1∶3。

(2)填筑达到规定高程后，应立即保护，以防晒裂(或受冻)。

(3)填筑到止水设施周边时，应防止止水遭受破坏。

填筑反滤层，应在地基经检验合格后进行，并应符合下列规定：

(1)反滤层厚度，滤料的粒径、级配和含泥量等，均应符合要求。

(2)铺筑时，应使滤料处于湿润状态，以免颗粒分离，并防止杂物混入和不同规格的料物混杂。

(3)各层滤料在铺筑时均应拍打平整，以保证整个反滤层层次清楚，互不混杂。各层滤料的厚度，不得小于设计厚度的85%。

(4)分段铺筑时，应将接头处各层铺成阶梯状，以防止出现层间错位、间断或混杂。

铺筑土工织物滤层,应符合下列规定:

(1)铺设应平整且松紧均匀,端部锚着应牢固。

(2)连接方式,可用搭接、缝接,搭接长度,根据受力和基土条件确定。

(3)存放和铺设时,不宜长时间暴晒。

《规范》"条文说明"指出,土工织物是一种用于导渗的新材料、新技术。土工织物按制作方法,分为有纺型、无纺型及复合土工织物。其作用,在水力学方面,主要为排水、反滤作用;在力学方面,主要为隔离、加强作用。其用于导渗的机理是,开始时,只允许土体中的极细小颗粒通过织物流入排水体;此后,紧靠织物一侧的土体中剩下的较粗颗粒的透水性能提高,并且该较粗颗粒层又有阻止其后面的极细颗粒继续被带走的性能。这样,就自然形成一道颗粒由粗到细的反滤层,保护土体不发生管涌。因此,不同的土体,应选用与之相适应的土工织物。

浇筑止水缝部位的混凝土时,应注意下列事项:

(1)水平止水片,应处在浇筑层高度的中部。止水片所在高程,不得设置施工缝。

(2)浇筑混凝土时,不得冲撞止水片。当混凝土将淹埋止水片时,应再次清除止水片表面的污垢。

(3)振捣器不得触及止水片。

(4)嵌固止水片使用的模板,应适当推迟拆模时间。

《规范》"条文说明"指出,水平止水片下的混凝土难以浇捣密实,因此止水片翼缘不应处在浇筑层交界面处,而应将止水片翼缘置于浇筑层高度的中部。在浇筑前,应将止水片上的水泥渣等污物清理干净,这点常被忽略,因而造成渗漏。另一种情况是,即使止水片下混凝土浇筑得较密实,也常因混凝土的泌水收缩而使混凝土与止水片间形成微间隙。据经验,在已浇埋混凝土初凝前,实行二次振捣,更能保证止水片与混凝土的牢固结合。

1F-451126 钢闸门安装

闸门安装时所使用测量工具和仪器,必须经计量部门校验,误差应符合有关规定。

《规范》"条文说明"指出,闸门安装时所使用的测量器具,主要是钢卷尺、游标卡尺、压力表、水准仪、经纬仪等;使用一个时期后,精度会发生变化,故应按规定送计量部门进行校验;误差超过规定的,应停止使用或进行校正。同时,安装单位使用的钢卷尺,应与闸门制作厂家以及水闸土建施工单位使用的钢卷尺相互校验,使之保持相同精度,以免产生测量结果上的矛盾。

闸门出厂前,应任抽一孔闸门进行整体组装检查,检查应在自由状态下进行。组合处,错位应小于2 mm。

分节制作的埋件,应按要求进行点焊组装检验,相邻两件的加工面,错位不应大于0.5 mm。经检验合格、在接合处打上标记后,再拆开。

闸门出厂时,厂方应提供下列技术资料:

(1)竣工图纸。

(2)设计修改通知书。

(3)主要材料的质量保证书。

(4)检测记录。

(5)焊缝探伤记录。

(6)重大缺陷处理记录。

(7)构件发运清单。

埋件进场后,应进行清点,并妥善堆放;若有变形,应予矫正。

《规范》"条文说明"指出,闸门埋件一般为细长件,装卸、运输和堆放不善,极易产生变形。因此,安装前,应再复查一次。经检查,不符合标准的和变形的埋件,应进行矫正;否则,会增加闸门安装时的困难,甚至会影响闸门安装质量。

固定埋件的锚栓(或锚筋),应按设计要求设置;露出长度,应使埋件安装时有足够的调整余地。

弧形闸门支座螺栓预埋,应根据具体情况,制定专门措施,确保位置准确,埋设牢固。

《规范》"条文说明"指出,固定埋件的方法,一般可在一期混凝土内预埋锚栓(或锚筋),其直径应大于16 mm,并露出混凝土面足够长度;每米范围不少于3组。在埋件安装前,将锚栓(或锚筋)扳直并矫正其位置;然后,将埋件就位并进行矫正。这样,就可保证埋件精确固定。

"条文说明"指出,弧形闸门支座螺栓直径较大,螺栓附近钢筋密集;而且,螺栓一般为斜向布置,对其进行测量比较困难;在浇筑混凝土过程中,螺栓位置万一有所走动,是很难进行矫正的。因此,必须对其采取可靠的固定措施。

埋件安装、调整后,位置偏差应符合相关规范要求,并用加固钢筋将其与预埋锚筋焊接在一起。

埋件安装并经检查合格后,宜立即浇筑二期混凝土。浇筑时,应防止撞击埋件。

1F－451127　启闭机安装

固定式启闭机安装,应以闸门起吊中心为基准;纵(横)向中心,偏差应小于3 mm;水平偏差,应小于0.5/1 000;高程偏差,宜小于5 mm。

螺杆式启闭机,螺杆与闸门连接时的垂直偏差,应不大于0.5/1 000。

启闭机在安装时,应全面检查。开式齿轮、轴衬等转动处的油污、铁屑、灰尘等,应清洗干净,并加注新油;减速箱,应按产品说明书的要求,加油至规定油位。

启闭机定位后,应立即对机架底脚螺栓浇灌混凝土;机座与混凝土之间,应用水泥砂浆填实。

启闭机制动器闸瓦退距和电磁铁行程,安装时应按产品说明书的要求予以调整。

双吊点的钢丝绳,长度偏差应调整到最小范围,使闸门全行程无卡阻,止水橡皮无严重摩擦。

自动抓梁应做平衡试验;抓放过程中,动作应准确、可靠。

所有润滑系统的管路,应按规定敷设,接头处不得泄漏。

闸门及启闭机安装完毕后,应做无水启闭试验;升降机构和行走机构,应在行程内往

返3次,并按下列要求,检查电气和机械部分:

(1)电动机运行平稳,三相电流应平衡。

(2)电气设备,无异常发热现象。

(3)限位开关、保护装置等,动作正确、可靠。

(4)控制器的触头无损伤。

(5)所有机械在试运转时,不得有零(部)件冲击声(或其他异常音响)。

(6)运行时,制动闸瓦应脱离制动轮,且两者间无摩擦现象。

(7)轴承及齿轮,应有良好的润滑;轴承工作温度,不得超过65 ℃。

(8)钢丝绳在任何情况下均不得与其他部件碰刮。

(9)高度指示器,对位应准确。

在进行启闭机和闸门的有水试运行时,应作如下检查:

(1)检查并清除门槽、门槛、滑轮组等处可能存在的漂浮物及开坝放水时的推移物。

(2)按门系无水试转时的项目,检验启闭机的电气及机械部件,结果均应符合带负荷工作标准。

(3)检查闸门的止水情况。

(4)检查钢丝绳的长度及固定情况,以及高度指示器的对位情况,并做必要的紧固和调整。

(5)检查滚轮(滑块)的运转(接触)情况。

1F－451130　泵站施工规范

《泵站施工规范》(SL 234—1999)(简称《规范》)包括总则、施工测量、地基与基础、泵房施工、流道与管道施工、进(出)水建筑物施工、观测设施和施工期观测、水工金属结构安装等内容。

《规范》总则指出,泵站施工前,必须根据经主管部门批准的设计文件,编制施工组织设计和复杂重点工程部位的施工措施设计。

总则指出,泵站工程,应按监理工程师认可和签发的图纸施工;如需修改,应报监理工程师处理。

1F－451131　施工测量

施工测量应包括下列工作:

(1)根据泵站施工总体布置图和其他有关资料,按施工需要,布设施工控制网。

(2)针对泵站工程施工各阶段的不同要求,进行施工放样及其检查工作。

(3)提供泵站工程局部施工布置所需要的测绘资料。

(4)泵站建筑物外部变形观测点埋设及施工期定期观测。

(5)泵站建筑物几何形体竣工测量。

施工测量主要精度指标,应符合表1F－451131－1的规定。

施工测量主要精度指标　　表 1F－451131－1

项目		精度指标			说明
分部工程	部位	内容	平面位置中误差（mm）	高程中误差（mm）	
混凝土	泵站底板	轮廓点放样	±20	±20	①平面，相对于轴线控制点（泵址中心轴线标志点）；②高程，相对于工地水准基点
	进、出水流道和泵井	轮廓点放样	±10	±10	
	岸墙、翼墙	轮廓点放样	±25	±20	
	消力池、铺盖	轮廓点放样	±30	±30	
浆砌石	岸墙、翼墙	轮廓点放样	±30	±30	
	护底、海漫、护坡	轮廓点放样	±40	±30	
干砌石	护底、海漫、护坡	轮廓点放样	±40	±30	
土石方开挖		轮廓点放样	±50	±50	包括土方保护层开挖
泵站机电设备与金属结构安装		安装点	±（1～3）	±（1～3）	相对于建筑物安装轴线和相对水平度
施工期间外部变形观测		水平位移测点	±（3～5）	—	相对于观测基点
		垂直位移测点	—	±（3～5）	

泵站在底板上部的工程立模时的点位放样，宜以轴线控制点直接测放出底板中心线（垂直于水流方向）和泵站进、出水流道中心线（顺水流方向），其中误差要求为 ±2 mm；然后，用钢尺直接丈量并用墨线弹出站墩、门槽、胸墙、岸墙、工作桥等的平面立模线和检查控制线，以便施工。

泵站金属结构预埋件安装放样点测量精度指标，应符合表 1F－451131－2 的要求。

金属结构与机电设备安装测量精度指标　　表 1F－451131－2

项目	细部	允许偏差(mm)		备注
		平面	高程	
平面闸门安装	(1)底槛	±2	±2	相对于门槽中心线
	(2)门楣	±1	±2	
	(3)主(反)轨间距和侧轨间距	－1～＋4		
机泵安装	(1)泵座、底座等埋件	±2	±3	相对于机组中心线和高程基准线
	(2)座环安装中心及方位	＋(2～5)	高程±3 水平度 0.5	
	(3)电动机底座埋件	±2	±3	
	(4)进、出水管道	±2	±3	
压力钢管安装	(1)支墩垫板	±3	±3	相对于钢管安装轴线和高程基点
	(2)始装节及弯道起点管口中心位置	±5	±5	
拦污栅安装	(1)底槛	±3	±3	
	(2)主(反)轨测点	±2		
起重机轨道安装	轨距	±5	(1)同跨两平行轨道相对高差,小于 10; (2)坡度,不大于 1/1 500	一条轨道相对于另一条轨道

立模、砌(填)筑高程点放样,应符合下列规定:

(1)为混凝土立模、混凝土抹面层施工以及金属结构预埋(安装)使用的高程点,均应采取有闭合条件的几何水准法测设。

(2)对软土地基的高程测量,应考虑土壤沉降值。

(3)机泵预埋件安装及泵站上部结构施工时的高程测量,应在泵房底板上建立初始观测基点,并采用相对高差法进行控制。

1F－451132　地基与基础

地基与基础工程施工,应按以下程序进行:

(1)修筑道路,平整场地。

(2)设置施工平面与高程控制网点,进行测量、放样。

(3)布设排水和降低地下水位的设施。

(4)开挖基坑,并按设计要求堆放(或利用)挖出的土石料。

(5)对需要处理的松软土(膨胀土、湿陷性黄土等)地基,应按设计要求认真处理。

对需要处理的地基，宜选择有代表性的场地，进行施工前现场试验或试验性施工。

凡已处理的地基，应经检验合格后，方可进行下道工序施工。

泵站施工区排水系统，应根据站区地形、气象、水文、地质条件、排水量大小等进行施工规划布置，并与场外排水系统相适应。基坑外围应设置截水沟。

基坑排水，包括初期排水与经常性排水。基坑初期排水量，由基坑（或围堰）范围内的积水量、抽水过程中围堰及地下渗水量、可能的降水量等组成，应通过计算确定。基坑经常性排水，应分别计算渗流量、排水时段的降水量及施工弃水量，但施工弃水量与降水量不应有叠加，而应以二者中数值较大者与渗流量相加，来确定最大抽水强度和配备相应设备。

基坑排（降）水，应根据工程地质与水文地质情况，相应选定集水坑或井点等方法。

对于无承压水土层，可采用集水坑排（降）水法；对于有承压水存在的各类砂性土（砂、砂卵石等）土层，可采用井点排（降）水法。

井点排水，可采用轻型井点和管井轻型井点两类。井点类型的选择，宜考虑透水层厚、埋深及渗透系数，以及所要求降低水位的深度与基坑面积大小等因素，进行分析比较后确定。

《规范》“条文说明”指出，在一般情况下，井点类型的选择，可参考表1F－451132。

井点的适用条件　　表1F－451132

井点类型	土层渗透系数（cm/s）	降低水位深度（m）	适用土质
单层轻型井点	$A\times10^{-5}\sim A\times10^{-2}$	3～6	砂、砂性土、中砂、粗砂
多层轻型井点		6～12	
管井井点	$>A\times10^{-3}$	>10	各类砂性土、砂、卵石

注：A为1～9的正整数。

采用井点排水，应根据水文地质资料和降低地下水位要求进行计算，以确定井点数量、位置、井深、抽水量以及抽水设备型号。必要时，可做现场抽水试验，以确定计算参数。

采用轻型井点，基坑宽度大于6 m时，宜采用双排井点或环形井点布置。降深超过5 m时，宜采用二级（层）或三级（层）井点。孔距一般为0.8～1.6 m，最大不宜超过3 m。

实际井点数宜为计算数的1.2倍，管井井点总降低水位值宜较工程要求值大0.5 m。

井点排水结束后，应按设计要求进行填塞。

1F－451133　泵房施工

对于泵房钢筋混凝土施工，应做好施工措施设计。施工单位必须按照施工措施设计中拟定的混凝土浇筑强度要求，备足施工机械和劳力，做好混凝土配合比试验和有关技术准备工作。

泵房水下混凝土，宜整体浇筑。对于安装大（中）型立式机组的泵房工程，可按泵房结构及出水流道整体设计分层，由下至上分层施工，并兼顾进。

层面应平整，如出现高低不同的层面，应设斜面过渡段。

泵房浇筑,在平面上一般不再分块。如泵房较长,需分期分段浇筑,应以永久伸缩缝为界面,划分为数个浇筑单元进行施工。泵房挡水墙围护结构,不宜设置垂直施工缝。泵房内部的机墩、隔墙、楼板、柱、墙外启闭台、导水墙等,可分期浇筑。

《规范》"条文说明"指出,经验表明,按泵房设计结构分层,可以方便立模与浇筑混凝土,且结构受力明确,层缝易于设置。规定不许设置垂直施工缝,主要原因是避免缝口漏水。泵房的设计结构分层,是指设计时,按运用功能与结构特点所划分的楼层(如底板层、水泵层、密封层、电机层等)。

"条文说明"指出,泵房内部,特别是水泵层内的机墩、隔墙,如果先期浇筑混凝土,可以起到稳定上部流道模板及脚手架的作用。

泵房底板地基处理工程必须经验收合格后,才能进行混凝土施工。

地基面上宜先浇一层素混凝土垫层,其厚度可为 80 ~ 100 mm,混凝土强度不应低于 C10;垫层混凝土面积应大于底板的面积,以利施工,并避免搅动地基土。

底板混凝土各种材料的质量,应按《规范》的规定执行。混凝土的水泥用量应满足设计要求,且不宜低于 200 kg/m^3。

《规范》"条文说明"指出,底板混凝土属于厚大结构物,本身刚度较大,上部荷载又较均匀。因而,荷载引起裂缝的可能性较小。但值得注意的是温度应力。所以,减少混凝土温升,降低水泥水化热,就成为混凝土原材料在选用时的关注点。

底板混凝土应分层连续浇筑,但不得斜层浇筑。如果浇筑仓面较大,可采用多层阶梯推进法浇筑;其上、下两层前后距离不宜小于 1.5 m,同层的接头部位,应充分振捣,不得漏振。

《规范》"条文说明"指出,底板混凝土浇筑面积大,要求浇筑强度高,在混凝土浇筑能力有限的情况下,一般都较少采取统仓水平浇筑法施工。而斜层浇筑法,因难以保证混凝土的密实性而应禁止使用。较为可取的是多层阶梯推进法。但此种施工方法,在现场实施时会有些困难,这就要求有较强的仓面指挥能力和熟练的仓内混凝土工。

楼层混凝土结构施工缝的设置,应符合下列规定:

(1)墩(墙、柱)的底端,施工缝宜设在底板(或基础老混凝土)的顶面;上端,施工缝宜设在楼板(或大梁)的下面;中部,如有与其嵌固连接的楼层板(梁、附墙楼梯等),需要分期浇筑时,其施工缝的位置,应经与设计单位商定。

(2)与板连成整体的大断面梁,宜整体浇筑;如需分期浇筑,其施工缝宜设在板底面以下 20 ~ 30 mm 处,当板下有梁托时,应设在梁托下面。

(3)有主、次梁的楼板,施工缝应设在次梁跨中 1/3 范围内。

(4)单向板,施工缝宜平行于板的长边。

《规范》"条文说明"指出,设置施工缝的位置,应是结构物内应力最小的地方;同时,要方便立模和混凝土的浇筑施工。

墩(墙、柱)的模板,宜用对拉螺栓固定。但隔水墙、胸墙、流道及其他有防渗要求部位的模板,使用对拉螺栓时不宜加套管。拆模后,应将螺杆两端外露段和深入保护层部分截除,并用与结构同质量的水泥砂浆填实并抹光。

《规范》"条文说明"指出,用对拉螺栓固定模板,拉力大,强度高,变形小,但需要消耗一些钢材。为了节省钢材消耗，有时使用带套管的螺栓；待混凝土达到预期强度后拆模时，可回收螺栓。但由于浇筑施工过程中的种种原因，套管容易破损和松脱，造成漏浆；螺栓也因此被凝固而抽拔不出来。因此，有防渗要求的墩、墙和流道，就不宜使用带套管的螺栓，以免形成渗水通道。

隔水墙、胸墙、水池等有防渗要求的构筑物，其厚度小于 400 mm 者，应配制防水混凝土。防水混凝土的水泥用量不宜小于 300 kg/m^3，砂率应适当加大，且宜选掺防水外加剂；其配合比，应由试验确定。

浇筑较高的墩（墙、柱）混凝土时，必须使用溜筒、导管等工具，将拌好的混凝土徐徐灌入；对于断面狭窄、钢筋较密的薄墙（柱）等结构物，可在两侧模板的适当部位，均匀地布置一些便于进料和振捣的扁平窗口。随着浇筑面的上升，窗口应及时完善、封堵。

浇筑与墩（墙、柱）连成整体的梁和板时，应在墩（墙、柱）浇筑完毕并停歇 0.5～1 h，使其初步沉实后，再行浇筑。

各种埋件及插筋、铁件等的安装，均应符合设计要求，且牢固、可靠。

各种埋件及插筋在埋设前，应将表面的锈皮、油漆和油污清除干净。

埋设于混凝土中的供（排）水管、测压管等，应符合设计要求。

混凝土浇筑过程中，应对各种管路进行保护，防止其损坏、堵塞或变形。

闸门槽和水泵机座部位，应进行二期混凝土施工。

浇筑二期混凝土前，应对一期混凝土表面进行凿毛、清理，并刷洗干净。

二期混凝土，宜采用细石混凝土；其强度等级，应等于（或高于）同部位一期混凝土强度等级。

二期混凝土在浇筑时，应注意已安装好的设备及埋件，且应振捣密实，收光整理。

机、泵座二期混凝土，应保证在达到设计标准强度 70% 以上时，才能继续加荷安装。

《规范》“条文说明”指出，二期混凝土体积一般都比较小，浇筑时，操作比较困难，应该在模板的封装上想些办法，为浇筑混凝土创造一些便利条件，以保证质量。同时，浇筑二期混凝土，应避免已安装好的埋件受到撞动。

1F－451134　流道与管道施工

钢筋混凝土流道，应防渗、防漏、防裂和防错位。施工时，应采取有效的技术措施，提高混凝土质量，防止各种混凝土缺陷的产生。

《规范》“条文说明”指出，泵站混凝土出现渗（漏）水，一般发生在施工缝（或施工冷缝）处。因此，在混凝土施工时，应尽量保持构筑物的整体性，少设施工缝；要特别控制垂直施工缝的设置，特别是进、出水流道，一般应整体浇筑。这也是泵站混凝土施工的一大特点。

（一）流道

进、出水流道，应分别按已拟定的浇筑单元整体浇筑。在每一浇筑单元，不应再分块，也不应再分期浇筑。

《规范》“条文说明”指出，泵房建筑物尺寸较长时，往往需要划分为几个施工单元进行施工。以设计图纸中描述的永久伸缩缝为分界面进行划分，每一个浇筑单元，可能会有几台机组(或几个流道)同时施工。为了流道构筑物的整体性,其在每一个单元中的部分就不宜再分别浇筑。

与水相接触的围护结构物(如挡水墙、闸墩等),宜与流道一起一次立模、整体浇筑。不与水接触的结构物(如内部隔墙、机墩、梁、板等),可分期(或提前)浇筑。

《规范》"条文说明"指出,泵房立式机组的流道,高"驼峰"的出水流道,一般都高达几个楼层高;流道与其所处楼层的围护结构物(挡水墙)同时立模浇筑,使得浇筑体占据了很大空间。这给立模、扎钢筋及浇混凝土都带来了许多困难,需要在施工中努力克服。

浇筑流道时所使用的模板、支架和脚手架,应做好施工结构设计,计算荷载可参照《规范》附录A(略)确定。

仓面使用的脚手架,应采用桁架、组合梁等大跨度结构。立柱较高时,可使用钢管组合柱(或钢筋混凝土预制柱),中间应有足够数量的连杆和斜撑。混凝土通过部位的连杆,可随着新浇混凝土的升高而逐步拆卸。

《规范》"条文说明"指出,泵房流道混凝土工程使用的模板、支架和脚手架都很高大,泵房内障碍物又多,因此必须很好地设计、布置,并进行力学计算。

流道使用的模板,宜在厂内制作和预拼,经检验合格后,运到施工现场安装。

钢筋混凝土柱,应符合《规范》相关条文的规定。钢筋焊接柱的上、下两端,应设垫板。

《规范》"条文说明"指出,流道模板形状较复杂,制作和安装都较困难;在厂内制作、预拼准确后,再抬运到现场安装,这样可保证施工质量。另外,流道的内、外层模板在空间上有时会有互叠的现象,因此需要使用较多的支撑来支托。撑柱种类的选择和布置方法,也是一项重要的工作。

混凝土使用的水泥,宜选择水化热低、收缩性小的品种,不宜使用粉煤灰水泥和火山灰质水泥,亦不宜在水泥中掺用粉煤灰等活性材料。

浇筑混凝土时,应采取综合措施,控制施工原因温度缝的发生。

《规范》"条文说明"指出,泵房结构中的流道形体复杂;其周围刚性连接的结构物,体积大小不一,方向各异,约束复杂。当混凝土发生收缩后,流道混凝土容易产生裂缝。应该从多方面采取措施,防止裂缝的产生。

"条文说明"指出,控制流道不出现裂缝,除改进结构设计外,主要是从施工方面采取措施。如,改善混凝土配合比,合理选择水泥品种,限制水泥用量;正确选择施工工艺,控制混凝土的浇筑温度;改善养护(湿润)混凝土的条件,等等。这些都是行之有效的方法,也是一些大(中)型泵站流道不发生裂缝的原因所在。

应做好混凝土浇筑施工计划安排,明确责任分工;配足设备和工具,确保工程质量。

在浇筑流道混凝土过程中,应建立有效的通信联络和指挥系统。

流道混凝土浇筑,应从低处开始,按顺序逐层进行,并使仓内混凝土大致平衡上升。仓内应布设足够数量的溜筒,以保证混凝土能输送到位,不得采用振捣器长距离赶料平仓。

倾斜面(层),靠近模板底部的混凝土应振捣充分,防止脱空。模板面积较大时,应在适当位置开设便于进料和捣固的窗口。

临时施工孔洞,应有专人负责,并应及时封堵。

《规范》"条文说明"指出，流道结构复杂，混凝土浇筑量大且浇筑工作困难较多。因此，条文列出了浇筑时应重视的一些事项，目的在于强调应合理组织和安排施工，保证混凝土质量。

混凝土浇筑完毕，应做好顶面收浆抹面工作；加强洒水养护，混凝土表面应经常保持湿润状态。应做好养护记录，定时观测室内（外）温度变化，防止因温差过大而出现混凝土裂缝。

《规范》"条文说明"指出，根据流道结构的复杂性，条文规定了加强混凝土养护的一些超常规措施和办法，其目的在于提高和改进混凝土的养护效果。另外，做好养护记录，以便积累经验，提高施工技术水平。

（二）混凝土输水管道

泵站所使用的预制钢筋混凝土管，宜向持有生产许可证的专业厂家定制。

管子成品强度及抗裂、抗渗等性能应符合设计规定。其外观质量应符合下列要求：

（1）节端应平整，并应与管轴线垂直（斜交管的外端面应按斜交角规定处理）。

（2）内、外管壁平直、圆滑，不得有裂缝、蜂窝、露石、露筋等缺陷。

承（插）口工作面应光洁、平整，局部凹凸度不应超过 2 mm，缺陷面（单个）尺寸不应超过 30 mm。

（3）小于 ϕ1 000 mm 的中（小）直径的混凝土（钢筋混凝土）管的尺寸误差，不得超过表 1F－451134－1 的规定。

管子成品尺寸允许偏差　表 1F－451134－1

项目	允许偏差（mm）
管节长度	－5，0
内（外）直径	±5
管壁厚度	－3，＋5

管子在运输、装卸过程中，应轻装、轻放，并应采取防震动（碰撞、滑移）的措施，避免其产生裂纹或损伤。

承插式管道，应采用无接头的密封圈。当管子内径超过 ϕ1 600 mm 时，每个胶圈允许采用有一处接头的密封圈；接头材料与胶圈的性能标准应相符；接头外观应平顺。同时，在现场应抽取 1% 数量的接头进行强度试验；试验结果，连接处无分离迹象，方为合格。

管子安装前，应清除管壁、承（插）口和密封圈上黏附的脏污和泥沙；发现有损伤和裂缝的管子，不得使用。

大直径管道安装，应及时逐节进行接头水压试验，压力值可取 0.2 MPa，恒压 5 min；无渗迹者，方为合格。然后，再进行下一接头的施工。

管道施工各部位允许偏差，应符合表 1F－451134－2 的规定。

管道施工各部位允许偏差 表1F-451134-2

项目	允许偏差(mm)
基底面标高	±20
管基包角	±30(侧边高度)
管道中心线	±15
管道标高	±10
接口间隙	±10

1F-451135 进、出水建筑物施工

(一)引渠

施工单位应按照设计单位提出的渠线,进行测量复核,并应熟悉渠线情况,严格按设计要求施工。

《规范》"条文说明"指出,在水源附近修建临河泵站确有困难时,需设置引渠将水引至修建泵站的位置。对于地形复杂的渠线,施工单位应进行渠线复核测量,以确保按设计标准实施。

开挖土石方,宜从上到下依次进行,挖、填土方宜求平衡;弃土宜分散处理。

开挖土质(或易于软化的岩质)边坡,应采取相应的排水及坡脚(坡面)保护措施,不得在影响边坡稳定的范围内积水。

利用填土作渠道时,不得使用淤泥、耕土、冻土、膨胀性土以及有机物含量大于8%的土作填料。当填料内含有碎石土时,其粒径不应大于200 mm。

填土渠道的质量检验,必须随施工进程分层、分段进行;检验干密度和含水量,以每200~500 m^2 内有一个检验点为宜。

渠道周边,表面应平整、光洁,连接处应平顺。

(二)前池及进水池

前池、进水池施工,应以泵房进水口轮廓为基准,按照先近后远、先深后浅、先边墙后护坦的原则,在基础经验收合格后进行。

《规范》"条文说明"指出,前池及进水池施工程序安排是否恰当,施工组织是否紧凑、合理,对提高施工质量、保证安全、缩短工期以及降低造价,有着十分重要的影响。

"条文说明"指出,"先近后远",主要是为与泵房进口轮廓尺寸相适应,实现平顺连接。

"先深后浅",指相邻两部位基面深浅不一时,若先浇浅部位的混凝土,则在浇筑深的部位时,可能会扰动已浇部位的基土,导致混凝土沉降、走动或断裂。

"先边墙后护坦"是为了给重的部位有预沉时间,使地基达到相对稳定,以减轻对邻接部位混凝土产生的不良影响。护坦与铺盖,应尽量推迟到挡土墙砌筑并回填到一定高度后再开始浇筑,以减轻因边荷载影响而造成的前池及进水池护坦混凝土开裂。

与岸边连接结构及护坦的施工,必须分别满足稳定、强度、抗冻、抗侵蚀的要求;结构临水面,应与泵房边墩平顺连接。

进水池填筑反滤层,应在地基经检验合格后进行。

混凝土(或浆砌石)施工时,与滤层交界处应采取隔离措施,以防止砂浆流入滤层。滤层应经灌水检查;充水前,排水孔应经清理;孔道畅通后,可用小石子填满。

前池边墙和进水池两侧翼墙为混凝土(或钢筋混凝土)结构时,其施工应从材料选择、配合比设计、温度控制、施工安排和质量控制等方面,采取综合措施,防止出现混凝土裂缝。

《规范》"条文说明"指出,混凝土(钢筋混凝土)裂缝已成为挡土墙耐久性中的主要病害之一。裂缝产生的原因比较复杂,往往有多种因素。必须区别情况,因地制宜,采取综合措施,防止裂缝的发生,限制裂缝的发展,减轻其危害性。

土方回填,应根据结构物的类型、填料性能和现场条件,按照设计文件中的质量要求进行。未经检验查明的以及不符合质量要求的土料,不得作为回填土。

(三)出水池

出水池的地基为填方时,应符合下列规定:

(1)填土,应每300～500 mm厚为一层;碾压应密实,压实系数以0.93～0.96为宜。

(2)当填土为黏性土(或沙土)时,其最大干容重应符合设计要求;设计文件中未提出最大干容重要求时,宜采用击实试验确定。

当填土为碎石(或卵石)时,其最大干密度可取19.6～21.6 kN/m^3。

(3)不得使用淤泥、耕土、冻土、膨胀土以及有机物含量大于8%的土作为填料。当填料内含有碎石时,其粒径一般不应大于200 mm。

(4)应按设计要求做好防渗、防漏的工程措施。

出水池施工,宜以泵房流道出口轮廓为基准,按照先近后远、先深后浅、先边墙后护坦的原则进行。

出口处翼墙为混凝土(或钢筋混凝土)结构时,必须分别满足稳定、强度、抗渗、抗冻、抗侵蚀、抗冲刷、抗磨损等性能的要求,其临水面与泵房流道出口边墩应平顺连接。

出水池的防渗和止水缝、伸缩缝、抗震缝等永久缝所用的材料、制品的品种和规格等,均应符合设计要求。

出水池护坦混凝土(钢筋混凝土)施工,宜分块、间隔浇筑。在荷载相差过大的两个块体(结构)之间,应等浇筑块(结构)沉降基本稳定后,再浇筑交接处的另一块体。

在混凝土(或钢筋混凝土)护坦上行驶重型机械、堆放重物,必须经过设计单位同意。

出水池黏土铺盖的填筑,应减少施工接缝,并应防止止水设施受到破坏;必须分段填筑时,接缝处的坡度不应陡于1:3。

《规范》"条文说明"指出,出水池黏土铺盖的填筑,要保证黏土的质量满足设计要求;填筑时,应碾压、夯实,接缝合理,并防止晒裂和受冻,且须保护好止水设施。

1F－451136　水工金属结构安装

闸门、拦污栅、启闭机及清污机在安装前,应具备下列资料:

(1)设计图样和技术文件。设计图样应包括总图,装配图,易损零件图,水工建筑物图,闸门、拦污栅、启闭机及清污机安装图,电气控制原理图等。

(2)闸门、拦污栅、启闭机及清污机的制造、验收资料和质量证书;外购件合格证。

(3)主要部件装配检查记录及产品预装检查报告。

(4)安装用控制点位置图。

闸门、拦污栅、启闭机及清污机的安装,必须按设计图样和有关技术文件进行;如有修改,应有设计修改通知书。

闸门、启闭机等在安装时所用量具和仪器,应定期由法定计量部门予以检定。

高程测量和轴线安装时使用的基准点、控制点,均应明显、牢固和便于使用。

压力表在安装前应经校验,表面的满刻度应为试验时压力值的1.5~2倍,精度等级不应低于1.5级。

安装用焊接材料(焊条、焊丝及焊剂),必须具有出厂质量证书。其化学成分、机械性能和扩散氢含量等各项指标,应符合国家现行有关标准的规定。

焊缝的外观质量和对Ⅰ、Ⅱ类焊缝进行的内部缺陷探伤,应符合有关规范的规定。严禁在焊件组装间隙填入金属材料。

闸门、拦污栅在运输吊装时,宜标出构件重心位置,并应采取措施,防止构件损坏和变形;闸门及埋件的加工面应妥善防护,避免碰伤与锈蚀。

启闭机、清污机及自动挂脱梁在运输、保管过程中,应防锈、防碰撞;液压启闭机在堆放时,应采取措施防止油缸变形。机械设备运至工地后,应入临时仓库妥善保管。

金属结构件和机械设备的防腐涂层,在运输、安装过程中受到损坏和锈蚀,应按有关规范规定进行修补处理。

(一)闸门埋件安装

用于预埋在一期混凝土中的锚栓(或锚板),应按设计图样制造。由土建施工单位预埋,并在开仓浇筑混凝土之前,会同有关单位对其埋设位置进行检查、核对。

埋件在安装前,门槽中残留的模板上的杂物必须清除干净。混凝土结合面应全部凿毛,并使二期混凝土施工时的断面尺寸符合图样要求。

平面闸门埋件安装允许公差与偏差,应符合《规范》附录B(见表1F-451136-1)的规定。

埋件安装、调整好后,应将调节螺栓与锚板(锚栓)之间焊牢,确保在浇筑二期混凝土过程中埋件不发生变形或位移。若对埋件加固另有要求,应按设计图样要求予以加固。

埋件安装经检查合格,应在5 d(或7 d)内浇筑二期混凝土;混凝土一次浇筑高度,不宜超过5.0 m;在浇筑过程中,应防止撞击埋件,并应采取措施捣实混凝土。

二期混凝土拆模后,应对埋件进行复测,并做好记录。检查混凝土面尺寸,清除门槽内遗留的钢筋和杂物。

埋件对接接头工作表面上的错位,应进行缓坡处理;工作表面上的焊疤、焊缝余高以及凹坑,应铲平、焊平和磨光。

工程挡水前,应对全部检修门槽和共用门槽进行试槽。

(二)平面闸门安装

整体闸门在安装前应对其各项尺寸进行复查,各项尺寸应符合设计图样或相关规范的有关规定。

平面闸门埋件安装允许公差与偏差（mm）　　表 1F－451136－1

项目 \ 埋件名称		底槛	门楣	主轨		侧轨	反轨	侧止水座板	胸墙			
									兼作止水		不兼作止水	
				加工	不加工				上部	下部	上部	下部
对门槽中心线距离	工作范围内	±5	+2 −1	+2 −1	+3 −1	±5	+3 −1	+2 −1	+5 −0	+2 −1	+8 −0	+2 −1
	工作范围外			+3 −1	+5 −2	±5	+5 −2					
对孔口中心线距离	工作范围内	±5		±3	±3	±5	±3	±3				
	工作范围外			±4	±4	±5	±5					
高程		±5										
门楣中心对底槛面的距离			±3									
工作表面一端对另一端的高差	$L \geqslant 10\ 000$	3										
	$L < 10\ 000$	2										
工作表面平面度	工作范围内	2	2					2	2	2	4	4
	工作范围外											
工作表面组合处的错位	工作范围内	1	0.5	0.5	1	1	1	0.5	1	1	1	1
	工作范围外			1	2	2	2					
表面扭曲	$B < 100$	1	1	0.5	1	2	2					
	$B = 100 \sim 200$	1.5	1.5	1	2	2.5	2.5					
	$B > 200$	2		1	2	3	3					
	工作范围外允许增加值			2	2	2	2					

注：1. 胸墙下部，是指其与门楣组合处。

2. 门槽中心线与闸门所在平面平行，孔口中心线与闸门所在平面垂直。

3. 底槛对门槽中心线距离，是指底槛中心线距门槽中心线的水平距离；底槛对孔口中心线距离，是指底槛一端至孔口中心线的水平距离。

4. L 为闸门宽度，B 为埋件工作范围内表面宽度。

5. 门槽工作范围高度，静水启闭闸门时为孔口高，动力启闭闸门时为承压主轨高度。

6. 侧轮如为预压式弹性装置，则侧轨偏差要求按图样规定。

7. 埋件每米长至少应测一点。

8. 埋件组合处错位，应磨成缓坡。

分节闸门，组装成整体后，除应按相关规范的有关规定执行外，还应满足下列要求：

（1）如用螺栓连接，则螺栓应均匀拧紧，节间止水橡皮的压缩量应符合设计要求。

(2)节间如用焊接,则应按相关规范中有关焊接的规定进行焊接和检验。焊接时,应采取措施控制变形。

止水橡皮上的螺孔,位置应与门叶(或止水压板)上的螺孔位置一致;孔径应比螺栓直径小1.0 mm;严禁烫孔。

止水橡皮安装后,两侧止水中心距和顶止水中心至底止水底缘距离的允许偏差为±3.0 mm;止水表面的平面度宜为2.0 mm;止水橡皮的压缩量应符合图样尺寸规定,其允许偏差为 $^{+2.0}_{-1.0}$ mm。

止水橡皮接头,可采用生胶热压等方法胶合,胶合处不得有错位、凸凹不平和疏松现象存在。

平面闸门应做静平衡试验。试验时,闸门倾斜一般不应超过门高的1/1 000,且不大于8.0 mm;超过上述规定时,应予配重。

闸门在吊装时,应采取防止变形及碰撞的保护措施。

(三)拦污栅安装

活动式拦污栅埋件安装允许偏差,应符合表1F-451136-2的规定。

活动式拦污栅埋件安装允许偏差 表1F-451136-2

项目	允许偏差(mm)		
	底槛	主轨	反轨
里程	±5.0	—	—
高程	±5.0	—	—
工作表面一端对另一端的高差	3.0	—	—
对栅槽中心线	—	+3.0 -2.0	+5.0 -2.0
对孔口中心线	±5.0	±5.0	±5.0

倾斜设置的拦污栅埋件,其倾斜角度允许偏差为±10′。

固定式拦污栅在埋件安装后,各横梁工作表面最高和最低点的高差不应大于3.0 mm。

使用清污机的拦污栅,其安装精度应符合设计图样的规定。分节拦污栅连接处,栅条应平顺连接;平面及侧向错位,不应超过1.0 mm。

(四)闸门、拦污栅试运转

闸门安装好后,应在无水情况下做全行程启闭试验;启闭前,应在止水橡皮处浇水润滑。有条件时,对工作闸门应做动水启闭试验。

闸门启闭过程中,应检查滚轮等转动部位运行情况,闸门升降(或旋转)过程应无卡阻,启闭设备左、右两吊点应同步,止水橡皮应无损伤。

快速闸门安装完成后,应对门的关闭速度进行试验,其关闭时间应较短,以满足机组保护要求。

拦污栅入槽后，应做升降试验，并检查栅槽有无卡阻情况，以及栅体动作及各节的连接是否可靠。

闸门在承受设计水头压力时，其止水结构的漏水量不应超过表1F－451136－3的规定。

闸门止水允许漏水量　　表1F－451136－3

止水材料	每米止水长度的漏水量(L/s)
橡皮	0.1
金属	0.8

（五）固定卷扬式启闭机安装及试运转

启闭设备到达施工现场后，应按相关规范的有关规定进行全面检查；经检查合格后，方可进行安装。

应检查基础螺栓的埋设位置，螺栓埋入深度及露出部分的长度应准确。

应检查启闭机平台高程，其偏差不应超过±5 mm，水平偏差不应大于0.5/1000。

启闭机的安装，应根据起吊中心找正；其纵（横）向中心线偏差，不应超过±3.0 mm。

卷筒上缠绕的钢丝绳的长度，应能保证当吊点降到下限位置时，留在卷筒上的圈数不少于4圈。当吊点升到上限位置时，钢丝绳不得缠绕到卷筒的光筒部分。

双吊点启闭机，吊距误差不宜超过±3.0 mm；钢丝绳拉紧后，两吊轴中心线应在同一水平上（孔口内两者间高差不得超过5.0 mm）。

启闭机电气设备的安装，应符合相关规范中的有关规定。

电气设备通电试验前，应对照图样认真检查全部接线；整个线路的绝缘电阻必须大于0.5 MΩ，才可开始通电试验。试验时，应采用该机自身的电气设备。试验中，各电动机和电气元件温升不应超过各自的允许值；若触头等元件有烧灼，应查明原因并予以更换。

启闭机空载试验应全行程上升、下降3次。对电气和机械部分，应按下列要求进行检查和调整：

（1）电动机运行应平稳。三相电流不平衡度不应超过±10%。应测出电流值。

（2）电气设备应无异常发热现象。

（3）应检查和调试限位开关（包括充水平压开度接点），开关动作应准确、可靠。

（4）高度及荷重指示器，应准确反映行程及重量。到达上、下极限位置后，主令开关应能发出信号并自动切断电流，使启闭机停止运转。

（5）所有机械部件在运转时均不应有冲击声和其他异常声音。钢丝绳在任何部位均不得与其他部件相摩擦。

（6）制动闸瓦松闸时应全部打开，间隙应符合要求。应测出松闸电流值。

（7）对快速闸门，如利用直流电流松闸，应分别检查和记录松闸直流电流值以及松闸持续2 min时电磁线圈的温度。

启闭机负荷试验,应在无水时(或静水中)将闸门在门槽内全行程上升、下降2次;对于动水启、闭的工作闸门以及动水闭、静水启的事故闸门,应在设计水头与动水工况下升、降2次。

负荷试验时,对电气和机械部分应按下列要求进行检查:

(1)电动机运行应平稳。三相电流不平衡度不应超过±10%。应测出电流值。

(2)电气设备应无异常发热现象。

(3)所有保护装置和信号应准确、可靠。

(4)所有机械部件在运转中不应有冲击声。开放式齿轮啮合工况应符合要求。

(5)制动器应无打滑、无焦味和无冒烟现象。

(6)荷重指示器及高度指示器的读数,应能准确反映闸门处在不同开度时的启闭力值(误差不得超过±5%)。

(7)快速闸门,使用启闭机快速开启,所需时间不得超过2 min。快速关闭时的最大速度,不得超过5 m/min。电动机(或调速器)的最大转速,不得超过电动机额定转速的2倍。离心式调速器的摩擦面,最高温度不得超过200 ℃。采用直流电源松闸时,电磁铁线圈的最高温度不得超过100 ℃。

(8)试验结束后,机构各部分不得有破裂、永久变形、连接松动(或损坏)等现象。

(六)清污机安装及试运转

移动式清污机在安装时,其轨道中心线与拦污栅平面位置基准应为同一放样体系。

移动式清污机的机架及运行机构的安装及试运转,应符合设计图样或制造厂技术条件的要求。

《规范》"条文说明"指出,清污机分固定式和移动式两大类。国内已使用的清污机械型式较多。如,固定式清污机有回转式、回转拦栅式、梳齿式、步进式、三角架式、栅网结合式等;移动式清污机有液压旋转式、耙斗式、铲耙式、压耙式、斜坡推扒式等(国外另有集耙污、卸污、排污、启闭闸门等用途于一体的多功能清污机)。移动式清污机轨道安装允许偏差(参考值)为:

(1)轨道实际中心线对轨道设计中心线的位置偏差≤2.0 mm。

(2)轨距偏差为±2.0 mm。

(3)同一断面上两轨道标高的相对差≤6.0 mm。

回转式清污机安装偏差,应符合设计图样或制造厂的技术规定;如无规定,则应符合下列要求:

(1)安装后的角度,允许偏差为±10′。

(2)驱动链轮与牵引链轮两者的轮齿宽中心线,允许偏差应小于1.5 mm。

(3)链条应调整到正常工作状态。驱动链轮与链条啮合时,主动边拉紧,从动边下垂度应小于15.0 mm。

(4)安装后,应进行不少于30 min的空运转试验。试验过程中,不得出现影响结构性能的现象和安全、质量方面的问题。

《规范》"条文说明"指出,回转式清污机是将拦污栅和清污机结合为一体的连续清污设备,其构造主要由栅体、清污耙和传动系统三部分组成;在栅前0.2 m水压差条件下可自动运行清污，小于0.2 m水压差时可自动停机。其主要特征是清污方向不同于一般耙斗式清污机。它是由下向上连续回转清污，故清污能力强（30 t/h）。其主要技术参数见表1F－451136－4。

回转式清污机主要技术参数　　表1F－451136－4

序号	项目	参数
1	孔口净宽	2.5～5.0 m（每0.5 m一挡）
2	栅体倾斜角	65°～75°
3	水头差	1 m
4	栅条中心距	50～100 mm
5	最大清污能力	30 t/h
6	链条回转速度	0.1 m/s
7	齿耙工作宽度	2.3～4.8 m
8	垂直安装高度	3～10 m（每1 m一挡）

"条文说明"指出，回转式清污机埋件安装时的偏差要求，按现行工程实例，均采用拦污栅埋件安装时的允许偏差。

1F－460000 施工组织与进度控制

1F－460010 水利水电工程施工组织设计规范

《水利水电工程施工组织设计规范》(SL 303—2004)(简称《规范》)是为提高水利水电工程施工组织设计水平,做到安全可靠、技术先进、经济合理、实用性强而制定的一部规范。

《规范》包含总则、施工导流、主体工程施工、施工交通运输、施工工厂设施、施工总布置、施工总进度等内容。

1F－460011 施工导流

(一)施工导流方式

施工导流可划分为分期围堰导流方式和一次拦断河床围堰导流方式。与之配合的,包括明渠导流、隧洞导流、涵管导流,以及施工过程中的坝体底孔导流、缺口导流和不同泄水建筑物的组合导流。施工导流方式,应经过全面比较后拟定。

施工导流方式的选择,应遵守下列原则:

(1)适应河流水文特性和地形、地质条件。

(2)工程施工期短,发挥工程效益快。

(3)工程施工安全、灵活、方便。

(4)结合、利用永久建筑物,减少导流工程量和投资。

(5)适应通航、排冰、供水等要求。

(6)初、后期导流在河道截流、围堰挡水、坝体度汛、封堵导流孔(洞)、蓄(供)水等施工期各个环节能合理衔接。

采用分期围堰导流方式时,一期围堰位置,应在分析水工枢纽布置、纵向围堰所处地形、地质和水力学条件、施工场地及进入基坑的交通道路等因素后确定。发电、通航、排冰、排沙及后期导流用的永久建筑物,宜在第一期施工。

《规范》"条文说明"指出,大、中型水利水电工程施工导流,一般均优先研究采用分期导流方式的可能性和合理性。因这类工程工程量较大、工期较长,采用分期导流方式有利于提前受益,且对施工期通航、过木和排冰等影响较小。另外,纵向围堰的布置条件,是决定是否采用分期导流方式的主要因素之一。根据国内(外)采用分期导流方式的工程资料统计(参见表1F－460011－1),布置纵堰后的一期河床束窄率,最大为70%(青铜峡),最小为27%(古田一级),平均为51%。

采用隧洞导流时,隧洞断面尺寸和数量,视河流水文特性、岩石完整情况以及围堰运行条件等因素确定;当导流隧洞的使用经过不同导流分期时,应根据相应阶段的洪水标准进行设计。

国内部分工程分期导流一期河床束窄率　　表 1F－460011－1

枢组名称	河床束窄率(%)	枢组名称	河床束窄率(%)
青铜峡	70	丹江口	50
新安江	60	大化	40
西津	60	富春江	37
三门峡	58	古田一级	27

下列情况下,宜采用枯水期围堰挡水的导流方式:

(1)一个枯水期内,能将永久建筑物(或其临时挡水断面)修筑至坝体度汛标准要求的汛期洪水位以上时。

(2)在汛期虽可能淹没基坑,但对工程进度影响较小且淹没损失不大时。

《规范》"条文说明"指出,枯水期围堰挡水的导流方式,在我国应用很多;特别是一个枯水期内有条件抢出枯水面的中型闸(坝)工程,更适宜采用。

(二)围堰

围堰型式选择,应遵守下列原则:

(1)安全、可靠,能满足稳定、抗渗、抗冲要求。

(2)结构简单,施工方便,易于拆除,并能利用当地材料及开挖渣料进行填筑。

(3)堰基易于处理,堰体便于与岸坡及已有建筑物连接。

(4)在预定的施工期内可修筑到需要的断面尺寸和高程位置,以满足施工进度要求。

(5)具有良好的技术及经济指标。

《规范》"条文说明"中列出了我国部分已建工程施工时的导流方式及围堰情况(参见表 1F－460011－2)。

我国部分已建工程施工导流方式及围堰情况　　表 1F－460011－2

序号	工程名称	导流方式	围堰类型	围堰工程			
				部位	结构型式	最大高度(m)	地基情况及防渗措施
1	响洪甸	隧洞导流	土石围堰	上游横向	木板心墙,堆石	25.5	覆盖层,钢板桩防渗
2	丹江口	分期导流	土石围堰	二期上横	黏土心墙,土石混合	42.5	覆盖层,长铺盖防渗
3	白山	明渠导流	土石围堰	上游横向	风化砂斜墙,石渣	28.0	覆盖层,长铺盖防渗
4	葛洲坝	分期导流	土石围堰	一期纵向	黏土斜墙,石渣	20.0	覆盖层,混凝土防渗层

续表

<table>
<tr><th rowspan="2">序号</th><th rowspan="2">工程名称</th><th rowspan="2">导流方式</th><th rowspan="2">围堰类型</th><th colspan="4">围堰工程</th></tr>
<tr><th>部位</th><th>结构型式</th><th>最大高度(m)</th><th>地基情况及防渗措施</th></tr>
<tr><td>5</td><td>二滩</td><td>隧洞导流</td><td>土石围堰</td><td>上游横向</td><td>黏土斜墙,石渣</td><td>56.0</td><td>覆盖层,高压施喷防渗板墙</td></tr>
<tr><td>6</td><td>宝珠寺</td><td>明渠导流</td><td>土石围堰</td><td>二期上横</td><td>土工膜斜墙,石渣</td><td>31.0</td><td>覆盖层,混凝土防渗层</td></tr>
<tr><td>7</td><td>大峡</td><td>明渠导流</td><td>土石围堰</td><td>二期上横</td><td>土工膜心墙,石渣</td><td>33.0</td><td>覆盖层,混凝土防渗层</td></tr>
<tr><td>8</td><td>小浪底</td><td>隧洞导流</td><td>土石围堰</td><td>上游横向</td><td>均质土</td><td>59.0</td><td>覆盖层,混凝土防渗层、铺盖</td></tr>
<tr><td>9</td><td>鲁布革</td><td>隧洞导流</td><td>土石围堰</td><td>上游横向</td><td>黏土斜墙,石渣</td><td>44.4</td><td>斜墙(放在岩基上)</td></tr>
<tr><td>10</td><td>李家峡</td><td>隧洞导流</td><td>土石围堰</td><td>上游横向</td><td>土工膜接混凝土心墙</td><td>约24.0</td><td>覆盖层,混凝土防渗墙</td></tr>
<tr><td>11</td><td>隔河岩</td><td>隧洞导流</td><td>混凝土围堰</td><td>上游横向</td><td>碾压混凝土拱形</td><td>40.0</td><td>岩基</td></tr>
<tr><td rowspan="5">12</td><td rowspan="5">三峡</td><td rowspan="5">明渠导流</td><td>土石围堰</td><td>一期</td><td>土工膜接混凝土防渗墙</td><td>42.0</td><td rowspan="3">覆盖层及风化岩层,混凝土防渗墙为主</td></tr>
<tr><td>土石围堰</td><td>二期上横</td><td>土工膜接混凝土防渗墙</td><td>82.5</td></tr>
<tr><td>土石围堰</td><td>二期下横</td><td>土工膜接混凝土防渗墙</td><td>57.0</td></tr>
<tr><td>混凝土围堰</td><td>二、三期纵向</td><td>碾压混凝土重力式</td><td>95.0</td><td rowspan="2">岩基</td></tr>
<tr><td>混凝土围堰</td><td>三期上横</td><td>碾压混凝土重力式</td><td>124.0</td></tr>
</table>

不同围堰型式的适用,应符合下列要求:

(1)采用土石围堰时,应能充分利用当地材料,且造价低,施工简便。

(2)混凝土围堰,宜采用重力式。当堰址河谷狭窄且堰基及两岸地质条件良好时,可用混凝土拱围堰。采用碾压混凝土围堰时,应做到造价低、工期短、工艺简单。

(3)钢板(管)桩格型围堰,最高挡水水头宜小于30 m。

(4)低水头时,可结合材料、环境保护和施工队伍情况,考虑采用木笼(竹笼、草土)围堰等型式。

《规范》“条文说明”指出,碾压混凝土具有造价低、施工速度快等优点。由于围堰施工需要与洪水赛跑，因此修建碾压混凝土围堰十分有利，宜推广采用。

土石围堰填筑用材料，应满足下列要求：

(1)防渗体，土料渗透系数不宜大于 10^{-4} cm/s。

(2)心墙（或斜墙）土石围堰堰壳填筑料为无凝聚性材料，其渗透系数大于 10^{-2} cm/s，宜采用天然砂卵石或石渣。

(3)围堰堆石体水下部分，宜采用软化系数值大于0.8的石料。

《规范》"条文说明"指出，葛洲坝工程施工时，以砂壤土（$K=10^{-4}$ cm/s）作围堰防渗心墙，运用中证明防渗效果良好，且国内（外）在围堰及永久性工程设计中多采用此值，效果亦能满足要求，故围堰防渗土料的渗透系数定为 $K\leqslant 10^{-4}$ cm/s。堰壳料的排水效果要求良好，可用 $K\geqslant 10^{-2}$ cm/s 的无凝聚性的自由排水材料。

围堰堰基覆盖层防渗处理，可采用下列方式：

(1)覆盖层较薄、水位埋深较浅时，设临时低围堰，抽水后开挖齿槽；或在水下开挖齿槽，修建截水墙用以防渗。

(2)根据覆盖层厚度及组成情况，可比较选用高压喷射灌浆、混凝土防渗墙（或自凝灰浆槽）、水泥（或黏土水泥）灌浆、板桩灌注墙、防渗土工膜等处理方式。

(3)采用铺盖防渗时，铺盖厚度不宜小于2 m，且堰基覆盖层渗透系数与铺盖土料渗透系数的比值宜大于50。

(4)卵石和漂石含量多的地层，不宜采用钢板桩。

土石围堰与泄水道接头处，宜适当加长导水墙（或设丁坝），以将主流挑离围堰，防止水流冲刷堰基。

土石围堰迎水面堰坡保护范围，可自最低水位以下2 m起至堰顶。保护材料，在水下部分可用沉排、柳枕、竹笼或混凝土柔性排等，水上部分可用砌石或钢筋石笼；根据材料获得条件、水流流速、施工难度及经济等因素，综合比较选定。

（三）导流泄水建筑物

导流明渠布置，应遵守下列原则：

(1)宣泄能力大，开挖量小。

(2)弯道少，避开滑坡、崩塌体及高边坡开挖区。

(3)便于布置进入基坑的交通道路。

(4)进（出）口与围堰的接头，满足堰基防冲要求。

(5)避免形成水位差过大的横向水流，以及泄洪时对下游沿岸及施工设施的冲刷。

明渠的断面型式，应便于其后期封堵；其底宽、底坡和进（出）口高程，应使上、下游水流衔接条件良好，并满足导流、截流和施工期通航、排冰要求。应在分析地质条件、水力条件并进行技术、经济比较后，确定明渠衬砌方式。

《规范》"条文说明"指出，为使明渠后期封堵方便，宜避免将其做成"光板"式（未建封堵用闸墩）。如果明渠内未建闸墩，封堵时还需另修围堰，增加后期施工步骤。

"条文说明"中给出了我国部分工程导流明渠工程参数（参见表1F－460011－3）。

我国部分工程导流明渠工程参数　　表1F－460011－3

序号	工程名称	坝型	导流方式	设计流量(m^3/s)	断面型式	明渠尺寸(m)		底坡(‰)	综合利用
						长	宽		
1	龚嘴	重力坝	明渠导流	9 650	梯形	600	35～45	5.4	漂木
2	映秀湾	泄水闸	明渠导流	620	矩形	308	14	7.84	漂木
3	柘溪	大头坝	明渠,隧洞导流	1 300	矩形	560	16	2.5	放木
4	白山	重力拱坝	明渠导流	3 490	梯形	567	20	7.0,0	排冰
5	池潭	拱坝	明渠导流	1 020	梯形	370	8	1.0	放木
6	铜街子	重力坝	明渠导流	10 300	矩形	590	54	10	漂木
7	水口	重力坝	明渠导流	32 200	矩形	1 170	75	3.0	通航,放木

导流隧洞选线应根据地形、地质及水力条件进行,以保证隧洞施工及运行安全;相邻隧洞间净距、隧洞与永久建筑物间间距,以及洞脸处及洞顶岩层厚度均应满足围岩稳定及隧洞安全运行要求;有条件时,宜与永久隧洞相结合,且结合段的洞轴线、断面型式及衬砌结构等,应同时满足永久运行与施工导流要求。

《规范》“条文说明”指出,中、低水头枢纽的永久隧洞,进口高程一般较低;如能满足导(截)流要求,则可能做到全部结合运用(永久隧洞用作导流隧洞)。“条文说明”中给出了我国部分工程导流洞参数(参见表1F－460011－4)。

我国部分工程导流隧洞参数　　表1F－460011－4

序号	工程名称	隧洞长度(m)	设计底坡(‰)	断面型式	断面尺寸		设计泄流量(m^3/s)	地质状况	衬砌情况
					尺寸 $B\times H$(m×m)	面积(m^2)		岩质	
1	上犹江	209.56	5.78	圆形	$D=7$	38.5	300	板岩,石英砂岩	双层钢筋混凝土衬砌,厚1.0 m
2	柘溪	436	3.0	圆拱直墙	12.8×13.6	164	850	坚硬细砂岩及中等坚硬砂质板岩	进(出)口衬砌小于8 m,其余不衬砌;与明渠联合导流
3	碧口	658	—	圆拱直墙	11.5×13	145	2 840	千枚岩,凝灰岩	381 m顶拱不衬砌,114 m边墙和底板不衬砌
4	龙羊峡	661	6.226	圆拱直墙	15×18	152	3 340	花岗岩,闪长岩	全断面衬砌段长占22.7%,其余段作边墙、底板的护面衬砌

续表

序号	工程名称	隧洞长度(m)	设计底坡(‰)	断面型式	断面尺寸		设计泄流量(m^3/s)	地质状况	衬砌情况
					尺寸 $B \times H$(m×m)	面积(m^2)		岩质	
5	鲁布革	786	0.7	方圆形	12×(15.3~16.8)	178	3 523	灰岩,白云岩	钢筋混凝土衬砌,部分顶拱喷锚支护
6	隔河岩	695	1.6	圆拱直墙	13×16	194	3 000	灰岩,页岩	0.4~2.0 m厚钢筋混凝土衬砌,部分洞顶为0.15 m厚喷锚
7	莲花	L1 913.75,L2 746.83	—	上游段圆形;下游段圆拱直墙	D=13.7;12×14	295	3 839	坚硬花岗岩	上游半段结合引水发电运用,采用0.6 m厚钢筋混凝土衬砌;下游半段采用钢筋混凝土衬砌外,其余为0.15 m厚喷锚
8	天生桥一级	L1 982,L2 1054	—	修正马蹄形	13.5×13.5	328	10 800	厚(中厚)层泥岩、砂岩互层	喷锚与钢筋混凝土复合衬砌

隧洞衬砌范围及型式以及封堵措施,应通过技术、经济比较后确定。

《规范》“条文说明”指出,不与永久工程结合的导流隧洞,其衬砌与否、衬砌采用何种型式,受多种条件影响,如围岩稳定性、开挖及衬砌施工条件、隧洞工作水头及洞内水流流速等。如果围岩在内、外水压力作用下能保持稳定,可优先考虑不衬砌型式;但如果隧洞掘进形成的起伏差较大,若不衬砌(或喷锚),隧洞糙率过高,将大大影响泄流能力,这种情况下,就值得研究衬砌的合理性。关于衬砌型式,混凝土衬砌投资虽较贵,但衬砌厚度如能减薄到15~20 cm,因经衬砌后糙率变小,在宣泄同样流量时,开挖断面则可相对减小。因此,隧洞衬砌与否,应经过技术、经济比较后确定。

导流底孔设置数量、尺寸及高程,宜兼顾截流、排冰等要求。

利用永久泄洪(排沙、水库放空)底孔兼作导流底孔时,其应同时满足永久运用和临时运用要求。坝内临时导流底孔,在完成其使用功能后,应以与坝体同强度等级混凝土回填、封堵。回填及封堵时,应采取措施,保证新、老混凝土结合良好。

《规范》“条文说明”指出,应注意导流底孔闸门槽对水流的影响。通常,将底孔闸门孔槽布置在坝外,并须采取措施,防止因底孔闸门槽顶部进水,使水流在闸门槽后脱离孔壁、孔顶而形成负压现象。否则,不仅会减少泄流量,而且可能产生气蚀破坏,影响坝体混凝土质量。

坝内导流底孔,宽度不宜超过所在坝段宽度的一半,并宜骑缝布置。

《规范》“条文说明”指出,底孔最大宽度设置,与坝体应力、闸门制造水平、底孔允许最大尺寸及个数、上(下)游水流衔接条件等有关,应经综合比较后确定。“条文说明”中给出了国内部分工程导流底孔宽度与坝段宽的比值(参见表1F-460011-5)。

导流底孔宽度与坝段宽的比值　　表1F-460011-5

工程名称	坝型	坝高(m)	坝段宽(m)	底孔宽(m)	底孔宽/坝段宽
新安江	重力坝	105	20	10	0.5
乌江渡	拱形重力坝	165	21	7	0.3
桓仁	支墩坝	78.5	16	3.5	0.2
黄龙滩	重力坝	107	20,16	8,6	0.4,0.38
白山	重力拱坝	150	20	9	0.45
丹江口	重力坝	110	24	4	0.17

导流涵管,轴线宜顺直。涵管内不应发生明、满流交替出现的流态。为避免管顶与两侧坝体的不均匀沉陷,全部(或大半部)涵管宜嵌入基岩。为避免涵管由于产生不均匀沉陷和温度应力引起裂缝,宜对其分段设置伸缩缝。

在施工过程中,混凝土重力坝、拱坝等实体结构可预留缺口(或梳齿),使之与其他导流设施共同泄流。在封腔前,支墩坝、坝内厂房等非实体结构不宜过流;如需过流,应采取措施,以保证坝体安全。

坝体泄洪缺口(或梳齿)宜设在河床部位,以避免水流下泄时冲刷岸坡;高坝泄洪缺口,应妥善解决缺口形态、坝面水流流态、下游防冲及过流时引起的振动等问题。

(四)河道截流

应充分分析与截流相应的水力学参数、施工条件、抛投物数量及性质以及截流的难点,进行技术经济比较,并根据下列条件,选择截流方式:

(1)截流落差不超过3.5 m时,宜选择单戗立堵截流。如龙口处水流能量相对较大,流速较高,应制备重大抛投物料。

(2)截流流量大,且落差大于3.5 m时,宜选择双戗(或多戗)立堵截流。

(3)只有在条件特殊并经充分论证后,方可选用建浮桥(栈桥)平堵截流、建闸截流、定向爆破等截流方式。

《规范》“条文说明”指出,当水头超过3.5 m时,流速加大,立堵截流要求的块体重量也大大增加。此时,可采用双戗堤(或多戗堤)进占,以分担落差,进而降低对抛投块体重量的要求;也可采用先修截流闸分流,以降低戗堤承担的水头,待使用抛石进行截流后,再下闸断流。另外,因栈桥价格很贵,施工技术条件也很复杂,故架桥平堵截流方法目前已不常采用。当水力学条件允许和已具有设备的情况下,可以研究以借用船只进行平抛作为截流的辅助措施。“条文说明”中给出了我国部分水利水电工程截流指标(参见表1F-460011-6)。

我国部分水利水电工程截流指标

表 1F－460011－6

序号	工程名称	河流	截流年月（年.月）	截流流量（m^3/s）		截流方法	龙口宽度（m）	最大落差（m/s）	最大流速（m/s）	主戗堤顶宽（m）	截流历时（h）	抛投强度[m^3/d（m^3/h）]	主要截流材料		主要机械设备	
				设计	实际								一般材料	合龙用特殊材料	运输机械	其他机械
1	三门峡	黄河	1 958.11	1 000	2 030	单戗一岸立堵	56	2.97	6.75	25	133	>7 000（294）	石渣（0.1～1.0 m）	3～5 t 大块石，15 t 混凝土四面体，铅丝笼	12.5～25 t 自卸汽车	推土机、起重机、挖掘机
2	大化	红水河	1 980.10	1 500	1 390	单戗一岸立堵，预平抛	59.4	2.33	4.2	16	24	12 686	粒径 0.4～1.0 m 大石为主，少量石渣	粒径 1 m 以上大块石，竹笼、石串、铅丝笼、10 t 四面体	20 t、15 t、12 t 自卸汽车 75 辆	挖掘机 7 台、推土机 8 台、吊车 14 座
3	葛洲坝	长江	1 981.1	5 200	4 720	单戗两岸立堵，拦石坎护底	203	3.23	7.5	25	36	70 000	石渣（0.4～0.7 m）、块石	粒径 1 m 以上大块石，15～25 t 四面体，钢架石笼	20～45 t 自卸汽车 417 辆，20 t 为主	推土机、起重机、挖掘机、装载机、开底驳等
4	铜街子	大渡河	1 986.11	750	850	单戗单向立堵	80	2.4	5.4	22	19	23 000	粒径不超过 0.7 m 石渣	粒径 1 m 大块石，15 t 四面体、铅丝笼、异型体	20 t、15 t 自卸汽车 80 辆	挖掘机 11 台、推土机 15 台、汽车吊 6 辆
5	水口	闽江	1 989.9	1 620	1 130	单戗双向立堵	82.5	0.95	3.34	26	15.4	33 700（2 200）	石渣，粒径 0.45 m 块石占 20%～30%	粒径 0.9 m 大块石，8 t 以上大石串	45 t、32 t、20 t 自卸汽车 46 辆	装载机 10 台、推土机 7 台
6	二滩	雅砻江	1 993.11	2 000	1 440	平、立堵	52	3.83	7.14	—	3.4	（600）	石渣	粒径 0.7 m 石料	30 t 自卸汽车 22 辆	装载机、推土机

河道水深超过 20 m 时,应研究采用平抛垫底等防止堤头坍塌的措施。

《规范》“条文说明”指出,平抛垫底可使河床地基受挤压加密,坡度变缓,水深变浅,可有效减少堤头坍塌。

戗堤轴线应根据河床及两岸地形、地质及交通条件以及围堰防渗、主流流向、通航等要求,经综合分析后选定。戗堤宜为围堰堰体组成部分。

《规范》“条文说明”指出,截流戗堤一般用于与上围堰结合。但如果下围堰地形、地质及交通更为有利,特别是其龙口段地质条件良好,上、下游围堰间水头差又不大时,也可比较选择截流戗堤与下围堰结合方案。

确定龙口宽度及位置,应遵守下列原则:

(1)河床宽度小于 80 m 时,可不安排预进占,不设置龙口。

(2)保证预进占段裹头不发生冲刷破坏。

(3)截流龙口位置,宜设于河床水深较浅、覆盖层较薄或基岩出露处。

(4)龙口的工程量宜小。

若龙口段河床覆盖层抗冲能力低,可预先在龙口位置抛石、抛铅丝(钢筋)笼或合金网兜等进行护底。用立堵法截流时,戗堤轴线下游护底长度可按龙口处平均水深的 2 ~ 4 倍取值,轴线以上可按最大水深的 1 ~ 2 倍取值。护底顶面高程,可在分析水力学条件及护底材料后确定。护底宽度,根据最大可能冲刷宽度确定。

《规范》“条文说明”指出,在有覆盖层的河床上截流,为了保证截流安全和减少合龙时的抛投量,往往采取护底措施。护底优点为:减少了合龙时的工程量;增大了龙口处河床的糙率,从而减少了抛投物流失量,降低了截流难度。

截流时,抛投用材料的选择,应遵守下列原则:

(1)预进占段,填筑料宜利用开挖渣料和当地天然料。

(2)龙口段抛投用的大块石、钢筋石笼或混凝土四面体等材料,其数量应考虑有一定备用。备用系数宜取 1.2 ~ 1.3。

(3)截流备料总量,根据截流料物堆存条件、运输条件、可能流失量以及戗堤发生的沉陷等因素综合分析确定,并应有适当备用量,备用系数可取 1.2 ~ 1.3。

(4)大块体材料,应考虑易于起吊、运输。

《规范》“条文说明”指出,预进占段一般流速较低,除裹头外,开挖渣料一般均能满足要求。大量利用开挖渣料,可降低截流费用。龙口段一般流速较大,重点应考虑大石块及块石串,混凝土四面体只在开采大块石有困难的工程中采用。至于储料备用系数,其与截流难度紧密相关,一般不宜考虑得太大。

“条文说明”指出,截流抛投物应有较强的透水能力,以使截流过程中透过戗堤的流量占较大比例,从而可降低截流难度。

(五)基坑排水

初期排水总量,应按围堰闭气后的基坑积水量、抽水过程中围堰及基础渗水量、堰身及基坑覆盖层中的含水量,以及可能的降水量等四部分的总量进行计算。其中,可能的降水量可采用抽水时段所处季节的多年平均降水量进行计算。

经常性排水,应分别计算围堰及基础在设计水头下的渗流量、覆盖层中的含水量、排水期间降水量以及施工弃水量。其中，降水量按抽水期间最大日降水量在当天可抽干计算，施工弃水量不应与降水量重复计算，基坑渗水量可根据围堰型式、防渗方式、堰基情况、地质资料可靠程度、渗流水头等因素进行考虑，并适当扩大其数值。

《规范》"条文说明"中给出了国内部分工程导流工程投资与基坑排水费对比结果（参见表1F－460011－7）。

国内部分工程导流工程投资与基坑排水费对比　　表1F－460011－7

工程名称	导流工程投资（万元）	基坑排水费（万元）	两者比值（%）
五强溪	6 678.0	990.0	14.8
小东江	143.7	10.5	7.3
东风	1 310.0	150.0	11.5
湾塘	143.0	46.0	32.2
岩滩	5 922.3	420.0	7.1
铜街子	8 680.0	355.0	4.1
紧水滩	1 341.7	49.0	3.7
大峡	1 513.8	17.3	1.2
渔子溪二级	46.0	121.0	263.0

确定基坑初期抽水强度时，应根据不同围堰型式对渗透稳定的要求，同时确定基坑水位允许下降速度。

抽水设备应有一定备用，并应有可靠电源。

（六）施工期蓄水

施工期水库蓄水，蓄水日期应同导流泄水建筑物封堵日期统一考虑，并分析下列条件：

（1）与蓄水有关工程项目的施工进度；导流工程封堵计划完备程度。

（2）库区征地、移民和清库、环境保护要求落实情况。

（3）水文资料和水库库容曲线、水库蓄水历时曲线等资料收集情况。

（4）防洪标准、泄洪与度汛措施、坝体稳定等方面要求落实情况。

（5）下游通航、灌溉等需水要求能否继续满足。

确定施工期蓄水日期时，除应按蓄水标准分月计算水库蓄水位外，还应按规定防洪标准计算汛期水位，以此确定汛前坝体施工应达到的顶面高程和制订混凝土坝接缝灌浆计划。

《规范》"条文说明"指出，在进行施工期蓄水历时计算时，因为下游通航、灌溉、发电和居民生活用水，有时是重复利用，故在考虑水库供水量时，不宜采用简单叠加的办法计算下游需水量，而应通过综合分析，使扣除的水量较为合理，从而使蓄水历时计算较为准确。施工期蓄水，应校核坝体安全上升高程，并应使各月末坝体高程上升到下月最高计算库水位以上。除保证在汛期洪水不越过坝体外，还应对坝体作为临时挡水断面进行稳定和应力校核,并保证混凝土坝纵缝灌浆和坝体封拱灌浆均达到相应高程。

1F－460012　主体工程施工

施工方案选择,应遵守下列原则:

(1)确保工程质量和施工安全。

(2)有利于缩短工期和减少辅助工程量及施工附加工作量,降低施工成本。

(3)有利于先、后作业之间、土建工程施工与机电安装之间以及各道工序之间协调、均衡开展和减少干扰。

(4)技术先进、可靠。所选用的施工新技术,宜通过生产性试验检验(或鉴定)。

(5)施工强度和施工设备、材料、劳动力等资源需求均衡。

(6)有利于水土保持、环境保护和劳动者身体健康。

施工设备选择及劳动力组合,宜遵守下列原则:

(1)与工程所在地施工条件相适应;符合设计要求,且生产能力满足施工强度要求。

(2)设备在性能上应机动、灵活、高效,运行安全可靠;能耗低,并符合环境保护要求。

(3)应按项目子系统中各单项工程的工作面、施工强度、施工方法等进行设备的配套选择,以利人员和设备调动,避免因设备不配套造成人力和物力资源的浪费。

(4)设备购置及运行费用较低,易于获得所需零(配)件,且便于维修、保养、管理和调度。

(5)新型施工设备,宜成套应用于一项工程。单一设备应用时,应与现有施工设备的生产率相适应。

(6)在进行设备选择和配套的基础上,按工作面、工作班制以及施工方法,并结合国内(行业)平均先进水平,进行多工种劳动力的优化组合设计。

《规范》"条文说明"指出,所选设备,应与服务对象、工程所在地自然环境、施工条件以及水工枢纽布置相适应。设备生产能力,既不宜选得过大,否则将增加设备购置费,降低设备利用率;也不宜选得过小,否则将影响施工进度,拖长工期。

"条文说明"指出,选择设备型号、数量,可根据工程平均施工强度(或高峰施工强度)、设备在工程实践中的实际生产率等资料分析确定。可先选主要施工设备型号、数量,再选与之配套的设备。大型重要工程,宜利用计算机模拟技术作为选择施工设备的手段。

施工方案,宜采用计算机模拟技术进行比选。

(一)土石方明挖

岩土开挖级别,应根据现场实际地质条件,按附录C中表C.1(其中,土类开挖级别划分,见表1F－460012－1)确定。土石方开挖,应自上而下分层进行,分层厚度应经综合研究后确定。两岸(水上部分)坝基开挖,宜在截流前完成(或基本完成)。水上、水下部分的划分,其分界高程可根据地形、地质及水文条件以及开挖时段等因素分析确定。

邻近建基面钻孔爆破时,孔底距建基面应留有一定距离(应留保护层)。保护层上部的石方开挖,宜采用延长药包并采取梯段爆破。

土类开挖级别划分 表1F-460012-1

土类级别		土类名称	天然湿度下的平均容重(kg/m^3)	外型特征
松土	Ⅰ	1. 砂土 2. 种植土	1 650~1 750	疏松、黏着力差;易透水,略有黏性
	Ⅱ	1. 壤土 2. 淤泥 3. 含壤种植土	1 750~1 850	开挖时能成块,并易打碎
普通土	Ⅲ	1. 黏土 2. 干燥黄土 3. 干淤泥 4. 含少量砾石黏土	1 800~1 950	粘手(或干硬);看不见砂粒
硬土	Ⅳ	1. 坚硬黏土 2. 砾质黏土 3. 含卵石黏土	1 900~2 100	结构坚硬;分裂后成块状;含黏粒及砾石较多

按设计图样进行边坡轮廓面开挖时,应采取留保护层、控制爆破等防震措施。

地基开挖时,若地形、地质条件和开挖层厚度允许布置坑道,在符合地基预裂要求情况下,可考虑采用辐射孔爆破。

应结合施工总布置和施工总进度,做好整个工程的土石方平衡。弃渣转运方式,应做到经济、合理。

高边坡开挖设计,应遵守下列原则:

(1)采取自上而下的施工程序。

(2)避免二次削坡。

(3)采用预裂爆破或光面爆破。

(4)对有支护要求的高边坡,每层在开挖后及时支护。

(5)坡顶设截水沟。

开挖设备配套,应考虑下列因素:

(1)根据开挖时的出渣强度和设备额定生产能力(或工程实践得出的平均先进指标),配置设备数量。

(2)钻孔爆破生产能力与挖掘机械生产能力,两者应相协调。当钻孔、爆破及挖装工序间穿插有其他工序时,需考虑其对相关工序生产率的影响。

(3)运输设备与挖装设备应相匹配。运输设备容量,可为挖掘设备斗容量的3~6倍,运距远时,用大值。

(4)优选挖、装、运配套设备。

《规范》"条文说明"中给出了一般情况下运输设备斗容量与挖掘设备斗容量合理的比值(见表1F-460012-2)。

车、铲斗容量比的合理值　　表1F-460012-2

挖装设备	汽车运距(km)		
	<1.0	1.0~2.5	3.0~5.0
挖掘机	3~5	4~7	7~10
装载机	3	4~5	4~5

出渣道路布置,应遵守下列原则:

(1)主体工程土石方明挖出渣道路布置,根据开挖方式、施工进度、运输强度、渣场位置、车型和地形条件等,进行统一规划。

(2)基坑出渣道路布置困难时,其最大纵坡可视运输设备性能、纵坡长度等具体情况酌情加大,但不宜大于15%。围堰顶部用作施工道路时,其结构设计应满足施工道路要求。

(3)对工程后期施工无不良影响,不占(压)建筑物位置(部位),不占压(或少占压)深挖部位。

(4)短、平、直,减少平面交叉。

(5)行车密度大的道路,宜设置双车道(或循环线路);如设置为单车道,应设置错车道。

(二)地基处理

地基处理,应根据水工建筑物对地基的要求,认真分析水文、地质等条件,进行技术、经济比较,选择技术可行、效果可靠、工期较短、经济合理的施工方案。

帷幕灌浆施工场地面积,除满足布置制浆系统及灌浆设备需要外,还应考虑必要时进行补强灌浆的需要。条件具备的工程,帷幕灌浆宜在廊道内进行。

有盖重的坝基固结灌浆,应在混凝土达到要求的强度后进行。

基础灌浆,宜按照先固结、后帷幕的顺序进行。帷幕灌浆,宜按分序逐渐加密的方式施工。

防渗墙施工平台的高程,应高于施工时段设计最高水位2 m以上。平台的平面尺寸,应满足造孔、清渣、混凝土浇筑以及车辆行走的要求。

防渗墙槽孔长度,可取5~8 m。具体取值,应综合分析地层特性、槽孔深浅、造孔机具性能、工期要求和混凝土生产能力等因素后确定。深槽段、槽壁易塌段,宜取小值。

防渗墙施工所用土料的质量和数量,应满足造孔及清孔施工要求。制浆用土料的黏粒含量,宜在50%以上,塑性指数不小于20,含沙量小于5%。

(三)料场的选择、规划及开采

进行料场选择时,可根据枢纽布置特点,选择多个料场进行比选。土石坝主要用料,应至少有两个具备良好开采条件的料场。

《规范》"条文说明"指出,料场是工程能否顺利进行的生命线。我国很多工程都是因为料场问题而影响工程进度。所以,料场(特别是石料场)问题应引起高度重视。石料场，地质条件比较复杂，断层、节理等较发育，处理地质问题需要很长时间。所以，石料场是工程能否顺利进行的制约因素。两个料场（或两个开采作业面）同时开采，则能够有力地保证工程的顺利实施。

料场的比较与选择，除应遵循质量优良、经济、就地取材、少占耕地等原则外，还应符合下列规定：

(1)宜选择便于开采和贮量相对集中、料层厚、无用层及覆盖层相对较薄的料场。

(2)混凝土人工骨料，宜选用硬度适中且破碎后粒型良好的料场作为料源。

料场的使用顺序，宜为先近后远，先水上后水下，先库区后坝下；做到就近取料，高料高用、低料低用，避免上、下游料物在空间上交叉使用。

料场开采规划，应遵守下列原则：

(1)根据料场所在地区水文、气象及地形条件以及对外交通现状，研究料场开采道路布置、开采顺序，并合理选择采、挖、运设备，以满足高峰期采运强度要求。

(2)若料场比较分散，上游料场宜用于前期施工；近距离料场，宜作调剂高峰用。

(3)拟订分期开采计划，以确保连续、均衡开采。

(4)受洪水（或冰冻）影响的料场应有备料，并有防洪（或冬季开采）等方面的措施。

土料开采及加工处理，应符合下列规定：

(1)根据土层厚度和土料物理力学特性、施工特性及天然含水量等条件，研究确定主（次）料场、分区开采规划和开采方式。

(2)开采及加工能力应能满足坝体填筑强度要求。

(3)若料场内土料的天然含水量偏高（或偏低），或其物理力学特性不能满足设计规定及施工要求，可通过技术、经济比较，选择采取具体措施进行调整。

《规范》"条文说明"指出，土料场的规划，除要保证上坝所要求的强度外，在许多情况下，还需要对土料进行处理；主要是调整含水量，有时也要求改良土料物性。这些处理工作应在料场（或合适的场地）进行，不应把不合格的土料运到坝面上去处理。

砂砾石料开采及加工处理，应符合下列规定：

(1)当含泥量超标时，可采用冲洗法（或其他措施），使含泥量减少；软弱颗粒超标时，可采用加入人工骨料的方法解决。

(2)应考虑工程施工期间由于河道水流条件发生改变，造成料场储量、砂石料级配及开采运输条件变化的情况，并采取相应措施。

《规范》"条文说明"指出，砂砾石料场一般位于河岸或水下，受季节、河道水位和水流速度影响较大。所以，要分析工程自然条件，选择适宜的时间进行开采，以降低工程成本。

选择大型采砂船，应考虑下列因素：

(1)设备进场及撤退时的可行性。

(2)选择合理的开采时的水位；研究开采顺序和作业线路，并宜创造静水和低流速开采条件。

(3)如开采过程中因细砂流失而导致砂料细度模数增大，应采取必要措施回收细砂。

《规范》"条文说明"指出，使用整体组装运输的采砂船时，应对河道不同时期的水深进行调查；如因河道水浅，采砂船进（出）场时需疏通河床，并因此增加费用，则应放弃采砂船方案。

“条文说明”指出,细砂过多流失,既改变了砂料级配,又使其细度模数加大,从而影响混凝土工艺及性能。因此,合理确定开采路线与顺序,创造静水或低流速条件进行开采很有必要。

石料场可采用台阶法、洞室爆破法进行开采。必要时,可用洞挖法取料。

运输方式,应根据地形条件、开采方式、运输量、运输设备型号和运距等,通过技术、经济比较后确定。

《规范》“条文说明”指出,材料运输是保证施工强度所必需的中间环节。正常情况下,施工强度较高。自卸汽车运送各种材料,具有较好的适应性,且具有运输能力高、通用性强、能直接铺料、机动灵活、设备易于获得等优点,施工中多被选用。带式输送机的爬坡能力强,通道修筑比较简易,运输费用较低,也能达到较高的运输能力。应根据工程具体条件,进行技术、经济比较后确定。

料物堆存,应有防洪、排水、防污染、防分离和散失等方面的措施。

《规范》“条文说明”指出,应做好物料堆存场的规划,使物料易于装运,且不被污染;存放多少料,就能取出多少料,避免(或减少)物料堆存过程中的损失。

料场规划及开采,应使料物及弃渣的总运输量最小,做好料场平衡,并做到弃渣无隐患,且满足环境保护和水土保持要求。

《规范》“条文说明”指出,应做好物流平衡,以减少物料重复倒运,达到经济合理的目的。

(四)土石坝施工

土石坝施工方案的选择,应分析工程所在地区气象台(站)的长期观测资料;统计降水、气温、蒸发、大风和冰冻等各种气象要素不同量级出现的天数,确定其对各种坝料施工的影响程度。

施工上坝道路布置,应遵守下列原则:

(1)各路段采用的标准,应满足坝料运输强度要求,并在分析各路段承担的运输总量、使用期间、行走的运输车辆类型和当地气象条件等因素后确定。

(2)兼顾各期上坝需要,使各期上坝道路能衔接使用。

(3)兼顾其他施工通道、两岸交通和施工期过坝运输需要;宜与永久公路结合。

(4)施工道路技术标准,可按《规范》附录D(略)的规定确定。特殊路段,在限制坡长(不宜大于200 m)条件下,道路最大纵坡不大于15%。

《规范》“条文说明”指出,布置上坝道路,首要问题是正确确定道路标准。这是保证汽车正常使用、减少轮胎消耗、提高运输能力的基本条件。道路布置,应当兼顾与其相邻建筑物施工通道的要求、施工期过坝运输要求及沟通两岸交通的要求,并宜与永久公路结合。

“条文说明”指出,土石坝施工道路标准,建议一级坝采用露天矿山道路Ⅱ级标准,二级坝采用露天矿山道路Ⅲ级标准。“条文说明”中给出了国内部分土石坝工程施工道路技术参数(见表1F-460012-3)。

部分土石坝工程施工道路技术参数　表1F－460012－3

序号	项目	单位	工程			
			小浪底	黑河	鲁布革	碧口
1	坝体总填筑量	$\times 10^4\ m^3$	4 900	820	222	397
2	坝体填筑高峰强度	$\times 10^4\ m^3$/月	157	57	22.3	27.7
3	行车密度	车次/h	30～85	26～68	—	—
4	汽车载重量	t	65	45	10～20	12.5
5	采用标准	—	露天矿山道路Ⅱ级	露天矿山道路Ⅱ级	—	—
6	路面宽度	m	16.5	12	10	8
7	最大纵坡	%	8	8	6	11
8	最小转弯半径	m	30	15		10
9	路面结构	—	泥结碎石	泥结碎石	土路	混凝土

土(石)料,用自卸汽车运输上坝时,宜采用进占法卸料;压实设备类型,可根据土(石)料性质等因素选择;铺料厚度,应根据土(石)料性质和压实设备性能,通过现场试验(或工程类比法)确定。

《规范》"条文说明"指出,在一般情况下,细粒土料应选静碾,砂石料可用振动型碾;含水量高、强度低的土用轻碾,含水量低、强度高的土用重碾;碾压过程中要求破碎粗粒时,可用凸块碾(或锥型碾)。

混凝土面板堆石坝施工,上游坝坡经压实平整后,可采用沥青乳胶或碾压砂浆等措施对边坡进行固定。

《规范》"条文说明"指出,面板坝上游坝坡,应整平、压实;当前,多用振动平碾顺坡碾压。上游坡面碾压分级长度,以10～20 m为宜;分级长度过大,用振动碾不易控制,影响碾压质量。工程实践中,上游坡面有采用振动夯板(夯板装于反向铲臂端)压实的案例,效果甚佳,故可将其作为辅助压实设备。

"条文说明"指出,工程实践证明,用碾压砂浆法护坡,施工方便,护坡效果好,自身平整度也较好;与用喷混凝土方法相比,对面板混凝土的约束小,有利于避免面板混凝土出现裂缝。

混凝土面板堆石坝如因坝体施工期度汛或初期蓄水发电需要,混凝土面板可设置水平缝,分期施工。

《规范》"条文说明"指出,高混凝土面板堆石坝若因蓄水(拦洪)需要,可分期浇筑面板;中等高度以下的混凝土面板堆石坝无特殊要求时,可不设水平缝,面板由下而上一次浇筑到顶。

沥青混凝土面板,宜按一期铺筑。当坝坡长大于120 m或因度汛需要,也可分两期铺筑;但两期间的水平缝,在二期铺筑时应经加热处理。纵向铺筑宽度,可为3～4 m。

《规范》"条文说明"指出,沥青混凝土面板斜坡过长,将给牵引斜坡铺压机械运行的卷扬机带来困难;这不仅是因为卷扬机的钢丝绳容量有一定限度,而且还因为过长的钢丝绳在自重作用下会下垂而擦坏已铺好的面板;同时,由于牵引机械与铺压机械相距过远,斜坡运距相应加大,会使铺筑变得不方便。因此,规定斜坡长度超过120 m时,可采用二级铺设。

"条文说明"指出,加大面板摊铺宽度,可减少面板施工缝、提高防渗效果和面板的整体性。根据铺设宽度单层防渗影响的初步研究,随着铺设条幅宽度的增大,在条面渗透系数一定的情况下,单层防渗的组合渗透系数减小很快;但条幅宽度超过4 m以后,组合渗透系数减小缓慢。这说明,继续增大条幅宽度对提高防渗效果的作用并不明显,且增加施工难度。因此,认为一次铺设宽度以3~4 m为宜。

碾压式沥青混凝土心墙的铺筑层厚,宜通过碾压试验确定,可采用20~30 cm。心墙铺筑与两侧过渡层填筑,宜平起、平压。

《规范》"条文说明"指出,碾压式沥青混凝土心墙每层铺设厚度,与碾压机械的压实功能有关,应通过碾压试验确定。根据国内(外)施工实例统计资料(见表1F-460012-4),铺设厚度一般为25 cm。

碾压式沥青混凝土心墙铺设厚度 表1F-460012-4

工程名称	碧流河	高岛	武利	衔所
铺设厚度(cm)	20	25~30	25	25

土石坝施工机械,选型应配套;设备数量,可按施工高峰时段的平均强度计算,并适当留有余量。大型工程(或有特殊要求的工程)施工机械选型,应通过生产性试验验证。

(五)混凝土施工

门式及塔式起重机布置,应考虑下列因素:

(1)栈桥布置,满足施工期防洪要求;栈桥高程与混凝土供料线高程相协调。

(2)栈桥,宜平行于坝轴线布置。

(3)栈桥的型式,通过技术经济比较和对工期要求等因素分析后确定。

《规范》"条文说明"指出,门座式起重机(简称门机)适用于混凝土工程量较大、浇筑强度较高的大型闸、坝工程。塔式起重机(简称塔机)亦如此,但更适宜布置(应用)在建筑物呈铅直壁面的工程。

"条文说明"指出,门机(塔机)的栈桥,一般在基坑开挖后才浇筑桥墩及安装设备,因而,在时间上不能满足建筑物基础混凝土浇筑时的混凝土运输要求;另外,仅靠起吊臂杆的运移也不能完全满足各部位混凝土的浇筑需求。因此,栈桥方案尚需辅以其他浇筑设备。

"条文说明"指出,所用机型和栈桥布置,一般根据坝(或厂房)的体形、尺寸和技术要求而定。对于100 m以上的高坝,常需设高、低栈桥,往往还需拆迁。同一栈桥上安装设备的台数,须满足相互间运行安全的要求。

塔带机布置,应考虑下列因素:

(1)宜避免随混凝土浇筑进程而拆迁。

(2)混凝土生产能力、振捣设备等与塔带机的运料能力相适应。

《规范》“条文说明”指出,塔式皮带起重机(简称塔带机)适用于混凝土工程量较大、浇筑强度较高的高大型闸、坝工程。

“条文说明”指出,塔带机的生产率高,可适应浇筑常态混凝土及碾压混凝土的运输需求;但当需要运送两种以上品种的混凝土时,转换起来较困难。

缆索式起重机布置,应考虑下列因素:

(1)适用于河谷较窄的坝址。

(2)缆索式起重机的型式,根据两岸地形及地质条件、坝型、工程布置、设备布置、浇筑强度等因素,在进行技术、经济比较后选定。

(3)混凝土供料线应平直;其设置高程,宜优先满足坝顶部位浇筑需求,且不宜低于初期发电水位;宽度和长度满足混凝土施工及辅助作业要求;不占压(或少占压)坝块。

(4)承重缆的垂度,可取跨度的5%;缆索两端头的高差,宜控制在跨度的5%以内;供料点距较近一个塔顶的水平距离,不宜小于跨度的10%。

《规范》“条文说明”指出,缆索式起重机(简称缆机)分为固定式、平移式和辐射式三类。固定式缆机,两端固定,俗名“走线”。平移式缆机,有首、尾两个可移动的钢塔架(主、副塔),在首、尾塔架顶部凌空架设承重缆索(称“主索”);行驶于承重索上的起重小车,靠牵引锁牵引移动,另用起重索起吊重物,机房和操纵室均设在首塔内;其工作控制面为一矩形。辐射式缆机,尾塔固定(称“固定塔”),首塔沿弧形轨道移动,其工作控制面为一扇形。

“条文说明”指出,平移式缆机适用于各种坝型,特别是用于峡谷中的重力坝施工时,利用率较高。其主、副塔应紧靠河岸布置,以使主索跨度较短。其不足之处是,由于两岸需设置行走平台,且要求两者既平行、高差又不太大,故对两岸地形要求较高,土建工程量相应较大;结构较复杂,安装工作量较大;使用中可能发生压块现象,尤其是宽河床、多坝段的工程。例如,对多机组的坝后式厂房,当用平移式缆机吊装钢管和进水口埋件时,便限制了处于主索下的坝块的正常作业。

辐射式缆机适用于各类坝型,更适用于薄拱坝施工。由于只有一岸行走平台,易适应地形,故布置起来较灵活。当两台辐射式缆机同平台共轨运行时,欲取得更大的工作控制面,可将两台缆机的固定塔分开设置。

固定式缆机宜专门用于转料和安装作业,或协同移动式缆机工作。其优点是,具有较大的跨度和起重量,适应各种地形条件;基础工程量小,结构简单。缺点是,工作面呈狭窄带状,使用范围有限。

混凝土起吊设备数量,可根据月高峰浇筑强度、吊罐容量、设备小时循环次数、可供浇筑的仓面数和辅助吊运工作量等,经计算(或用工程类比法)确定。其中,辅助吊运工作量,可按吊运混凝土当量时间的百分比计算。

《规范》“条文说明”指出,大型起吊设备吊运混凝土的台月生产率,不仅与吊罐容量和小时循环次数有关,还与机械的控制范围有密切关系。缆机控制面一般较大,能够浇筑的仓面多,时间利用系数较高,所以台月生产率也高。而门、塔机等臂杆式机械,由于其活动范围小,能够控制的浇筑块少,设备效率得不到充分发挥,所以台月生产率一般比缆机低。

"条文说明"指出,河床式厂房施工,起吊设备吊运混凝土与承担辅助工作工时的比值,根据葛洲坝一期厂房施工的统计资料,共16台门、塔机,平均工时利用率47.6%,月平均吊运混凝土1 455罐;辅助吊运工作与吊运混凝土两者月工时比值的平均值为1∶3.45(即辅助工作工时约占30%),月工时比值的最高值为1∶2.17(即辅助工作工时约占46%)。

混凝土起吊设备应用时的小时循环次数,应根据设备运行速度、取料点至卸料点的水平及垂直距离、设备配套情况、施工管理水平和工人技术熟练程度等进行分析计算,或用工程类比法确定。

《规范》"条文说明"指出,国产缆机小车的运行速度为360~450 m/min,吊钩升降速度为105~160 m/min;塔架移动速度,一般多为8~13 m/min。缆机跨度愈大,小车运行速度愈大。

国产10 t的缆机,20世纪50年代在柘溪工程施工中,浇筑混凝土月强度达12 200 m^3;刘家峡用20 t的缆机,月最高浇筑强度超过30 000 m^3;乌江渡工程用20 t的缆机,单机台班产量最高达924 m^3(在水平运距100 m、提升55 m情况下)。

坝体浇筑仓面的最大尺寸,宜在分析混凝土性能、浇筑设备能力、温度控制措施和工期要求等因素后确定。

用平浇法浇筑混凝土时,要求设备生产能力应能确保混凝土初凝前将仓面覆盖完毕。当仓面面积过大,设备生产能力不能满足时,可用台阶法浇筑。

《规范》"条文说明"指出,通仓浇筑,不仅能避免采用其他浇筑法时垂直施工缝对结构物整体性的影响,而且可以加快施工进度,减少模板工程量,降低工程造价;但该法对浇筑强度和温度控制要求较高。对坝高小于70 m的坝段,按目前所具备的机械浇筑能力和制冷措施水平,在低温季节通仓浇筑基础混凝土是可能的;高坝采用通仓浇筑,则应有论证。

"条文说明"指出,当采用平浇法浇筑时,如机械生产能力不能满足仓面要求,可采用台阶法浇筑,其浇筑顺序如图1F-460012所示。使用台阶法的基本条件是薄层浇筑。根据混凝土吊运设备的吊运能力和混凝土散热要求,浇筑块高宜在1.5 m以内;其台阶宽不小于1.0 m,斜坡坡度不小于1∶2,浇筑块前进方向卸料宽不小于2.8 m(用3 m^3吊罐卸料时)。

坝体接缝灌浆,应遵守下列原则:

(1)接缝灌浆,待灌浆区及其上部混凝土冷却至坝体稳定温度(或设计文件中规定的温度)后进行;如需提前灌浆,在采取有效措施情况下,混凝土龄期不宜短于4个月。

(2)同一坝缝内灌浆分区高度,宜为10~15 m。

(3)空腹坝封顶灌浆,或受气温年变化影响较大的坝体的接缝灌浆,宜安排在较坝体稳定温度更低的超冷温度下进行。

《规范》"条文说明"指出,坝体的接缝灌浆,对坝体施工进度和工程造价影响较大。以往规范规定,混凝土龄期大于6个月才能灌浆。东江水电站温度控制补充报告显示,7

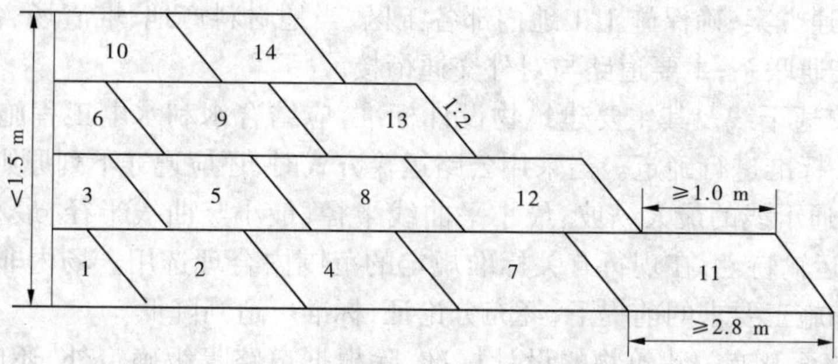

图 1F－460012　台阶浇筑法

月份浇筑的混凝土，如仅为满足混凝土干缩要求，有 3 个月龄期就够了。凤滩工程（空腹坝）封顶灌浆时，采用了较坝体稳定温度更低的超冷温度，腹拱圈未出现拉应力。

大体积混凝土掺用粉煤灰施工，宜符合下列规定：

（1）掺用粉煤灰混凝土暴露面的潮湿养护时间，不应少于 21 d。

（2）掺用粉煤灰混凝土在低温条件下施工，应注意表面保温；拆模时间应适当延长。

碾压混凝土原材料与拌和，应符合下列规定：

（1）胶凝材料用量，不宜小于 130 kg/m^3。最大骨料粒径，宜不大于 80 mm。

（2）粉煤灰及火山灰质等活性材料，可作为碾压混凝土的掺合料。粉煤灰的选用，应符合相关标准的规定。

（3）碾压混凝土配合比，应通过试验确定。

（4）碾压混凝土材料稠度（或称"结构黏度"）V_c 值，宜通过现场试验确定。

（5）自落式和强制式拌和设备，均可用于拌制碾压混凝土。

碾压混凝土施工，应遵守下列原则：

（1）宜避开高温季节施工，并进行温度控制设计。

（2）混凝土填筑，宜薄层、连续上升；经试验论证能保证填筑质量时，可适当增大填筑层厚度。

（3）碾压混凝土可采用自卸汽车直接入仓，或胶带机运输、仓内辅以汽车转料等方式；采用负压溜槽（管）运输碾压混凝土材料时，其倾角应大于 45°，单级落差不宜大于 70 m。

（4）碾压混凝土可采用湿地推土机（或摊铺机）铺料，振动碾压实；为适应坝体不同部位碾压（压实）要求，宜配备不同型号和功率的振动碾。

1F－460013　施工交通运输

施工交通运输，可划分为对外交通和场内交通两部分。进行施工组织设计时，应结合施工总布置及施工总进度要求，经比较后选择对外交通运输方案；合理解决超限运输；进行场内交通规划。确定对外交通和场内交通的范围时，应符合下列规定：

（1）对外交通方案，确保施工工地与国家（或地方）公路、铁路车站及水运港口之间的交通联系;具备完成施工期间外来物资运输任务的能力。

(2)场内交通方案,确保施工工地内部各工区、当地材料产地、堆渣场、各生产区及各生活区之间的交通联系;主要道路与对外交通衔接。

场内(外)交通干线及其主要建筑物设计标准,应结合水利水电工程施工特点,参照国家及行业相关标准进行确定。当采用公路运输方式时,还应遵守下列原则:

(1)主要交通干线的最大纵坡、最小平曲线半径、最小竖曲线半径、最小视距等技术指标,根据施工运输特性,在现行有关标准规定的范围内合理选用。场内非主要道路,在满足安全运行和施工要求的前提下,经充分论证,标准可适当降低。

(2)路基、路面及有关建筑物的设计标准,除根据道路等级确定外,还应满足施工期主要车型(车辆)运行和运输强度的要求。少数重大件的运输,可采取临时措施解决。

(3)场内主要临时交通道路的防洪标准,与施工场区的防洪标准一致。

《规范》"条文说明"指出,水利水电工程施工交通运输,包含有少数重大件运输,且其运输期较短,因此允许交通运输标准有一定的灵活性。尤其是场内下基坑道路,高差大、线路短,展线比较困难,往往难以满足最大限制坡度要求。大、中型水利水电工程施工运输,普遍采用大型自卸汽车,爬坡能力强;场内公路坡度,一般为10% ~15%,下基坑道路则局部达20%。

"条文说明"指出,水利水电工程中,由于工程量大、工期长,施工道路的状况对轮胎寿命影响极大。场内主要交通道路,过分迁就地形和节约筑路费用,造成平曲线弯急和纵坡坡陡;且多数不采用路面结构层,爆破后形成的开挖面直接作为挖方段路面,填方段路面则多由大小不一的碎石填筑层组成。结果,造成车辆过早损坏,加大了配件、轮胎和油料的消耗。因此,提出了场内下基坑道路、上坝道路和运输量较小的场内非主要交通干线,在保证运输安全的前提下,经充分论证,容许适当降低标准。论证的内容,一般包括工程基建投资和油耗。坡度增大,工程投资减少了,但油耗增加了。因此,应结合基坑内道路布置条件,进行综合比较论证。

"条文说明"指出,路基(路面)宽度,主要取决于车型(车辆)的宽限。水利水电工程场内交通运输多采用较大吨位的车辆,车型较宽。因此,路基(路面)宽度应满足施工期主要车型的运输要求。

"条文说明"指出,重大件运输,是水利水电工程施工交通运输的一大特点,但占运输总量的比重小;只要能保证安全通过即可。可以采用减速、重大件运输时禁止其他车辆通行等措施,据此确定道路极限指标。至于桥、涵等载重标准低的问题,可以采用降低其安全系数(或提高其材料的允许应力),或者采用临时加固、绕行等措施予以解决。

1F－460014　施工工厂设施

施工工厂设施应确保:制备施工所需的建筑材料,供应水、电及压缩空气,建立工地内、外通信联系,维修和保养施工设备,加工制作少量非标准件及金属结构。

施工工厂的规划布置,应遵守以下原则:

(1)施工工厂设施规模的确定,应研究利用当地工矿企业进行生产(或参与技术协作),并结合本工程(或梯级电站)施工需要。

(2)厂址宜设于交通运输及水、电供应方便处,并靠近服务对象和用户中心,以减少物资逆向运输。

(3)生活区与生产区分开。协作关系密切的施工工厂,宜集中布置。集中布置(或分散布置)时的相互距离,应满足防火、安全、卫生及环境保护要求。

施工工厂的设计,宜逐步推广装配式结构,选用通用及多功能设备。

应计算各种施工工厂的生产规模、占地面积、建筑面积、用电负荷、生产人员数量等指标。

(一)砂石加工系统

砂石加工系统设计,应遵守下列原则:

(1)砂、石原料的需用量,根据混凝土用料和其他有砂、石级配要求的用料需求,计及开采、加工、运输等过程中的损耗和弃料量确定。加工处理能力,可按混凝土高峰时段月平均骨料需用量与砂、石其他需用量之和计算。

(2)砂石厂主要生产车间(生产单元)工作制度,宜采用两班制;制砂可采用三班制。粗碎(或超径处理)工作班次,宜与采料场作业相一致,并符合下列规定:

①月工作日数:25 d;

②日工作时数:两班制,14 h;三班制,20 h。

砂石厂厂址选择,应遵守下列原则:

(1)设在料场附近。多料场供应时,设在主料场附近;经论证,亦可分别设厂;砂、石利用率高、运距近、场地许可时,亦可设在混凝土工厂附近。

(2)人工骨料加工时使用的粗碎车间,宜设在离采石场 1~2 km 范围内。

(3)主要设施地基稳定,且有足够的承载能力。

(4)厂址宜靠近已有交通运输线路、水源和输电线路处。

(5)在生活区附近设厂时,保持必要的防护距离,并采取降低噪声和粉尘的措施。

(6)厂址占用耕地时,应考虑工程完建后是否有条件恢复耕地;如有条件,应保存表土,以便复土还地。

砂石厂各车间布置,应遵守下列原则:

(1)灵活性。既可提前形成生产能力,满足前期砂、石料需要,还可及时调整生产方式,适应原料粒度变化及不同骨料级配要求。

(2)避免骨料级配失调,减少超(逊)径。同一作业用的多台同规格设备,宜对称(或同轴线)配置在同一高程上,以便必要时变换流程或互换设备。

(3)利用地形,简化内部成品运输及场地排水。

(4)除寒冷地区外,破碎、筛分及制砂车间可露天设置,但对其电气设备应适当进行保护。

砂(石)料的总储量,可按高峰时段月平均需用量的50%~80%考虑;汛期、冰冻期停采时,须按停采期骨料需用量外加20%裕度校核。

(二)混凝土生产系统

混凝土生产系统的规模,应满足质量、品种、出机口温度和浇筑强度的要求;单位小时生产能力,可按月高峰强度计算;月有效生产时间,可按 500 h 计;不均匀系数,按 1.5 考虑,并按充分发挥浇筑设备能力校核。

加冰(或加掺合料)拌和,或生产干硬性(或低坍落度)混凝土时,均应核算拌和楼的生产能力。

混凝土生产系统布置,应遵守下列原则:

(1)宜靠近浇筑地点;合理利用地形;主要建筑物应设在稳定、坚实及承载能力满足要求的地基上。

(2)统筹兼顾前、后期施工需要,以避免中途搬迁;不与永久性建筑物相干扰;高层建筑物(或料堆)与输电设备及线路之间保持足够的安全距离。

(3)原材料进料线路,应与混凝土出料线路错开。

(4)系统分期建设时,各期生产能力应能满足相应时期混凝土浇筑要求。

混凝土生产系统宜集中布置;下列情况下,可分散布置:

(1)水工建筑物分散(或高差悬殊),浇筑强度过大,或混凝土对骨料级配要求相差悬殊,如集中布置将使混凝土(或骨料)运距过远或供应困难。

(2)左、右岸混凝土运输线彼此无法沟通。

(3)砂(石)料场分散,集中布置时骨料运输不便或不经济。

(三)机械修配厂、加工厂

机械修配厂的厂址应靠近施工现场,并靠近汽车修配厂。

《规范》"条文说明"指出,规定"靠近汽车修配厂"设置,是考虑到施工机械的内燃机底盘等与汽修厂修理内容基本一致,靠近设置便于相互协作。

汽车保养站宜集中设置,保养数量宜在50~300辆之间;汽车数量多或工区较分散时,一级保养可分散设置,二级保养宜集中设置。

压力钢管加工制作场地,宜根据钢管直径、管壁厚度、加工运输条件等因素确定。大型钢管宜在工地制作;直径较小且管壁较厚的钢管,可在专业工厂内加工成节(或加工成瓦状),运至工地后组装。

《规范》"条文说明"指出,大型钢管运输困难,即使加工成瓦状,途中变形仍较大;校正工作量相应增大,而节省的加工工序并不多,因而宜在工地制作。厚壁、小直径钢管则不受此限。

木材加工厂规模,宜根据工程所需原木总量、木材来源及运输方式,锯材、构件、木模板等的需要量和供应计划,以及场内运输条件等确定。

《规范》"条文说明"指出,考虑到目前水利水电工程中,钢模、钢木组合模板、滑模及混凝土预制构件大量使用,木材加工厂规模大为缩小。因此,在确定木材加工厂规模时,不宜再套用既有工程实践中的统计值。

钢筋加工厂规模,可按高峰月的日平均需用量确定。

《规范》"条文说明"指出,考虑到初设阶段施工总进度一般按月编制,故按相应于高峰月各部位的混凝土强度及钢筋含量来计算钢筋加工厂规模,更为准确一些。

混凝土构件预制厂规模,宜根据构件的种类、规格、数量、最大重量、供应计划、原材料来源及供应(运输)方式等,经计算后确定。

《规范》"条文说明"指出,是否单独设置混凝土预制厂,应视预制量多少和场地等条件确定。当年构件需要量小于3 000 m^3时，相当于日产10 m^3，所需场地不大，可以就地拌制，故不必单独设厂。混凝土预制构件重量大、易损坏，厂址应设在交通方便、接近用户处。

1F－460015　施工总布置

施工总布置，应综合分析水工枢纽布置和主体建筑物规模、型式、特点及施工条件，以及工程所在地区社会、自然条件等因素，处理好施工场地布局与环境保护和水土保持间的关系；合理确定并统筹规划为工程施工服务所需的各种临时设施。

施工总布置方案，应贯彻执行合理利用土地的方针，遵循因地制宜、因时制宜，有利生产、方便生活，易于管理、安全可靠，注重环境保护、减少水土流失，充分体现人与自然和谐相处以及经济合理的原则，经全面、系统地比较和论证后选定。

《规范》"条文说明"指出，施工总布置设计，要针对具体工程的条件和特点，充分考虑建设期与运行期、近期与远期、临时与永久的结合；采用先进的施工技术和恰当的组织形式，使布置规划合理、交通运输畅通便捷；尽力改善各项施工技术指标；分清主次缓急，分别就时间、地点、条件等因素变化后的相应方案进行比较，以得到最优设计成果。

施工总布置方案比较，应包括下列指标：

(1)交通道路的工程量(或造价指标)；运输量及运输设备需用量。

(2)各方案土石方平衡计算成果及弃渣场规划；场地平整估算的土石方工程量。

(3)风(水、电)系统各方案管线布置主要工程量、所需材料及设备等。

(4)生产设施及生活营区建筑面积及占地面积。

(5)各方案施工征地及移民相应各种指标。

(6)施工工厂设施土建及安装工程量。

(7)站场、码头及仓库装卸设备布置需要量。

(8)其他临时建筑物工程量。

施工总布置方案比较，应分析下列内容：

(1)施工总布置方案能否满足施工总进度和施工强度的要求。

(2)施工设施、站场、临时建筑物等之间相互协调(或干扰)情况。

(3)当地现有企业为工程施工服务的可能性和合理性。

主要施工工厂设施和临时设施的布置，应考虑其在施工期受洪水影响的可能性；其防洪标准，应根据工程规模、工期长短、河流水文特性等情况，分析不同标准洪水对其危害程度，重现期在5～20年范围内酌情采用。防洪标准低于5年(或高于20年)时，应有充分论证。

(一)施工总布置及场地选择

施工总布置，应根据施工需要，分阶段逐步形成；满足各阶段施工需要，做好前后衔接。初期场地平整范围，宜按施工总布置最终要求确定。

《规范》"条文说明"指出，施工场地布置，大致可分为下列几个阶段：

(1)工程准备阶段。主要包括：人员、设备进场；形成风、水、电系统；导流工程；临时房建工程；主体工程开工前必要的施工工厂设施(包括临时骨料筛分，混凝土拌和系统及相应的修配厂、仓库等)。

(2)主体工程施工阶段,为工程全面施工的关键阶段。应确保重点、照顾一般,全面规划、统筹安排。在布置上,一般先以开挖工程为主,逐步转为地基处理、主体工程填筑(或混凝土浇筑)以及金属结构安装等工程施工。

(3)工程完建阶段。应妥善解决与水库蓄水、发电相关联的有关布置问题;做好工程管理单位的厂区规划,合理使用场地;随着主体工程施工强度的显著降低,逐步清还租用的施工场地。

施工总布置,应在施工导流方案和主体工程施工分区确定后,着重研究下列内容:

(1)施工临时设施项目的组成、规模和布置。

(2)对外交通衔接方式,站场位置以及主要交通干线及跨河设施的布置情况。

(3)可资利用场地的相对位置、高程及面积。

(4)供生产(生活)设施布置用的场地。

(5)临时建筑(工程)与永久设施的结合。

《规范》"条文说明"指出,在进行施工布置方案比较前,应根据现场实际情况,做好各施工临时设施的比较研究工作。条文中指出的五个方面不是孤立的,而是相互关联又相互制约的,应妥善协调相互间的关系,才能为各种可能方案的技术、经济比较提供依据。

应根据场内地形、地质条件和枢纽布置情况,重点做好分区规划;结合场内、外主要交通运输线路布置条件,研究施工场地各种可能的布置方案;经比较后,选定合理方案。

《规范》"条文说明"指出,选择施工场地,首先应根据枢纽布置特点以及周边场地的相对位置、高程、面积和征地范围等主要指标,研究外部交通进入施工场地并与内部交通相衔接的条件(包括在何高程衔接),以及场地内部地形条件、各种设施及货物(特别是大量当地天然建筑材料)的流向,选择场内交通主要运输道路;然后以交通道路为纽带,结合地形条件,设置各类临时设施。在方案比较中,应重点研究如何做好分区规划,以使场内形成布局合理、相互协调的有机整体。

施工总布置,应做好土(石)方挖、填平衡,统筹规划堆(弃)渣场地;弃渣处理,应符合环境保护及水土保持要求。

《规范》"条文说明"指出,土(石)方平衡,除计算主体工程量外,还应计算临建工程场地平整及站场、码头、道路等的土(石)方工程量。

(二)施工分区规划

施工总布置,应作如下分区:

(1)主体工程施工区。

(2)施工工厂设施区。

(3)当地建材开采区。

(4)仓库、站、场、厂、码头等储运系统。

(5)机电设备、金属结构及大型施工机械设备安装场地。

(6)工程弃料堆放区。

(7)施工管理及生活营区。

施工分区规划布置,应遵守下列原则:

(1)以混凝土建筑物为主的枢纽工程,施工区布置宜以砂、石料的开采及加工以及混凝土拌和及浇筑系统为主;以当地材料坝为主的枢纽工程,施工区布置宜以土(石)料采挖及加工以及堆料场及上坝运输线路布置为主。

(2)机电设备及金属结构组装场地,宜靠近该类设备(结构)最终安装场所的中心区域。

(3)施工管理及生活营区的布置,考虑风向、日照、噪声、绿化、水源、水质等因素;与生产设施之间,应有明显界限。

(4)主要物资仓库、站场等储运系统,宜布置在场内、外交通衔接处。

(5)施工分区规划布置,考虑施工活动对周围环境的影响,避免噪声(或粉尘等)污染对敏感区(如学校、住宅区等)的危害。

《规范》"条文说明"指出,混凝土坝和当地材料坝两种坝型,在进行施工区布置时,宜保证主要生产系统处在理想位置,以使其运用可靠、经济合理;在进行施工组织设计时,应花较多精力研究重点设施布置方案;处于从属地位的非重点设施,则围绕重点设施展开布置。

"条文说明"指出,不同的施工总布置,对环境会带来不同的影响。如生活居住区及商业服务区与施工现场、施工道路、仓库等混杂布置,或临时建筑很多、地点选择不当等,均会给环境带来不利影响。因此,施工区布置时,应按功能分区,并避免交叉、混杂;各区之间应留有过渡地带;弃渣(场),应与造田、修路、场地平整等用途相结合;采石场、砂(石)料生产系统等噪声较大的生产场所,应选择远离生活区的地点;注意施工废水的处理及景观和植被的恢复。应比较不同施工总布置方案及其与环境协调程度,以作出最优选择。

施工工厂设施、站场及仓库的建筑标准,应满足生产工艺流程及技术要求以及有关安全方面的规定,并宜采用定型化、标准化和装配式结构。

1F－460016 施工总进度

编制施工总进度时,应依据水利水电行业施工组织管理水平和施工机械化程度,合理安排施工期;应分析论证业主对施工总工期提出的要求。

工程建设全过程,可划分为工程筹建期、工程准备期、主体工程施工期和工程完建期四个施工时段。编制施工总进度时,工程施工总工期应为后三项工期之和。工程建设相邻两个阶段的工作,可交叉进行。

(1)工程筹建期。工程正式开工前,完成外部对施工区的交通、供电及通信系统,以及征地、移民、招标、评标、签约等工作所需的时间。

(2)工程准备期。自工程筹建期结束起,至处于关键线路上的主体工程开工(或河道截流及围堰闭气)前止的工期,一般包括"四通一平"、导流工程、临时房屋及施工工厂设施建设等。

(3)主体工程施工期。自处于关键线路上的主体工程开工(或一期截流并闭气)后起,至第一台机组发电(或工程其他效益开始发挥)时止的工期。

(4)工程完建期。自水电站第一台发电机组投入运行(或开始因工程而受益)时起,至工程竣工时止的工期。

编制施工总进度,应遵守下列原则:

(1)遵守基本建设程序。

(2)采用行业平均先进施工水平,合理安排工期。

(3)资源(人力、物资和资金等)均衡分配。

(4)单项工程施工进度与施工总进度相互协调。各项目施工程序前后兼顾,衔接合理;施工均衡,相互干扰少。

(5)在保证工程施工质量及总工期前提下,充分发挥投资效益。

《规范》"条文说明"指出,施工总进度编制,应对控制工程总工期(或受洪水威胁)的工程和关键项目作重点研究,采取有效的技术和安全措施,以缩短工程建设周期。采用平均先进指标,对地基复杂(或受洪水制约)的工程,宜适当留有余地。单项工程施工进度,既是施工总进度的构成部分,又是编制施工总进度的基础;既要服从总进度的整体安排,又要为合理调整施工总进度提供依据。

施工总进度,应突出主、次关键工程(关键线路上的工程)和重要工程;明确开工、截流、蓄水及首台机组发电日期以及工程完工日期。

《规范》"条文说明"指出,编制施工总进度时,不应将每项作业都罗列出来;应重点研究关键线路、次关键线路上作业的逻辑关系和工作历时;其他作业,可根据其重要性,在进度表中列出(历时很短或规模较小的作业,则可不列)。

施工总进度的表示形式,应采用横道图和网络图。

《规范》"条文说明"指出,横道图和网络图,是施工组织设计中经常采用的进度表达形式。本条要求在初步设计阶段,对于选定的设计方案,两种形式都要有。横道图,重点反映关键作业、次关键作业、重要作业及其他作业;网络图,主要反映关键作业、次关键作业和重要作业。

(一)准备工程施工进度

场内交通主干线,应先行安排施工,并确定施工道路投入使用的时间。

宜创造条件,提前建设砂石系统、混凝土生产系统;根据主体工程施工进度要求,确定系统投入正常运行的时间。

其他准备工程,如场地平整、供电系统、供水系统、供风系统、场内通信系统、施工工厂设施、生活(生产)房屋等的建设,应与所服务的主体工程施工进度协调安排。

(二)导流工程施工进度

对于一次拦断和分期导流的一期导流工程,宜安排在施工准备期内进行;若为关键工程,则应根据工程需要,提早安排施工。

《规范》"条文说明"指出,本条规定旨在提示,施工导流工程可安排在施工准备期内进行施工。对于关键工程,应创造条件,提早开工。

河道截流,宜安排在枯水期(或汛后期)进行,但不宜安排在封冻期和流冰期;截流时间,应根据围堰所需施工时间及其安全度汛要求,结合拟选时段内各月(或各旬)平均流量大小,合理分析确定。

围堰闭气和堰基防渗完成后,即可进行基坑抽水作业。对土石围堰与软质基础的基坑，应考虑对排水时水位下降速度的控制。

《规范》“条文说明”指出，本条规定旨在强调，安排基坑开始开挖时间时，应考虑基坑抽水所需时间。

应根据挡水建筑物施工进度安排，确定施工期临时度汛时段；并应论证在度汛时段前，挡水建筑物的施工是否满足度汛设计洪水标准对其面貌的要求。

《规范》“条文说明”指出，本条规定旨在强调，应合理确定挡水建筑物施工临时度汛时段；充分分析论证在度汛时段到来之前挡水建筑物达到度汛面貌要求的施工可行性。

完成导流任务后导流泄水建筑物的封堵，时段宜选在汛后，使封堵工程能在一个枯水期内完成。

（三）基础开挖与地基处理工程施工进度

坝基（河床式厂房基础）开挖，岸坡部分，可安排与导流工程平行施工，并在河道截流前完成；河床部分，应安排在围堰闭气和基坑排水后进行。

《规范》“条文说明”指出，根据以往一些工程的经验教训，坝基水上部分的岸坡开挖，不重视安排与导流工程施工平行作业，以致在截流后，水上部分的岸坡开挖与基坑内的施工同时进行，形成很大的干扰，影响工效，延误工期。所以，正文规定，坝基岸坡开挖与导流工程平行施工，河流截流前基本完成，为基坑全面开挖工作做好准备，以利克服干扰，缩短工期。

宜根据基坑开挖范围的面积、岩土级别、开挖方法、出渣道路及按工作面分配的施工设备的性能和数量等，分析计算坝基开挖强度及相应工期。

地基处理工程进度，应根据地质条件、处理方案、工程量、施工程序、施工水平、设备生产能力和总进度要求等因素研究决定。地质条件复杂、技术要求高、对总工期起控制作用的地基处理施工，应分析论证其对施工总进度的影响。

《规范》“条文说明”指出，正文主要提示有关地基处理应注意的事项。如遇到不良地质地基处理，在工期安排上应有所考虑，并保证在地基覆盖前完成。

不良地质基础处理，宜安排在被建筑物覆盖前完成。固结灌浆，宜在混凝土浇筑1～2层后进行。帷幕灌浆，应在本坝段和相邻坝段坝基固结灌浆完成后进行；宜在坝基混凝土浇筑面（或廊道内）进行；不宜占直线工期。

《规范》“条文说明”指出，岸坡不良地质地基处理，技术复杂、处理工程量很大，常牵涉到总工期，应慎重分析其对工期的影响，并应注意对坝基范围以外部分的处理，亦应在蓄水前完成。

两岸岸坡有地质缺陷的坝基，应根据地基处理方案，安排其施工工期。当所处理部位在坝基范围以外或地下时，可考虑与坝体浇筑（填筑）同时进行，并应在水库蓄水前按设计要求处理完毕。

《规范》“条文说明”指出，两岸岸坡有地质缺陷的坝基基础处理，工程量大，处理起来较复杂，是对总工期起控制作用的因素之一。所以，应作较详细分析，以落实所需工期。

（四）土石坝施工进度

应根据导流与安全度汛要求，研究坝体拦洪方案；论证上坝强度，确定大坝分期填筑高程。

《规范》"条文说明"指出,实际施工,有时难以实现设计要求的度汛面貌,处于非常被动的局面。某些工程因之造成失事事故和不应有的损失。因此,专门列此一条,要求在设计时,对工期的分析做到充分合理。

坝体填筑强度拟定,应遵守下列原则:

(1)满足总工期及坝体填筑各阶段对工程形象的要求,且强度宜均衡。

(2)高峰月填筑量与填筑总量比例协调。

(3)坝面填筑强度与料场合格料的出料能力、运输能力协调。

《规范》"条文说明"指出,坝体填筑强度,按需要、可能和经济三原则确定:

(1)需要。同时满足工期和高峰期断面填筑要求,且填筑强度较为协调、平衡。

(2)可能。分析本工程实际施工条件;安排的填筑强度应与出料、运料能力协调。

(3)经济。应进行经济分析,以达到经济施工的目的。

应根据水文及气象条件,分析相应的有效施工工日。雨天停工标准,见《规范》附录H中H.0.1的规定(参见表1F-460016)。

碾压式土石坝采取一般防护措施时的停工标准　　表1F-460016

施工项目	停工标准								
	日降水量(mm)					日蒸发量	平均气温(℃)		
	0~0.5	0.5~5	5~10	10~30	>30	<4 mm	>0	0~-10	< -10
土料翻晒	雨日停工	雨日停工	雨日停工	雨日停工;雨后停一日	雨日停工;雨后停一日	停工	照常施工	防护施工	停工
黏土料填筑	照常施工	雨日停工	雨日停工;雨后停半日	雨日停工;雨后停一日	雨日停工;雨后停二日	—	照常施工	防护施工	停工
砾质土、掺合土、风化土填筑	照常施工	照常施工	雨日停工	雨日停工;雨后停半日	雨日停工;雨后停一日	—	照常施工	防护施工	停工
反滤料填筑	照常施工	照常施工	照常施工	雨日停工	雨日停工	—	照常施工	防护施工	停工
石料填筑	照常施工	照常施工	照常施工	照常施工	雨日停工	—	照常施工	防护施工	停工

注:当反滤料填筑与防渗料填筑同时施工时,其有效施工天数同防渗料。

《规范》"条文说明"指出,正文强调设计者应重视水文、气象等因素对土石坝施工进度的影响,并应分析料场开采、坝体填筑等的年(月)施工天数。

土石坝填筑上升速度,应满足控制塑性心墙(或斜墙)上升速度的设计要求。

混凝土面板堆石坝施工,应合理安排面板施工时间,以减少面板施工和坝壳填筑间的相互干扰。

(五)混凝土工程施工进度

在安排混凝土施工进度时,应分析有效工作天数;大型工程经论证后若需加快浇筑进度,可考虑在冬季、雨季和夏季采取确保施工质量的措施后施工。混凝土浇筑的月工作日数,可按25 d计。对控制直线工期的工作日数,宜将气象因素影响的停工天数从设计日历天数中扣除。受气象因素影响时的停工标准,见《规范》附录H中H.0.2的规定。

《规范》正文后附录H中H.0.2关于混凝土浇筑受气象因素影响时的停工标准,规定如下:

(1)日降雨量大于10 mm(机械化程度低的工程)或20 mm(施工机械化程度较高工程)时,若无防雨措施,宜停工。

(2)月平均气温高于25 ℃时,若采取温度控制措施费用过高,可考虑白班停工。

(3)当日平均气温低于－10 ℃时,应停止露天混凝土浇筑;当日平均气温低于－20 ℃或最低气温低于－30 ℃时,宜停工。

(4)大风风速在六级以上时,宜考虑停工。

(5)能见度小于100 m时,应停工。

《规范》"条文说明"指出,关键线路上的混凝土工程(如地面式厂房、混凝土坝等)施工,与导流、地基开挖及处理以及金属结构安装等工程项目有密切关系;受气候条件影响很大。通常,在研究混凝土工程进度时,应掌握有效工作天数。

常态混凝土浇筑时的平均升高速度,与坝型、浇筑块数量、浇筑部位高程、浇筑设备能力及温度控制要求等因素有关,宜通过浇筑排块(或工程类比)确定。

《规范》"条文说明"指出,混凝土浇筑进度,有两个主要指标。一个是浇筑强度,是反映机械设备容量与混凝土浇筑不均匀系数的指标;另一个是坝体平均升高速度,是反映形象面貌和施工程序的指标。只有这两个指标都满足要求,才能实现工程进度计划。

碾压混凝土浇筑时的平均升高速度,应在综合分析仓面面积大小、铺筑层厚度、混凝土生产及运输能力以及碾压作业进展快慢等因素后确定。

混凝土坝施工期各年度汛高程及工程面貌要求,应按施工导流设计中的坝体临时度汛洪水标准确定。

混凝土坝的接缝灌浆(包括厂、坝间接缝灌浆)进度,应满足施工期度汛与水库蓄水安全要求。

参考文献

[1] 水利部建设与管理司,水利部水利建设与管理总站.水利建设与管理法规文件汇编[M].北京:中国水利水电出版社,2012.

[2] 水利部建设与管理司.水利水电工程施工企业主要负责人、项目负责人和专职安全生产管理人员安全生产考核指导书[M].北京:中国水利水电出版社,2004.

[3] 袁光裕.水利工程施工[M].北京:中国水利水电出版社,2005.

[4] 左兼金.水利水电工程施工组织管理与系统分析[M].北京:水利电力出版社,1986.

[5] 张守金,康百赢.水利水电工程施工组织设计[M].北京:中国水利水电出版社,2008.

[6] 余锡光,吴康宁,蒋光明,等.水利水电规划、设计与施工[M].北京:科学技术文献出版社,1994.

[7] 水利水电土石坝工程信息网.中国混凝土面板堆石坝图册(4).北京:2000.

[8] 武汉水利电力大学.水利水电工程技术术语标准[S].北京:水利电力出版社,1993.